全国地层多重划分对比研究

（22）

吉林省岩石地层

主　编：李东津

编　者：李东津　万清友　许良久
王福润　王恩德　冠小威
孙大明

技术指导：许以衡　王友勤

中国地质大学出版社

内 容 简 介

本书是以吉林省1:20万和1:5万区域地质调查和地质科研成果为基础，结合省局各地质调查所、科研单位、院校及煤田、石油系统的生产和科研成果，经系统综合研究、分析对比后编写而成的。全书50余万字，按地层区划和断代划分为三篇十二章。它是吉林省第一部系统地对地层进行多重划分对比研究的专著，阐述了吉林省自元古宙至第三纪的岩石地层、生物地层和年代地层，并探讨了地层多重划分对比和区域地层格架等内容，同时建立了吉林省地层数据库，对地层学研究的系统化、科学化将起到积极的促进作用。本书不仅对区域地质调查、矿产普查勘探、地质科研和教学等方面具有指导作用，而且还有很大的实用价值。

图书在版编目(CIP)数据

吉林省岩石地层/李东津主编.—武汉:中国地质大学出版社,1997.9(2008.11重印)
(全国地层多重划分对比研究:22)
ISBN 978-7-5625-1264-6

Ⅰ.吉…
Ⅱ.李…
Ⅲ.地层学—吉林省
Ⅳ.P535.234

中国版本图书馆CIP数据核字(2008)第184434号

吉林省岩石地层 李东津 主 编

责任编辑:褚松和 社外编辑:彭玉鲸 谢学光 王殿林 责任校对:熊华珍 技术编辑:阮一飞

出版发行:中国地质大学出版社(武汉市洪山区鲁磨路388号) 邮编:430074
电话:(027)67883511 传真:67883580 **E-mail**:cbb @ cug.edu.cn
经 销:全国新华书店 **http**://www.cugp.cn

开本:787毫米×1092毫米 1/16 字数:540千字 印张:21 插页1
版次:1997年9月第1版 印次:2008年12月第2次印刷
印刷:武汉教文印刷厂 印数:601—1100册

ISBN 978-7-5625-1264-6 定价:63.00元

序

100 多年来，地层学始终是地质学的重要基础学科的支柱，甚至还可以说是基础中的基础，它为近代地质学的建立和发展发挥了十分重要的作用。随着板块构造学说的提出和发展，地质科学正经历着一场深刻的变革，古老的地层学和其他分支学科一样还面临着满足社会不断进步与发展的物质需要和解决人类的重大环境问题等双重任务的挑战。为了迎接这一挑战，依靠现代科技进步及各学科之间相互渗透，地层学的研究范围将不断扩大，研究途径更为宽广，研究方法日趋多样化，并萌发出许多新的思路和学术思想，产生出许多分支学科，如生态地层学、磁性地层学、地震地层学、化学地层学、定量地层学、事件地层学、气候地层学、构造地层学和月球地层学等等，它们的综合又导致了“综合地层学”和“全球地层学”概念的提出。所有这一切，标志着地层学研究向高度综合化方向发展。

我国的地层学和与其密切相关的古生物学早在本世纪前期的创立阶段，就涌现出一批杰出的地层古生物学家和先驱，他们的研究成果奠定了我国地层学的基础。但是大规模的进展，还是从 1949 年以后，尤其是随着全国中小比例尺区域地质调查的有计划开展，以及若干重大科学计划的执行而发展起来的。正像我国著名的地质学家尹赞勋先生在第一届全国地层会议上所讲：“区域地质调查成果的最大受益者就是地层古生物学。”1959 年召开的中国第一届全国地层会议，总结了建国十年来所获的新资料，制定了中国第一份地层规范（草案），标志着我国地层学和地层工作进入了一个新的阶段。过了 20 年，地层学在国内的发展经历了几乎十年停滞以后，于 1979 年召开了中国第二届全国地层会议，会议在某种程度上吸收学习了国际地层学研究的新成果，还讨论制定了《中国地层指南及中国地层指南说明书》，为推动地层学在中国的发展，缩小同国际地层学研究水平的差距奠定了良好基础。这次会议以后所进行的一系列工作，包括应用地层单位的多重性概念所进行的地层划分对比研究、区域地层格架及地层模型的研究，现代地层学与沉积学相结合所进行的盆地分析以及1∶5万区域地质填图方法的改进与完善等，都成为我国地层学进一步发展的强大推动力。为此，地质矿产部组织了一项“全国地层多重划分对比研究（清理）”的系统工程，在 30 个省、直辖市、自治区（含台湾省，不含上海市）范围内，自下而上由省（市、区）、大区和全国设立三个层次的课题，在现代地层学和沉积学理论指导下，对以往所建立的地层单位进行研究（清理），追溯地层单位创名的沿革，重新厘定单位含义、层型类型与特征、区域延伸与对比，消除同物异名，查清同名异物，在大范围内建立若干断代岩石地层单位的时空格架、编制符合现代地层学含义的新一代区域地层序列表，并与地层多重划分对比研究工作同步开展了省（市、区）和全国两级地层数据库的研建，对巩固地层多重划分对比研究（清理）成果，为地层学的科学化、系统化和现代化发展打下了良好基础。这项研究工作在部、省（市、区）各级领导的支持关怀下，全体研究人员经过5年的艰苦努力已圆满地完成了任务，高兴地看到许多成果已陆续要出版了。这项工作涉及的范围之广、参加的单位及人员之多、文件的时间跨度之长，以及现代科学理论与计算机技术的应用等各方面，都可以说是在我国地层学工作不断发展中具有里程碑意义的。这项研究中不同层次成果的出版问世，不仅对区域地质调查、地质图件的编测、区域矿产普查与勘查、地质科研和教学等方面都具有现实的指导作用和实用价值，而且对我国地层学的发展和科学化、系统化将起到积极的促进作用。

首次组织实施这样一项规模空前的全国性的研究工作，尽管全体参与人员付出了极大的辛勤劳动，全国项目办和各大区办进行了大量卓有成效和细致的组织协调工作，取得了巨大的成绩，但由于种种原因，难免会有疏漏甚至失误之处。即使这样，该系列研究是认识地层学真理长河中的一个相对真理的阶段，其成果仍不失其宝贵的科学意义和巨大的实用价值。我相信经过广大地质工作者的使用与检验，在修订再版时，其内容将会更加完美。在此祝贺这一系列地层研究成果的公开出版，它必将发挥出巨大社会经济效益，为地质科学的发展做出新的贡献。

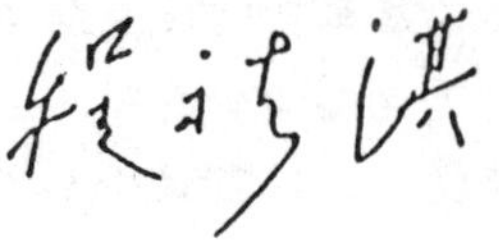

前　言

地层学在地质科学中是一门奠基性的基础学科，是基础地质的基础。自从19世纪初由W史密斯奠定的基本原理和方法以来的一个半世纪中，地层学是地质科学中最活跃的一个分支学科，对现代地质学的建立和发展产生了深刻的影响，作出了不可磨灭的贡献，特别是在20世纪60年代由于板块构造学说兴起引发的一场“地学革命”，其表现更为显著。随着板块构造学的确立，沉积学和古生态学的发展，地球历史和生物演化中的灾变论思想的复兴和地质事件概念的建立，使地层学的分支学科，如时间地层学、生态地层学、地震地层学、同位素地层学、气候地层学、磁性地层学、定量地层学和构造地层学等像雨后春笋般地蓬勃发展，这种情况必然对地层学、生物地层和沉积地层等的传统理论认识和方法提出了严峻的挑战。经过20年的论战，充分体现当代国际地质科学先进思想的《国际地层指南》(英文版)于1976年见诸于世，之后在不到20年的时间里又于1979、1987、1993年连续三次进行了修改补充，陆续补充了《磁性地层极性单位》、《不整合界限地层单位》，以及把岩浆岩与变质岩等作为广义地层学范畴纳入地层指南而又补充编写了《火成岩和变质岩岩体的地层划分与命名》等内容。

国际地层学上述重大变革，对我国地学界产生了强烈冲击，十年动乱形成的政治禁锢被打开，迎来了科学的春天，先进的科学思潮像潮水般涌来，于是在1979年第二届全国地层会议上通过并于1981年公开出版了《中国地层指南及中国地层指南说明书》，其中阐述了地层多重划分概念。于1983年按地层多重划分概念和岩石地层单位填图在安徽区调队进行了首次试点。1985年《贵州省区域地质志》中地层部分吸取了地层多重划分概念进行撰写。1986年地质矿产部设立了“七五”重点科技攻关项目——“1∶5万区调中填图方法研究项目”，把以岩石地层单位填图，多重地层划分对比，识别基本地层层序等现代地层学和现代沉积学相结合的内容列为沉积岩区区调填图方法研究课题，从此拉开了新一轮1∶5万区调填图的序幕，由试点的贵州、安徽和陕西三省逐步推向全国。

1∶5万区调填图方法研究试点中遇到的最大问题是如何按照现代地层学的理论和方法来对待与处理按传统理论和方法所建立的地层单位？如果维持长期沿用的按传统理论建立的地层单位，虽然很省事，但是又如何体现现代地层学和现代沉积学相结合的理论与方法呢？这样就谈不上紧跟世界潮流，迎接这一场由板块构造学说兴起所带来的“地学革命”。如果要坚持这一技术领域的革命性变革，就要下决心花费很大力气克服人力、财力和技术性等方面的重重困难，对长期沿用的不规范化的地层单位进行彻底的清理。经过反复研究比较，我们认识到科学技术的变革也和社会经济改革的潮流一样是不可逆转的，只有坚持改革才能前进，不进则退，否则就将被历史所淘汰，别无选择。在这一关键时刻，地质矿产部和原地矿部直管局领导作出了正确决策，从1991年开始，从地勘经费中设立一项重大基础地质研究项目——全国地层多重划分对比研究项目，简称全国地层清理项目，开始了一场地层学改革的系统工程，在全国范围内由下而上地按照现代地层学的理论和方法对原有的地层单位重新明确其定义、划分对比标准、延伸范围及各类地层单位的相互关系，与此同时研建全国地层数据库，巩固地层清理成果，推动我国地层学研究和地层单位管理的规范化和现代化，指导当前和今后一个时期1∶5万、1∶25万等区调填图等，提高我国地层学研究水平。1991年地质矿产部原直管局将地层清理作为部指令性任务以地直发(1991)005号文和1992年以地直发(1992)014号文下发了《地矿部全国地层多重划分对比（清理）研究项目第一次工作会议纪要》，明确了各省（市、自治区）地质矿产局（厅）清理研究任务，并于1993年2月补办了专项地勘科技项目合同（编号直科专92-1），并明确这一任务分别设立部、大区和省（市、自治区）三级领导小组，实行三级管理。

部级成立全国项目领导小组

组长	李廷栋	地质矿产部副总工程师
副组长	叶天竺	地质矿产部原直管局副局长
	赵　逊	中国地质科学院副院长

成立全国地层清理项目办公室，受领导小组委托对全国地层清理工作进行技术业务指导和协调以及经常性业务组织管理工作，并设立在中国地质科学院区域地质调查处（简称区调处）。

项目办公室主任	陈克强	区调处处长，教授级高级工程师
副主任	高振家	区调处总工，教授级高级工程师
	简人初	区调处高级工程师
专家	张守信	中国科学院地质研究所研究员
	魏家庸	贵州省地质矿产局区调院教授级高级工程师
成员	姜　义	区调处工程师
	李　忠	会计师
	周统顺	中国地质科学院地质研究所研究员

大区一级成立大区领导小组，由大区内各省（市、自治区）局级领导成员和地科院沈阳、天津、西安、宜昌、成都、南京六个地质矿产研究所各推荐一名专家组成。领导小组对本大区地层清理工作进行组织、指导、协调、仲裁并承担研究的职责。下设大区办公室，负责大区地层清理的技术业务指导和经常性业务技术管理工作。在全国项目办直接领导下，成立全国地层数据库研建小组，由福建区调队和部区调处承担，负责全国和省（市、自治区）二级地层数据库软件开发研制。

各省（市、自治区）成立省级领导小组，以省（市、自治区）局总工或副总工为组长，有区调主管及有关处室负责人组成，在专业区调队（所、院）等单位成立地层清理小组，具体负责地层清理工作，同时成立省级地层数据库录入小组，按照全国地层数据库研建小组研制的软件及时将本省清理的成果进行数据录入，并检验软件运行情况，及时反馈意见，不断改进和优化软件。在全国地层清理的三个级次的项目中，省级项目是基础，因此要求各省（市、自治区）地层清理工作必须实行室内清理与野外核查相结合，清理工作与区调填图相结合，清理与研究相结合，地层清理与地层数据库建立相结合，“生产”单位与科研教学单位相结合，并强调地层清理人员要用现代地层学和现代沉积学的理论武装起来，彻底打破传统观点，统一标准内容，严格要求，高标准地完成这一历史使命。实践的结果，凡是按上述五个相结合去做的效果都比较好，不仅出了好成果，而且通过地层清理培养锻炼了一支科学技术队伍，从总体上把我国区调水平提高到一个新台阶。

三年多以来，参加全国地层清理工作的人员总数达400多人，总计查阅文献约24 000份，野外核查剖面约16 472.6 km，新测剖面70余条约300 km，清理原有地层单位有12 880个，通过清查保留的地层单位约4721个（还有省与省之间重复的），占总数36.6%，建议停止使用或废弃的单位有8159个（为同物异名或非岩石地层单位等），占总数63.4%，清查中通过实测剖面新建地层单位134个。与此同时研制了地层单位的查询、检索、命名和研究对比功能的数据库，通过各省（市、自治区）数据录入小组将12 880个地层单位（每个单位5张数据卡片）和10 000多条各类层型剖面全部录入，首次建立起全国30个（不含上海市）省（市、自治区）基础地层数据库，为全国地层数据库全面建成奠定了坚实的基础。从1994年7月—11月，分七个片对30个省（市、自治区）地层清理成果报告及数据库的数据录入进行了评审验收，到1994年底可以说基本上完成了省一级地层清理任务。1995—1996年将全面完成大区和总项目的清理研究任务。由此可见，这次全国地层清理工作无论是参加人数之多，涉及面之广，新方法新技术的应用以及理论指导的高度和研究的深度都可以堪称中国地层学研究的第三个里程碑。这一系统工程所完成的成果，不仅是这次直接参加清理的400多人的成果，而且亦应该归功于全国地层工作者、区域地质调查者、地层学科研与教学人员以及为地层工作做过贡献的普查勘探人员。全国地层清理成果的公开出版，必将对提高我国地层学研究水平，统一岩石地层划分和命名指导区调填图，加强地层单位的管理以及地质勘察和科研教学等方面发挥重要的作用。

鉴于本次地层清理工作和地层数据库的研建是过去从未进行过的一项研究性很强的系统工程，涉及的范围很广，时间跨度长达100多年，参加该项工作的人员多达300～400人，由于时间短，经费有限，人员水平不一，文献资料掌握程度等种种主客观原因，尽管所有人员都尽了最大努力，但是在本书中少数地层单位的名称、出处、命名人和命名时间等不可避免地存在一些问题。本书中地层单位名称出现的“岩群”、“岩组”等名词，是根据1990年公开出版的程裕淇主编的《中国地质图（1：500万）及说明书》所阐述的定义。为了考虑不同观点的读者使用，本书对有“岩群”、“岩组”的地层单位，均暂以（岩）群、（岩）组处理。如鞍山（岩）群、迁西（岩）群。总之，本书中存在的错漏及不足之处，衷心地欢迎广大读者提出宝贵意见，以便今后不断改正和补充。

在30个省（市、自治区）地层清理系统成果即将公开出版之际，我代表全国地层清理项目办公室向参加30个省（市、自治区）地层清理、数据库研建和数据录入的同志所付出的辛勤劳动表示衷心的感谢和亲切的慰问。在全国地层清理项目立项过程中，原直管局王新华、黄崇轲副局长给予了大力支持，原直管局局长兼财务司司长现地矿部副部长陈洲其在项目论证会上作了立项论证报告，在人、财、物方面给予过很大支持；全国地层委员会副主任程裕淇院士一直对地层清理工作给予极大的关心和支持，并在立项论证会上作了重要讲话；中国地质大学教授、全国地层委员会地层分类命名小组组长王鸿祯院士是本项目的顾问，在地层清理的指导思想、方法步骤及许多重大技术问题上给予了具体的指导和帮助；中国地质大学教授杨遵仪院士对这项工作热情关心并给以指导；中国地质科学院院长、部总工程师陈毓川研究员参加了第三次全国地层清理工作会议并作了重要指示与鼓励性讲话；部科技司姜作勤高工，计算中心邬宽廉、陈传霖，信息院赵精满，地科院刘心铸等专家对地层数据库设计进行评审，为研建地层数据库提出许多有意义的建议。中国科学院地质研究所，南京古生物研究所，中国地质科学院地质研究所，天津、沈阳、南京、宜昌、成都和西安地质矿产研究所，南京大学，西北大学，中国地质大学，长春地质学院，西安地质学院等单位的知名专家、教授和学者，各省（市、自治区）地矿局领导、总工程师、区调主管、质量检查员和区调队、地研所、综合大队等单位的区域地质学家共600余人次参加了各省（市、自治区）地层清理研究成果和六个大区区域地层成果报告的评审和鉴定验收，给予了友善的帮助；各省（市、自治区）地矿局（厅）、区调队（所、院）等各级领导给予地层清理工作在人、财、物方面的大力支持。可以肯定，没有以上各有关单位和部门的领导和众多的专家教授对地层清理工作多方面的关心和支持，这项工作是难以完成的。在30个省（市、自治区）地层清理成果评审过程中一直到成果出版之前，中国地质大学出版社，特别是以褚松和副社长和刘粤湘编辑为组长的全国地层多重划分对比研究报告编辑出版组为本套书编辑出版付出了极大的辛苦劳动，使这一套系统成果能够如此快地、规范化地出版了！在全国项目办设在区调处的几年中，除了参加项目办的成员外，区调处的陈兆棉、其和日格、田玉莹、魏书章、刘凤仁多次承担地层清理会议的会务工作，赵洪伟和于庆文同志除了承担会议事务还为会议打印文稿，于庆文同志还协助绘制地层区划图及文稿复印等工作。

在此，向上面提到的单位和所有同志一并表示我们最诚挚的谢意，并希望继续得到他们的关心和支持。

全国地层清理项目办公室（陈克强执笔）

目　录

第一章
绪论

“吉林省地层多重划分对比研究”是“全国地层多重划分对比研究”（编号：地直科93-01专项）的组成部分，是地质矿产部“八五”期间重点基础地质科研项目。课题组在“东北大区地层清理项目办公室”领导小组组长许以衡总工程师和副组长王友勤高级工程师领导下，在“全国地层多重划分对比研究项目办公室”和“华北大区地层清理项目办公室”的指导下，自1991—1994年，经过三年的紧张工作，从设计编写到提交报告评审，按期圆满地完成了任务。

长期以来，吉林省的地层划分一直是以统一地层划分理论为基础，研究重点偏重于地层的年代归属、顺序和化石内容。在此基础上选择与生物或年代界面偏离不大的岩性标志，以“生物地层”或“年代地层”为单位填制或编制地质图，而对地层客观存在的各种各样的特征、属性及其复杂的相互关系，特别是地层学研究的主要基础——物质组成、物理特征、岩石地层单位的科学划分与准确的时空存在状态等则研究甚少，因此随着工作的深入，新资料的不断出现，导致目前地层划分理论和认识上的诸多不一。以此为基础填制或编制的地质图，势必因时、因人、因地而异，从而给区调填图、地层划分对比、综合性编图、地质勘查以及国内外学术交流等带来极大困难，甚至提供一些错误信息。

随着现代地层学和现代沉积学的发展，认识到沉积作用是在介质运动方向上实现的，沉积地层的叠覆是在复杂的侧向堆积过程中形成的，因此有岩石地层单位的“穿时普遍性原理”和“相对比定律”。根据岩层具有的不同特征或属性，把岩层组织成具不同特征或属性相应的单位，而且一种特征或属性的变化不一定和另一种特征或属性的变化相一致。从而根本上动摇了统一地层划分的基础。本书的主要部分就是清理以往按统一地层划分的地层单位重新纳入多重划分对比，还其岩石地层、生物地层、年代地层自身的固有属性，并阐明它们之间的对比关系。

一、目的与任务

“吉林省地层多重划分对比研究”项目的目的旨在用现代地层学理论，即地层多重划分对比观点和新成果、新认识，重新明确现有地层单位的划分、对比标准、定义、延伸范围及各类地层单位的相互关系，提高地层划分的科学性、适用性；选择部分间隔研究其地层格架，进行区域地层综合分析；对有详细生物地层资料者进行生物地层单位的划分，明确其建立所依据的层型和参考剖面及它们在这些剖面中的准确层型和地层标准等。还通过地层数据库的建立，促进地层学研究和地层单位划分与管理的规范化、现代化，以及时指导当前大规模的1∶5万区域地质填图及各项地质工作，提高我国区域地层研究程度和水平，使我国区域地质填图和地层学研究跨入国际先进行列。

研究的具体内容包括：

(1) 清理早元古代至第三纪各类地层单位名称，包括名称出处、原始定义、划分标准及演变历史；单位的地质特征、分布范围与变化、各地层单位间的相互关系，经过多重划分对比后提出同物异名，异物同名，并对应停止使用或废弃的地层名称提出建议。

(2)在研究已有资料(包括公开发表的文献或正式印刷的区调、勘查报告一般截止在1992年底，重要成果可延至本成果提交前）的基础上尽可能通过各种途径实地核查本区的各类命名剖面及参考剖面，并阐明这些剖面所在的地质、地理概况；重新明确岩石地层单位的定义、划分及延伸标准，层型及主要参考剖面，以及这些剖面上的重要生物、年代及其他地层特征。

(3) 层型及主要参考剖面的原始描述内容已陈旧或不准确时，应尽量补充野外描述，以满足现代地层学、沉积学的要求。

(4) 以层型和参考剖面为骨架编制省内地层横剖面，阐明各岩石地层单位的时空存在状态（形态、相互关系），排列顺序及部分断代岩石地层单位的区域地层格架，试编1∶50万吉林省地质图。

(5) 生物地层研究的重点是明确建立各生物地层单位所依据的层型和参考剖面、顶底界线、内涵及地层标志。

(6) 根据地层发育的总过程，即以岩石总体特征和分布为基础，兼考虑深部构造，生物特征和区系，划分地层区，编制吉林省地层序列表及地层多重划分对比表。

(7) 编写吉林省各断代地层报告。

(8) 建立吉林省地层数据库。

二、地层综合区划及地层发育概况

（一）地层综合区划

研究区地层区划是以活动论的观点，重点依据沉积盆地构造背景，岩层体总体特征的差异分布(相序)，生物地理分区及构造岩浆作用、变质作用、同位素构造地球化学景观和深部构造，区分了前中生代(中三叠世)及其后不同性质的地层区划。

前中生代本区南部以龙岗陆块(华北陆块东北端)为核部，北部以西伯利亚陆块(佳木斯-兴凯地块)为核，中部为两者所挟持其间的海槽。龙岗陆块北缘，随着时间的推移，依次侧向增生新的地层体。自南而北有西保安(岩)组、呼兰(岩)群及其相当的地层〔青龙村(岩)群、下二台(岩)群〕、志留纪—泥盆纪地层、石炭纪—二叠纪地层等。佳木斯-兴凯陆块南缘则有塔东(岩)群、机房沟(岩)群，再向南则由于长春-吉林-敦化-延吉大断裂带的作用而缺失。关于长-吉-敦-延大断裂，从最新研究成果说明这一断裂两侧，不仅地质构造演化史具有巨大差异；沿断裂带有成群的基性-超基性岩，诸如波泥河、大绥河、头道沟、西土山、开山屯等基性-超基性岩群，特别是其中的含铬铁矿基性-超基性岩(头道沟、开山屯)具有蛇绿岩构成成分特征；由南而北连续的石炭纪沉积层的相序，向北过了此线则发生突变和不连续。如果说，海槽中的前石炭纪地层由于新地层覆盖，岩浆侵入和构造变质作用难以探寻与两陆块之间的联系，则到了石炭纪，其沉积层从岩层体总体特征的差异、沉积层的相序以及古生物地理分区明显地看出海槽的发展与龙岗陆块具有密不可分的联系，是属于龙岗陆块的陆缘海。佳木斯-兴凯陆块大部分在黑龙江省，在吉林省出露面积很少，因此其地层区的划分符合了黑龙江省的意见。由此吉林省前中生代地层区划分为4大区，5分区（见图1-1）。

中、新生代岩层体总体特征和分布受控于滨太平洋北东向构造带影响，形成一系列北东向挤压形成的火山盆地、拉张形成的沉积盆地、走滑形成的火山沉积盆地和数种应力场复合形成的不同方向的火山-沉积盆地。据此将吉林省中新生代地层区统称滨太平洋地层大区(5)，以下划分为鸡西-延吉地层分区、张广才岭-南楼山地层分区、吉南-辽东地层分区、松辽地层分区和大兴安岭-燕山地层分区。地层小区的划分详见图1-2。新生代地层分区和小区略有不同，长白山地层区包括珲春-白头山地层小区，敦化-梅河地层小区和伊-舒地层小区。松辽平原为单独的地层分区，大兴安岭地区在吉林省境内尚未发现第三纪地层。中新生代地层区划与已往基本相同，差别在于鸡西-延吉地层分区的西界移至蛟河以西的老爷岭，原因在于蛟河盆地的晚中生代岩层总体特征更接近延吉盆地。其次，在张广才岭-南楼山地层分区划分出九台地层小区，以示松辽盆地东缘的地层体特征(图1-2)。

（二）地层发育概况

吉林省各时代地层均有出露，而且兼有克拉通、造山带和滨太平洋陆相火山-沉积层（表1-1、表1-2)。现按地层分区简述如下。

辽东(吉)地层分区：在太古代基底之上沉积了四个自然断代的地层。即早元古代的集安(岩)群和老岭(岩)群，它是由含硼、含墨、多硅富铝、高铝含铁质岩系和硅质复陆屑钙硅酸盐岩、碳质板岩及镁质碳酸盐岩系组成的一套变质岩系。是克拉通拉开之后属于巨厚的裂陷槽型沉积。第二个自然断代是晚元古代的细河群和浑江群，前者属于复陆屑和硅质单陆屑沉积，后者主要由碳酸盐岩组成，均属于陆表海的沉积产物。细河群、浑江群为早元古代造山期后形成的第一个盖层。第三个自然断代是寒武纪—奥陶纪沉积，由含磷单陆屑沉积，膏岩沉积，滩型鲕粒灰岩沉积，风暴型碎屑灰岩及灰岩沉积组成。岩石组成及其划分与华北地台基本相同，因此岩石地层名称采纳了层型区的名称。第四个自然断代是石炭纪—二叠纪，从本溪组底部不整合面到孙家沟组顶部不整合面所限定的地层，由复陆屑建造、有机岩建造及红色建造组成。

锡林浩特-磐石地层分区：该分区是吉林省境内华北地台辽东(吉)地层分区*的陆缘海。沉积层大体划分为三个自然断代。早期自然断代是晚元古代至中晚志留世吉南地层分区北缘依次形成西保安(岩)组，其次是自西而东有下二台(岩)群、呼兰(岩)群、青龙村(岩)群，再次为放牛沟火山岩、桃山组、弯月组和椅山组等。部分岩层尽管由于变质变形，不易恢复其原岩，但从岩石成分(包括化学成分)观之，它们均属于活动陆缘的沉积产物，也可能有移置地体。中期自然断代是中晚志留世—中泥盆世，西别河组底部不整合面到通气沟组底部不整合面限定的地层，由复陆屑、碳酸盐岩及礁组成的地层体，属于台地相和边缘斜坡相沉积产物。晚期自然断代是石炭纪—二叠纪地层，分布广，且较连续。尽管沉积物特征与吉林地层小区石炭纪—二叠纪有很大差异，但是生物群具有很大的相似性，并且由该区到吉南地层分区沉积相序连续，由此它属于华北地层区北缘亚区的事实得到进一步证实。沉积物由滨浅海

---

* 以下简称吉南地层分区

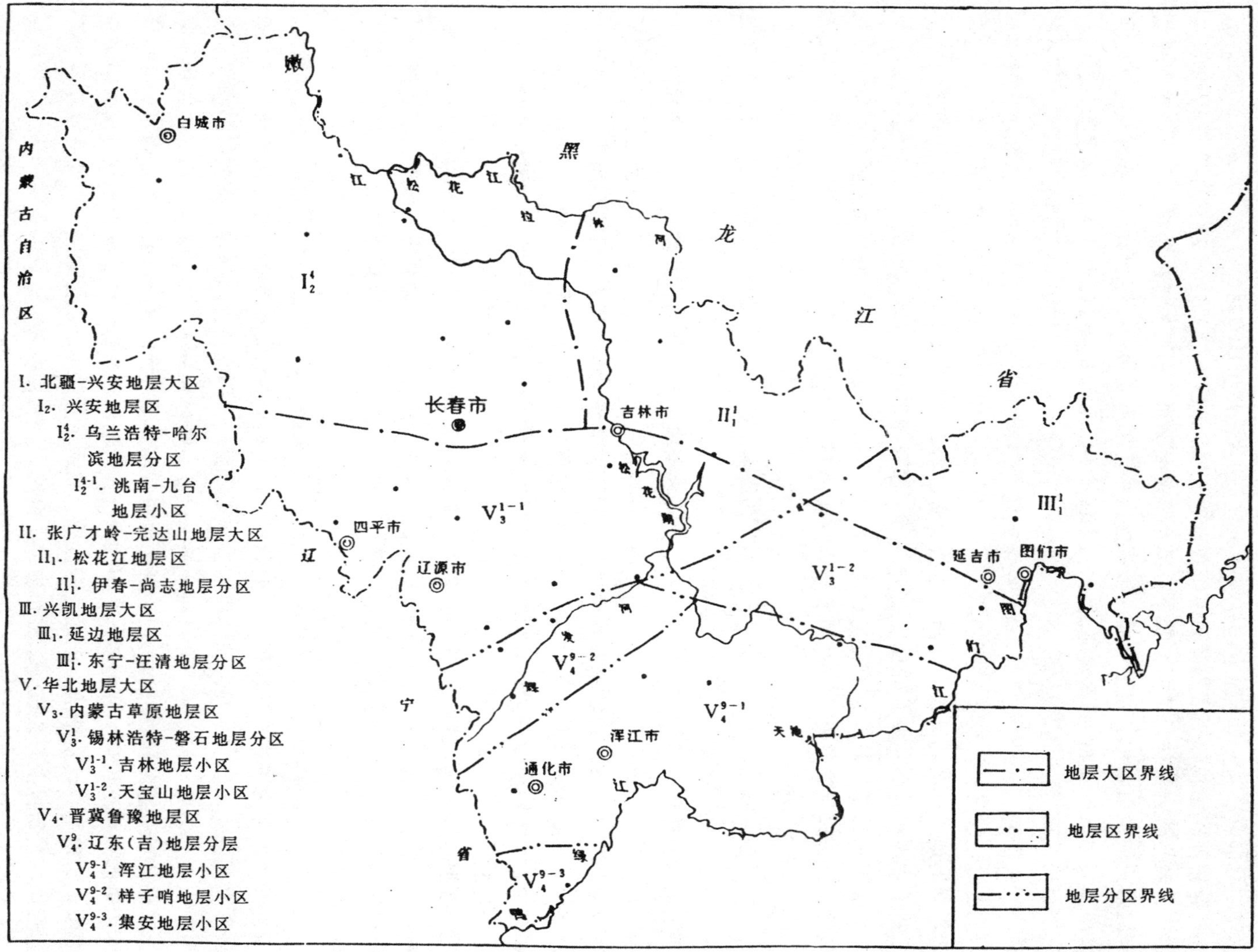

比例尺 1∶400万

图1-1 吉林省古生代（含前古生代）综合地层区划图

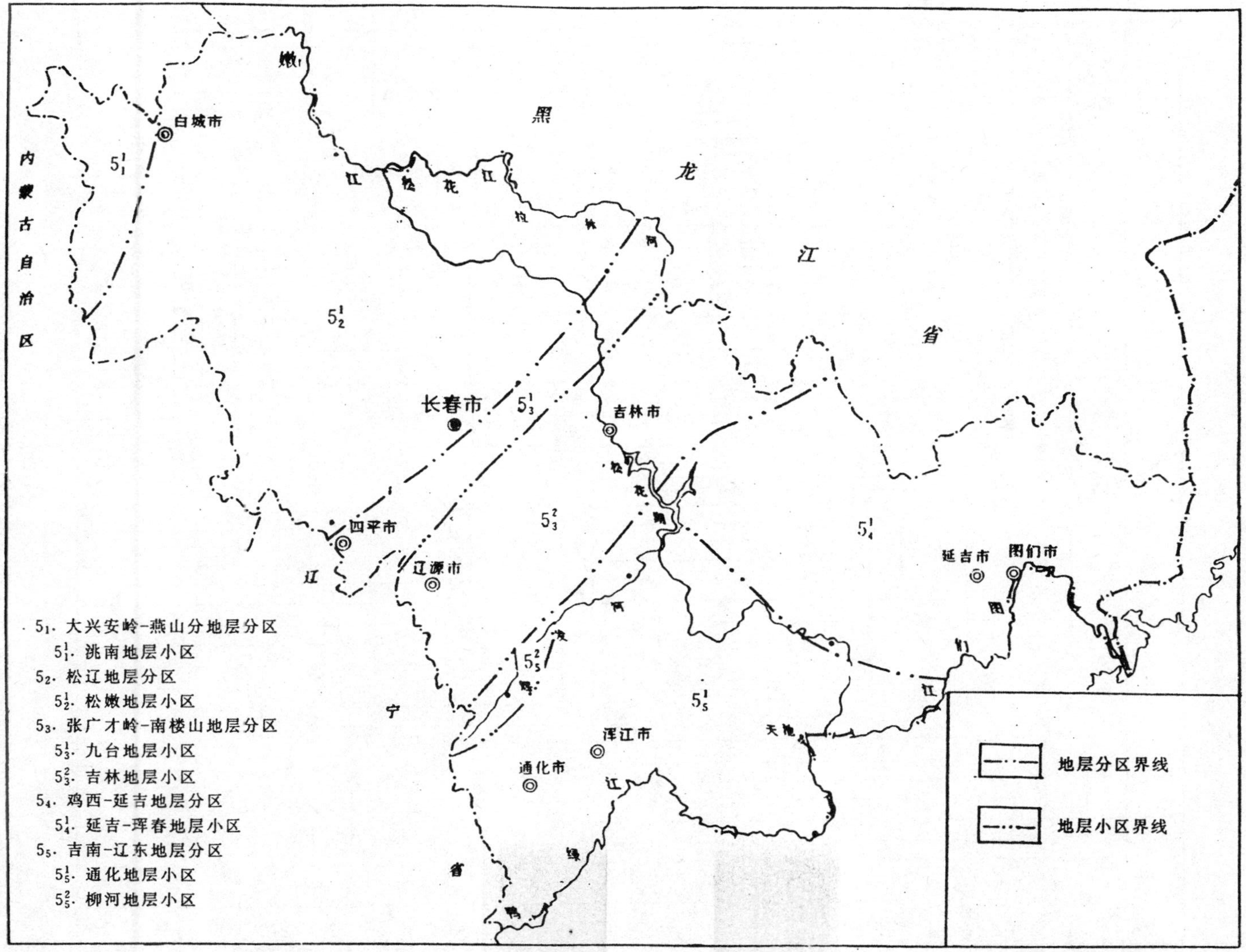

比例尺 1：400万

图 1-2 吉林省中、新生代综合地层区划图

表1-2 吉林省中、新生代岩石地层序列表

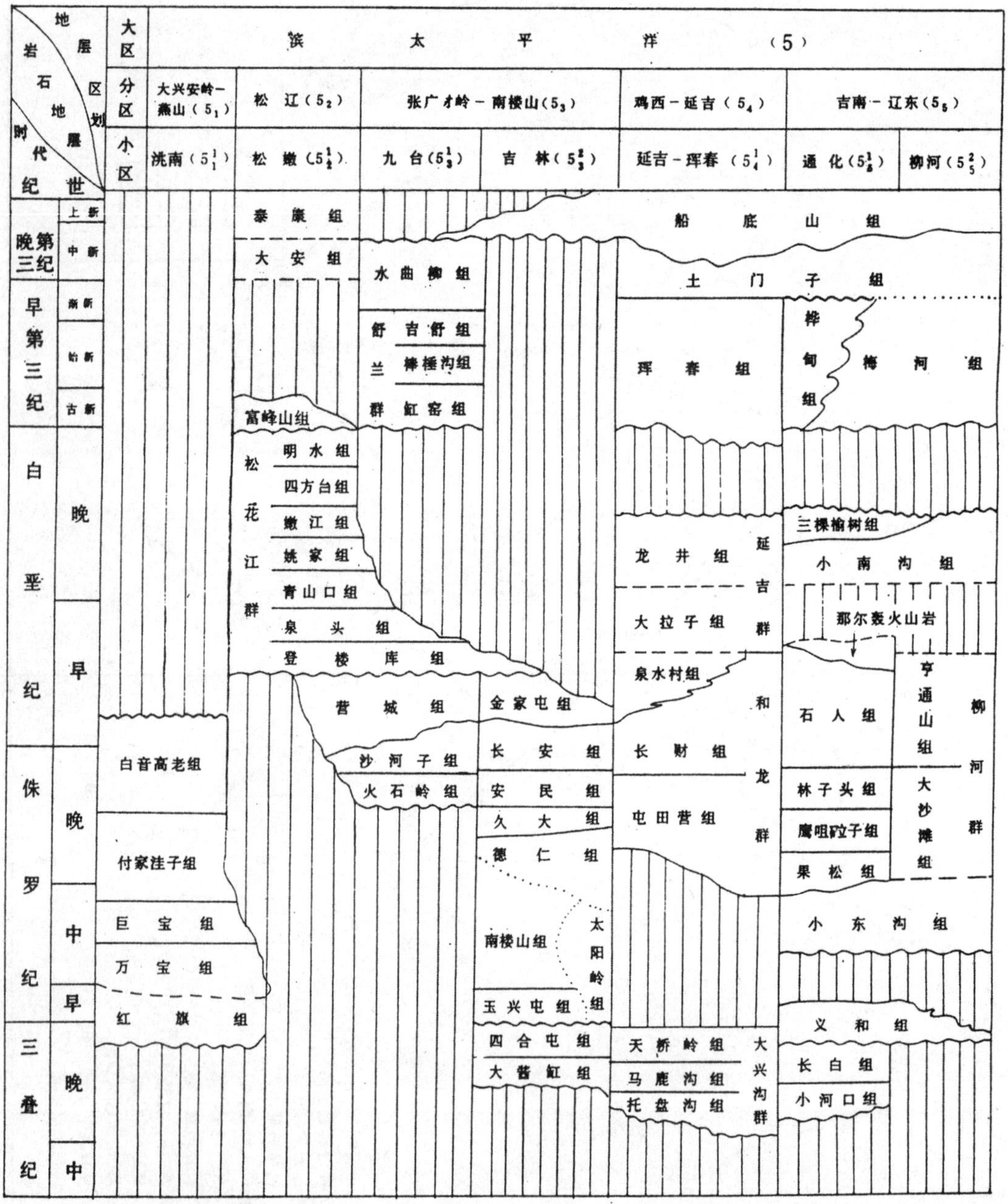

复陆屑沉积，台地相碳酸盐岩、火山岩及陆相碎屑岩沉积组成。

中、新生代吉林省整体上升为陆地，此时由于受滨太平洋构造活动的影响，整体上形成一系列的北东向火山盆地、沉积盆地和火山-沉积盆地，形成陆相火山岩和河湖相碎屑沉积

(表1-2)。晚三叠世在天桥岭盆地、金银别盆地、双阳盆地、浑江盆地和义和盆地，形成以大兴沟群为代表的钙碱性火山岩和含煤碎屑岩建造。早中侏罗世，主要形成火山岩及其碎屑岩，其次有含煤碎屑岩沉积，唯独在吉南-辽东地层分区有红色建造。晚侏罗世到早白垩世是我省重要的能源形成期，早期有煤，晚期有含石油、油页岩等沉积建造，其次有中、酸性火山岩喷发。晚白垩世以杂色碎屑岩沉积为主。第三纪则沿大陆裂谷形成含煤有机岩建造、硅藻岩建造和基性火山岩建造。

三、地层清理工作遵循的原则、有关规定及其他

地层多重划分对比研究是一项科学性强、涉及面广、工作繁重的基础地质研究系统工程。必须遵循统一的原则和规定。

(1) 严格遵循《中国地层指南及中国地层指南说明书》和《国际地层指南》规定的原则和地层单位命名的程序，使清理的成果与《国际地层指南》接轨；《1∶5万区域地质填图新方法》，这是采用现代地层学理论结合我国实际总结的原则，以此规范总结吉林省地层成果；遵循《全国地层多重划分对比(清理)研究项目总体设计和附件(陆相火山岩、造山带的岩石地层清理要求)》，是搞好本项目的根本。

(2)“清理”工作执行三个三结合的原则，即生产、科研、教学单位三结合；专业队伍和局系统内、外地质单位三结合；前人资料、综合研究、野外调查三结合，使成果反映我省地层工作最新资料。在计划实施过程中，长春地质学院(下简称长春地院)、沈阳地质矿产研究所(下简称沈阳地研所)、吉林省煤田地质研究所、东北内蒙古煤炭工业联合公司、吉林省地质矿产研究所(以下简称吉林地研所)、吉林石油普查勘探指挥所等单位的诸多专家、教授给予指导；在计划实施期间有10个1∶5万区测分队在沉积岩区工作，我们不仅参加了他们的部分工作(主要是层型剖面)，而且搜集到他们的最新研究成果，同时也检验了我们的成果。

(3) 吉林省地层清理按“全国项目办”的按排只清理早元古代至第三纪地层，太古宙和第四纪地层待条件成熟后进行清理。

(4) 本书对成层无序或整体有序内部无序的变质地层的单位称为(岩)组、(岩)群，其代号采用群、组代号右下角标以黑点，以示与成层有序的岩层相区别。

本书执笔人，第一章、第四章、第六章(大部分)、第七章、第八章、第十二章由李东津执笔；第二章、第三章及第六章中的青龙村(岩)群由孙大明执笔；第九章、第十章由万清友执笔；第十一章及第五章中的细河群、浑江群由许良久执笔；第六章中的呼兰(岩)群由王恩德、王启志执笔；第六章中的下二台(岩)群由冠小威执笔；第五章中的集安(岩)群、老岭(岩)群由王福润执笔；附录Ⅰ、Ⅱ、Ⅲ由李东津、万清友、许良久、车仁顺执笔；地层数据库由车仁顺、蔡仪祥、赵宏图建立；吉林省1∶50万地质图是在课题组的指导下由冠小威编制。全书中的第一、二篇由彭玉鲸、第三篇由谢学光再次审定，各章年代地层一节由彭玉鲸作了修订或改写，最后全文由李东津审核定稿。在本项目实施过程中得到许以衡、王友勤、陈尔臻高级工程师的热情帮助和指导；米家榕、段吉业教授，杨学林、吴水波、简人初、刘长安、刘尔义、徐公愉高级工程师，苏养正研究员等曾数次来所检查指导；武世忠、黄祖熙、刘发、张川波教授和张梅生博士等还给我们提供了他们本人和研究生的最新工作成果；还有吉林省地矿局所属1∶5万填图分队和长春地质学校区测分队的技术负责人徐永文、冯佐峰、龚庆彦、周晓东、李庚一、刘爱、马振哲、夏志亮等为我们提供了最新研究成果，并探讨了图

幅中的有关问题；王殿林、王国良、武玉芹、王淑平、李春娥、关秀清等在原始资料整理和报告清抄过程中付出了辛勤的劳动；朱乃文、孙恒元、刘爱等曾参加了本项目的前期工作；全书插图由徐卫、刘艳琴、石玉丽、易士敏、吕小梅清绘；报告打印由车仁顺、蔡仪祥、魏微、徐丽媛完成。还有不少同志为本书的编写和出版付出了辛勤的劳动，再次向这些同志致以由衷的谢意。

四、完成的主要工作量

经过三年的紧张工作，较圆满地完成了本项目设计书中的野外和室内工作，只是由于资金不足，同位素等部分样品未能得到结果。完成的主要工作量见表 1-3。

表 1-3　主要工作量一览表

工作内容	数　量	工作内容	数　量	工作内容	数　量
地层实测剖面	22 km	化学分析	5 件	成果卡片	155 分
检查地层剖面	64 km	同位素年龄（K-Ar）	7 件	其他卡片	477 分
路线追索	78 km	孢粉分析	15 件	微机软盘	6 张
槽　　探	1 400 m^3	微古分析	23 件	地质报告	1 分
岩矿鉴定	86 件	照片、幻灯片	308 张	地质图（1∶50 万）	1 张
化石鉴定	60 件	搜集资料	380 分		

第一篇　北疆-兴安地层大区、张广才岭-完达山地层大区、兴凯地层大区

吉林省北部按全国综合地层区划，古生代(含前古生代)跨三个地层大区（图1-1，表1-1)。均为邻省不同地层分区延入部分，已确定之岩石地层单位不多，故统列一篇予以论述。

第二章
晚元古代

仅零星见于北疆-兴安地层大区中的乌兰浩特-哈尔滨地层分区和张广才岭-完达山地层大区中的伊春-尚志地层分区。为具有各自不同特征的含铁变质火山岩系。已建立的岩石地层单位为二个(岩)群及二个(岩)组。

第一节　岩石地层单位

机房沟(岩)群　Pt*J*.　(01-22-0124)

【创名及原始定义】　长春市冶金工业局九台县工业局九台地质队1959年[①]创名，创名地点在九台市机房沟。专指该区的一套含铁变质岩系。

【沿革】　自创名后，很少被使用，并长期以呼兰(岩)群一名冠之。彭玉鲸、李东津等(1979)曾恢复使用。吉林省地矿局区域地质调查大队(以下简称吉林区调队)(1980)进一步将其划分为上、下两个岩性段。

---

① 长春市冶金工业局九台县工业局九台地质队，1959，九台县地质矿产报告(未刊)。

【现在定义】 系指松辽盆地西南缘周边山区，九台市机房沟、大窝堡、平安屯等地，由绢云石英片岩、绿泥石英片岩、绢云绿泥片岩夹大理岩及磁铁矿层的一套变质火山-碎屑沉积岩系。

【层型】 正层型为九台市大窝家—孙家大院剖面（125°11′，43°07′），吉林区调队1980年重测。

机房沟(岩)群	总厚度>2 014.2 m
上段	厚度>1 064.6 m
3. 灰白色绢云石英片岩。局部见变余流纹构造，石英、长石变余斑晶清晰可见。(未见顶)	502.1 m
2. 绢云绿泥片岩与绿泥绢云片岩互层夹绢云石英片岩。其内变余砂屑较多，可见残留的原生层理、斜层理	434.1 m
1. 浅灰色绢云石英片岩。所含之石英、长石残晶、变余砂屑，自下而上有由大变小、由粗变细的趋势	128.4 m
———— 整　合 ————	
下段	厚度>949.6 m
9. 灰—灰白色绢云石英片岩	72.1 m
8. 浅灰色结晶灰岩	16.1 m
7. 灰—浅灰色绢云石英片岩	35.8 m
6. 浅灰绿色绢云绿泥石英片岩	118.9 m
5. 灰白色绢云石英片岩	22.6 m
4. 灰绿色绿帘绿泥石英片岩	63.2 m
3. 灰白—浅灰色绢云石英片岩	64.9 m
2. 灰绿色绿帘绿泥绢云石英片岩	414.1 m
1. 灰—灰白色绢云石英片岩。(未见底)	141.9 m

该剖面为一背斜构造，北东翼层序较完整，但下段中花岗岩侵位后层序不全，故下段层序取自南西翼，该翼顶部8、9层夹有方解绿泥磁铁片岩凸镜体与北东翼含铁层相对应，为机房沟(岩)群的下段顶界标志层 。在机房沟、大窝家均可见上段底部的绢云石英片岩整合其上。

【地质特征及区域变化】 机房沟(岩)群含铁变质岩系以绢云石英片岩、绿泥石英片岩、绢云绿泥片岩夹大理岩(结晶灰岩)、方解绿泥磁铁片岩和磁铁矿扁豆体为特征。在遭受后期的糜棱岩化作用后，岩石呈现绿片岩相之外貌。原岩为一套中、酸性火山岩夹钙泥质或泥质粉砂岩和含铁质或铁质泥硅质岩及碳酸盐岩。依据其在大面积花岗岩中残留块体的分布，构成九台六台乡-三台乡、左家镇-打渔楼、舒兰朝阳沟-鸡爪顶子三条北东方向的展布带。前者为含铁带，后二者岩石类型中多见变粒岩。由于单个地质体面积均很小，故岩相及厚度等方面总的变化尚不清楚，向东北入黑龙江省哈尔滨地区，和落马湖(岩)群的关系未被研究。在省内，从“含铁变质火山岩系”这一角度，前人曾将其和塔东(岩)群、西保安(岩)组进行过对比。

塔东(岩)群　Pt*T*.　(02-22-0018)

【创名及原始定义】 本课题组1992年创名，创名地点在敦化市塔东。指分布于敦化市塔东、东石河及汪清县张家店等地，呈孤岛状残存于花岗岩中的一套含铁变质岩系，主要岩性为片麻岩、片岩、角闪岩、变粒岩、大理岩及磁铁角闪岩。并进一步划分为朱敦店(岩)组和拉拉沟(岩)组。

【沿革】 该(岩)群最早为沈阳地质局大黑山地质队(1957)称之为五台系，后为黑龙江省地质局第一地质队(1977)称二合营群，吉林区调队一分队(1978)称青龙村群，并进一步划分出上、下段，近期的地质文献中或冠以呼兰群或仍谓青龙村群。经本次对比研究该(岩)群从岩石组合特点及特殊的含矿性均和上述(岩)群截然有别，故以其铁矿所在地命名，新建塔东(岩)群，划分出二个(岩)组(表 2-1)。

【现在定义】 同原始定义。

拉拉沟(岩)组 **Pt*l*.** (**02-22-0019**)

【创名及原始定义】 本课题组 1992 年创名，创名地点在敦化市塔东。意为塔东(岩)群下部的含铁变质岩系。

【沿革】 拉拉沟(岩)组作为一地层实体早在 1975 年即被认识。嗣后被冠以不同岩石地层单元名称(表 2-1)。

表 2-1 塔东(岩)群划分沿革表

<table>
<tr><th colspan="2">沈阳局
大黑山队
1957
敦 化</th><th>吉林区调
队三分队
1960
敦 化</th><th>延边地质
综合队
1974
塔 东</th><th colspan="2">黑龙江局
一 队
1977
镜泊湖</th><th colspan="2">吉林区调队
一分队
1978
塔 东</th><th colspan="2">吉林局六所
一分队
1988
塔 东</th><th colspan="2">吉林省
区调所
1988
塔 东</th><th colspan="2">本 书
塔 东</th></tr>
<tr><td rowspan="2">Ar</td><td rowspan="2">五台系</td><td rowspan="2">太古界</td><td rowspan="2">志留—泥盆系</td><td rowspan="2">二合营群(S)</td><td rowspan="2">红光组</td><td rowspan="2">S—D</td><td rowspan="2">青龙村群</td><td rowspan="2">二合营群(S)</td><td rowspan="2">红光组</td><td rowspan="2">O—∈</td><td>黄莺屯组</td><td rowspan="2">塔东(岩)群</td><td>朱敦店(岩)组</td></tr>
<tr><td>西保安组</td><td>拉拉沟(岩)组</td></tr>
</table>

【现在定义】 指底部为花岗岩侵入，整合于朱敦店(岩)组之下的一套含铁变质岩系，由斜长角闪岩、磁铁斜长角闪岩、角闪岩、透辉斜长变粒岩和少量浅粒岩、透辉石榴变粒岩、磁铁绿帘石岩等构成的岩石组合。

【层型】 正层型为敦化市大山咀子乡拉拉沟剖面(128°32′，43°54′)，吉林区测队 1978 年测制。

上覆地层：**朱敦店(岩)组** 红柱石白云石英片岩

——————— 整 合 ———————

拉拉沟(岩)组	总厚度＞865.9 m
14. 角闪透辉斜长片麻岩	188.2 m
13. 角闪透辉斜长变粒岩	48.5 m
12. 磁铁透辉绿帘石岩	90.9 m
11. 角闪石岩	246.5 m

10. 透辉浅粒岩	71.1 m
9. 角闪二长片麻岩	22.5 m
8. 透辉斜长变粒岩	40.5 m
7. 角闪钾长变粒岩	13.5 m
6. 黄铁矿化、磁铁透辉斜长变粒岩	4.5 m
5. 斜长角闪岩	4.9 m
4. 透辉斜长变粒岩夹磁铁斜长角闪岩	91.8 m
3. 浅粒岩	6.0 m
2. 斜长角闪岩夹透辉二长变粒岩	24.1 m
1. 透辉石榴变粒岩	12.9 m

（花岗岩侵入）

【地质特征及区域变化】 拉拉沟(岩)组以角闪质岩石为主，有斜长角闪岩、角闪岩、透辉斜长变粒岩及少量浅粒岩、透辉石榴变粒岩夹有磁铁绿帘石岩和磁铁透辉斜长变粒岩，赋存有大型磁铁矿床。层型区厚度大于 865.9 m。原岩恢复，角闪质岩石为低钾拉斑玄武岩和钙碱性玄武岩；各种变粒岩属火山岩和沉积岩的过渡类型。在铁矿层中仍保留条带状原生沉积构造和韵律层。拉拉沟(岩)组在层型区仅见于拉拉沟、棺树顶子一带，呈近南北向延入黑龙江省后，火山物质减少，正常沉积组分增加，矿层减薄。变质程度达高绿片岩相—低角闪岩相。

朱敦店(岩)组 Pt$\hat{z}$*d*. (02-22-0020)

【创名及原始定义】 本课题组 1992 年创名，创名地点在敦化市塔东一带。主要以黑云斜长片麻岩、黑云石英片岩夹大理岩组成的一套地层。

【沿革】 吉林区调队(1978)曾将本区之塔东(岩)群称为青龙村(岩)群，朱敦店(岩)组即为其上段。

【现在定义】 整合于拉拉沟(岩)组角闪透辉斜长片麻岩之上，为片岩、变粒岩、片麻岩、斜长角闪岩夹数层大理岩组成的一套地层。顶部被花岗闪长岩侵入。

【层型】 正层型为敦化市大山咀子乡拉拉沟剖面(128°32′，43°54′)，吉林省区测队 1978 年测制。

（花岗闪长岩侵入）

朱敦店(岩)组	总厚度＞1 073.3 m
25. 黑云斜长片麻岩夹透辉大理岩	208.4 m
24. 二云石英片岩夹透辉大理岩，底部有伟晶岩侵入	195.0 m
23. 黑云斜长片麻岩，底部有花岗岩侵入	28.7 m
22. 透辉变粒岩	47.8 m
21. 斜长角闪片麻岩	37.8 m
20. 蚀变透辉斜长变粒岩	197.7 m
19. 斜长角闪岩	104.6 m
18. 红柱石黑云石英片岩	81.8 m
17. 条带状透辉变粒岩	77.4 m
16. 透辉大理岩	42.1 m

15. 红柱石白云石英片岩 52.0 m.

——————— 整 合 ———————

下伏地层：**拉拉沟(岩)组** 角闪透辉斜长片麻岩

【地质特征及区域变化】 朱敦店(岩)组以黑云石英片岩、黑云变粒岩、浅粒岩夹数层大理岩为特征。大理岩中硅质条带较发育。塔东一带本组厚 1 073 m。原岩恢复，朱敦店(岩)组大部属泥砂质沉积岩，角闪质岩石可能属于火山岩。变质程度属绿片岩相。

朱敦店(岩)组分布略广，除塔东地区外，在官地柳木桥、东石河、朱蛮沟、汪清张家店等地均有出露。大体沿佳木斯古陆的南缘断续分布。由南而北黑云斜长片麻岩、斜长角闪片麻岩、斜长角闪岩渐减，片岩、白云石英岩渐增，反映其原岩火山物质含量趋少，碳酸盐岩层厚度变薄，乃至消失，陆源碎屑增高。

第二节 年代地层

机房沟(岩)群和塔东(岩)群的地质年代一直存有不同的认识，早期所获少量的 K－Ar 年龄数据多小于 350 Ma，被视为后期构造热事件的改造或再造年龄。最近彭玉鲸等(1995)获得鳌龙背变粒岩锆石单颗粒 U－Pb 年龄值，T(206/238)为 781.2±2.5 Ma，T(207/235)为 946.9±5.0 Ma，T(207/206)1 354.8±1.4 Ma，暂定为晚元古代。

本课题组依据其变质程度较高，成层无序，出现变质硅铁质建造等特征，及拉拉沟(岩)组被 672 Ma 的二长花岗岩侵入之新证据，暂均将其地质年代置于晚元古代。

第三章
志留纪

我省北部的三个地层大区中，除松辽盆地基底朝深4井中钻遇含四射海绵骨针的早志留世沉积（汪筱林，1993）外，至今尚未发现有确切证据的寒武纪—中志留世的岩石地层。仅于兴凯地层大区中，分布于珲春东部的五道沟群暂置于志留纪一章中叙述。

第一节 岩石地层单位

五道沟群 *SW* (03－22－0034)

【创名及原始定义】 源于毕振刚、李必奇(1965)① 所建的五道沟组，创名地点在珲春县马滴达乡五道沟，代表珲春东部的变质岩系。

【沿革】 该群作为一个独立的岩石地层单位划出始于1958年，正式创名后至1983年，文献中多引用青龙村群一名替代。直到1985年张文海等，将“组”升“群”，称五道沟群，并划分为三个岩性段。本书采纳其观点，进一步将“段”升为“组”，即把一、二、三段分别称为马滴达组、杨金沟组和香房子组(表3－1)。

表3－1 五道沟群划分沿革表

吉林区测队 1965 珲春	毕振刚等 1965 珲春		吉林省地层表编写组 1975 珲春		冶金603队 1975 珲春		吉林区调一分队 1983 珲春		张文海等 1985 珲春		吉林区调队 1988		本书 珲春	
古生界	AnC	五道沟组	D	青龙村群	D	青龙村群	下古生界	青龙村群	五道沟群	三段	S	桃山组	五道沟群	香房子组
										二段				杨金沟组
										一段	O	石缝组		马滴达组

① 吉林省地质局延边大队第二地质队毕振刚、李必奇，1965，珲春、春化一带第三纪含金砾岩普查报告(未刊)。

【现在定义】 指分布于珲春东部由变质碎屑岩和变质火山岩组成的一套地层。自下而上包括马滴达组、杨金沟组和香房子组。

马滴达组 *Sm* (03-22-0033)

【创名及原始定义】 本课题组1993年命名，创名地点在珲春县马滴达乡。指五道沟群下部(相当于原一段)之岩石地层。

【沿革】 见表3-1。

【现在定义】 指五道沟群下部地层，即杨金沟组之下的以变质砂岩、粉砂岩为主，夹有变安山质、英安质火山岩和火山碎屑岩的一套地层。底界为花岗闪长岩侵入，顶部以变质砂岩与杨金沟组灰绿色角闪片岩分界，两者为整合接触。

【层型】 正层型为珲春县马滴达乡杨金沟剖面（130°52′，43°09′），吉林区测队1981年测制。

上覆地层：**杨金沟组** 灰绿色角闪片岩

—————— 整 合 ——————

马滴达组	总厚度＞227.6 m
5. 灰黑色、紫灰色变凝灰质细砂岩、粉砂岩夹黑色板岩及薄层灰绿色角闪片岩，底部有次安山岩侵入	42.2 m
4. 灰黑色薄层变凝灰质细砂岩	19.0 m
3. 灰色块状绢云长英质角岩，其中有石英闪长斑岩侵入	36.6 m
2. 灰紫色块状变英安岩、变安山质熔岩夹紫灰色条纹状变中粒杂砂质长石砂岩	37.3 m
1. 紫灰色厚层状变中粒杂砂岩夹少量黑色粉砂质红柱石绢云母板岩	＞92.5 m

(花岗闪长岩侵入)

【地质特征及区域变化】 马滴达组以紫灰色—灰黑色杂砂岩、细砂岩、粉砂岩夹灰紫色变质中性火山岩为特征。总厚度大于227.6 m。杨金沟、五道沟一带仅见该组的上部地层，是一套粒度略粗的变杂砂质长石砂岩夹中酸性熔岩。碎屑岩成分的成熟度较低，为近距离、快速沉积产物。在东南岔地区则有成熟度较高的变质细砂岩、粉砂岩。在四道沟、塔子沟、桃源洞等地沉积物颗粒变细，所见岩性为云母石英片岩和片理化流纹岩、变粉砂岩。

【其他】 正层型剖面测制时曾认为5—4层之间有沉积间断，经核查，5层底部原定变英安岩实属次安山岩类，可见岩枝和烘烤现象，属侵入接触关系。故第5层厘定为马滴达组之顶部层位。马滴达组与杨金沟组在此呈整合接触。马滴达组的变质程度较浅，基本保留了原岩的沉积结构、构造。原岩为碎屑岩—中酸性火山岩。

杨金沟组 *Sy* (03-22-0032)

【创名及原始定义】 本课题组1993年创名，创名地点是珲春县马滴达乡杨金沟。大致相当于原五道沟群二段(张文海等，1985)。岩性为变质火山岩夹碎屑岩及灰岩凸镜体。

【沿革】 见表3-1。

【现在定义】 指整合于马滴达组之上、香房子组之下的一套变质火山岩系，由灰黑色角闪石英片岩、绿色角闪片岩、黑云片岩夹条带状大理岩和变质砂岩组成。顶、底以变质红柱石黑云片岩和变质杂砂岩分别与香房子组、马滴达组分界。

【层型】 正层型为珲春县马滴达乡杨金沟剖面(130°52′, 43°09′), 吉林区测队1981年测制。

上覆地层: **香房子组** 含石榴石红柱石黑云片岩

——————— 整 合 ———————

杨金沟组	总厚度 570.4 m
12. 灰黑色角闪石英片岩	12.5 m
11. 黑云石英片岩, 其中有数条片理化细粒闪长岩脉侵入	107.6 m
10. 黄灰色片理化粉砂岩	38.6 m
9. 灰绿色角闪片岩夹灰褐色薄层状变质英安岩	130.4 m
8. 紫灰褐色黑云石英片岩	92.8 m
7. 灰白色片理化条带状不纯大理岩, 夹灰绿色薄层角闪片岩	5.0 m
6. 灰绿色角闪片岩, 其中有细粒闪长岩侵入	183.5 m

——————— 整 合 ———————

下伏地层: **马滴达组** 变质细砂岩

【地质特征及区域变化】 杨金沟组以灰绿色角闪片岩、黑云石英片岩、角闪石英片岩, 夹少量变质砂岩、条带状大理岩凸镜体的一套绿片岩系为特征, 总厚度570.4 m。本组在五道沟—杨金沟一带以角闪片岩为主, 原岩多为安山岩及中性凝灰岩, 并有少部分玄武岩。向北至东南岔一带角闪片岩明显变薄, 出现黑云石英片岩和变质粉砂岩, 其原岩为变质流纹岩、砂岩。在碱硅图解及里特曼-戈帝尼图中, 杨金沟组的火山岩具有典型造山带构造环境的中-基性火山岩类特征。

香房子组 S*x* (03-22-0035)

【创名及原始定义】 本课题组1993年所创, 创名地点在珲春县马滴达乡香房沟。指杨金沟组之上, 以黑色、灰黑色板状红柱石二云片岩、红柱石二云石英片岩、黑云角闪石英片岩及各种片岩为主夹变质细砂岩及粉砂岩组成的岩石地层。顶部因花岗岩侵入而缺失, 底部为花岗岩侵入, 在杨金沟剖面与杨金沟组整合接触。

【沿革】 见表3-1。

【现在定义】 同原始定义。

【层型】 正层型为珲春县马滴达乡香房沟剖面(130°55′, 43°14′), 吉林区调队1981年实测。

(花岗岩侵入)

香房子组	总厚度>1 225.38 m
18. 灰色含榴黑云石英片岩及灰黑色红柱石黑云石英片岩, 其中有闪长玢岩侵入	>37.00 m
17. 灰黑色角闪片岩, 底部有片麻状黑云母斜长花岗岩侵入	>48.45 m
16. 黑灰色板状红柱石二云片岩	>152.75 m
15. 灰黑色黑云石英片岩夹灰色角闪石英片岩	49.52 m
14. 灰黑色黑云角闪石英片岩	115.16 m
13. 黑灰色板状红柱石二云片岩	95.40 m
12. 浅灰色红柱石二云石英片岩	13.70 m

11. 灰白色—深灰色二云石英片岩，其中有片理化细粒闪长岩侵入 >20.01 m
10. 黑灰色黑云石英片岩 >19.70 m
9. 黑灰色板状红柱石二云石英片岩 >101.68 m
8. 灰色黑云石英片岩 17.06 m
7. 紫灰色红柱石二云石英片岩 22.45 m
6. 黑灰色板状堇青石、红柱石、黑云石英片岩 173.06 m
5. 灰紫色变质细砂岩 36.66 m
4. 黑灰色板状红柱石二云石英片岩，底部有片理化闪长玢岩侵入 169.04 m
3. 紫灰色片理化变质砂岩 >53.54 m
2. 灰黑色板状红柱石二云片岩 76.20 m
1. 灰紫色—灰绿色黄铁矿化黑云母长英质角岩 >24.00 m

（花岗岩侵入）

【地质特征及区域变化】 香房子组的特征：下部红柱石二云片岩与粉砂岩（或细砂岩）互层；上部为二云石英片岩、黑云角闪石英片岩。岩石中普遍有低级变质矿物石榴石、堇青石、黑云母等。总厚度大于 1 225.58 m。正层型香房子剖面本组顶底不全，但杨金沟剖面中本组与下伏杨金沟组整合接触。从马滴达到西南岔、杨金沟、太阳川等地，该组之岩石特征变化不大。据变余岩石组构特点及岩石化学特征，原岩为粉砂质、泥质岩石。

第二节 年代地层

1958 年前各家均将其划为古生代，1958 年乌苏里江综合考察队划为前寒武纪。1965 年后均将其和青龙村（岩）群对比，并随后者之地质时代的变动而变化。1979 年彭玉鲸、李东津等认为五道沟（岩）群的上段和中段可与桃山组对比，将其时代划入奥陶纪—早志留世。本课题组据与我国春化—罗子沟相接壤的俄罗斯边境含笔石的志留纪地层的岩石组成与五道沟群相似，将其时代暂置志留纪。

第四章
二叠纪—早三叠世

该断代岩石地层在我省北部三个地层大区中均较发育，并有各自的特征。已确定有 7 个组级岩石地层单位，特别是早三叠世卢家屯组具有重要的地质意义。

第一节　岩石地层单位

哲斯组　$P_1\hat{z}s$　(01－22－0076)

【创名及原始定义】　美国人 Berkey 和 Morris 于 1927 年创名，创名地点在内蒙古达尔罕茂明安联合旗满都拉苏木东 35 km 的哲斯一带。原始定义是将分布于哲斯一带的砂岩、页岩和含二叠纪 *Lyttonia* 动物群的灰岩等称为哲斯组。

【沿革】　我省北部划属北疆-兴安地层大区东缘的洮南-九台地层小区中的哲斯组，于洮南原称吴家屯组，于吉林、长春之北原称范家屯组。其岩石组合和生物群面貌与哲斯组十分相似，属于同物异名。经本次对比研究统称为哲斯组(表 4－1)。

表 4－1　乌兰浩特-哈尔滨地层分区哲斯组、林西组划分沿革表

<table>
<tr><th colspan="2">长春地质学院白城队
1961
白城西部</th><th colspan="2">白城地质大队
1962
白城西部</th><th colspan="2">吉林区调所四分队
1964
洮南</th><th colspan="2">吉林省地层表编写组
1975
吉林西部</th><th colspan="2">吉林区调队一分队
1978
洮南</th><th colspan="2">曲永贵等
1980
野马地区</th><th colspan="2">吉林区调队
1978
九台地区</th><th colspan="2">吉林省地层编写组
1975
九台地区</th><th colspan="2">本书
九台、洮南地区</th></tr>
<tr><td colspan="2">灰场组(P)</td><td rowspan="4">P—C</td><td>灰场组</td><td rowspan="4">P—C</td><td rowspan="2">梦家沟组</td><td rowspan="4">P_1</td><td rowspan="2">吴家屯组</td><td rowspan="4">P_1</td><td rowspan="2">吴家屯组</td><td rowspan="4">P</td><td rowspan="2">索伦组</td><td rowspan="4">P</td><td rowspan="2">杨家沟组</td><td rowspan="4">P</td><td rowspan="2">杨家沟组</td><td rowspan="4">P</td><td rowspan="2">林西组</td></tr>
<tr><td rowspan="3">东升群(C)</td><td>和平组</td><td>兴泉组</td></tr>
<tr><td>兴泉组</td><td rowspan="2">闹连城组</td><td rowspan="2">闹连城组</td><td rowspan="2">大石寨组</td><td rowspan="2">大石寨组</td><td rowspan="2">吴家屯组</td><td rowspan="2">范家屯组</td><td rowspan="2">范家屯组</td><td rowspan="2">哲斯组</td></tr>
<tr><td>闹连城组</td></tr>
</table>

【现在定义】　指分别整合或不整合于包特格组及大石寨组之上的一套砂岩、板岩和灰岩

凸镜体的岩石组合，部分地区发育有火山碎屑岩和硅质岩。富含腕足类、珊瑚、䗴等。未见顶，区域上被林西组整合或不整合覆盖。在吉林省为一套碎屑岩系。以含砾杂砂岩、杂砂岩、长石砂岩、细砂岩为主，夹有粉砂岩、灰岩凸镜体组成的岩石组合，在吉林西部夹有铁硅质岩。产腕足类、头足类及苔藓虫化石。未见底，区域上在大石寨一带与下伏大石寨组整合接触；与上覆万宝组为不整合接触。

【层型】 正层型在内蒙古自治区。省内次层型为洮南县野马山—黑顶屯剖面(121°59′,45°38′)，曲永贵等1986年测制。

上覆地层：万宝组　砾岩

～～～～～～～～～～ 不整合 ～～～～～～～～～～

哲斯组	总厚度 2 095.35 m
39. 蚀变砂岩、砾岩	23.66 m
38. 灰白色蚀变含砾中粒长石砂岩	34.36 m
37. 暗灰色粗粒岩屑砂岩	59.88 m
36. 强蚀变凝灰岩	26.62 m
35. 变质粉砂质细砂岩	16.64 m
34. 灰绿色蚀变层凝灰岩	26.62 m
33. 凝灰质中粗粒岩屑砂岩	26.62 m
32. 灰绿色细粒长石质岩屑砂岩	37.68 m
31. 凝灰质细砂岩	37.19 m
30. 灰绿色中细粒岩屑砂岩夹含粉砂质泥岩	40.96 m
29. 黄绿色凝灰质岩屑砂岩	39.80 m
28. 蚀变凝灰质中细粒砂岩	36.81 m
27. 中细粒凝灰质岩屑砂岩	44.32 m
26. 含粉砂细粒岩屑砂岩	37.58 m
25. 长石细砂岩	37.57 m
24. 中细粒岩屑砂岩	26.30 m
23. 粗中粒岩屑砂岩	38.84 m
22. 细砂质粉砂岩	34.96 m
21. 蚀变凝灰岩	31.08 m
20. 中粗粒岩屑砂岩	52.60 m
19. 不等粒长石砂岩	21.40 m
18. 黄绿色细砂质粉砂岩	66.73 m
17. 黄绿色粉砂质细粒长石石英砂岩	83.73 m
16. 中细粒岩屑长石砂岩	46.01 m
15. 含砾泥质砂岩	43.33 m
14. 含砾粗岩屑砂岩	29.38 m
13. 黄绿色含砾砂岩	40.50 m
12. 中粗粒岩屑砂岩	38.47 m
11. 黄绿色含砾砂岩	50.23 m
10. 中细粒岩屑砂岩	31.00 m
9. 含砾砂岩	32.74 m
8. 中粗粒岩屑长石砂岩	39.20 m

7. 黄绿色含砾砂岩夹凝灰质粉砂岩	48.54 m
6. 含砾粗中粒岩屑砂岩	100.43 m
5. 中粗粒岩屑砂岩夹含砾中粗粒岩屑砂岩	205.39 m
4. 阳起石、绿泥石化不等粒砂岩	56.10 m
3. 含砾中粗粒岩屑砂岩	203.29 m
2. 绿帘石化砂岩	135.10 m
1. 阳起石化含砾中细粒岩屑砂岩夹不等粒长石质岩屑砂岩。(未见底)	113.69 m

【地质特征及区域变化】 在洮南县哲斯组主要岩性为砂岩、粉砂岩、含砾砂岩夹灰岩凸镜体及含铁硅质岩。在其展布的空间，西自黑顶山，东至好田，北起野马吐，南至永茂铁矿，向西延入内蒙古。于野马吐、黑顶山、九顶山等地本组中下部鲍马层序发育，在鲍马序列中常夹有含铁硅质岩，一般呈暗紫色、紫红色，局部为灰白色，呈条带状或不规则状，长几米—百余米，最长可达 300 m。厚几十厘米到百余米不等。总厚度大于 2 095.3 m。在黑顶山采到丰富的腕足动物化石。另外在长春，零星分布于双阳周家窑、九台三台子、波泥河子等地的哲斯组，以砂岩和含砾砂岩、凝灰质砂岩、粉砂岩为主，夹有泥岩。产菊石、腕足类、珊瑚、苔藓虫、腹足类等多门类化石，周家窑的灰岩凸镜体中还有䗴化石。可见厚度数百米至千余米。从沉积环境分析，洮南地区存在着斜坡相的沉积，长春地区则显示出潮下带的沉积特征。时代为早二叠世。

林西组 P_2l (01-22-0077)

【创名及原始定义】 最早称林西系，由法国学者 Teilhard Chardin(德日进)1924 年命名，创名地点在内蒙古林西县林西镇官地附近。是指林西镇附近的一套黑色砂板岩地层。

【沿革】 洮南-九台地层小区的林西组，在九台地区由长春地院(1975)命名为杨家沟组；洮南地区由曲永贵等(1986)划出，并和日本学者 1931 年所建索伦页岩相比，称索伦组。经本次研究它们和林西组为同物异名，故应由林西组统一取代(表 4-1)。

【现在定义】 指整合或不整合在哲斯组之上的黑灰色为主色调的砂岩、板岩组合，含 *Palaeanodonta* 和 *Palaeomutela* 动物群及植物化石。上界被中生代不同地层所覆。在吉林省以海陆交互相的黑灰色砂岩、板岩为主，夹含砾砂岩的一套地层，局部夹薄层粒屑灰岩、泥灰岩凸镜体。产植物和双壳类化石。未见底，上被中生代不同地层所覆。

【层型】 正层型在内蒙古自治区，省内次层型为九台县波泥河子乡杨家沟剖面(125°50′，43°56′)，据长春地院水文队 1975 年资料，本课题组修订。

林西组	总厚度＞568.8 m
6. 黄绿色泥质粉砂岩夹灰白色泥灰岩。(未见顶)	49.9 m
5. 黄绿色钙质粉砂岩	47.6 m
4. 黄绿色泥质粉砂岩	32.2 m
3. 黄绿色页岩夹黄绿色泥灰岩，夹数层泥灰岩凸镜体，产 *Leibea* cf. *tumida*，*Schizodus pinguis*，*Nuculopsis yangzensis*，*Palaeanodonta* sp.	130.0 m
2. 灰黑色页岩	232.9 m
1. 灰黑色页岩	76.2 m

══════ 断　层 ══════

下伏：**中生代** 砂砾岩

【地质特征及区域变化】 分布于长春—吉林一线的林西组，以砂岩、板岩为主夹有薄层泥灰岩和粒屑灰岩。砂岩、板岩呈韵律层产出，产双壳类及植物化石。厚度大于568.8 m。在马兴屯一带还有浊积岩层，其中E层中常见遗迹化石，有均分潜迹和古网迹，少量垂直钻孔等较深水相遗迹与浅水遗迹共生。还有粒屑灰岩和角砾状灰岩凸镜体，其中有再沉积的早二叠世䗴类和头足类化石。吉林省地质矿产局区域地质矿产调查所（以下简称吉林区调所）(1990)将这套地层新建非正式地层单位，置杨家沟组之上，代表晚二叠世的一次大规模海侵。实际上是杨家沟组向东延伸和褶皱重复部分，其层位较次层型剖面略底。永吉县大口钦一带也有以黑色砂岩、板岩组成的韵律层，常见植物碎片，吉林区调所（1992）在大口钦一带发现了保存完好的三叶虫。吉林省西部洮南莲花山黑顶山屯一带除砂岩、粉砂岩之外，在其下部含有较多的含砾砂岩和砂质砾岩。砾岩的砾石成分主要来自下伏岩层，磨圆一般，分选较好，具有叠瓦状构造，呈凸镜体产出，沿走向变化大，属水道相沉积。在西太平、野马吐山及莲花山本组产腕足类、双壳类和植物化石。地质时代为晚二叠世。

【其他】 该组在我省无论是东部或西部，所列次层型剖面及未列的参考剖面，均未见顶、底，因此其全部含义尚不清楚。特别是已有三个剖面均已发现典型的海相动物化石，据此，在本课题验收时，评审员认为这与正层型地区陆相的林西组有明显差别，提出保留杨家沟组之建议。

卢家屯组 T_1l （01-22-0078）

【创名及原始定义】 吉林区调队(1980)于九台市卢家乡卢家屯创名。按岩性组合自下而上划分三段，即影背山砾岩段、漏斗山杂色岩段、卢家黑色岩段。平行不整合在马达屯组之上，时代为早三叠世。

【沿革】 1959年九台县工业局九台地质队曾将该套地层定为波泥河组。吉林省地质局、长春地院合办队1975年将该地层下部杂色砂岩、砾岩归入一拉溪组，上部含化石的黑色粉砂岩、泥岩归入杨家沟组，时代置晚二叠世。卢家屯组创名后，吉林区调所(1991—1993)在卢家屯—杨树河子剖面黑色岩段的顶部发现晚三叠世大酱缸组。经进一步研究，卢家屯组三分是可行的，但是尚不具备划分正式段级地层单位的条件，故暂称为下、中、上段。

【现在定义】 指林西组之上，大酱缸组或营城组之下的一套杂色陆相碎屑岩系。下段杂色凝灰质砾岩、砂岩、粉砂岩；中段杂色砾岩、粉砂岩；上段以紫、黑色砂岩、粉砂岩、泥岩为主夹少量泥灰岩、石膏等。产 *Palaeanodonta*-*Palaeomutela* 动物群及叶肢介、植物化石。区域上底界以紫色砾岩或砂岩不整合在林西组之上，顶界被大酱缸组或营城组所覆盖。

【层型】 正层型为九台县卢家乡阎家沟—南大砬子剖面(126°15′，44°13′)，吉林区调队1978年测制，本课题组修订。

卢家屯组	总厚度>4 278.1 m
上段	厚度>288.2 m
20. 青灰色粗粒杂砂岩夹砾岩。(未见顶)	3.3 m
19. 灰色轻微变质杂砂岩	163.5 m

18. 黑灰色凝灰质粉砂岩与凝灰质细砂岩互层。产 *Palaeanodonta* sp.，*P. pseudo-*

longissima, *P*. cf. *longissima*, *Microdontella* sp., *Palaeomutela* (*Oligodon*) *kingi*, *Palaeomutela* sp., *P. zitteli*, *P. opinata*, *Darwinula* sp., 同时产植物碎片和鱼鳞碎片 57.3 m

17. 黄灰色粉砂质泥岩，产 *Palaeanodonta sinuatiformis*, *Neocalamites* sp.，次流纹岩侵入 64.1 m

中段 厚度 1 511.2 m

16. 紫色泥岩 143.5 m
15. 浅灰色含粉砂质泥岩 57.9 m
14. 灰黑色菱铁矿化粉砂岩 30.5 m
13. 黄灰色褐铁矿化石英长石细砂岩夹石英长石粉砂岩 383.7 m
12. 黑灰色钙质粉砂岩 35.9 m
11. 黄灰色褐铁矿化石英长石粉砂岩 74.4 m
10. 紫色砂岩 91.5 m
9. 青灰色粉砂质泥岩夹石英长石粉砂岩 179.4 m
8. 紫色粉砂岩夹紫色细粒杂砂岩 278.9 m
7. 紫色砂砾岩 235.5 m

下段 厚度 2 478.7 m

6. 紫色凝灰质粉砂岩 124.7 m
5. 灰绿色粉砂岩夹紫色粉砂岩 720.7 m
4. 青灰色钙质细粒杂砂岩 233.7 m
3. 灰黑色泥质粉砂岩 157.2 m
2. 紫色砾岩 169.4 m
1. 青灰色含砾杂砂岩 1073.0 m

（花岗岩侵入）

【地质特征及区域变化】 卢家屯组由碎屑岩组成，可划分下、中、上三段。下段以粗碎屑岩为主，构成砾岩—含砾砂岩—砂岩基本层序，砾石成分较复杂，沉积物以杂色为主，厚度上千米。从沉积物粒度分析，反映从山麓相向河流相发展阶段堆积的产物；中段以杂色石英长石粉砂岩、泥岩互层，底部为紫色砂、砾岩；上段以细碎屑为主，由砾岩、砂岩、泥岩(夹泥质岩及石膏)构成两个韵律层，并产动、植物化石。沉积物以黑色为主夹紫色，厚度逾千米，反映湖相沉积阶段形成。

卢家屯组分布在九台县卢家屯—杨树河子一带，长约 30 km，宽 14 km，呈向斜盆地。双顶山以东下段粗碎屑物较多，胶结物铁质成分亦有增多趋势，并出现石膏泥岩层。双顶山以西下段粗碎屑相对减少，上段细碎屑岩以黑色为主，出现原生菱铁矿和褐铁矿，产大量双壳类、叶肢介、植物等化石。沉积厚度各地变化较大，阎家沟一带厚 428 m，影背山—岳家沟一带厚 4 411 m。依据各地所产之大体相同的化石，时代为早三叠世。

五道岭组 P_2w (02-22-0125)

【创名及原始定义】 郑广渊 1963 年创建于黑龙江省阿城市小岭镇五道岭至石发屯一带，王丹群等 1967 年介绍。指不整合在玉泉组或平山组之上，以中酸性火山碎屑岩为主，夹中性火山碎屑岩及凝灰质粉砂岩，产植物化石的一套陆相火山沉积地层。时代置于晚二叠世。

【沿革】 吉林省内的五道岭组，1960 年以前统归为石炭二叠纪吉林系。1960 年吉林区调队将其与开山屯地区的陆相地层对比，划分为神仙德岭组和开山屯组。吉林区调队(1978)因采集到较丰富的晚二叠世安格拉植物群分子，新建青沟子组。南润善、郭胜哲等(1992)认为青沟子组中段和下段可与五道岭组对比，上段则可与红山组比较。经本次对比研究，青沟子组分布于伊春-尚志地层分区可暂按南、郭二氏的对比方案处理，将原青沟子组之下段和中段称五道岭组。

【现在定义】 指广泛分布于张广才岭、小兴安岭东南及北部地区的中性和酸性火山岩组合，分为两个岩性段：下部中性火山岩段以中性火山岩为主和上部酸性火山岩段以酸性火山岩为主。两段均夹中酸性火山碎屑岩及正常沉积岩薄层，沉积岩夹层中产植物化石。未见顶，与下伏土门岭组砂板岩为不整合接触。在吉林省境内正常沉积增多，敦化青沟子一带以正常沉积为主。下未见底，上与红山组整合接触。

【层型】 正层型在黑龙江省。省内次层型为敦化市青沟子乡西剖面(128°18′,43°48′)，吉林区调队1978年测制。

上覆地层：红山组　灰黑色堇青石红柱石角岩

——————— 整　合 ———————

五道岭组	总厚度>1 546.3 m
21. 深灰色变质凝灰质砂岩	118.3 m
20. 灰黑色变质安山岩	159.9 m
19. 灰色、灰黑色中酸性角砾凝灰熔岩夹中酸性熔岩	24.4 m
18. 灰黑色粉砂质板岩	4.3 m
17. 灰黑色中粗粒变质砂岩	9.5 m
16. 灰黑色粉砂质斑点状板岩	9.5 m
15. 中细粒变质砂岩	9.5 m
14. 灰黑色粉砂质板岩	32.8 m
13. 灰白色粗砂岩	18.7 m
12. 灰黑色粉砂质板岩。产 *Annularia* sp., *Schizoneura* sp., *Noeggerathiopsis* sp., *Cladophlebis* sp., *Callipteris shenshuensis*, *C.* cf. *zeilleri*, *C.* sp., *Supaia* sp., *Comia* sp., *Pecopteris anthriscifolia*, *Iniopteris* cf. *sibirica*, *Paracalamites* sp., *Compsopteris*? sp., *Niazonaria*? sp.	33.3 m
11. 灰白色粗砂岩	14.3 m
10. 灰黑色粉砂质板岩	47.5 m
9. 灰白色中粗粒变质砂岩	23.8 m
8. 从黑色粉砂质板岩	19.0 m
7. 灰白色中粗粒变质砂岩	67.6 m
6. 第四系覆盖	
5. 千枚状碳质板岩	301.9 m
4. 粗粒变质砂岩	32.9 m
3. 斑点状碳质板岩	453.5 m
2. 中粗粒变质砂岩夹斑点状碳质板岩	133.0 m
1. 灰黑色粉砂质板岩。(未见底)	32.6 m

【地质特征及区域变化】 本组出露零星，从敦化柳树河子向西北到青沟子，再向西北达

尔站西沟，仅见三处。下部之碎屑岩呈灰、白二色相间出现，东南部以细碎屑为主，碳质板岩厚度远远超过砂岩的厚度，向西北粗碎屑渐增，在尔站西沟见有三层砾岩或含砾砂岩，中部一层含砾砂岩厚达180 m，底部的变质砾岩夹变质砂岩83 m厚，并具底砾岩之特征，成分复杂、磨圆度好，平行不整合于时代不明的变质火山岩(前人划属柯岛组)之上。上部中酸性火山岩仅见于青沟子剖面之中，其它各处均未见出露。岩石组合及形成的剖面结构实可与层型区五道岭组对比。依据所产之植物化石如*Comia*，*Iniopteris*等，时代应为晚二叠世。

红山组　P_2h　(02-22-0126)

【创名及原始定义】　张海驲1971年创建于黑龙江省伊春市上甘岭区红山车站附近。指产丰富的以*Comia*为代表的晚二叠世安加拉型植物化石，由砾岩、砂岩及粘土岩构成明显韵律的一套河湖相碎屑岩沉积，厚度为577.8 m，时代置于晚二叠世。

【沿革】　详见前述五道岭组。

【现在定义】　指分布于伊春、铁力、密山及东宁等地，主要由砾岩、砂岩和含碳质板岩组成的地层，偶见凝灰质及火山岩夹层，产以*Comia*为代表的晚二叠世安加拉植物群。顶底界不清。在吉林省以板岩、砂岩为主，未见砾岩，产植物化石。底与五道岭组整合接触，顶被花岗岩侵入。

【层型】　正层型在黑龙江省。省内次层型为敦化市青沟子乡西剖面(128°18′，43°48′)，吉林区调队1978年测制。

(花岗岩侵入)

红山组	总厚度＞872.6 m
5. 角岩化粉砂岩	80.7 m
4. 灰黑色变质砂岩	38.4 m
3. 灰黑色黑云母红柱石角岩	336.1 m
2. 灰黄色变质中粒砂岩夹红柱石角岩	150.5 m
1. 灰黑色堇青石、红柱石角岩	266.9 m

———— 整　合 ————

下伏地层：**五道岭组**　凝灰质砂岩

【地质特征及区域变化】　仅见于次层型剖面，以灰黑色细碎屑沉积为主要特点。与层型区相比较，后者剖面中见多层粗碎屑沉积，大体显示出由南而北沉积物粒度变粗，粗碎屑沉积厚度渐增之总趋势。

庙岭组　P_1m　(03-22-0066)

【创名及原始定义】　由克里沃鲁茨基(1958)[①]创名，称庙岭碳酸盐岩，创名地点在汪清县大兴沟镇庙岭。原指庙岭一带的灰岩类。时代确定为晚二叠世。当时未测剖面。

【沿革】　胡允元等(1960)以庙岭采石场剖面和庙岭—板城剖面为选层型将庙岭碳酸盐岩改称庙岭组。同年杨启伦、李西昆在《图们群的划分》一文中又以庙岭渡口剖面为标准剖面。两者岩性与化石虽然有别，但大体相符。并将开山屯山秀岭大梁、大蒜沟的碎屑岩夹含䗴灰岩

① 转引自吉林省地质局区域地质调查大队，1960，大兴沟幅1：20万区域地质调查报告。

的地层亦称庙岭组。嗣后，长春地院(1974)认为庙岭地区庙岭组层位高于大梁地区的庙岭组，和其上的下柯岛组为相变关系。而吉林地层表编写组(1975)仍将开山屯以南的大梁剖面视为庙岭组；孙恒元(1978)则将开山屯以南的上柯岛组用庙岭组一名所取代。吉林区调所(1983)又以庙岭组一名取代了珲春地区之关门嘴子组。1992 年我们协同王友勤等考察了新屯至庙岭采石场剖面，共同明确了：①新屯至庙岭采石场剖面中，庙岭大桥以南以砂岩为主的一套地层，应属庙岭组石灰岩的下部层，同属庙岭组；②庙岭石灰岩中的大部分火山岩和火山角砾岩是盖层或侵入的次火山岩，属于大兴沟群；③庙岭灰岩构造十分复杂，自身组成不完整的向斜构造。确定庙岭采石场—646.8 高地剖面为选层型剖面。

【现在定义】 位于大蒜沟组砾岩之上，区域上整合或平行不整合于山谷旗组(或平行不整合于满河组)之下的以碎屑岩为主夹有灰岩凸镜体的一套地层。下部以灰色、绿灰色长石石英砂岩、杂砂岩、粉砂岩为主，夹有薄层灰岩凸镜体；上部以砂岩、粉砂岩、板岩为主，夹有厚层灰岩凸镜体。产丰富的䗴、珊瑚等化石。

【层型】 选层型为庙岭采石场—646.8 高地剖面(129°40′，43°30′)，吉林区测队 1992 年修测。

上覆地层：**托盘沟组** 凝灰角砾岩

═══════ 断 层 ═══════

庙岭组	总厚度 702.55 m
16. 灰白色厚层结晶灰岩。产䗴 *Schwagerina* cf. *pseudocompacta*	151.00 m
15. 灰白色厚层块状结晶灰岩。产䗴 *Schwagerina* sp.；珊瑚 *Yatsengia* sp.	130.00 m
14. 灰白色厚层块状结晶灰岩。产䗴 *Schwagerina* sp.；珊瑚 *Yatsengia* sp.，*Waagenophyllum indicum*；腕足类 *Hustedia* sp.，*Rhipidomella* sp.，*Composita* sp.	77.00 m
13. 黑色中厚层状致密灰岩，局部夹泥质条带。产腕足类 *Neospirifer* sp.，*Leptodus* sp.，*Buxtonia* sp.，*Martinia* sp.	92.00 m
12. 灰黑色凝灰质砂岩	30.00 m
11. 灰黑色粉砂质泥岩	2.30 m
10. 灰色长石石英砂岩	17.35 m
9. 深灰色片理化泥岩	9.84 m
8. 绿灰色片理化长石石英砂岩	0.69 m
7. 深灰色片理化粉砂质泥岩	3.20 m
6. 灰色中细粒含岩屑石英砂岩	1.85 m
5. 深灰色泥质粉砂岩	101.62 m
4. 绿灰色中粒长石岩屑砂岩	28.30 m
3. 灰绿色泥质粉砂岩	13.20 m
2. 深灰色(中细粒)长石岩屑砂岩	12.10 m
1. 深灰色片理化粉砂质泥岩。(未见底)	32.10 m

【地质特征及区域变化】 庙岭组主要岩性为长石石英砂岩、杂砂岩、粉砂岩，夹板岩和灰岩凸镜体，局部夹有凝灰质砂岩、凝灰岩。层型地区以往将庙岭灰岩视为单斜层，实际上为一向嘎牙河开口的轴向 NE 的短轴向斜构造，灰岩厚度并非原来所测近 700 m，仅约 300 m。该灰岩向两侧追索迅速尖灭。因此，庙岭灰岩是碎屑岩中的大凸镜体，在庙岭一带出露厚度最大。其中的流纹岩、英安质凝灰岩及凝灰砾岩等岩性与嘎牙河西岸的大兴沟群完全相同，并

且与灰岩之间常呈断层接触，少数呈覆盖关系或呈岩枝侵入灰岩之中。因此，庙岭地区庙岭组无火山岩，主要是正常沉积产物。向西北至汪清县桃源，向东南到西大坡、柏树部落，乃至珲春仁和洞、青沟山、双桥子，延吉柯岛、后底洞、大蒜沟、大梁等地均有出露。但灰岩凸镜体变小，厚度减薄。特别是到珲春仁和洞、青沟山则以石英砂岩为主，偶夹灰岩凸镜体。

珲春、汪清一带庙岭组无下伏地层，仅在开山屯一带见有下伏层为大蒜沟砾岩或山秀岭组，但接触关系目前还不清楚。上覆地层在柯岛、西大坡、庙岭地区为山谷旗组底部砾岩或含砾砂岩，呈整合或平行不整合接触。在珲春青沟山、小盘岭一带则与满河火山角砾岩呈平行不整合接触。

除珲春地区外，各地庙岭组均有比较丰富的生物化石，以䗴、珊瑚、腕足类最为重要。表明其时代为早二叠世中晚期。

满河组 P_1mh (03－22－0068)

【创名及原始定义】 杨启伦于1962年命名，创名地点在汪清县十里坪乡满河。指早二叠世紫红色、灰绿色、杂色片理化凝灰岩，夹中酸性熔岩，厚度大于2 000 m。产 *Polydiexodina* sp.，*Polypora* sp.，*Aviculopecten* 等，与下伏香仁坪组整合接触。

【沿革】 创名后，吉林区调队在延边地区继续开展1∶20万区调时，即为不同图幅的不同岩石地层单位名称所取代(表4－2)，并为一些综合研究成果所支持。经本次对比研究，它们均不能反映满河组以火山岩系为主的独有特征，故应恢复原名。

表4－2 延边地区满河组划分沿革表

<table>
<tr><th colspan="2">针尾庆次
1923
延 边</th><th colspan="2">刘鸿允
1956
延 边</th><th colspan="2">盛金章
1962
延 边</th><th colspan="2">吉林区调
二分队
1960
延 边</th><th colspan="2">杨启伦
1962
延 边</th><th colspan="2">吉林区调
三分队
1965
珲 春</th><th colspan="2">吉林区调
二分队
1964—1967
开山屯、
满 河</th><th colspan="2">吉林地层
表编写组
1975
延 边</th><th>孙恒元
1988
延 边</th><th>吉 林
区调所
1988</th><th>本 书
珲 春</th></tr>
<tr><td rowspan="4">C
|
P</td><td rowspan="4">豆满层</td><td rowspan="4">P</td><td rowspan="4">图们系</td><td rowspan="4">P</td><td rowspan="4">图们群</td><td rowspan="2">P_2</td><td rowspan="2">开山屯组</td><td rowspan="2">P_2</td><td rowspan="2">开山屯组</td><td rowspan="3">关门嘴子组</td><td rowspan="2">上亚组</td><td colspan="2" rowspan="2">开山屯组</td><td rowspan="2">P_2</td><td rowspan="2">开山屯组</td><td>开山屯组</td><td>开山屯组</td><td rowspan="2">解放村组</td></tr>
<tr><td>寺洞沟组</td><td>寺洞沟组</td></tr>
<tr><td rowspan="2">P_1</td><td rowspan="2">庙岭组</td><td rowspan="2">P</td><td>满河组</td><td>下亚组</td><td rowspan="2">柯岛组</td><td>上亚组</td><td rowspan="2">P_1</td><td>上柯岛组</td><td>庙岭组</td><td>柯岛组</td><td>满河组</td></tr>
<tr><td>香仁坪组</td><td colspan="2">解放村组</td><td>下亚组</td><td>下柯岛组</td><td>柯岛组</td><td>庙岭组</td><td>庙岭组</td></tr>
</table>

【现在定义】 指汪清、珲春一带庙岭组之上，解放村组之下，由中性火山岩和火山碎屑岩夹凝灰质砂岩、局部夹灰岩凸镜体的一套地层。岩石遭受区域变质和较强的动力变质，普遍发育片理化构造。产少量腕足动物化石。在小盘岭与下伏庙岭组呈平行不整合接触，与上覆解放村组整合接触。

【层型】 正层型满河剖面构造复杂、出露不全，故列出次层型珲春县小盘岭—老婆婆沟剖面(130°15′，43°05′)，吉林区测队1963年测制。

上覆地层：**解放村组** 粉砂岩

———— 整 合 ————

满河组 总厚度 2 521.41 m

16. 灰绿色蚀变安山岩　87.45 m
15. 灰绿色片理化安山质角砾凝灰熔岩　4.73 m
14. 灰绿色片理化蚀变安山岩　90.39 m
13. 青灰色片理化安山岩　36.74 m
12. 灰绿色片理化安山岩　124.44 m
11. 灰色片理化熔角砾凝灰岩　9.38 m
10. 灰白色凝灰质细砂岩　44.04 m
9. 灰绿色泥质粉砂岩　31.90 m
8. 黑色含粉砂泥质板岩　4.54 m
7. 灰白色片理化晶屑凝灰岩　188.97 m
6. 灰绿色片理化安山岩　125.42 m
5. 浅灰绿色安山质角砾熔岩　140.02 m
4. 灰绿色片理化安山质含砾凝灰熔岩　332.14 m
3. 灰绿色蚀变安山质角砾凝灰熔岩　331.88 m
2. 灰绿色片理化岩屑晶屑凝灰岩　309.29 m
1. 灰绿色片理化安山质角砾凝灰熔岩　660.08 m

——————— 平行不整合 ———————

下伏地层：**庙岭组**　中粒石英砂岩

【地质特征及区域变化】　满河火山岩分布于汪清县满河、西大坡和十里坪、珲春县关门嘴子、仁和洞、小盘岭等地区。北部的杜荒子、金仓以北地区零星出露。满河一带由杂色片理化变安山岩、变质英安岩、变质流纹岩及火山碎屑岩组成，厚度约 1 300 m。珲春北老婆婆沟、李家沟为片理化安山岩、安山质角砾凝灰熔岩、安山质凝灰岩夹板岩，在关门嘴子一带有大理岩凸镜体，产腕足类和苔藓虫。火山岩可划分为两个大的喷发-沉积旋回，每个旋回由喷出—溢流—间火山期的火山碎屑沉积组成。十里坪、李家沟一带，下部为片理化安山质凝灰岩夹凝灰质砂岩、板岩；中部为间火山期的砂岩、板岩；上部仍是安山质凝灰岩。与珲春一带相比，火山角砾岩和熔岩变少，在角砾熔岩和凝灰岩中可见少量花岗岩的角砾和岩屑，表明属于成熟陆壳(或成熟岛弧)基础上的活动陆缘的火山碎屑岩建造。时代属早二叠世晚期。

解放村组　$P_{1-2}jf$　(03-22-0075)

【创名及原始定义】　由吉林区测队三分队于 1965 年① 创名，创名地点在珲春县密江乡解放村。原指含晚二叠世植物化石的砂岩、板岩组合。与上覆关门嘴子组呈整合接触。

【沿革】　解放村组创名后，长期以来未被地质工作者所接受，或为开山屯组取代(吉林地研所，1979)，或归并到下柯岛组(吉林区调所一分队，1981—1982)。郭胜哲等(1992)指出延边地区南北二叠系不同，开山屯组生物群的时代相当庙岭组的时代，并将珲春一带含植物化石的砂板岩仍称解放村组，时代置于晚二叠世。本书认为解放村组代表了兴凯地块西部陆缘早二叠世晚期(可能包括了晚二叠世早期)的沉积。

【现在定义】　分布于珲春、汪清等地的陆相和海陆交互相碎屑沉积岩系，由中粗粒砂岩、中砂岩、细砂岩、粉砂岩、泥质粉砂岩、板岩组成的一套巨厚的韵律层。其中鲍马层序和韵律层发育，含植物和腕足类化石。在珲春一带本组与下伏满河组整合接触；在汪清大兴沟一

① 吉林区测队三分队，1965，珲春、春化幅 1∶20 万区域地质调查报告（油印本）。

带与下伏滩前组平行不整合接触；上未见顶。

【层型】 正层型为珲春县密江乡剖面(130°09′，43°00′)，吉林区测队1983年重测。

解放村组	总厚度 2 874.88 m
11. 黑色板岩。(未见顶)	1 115.80 m
浮土掩盖	350.00 m
10. 灰黑色变质细砂岩夹粉砂质板岩。产植物化石碎片	271.80 m
9. 灰色中细粒长石砂岩与黑色板岩、粉砂岩互层	43.30 m
8. 灰黑色泥质粉砂岩。产植物化石 *Pecopteris* sp.，*Paracalamites* sp.，*Zamiopteris glossopterioides*?	39.87 m
7. 灰褐色片理化细砂岩	111.97 m
6. 黄褐色变质中粒砂岩	58.88 m
5. 黄褐色细粒杂砂岩	350.69 m
4. 黄褐色中粒杂砂岩	8.80 m
3. 黑色变质泥质粉砂岩	181.50 m
2. 灰黑色粉砂质板岩	296.43 m
1. 黑色角岩化粉砂岩，产植物化石 *Paracalamites* sp.	45.84 m

——————— 整　合 ———————

下伏地层：**满河组**　火山岩

【地质特征及区域变化】 解放村组分布较广，见于延吉县白龙村、珲春市密江、理化、马滴达、汪清县十里坪、大兴沟至大北沟一带。主要由粗砂岩、砂岩、粉砂岩、粉砂质泥岩和泥岩、板岩组成，偶见含砾砂岩和粒屑灰岩。据马滴达、太平村、密江、大兴沟等地观察结果，在解放村组的下部常见鲍马层序，由ABC、AB或ABCD层向上过渡到BCD、DE层。即为向上变细的序列。本组上部正常沉积的砂、泥岩层，中厚层状，见保存较好的植物化石，说明其中有陆相层。解放村组在珲春、密江一带与下伏满河组整合接触。在汪清、大兴沟、鸡冠乡一带下伏地层为滩前组紫红色片理化板岩。在延吉白龙村一带，尽管出露面积大，但与相邻地层没有接触。时代为早二叠世晚期至晚二叠世早期。

【其他】 珲春青沟山一带以往认为是向斜构造。核部是"寺洞沟组"，两翼分别为庙岭组和柯岛组(吉林区调所一分队，1983)。经我们考察，青沟山向斜构造实际上是背斜构造，早期经南北向挤压形成东西向褶断带，青沟山—烟筒砬子—小盔岭一带的地层普遍发生倒转，晚期变形是在近东西向应力场下，形成宽缓的轴向南北的背斜和向斜构造。因此，密江—小盔岭剖面、中岗—青沟山剖面都是倒转层序。这一点从岩性对比、小构造、粒序层和示顶构造均得到证实。所以现在从背斜核部至两翼的地层依序为庙岭组、满河组、解放村组。

第二节　生物地层及年代地层

该区二叠系生物化石十分丰富，计有䗴、腕足类、珊瑚、头足类、苔藓虫、腹足类、双壳类、叶肢介和植物等多门类化石。但由于剖面连续性差，又缺乏深入的系统研究，一时尚难以建立相应的生物地层单位。划分一些主要的生物组合确定岩石地层单位的年代地层属性，依据还是比较充分的。现按不同门类的化石，择其主要者讨论如下。

1. 䗴

Yabeina - *Codonofusiella* 组合

该组合仅见于庙岭、西大坡地区的庙岭组剖面中，主要分子(孙恒元，1988)：*Kahlerina ussurica*， *K. tenuitheca*， *K. minutiosa*， *K. minima*， *K. completa*， *K. ovalis*， *K. gigas*， *K. miaolingensis*，*K. ellipsoidalis*，*Skinnerina typicalis*，*Parafusulina quasibrevica*，*Schwagerina paralpina*， *S. yobarensis*， *S. hunchunensis*， *S. pseudocompacta*， *S. jewetti*， *S. pactiruga*， *S. longitermina*， *S. suni*， *S. solita*， *Pseudofusulina ellipsoidalis*， *P. robleda*， *P. gundaraensis*， *P. lingyunensis*， *Chusenella douvillei*， *C. deprati*， *C. serrata*， *C. caperata*， *C. prava*， *C. huayingensis*，*C. triangularis*，*Verbeekina ellipsoidalis*，*V. brevica*，*V. heimi*，*V. tenuispira*， *Neoschwagerina douvillei*， *N. sphaerica nana*， *Yabeina borealis*， *Y. multiseptata*， *Y. gubleri*， *Y. dunbari*，*Y. shiraiwensis*，*Y. parvula*，*Y. kaizensis*，*Rauserella jilinica*，*R. minuta*，*Sumatrina longissima*，*S. annae*，*S. fusiformis*，*Jilinella* sp.，*J. miaolingensis*，*J. fabaformis*，*Codonofusiella paradoxica*， *C. jilinensis*， *C. formosa*， *C. kueichowensis*， *Dunbarula mathieni*， *D. physa*， *D. cervicalis*；共生腕足类、珊瑚及苔藓虫。年代地层当划归茅口阶。

此外，孙恒元(1988，1990)还将开山屯地区的庙岭组(即孙之大蒜沟组)划分出 *Pseudodoliolina* 和 *Parafusulina* 两个䗴带，我们认为尚有待进一步工作。

2. 腕足类

Spiriferella - *Kochiproductus* - *Yakovlevia* 组合（简称 *SKY* 组合）

该组合由段承华、李文国(1978)所拟定，代表哲斯组下部的腕足动物群，已被习惯称之为 *SKY* 组合。它也广泛分布于我省北部地层区哲斯组、庙岭组的多处地质剖面中(表 4-3)。该组合发育的地质时代，李文国等(1996)认为相当于 Artinskian 晚期至 Kazanian 早期。在本区按其共生的䗴、头足类及珊瑚来看，其年代地层可确定为茅口阶。

在满河组(原关门嘴子组剖面)，特别是解放村组(盘岭剖面)中所采得的腕足类，按彭玉鲸(1994，手稿)提供的认识，应属 *Richthofenia* - *Leptodus* - *Enteletes* 组合，即为哲斯组上部的腕足类组合(段承华、李文国，1978)。其地质时代为茅口晚期，但不排除延入晚二叠世早期的可能。

3. 珊瑚

Waagenophyllum - *Wentzelella* 组合

该组合多与上述䗴 *Yabeina* - *Codonofusiella* 组合和腕足类 *SKY* 组合共生。常见的主要属种：*Waagenophyllum* sp.，*W. indicum kueichowense*，*Wentzelella* sp.，*Verbeekiella* sp. 等亦都是我国南方茅口阶中常见的分子。

4. 头足类

Agathiceras - *Tauroceras* - *Daubichites* 组合

该组合仅发现于双阳周家窑剖面，经梁希洛(1982)详细研究主要属种有：*Propinacoceras affine*， *Agathiceras jilinense*， *Thalassoceras* sp.， *Daubichites* sp.， *Metalegoceras* sp.， *Shuangyangites involutus*，*Jilingites bidentus*；*Neocrimites* (*Subcrimites*) *compressum*，*Palermites reticulatus*，*Adrianites elegans*，*Epadriantes stenosellatus*，*E.* sp.，*Stacheoceras shuangyangense*，*Prostacheoceras longilobatum*，*Tauroceras lineatum*，*Mongoloceras* sp.，*Foordiceras* sp.；并与䗴、珊瑚、腕足类、苔藓虫、腹足类、双壳类及锥石等多门类化石共生。周家窑菊石动物群除世界性分布的属 *Agathiceras*，*Propinacoceras*，*Thalassoceras* 外，也出现了䗴、珊瑚、

表 4-3　庙岭组、哲斯组主要剖面中的腕足类化石对照简表*

庙岭剖面	大梁剖面	周家窑剖面	李家屯剖面
Athyris sp. *Aulosteges* sp. *Avonia* sp. *A.* aff. *chianensis* *Buxtonia* sp. *Camarotoechia* sp. *Cancrinella* sp. *Composita* sp. *Dictyoclostus* sp. *Hustedia* sp. *Leptodus* sp. *Marginifera* cf. *himalayensis* *Martinia* sp. *Neospirifer* sp. *Notothyris* sp. *Orthotetes* sp. *Punctospirifer* sp. *Peleoypoda* sp. *Rhipidomella* sp. *Spirifer* sp.	*Athyris* sp. *Brachythyris* sp. *Buxtonia* sp. *Cancrinella* sp. *C. konickiana* *Chonetes* sp. *Dictyoclostus gratiosus* *Haydenella chianensis* *Kochiproductus* sp. *Leptodus* sp. *Linoproductus* sp. *Marginifera* cf. *himalayensis* *Meekella* sp. *Neospirifer* sp. *N. frechi* *Orthotetes* sp. *Productus* sp. *Sauamularia* sp. *Spirifer simplexa* *Spiriferella* cf. *saranae* *Streptorhynchus* sp. *Transennatia gratisa* *Tyloplecta* cf. *nankingensis* *Urushtenia* sp. *Waagenoconcha* sp. *W. nagnifeca* *W. diplanata*	*Anidanthus ussuricus* *Attenuatella paraincurvata* Aulostegidae *Cancrinella* sp. *C. koninckian* *C.* cf. *cancriniformis* *C.* cf. *pseudotruncata* *Dictyoclostus* sp. *Kochiproductus* sp. *K. brenensis* *Linoproductus* sp. *Marginifera* sp. *Muirwoodia* sp. *Neospirifer* cf. *ravana* *Punctospirifer shuanghezhenensis* *Striatifera*? sp. *Waagenoconcha irginae*	*Anidanthus kolymaensis* *Attenuatella incurvata* *Athyris* sp. *Derbyia* sp. *Haplospirifer* cf. *typicus* *Kochiproductus porrectus* *K. striatus* *Leptodus nobilis* *Linoproductus cora* *Marginifera* cf. *morrisi* *Martinia*? sp. *Muirwoodia* sp. *Neospirifer concinus* *N. striatoparadaxus* *Orthotetes pingshanensis* *Orthotichia indica* *Punctospirifer* sp. *Spiriferella ovata* *S.* cf. *keilhavii* *S.* cf. *tetralobata* *Waagenoconcha* cf. *abichi* *W. longispina* *Yakovlevia* cf. *mammatiformis*

*　该表由彭玉鲸（1994，手稿）提供。

腕足类等生物地理中的混生现象，即既有特提斯类型的代表性分子 *Propinacoceras*，*Tauroceras*，*Palermites*，*Stacheoceras*；又有北极类型的典型成员 *Tumaroceras*，*Daubichites*；但在洮南北德伯斯一带本组中有菊石 *Daubichites* sp.，*Medlicottia* sp.，*Altudoceras roadense*，*Agathiceras jilinense*，无众多的特提斯分子。由于周家窑菊石群中 11 属见于西西里岛索西欧组，故时代为早二叠世无疑。还可与克里米亚的马尔特组、新疆菊石滩组、内蒙古哲斯组相比。

5. 双壳类

Palaeanodonta - *Palaeomutela* 组合

该组合见于松嫩盆地东、西两侧的林西组（九台波泥河子剖面和白城西太平剖面）。我国北方广大地质工作者习惯称其为 *PP* 动物群，在上述的剖面中所见主要属种有：*Palaeomutela* sp.，*P.* cf. *hahaiensis*，*P. elongata*，*Palaeanodonta* sp.，*P.* cf. *solonensis*，*P. pseudolongissima*，*P. castor*，*P.* cf. *longissima*，*Liebea* cf. *tumida*，*Schizodus pinguis*，*Nuculopsis yangtzeensis*，*Wilkingia* cf. *elegans*，*Phestia* sp.，*P.* cf. *kaisanensis*，*P.* cf. *cumboide*，*Cassianella*? sp.，*Pseudomonotis* sp.，*Mirodonta*? sp.，*Microdontella*? sp.，同时有海生双壳类 *Myalina*，*Orthomyalina*，*Leibea*，*Atomodesma* 等和少量腕足类和 *Noeggerathiopsis* 等安格拉植物的属种。时代为晚二叠世。

然而，产于卢家屯组几条剖面中的 *PP* 动物群：*Palaeanodonta* sp.，*P. pseudolongissima*，*P.* cf. *longissima*，*P. sinuatiformis*，*P. tungussica*，*P. opinata*，*P. obrutschevi*，*P. babikamensis*，*Palaeomutela* (*Oligodon*) *kingi*，*Palaeomutela* sp.，*P. zitteli*，*Microdontella* sp.，不仅在其中见到了 *Ferganoconcha* sp.，且有早三叠世叶肢介：*Cornia subquadrata*，*C. lutkevichi*，*C. elata*，*C. jilinensis*；介形虫 *Darwinula* sp.，*Langdaia*? sp.，植物：*Neocalamites* sp.，*Sphenopteris* sp.，*Sphenobaiera* sp.，*Cladophlebis* sp.，*Carpolithus* sp.，*Podozamites* sp.，*Thinnfeldia* sp.，*Taeniopteris* sp. 等。又测得上部黑色页岩 Rb－Sr 等时年龄值 229.9±29 Ma(王力等，1978)、239±10 Ma(王东方，1988)。故确定其年代地层为早三叠世。

值得提出的是 1992 年吉林区调所在卢家屯组上部黑色粉砂岩中采到海相化石 *Lingula* sp.，所以卢家屯组中有海相夹层。

6. 植物

Comia－Iniopteris－Callipteris 组合

该组合目前只见于敦化青沟子剖面五道岭组的下部。计有 13 属 15 种：*Annularia* sp.，*Callipteris* sp.，*C.* cf. *zeilleri*，*C. shenshuensis*，*Cladophlebis* sp.，*Compsopteris* sp.，*Comia* sp.，*Iniopteris* cf. *sibirica*，*Nephropsis* sp.，*Niazonaria*? sp.，*Noeggerathiopsis* sp.，*Paracalamites* sp.，*Pecopteris anthriscifolia*，*Schizoneura* sp.，*Supaia* sp. 等，为典型的安哥拉科尔楚京期组合(梅因等，1974)，年代地层为卡赞阶至鞑靼阶。其上的红山组在本省虽未见化石，但在层型区有大量植物化石，南润善、郭胜哲等将其划属同一植物组合，但 *Comia* 更为丰富。

该植物组合显然不同于以华夏植物群为主体的开山屯组中的植物组合，也不同于解放村组中的植物组合。后者，彭玉鲸(1995，手稿，待刊)认为：在植物地理上，安格拉植物分子所占比例约 38%左右，华夏植物分子所占比例约 27%上下，与俄罗斯西滨海区西青植物群(梅因等，1974)具有相似的植物地理特征。所反映之地质时代，解放村组中固然出现了 *Comia－Iniopteris－Callipteris* 组合的代表属，但其数量及发现频率均较少或低；相反，典型的早二叠世植物组合晚巴拉洪期的分子，*Angaropteridium*，*Cardioneura*，*Noeggerathiopsis*，*Zamiopteris* 等多有出现，时代为早二叠世晚期至晚二叠世早期。

第二篇　华北地层大区

华北地层大区在我省包括辉南—桦甸—和龙一线以南的龙岗地块，及该线以北至长春—吉林—延吉一线之南的龙岗地块北部陆缘区。地层区划的隶属及岩石地层单位发育的概况见图1-1和表1-1。

第五章
元古宙

元古宇主要发育于稳定地块上，北部陆缘活动带中，只是近年来的工作才加以确认。按全国地层委员会1990年公布的标准，它们分属于早元古代和晚元古代。计有4个群（或岩群）、16个组（或岩组）和一个非正式地层单位（表1-1）。

第一节　岩石地层单位

集安（岩）群　Pt_1J.　（05-22-0001）

【创名及原始定义】　原名集安亚群，吉林省地质局通化地质大队（以下简称通化队）辑安地质队（1961）① 创名。指分布于集安市北部久财源子、花甸子、头道、清河、台上一带，由片麻岩、斜长角闪岩、黑云角闪岩、变粒岩、钠长浅粒岩、白云大理岩、蛇纹橄榄大理岩、含石墨② 大理岩、石英岩和各类混合岩等组成的变质岩系。自下而上划分为清河组、新开河组、大东岔组，置于辽河群之下，鞍山群之上。时代归属于太古宙。

【沿革】　集安（岩）群命名前称五台系（饭家实，1938），后又被称之为胶东系（长春地院

---

① 吉林省地质局通化地质大队辑安地质队，1961，吉林省辑安硼矿区1∶1万地质测量报告。

② 墨为石墨，以下各种岩石中有墨字，即为此意。

通化地质大队，1958)、中鞍山群(长春地院，1960)、鞍山群辑安亚群(通化队辑安地质队，1961)。1973年郑传久等和中华人民共和国地质图集吉林省1：300万地质图编图组均将辑安亚群从鞍山群中分出，改称集安群，并按1964年6101队，经1：5万区域地质调查的划分，自下而上划分为清河组、新开河组、大东岔组。1974年毕振刚等将大东岔组从集安群分出，改为达台山组，划入老岭群。该意见于1975年被吉林地层表编写组采纳。1975年辽宁省区测队，在桓仁县幅1：20万区域地质调查时，将集安群称为辽河群。自下而上划分为里尔峪组、高家峪组、大石桥组、盖县组。同年吉林区调队在浑江市幅、集安县幅1：20万区域地质调查中，复将大东岔组重新划入集安群。1986年吴水波将大东岔组置于集安群下部，清河组置于上部。1979—1987年，姜春潮对此先后提出不同划分意见。最后在《辽吉东部前寒武系地质》中将集安群划分为达台山组、蚂蚁河组、清河组、新开河组、霸王朝组。将集安群大东岔组划入草河群。1989年王福润等提出集安群是同斜为主的多期叠加褶皱，重新厘定后的集安群，由下到上为蚂蚁河组、荒岔沟组、大东岔组。本次地层对比研究，按变质岩系划群原则，把具有三幕变形特征的花山组、临江组、大栗子组划入集安(岩)群。复原构造形态，理顺新老关系后，集安(岩)群自下而上划分为：蚂蚁河(岩)组、荒岔沟(岩)组、临江(岩)组和大栗子(岩)组。

【现在定义】 鞍山(岩)群之上，老岭(岩)群之下，由含硼、含墨、多硅高铝和高铝含铁为特征的火山-沉积变质岩系。包括蚂蚁河(岩)组、荒岔沟(岩)组、临江(岩)组和大栗子(岩)组。

蚂蚁河(岩)组 Pt_1m. (05-22-0002)

【创名及原始定义】 通化队辑安地质队(1961)① 创名，创名地点在清河镇蚂蚁河。由斜长角闪岩、黑云变粒岩、钠长浅粒岩、电气变粒岩、电气石英岩、蛇纹橄榄大理岩、大理岩和各类混合岩组成，以含硼为特征。置清河组之上，大东岔组过渡段之下。与上覆下伏地层整合接触。

【沿革】 蚂蚁河(岩)组命名之前，曾命名为八宝沟组(长春地院，1960)、青沟组、二驴子沟组、二道阳岔组(通化队辑安地质队，1960)。通化队辑安地质队1961年始将青沟组、二驴子沟组、二道阳岔组三个含硼层合并，创名为蚂蚁河组。1962年创名者又将大东岔组过渡段更名荒岔沟段，置于蚂蚁河组上部。1963年6101队将蚂蚁河组更名为新开河组，自下而上划分为久财源子段、哈塘沟段、荒岔沟段。1975年辽宁省区测队命含硼层位为里尔峪组。1979—1988年姜春潮等将清河组、新开河组划归太古宙，同时又重复划分出霸王朝组。1983—1988年吉林省地质矿产局第四地质矿产调查所(以下简称吉林局四所)提出新开河组的久财源段与哈塘沟段是含硼层位重褶，荒岔沟段下部含墨变粒岩覆盖含硼岩系的不同层之上，反映两者上下间沉积不连续。因此，将新开河组分解为两个岩石地层单位，荒岔沟段改为荒岔沟(岩)组；含硼层位恢复1961年蚂蚁河组一名。1991年张连秀提出将蚂蚁河组升群，内分矿山村组和高台沟组。本次地层划分对比沿用蚂蚁河(岩)组一名，代表含硼层位。

【现在定义】 荒岔沟(岩)组之下，由斜长角闪岩、黑云变粒岩、钠长浅粒岩、电气石变粒岩、电气石英岩、蛇纹橄榄大理岩、大理岩及混合岩组成。以含硼而不含石墨为特征，与上覆地层相区别，之间为平行不整合接触。因褶皱和推覆构造影响未见底。

---

① 文献同集安(岩)群。

【层型】 正层型为集安清河镇南蚂蚁河剖面，该剖面因出露不好，改用平行该剖面的小梨树沟—小东沟剖面为次层型(125°58′，41°23′)，6101队1962年测制。

上覆地层：**荒岔沟(岩)组** 石墨变粒岩

——————— 平行不整合 ———————

蚂蚁河(岩)组 总厚度＞786.38 m

16. 灰色、灰白色钠长浅粒岩，灰黑色黑云变粒岩，棕黑色电气石变粒岩，大部以残留体残存于肉红色似层状花岗片麻岩中	174.63 m
15. 灰黑色或黑色电气石英岩	3.00 m
14. 黑灰色黑云变粒岩(或残留体保存在肉红色花岗片麻岩中)	19.20 m
13. 灰白色白云质大理岩	5.30 m
12. 黄绿色蛇纹石化白云质大理岩	18.80 m
11. 灰白色白云质大理岩	5.16 m
10. 浅粒岩、黑云变粒岩，下部是少许斜长角闪岩。都成包体残留于肉红色似层状花岗片麻岩中	102.70 m
9. 黄绿色蛇纹石化白云质大理岩	19.02 m
8. 粉色、灰色浅粒岩，黑云变粒岩，以包体残留于肉红色似层状花岗片麻岩中	164.23 m
7. 斜长角闪岩	10.32 m
6. 黑云变粒岩(或呈残留体残留于肉红色似层状花岗片麻岩中)	32.24 m
5. 斜长角闪岩	15.55 m
4. 黑云变粒岩	25.90 m
3. 斜长角闪岩	27.08 m
2. 黑云变粒岩	29.11 m
1. 黑云变粒岩、斜长角闪岩，残存于肉红色似层状含磁铁花岗片麻岩中	＞134.14 m

═══════ 断 层 ═══════

下伏：混合花岗岩

【地质特征及区域变化】 该(岩)组主要分布在集安市甲乙川、花甸子、矿山村、文字沟一带。在米架子、大清沟有零星出露。分布面积750 km^2。在构造上位于倒转背斜或叠加褶皱核部，视厚度大于786 m。主要岩性为斜长角闪岩、黑云变粒岩、钠长浅粒岩、电气石英岩、白云质大理岩、蛇纹石化橄榄大理岩等。在纵向序列上，斜长角闪岩由多到少，由厚到薄；钠长浅粒岩、黑云变粒岩由少变多。反映火山喷发沉积是由基性向酸性演化。原岩为玄武岩、拉斑玄武岩、中偏酸性火山岩、火山碎屑岩、流纹质凝灰岩等。在火山喷发间歇期，沉积两层白云质灰岩，构成区域对比标志。变质程度均一，为拟态结晶，前构造变质，相当于高角闪岩相。经受灰色花岗片麻岩、肉红色花岗片麻岩、斜长花岗岩和巨斑状花岗岩侵位和改造。其中灰色和肉红色花岗片麻岩(原称混合岩)以似层状产出。以不斜截、不穿切上覆荒岔沟(岩)组为特点。

赋存矿产有：沉积变质硼镁石矿、硼镁铁矿。其次有石棉、金云母矿、透辉石矿、水镁石矿、硫铁矿、铁矿等。

荒岔沟(岩)组　Pt_1h.　(05－22－0003)

【创名及原始定义】　由1963年吉林省地质局6101地质队[①]创名，创名地点在集安市花甸乡荒岔沟村附近。原始含义是以含石墨为特征的一套岩石组合。下部为石墨变粒岩、含墨黑云变粒岩夹斜长角闪岩；中部为斜长角闪岩夹含墨大理岩(标志层)；上部是含墨变粒岩为主夹大理岩和浅粒岩。

【沿革】　1960年通化队辑安地质队初始将其划入大东岔组。1961年列为大东岔组下部的一个岩性段，称过渡段。1962年辑安地质队命名荒岔沟段，划入蚂蚁河组。1963年6101队改蚂蚁河组为新开河组，将荒岔沟段置于哈塘沟段之上，大东岔组之下。1975年辽宁区测队在桓仁幅1∶20万区域地质测量报告中将荒岔沟段分上、中、下三部。下部石墨变粒岩，含墨黑云变粒岩夹斜长角闪岩组合，称高家峪组；中部含墨大理岩划为大石桥组；上部含墨变粒岩与大东岔组合称为盖县组。1983—1988年吉林局四所在通化南部集安群和老岭群分布区开展1∶5万地质调查，将荒岔沟段从新开河组中分出，与原清河组中含墨地层合并，称荒岔沟(岩)组。本次对比研究将蚂蚁河(岩)组之上，临江(岩)组之下的一套含墨变质岩系称之为荒岔沟(岩)组。

【现在定义】　荒岔沟(岩)组位于蚂蚁河(岩)组之上、临江(岩)组之下，以含墨为特征的岩石组合。下部为石墨变粒岩、含墨黑云变粒岩、含墨透辉变粒岩、含墨浅粒岩夹斜长角闪岩；中部为含墨大理岩夹斜长角闪岩；上部为含墨变粒岩夹含墨浅粒岩和大理岩。与上覆临江(岩)组和下伏蚂蚁河(岩)组均为平行不整合接触。

【层型】　正层型为荒岔沟剖面，因该剖面构造复杂、出露不好，现用和平珠山倒转背形倒转翼的珠山—南山里红树沟剖面为次层型(125°39′，41°27′)，吉林局四所1986年测制。

上覆地层：临江(岩)组　厚层石英岩

——————— 平行不整合 ———————

荒岔沟(岩)组	总厚度 737.03 m
58. 含墨透辉变粒岩	57.30 m
57. 石墨变粒岩	3.80 m
56. 含墨浅粒岩	36.70 m
55. 含墨透辉变粒岩	16.50 m
54. 含墨大理岩与浅粒岩互层	7.70 m
53. 浅粒岩	1.20 m
52. 含墨黑云变粒岩	9.80 m
51. 含墨大理岩	7.20 m
50. 含墨黑云变粒岩	27.00 m
49. 含墨浅粒岩	12.60 m
48. 斜长角闪岩	0.80 m
47. 含墨黑云变粒岩	8.10 m
46. 大理岩	5.80 m
45. 含墨黑云变粒岩	1.20 m

① 吉林省地质局6101地质队，1963，吉林辑安县小西沟普查评价报告(油印稿)。

44. 斜长角闪岩	0.40 m
43. 含墨浅粒岩	2.60 m
42. 斜长角闪岩	1.90 m
41. 含墨黑云变粒岩	1.20 m
40. 斜长角闪岩	3.10 m
39. 含墨浅粒岩	3.10 m
38. 浅粒岩	2.60 m
37. 大理岩	5.70 m
36. 含墨浅粒岩	8.50 m
35. 黑云片岩	2.90 m
34. 混合质含墨黑云变粒岩	1.60 m
33. 斜长角闪岩	4.10 m
32. 黑云片岩	2.30 m
31. 斜长角闪岩	95.80 m
30. 混合质黑云变粒岩	2.90 m
29. 斜长角闪岩	30.95 m
28. 混合质含墨黑云变粒岩	4.00 m
27. 斜长角闪岩	23.30 m
26. 混合质含墨黑云变粒岩	43.00 m
25. 斜长角闪岩	0.60 m
24. 粗粒含墨黑云变粒岩	7.80 m
23. 斜长角闪岩	2.50 m
22. 含墨大理岩	30.70 m
21. 斜长角闪岩	21.20 m
20. 含墨黑云变粒岩	4.20 m
19. 石墨变粒岩	6.30 m
18. 含墨黑云变粒岩	12.80 m
17. 石墨变粒岩	4.80 m
16. 斜长角闪岩	5.60 m
15. 石墨变粒岩	1.00 m
14. 混合质含墨黑云变粒岩	20.20 m
13. 斜长角闪岩	1.40 m
12. 混合质含墨浅粒岩	8.50 m
11. 含墨浅粒岩	7.50 m
10. 石墨变粒岩	8.80 m
9. 含墨黑云变粒岩	12.90 m
8. 含墨浅粒岩	2.80 m
7. 斜长角闪岩	0.58 m
6. 含榴石墨黑云变粒岩	58.60 m
5. 斜长角闪岩	36.90 m
4. 含榴石墨黑云变粒岩	14.80 m
3. 含墨黑云变粒岩	2.10 m
2. 透闪变粒岩	14.40 m
1. 斜长角闪岩	14.40 m

——————— 平行不整合 ———————

下伏地层：**蚂蚁河(岩)组**　黑云变粒岩

【地质特征及区域变化】　荒岔沟(岩)组主要分布于通化县三半江、集安县泉眼沟、腰营子、头道、清河、文字沟北。在甲乙川、东明、大东岔、高丽沟假石房子、大清沟、凉水也有出露。分布面积约 670 km^2。岩石组合为石墨变粒岩、含墨黑云变粒岩、含墨透辉变粒岩、含墨浅粒岩、含墨大理岩夹斜长角闪岩。中下部斜长角闪岩偏多，上部斜长角闪岩少见。变质作用为拟态结晶，前构造变质高角闪岩相。普遍有变质分异产生的顺片理长英质脉体，与片理一起卷入变形，形成同斜或平卧褶皱。原岩为玄武岩、火山岩、复碎屑岩夹灰岩。火山活动由基性向中偏酸性演变。该岩组厚度变化大，在西部早期褶皱倒转翼和平一带视厚度 650 m，在正常翼东葫芦—文字沟一带仅 40 m，表明由北向南，由西向东厚度递减。时代为早元古代。

临江(岩)组　Pt$_1$*l*.　(05-22-0004)

【创名及原始定义】　原称临江层，由斋藤林次(1944)命名，创名地点在临江镇附近。指整合于花山层之上大栗子层之下的石英岩夹二云片岩或二云片岩夹石英岩组合。

【沿革】　1960 年长春地院在 1：20 万临江幅称临江县组；1977 年吉林区调队 1：20 万通化市幅将通化南浑江沿岸的石英岩、二云片岩夹石英岩组合划分为花山组、临江组；1983—1988 年吉林局四所将其改定为大东岔组。本次经综合地质信息分析对比，认为集安地区的大东岔组与通化南的临江组、花山组、临江地区临江组为同一(岩)组，按命名优先原则统称临江(岩)组。临江(岩)组包括原大东岔组、清河组含榴变粒岩段、矽线片麻岩段和沿浑江两岸分布的原临江组和花山组大部及临江地区临江组。

【现在定义】　由长石石英岩、石英岩、变粒岩、片麻岩、石英片岩、二云片岩夹厚—中薄层石英岩的岩石组合。常见矽线石、石榴石、十字石、堇青石等特征变质矿物。与下伏荒岔沟(岩)组呈平行不整合接触，与上覆大栗子(岩)组呈整合接触。

【层型】　正层型为花山—临江剖面，有顶无底，现列次层型集安市头道镇砬子沟剖面(125°52′，41°34′)，吉林局四所 1986 年测制。

上覆地层：**大栗子(岩)组**　千枚岩

——————— 整　合 ———————

临江(岩)组	总厚度 773.42 m
15. 石英岩	11.20 m
14. 千枚状二云片岩	12.72 m
13. 黑云变粒岩	32.70 m
12. 千枚状二云片岩	15.80 m
11. 黑云变粒岩	50.90 m
10. 千枚状二云片岩	6.30 m
9. 黑云斜长片麻岩夹黑云变粒岩	167.00 m
8. 二云片岩	56.60 m
7. 黑云变粒岩	41.00 m
6. 黑云斜长片麻岩夹黑云变粒岩	183.30 m

5. 黑云变粒岩夹石英岩	84.10 m
4. 含矽线黑云斜长片麻岩	28.20 m
3. 石英岩	38.80 m
2. 长石石英岩	31.40 m
1. 细粒石英岩	13.40 m

═══════ 断 层 ═══════

下伏地层：**荒岔沟(岩)组** 含墨透辉变粒岩

【地质特征及区域变化】 临江(岩)组分布于集安市大蹽—麻线、东葫芦—大东岔、泉眼沟—头道—砬子沟、通化县和平—东江、通化市夹皮沟—金厂、临江县临江镇附近。分布面积 660 km^2。岩石组合为长石石英岩、石英岩、黑云变粒岩、含榴矽线堇青斜长片麻岩、黑云斜长片麻岩、十字石二云片岩、含榴二云片岩等，普遍夹薄—厚层石英岩。视厚度 773～1 035 m。变质程度属低—高角闪岩相。一般下部变质深，上部变质浅；南部变质深，北部变质浅；正常翼变质深，倒转翼变质浅。由于变质分异，下部常见无根产出的长英质脉体顺片理产出，反映它不是外来物质注入。早期褶皱转折端层理、片理交切清楚，说明该(岩)组变形与变质是同步进行，属同构造变质。原岩以多硅高铝为特征，为长石石英砂岩、石英砂岩、粉砂岩、粉砂质粘土岩及泥岩等。时代为早元古代。

大栗子(岩)组 Pt_1*dl*. (05-22-0005)

【创名及原始定义】 原称大栗子层，由斋藤林次(1944)命名，创名地点临江县大栗子镇太平沟。指不整合伏于女真系之下，整合于临江层之上，以千枚岩为主夹大理岩。以赋存赤铁矿、磁铁矿、菱铁矿(大栗子式铁矿)而驰名。

【沿革】 叶连俊(1951)将大栗子含铁层按单斜层和沉积旋回自下而上划分为 H1、H2、……H7 七个组合层。1960 年长春地院将大栗子层改大栗子组。吉林区调队(1973、1976)、吉林地层表编写组(1975)均沿用大栗子组名称。嗣后，提出了多种新的划分(表 5-1)。

【现在定义】 指临江(岩)组之上，青白口系白房子组或老岭(岩)群新农村(岩)组之下，由二云片岩、青灰色或棕色千枚岩、绢云千枚岩为主夹大理岩、白云质大理岩、薄层石英岩组合。赋存有赤铁矿、磁铁矿、菱铁矿。与下伏临江(岩)组整合接触，与上覆白房子组不整合接触。

【层型】 正层型为临江县大栗子沟剖面(126°48′，41°49′)，吉林局四所 1991 年并层。

上覆地层：**青白口系白房子组** 石英岩

~~~~~~~~ 不 整 合 ~~~~~~~~

大栗子(岩)组	总厚度 2 586. 71 m
39—37. 青灰色绢云千枚状片岩，偶夹薄层石英岩	242.14 m
36. 薄板状硅化大理岩	7.95 m
35—34. 棕褐色、青灰色绢云千枚状片岩	169.41 m
33. 硅化大理岩	3.14 m
32. 青灰色绢云千枚岩	172.41 m
31—27. 棕色、青灰色互层的绿泥绢云千枚岩	111.38 m
26. 青灰色绢云千枚岩夹薄层石英岩	56.27 m
~~~~~~~~

25. 棕色绢云石英片岩 83.72 m

24—23. 青灰色、棕色绢云千枚岩 104.20 m

22—20. 青灰色、黄褐色绢云千枚岩夹薄层大理岩 41.47 m

19. 青灰色绢云千枚岩与薄层大理岩互层 87.17 m

18. 块状大理岩 127.52 m

17—13. 青灰色绢云千枚岩夹绢云片岩 208.09 m

12. 薄层条纹状大理岩 5.76 m

11—10. 灰色、黄褐色绢云千枚岩夹石榴绢云千枚岩 150.56 m

9—8. 青灰色、褐色绢云千枚岩 42.45 m

7—1. 灰色、黄褐色绢云千枚岩夹两层大理岩 973.07 m

——————— 整 合 ———————

下伏地层：临江(岩)组 ` 厚层石英岩

表 5-1 临江(岩)组、大栗子(岩)组划分沿革表

<table>
<tr><td colspan="3">斋藤林次</td><td colspan="2">长春地院</td><td colspan="2">吉林区调队</td><td colspan="3">王集原 史家弘</td><td colspan="2">姜春潮</td><td colspan="2">胡国巍</td><td colspan="2">天津所四所</td><td colspan="2">唐守贤</td><td colspan="2">天津所</td><td colspan="2">吉林地研所</td><td colspan="3">吉林局四所</td><td colspan="3">本书</td></tr>
<tr><td colspan="3">1944</td><td colspan="2">1960</td><td colspan="2">1976</td><td colspan="3">1984</td><td colspan="2">1979—1987</td><td colspan="2">1988</td><td colspan="2">1989</td><td colspan="2">1990</td><td colspan="2">1990</td><td colspan="2">1991</td><td colspan="3">1993</td><td colspan="3"></td></tr>
<tr><td colspan="3">临江地区</td><td colspan="2">临江县幅</td><td colspan="2">浑江市幅</td><td colspan="3">临江地区</td><td colspan="2">延吉地区</td><td colspan="2">临江地区</td><td colspan="2">临江地区</td><td colspan="2">临江地区</td><td colspan="2">临江地区</td><td colspan="2">临江地区</td><td colspan="3">临江地区(1∶5万)</td><td colspan="3">吉南地区</td></tr>
<tr><td colspan="3">女真系</td><td colspan="2">震旦系</td><td colspan="2">震旦系</td><td colspan="3">青白口系</td><td>中元古界辽阳群</td><td>判甲炉组</td><td rowspan="4">老岭群</td><td>珍珠门组</td><td colspan="2">青白口系</td><td colspan="2">花山群</td><td rowspan="4">老岭群</td><td>珍珠门组</td><td>通化群</td><td>黑沟岭组</td><td rowspan="4">老岭群</td><td>上亚群</td><td>石青沟组</td><td rowspan="4">下元古界</td><td>老岭(岩)群</td><td>新农村(岩)组</td></tr>
<tr><td rowspan="3">辽河系</td><td rowspan="3">盖县统</td><td rowspan="2">大栗子层</td><td rowspan="3">辽河群</td><td rowspan="2">大栗子组</td><td rowspan="3">中元古界老岭群</td><td rowspan="2">大栗子组</td><td rowspan="3">下元古界老岭群</td><td rowspan="2">上亚群</td><td>太平沟组</td><td rowspan="2">中元古界大栗子群</td><td>北大楼组</td><td rowspan="2">花山组(含大栗子组)</td><td rowspan="3">老岭群</td><td rowspan="2">大栗子组</td><td rowspan="2">大栗子群</td><td>当石沟组</td><td rowspan="2">花山组(含大栗子组)</td><td rowspan="3">下元古界鸭绿江群</td><td rowspan="2">大栗子组</td><td rowspan="3">下亚群</td><td rowspan="2">大栗子组</td><td rowspan="3">集安(岩)群</td><td rowspan="2">大栗子(岩)组</td></tr>
<tr><td>大栗子组</td><td>干沟组</td><td>干沟组</td></tr>
<tr><td>临江层</td><td>临江组</td><td>临江组</td><td>下亚群</td><td>临江组</td><td>下元古界草河群</td><td></td><td>临江组</td><td>花山组</td><td colspan="2">临江群</td><td>临江组</td><td>临江组</td><td>临江组</td><td>临江(岩)组</td></tr>
</table>

参考剖面有西岔、南岔、当石沟—临江镇、老三队—临江镇、上乱泥塘公路等剖面。各剖面岩石组合基本可以对比。

【地质特征及区域变化】 大栗子(岩)组分布于通化市金厂、大样子沟—湖上、七道沟、东来、南岔、大横路—大栗子—花山、临江大湖北、乱泥塘、八道沟等地。分布面积670 km²。主要岩石有薄层石英岩、二云片岩、石英片岩、十字石片岩、千枚状片岩、绢云千枚岩、绿泥绢云千枚岩、中厚层大理岩、白云质大理岩等，大理岩类以钙质为主，夹镁质大理岩。视厚度1 527～2 634 m。变质程度相当高绿片岩相。原岩为粘土岩、泥质岩夹灰岩和薄层石英砂岩。在吉南地区与新农村(岩)组呈平行不整合接触，时代为早元古代。主要矿产：铁、金、锑、铜、钴等。

老岭(岩)群　Pt_1L.　(05－22－0006)

【创名及原始定义】　由吉林区调队(1973)创名。指青白口系之下，太古宙地质体之上，由含砾变质长石石英砂岩、白云质大理岩、二云片岩、石英岩、千枚岩夹大理岩组成。自下而上划分为达台山组、珍珠门组、花山组、临江组和大栗子组。

【沿革】　1944年斋藤林次将临江县老三队—花山—临江一带的变质岩称为花山层、临江层、大栗子层，归人辽河系盖平统。长春地院(1960)将该套变质岩称辽河群，自下而上划分达台山组、珍珠门组、花山组、临江组、大栗子组。吉林区调队(1973)在编吉林省1∶300万地质图时考虑辽吉两省辽河群含义不同，差别很大，遂易名为老岭群。王福润等(1988)将老岭群只限定于珍珠门组以下地层，由老到新划分为新农村组、板房沟组、珍珠门组。将花山组、临江组从老岭群中分出，划入集安群相当层位。唐守贤(1990)将老岭群厘定为五个群，老岭群仍作为一个群保留下来，其含义与王福润等人意见相同。但在珍珠门组之下另立林家沟组。吉林地研所(1991)提出废弃老岭群，新创通化群，在珍珠门组之下，建立黑沟岭组。本次对比研究用老岭(岩)群。

【现在定义】　指青白口系之下，集安(岩)群之上，由长石石英岩、石英岩、浅粒岩、变粒岩、钙硅酸盐岩(暖气包岩)、碳质板岩、大理岩、白云质大理岩组成的一套岩石。由老到新划分为新农村(岩)组、板房沟(岩)组、旱沟碳质板岩和珍珠门(岩)组。

新农村(岩)组　Pt_1x.　(05－22－0007)

【创名及原始定义】　吉林局四调队1988年① 创名，创名地点在通化南大泉源乡新农村附近。岩性由长石石英岩、钠长浅粒岩、含金红石浅粒岩、含磁铁浅粒岩、细晶黑云变粒岩夹含金云白云质大理岩、透闪白云质大理岩等组成。新农村(岩)组与下伏荒岔沟(岩)组不整合接触，与上覆板房沟组整合接触。

【沿革】　长春地院(1960)将其划归达台山组一部分。毕振刚等(1974)亦将该(岩)组并连同其上的板房沟组一起与太东岔组对比，均称达台山组，置于老岭群底部。吉林省地层表编写组(1975)持同一观点。吉林区调队(1977)在1∶20万通化市幅报告中将其归人集安群新开河组。本次对比研究按吉林局四调队的意见，称为新农村(岩)组。

【现在定义】　不整合于集安(岩)群或太古宙地质体之上，整合于板房沟(岩)组之下，以钠长浅粒岩、细晶黑云变粒岩为主夹白云质大理岩组成的岩系。底部有稳定的长石石英岩与下伏地层分界。

【层型】　正层型为爱国—砬子沟剖面(125°36′，41°32′)，吉林局四所1986年测制。

上覆地层：**板房沟(岩)组**　条带状钙硅酸盐岩

———————— 整　合 ————————

新农村(岩)组	总厚度 570.6 m
14. 灰色钠长浅粒岩夹薄层大理岩	13.6 m
13. 深灰色细粒黑云变粒岩	44.3 m

---

① 吉林省地质局四调队，1988，大泉源幅1∶5万区域地质调查报告。

12. 灰白色含磁铁钠长浅粒岩	164.0 m
11. 灰黑色细粒黑云变粒岩	22.1 m
10. 透闪大理岩夹钠长浅粒岩	55.1 m
9. 含金云透闪大理岩	28.7 m
8. 灰白色含金红石钠长浅粒岩	101.8 m
7. 含金云白云质大理岩(夹菱铁矿)	28.4 m
6. 灰—浅灰白色钠长浅粒岩	20.0 m
5. 硅化大理岩	6.9 m
4. 长石石英岩	4.2 m
3. 浅灰色钙质浅粒岩	18.5 m
2. 硅化大理岩夹透闪大理岩	39.6 m
1. 灰白色长石石英岩	23.4 m

~~~~~~~~~~ 不 整 合 ~~~~~~~~~~

下伏地层：**集安(岩)群** 千枚岩

参考剖面有王家街—红石剖面、板房沟剖面、林家沟剖面、大南岔剖面等。

【地质特征及区域变化】 新农村(岩)组主要分布于新农村—民和、复盛—西村、板房沟—砬子沟、夹皮沟—通化一带，由西向东出露逐渐变窄，厚度变薄。在四方山—板石沟、遥林—八里坡见有石英岩分布，分布面积175 km^2。岩石组合有长石石英岩、石英岩、钠长浅粒岩、含金红石钠长浅粒岩、含磁铁钠长浅粒岩、黑云变粒岩、透辉变粒岩、含金云母大理岩、白云质大理岩、硅质大理岩、透闪大理岩等。视厚度40～392 m。变质程度属绿片岩相。原岩相当于长石石英砂岩、石英砂岩、流纹质岩、角斑岩、复矿物粉砂岩、灰岩、白云质大理岩等。属火山岩-镁质碳酸盐岩建造。

板房沟(岩)组 Pt_1b. (05-22-0008)

【创名及原始定义】 由吉林局四调队1988年① 创建，创名地点在集安市头道镇板房沟—娄子沟。指新农村（岩）组与旱沟碳质板岩之间的钙硅酸盐岩、硅质条带大理岩、透闪变粒岩、黑云变粒岩和大理岩组合。底部有钙硅酸盐岩(暖气包岩)为标志层，与下伏新农村(岩)组整合接触，上覆旱沟碳质板岩呈整合接触。

【沿革】 见表5-2。

【现在定义】 同原始定义。

【层型】 正层型为集安市头道镇板房沟剖面(125°52′,41°33′)，吉林局四所1988年测制。

上覆地层：**旱沟碳质板岩**

———————— 整 合 ————————

板房沟(岩)组	总厚度 191.92 m
9. 灰黑色黑云变粒岩	17.50 m
8. 透闪黑云变粒岩	48.70 m
7. 灰白色大理岩	32.90 m
6. 深灰色黑云变粒岩	46.60 m

① 文献同新农村(岩)组。
~~~~~~~~~~

5. 硅化透辉大理岩　　15.00 m

4. 深灰色黑云变粒岩　　5.98 m

3. 透辉变粒岩　　16.97 m

2. 黑云变粒岩　　6.96 m

1. 条带状钙硅酸盐岩（暖气包岩）　　1.31 m

………………… 接触关系不明 …………………

下伏地层：新农村(岩)组

表 5-2　板房沟(岩)组划分沿革表

作者	年代	地区	界	群	组
斋藤林次	1944	临江地区	早元古代	辽河系	大石桥统
长春地质学院	1960	临江县幅(1:20万)	下元古界	辽河群	珍珠门组
吉林区调队	1976	浑江市幅(1:20万)	中元古界	老岭群	珍珠门组
吉林区调队	1977	通化市幅(1:20万)	中元古界 下元古界	老岭群 集安群	珍珠门组 达台山组 新开河组
姜春潮	1987	辽吉地区	中元古界 下元古界	辽阳群 集安群	龙泉寺组 判甲炉组 霸王朝组
王福润、张连秀、韩雪、王显武	1988	通化南	中元古界	老岭群	珍珠门组 板房沟组 新农村组
吉林局四所一分队	1989	通化南	下元古界	大泉源(岩)群	珍珠门(岩)组 板房沟(岩)组 新农村(岩)组
唐守贤	1990	吉南	下元古界	老岭群	珍珠门组 林家沟组
吉林地研所	1991	吉南	下元古界	通化群	珍珠门组 黑沟岭组
本书		吉南	下元古界	老岭(岩)群	珍珠门(岩)组 旱沟碳质板岩 板房沟(岩)组 新农村(岩)组

参考剖面有爱国—和平剖面、黑沟剖面、大南岔剖面等。

【地质特征及区域变化】　板房沟(岩)组主要分布于姚家街—民和、复盛—西村、板房沟—砬子沟、夹皮沟—通化、四方山—板石沟、遥林—八里坡等地。出露面积 200 km^2。岩石组成有钙硅酸盐岩、条带状硅质大理岩、黑云变粒岩、透闪变粒岩、千枚岩夹镁质和钙质大理岩。局部见浅粒岩。视厚度由西向东递减(224～68 m)。即通化以南的板房沟(岩)组视厚度较大，浑江地区变薄且下部无新农村(岩)组，只有几十米厚石英岩。对此有两种看法，即“相变”和板房沟(岩)组“超覆”，有待进一步研究。原岩为复屑粉砂岩、泥质粉砂岩、粘土质岩石、灰岩等。相当于陆源碎屑岩-碳酸盐岩沉积建造。与上覆旱沟碳质板岩呈整合接触，在区域上与下伏新农村(岩)组整合接触。时代为早元古代。

旱沟碳质板岩　Pt_1h　(05-22-0009)

【创名及原始定义】　系本次地层对比研究中新建(1993)。指板房沟(岩)组变粒岩、大理岩之上，珍珠门(岩)组白云质大理岩之下，由粉晶石墨片岩和碳质板岩组成。与下伏、上覆(岩)组均为整合接触。

【沿革】 该岩组创建前，前人或将其划入上覆岩组，或将其归入下伏岩组(表 5-2)。

【现在定义】 同原始定义。

【层型】 正层型为浑江太平乡黑沟剖面(126°15′，41°36′)，吉林区调队 1976 年测制。

上覆地层：**珍珠门(岩)组** 条带状大理岩

——————— 整 合 ———————

旱沟碳质板岩	总厚度 77.8 m
3. 黑色碳质板岩，顶部夹黑灰色碳质白云石大理岩凸镜体	17.5 m
2. 灰色、深灰色大理岩夹钙质绢云片岩	44.6 m
1. 灰色、灰黑色千枚状片岩夹青灰色大理岩	15.7 m

——————— 整 合 ———————

下伏地层：**板房沟(岩)组** 黑云片岩

【地质特征及区域变化】 旱沟碳质板岩分布与板房沟(岩)组相同，岩相稳定，厚度变化不大，由粉晶石墨片岩和碳质板岩夹大理岩组成，以含碳为特征，是区域地层对比的良好标志层。岩石化学低硅、少铝、贫铁、多钙，挥发量高达 24.91%。原岩为有机碳和含有机碳的粉砂岩及含碳质的泥灰岩。大量有机碳的存在反映出气候湿热、底水滞流，还原或弱还原的闭塞泻湖或局限海的沉积环境。时代为早元古代。

珍珠门(岩)组 $Pt_1\hat{z}$. (05-22-0010)

【创名及原始定义】 长春地院区测队 1960 年[①] 创名，创名地点为临江县珍珠门—岗楼剖面。原始定义是指位于花山组之下，达台山组之上的巨厚层白云质大理岩。

【沿革】 1944 年斋藤林次称珍珠门组为大石桥统。1960 年长春地院区测队更名为珍珠门组。姜春潮(1979—1987)认为珍珠门组可与辽阳群龙泉寺组对比置于辽阳群的顶部。此后，各家均将珍珠门组置于老岭群上部层位(表 5-2)。

【现在定义】 指旱沟碳质板岩之上，青白口系白房子组或钓鱼台组之下，由碳质条带状白云质大理岩、块状白云质大理岩、角砾状白云质大理岩和透闪石化、硅化白云质大理岩组成的巨厚层变质碳酸盐岩组合。与下伏旱沟碳质板岩整合接触，与上覆白房子组或钓鱼台组为不整合接触。

【层型】 正层型为珍珠门—岗楼剖面，因褶皱和断层多，岩层存在重叠和新老颠倒并缺少底部层，现列太平乡林家沟—黑沟剖面为次层型(126°15′，41°36′)，吉林区测队 1976 年测制。

上覆地层：**青白口系钓鱼台组** 石英岩

～～～～～～ 不整合 ～～～～～～

珍珠门(岩)组	总厚度 952.19 m
12. 浅红色及灰白色中厚层条带状白云质大理岩	20.80 m

① 长春地质学院区测队，1960，临江县幅 1：20 万区域地质调查报告(油印本)。

11. 粉红色角砾状白云质大理岩	111.50 m
10. 浅粉红色角砾状白云质大理岩	11.00 m
9. 乳白色厚层糖粒状白云质大理岩	174.90 m
8. 青灰色中细粒条带状白云质大理岩	94.70 m
7. 乳白色中细粒厚层白云质大理岩	73.40 m
6. 紫红色角砾状白云质大理岩	48.50 m
5. 粉红色细粒状白云质大理岩	9.79 m
4. 白色硅质白云质大理岩夹角砾状白云质大理岩	169.80 m
3. 白色—粉红色细粒硅化白云质大理岩与角砾状白云质大理岩互层	46.40 m
2. 紫红色铁质角砾状白云质大理岩(含胶磷矿)	114.40 m
1. 灰黑色薄层条带状大理岩	77.00 m

———— 整　合 ————

下伏地层：**旱沟碳质板岩**

参考剖面有大南岔剖面、石青沟剖面、王家街—钱桌沟剖面等。

【地质特征及区域变化】　珍珠门(岩)组主要分布于姚家街—复盛、娄家沟—砬子沟、夹皮沟—通化、四房山—板石沟、南岔—八里坡、大横路—小四平等地。大湖一带也有出露。分布面积约 375 km^2，岩石组合为碳质条带状白云质大理岩，块状、糖粒状、角砾状白云质大理岩，硅化、透闪石化、滑石化白云质大理岩，含方柱石白云质大理岩等。视厚度 952.2 m。区域横向变化如图 5-1。与下伏旱沟碳质板岩整合接触，与上覆白房子组或钓鱼台组不整合接触，变质程度为绿片岩相，原岩以白云质灰岩为主，相当于镁质碳酸盐岩沉积建造。矿产主要有胶磷矿、滑石矿、硫铁矿、铅、锌、铜、金等。时代为早元古代。

白房子组　Qn*b*　(05-22-0011)

【创名及原始定义】　吉林局通化队(1962)[①]于大栗子至苇沙河一带的钓鱼台组下部创名白房子段，标准地点在临江大栗子沟。岩性为砾岩，灰黑色、黄褐色砂页岩。下与辽河群大栗子组及临江组为不整合接触，上与钓鱼台组(原称钓鱼台组白马浪段)呈平行不整合接触。

【沿革】　长春地院吉南区调队(1960)在1∶20万临江县幅区调报告中将钓鱼台组下部之砂页岩及铁矿层分出，命名为"大罗圈河组"，置于钓鱼台组之下和辽宁省复州等地"永宁砂岩"相对比。1965年复查补课又予否定，重新划归钓鱼台组。1962年通化队汤石林等人将大栗子至苇沙河一带的钓鱼台组自下而上划分为：白房子段、苇沙河段、帽儿山段、白马浪段。白房子段相当大罗圈河组下部。1976年吉林区调队认为该地层有一定分布范围，层序清楚，上下界限明确，具有特殊含矿建造，将白房子段含义扩大(包括苇沙河段及帽儿山段)改称白房子组，白马浪段划属钓鱼台组。1983年吉林区调队前寒武系专题组经地层划分对比，将白房子组置于青白口系下统。本书从之。大罗圈河组为白房子组同物异名。

【现在定义】　指以杂色的长石石英砂岩、细砂岩、粉砂岩和页岩为基本层序的岩石序列。下以砾岩与下伏老岭(岩)群呈不整合接触，上以石英砂岩与钓鱼台组呈平行不整合接触。

【层型】　正层型为白山市临江大栗子沟剖面(126°48′,41°48′)，吉林区调队1976年测制。

---

① 吉林省地质局通化地质大队，1962，大栗子、苇沙一带铁矿普查报告。

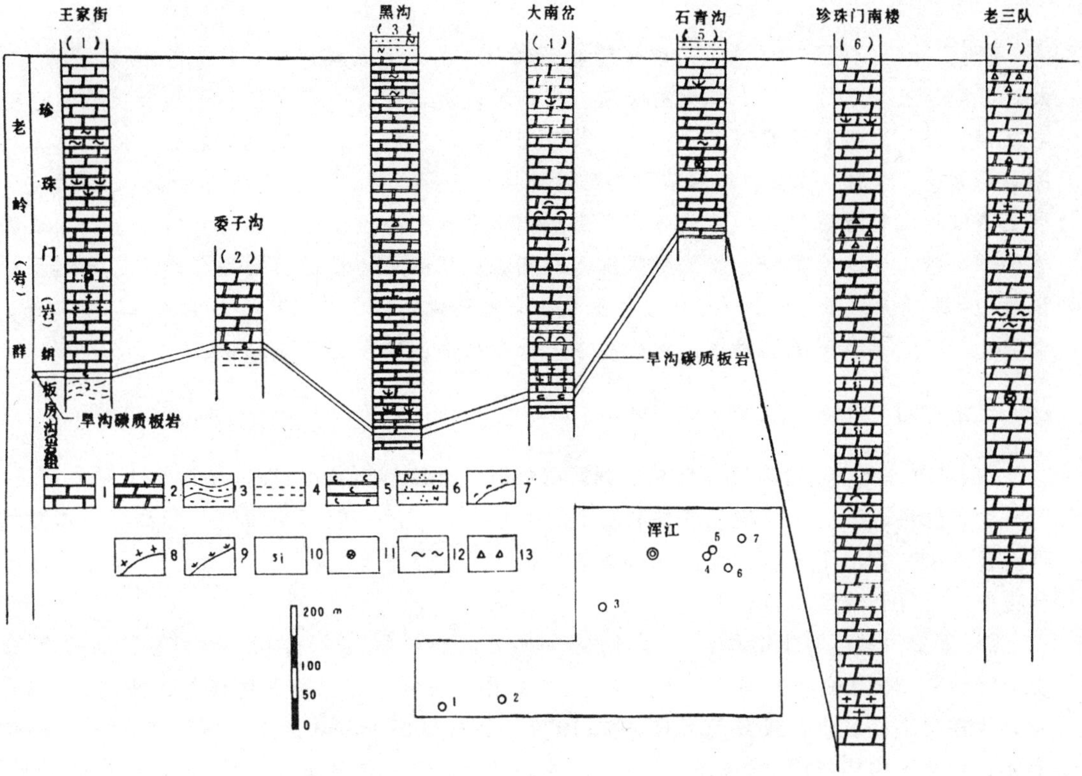

图 5-1　老岭(岩)群珍珠门(岩)组区域地层横剖面图

1. 大理岩；2. 白云质大理岩；3. 黑云片岩；4. 千枚岩；5. 碳质板岩；6. 长石石英砂岩；7. 滑石化；8. 透闪石化；9. 蛇纹石化；10. 硅化；11. 磷灰石；12. 条带状；13. 角砾状

上覆地层：钓鱼台组　灰白色含砾石英砂岩

——————— 平行不整合 ———————

白房子组	882.79 m
12. 青灰色细砂岩与黑色粉砂质页岩互层，页岩层稍厚，单层厚 50 cm 左右	48.36 m
11. 黄绿色中厚层状细粒石英砂岩夹粉砂质页岩，所夹页岩层厚 5 cm 以下	61.21 m
10. 灰色细粒石英砂岩	66.22 m
9. 紫色砂质页岩及紫色石英砂岩互层，单层厚 30～150 cm	54.70 m
8. 紫色含云母片粉砂岩	306.28 m
7. 黄绿色含云母片粉砂岩	63.40 m
6. 紫色含云母粉砂岩	63.40 m
5. 黄绿色中粒长石石英砂岩，偶见石英小砾，夹灰绿色云母片粉砂岩	103.65 m
4. 紫色含云母片粉砂岩	5.75 m
3. 灰色细粒长石石英砂岩(该层底部夹有 1～2 层厚度<40 cm 的鲕绿泥石赤铁矿层，称之为临江式铁矿)	11.50 m
2. 黑色细砂、粉砂岩和黑色页岩互层，单层厚数厘米到十几厘米(黑色页岩中见雨痕，其底部亦见有一层厚约 20 cm 的鲕绿泥石赤铁矿层)	57.05 m

1. 黄色中粒—细粒砂岩，局部含砾，底部有 0.20～10 m 厚的砾岩 41.27 m

～～～～～～ 不整合 ～～～～～～

下伏地层：**大栗子(岩)组** 千枚岩

【地质特征及区域变化】 白房子组为一套杂色的长石石英砂岩、细砂岩、粉砂岩和页岩。大致可划分三个岩性段：下段为黄绿色砂岩及黑色页岩层；中段灰白色长石石英砂岩夹粉砂岩及鲕绿泥石赤铁矿—菱铁矿层；上段紫色细砂岩、粉砂岩夹黄绿色砂岩层。底部常见数米厚的砾岩层。砾岩、砂岩的碎屑成分为陆源碎屑，长石碎屑的含量通常在 5%～10%左右。碎屑之磨圆程度与分选较差，岩层具水平层理。中上部为杂色砂、页岩，含鲕绿泥石、菱铁矿等指相矿物，反映出滨海、浅海到较深水相陆源沉积的总体特征。鸭绿江沿岸，东起临江镇帽儿山，西经大栗子、白房子，苇沙河直达白马浪一带，老岭西北坡从大镜沟乡二道阳岔、老梁山，到红土崖乡三道沟等地。岩相稳定，但厚度由西向东有变薄之势。

马达岭组 Qn*m* (05－22－0049)

【创名及原始定义】 长春地院区调队(1965)①创名，创名地点在白山市红土崖乡马达岭。为一套紫红色、灰白色厚层状或块状长石石英砂岩。层理一般不甚清楚，局部有大角度斜层理。显示出一套由干旱河流相沉积构成的红色建造。厚度 2 754～3 502 m。上覆小岭组不整合覆盖，时代属晚侏罗世。

【沿革】 马达岭组旧称长石砂岩、挂钟岭长石砂岩段(吉林煤田 102 队，1964)。长春地院(1965)1∶20 万临江县幅称为马达岭组。以后作为一岩石地层单元实体并无变化，而对其地质时代提出不同认识，或置于下震旦统(1979 年吉林煤田 102 队，并仍称挂钟岭组)，或划入中元古代达台山组(吉林区调所，1988)，或定为青白口纪整合于钓鱼台组之下(吉林区调所，1993)。

【现在定义】 指钓鱼台组石英砂岩之下的一套紫色长石石英砂岩层。主要由砾岩、含砾长石石英砂岩、长石石英砂岩组成的岩石序列。具明显韵律结构，交错层理及楔状层理发育。与下伏老岭(岩)群不整合接触；与上覆钓鱼台组平行不整合接触。

【层型】 正层型为白山市红土崖乡二道阳岔剖面(126°24′，41°45′)，吉林区调队，1993，〔1∶5 万红土崖幅区调报告(手稿)〕。

上覆地层：**林子头组** 凝灰质砂岩

～～～～～～ 不整合 ～～～～～～

马达岭组	总厚度 2 387.03 m
37. 紫色含砾长石砂岩	24.31 m
36. 紫色粗中粒长石石英砂岩	8.03 m
35. 紫色含砾长石石英砂岩，具粒序层理	40.05 m
34. 紫色中粒长石石英砂岩	75.63 m
33. 紫色含砾长石石英砂岩	2.70 m
32. 紫色中粒长石石英砂岩	94.51 m
31. 灰紫色含砾长石石英粗砂岩	0.40 m

① 长春地院吉南区调队，1965，临江县幅 1∶20 万区域地质调查报告(油印本)。

30. 紫色中粒长石石英砂岩	132.08 m
29. 紫色含砾长石石英砂岩	37.19 m
28. 紫色中粗粒长石石英砂岩与紫色含砾粗粒长石石英砂岩互层	80.08 m
27. 紫色粗粒长石石英砂岩(夹砾岩)，具粒序层理	50.04 m
26. 紫色含砾长石石英砂岩	34.85 m
25. 紫色粗粒长石石英砂岩(夹砾岩薄层)，具板状、槽状交错层理	142.90 m
24. 紫色含砾长石石英砂岩	1.57 m
23. 紫色粗中粒长石石英砂岩	90.86 m
22. 紫色含砾中粗粒长石石英砂岩	21.97 m
21. 灰白色粗粒长石石英砂岩	2.57 m
20. 紫色粗粒长石石英砂岩	148.21 m
19. 紫色含砾长石石英砂岩	3.29 m
18. 紫色中粒长石石英砂岩	295.88 m
17. 灰紫色中粒长石石英砂岩(粒序层理)	48.37 m
16. 浅灰紫色粗粒长石石英砂岩	15.07 m
15. 紫色含砾长石石英砂岩	8.54 m
14. 灰黄色粗中粒长石石英砂岩	6.58 m
13. 紫色粗粒长石石英砂岩	158.41 m
12. 浅灰紫色粗中粒长石石英砂岩	3.70 m
11. 灰色含砾粗粒长石石英砂岩	25.85 m
10. 灰紫色中细粒长石砂岩	2.77 m
9. 紫色含砾粗中粒长石石英砂岩	9.98 m
8. 黄色中粒长石砂岩	8.59 m
7. 黄色粗粒长石砂岩	248.60 m
6. 紫色粗粒长石石英砂岩	233.52 m
5. 紫色含砾长石石英砂岩	11.88 m
4. 紫色粗粒长石石英砂岩	142.93 m
3. 紫色砾岩	5.06 m
2. 紫色中粒长石石英砂岩	162.47 m
1. 紫色砾岩	7.14 m

══════ 断　层 ══════

震旦系：万隆组　灰岩

【地质特征及区域变化】　马达岭组是一套紫色、灰白色的砾岩、含砾长石砂岩、长石石英砂岩。粒度韵律明显，具板状与槽状交错层理，显示河流相沉积特征。地理分布局限，仅在浑江市横道河子、红土崖、二道沟一带，呈北东向条带状展布。岩性变化不大，但南二道沟以砾岩为主，向北以砂岩为主，砾岩层逐渐尖灭。于浑江市红土崖与上覆钓鱼台组平行不整合接触。时代为青白口纪。

细河群　Qn_2Z_1X　(05－22－0025)

【创名及原始定义】　细河统由青地乙治(Aoji,1928)创名，创名地点在辽宁省本溪桥头至南芬间的细河流域。原始定义：细河统自上而下分为三层：桥头石英岩；南芬页岩泥灰岩；钓鱼台石英岩。在五行山地区桥头石英岩被五行山统覆盖。

【沿革】 1937年斋藤林次、须藤俊南和1939年樱片清次对浑江、鸭绿江一带未变质地层与辽宁太子河流域相比，划分为下部细河统，上部康家统。1958—1965年长春地院吉南区调队于本区进行1∶20万区域地质调查纠正了斋藤林次将鸭绿江流域所划的南芬组、桥头组和浑江流域将桥头组连同其上地层划属寒武、奥陶系的错误，建立了区内震旦系的基本层序，即下部细河群、上部浑江群。1976年吉林区调队将细河群(含钓鱼台组、南芬组)置于震旦系中统，桥头组按所含生物归于浑江群，时代为晚震旦世。1981—1982年吉林区调队上前寒武系专题组提出吉林省南部青白口系及震旦系的划分方案(表5-3)。

【现在定义】 指平行不整合或整合覆于永宁组或不整合在太古宙鞍山(岩)群或早元古代辽河(岩)群之上，下部(钓鱼台组)为石英砂岩夹页岩、粉砂岩；中部(南芬组)为泥灰岩和页岩；上部(桥头组)为石英砂岩夹页岩、粉砂岩的地层序列。其上被五行山群康家组整合覆盖，有的地段被下寒武统平行不整合覆盖。该群自下而上包括钓鱼台组、南芬组、桥头组。

钓鱼台组　Qn_2d　(05-22-0012)

【创名及原始定义】 青地乙治(Aoji,1928)创名，称钓鱼台石英岩。创名地在辽宁省本溪桥头至南芬钓鱼台车站附近的钓鱼台。指钓鱼台村出露的层理清晰、较平整的厚层石英岩，由于风化原因表面有不规则的凹坑为特征，石英是粒状的。

【沿革】 见表5-3。

【现在定义】 指平行不整合或整合于永宁组或不整合于太古宙—早元古代变质岩之上的一套以灰白色、浅褐色石英砂岩为主，下部常含铁质或铁矿层，中部夹有黄褐色细砂岩。上与南芬组呈整合接触。在吉林省指平行不整合(或整合)于珍珠门(岩)组成白房子组、马达岭组之上的一套灰白色、浅褐色石英岩，下部含铁或铁矿，中部夹黄褐色细砂岩，上部有多层海绿石石英砂岩的地层序列，与上覆南芬组呈整合接触。

【层型】 正层型在辽宁省。省内次层型为白山市八道江青沟子剖面(126°21′,41°57′)，彭玉鲸、刘尔义等，1983,《吉林省上前寒武系》。

上覆地层：**南芬组**　紫色页岩

——————— 整　合 ———————

钓鱼台组	总厚度 388.38 m
15. 灰白色含海绿石及海绿石条带石英砂岩	46.18 m
14. 含海绿石及铁锈斑点薄层石英砂岩	28.13 m
13. 含铁锈斑点海绿石厚层石英岩，斜长花岗岩侵入	27.05 m
12. 灰绿色含海绿石厚层致密石英砂岩	10.08 m
11. 浅粉红色厚层细粒石英岩	17.18 m
10. 黄灰色含砾及赤铁矿中粗粒石英砂岩	95.16 m
9. 灰白色含赤铁矿中粗粒石英砂岩	14.19 m
8. 黄灰色含赤铁矿及铁锈斑点中细粒长石石英砂岩，具各种类型的斜层理	28.02 m
7. 灰白色含赤铁矿白云母片中细粒石英砂岩	18.68 m
6. 灰白色厚层中粒石英岩	8.82 m
5. 灰白色含砾铁锈斑点中粗粒长石石英砂岩	30.87 m
4. 褐红色赤铁矿层	5.82 m
3. 黄白色中粗粒含铁石英砂岩	43.07 m

表 5-3 吉林省南部晚元古代岩石地层单位划分沿革表

斋藤林次 1937—1946 通化	樱片清次 1939 浑江	李捷 1956 浑江	长春地院区测队 1960 浑江	通化队 1962 临江	长春地院区调队 1965 浑江	吉林地层表 1975 吉南	吉林区调队 1976 浑江	吉林区调队 1981—1982 吉林南部	本书 吉南
			$\in_1$ 馒头组	Z_2 (缺失)	$\in_1$ 馒头组	$\in_1$ 馒头组	$\in_1$ 馒头组	寒武系 下统 水洞组	$\in_1$ 水洞组
			$\in_1$ 馒头组	Z_2 (缺失)	Z_2 浑江群 青沟子组	$\in_1$ 碱厂组	$\in_1$ 碱厂组	震旦系 上统 青沟子组	Z_2 浑江群 青沟子组
			Z_2 浑江统 八道江组	Z_2 浑江统 八道江组	Z_2 浑江群 八道江组	Z_{2-3} 八道江组	Z_3 浑江群 八道江组	震旦系 下统 八道江组	Z_2 浑江群 八道江组
		Z_2 康家统	Z_2 浑江统 万隆组	Z_2 浑江统 万隆组	Z_2 浑江群 万隆组	Z_{2-3} 万隆组	Z_3 浑江群 万隆组	震旦系 下统 万隆组	Z_1 浑江群 万隆组
震旦系 细河统 桥头硅岩	震旦系 细河统 桥头硅岩	Z_1 细河统 桥头组	Z_1 细河统 桥头组	Z_1 细河统 桥头组	Z_1 细河群 桥头组	Z_{2-3} 桥头组	Z_3 浑江群 桥头组	震旦系 下统 桥头组	Z_1 细河群 桥头组
震旦系 细河统 南芬页岩	震旦系 细河统 南芬页岩	Z_1 细河统 南芬组	Z_1 细河统 南芬组	Z_1 细河统 南芬组	Z_1 细河群 南芬组	Z_{2-3} 南芬组	Z_2 细河群 南芬组	青白口系 上统 南芬组	Qn_2 细河群 南芬组
震旦系 细河统 钓鱼台硅岩	震旦系 细河统 钓鱼台硅岩	Z_1 细河统 钓鱼台组	Z_1 细河统 钓鱼台组	Z_1 细河统 钓鱼台组	Z_1 细河群 钓鱼台组	Z_{2-3} 钓鱼台组	Z_2 细河群 钓鱼台组	青白口系 上统 钓鱼台组	Qn_2 细河群 钓鱼台组
			Z_1 细河统 大罗圈河组	Z_1 细河统 钓鱼台组	Z_1 细河群 钓鱼台组	Z_1 大罗圈河组	Z_1 细河群 白房子组	青白口系 下统 白房子组	Qn_1 细河群 白房子组
辽河系	辽河系	辽河系	AnZ	AnZ 辽河群	AnZ 辽河系	Pt_2 老岭群	老岭群		Pt_1 老岭(岩)群

2. 鲕状赤铁矿层 2.91 m

1. 灰白色含砾铁质长石石英砂岩 12.22 m

~~~~~~~~~~ 不 整 合 ~~~~~~~~~~

下伏地层：珍珠门(岩)组　叠层石大理岩

【地质特征及区域变化】　钓鱼台组由紫色、灰白色、白色长石砂岩、石英砂岩、海绿石石英砂岩组成。底部铁质石英角砾岩中夹1～2层低品位赤铁矿层(伴生磷、锰矿化)，谓之“浑江式”铁矿。底部砾岩、含砾粗粒长石石英砂岩、中粗粒含铁石英砂岩，碎屑颗粒之磨圆程度与分选较差，岩石富含铁质及粘土杂基，波痕及交错层理均发育，属滨海陆源碎屑岩沉积。中上部发育交错层理的石英砂岩、海绿石石英砂岩、鲕绿泥石石英砂岩，结构、成分成熟度均高。为潮间或潮下带沉积的陆源碎屑岩相。上述岩相递变，表明钓鱼台组属退积型沉积相序。

钓鱼台组在区域上岩相虽属稳定，但厚度变化较大（图5-2）。北部样子哨盆地中仅在三源浦一带出露。其东北驼腰岭一带缺失钓鱼台组，南芬组直接超覆在太古宙鞍山群之上。在浑江市红土崖、苇沙河等地平行不整合(整合)于白房子组或马达岭组之上。在浑江盆地本组厚度有从东北往西南增厚的趋势。时代为青白口纪。

南芬组　Qn_2n　(05-22-0013)

【创名及原始定义】　青地乙治(Aoji，1928)创名，创名地点在辽宁省本溪市南芬车站附近。指南芬车站附近出露的页岩、泥灰岩(称南芬页岩泥灰岩)，呈红、绿色或多或少有些矽质，页岩有时风化呈纸片状。

【沿革】　见表5-3。

【现在定义】　指整合覆于钓鱼台组石英砂岩之上，平行不整合(或整合)伏于桥头组石英砂岩之下的一套黄绿、紫色页岩、泥灰岩地层序列。吉林省的岩性及上下接触关系与辽宁省的相同。

【层型】　正层型在辽宁省。省内次层型为白山市八道江青沟子剖面(126°21′，41°57′)，彭玉鲸、刘尔义等1983年测制。

上覆地层：桥头组　含铁“锈”斑点石英砂岩

——————— 平行不整合 ———————

南芬组 总厚度 1 038.98 m

32. 紫色页岩与黄绿色页岩互层，产宏观藻类化石 25.23 m

31. 青灰色含云母片铁质石英粉砂岩 2.87 m

30. 蛋青色板状页岩。产宏观藻类 *Chuaria circularis*，*C*. cf. *circularis*，*Marania*? *antiqua* 24.27 m

29. 含云母片紫色页岩 72.62 m

28. 上部黄绿色泥质页岩，下部灰、深灰色粉砂岩夹板状页岩。产宏观藻类 *Chuaria circularis*，*Marania antiqua*，*Shouhsienia shouhsiensis*，*S*. *longa*，*Ellipsophysa axicula*，*Conicina obtosa*，*Xinggounella conchata*，*Tawuia dalensis* 及微古植物化石 *Protosphaeridium* sp.，*Trachysphaeridium* sp.，*Symplassosphaeridium* sp.，*Nucellosphaeridium* sp.，*Pseudozonosphaera* sp.，*Pterospermopsimorpha* sp.，*Leio-*
~~~~~~~~~~

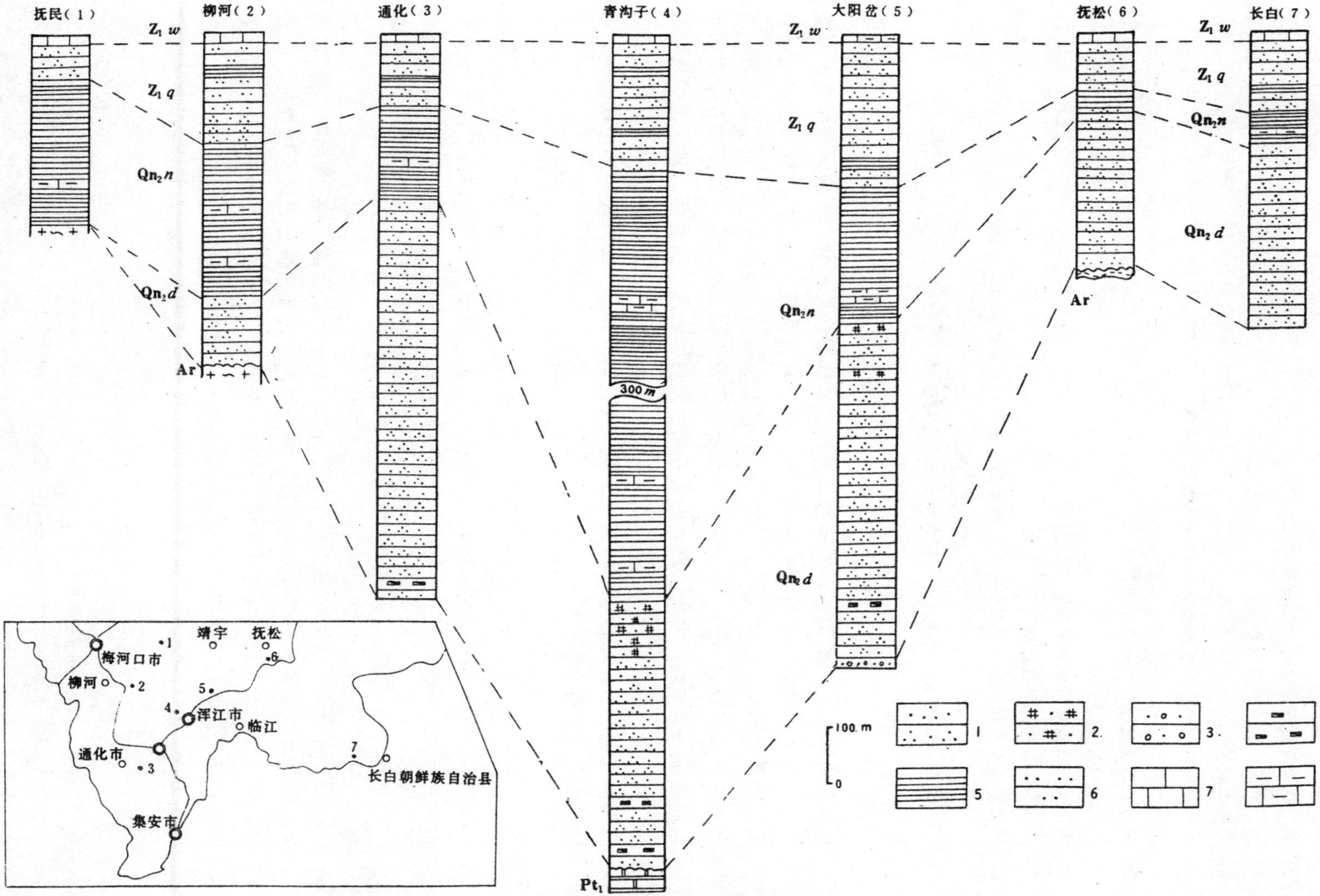

图 5-2　细河群柱状对比图

1. 石英砂岩；2. 海绿石石英砂岩；3. 砂砾岩；4. 赤铁矿；5. 页岩；6. 粉砂岩；7. 灰岩；8. 泥质灰岩

Ar. 太古宇；Pt_1. 下元古界；Qn_2d. 钓鱼台组；Qn_2n. 南芬组；Z_1q. 桥头组；Z_1w. 万隆组

sphaeridia sp., *Sinianella* sp., *Turuchanica* sp., *Taeniatum* sp. 112.55 m

27. 紫色页岩 70.85 m
26. 紫色钙质页岩 95.00 m
25. 蛋青色薄层泥灰岩，见微层石膏 30.55 m
24. 薄板状灰岩夹黄绿色页岩 83.60 m
23. 紫色页岩 54.16 m
22. 紫色页岩夹蛋青色、灰紫色泥灰岩，见微层状石膏 77.50 m
21. 紫色板状页岩 35.43 m
20. 紫色页岩夹淡青色、灰紫色泥灰岩 44.60 m
19. 紫色板状页岩 191.90 m
18. 黄绿色泥质板状页岩夹蛋青色灰岩 48.54 m
17. 紫色含云母片页岩夹灰紫色泥质灰岩 45.56 m
16. 紫色页岩夹黄绿色页岩及紫色薄层状海绿石，赤铁矿石英砂岩 23.75 m

———— 整　合 ————

下伏地层：**钓鱼台组**　灰白色含海绿石及海绿石条带石英砂岩

【地质特征及区域变化】　南芬组为杂色岩层，由紫色、蛋青色、黄绿色页岩、粉砂质页岩、钙质页岩、泥质粉屑灰岩组成。可明显分为两个岩性段，下段紫色页岩、黄绿色、蛋青色板岩、泥灰岩夹薄层石膏；上段紫色页岩夹粉砂岩。有发育极好的水平纹层，反映出障壁海沉积环境。含微古植物。

在横向上岩性变化稳定(图5-2)。以八道江青沟子最发育。由此向东向西均有变薄的趋势。柳河三源浦盆地中上部以紫色、黄绿色页岩互层为主，下部以蛋青色、黄灰色钙质粉砂岩夹薄层泥灰岩为主，厚790 m。时代为青白口纪。

在下部层由底而上有铁、钾(海绿石层)、磷、铜矿化，岩层中硅质较高的板状泥灰岩是闻名的“松花砚”的上好原料。

桥头组　Z_1q　(05-22-0014)

【创名及原始定义】　青地乙治(Aoji，1928)创名，创名地点在辽宁省本溪桥头。指该地附近出露的细河统上部一套地层，为层理比较清楚的石英岩与条带矽质板岩互层，称桥头石英岩。

【沿革】　见表5-3。

【现在定义】　指平行不整合或整合覆于南芬组之上，整合伏于康家组(或长岭子组)之下的一套灰色、灰白色、黄褐色石英砂岩夹黄绿、灰黑等色页岩及砂质页岩的地层序列。在吉林省本组的岩性特征、上下界线与辽宁省相同。在吉南地区以整合伏于万隆组之下，以灰岩出现或石英砂岩消失为界。

【层型】　正层型在辽宁省。省内次层型为白山市八道江青沟子剖面(126°21′，42°57′)，彭玉鲸、刘尔义等1983年测制。

上覆地层：**万隆组**　灰色厚层蠕虫状灰岩

———— 整　合 ————

桥头组　总厚度 234.114 m

46. 灰白色薄层石英砂岩夹黄绿色页岩。产遗迹化石 cf. *Rhysonetren* sp. 27.520 m

45. 灰白色含海绿石及铁锈斑点厚层石英砂岩 6.129 m

44. 灰白色含绿泥石石英砂岩 6.129 m

43. 含海绿石铁质石英砂岩 3.069 m

42. 含海绿石紫色页岩 8.569 m

41. 灰白色中厚层石英砂岩夹浅灰色薄层石英砂岩，发育有斜层理 40.369 m

40. 灰白色含铁锈斑点海绿石中薄层石英砂岩 6.129 m

39. 灰白色含铁锈斑点薄层石英砂岩夹白色薄层石英砂岩 18.090 m

38. 黑色碳质页岩。产丰富的微古植物化石 *Protosphaeridium densum*, *Proto leiosphaeridium* cf. *fulvastrum*, *P. bullatum*, *P. infriatum*, *Leiopsophasphaera apertus*, *L. minor*, *L. pelucidus*, *Trachysphaeridium laminaritum*, *T. incrassatum*, *T. simplex*, *T. hyalinum*, *T. cultum*, *T.* sp., *Synsphaeridium conglutinatum*, *Trematosphaeridium* sp., *Orygmatosphaeridium exile*, *Pseudozonosphaera sinica*, *Zonosphaeridium* sp., *Archaeofavosina* sp., *Microconcentrica orbiculata*, *Lingum* sp. 7.700 m

37. 灰白色含铁锈斑点石英砂岩 7.700 m

36. 铁青色含赤铁石英砂岩与黄绿色含云母片粉砂质页岩互层 15.390 m

35. 铁锈斑点厚层石英岩 13.920 m

34. 黄绿色薄层石英砂岩与青灰色页岩互层，韵律性层理清楚 28.550 m

33. 含铁锈斑点石英砂岩 44.850 m

——————— 平行不整合 ———————

下伏地层：**南芬组**　紫色页岩与黄绿色页岩互层

【地质特征及区域变化】　桥头组为青灰色、灰白色石英砂岩、铁锈斑点石英砂岩与青灰色、黄绿色粉砂岩、粉砂质页岩、页岩互层。产丰富的微古植物化石。石英砂岩之砂粒圆度与球度均好，颗粒支撑，硅质胶结。具低角度双向斜层理、波痕层理。薄层石英砂岩由一系列砂岩凸镜体组成，某些层中有潮汐形成的鱼骨状交错层理。桥头组属砂坝陆源碎屑岩相。在区域上岩相尚属稳定(图 5-2)，但往往伴随厚度的增加所夹粉砂岩及页岩亦增多增厚，顶部有少量粉砂岩和泥岩夹层存在。

浑江群　*ZH*　(05-22-0031)

【创名及原始定义】　长春地院区测队(1960)①创名浑江统，创名地点在浑江至通化的浑江流域。代表寒武系之下，桥头石英岩之上的一套碳酸质岩石，上部为灰岩及长藻灰岩，下部为泥质灰岩夹页岩，分为八道江组及万隆组。

【沿革】　1965 年长春地院吉南区调队改称为群(含八道江组，万隆组)。1976 年吉林区调队从年代地层角度将桥头组划入浑江群，1965 年长春地院又在八道江组之上、馒头组之下建立青沟子组划入浑江群(表 5-3)。本次对比研究从之。

【现在定义】　寒武系水洞组不整合面之下，桥头组石英砂岩之上以碳酸盐岩为主的岩石序列。主要岩性为砂屑灰岩、粉砂质页岩、白云质藻灰岩、沥青质粉屑灰岩、蠕虫状粉屑泥晶灰岩、黑色页岩。自下而上由万隆组、八道江组、青沟子组组成。

---

① 长春地质学院吉南区测队，1960，临江县幅 1:20 万区域地质调查报告(油印本)。

万隆组　Z_1w　（05-22-0015）

【创名及原始定义】　长春地院区测队(1960)① 创名。指浑江万隆车站附近的泥质灰岩夹页岩，其厚度约 440 m，属浑江统下部的岩层。

【沿革】　详见浑江群。

【现在定义】　指整合于八道江组与桥头组之间的碳酸盐岩为主的岩石序列。以砂屑灰岩为主，间有砾屑灰岩和多层粉砂岩夹层。下以砂屑灰岩出现或石英砂岩的消失、上以含藻屑的角砾状灰岩的出现，分别与下伏和上覆地层分界。

【层型】　正层型位于浑江万隆车站附近，因那里构造复杂、层序不全，现列白山市八道江青沟子剖面(126°21′，42°57′)为次层型，彭玉鲸、刘尔义等 1983 年测制。

上覆地层：八道江组　浅灰色中厚层碎屑灰岩

——————— 整　合 ———————

万隆组	总厚度 620.09 m
62. 深灰色厚层泥质，粉砂质灰岩夹一薄层浅黄色页岩	100.94 m
61. 青灰色页岩夹灰色灰岩	19.65 m
60. 深灰色厚层蠕虫状碎屑灰岩及粉砂质灰岩，后者含藻类化石碎片	61.46 m
59. 黄灰色白云质灰岩与浅黄色钙质页岩互层	91.67 m
58. 深灰色厚层状碎屑灰岩夹一层藻灰岩及薄层状黄灰色泥质灰岩	11.31 m
57. 黄灰色薄板状钙质页岩夹青灰色薄层状灰岩	51.36 m
56. 灰色薄层灰岩	9.15 m
55. 浅黄色页岩夹灰色粉砂质泥灰岩	8.58 m
54. 深灰色致密状灰岩夹浅灰色钙质粉砂岩及一层藻灰岩	13.49 m
53. 深灰色中薄层灰岩与黄灰色钙质页岩互层	22.29 m
52. 黄灰色薄板状钙质页岩夹灰色致密块状灰岩及一层藻灰岩。产大量的微古植物化石 *Protosphaeridium densum*，*Leiopsophasphaera apertus*，*Trachysphaeridium* cf. *chihsiense*，*T. incrassatum*，*T.* cf. *laminaritum*，*T. simplex*，*T. hyalinum*，*T. planum*，*T. rugosum*，*T.* aff. *rugosum*，*Pseudozonosphaera sinica*，*Laminarites* cf. *antiquissimus*，*Nucellosphaeridium* sp.	9.49 m
51. 深灰色致密块状及薄层灰岩夹黄灰色粉砂质泥灰岩及一薄层灰岩	40.27 m
50. 深灰色中厚层白云质灰岩夹薄层浅灰色粉砂质灰岩。产微古植物化石 *Protoleiosphaeridium* cf. *fulvastrum*，*P. faveolatum*，*Leiopsophasphaera apertus*，*Trachysphaeridium incrassatum*，*T.* cf. *laminaritum*，*T. simplex*，*T.* cf. *chihsiense*，*T. hyalinum*，*T. planum*，*T. rugosum*，*T.* aff. *rugosum*，*Pseudozonosphaera sinica*，*Laminarites* cf. *antiquissimus*，*Nucellosphaeridium* sp.	16.81 m
49. 深灰色中薄层含白云质灰岩夹灰黑色“指纹藻”灰岩	58.06 m
48. 深灰色中薄层泥质灰岩夹浅黄色粉砂质灰岩	75.40 m
47. 灰色厚层蠕虫状灰岩夹薄板状(厚约 2 m)灰色含砂灰岩及一层“指纹藻”灰岩	30.16 m

——————— 整　合 ———————

下伏地层：桥头组　灰白色薄层石英砂岩

① 长春地质学院吉南区测队，1960，临江县幅 1：20 万区域地质调查报告(油印本)。

【地质特征及区域变化】 万隆组由暗灰色、深灰色碎屑灰岩、藻屑灰岩、“蠕虫状”灰岩、叠层石灰岩和白云岩夹薄层粉砂质灰岩、钙质页岩组成，习惯称之万隆灰岩。产丰富的微古植物化石及叠层石。区域变化不大(图 5-3)，浑江盆地的青沟子、大阳岔以碳酸盐岩为主，混有少量陆源碎屑岩。以碎屑灰岩—砂屑泥晶灰岩—隐藻灰岩—钙质页岩韵律层发育为特征，属潮下带—潮间带环境，厚 621～711 m。通化一带以砂屑泥晶灰岩为主，夹有砾屑灰岩、隐藻灰岩，为潮下带环境，厚 233 m。长白、抚松境内系砂屑泥晶灰岩—含粉砂泥晶灰岩—钙质页岩的旋回层，为潮间带沉积，厚 528～562 m。柳河三源浦盆地形成自下而上由粗而细，由碳酸盐岩到碎屑岩的含细陆屑的粉屑泥晶灰岩—细砂岩—钙质粉砂岩—粉砂质页岩递变发展的韵律层，为潮上带沉积。表现出万隆组为潮坪碳酸盐岩相的区域上的总体变化特征。

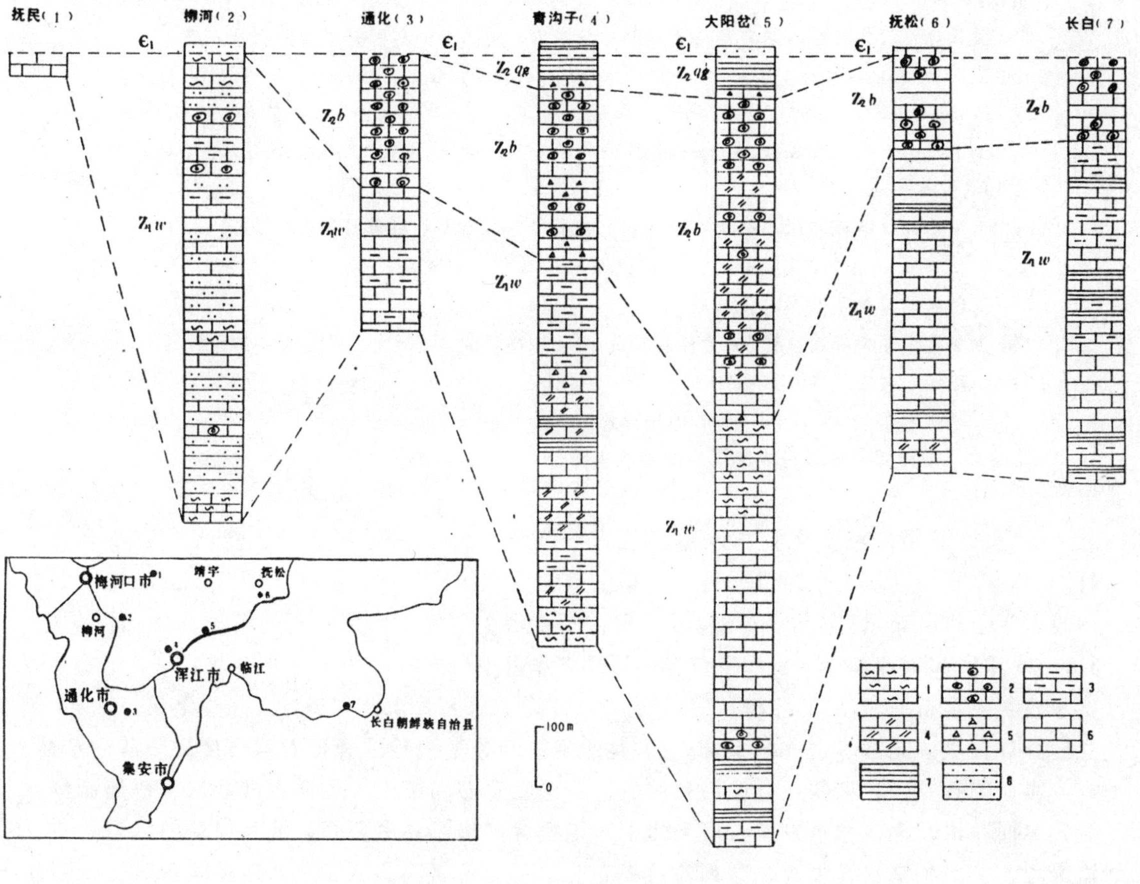

图 5-3 浑江群柱状对比图

1. 蠕虫状灰岩；2. 长藻灰岩；3. 泥质灰岩；4. 白云质灰岩；5. 角砾状灰岩；6. 灰岩；7. 页岩；8. 砂岩

Z_1w. 万隆组；Z_2b. 八道江组；Z_2qg. 青沟子组

八道江组 Z_2b (05-22-0016)

【创名及原始定义】 长春地院区测队(1960)[①] 创名，创名地点浑江市八道江青沟子。指

① 文献同万隆组。

平行不整合于寒武系之下，由灰岩及含长藻灰岩组成的一段地层，厚度约820 m。

【沿革】 见表5-3。

【现在定义】 指整合于万隆组与青沟子组之间由浅色碎屑灰岩、叠层石礁灰岩组成的，下以含藻屑的角砾状灰岩出现与万隆组为界，上以含叠层石灰岩消失与青沟子组分界。岩性较稳定，厚度变化大。

【层型】 正层型为白山市八道江青沟子剖面(126°21′，42°57′)，彭玉鲸、刘尔义等1983年重测。

上覆地层：**青沟子组** 灰色厚层状角砾状灰岩

——————— 整 合 ———————

八道江组 总厚度288.75 m

65. 浅灰色厚层状藻礁灰岩夹灰白色中厚层状灰岩，底部有中薄层硅质岩的夹层，产叠层石 *Minjaria* sp.，*Inzeria* sp.，*Baicalia aimica*，*B*. cf. *lacera*，*B*. *kirgisica*，*B*. *ingilensis*，*B*. *unca*，*B*. *maculosa*，*Badaojiangella badaojiangensis*，*Colonnella* cf. *kyllachii*，*Gymnosolen anapetes*，*G*. *ramsayi*，*Inzeria tjomusi*，*Jurusania alicica*，*J*. *chineulica*，*J*. *cylindrica*，*J*. *nisvensis*，*Kotuikania* cf. *torulosa*，*Tungussia* cf. *nodosa*，硅质岩层藻类化石经张鹏远初步鉴定以蓝藻纲颤藻科的分子 *Eomycetopsis* sp. 占优势，色球科的分子占少数 155.20 m

64. 灰白色厚层状灰岩夹白云质灰岩 27.84 m

63. 浅灰色中厚层碎屑灰岩，夹含藻灰岩及3～4层硅质岩，底部为一层含藻层的角砾状灰岩，硅质岩层亦有与65层相同的藻类化石 105.71 m

——————— 整 合 ———————

下伏地层：**万隆组** 深灰色厚层泥质粉砂质灰岩

【地质特征及区域变化】 八道江组为浅灰色、灰白色碎屑灰岩、藻屑灰岩及叠层石(礁)灰岩夹三层硅质岩层组成的礁层。叠层石为圆柱状分叉式，柱状体高达15 cm以上，柱体间均为砾屑所充填，显示了高能环境。叠层石礁层下部可识别出礁间的潮汐水道沉积厚6～8 m。水道底部为冲刷面，具水道鱼骨形层理，水道中叠层石均为小型半球状，与其上覆、下伏长柱状叠层石迥然不同，由藻席白云岩、白云岩砾屑大量填充水道中。一些无根、斜歪、倒立的叠层石块体充填于水道的上部，它们是水道中高速潮流侵蚀叠层石礁体使之堕落的产物。产丰富叠层石及微古植物化石。序列的底部通常发育潮间带下部的藻碳酸盐岩及砾屑碳酸盐岩，底面冲刷及潮汐水道发育；序列的中部则发育砂屑泥晶白云岩、淀晶鲕粒白云岩，具交错层理，波痕构造也较发育；序列的顶部为白云石化粉屑泥晶灰岩、粉屑泥晶灰岩以及薄层黑色页岩等，发育有微波状、水平层理。表现出一潮坪粒屑隐藻碳酸盐岩相的独具的特征，属于向上变浅的序列。八道江组横向上岩相稳定，厚度上有差异(图5-3)。浑江盆地的八道江组发育，通化至抚松呈堤状分布，通化一带厚220 m，青沟子则为300 m，大阳岔达530 m。样子哨盆地呈点礁状零星分布于时家店等地的叠层石灰岩，也可并入万隆组。时代为震旦纪。

青沟子组 Z_2qg (05-22-0017)

【创名及原始定义】 长春地院区调队(1965)[1] 创名，创名地点在浑江市八道江青沟子。

① 长春地院吉南区调队，1965，临江县幅1：20万区域地质调查报告（未刊）。

指青沟子剖面八道江组灰岩、角砾状灰岩之上，下寒武统馒头组紫色页岩之下的一段地层。由灰色致密状灰岩与黑色页岩互层、黑色页岩组成。

【沿革】 创名前该组曾被归入馒头组之中，1976年吉林区调队又将其划为碱厂组，1978年通化队恢复使用青沟子组一名并明确其含义，即位于八道江组叠层石灰岩之上，黑沟组含磷地层之下的一套地层。由深灰色沥青质灰岩、蠕虫状灰岩、泥质灰岩、黑色页岩组成。1983年彭玉鲸、刘尔义等将青沟子组置于八道江组之上，水洞组之下，本书从之。

【现在定义】 指整合于八道江组叠层石灰岩之上，平行不整合覆于水洞组杂色砂页岩之下由沥青质灰岩、蠕虫状灰岩、泥质灰岩、黑色页岩组成的岩石地层。

【层型】 正层型为白山市八道江青沟子剖面（126°21′，42°57′），彭玉鲸、刘尔义等1983年重测。

上覆地层：**水洞组** 紫色及黄绿色页岩

——————— 平行不整合 ———————

青沟子组

总厚度 69.11 m

20. 黄绿色及青灰色页岩，夹菱铁矿化结核及薄层菱铁矿化扁豆体，底部青灰色页岩夹黑色页岩。黑色页岩中产大量的微古植物化石 *Protosphaeridium densum*，*Protoleiosphaeridium leguminiforme*，*Leiopsophosphaera apertus*，*L. pelucidus*，*L. minor*，*L.* sp.，*Leiosphaeridia* sp.，*Trachysphaeridium simplex*，*T. incrassatum*，*T. rugosum*，*T.* cf. *laminaritum*，*T. hyalinum*，*T.* cf. *cultum*，*T.* sp.，*Synsphaeridium conglutinatum*，*Archaeofavosina*? sp.，*Nucellosphaeridium* sp.，*Lophosphaeridium* aff. *tentativum*，*Pseudozonosphaera* cf. *sinica*，*P.* sp.，*Trematosphaeridium*? sp.，*Laminarites* cf. *antiquissimus* sp.，*L.* sp.，*Taeniatum simplex*，*T. crassum*，并有少量可能属蠕虫动物的碎片	6.31 m
19. 黑色页岩夹菱铁矿化白云岩，黑色页岩中产有微古植物化石 *Kildinella* sp.，*Nucellosphaeridium* spp.，*Trachysphaeridium* spp.，*Pseudozonosphaera* sp.，*Protosphaeridium* sp.，*Pterospermopsimorpha* sp.，*Turuchanica* sp.，*Zonosphaeridium* sp.，*Macroptycha*? sp.，*Baltisphaeridium*? sp.，*Synsphaeridium* sp.，*Symplassosphaeridium* sp.，*Oscillatorites* spp.，*Spiromorpha* sp.，*Laminarites* sp. 及三角形体（非球形类型）	14.51 m
18. 黑色页岩与灰黑色菱铁矿化白云质灰岩互层	1.81 m
17. 灰黑色中厚层状含菱铁矿化叠层石白云质灰岩	1.81 m
16. 黑色页岩	2.72 m
15. 灰黑色中薄层状菱铁矿化白云质灰岩	3.63 m
14. 黑色页岩夹黄灰色薄层状含菱铁矿化白云岩	1.81 m
13. 黄灰色中薄层状含菱铁矿化白云岩	1.81 m
12. 灰黑色厚层状沥青质灰岩，夹黑色页岩及菱铁矿化白云岩凸镜体	6.32 m
11. 黑色页岩夹菱铁矿化白云岩扁豆体	1.64 m
10. 灰黄色中厚层状菱铁矿化白云岩	0.90 m
9. 黑色页岩	0.32 m
8. 灰黄色菱铁矿化薄层状白云岩与中薄层白云岩互层	1.26 m
7. 黑色页岩夹一层厚 0.07 m 的黄灰色薄层状菱铁矿化白云岩	0.75 m
6. 灰黄色菱铁矿化白云岩，单层厚 2～12 cm	1.58 m
5. 黑色页岩	0.85 m

4. 灰黄色中薄层状含菱铁矿化白云质灰岩 1.50 m

3. 灰黑色厚层状灰岩 11.50 m

2. 灰色厚层状角砾状灰岩 8.08 m

——————— 整 合 ———————

下伏地层：八道江组 浅灰色厚层藻礁灰岩

【地质特征及区域变化】 青沟子组以黑色页岩为主夹有灰色、灰黄色灰岩、藻屑灰岩、菱铁矿化白云岩，产微古植物化石。下部的白云质灰岩、沥青质灰岩以及上部的黑色页岩在浑江流域颇为稳定，是划分本组的良好标志。按岩相及厚度变化的实际资料(图 5－3)，青沟子、上甸子、大阳岔为沉降中心，向东至大东，平川岩性变化不大，仅厚度变薄。黑沟附近岩性稳定，厚度为 80 m。通化的水洞一带本组缺失。时代为震旦纪。

西保安(岩)组 Pt*xb*. (05－22－0021)

【创名及原始定义】 为吉林局通化地质大队 1958 年① 创名，创名地点在东丰县二龙山乡西保安村。指含沉积变质锰磷铁矿为特征的一套火山-沉积变质岩系。

【沿革】 西保安组创名之后，1975 年编制吉林省地层表时将与之相当的层位划归黄莺屯组。吉林区调队在 1∶20 万辽源市幅区测时，进一步明确了西保安组含义，自此沿用至今。本书改为西保安(岩)组。

【现在定义】 指含有锰磷磁铁矿、磁铁石英岩的一套变质岩系。主要岩石类型包括云母、石英片岩、斜长云母片岩、斜长角闪片岩，中部有数层磁铁石英岩或铁矿，上部夹厚层状大理岩。

【层型】 正层型为东丰县二龙乡西保安剖面(125°32′,42°51′)，吉林区测队 1978 年重测。

(花岗岩侵入)

西保安(岩)组 总厚度 290.57 m

20. 白色厚层状大理岩，夹薄层云母石英片岩，斜长云母片岩 26.14 m

19. 浅黄色云母石英片岩 7.35 m

18. 黄褐色斜长云母片岩 25.73 m

17. 黄褐色云母石英片岩 6.43 m

16. 黄褐色斜长云母片岩 22.98 m

15. 黄褐色黑云斜长片麻岩 39.10 m

14. 黄褐色斜长云母片岩 36.19 m

13. 浅黄色云母石英片岩 3.77 m

12. 灰绿色透辉岩 9.43 m

11. 灰绿色斜长角闪片岩 20.75 m

10. 灰绿色斜长云母片岩，夹含锰磷铁矿层，一般厚度 1 m，最大厚度 2 m 18.98 m

9. 斜长云母片岩、斜长角闪片岩互层 18.64 m

8. 斜长角闪片岩 12.67 m

7. 斜长云母片岩 4.25 m

6. 浅灰绿色花岗片麻岩 3.40 m

① 吉林省地质局通化地质大队，1958，吉林省西保安铁矿普查报告。

5. 斜长角闪片岩　　5.95 m

4. 斜长角闪片岩　　11.06 m

3. 斜长云母片岩　　5.95 m

2. 灰褐色斜长石英片岩　　3.90 m

1. 暗绿色斜长角闪片岩　　7.90 m

（花岗岩侵入）

【地质特征及区域变化】　西保安（岩）组分布零散，出露于华北克拉通北缘磐石县西半截河、东丰县西保安、梨树县周家沟（龙王铁矿）等地，大体在北纬43°以南呈东西向分布，与佳木斯地块南缘的拉拉沟（岩）组（含铁岩系）各居一边。因其均呈捕掳体存在于花岗岩之中，无从了解全貌。从残留体所见，在西保安一带为斜长角闪片岩、斜长云母片岩为主夹数层磁铁石英岩和磁铁矿、透辉岩及云母石英片岩、斜长云母片岩、黑云斜长片麻岩、夹厚层状大理岩，残留厚度291 m。呼兰镇西半截河一带亦以斜长角闪岩、黑云片麻岩为主夹有磁铁石英岩，残留厚度460 m。由于晚期热液作用局部铁矿富集。四平市龙王铁矿点主要以磁铁石英岩为主，围岩为斜长角闪岩和变粒岩。

第二节　生物地层

吉南地区最古老的化石是早元古代晚期珍珠门（岩）组中发现的叠层石，自晚元古代南芬组始发现大量的微古植物化石，将微古植物和叠层石化石总结如下。

1. 微古植物化石

吉南地区微古植物丰富，主要产于南芬组、桥头组、万隆组、八道江组及青沟子组。经邢裕盛鉴定，将以往的成果归纳为如下微古植物组合序列（表5-4）。

①球藻亚群早期组合

表5-4　吉林省上元古界微古植物组合划分简表

<table>
<tr><th>组合</th><th colspan="2">时代</th><th>组合名及组成特征</th><th>变化规律</th></tr>
<tr><td rowspan="2">刺球藻和菱面球藻亚群</td><td colspan="2">早寒武世早期</td><td>刺球藻和菱面球藻亚群晚期组合
Micrhystridium-Veryhachium</td><td rowspan="4">个体演化由小到大，形态由简单到复杂，种群由少到多。
（球藻亚群）兴起　发展　衰退
（刺球藻和菱面球藻亚群）兴起　昌盛</td></tr>
<tr><td rowspan="2">震旦纪</td><td>晚震旦世</td><td>刺球藻和菱面球藻亚群早期组合
Baltisphaeridium-Oscillatorites-Macroptycha</td></tr>
<tr><td rowspan="2">球藻亚群</td><td>早震旦世</td><td>球藻亚群晚期组合
Archaeofavosina-Microconcentrica-Lophosphaeridium-Tasmanites</td></tr>
<tr><td colspan="2">青白口纪</td><td>球藻亚群早期组合
Trachysphaeridium-Nucellosphaeridium-Turuchanica</td></tr>
</table>

该组合分布在南芬组，其面貌与蓟县系出现的微古植物绝然不同，蓟县系出现的*Quadratimorpha* 已不存在，而被新的 *Trematosphaeridium holtedahlii*，*T. minutum*，*Laminarites antiquissimus*，*Polyporata obsoleta* 所代替，它们是青白口系常见分子，是目前吉南最低层位出现的微古植物组合，时代为青白口纪。

②球藻亚群晚期组合

该组合出现于桥头组、万隆组，共有 18 属 22 种。主要由 *Protosphaeridium*，*Synsphaeridium*，*Trachysphaeridium* 等组成。其中 *Laminarites antiquissimus* 既见于青白口纪，也见于前苏联文德纪，说明这个种的延续时间较长，但从国内外出现的层位来看，兴盛期应在青白口纪—早震旦世，到文德期已经衰落。万隆组所产的微古植物也较丰富，属于震旦早期球藻亚群。文德期的标准分子如多角形类等没有出现，故其时代应属早震旦世。

③刺球藻和菱面球藻亚群早期组合

该组合出现于八道江组、青沟子组，其中 *Trachysphaeridium*，*Pseudozonosphaera* 视为陡山沱组的代表分子，这一组合在峡东与埃迪卡拉动物群共生，末期有少量的小壳化石出现，具有晚震旦世向早寒武世过渡色彩。与前苏联的文德期可进行对比，相当于我国刺球藻和菱面球藻亚群早期组合，时代属晚震旦世。

2. 叠层石

叠层石始见于珍珠门(岩)组，万隆组开始大量发育。珍珠门(岩)组中的叠层石有：*Conophyton* sp.，*C.*? *cylindricus*，尽管它没有时代意义，作为最古老的生命遗迹存在于年龄值在 1 800～1 890 Ma 的珍珠门(岩)组中。

目前资料，万隆组有 5 群 5 型，八道江组有 14 群 48 型。从所出现的群型来看，锥状叠层石大量减少，交替出现柱状、瘤状及亚圆状假分叉叠层石，并伴有新群新型。从层位上看产于南芬组及桥头组含 *Chuaria* 层位之上，在含小壳化石 *Circotheca* 层位之下，与球藻亚群、刺球藻和菱面球藻亚群微古植物相伴产出。从时限上看，它形成于 787 Ma 之后，因此，它们无疑是在青白口纪叠层石组合之上。

万隆组出现的 *Baicalia*，*Jurusania*，*Conophyton lijiadunensis*，*Hynjiangella*，*Qingkouria jilinensis* 属第Ⅴ组合。八道江组出现的 *Miniaria*，*Linella*，*Inzeria*，*Baicalia*，*Katavia*，*Conophyton lijiadunensis* 高于第Ⅴ组合，与前苏联的文德期(西伯利亚尤多姆)、美国加利福尼亚元古宙最上部约翰尼组的典型分子相同，产 *Linella* 岩系的同位素年龄时限为 570～675 Ma，相当于我国南沱冰碛层之上层位。因此，刘尔义等人曾将其划归第Ⅵ组合。

第三节　年代地层

据王鸿祯等(1990)地质时代表 1 800～2 500 Ma 间的地层时代为早元古代。吉南地区属于这一年龄段的地层相当于集安(岩)群和老岭(岩)群，晚元古代则兼有生物化石和年龄资料，现归纳如下。

一、早元古代

迄今，已搜集我省集安(岩)群同位素年龄数据 77 件，其中 K－Ar 法年龄数据 61 件；Rb－Sr 法等时年龄数据 8 件；U－Pb 法不一致曲线年龄数据 3 件；Pb－Pb 法等时年龄数据 5 件。通过对比，K－Ar 法年龄普遍偏低，Pb－Pb 法等时年龄一般偏高，U－Pb 法和 Rb－Sr 法虽接近成岩变质年龄，但样品数据很少。因此，在地质年代讨论中引用了邻区相关的年龄数据。

1. 蚂蚁河(岩)组

我省以往获得的K－Ar法年龄值1 400～1 860 Ma及吉林局四所(1989)在集安清河镇南八宝沟口和矿山村的蚂蚁河(岩)组中分别取黑云变粒岩和斜长角闪岩不同粒级锆石，取得不一致曲线年龄值2 308^{+354}_{-138} Ma和1 915^{+37}_{-48} Ma,前者误差较大,后者数据低,可信度偏低，均不足以说明其形成的确切年代。依据朴宽镐(1982)公布的辽河群含硼层位中混合岩(花岗片麻岩)锆石$^{207}Pb/^{206}Pb$年龄值2 350 Ma,天津地矿所(1990)获含硼层位中斜长角闪岩体Sm－Nd等时年龄值2 214.20±55.86 Ma(2δ)，可推测蚂蚁河(岩)组沉积时限大于2 200～2 350 Ma。姜春潮(1987)报道,宽甸一带含硼层位中锆石年龄数据9个,获Pb-Pb等时年龄值2093^{+22}_{-21}Ma(2δ)，一致曲线上交点年龄值2 053^{+69}_{-67} Ma(2δ)。该数据与国际地科联(1989)全球地层表划分的层侵纪(或杂岩系)上限年龄2 050 Ma趋于一致。可视为蚂蚁河(岩)组似层状花岗片麻岩就位的上限年龄(即大于2 050 Ma)。

2. 荒岔沟(岩)组

前人在该岩组采集了不少同位素年龄样品，所获K－Ar年龄远远低于估测年龄，基本都是年轻化综合年龄。依正岔和西岔铅同位素原始数据，以$^{206}Pb/^{204}Pb$和$^{207}Pb/^{204}Pb$为直角坐标，经计算可连一条线，用最小二乘法计算，绘出直线斜率0.123 4，相关系数为0.999 3，获得等时年龄最大估值2 030 Ma。该值与天津地矿所(1990)于凤城林家台采自荒岔沟(岩)组相当层位的高家峪组斜长角闪岩和变粒岩，获2 063.24±37.92 Ma(2δ)(Sm－Nd)基本吻合，且又都接近似层状花岗片麻岩就位时2 050Ma年龄。据此，推测以上两组同位素年龄数据接近该组成岩年龄。

3. 临江(岩)组与大栗子(岩)组

两(岩)组连续沉积且共同卷入早期变形和变质，因此，所获年龄数据大都十分接近。1964年李璞报道临江组(原大东岔组)片麻岩中黑云母K－Ar年龄值1 893 Ma和1 909 Ma。吉林四所(1989)取临江组(原大东岔组)变粒岩获全岩Rb－Sr年龄值1 916±83 Ma。胡国巍(1988)获临江地区二云片岩、千枚岩1 875±216 Ma(Rb－Sr)。王集元(1984)报道侵入临江(岩)组的伟晶岩中白云母K－Ar年龄值1 800～1 823 Ma，大栗子(岩)组千枚岩、板岩全岩Rb－Sr等时年龄值1 861±127 Ma。这些数据与邻区辽东盖县和浪子山组的Rb－Sr年龄值，1 897 Ma、1 844 Ma、1 954 Ma及Pb－Pb年龄值1 985 Ma、1 977 Ma相近。据此推测临江(岩)组之下限或荒岔沟(岩)组的上限在2 000±Ma，大栗子(岩)组沉积成岩上限大于1 900 Ma，并表明在1 900±Ma前后有一次热事件，导致集安(岩)群变形变质。

4. 老岭(岩)群

该群同位素年龄资料较少，且大都采集于珍珠门(岩)组，代表性比较局限。现搜集到该(岩)群同位素年龄数据17件，其中K－Ar法年龄值1件，全岩Rb－Sr年龄值2件，方铅矿和全岩Pb－Pb法模式和等时年龄值13件，全岩Sm－Nd等时年龄值1件。Pb－Pb法模式年龄值(涂光炽，1978；吕行明，1983；王集元，1984等)为1 800～1 890 Ma。全岩Pb－Pb法和Sm-Nd法等时年龄数据均来自侵入珍珠门(岩)组的角闪绿泥片岩同一样品，分别为1 876 Ma和1 829.31±59.63 Ma。前者给出的是侵入年龄，后者反映该(岩)组变质年龄。它亦与老岭(岩)群褶皱巨斑状花岗岩侵入的年龄(U－Pb)1 793 Ma(张秋生，1988)、1 789 Ma(吉林区调所，1988)及侵入临江(岩)组的电气石云母伟晶岩K-Ar年龄值为1 800～1 830 Ma相近，可视为老岭(岩)群变形变质的峰期。据此，推测老岭(岩)群形成时限在1 900～

1 850 Ma。

二、晚元古代

吉林省南部相当中元古代(1 000～1 800 Ma)的年龄值可见于龙岗陆块北缘的色洛河群中，但色洛河群的岩石地层目前尚不清楚(详见结束语)，因此在此不加详述。晚元古代青白口纪和震旦纪地层则在吉林南部十分发育。

1. 青白口系

白房子组的微古植物仅有两个属：*Leiosphaeridia* sp.，*Sinianella*? sp.。这两属都是上元古界的常见分子，而 *Sinianella* 产于辽宁的钓鱼台组中，吉林省南芬组中也有发现，而蓟县系未见此属。白房子组平行不整合于钓鱼台组之下，不整合于老岭(岩)群之上，故此把白房子组置于青白口系下统，与蓟县下马岭组、辽宁的永宁群及安徽的曹店组相对比。

钓鱼台组目前没有古生物资料，但该组在吉林省南部地区广泛出露，岩性稳定，在岩性上与辽宁的钓鱼台组、蓟县的景儿峪组下部及安徽的八公山组相似，在其底部均有铁质石英角砾岩(或燧石角砾岩)，是岩石地层单位划分的标志层。在浑江大阳岔钓鱼台组海绿石砂岩获得 K－Ar 法年龄值 818 Ma，这与蓟县景儿峪组 853 Ma 的年龄值颇为接近，又与吉林隔江相望的朝鲜祥原系独山组 K－Ar 法测定海绿石年龄值 850 Ma 相近。因此把钓鱼台组置于青白口系上统下部与蓟县景儿峪组下部对比是可行的。吉南地区南芬组所产的微古植物组合应属王曰伦等所指出的青白口纪，即属球藻亚群早期组合。K－Ar 法测得底部海绿石同位素年龄值为 787 Ma。邢裕盛、欧阳舒也认为它可与本溪附近的钓鱼台组微古植物作对比。而无论是从岩性和岩相特征上，它与蓟县景儿峪组上部有更多的相似性，所以将南芬组置于青白口系上统的上部。

2. 震旦系

桥头组、万隆组所出现的微古植物组合的主要分子与南方早震旦世莲沱组、皖北寿县组、辽宁五行山群下部大体相当。其中 *Kildinella*，*Protosphaeridium*，*Synsphaeridium* 和 *Trachysphaeridium* 可与前苏联晚里菲微古植物相对比，特别是文德期的标准分子多角形类等未见于本组合。海绿石 K－Ar 法同位素年龄值为 629～656 Ma。桥头组、万隆组球藻微古植物组合的面貌低于峡东陡山沱组和灯影组，并且缺失刺球藻类和大圆口类等较进化的成分。青沟子组的微古植物化石具有浓厚的刺球藻—菱面球藻亚群早期组合的色彩，完全可与前苏联的文德期、我国南方晚震旦世及相当时代的地层对比。因此，桥头组、万隆组应划归早震旦世，八道江组、青沟子组划为晚震旦世。

西保安(岩)组历来因无生物化石和测年资料，其地质年代众说纷纭、未得统一。或称前寒武纪(李绍尧，1958；李德威，1960)，或曰志留—泥盆纪(长春地院，1959)，或谓早奥陶世(吉林区调队，1978)，以及寒武—奥陶纪等等。经本次对比研究，认为可和塔东(岩)群朱敦店(岩)组相比较，其时代暂置于晚元古代震旦纪。

第四节　地层格架初析

吉林省晚前寒武纪地层中有三个明确的层序界面。第一个界面位于钓鱼台组底部属Ⅰ型不整合面(SB_1)；第二个界面位于桥头组与万隆组之间的Ⅱ型不整合面(SB_2)，为海平面接近于陆架高度时形成的陆上剥蚀面；第三个界面青沟子组与寒武系水洞组之间Ⅰ型不整合面，即海平面低于陆架高度，整个陆架暴露于海平面之上。这三个界面将青白口系与震旦系分隔为二个层序(图 5 - 4)。

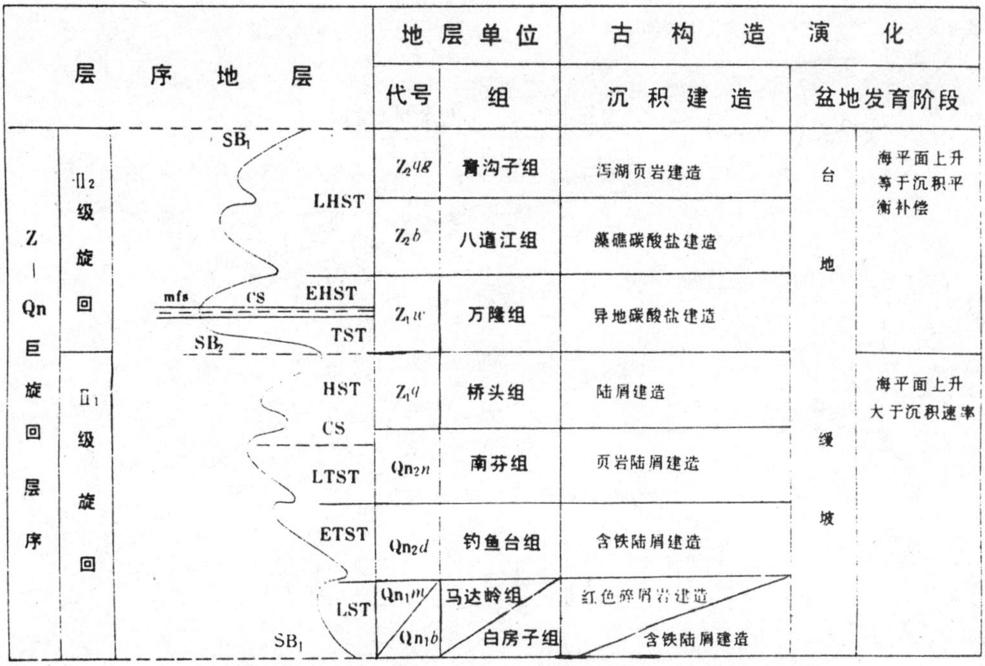

图 5 - 4　晚元古代层序地层、海平面变化及建造序列

SB_1. Ⅰ型界面；SB_2. Ⅰ型界面；TST. 海侵体系域；ETST. 早期海侵体系域；LTST. 晚期海侵体系域；HST. 高水位体系域；EHST. 早期高水位体系域；LHST. 晚期高水位体系域；LSF. 低水位扇；CS. 凝缩段；mfs. 最大海泛面

第一层序：由白房子组到桥头组组成。白房子组作为海平面下降时的低水位体系域，该组底面为Ⅰ型不整合面，可作为与基底岩石之间的年代地层界线。沉积体仅在鸭绿江沿岸的大栗子一带出露，为石英岩和泥岩组成的韵律层，形成低水位扇充填物。浑江、三统河流域此时仍为陆上暴露和剥蚀区，形成了深切河谷的马达岭组陆相砂岩、砾岩沉积。

钓鱼台组下部中粒、中细粒石英砂岩层可作为第一个海侵面和海侵体系域，标志第一个三级海平面相对上升时达到最高点，这时期海域北部边界已达安图两江地区。钓鱼台组垂向基本层序为中粗粒—中细粒—细粒石英砂岩，总体上向上变细(薄)退积型沉积，构成早期海侵体系域。南芬组中下部由页岩—泥灰岩组成退积—加积型地层结构，构成晚期海侵体系域，代表最大海侵时凝缩层为南芬组上部黄绿色含海绿石泥质页岩、灰色海绿石粉砂岩夹板状页岩。该层厘米级纹层发育。高水位体系域由南芬组上部及桥头组组成，岩性为页岩、粉砂岩、砂岩。垂向上反映由细变粗进积型的副层序特点，顶部界线以暴露面为特征，在石英砂岩层面上可见干裂、波痕及海侵滞留砾岩，不具低水位扇沉积特点，应为Ⅱ型层序界面。

第二层序：在桥头组暴露面上，首先由万隆组下部薄层灰岩、含砾砂屑灰岩、液化泥晶脉灰岩组成退积型副层序，属海侵体系域。代表最大海侵时的凝缩层为万隆组中部出现的 2 m 厚灰绿色薄层含海绿石粉砂质灰岩。向上为瘤状灰岩—纹层灰岩构成的显示变浅的副层序组，属早期高水位体系域。八道江组白云岩化聚柱状隐藻灰岩、隐藻灰质白云岩构成潮坪相叠层石礁。青沟子组黑色页岩夹白云岩，为礁后泻湖相。垂向上为变粗、变浅序列，属晚期高水位体系域。顶部与下寒武纪水洞组呈Ⅰ型不整合接触。

综上所述，吉林省晚前寒武纪的层序地层沉积模式如图5－5所示。

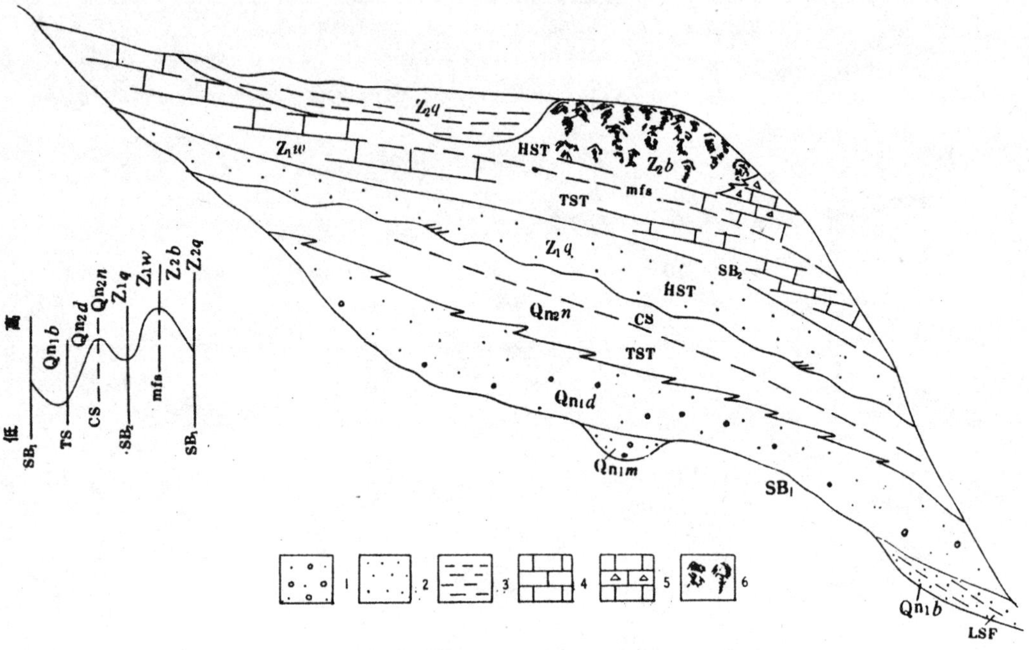

图5－5　吉林省晚前寒武纪海平面变化及地层模型

1．砂砾岩；2．砂岩；3．页岩；4．灰岩；5．砾屑灰岩；6．叠层石灰岩；Qn_1b．白房子组；Qn_1m．马达岭组；Qn_2d．钓鱼台组；Qn_2n．南芬组；Z_1q．桥头组；Z_1w．万隆组；Z_2b．八道江组；Z_2q．青沟子组

（其他符号参见图5－4图注）

第六章
寒武纪—奥陶纪

吉林省划属华北地层大区的寒武纪—奥陶纪岩石地层，于南部地块上为陆表海稳定型沉积；在地块的北部陆缘区为造山带活动型沉积。经本次研究列出的岩石地层单位为3个群级、17个组级、2个段级单位(表1-1)。

第一节　岩石地层单位

水洞组　$\in_1\hat{s}$　**(05-22-0149)**

【创名及原始定义】　彭玉鲸、刘尔义等1983年[①]创名，创名地点在通化市东北25 km水洞。指可与梅树村阶对比的含磷碎屑岩层。

【沿革】　早期多数研究者(安淑兰，1965；长春地院吉南区测队，1961；吉林地层表编写组，1975等)将这一段地层置於馒头组的下部。吉林区调队四分队(1976)在样子哨盆地馒头组下部沥青质灰岩中发现 *Redlichia chinensis*，证实通化地区有碱厂组。同期，吉林区调三分队将该含磷碎屑岩层划入碱厂组，至青沟子相变为黑色灰岩相，顶部的杂色页岩亦与馒头组有岩相过渡之势。吉林地研所、通化队(1977)将黑色页岩(青沟子组)之上含磷碎屑岩至馒头组底部砾岩之间的地层称碱厂组。1978年通化队又将碱厂组二分，以粉红色条带状灰岩之顶面为界，含磷岩系称黑沟子组；以上至馒头组底部砾岩为碱厂组，同时报道了含磷岩系中的小壳类化石。1979年卢衍豪讨论浑江地区磷矿时，引用郭鸿俊的水洞剖面，将通化队所称的黑沟组和碱厂组称为昌平组。1983年彭玉鲸、刘尔义等又将黑沟组二分，下部的含磷岩系称水洞组，上部的小藻灰岩和条带状灰岩仍称黑沟组，并于黑沟见碱厂组超覆沉积其上。经本次研究对比，如果把彭玉鲸等(1983)所划分的方案中保留以含磷为特点的碎屑岩为水洞组，其上的黑沟组、碱厂组合并称为昌平组是十分合理的，符合昌平组内涵(表6-1)。

【现在定义】　青沟子组黑色页岩或八道江组长藻灰岩之上，昌平组小藻灰岩之下具有紫色色调的含磷碎屑岩系。下部为黄绿色、紫红色粉砂岩、含海绿石和胶磷矿砾石细砂岩；中

---

① 彭玉鲸、刘尔义等，1983，吉林省上前寒武系(未刊)；吉林省上前寒武系研究的新进展，地质矿产部地质科技通报，(17)。

部为紫色、黄色薄层状胶磷砾岩、粉砂质磷块岩、铁质磷块岩夹含海绿石粉砂质细砂岩；上部为紫红及土黄色薄层粉砂岩及钙质粉砂岩组成，属于含磷单陆屑和红色建造。含有小壳类和遗迹化石。与下伏青沟子组或八道江组平行不整合接触，与上覆昌平组整合过渡。

表 6－1　吉林省南部馒头组等划分沿革表

<table>
<tr><th>长春地院
1958—1961</th><th>安淑兰
1965</th><th>吉林区调队
1975</th><th>吉林省地层表编写组
1975*</th><th>朴春燮等
1976</th><th>通化队
1978</th><th>彭玉鲸等
1983</th><th>石新增
1986</th><th>吉林区调所
1988</th><th colspan="2">本　书</th></tr>
<tr><td>张夏组</td><td>张夏组</td><td>张夏阶</td><td>张夏组</td><td>张夏组</td><td>张夏组</td><td>张夏组</td><td>张夏组</td><td>张夏组</td><td colspan="2">张夏组</td></tr>
<tr><td>当石组</td><td>当石组</td><td>徐庄阶</td><td>徐庄组</td><td>徐庄组</td><td>徐庄组</td><td>徐庄组</td><td>徐庄组</td><td>徐庄组</td><td rowspan="3">馒头组</td><td rowspan="2">河口段</td></tr>
<tr><td>石桥组</td><td>石桥组</td><td>毛庄阶</td><td>毛庄组</td><td>毛庄组</td><td>毛庄组</td><td>毛庄组</td><td>毛庄组</td><td>毛庄组</td></tr>
<tr><td rowspan="4">馒头组</td><td rowspan="4">馒头组</td><td rowspan="4">馒头组</td><td rowspan="4">馒头组</td><td rowspan="2">馒头组</td><td>馒头组</td><td>馒头组</td><td>馒头组</td><td>馒头组</td><td>东热段</td></tr>
<tr><td>碱厂组</td><td>碱厂组</td><td>碱厂组</td><td>碱厂组</td><td colspan="2" rowspan="2">昌平组</td></tr>
<tr><td rowspan="2">碱厂组</td><td rowspan="2">黑沟子组</td><td>黑沟子组</td><td>黑沟子组</td><td>黑沟子组</td></tr>
<tr><td>水洞组</td><td>水洞组</td><td>水洞组</td><td colspan="2">水洞组</td></tr>
</table>

＊1965—1975 也划分了碱厂组，但相当于第一栏馒头组以下的地层。

【层型】　正层型为通化县大安乡水洞剖面（126°08′，41°48′），吉林地研所、通化队 1977 年测制。彭玉鲸等 1983 年补充修改。

上覆地层：昌平组　藻灰岩

——————　整　合　——————

水洞组　　总厚度 45.19 m

14. 土黄色钙质粉砂岩，含磷　　6.22 m
13. 灰至黄褐色薄层状含长石粉砂岩，细砂岩，见少量胶磷矿碎屑　　6.15 m
12. 紫红至黄绿色薄层粉砂岩，含磷　　7.83 m
11. 暗灰色含磷含砾砂岩　　0.39 m
10. 灰绿色胶磷砾岩，含 P_2O_5 1.47%～22%，含大量的 *Linevites daphnis*, *Yankongotheca disulcata*, *Alatheca degeeni*, *Quadratheca jilinensis*, *Ortheca koloi*, *Lingnacea saltem*　　0.08 m
9. 灰紫色中厚层含铁质磷块岩，含 P_2O_5 11%～55%　　3.76 m
8. 灰绿色中厚层状含海绿石砂质磷块岩，层面有雨痕、波痕　　2.34 m
7. 灰色中厚层状砂质磷块岩与黄绿色薄层状砂质磷块岩互层　　4.23 m
6. 灰紫—黄绿色中层状粉砂质细砂岩，含磷　　5.68 m
5. 紫色—黄绿色中薄层状胶磷砾岩，含磷 15%，产小壳类 *Miclocornus* sp., *M.* cf. *parvulus*, *Botsfordis cealata*, *Zhijinites* sp., ? *Aimitus* sp., *Paragloborilus* sp., *Turcutheca* sp., *Linevitus* cf. *angaicus*, *Circotheca maxima*, *Hyolithellus* sp., *Eiffelia* sp.　　1.00 m
4. 紫红色薄层状粉砂岩，局部夹粉色含海绿石铁质细砂岩，层面有波痕、干裂，含磷，含遗迹化石 *Phycodes pedum*, *Bergaueria* aff. *perata*　　5.63 m
3. 紫红色含砾粉砂岩，多数为胶磷矿砾石，含磷最高达 11.5%　　1.46 m
2. 黄绿色薄层状海绿石粉砂岩　　0.25 m
1. 棕黄色风化壳，主要为棕黄色软泥，在软泥中有胶磷矿砾石，有的呈饼状　　0.17 m

－－－－－－－　平行不整合　－－－－－－－

下伏地层：**震旦系八道江组**

参考剖面有黑沟剖面，位于浑江市六道江乡铜矿村西 2 km 处。

【地质特征及区域变化】 剖面分析水洞组基本上由两类基本层组成：其一，含磷砂质砾岩、含磷含砾砂岩与含磷粉砂岩或砂质胶磷矿为基本层的旋回层；其二，底部以含磷砂岩、粉砂岩为基本层的数个旋回层。上部则出现巨厚的单一岩性，即紫红色粉砂质页岩。剖面结构总的反映向上变细的序列，说明发生缓慢的海侵，一般来说水洞组上覆在青沟子组之上，但是向西水洞、三道沟一带则超覆在八道江组之上，在样子哨盆地，尤其是北部则超覆在万隆组之上。

浑江小区水洞组横剖面反映从通化县水洞到浑江市松树镇，水洞期沉积时的古基底呈低缓的起伏状态，从大阳岔—上甸子、旱葱沟以西广大地区为水下隆起。黑沟至簸箕掌子，以及大东以东海水深度略大。至于水洞一带，可能是水道相沉积。总之，从岩石中常见的波痕、干裂以及大量陆源碎屑物分析，本区处于近古陆边缘的局限海环境。水洞组是我省重要的含磷层位，普遍具有一定的磷矿化。其中通化县水洞磷矿、长白县鸠谷洞磷矿及吉林区调所发现的柳河县窝集沟磷矿，均具有一定的价值。

含磷岩石，即磷矿化类型属于层状含磷碎屑岩型，包括含胶磷矿砂岩及胶磷矿含砾砂岩或砾岩。所见砾石以胶磷矿砾石居多，有时高达 30%。此外有含磷粉砂岩、石英岩及泥质岩的砾石，砾径一般在 2～8 mm，个别达 1 cm。除胶磷矿砾石外，其他砾石磨圆度均较好。胶结物为硅质、泥质、铁质及磷酸盐等。含磷砂岩按成分可进一步划分为：含磷石英砂岩、铁质石英砂岩、含白云母石英砂岩、海绿石石英砂岩等。胶磷矿砾岩一般含磷较高，最高可达 26%，含磷砂岩含磷 1%～5%。

昌平组 $\in_1\hat{c}$ （05-22-0150）

【创名及原始定义】 张文佑 1935 年创名于北京市昌平龙山，原称“昌平灰岩”。原始定义：“余等于昌平县城北二、三里许之龙山，在暗灰色厚层灰岩中，发现三叶虫化石，此种三叶虫形体甚小……皆为下寒武纪上部之标准化石，故知此暗灰色厚层灰岩属下寒武纪上部，姑名之曰昌平灰岩……可相当于蓟县之景儿峪灰岩之顶部。

【沿革】 吉林省内相当于昌平组的部分，原称碱厂组，在浑江小区相当于黑沟子组加碱厂组（表 6-1）（详见水洞组）。之所以将碱厂组易名昌平组，主要原因在于吉南分区的所谓“碱厂组”与碱厂组层型剖面的岩石特点和组成有明显差别。碱厂组由张文堂（1964）创名，辽宁区测队确定的选层型的岩石组成是：上部为灰色中厚层含燧石条带硅质灰岩；中部为黄灰色薄层泥质灰岩及黄绿色页岩，下部为沥青质灰岩，厚度 119.4 m。旅大地区碱厂组主要为黄绿色页岩、泥灰岩，底部是沥青质灰岩。碱厂组的中部和上部有很厚的页岩。这一点与吉林省的“碱厂组”有明显不同。吉林省的“碱厂组”尽管样子哨小区和浑江小区有较大差别，但是基本不含页岩。与昌平组十分相近，因此易名为昌平组。实际上卢衍豪（1979 等）已将通化队（1978）划分的黑沟子组和碱厂组合称为昌平组。黑沟子组、碱厂组与昌平组同物异名，建议省内停用。

【现在定义】 为一套灰色、灰黑色厚层—块状豹皮状粉晶—微晶白云质灰岩、厚层细粉晶—微晶灰岩及灰质白云岩，产三叶虫、腕足类、棘皮类、软舌螺等动物化石。与下伏景儿峪组杂色薄层含泥灰岩和上覆馒头组紫红色页岩均为平行不整合接触。在吉林省是：在样子哨小区本组下部为黄灰一深灰色中薄层灰岩、质纯灰岩夹薄层泥质灰岩，上部为灰黑色巨厚层豹皮状沥青质灰岩(有三叶虫化石)，夹黑灰色角砾状灰岩。厚度 256～374 m；在浑江小区，下部以薄层小藻灰岩、条带状灰岩为主，上部为深灰色厚层沥青质灰岩和厚层白云质灰岩。厚 77.5 m。下部与水洞组整合接触，上部与馒头组平行不整合接触。

【层型】　正层型在北京市昌平。省内次层型为柳河县孤山子—平顶山剖面（125°57′，42°15′），吉林区测队 1975 年测制。

上覆地层：**馒头组**　角砾岩

——————— 平行不整合 ———————

昌平组	374.21 m
9. 黑灰色沥青质灰岩，产 *Redlichia* sp.	33.3 m
8. 白色糖粒状大理岩	19.8 m
7. 黑灰色厚层角砾状灰岩	14.0 m
6. 黑色巨厚层状豹皮状沥青质灰岩，产 *Redlichia* sp.	204.86 m
5. 黄灰色厚层角砾状灰岩	23.46 m
4. 黄灰色中薄层含泥质灰岩	48.84 m
3. 灰白色结晶灰岩	4.15 m
2. 深灰色厚层质纯灰岩	19.90 m
1. 黄灰色中薄层灰岩	5.90 m

———————— 整　合 ————————

下伏地层：**水洞组**　碎屑岩

参考剖面还有浑江市青沟子东岸剖面。

【地质特征及区域变化】　昌平组虽以沥青质灰岩为特征，但不同地区组成岩性和厚度有差异。在样子哨小区出露于柳河县五道沟乡、大泉眼、驼腰岭和孤山乡平顶子、时家店乡以及辉南县抚民屯一九里堡、复兴屯一娇大桥一带。岩性均以灰黑色厚层豹皮状沥青质灰岩为主。沥青质灰岩最厚约 240 m，占所在剖面岩石地层总厚度的 93%。显示沉降幅度较大，处于局限海环境（泻湖）。浑江小区昌平组分布于通化县水洞至抚松松树镇区间的浑江两岸。下部为粉白色小藻灰岩和粉白色条带状灰岩；小藻灰岩中藻类占 30%～50%，在旱葱沟、黑沟以东浑江两岸分布较稳定，在黑沟一带最厚 3.6 m，向东簸箕掌子、上甸子、大阳岔、大东等地小于 2 m。小藻灰岩在如此大范围内稳定分布，可能属于平坦的浅水环境下形成的藻席。粉色条带状灰岩、厘米级的粉红色与白色灰岩条带相间构成鲜明条带状构造，本层在簸箕掌子一带最厚达 70 m，向东厚度略变小，上甸子大于 30 m，大阳岔 16 m，大东、平川一带厚度仍达 43～79 m。由簸箕掌子向西厚度骤减，青沟子厚 30.8 m，至黑沟 15.6 m，下四平仅 8 m，再向西水洞至十八眼井未见本组的下段岩性，在旱葱沟以西发现本组上段超伏在水洞组之上。本组的上部层沥青质灰岩、白云质灰岩等在全区分布较稳定，在旱葱沟一带出露厚度最大，达 60 m。由此向两侧变薄，一般厚度在 20～30 m。上述变化特征表明浑江小区昌平组属广海潮坪环境形成的碳酸盐岩为主的沉积层。

馒头组　$\in_1 m$　**(05-22-0151)**

【创名及原始定义】　Willis 和 Blackwelder 1907 年创名馒头层（又称馒头页岩），即 Manto Formation (shale)”，创名地点在山东省长清县张夏镇馒头山。原始定义：馒头层主要是一套红和棕色页岩，夹有灰色或浅灰色石灰岩，石灰岩经常含泥质成分。

【沿革】 在吉林省馒头组一名最早由长春地院区测队(1958、1960)引进，俟后不同研究者均受到“生物划分岩石地层”的影响，以生物划界，加之随着生物化石有不断的新发现造成馒头组的含义较大的变动(表 6－1)。华北大区寒武—奥陶系地层清理会议(1992,泰安)讨论通过，恢复馒头组的原意。如果内部具有可分性，则进一步划段。我省恢复原意后的馒头组可进一步划分出东热段和河口段。

【现在定义】 指晋冀鲁豫地层区寒武系下部以紫(砖)红色页岩为主，夹云泥岩、泥云岩、白云岩、灰岩和砂岩岩石地层单位。底以灰岩或白云岩组合结束、杂色页岩或泥云岩出现划界，与朱砂洞组整合接触；顶以页岩或砂岩结束，大套灰岩出现划界，与张夏组整合接触。在吉林省本组平行不整合于昌平组之上，整合于张夏组灰岩之下由含膏岩系和碎屑岩系组成，分别构成两个正式段级地层单位，前者名为东热段，后者称之河口段。

东热段 $\in_1 m^d$ (05－22－0152)

【创名及原始定义】 本课题组(1994)创名，标准地点在通化县二道江镇东热，因发现大型石膏矿床而命名。指平行不整合在昌平组之上，整合于馒头组河口段之下的含膏岩系。底部有角砾状白云岩；中上部为含膏泥质白云岩、泥质白云岩夹泥质石膏、硬石膏、白云质石膏和硬石膏组成；顶部有砖红色块层状粉屑含钙质白云岩和砖红色粉屑状含铁泥质白云岩，属于S型蒸发岩建造。

【沿革】 见表 6－1。

【现在定义】 同原始定义。

【层型】 正层型为东热石膏矿区 128 钻孔剖面(126°05′,41°45′)，吉林局四所 1983 年编录。

上覆地层：馒头组河口段 猪肝色含云母片粉砂岩，底部有角砾状灰岩

——————整 合——————

东热段	厚度 153.10 m
31. 紫红色粉屑状泥质白云岩	9.65 m
30. 砖红色粉屑状泥质白云岩	9.63 m
29. 橄榄玄武岩侵入	3.13 m
28. 砖红色粉屑状泥质白云岩	14.32 m
27. 灰白色角砾状石膏、硬石膏、干缩裂隙发育	5.61 m
26. 紫红色粉屑含膏白云岩、硬石膏在其中呈瘤状并具有滑塌构造	2.03 m
25. 紫红色粉屑泥质白云岩	1.10 m
24. 紫红色粉屑含膏泥质白云岩	1.98 m
23. 灰白色粉屑膏质白云岩	0.52 m
22. 紫红色粉屑状泥质白云岩	6.06 m
21. 灰白色角砾状白云质石膏	1.58 m
20. 青灰色粉屑白云岩夹灰岩	7.15 m
19. 灰色亮晶灰岩	1.30 m
18. 青灰色粉屑白云岩夹灰岩	3.40 m

17. 紫红色粉屑状泥质白云岩，下部为砂屑白云岩	12.50 m
16. 青灰色粉屑白云岩，偶见碎屑	2.85 m
15. 灰白色纹层藻灰岩	1.71 m
14. 青灰色砂屑白云岩	1.01 m
13. 灰白色角砾状含膏白云岩	0.98 m
12. 紫红色粉屑状泥质白云岩，水平层理发育，局部有斜层理	11.65 m
11. 灰紫色粉屑状泥质白云岩，水平层理，凸镜状层理发育	7.20 m
10. 青灰色粉屑白云岩，夹纹层白云岩	9.29 m
9. 紫红色粉屑状泥质白云岩，波状层理发育	3.61 m
8. 青灰色粉屑白云岩	3.30 m
7. 灰紫色粉屑灰岩	3.82 m
6. 青灰色粉屑白云岩	4.18 m
5. 紫红色粉屑泥质白云岩	2.04 m
4. 浅灰色砂屑白云岩	4.28 m
3. 紫红色粉屑状泥质白云岩	5.54 m
2. 灰白色粉屑白云岩	4.90 m
1. 灰白色角砾状白云岩，角砾成分除白云岩外还有少量灰岩	6.78 m

———————— 平行不整合 ————————

下伏地层：昌平组　灰白色含燧石灰岩

次层型为浑江市青沟子馒头组东热段剖面（吉林区测队，1993 年手稿）。

【地质特征及区域变化】　东热段以一套紫色色调为主的夹有灰白、青灰、灰紫、紫红色的粉屑白云岩、泥质白云岩为特征。底部砾岩(角砾岩)砾石大小及砾岩厚度虽各地不同，但分布十分稳定。砾石成分有条带状微晶灰岩、紫色粉砂岩、白云质泥晶灰岩等，胶结物为泥质、白云质。砾石次棱角状—半圆状，砾径 1.2 cm，个别达 10～20 cm，长轴大体具定向性，是在潮坪环境下经短距离搬运形成，是划分昌平组和馒头组的良好标志。下部砂－粉屑状泥质白云岩、白云岩交替层，层面常见波状层理、羽状层理。中上部含膏层是由纹层状白云岩—白云质石膏、硬石膏岩—粉屑白云岩三个基本层组成，纹层状藻白云岩中见 1.5～0.5 mm 的薄皮鲕粒结构，或为膏岩充填的干缩裂隙；在藻席之上发展起来的膏岩层，以硬石膏为主、还有碳酸盐岩基质中板状变晶硬石膏、呈柱状嵌晶的硬石膏、花瓣状石膏等和盐溶角砾岩及次生石灰岩（地表常见）；向上膏岩逐渐过渡到白云岩。顶部的粉屑状含铁泥质白云岩为东热段的标志层，鸟眼构造发育。东热段在样子哨和浑江小区及长白县沿江地区分布很广。各地所见之岩性特点和岩石组合大同小异，厚度变化也不大。在浑江小区和样子哨小区本段厚度分别为 45～157 m；72～90.4 m。长白一带 96.1 m。从已往调查资料分析，龙岗和老岭在东热期曾是水下隆起，将通化水域分割为南部的浑江盆地和北部的样子哨盆地。龙岗和老岭之上东热期和期后的沉积物由于长期隆起而被剥蚀，两盆地内部也是起伏相间。在浑江盆地自西南向东北有鹿圈子、东热、下四平、浑江、大阳岔和湾沟洼地。据目前资料，样子哨盆地中时家店是沉积中心之一。

上述特征表明：东热段、特别是其中上部为吉林省典型的萨勃哈成膏环境，已知的通化市东热、通化县下四平、浑江市大阳岔、柳河县时家店等大、中型石膏矿床，即属此例。

河口段　$\in_1 m^h$　(05－22－0153)

【创名及原始定义】　本课题组(1994)创名，创名地点在浑江市郊河口村。指东热段白云岩之上，张夏组鲕状灰岩之下的以碎屑岩为主的一套地层。其下部由暗紫色、猪肝色(偶夹黄绿色)含云母片粉砂岩、粉砂质页岩为主夹有薄层碎屑灰岩和鲕状灰岩组成；上部为青灰色、黄绿色(偶夹暗紫色)页岩、粉砂质页岩夹灰岩凸镜体，产大量的三叶虫，与上覆、下伏地层整合过渡。

【沿革】 这套地层最早沿袭了辽宁太子河流域的划分方案称石桥组和当十组(长春地院区测队，1958～1962)，后据华北地区统一的划分方案拟定为毛庄组和徐庄组(吉林区调队，1975)。毛庄组和徐庄组实际上是生物界线，是 *Shantungaspis* 带与 *Kochaspis* 带的界面，因此造成不同剖面两组划分的岩性特点不尽一致。比如青沟子剖面，两组的界线在猪肝色含云母片粉砂岩内部，因为 *Shantungaspis* 与 *Kochaspis*，都在相邻的猪肝色含云母片粉砂岩中出现；同样，大阳岔剖面、样子哨盆地冷家沟北邵家店剖面，按生物定界，两组的界线都在猪肝色含云母片粉砂岩内部。但在时家店长兴堡剖面则划在猪肝色含云母片粉砂岩与黄绿色粉砂岩之间。故从岩石地层而言毛庄组和徐庄组是不可分的，因此新建段级地层单位，称河口段。

【现在定义】 同原始定义。

【层型】 正层型为浑江市青沟子剖面(126°23′,41°56′)，据吉林区测队，1975，《浑江市幅 1：20 万区调报告》修订。

上覆地层：张夏组 鲕状灰岩

——————— 整 合 ———————

河口段 厚度 150.25 m

18. (原 33) 黄绿色薄层粉砂岩夹灰白色中厚层海绿石鲕状生物碎屑灰岩及泥灰岩凸镜体。产 *Liaoyangaspis peiensis*，*Bailiella lantenoisi*，*Wuania taitzuensis*，*Inouyella* sp. 15.57 m

17. 黄绿色页岩夹含鲕粒灰岩。产 *Liaoyangaspis bassleri*，*Bailiella lantenoisi*，*Proasaphiscus affluens*，*P.* cf. *yabei* 18.16 m

16. 青灰色页岩夹灰岩凸镜体。产 *Bailiella lantenoisi*，*Proasaphiscus* sp. 18.17 m

15. 杂色页岩夹鲕状灰岩凸镜体。产 *Proasaphiscus affluens*，*Anomocarella chinensis*，*Manchuriella* sp. 11.91 m

14. 紫色中厚层含云母粉砂岩夹紫色泥灰岩凸镜体。产 *Metagraulos abrota*，*Inouyia capax*，*Proasaphiscus liaoyangensis*，*Wuania taitzuensis* 2.98 m

13. 紫色粉砂岩、粉砂质页岩，含少量云母片。产 *Metagraulos nitida* 7.45 m

12. 紫色砂质灰岩与紫色薄层含云母片粉砂质页岩互层，产 *Elrathia* sp. 2.48 m

11. 紫色、猪肝色含云母片粉砂质页岩夹泥灰岩。产 *Kochaspis hsuchuangensis*，*K.* cf. *hsuchuangensis*，*Eosoptychoparia* sp. 6.61 m

10. 猪肝色含云母片粉砂岩、粉砂质页岩。产 *Shantungaspis orientalis* 6.80 m

9. 紫色薄层含云母片粉砂岩夹黄绿色页岩。产 *Ptychoparia* sp. 11.44 m

8. 黄绿色、青灰色薄层状粉砂岩，产 *Ptychoparia* sp. 0.49 m

7. 紫色粉砂质页岩，往上为青灰色厚层状含鲕海绿石生物碎屑灰岩，灰岩中方解石脉发育，并见有硫铁矿化、黄铜矿化。产 *Ptychoparia* sp，Ptychopariidae，Alokistocaridae，Probowmaniidae 2.46 m

6. 猪肝色薄层状含云母片海绿石钙质粉砂岩 3.49 m

5. 紫色角砾状含海绿石灰岩，青灰色、绿色薄层含海绿石泥质灰岩夹紫色页岩 1.97 m

4. 黄绿色含云母片海绿石粉砂岩夹黄绿色薄层状泥灰岩，往上为紫色含云母片砂质

页岩、紫色厚层状钙质含海绿石粉砂岩与紫色砂岩互层 4.24 m

3. 紫色薄层含云母片粉砂质页岩夹含海绿石灰岩凸镜体。产 *Ptychoparia* sp.，Alokistocaridae，Ptychopariidae 11.06 m

2. 紫色薄层含云母片粉砂岩 21.90 m

1. (原 16) 角砾状灰岩，上层面具有赤铁矿风化壳、呈凸镜状，壳厚 5～10 cm，层面凸凹不平 3.07 m

——————— 整 合 ———————

下伏地层：东热段 白云岩

【地质特征及区域变化】 河口段沉积物基本上由粉砂岩、粉砂质页岩和页岩组成，夹有数层含海绿石灰岩、生物屑灰岩和鲕状灰岩。下部以暗紫色、猪肝色为主；上部以黄绿色、青灰色为主。基本层序有两种：其一是由粉砂岩、页岩到灰岩；其二是页岩、灰岩为基本层序的数十个旋回层。单层较薄，具凸镜状层理和水平层理。层型剖面上底部与东热段整合接触，其间有角砾状灰岩和赤铁矿风化壳，说明曾有沉积间断。厚度 150.25 m，产丰富的三叶虫。

河口段分布范围较东热段广，是持续海侵的产物。在浑江盆地本段见于浑江、湾沟、松树镇、抚松、长白等地之浑江向斜的两翼。青沟子以东簸箕掌子一带岩石组合与青沟子剖面基本相同。下部以紫色含云母铁质粉砂岩为主，夹数层含海绿石生物屑灰岩；上部为黄绿色粉砂岩与紫色粉砂岩互层，夹数层鲕状灰岩，灰岩中普遍有海绿石。上部与张夏组厚层鲕状灰岩界线清楚，总厚度 136 m。到大阳岔本段基本以紫色色调为主，上部夹有少量灰色粉砂岩，岩石中海绿石含量极少，厚度达 414 m。在抚松一带河口段包括西川剖面(吉林区调队，1971)的石桥组和当石组；温泉六号桥剖面划归张夏组的 1—9 层。西川剖面由于闪长岩侵入，层序不全，温泉六号桥剖面则底部不全，所测的岩性大体相当于河口段上部层位，暗紫色粉砂岩与黄绿色粉砂岩相间出现夹有薄—中厚层生物屑灰岩，厚度大于 182 m，产三叶虫化石。长白县沿鸭绿江两岸呈东西向断续分布，岩性特征相同，厚度变化大，58～106 m。在样子哨小区本段岩性组合与次层型大体相同，产三叶虫，厚度达 580 m。集安小区本段见于榆林乡复兴村三道沟一带，主要以紫色、青灰色、黄绿色碎屑岩为主，仅夹两层鲕状灰岩或生物屑灰岩，总厚度为 274 m。

总之，河口段沉积物在各地大体相同，以含有大量杂基的含云母片的细碎屑沉积为主，夹有海绿石碎屑灰岩和鲕状灰岩。诸剖面上粒序均具有向上变细的特点。下部常见脉状、凸镜状层理，向上变为水平层理，偶见波状层理。属开阔海环境下潮坪相沉积。

张夏组 $\in_2\hat{z}$ (05-22-0155)

【创名及原始定义】 原称张夏石灰岩、张夏层或张夏鲕状岩，由 Willis 和 Blackwelder 1907 年创名，命名地点在山东省长清县张夏镇附近。指九龙群的第一个建造。盖在馒头页岩层之上 150 m 厚的块状石灰岩形成几百英尺高的陡壁。最底部由 18 m 厚的薄层橄榄灰色石灰岩组成，部分呈鲕状，然后是形成陡壁的块状黑色鲕状灰岩，平均厚 70 m。陡壁之上是缓坡，为 30 m 厚的结晶灰岩。上部为暗色和浅灰色递变的灰岩，近顶部有砾石灰岩。

【沿革】 吉林省张夏组一名是由长春地院区测队(1958—1965)引进的。以后不同调查者对张夏组灰岩的归属都是一致的，差别在于顶底界线划分略有差异。因为灰岩相与上、下碎屑岩之间存在过渡相，因此其界线较难确定。我们的原则是按正层型的模式将青沟子剖面 95-1，96 层厚度 33.7 m 以粉砂岩、页岩为主夹有鲕状灰岩的部分(相当过渡相的部分)从张夏组中剔出，划归馒头组河口段，以97层(同上)中厚层鲕状灰岩出现为底界。其中尽管有少量页岩，但基本反映了正层型的特征。即与吉林省地层表编写组(1975)相同，而与吉林区测队三分队(1976)有别。

【现在定义】 指晋冀鲁豫地层区馒头组之上、崮山组之下，以厚层鲕粒灰岩和藻灰岩为主夹钙质页岩之地层。底以页岩或砂岩结束、大套鲕粒灰岩出现划界，与馒头组整合接触；顶以厚层藻屑鲕粒灰岩结束、薄层砾屑灰岩夹页岩出现划界，与崮山组整合接触。吉林省指馒头组河口段粉砂岩之上、崮山组紫色粉砂岩之下的一套以灰色、青灰色厚层一中厚层状鲕状灰岩、生物屑灰岩、含海绿石灰岩、泥晶或亮晶灰岩组成的地层。顶部和底部常夹有薄层状灰岩或页岩，产丰富的三叶虫化石。与上覆、下伏岩层均为整合接触。

【层型】 正层型在山东省。省内次层型为浑江市青沟子剖面(126°23′,41°56′)，吉林区调队1975年修订。

上覆地层：崮山组　紫色粉砂岩

———— 整　合 ————

张夏组　　总厚度 120.10 m

9. (原42) 青灰色薄层灰岩夹页岩。产 *Damesella paronai*，*Dorypygella typicalis*，*Cyclolorenzella acalle*，*C. kushanensis*，*C.* sp.　　9.96 m

8. 灰色及紫色中薄层灰岩，偶含海绿石。产 *Damesella typicalis*，*D. paronai*，*Blackwelderia* cf. *sinensis*，*Solenoparia* sp.　　8.40 m

7. 灰色中厚层生物碎屑灰岩，偶见海绿石，单层厚10～30 cm，产 *Amphoton* sp. *Amphotonella* sp.，*Liopeishania* sp.，　　16.61 m

6. 青灰色厚层状生物碎屑灰岩。产 *Amphoton paralella*，*Sunia typica*，*Metanomocarella* cf. *tumida*，*Lisania* sp.，*Dorypyge* sp.，*Eilura typa*，*Liopeishania* sp.，*Uncaspis* sp.　　11.07 m

5. 灰色厚层状含海绿石生物碎屑灰岩。产 *Taitzuia* sp.，*Menocephalites* sp.，*Metanomocarella* sp.，*Peishania convexa*，*Peishania affinis*，*Lisania* cf. *bura*，*L. alala*，*Levisia adrastia*，*Lisaniella* sp.　　11.07 m

4. 灰色、紫红色厚层状生物碎屑灰岩。产 *Crepicephalina damia*，*Metanomocarella rectangula*，*Dorypyge richthofeni*，*D. pergranosa*，*Menocephalites bigranosa*，*Lisania* cf. *alala*，*Tetraceroura* sp.，*Solenoparia* sp.　　11.07 m

3. 青灰色厚层状生物碎屑灰岩。产 *Crepicephalina damia*，*C. pergranosa*，*C. mukdensis*，*C.* sp.，*Proasaphiscus* sp.，*Taitzuia* sp.，*Solenoparia* sp.，*Uncaspis* cf. *micans*，*Honania* cf. *lata*　　25.96 m

2. 灰绿色页岩夹薄层海绿石石灰岩。产 *Crepicephalina damia*，*C.* cf. *convexa*　　5.20 m

1. (原34) 青灰色中厚层鲕状生物碎屑灰岩夹黄色及紫色页岩。产 *Dorypyge richthofeni*，*Liopeishania lubrica*，*Proasaphiscus* sp.　　20.76 m

———— 整　合 ————

下伏地层：馒头组河口段　黄绿色粉砂岩

【地质特征及区域变化】 张夏组在吉林南部分布很广，见于样子哨盆地、浑江盆地、鸭绿江沿岸及集安福兴盆地。在地貌上呈上突地形和陡岸，因此无论航片解译和实际填图中都是良好的标志层。下部以青灰色厚层鲕状生物屑灰岩为主夹有2～3层黄绿色薄层状页岩；中部为灰色、青灰色厚层生物屑灰岩，含海绿石生物屑灰岩，产大量三叶虫；上部为青灰色、灰色薄层状灰岩夹少量页岩。总厚度120 m。从张夏组的岩石序列及粒序特征分析，其下部仍是海侵体系域的产物，而中部和上部属高水位体系域，2或3层可能是最大海泛面。从岩相特点而言本组处于碳酸盐台地相。

张夏组在全区十分稳定，其岩性、岩相变化不大，由碳酸盐岩组成，厚度也较稳定。在样子哨区沈家堡子剖面、长兴堡剖面本组厚70 m左右。在浑江盆地铁厂、青沟子、咋子一带厚度100～120 m，向东逐渐变大，至大阳岔达203 m，可能处于该时期的沉降中心。由大阳岔向东北变薄，至抚松温泉六号桥厚度仅91 m，长白十七道沟一带为87 m。张夏期省内最大沉降中心位于集安小区，在汞洞子一带厚度为250 m，集安三道沟一带达358 m。从张夏组等厚线图看出（图6－1），沉积厚度南厚北薄，说明基底向南倾斜。

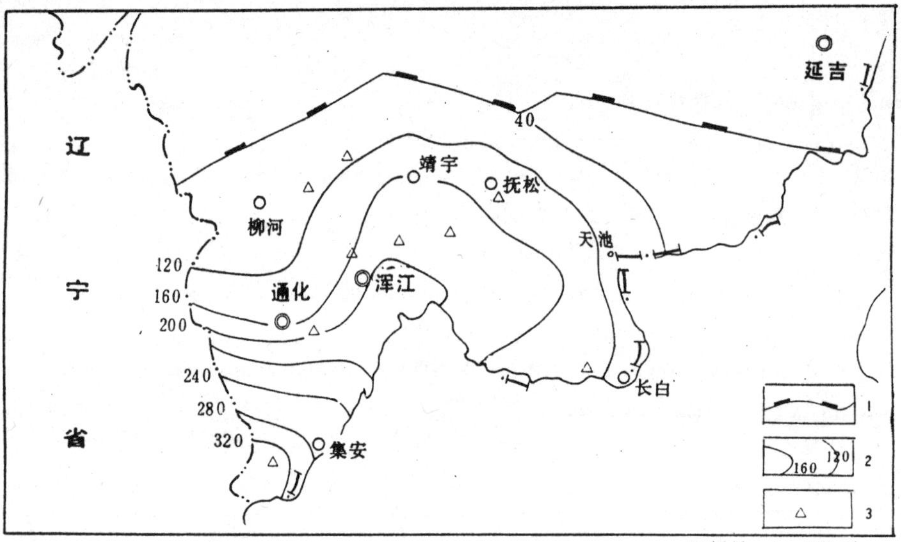

图6－1 吉林省南部张夏组等厚线图

1. 辽东（吉）地层分区北界；2. 等厚线及厚度（单位：m）；3. 地层厚度控制点

在张夏期省内还没发现该组的边缘相或尖灭现象，因此可以推断老爷岭山脉、龙岗山脉当时都处于海侵范围，接受了张夏期的沉积，只是后来因隆起被剥蚀殆尽。

值得指出的是：抚松县幅1：20万区调报告中（吉林区调队，1971）温泉六号桥张夏组剖面1—9层主要为粉砂岩夹数层薄层灰岩或灰岩凸镜体，厚达182 m。其岩性特征完全相当馒头组河口段。归属到张夏组的原因在于第1层产 *Dorypyge* sp.，*Amphoton* sp. 等相当于张夏阶的化石。如果 *Amphoton* 鉴定无误，只能说明抚松一带的河口段形成于张夏阶的早中期。河口段由浑江到抚松发生穿时。

崮山组 $\in_3g$ （05－22－0156）

【创名及原始定义】 Willis和Blackwelder 1907年创名崮山页岩（Kushan Shale），又称崮山层（Kushan Formation）。创名地点在山东省长清县崮山镇崮山村东北侧附近。原始定义：九龙群的第二个层是崮山页岩，因崮山村附近出露得完好而得名。它整合盖在石灰岩之上。这个台阶通常约50英尺厚，但其厚度和岩性有轻微的变化。普遍以呈浅绿色的钙质页岩为主，夹有棕、紫、黄色的页岩小层和灰岩凸镜体。至今我们未发现化石。页岩中石灰岩薄层通常呈砾状，很少是鲕状岩。

【沿革】 1958—1960年长春地院区测队将崮山组引入吉林省，最初的含义是以八道江鳅皮沟剖面为代表，根据化石 *Blackwelderia* sp.，*Drepanura* sp. 结合岩性命名，岩性基本以紫色的粉砂岩为主。在室内整理时发现崮山组与凤山组之间含 *Mansuyia* sp. 的黄绿色页岩，又将这段地层(厚 20 m)命名为长山组。由此看来长春地院区测队是按卢衍豪、董南庭(1953)对山东唐王寨剖面的划分方案命名的。后来的调查者也基本从之。其中吉林区调队三分队(1976)重新研究了浑江市青沟子剖面，丰富了崮山组的生物化石，计 27 属 35 种，建立了 *Blackwelderia* 带和 *Drepanura* 带。同时指出 *Blackwelderia* 带建立有待进一步研究。

【现在定义】 指晋冀鲁豫地层区整合在张夏组和炒米店组之间，以黄绿(夹紫红)色页岩、灰色薄层疙瘩状—链条状(瘤状)灰岩、竹叶状灰岩互层为主，夹蓝灰色薄板状灰岩和砂屑灰岩为特征。以厚层灰岩结束、薄层砾屑灰岩夹页岩出现为其底界；以页岩结束为其顶界。在吉林省本组指张夏组灰岩之上、炒米店组青灰色薄板灰岩之下以碎屑岩为主，夹有薄层灰岩的一套地层。下部为紫色粉砂岩、页岩夹薄层灰岩或竹叶状灰岩；上部常由黄绿色或紫色页岩、粉砂岩，夹条带状灰岩组成。产丰富的三叶虫化石。与下伏、上覆地层整合接触。修定后的崮山组大体相当于以往的崮山组加长山组的大部。在青沟子剖面包括了长山组的全部。

【层型】 正层型在山东省。省内次层型为浑江市青沟子剖面(126°23′,41°56′)，吉林区测队 1975 年修订。

上覆地层：**炒米店组** 青灰色薄层灰岩

——————— 整 合 ———————

崮山组 总厚度 128.69 m

9. (原 51)条带状、竹叶状灰岩、页岩互层，夹有灰岩凸镜体。产 *Kaolishania* cf. *pustulosa*，*K.* sp.，*Mansuyia* sp.，*Kaolishaniella* sp.，*Prochuangia* sp.，*Haniwa* cf. *quadrata*，*H.* sp.，*Wuhuia kobayashi*，*Maladioidella splendens*，*Pseudagnostus* sp.	11.35 m
8. 条带状灰岩(条带状紫色粉砂岩及灰紫色竹叶状灰岩组成)与灰绿色页岩互层。产 *Changshania conica*，*C.* sp.，*Dikelocephalites* sp.	6.21 m
7. 薄层状灰岩与黄灰色页岩互层。产 *Chuangia frequens*，*C. rovada*，*C. subquadrangulata*，*C.* sp.，*C. kawadai*，*C.* cf. *conica*，*C.* cf. *batia*，*Lioparia urlaris*，*L.* sp.	18.16 m
6. 紫色薄层粉砂岩、粉砂质页岩与薄层竹叶状灰岩互层	2.27 m
5. 紫色厚层状粉砂岩与紫色厚层竹叶状灰岩互层	6.33 m
4. 紫色粉砂质页岩夹紫色竹叶状灰岩及灰岩凸镜体。产 *Drepanura premesnili*，*D.* sp.，*Stephanocare* sp.，*Homagnostus* sp.，*Teinistion* sp.，*Cyclolorenzella* sp.	17.72 m
3. 紫色粉砂质页岩夹灰黑色竹叶状灰岩凸镜体。产 *Dorypygella* sp.，*Damesops* sp.	25.95 m
2. 紫色页岩夹灰岩凸镜体，凸镜体大小 10～15 cm 之间。产 *Blackwelderia* sp.，*B.* cf. *paronai*，*Damesops* sp.，*Monkaspis* sp.，*Homagnostus* sp.，*Liaoningaspis* sp.，*Damesella* sp.，*Cyclolorenzella* sp.，Kaolishaniidae，*Kushanopyge* sp.	26.49 m
1 (原 43). 紫色粉砂岩，页岩夹竹叶状灰岩薄层	14.21 m

——————— 整 合 ———————

下伏地层：**张夏组** 灰岩

【地质特征及区域变化】 崮山组主要以粉砂岩、页岩为主夹灰岩凸镜体，各地岩性特征基本相同，厚度由南而北变大。鸭绿江沿岸，十七道沟厚度略大，为 186 m，向北松江一带为 111 m，至样子哨一带厚达 250 m；时家店以黄绿色粉砂岩为主，夹有紫色粉砂岩，厚度大于 336 m；南部集安、复兴一带本组厚度骤减，92～40 m。详见崮山组等厚线图（图 6－2）。

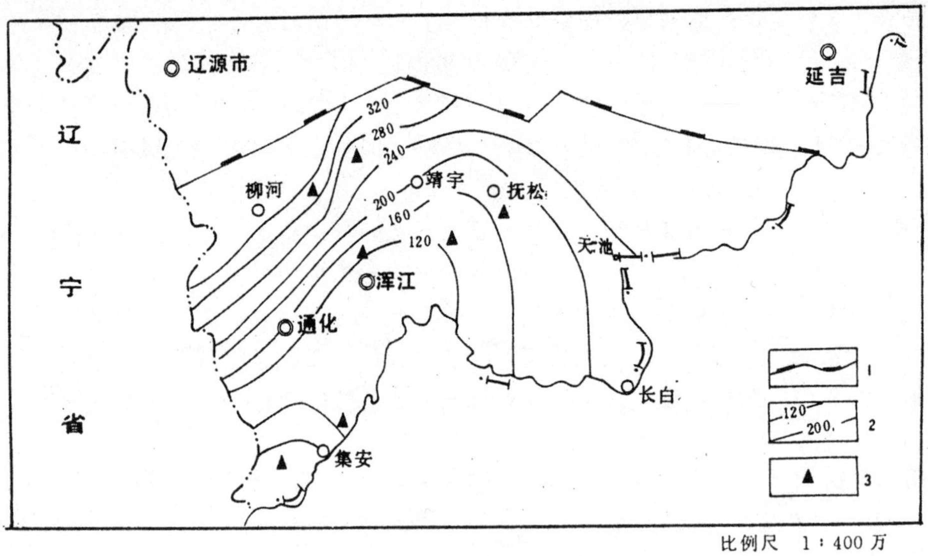

图 6－2　吉林省南部崮山组等厚线图

1. 辽东（吉）地层分区北界；2. 等厚线及厚度（单位：m）；3. 地层厚度控制点

崮山期的沉积厚度变化恰巧和张夏期相反，可能表明张夏期华北板块的吉林省部分是向南倾斜，南部相对于北部沉降幅度大。崮山期板块发生了向北倾斜，北部沉降幅度大，西南部小。这就是典型的"翘翘板"运动。从岩石组合、沉积构造和大量的风暴成因的基本层序观之，崮山组是台地形成之后超缓坡阶段潮间或潮下带的稳定型沉积建造系列。除在次层型中觅得三叶虫之外，在集安解放村、抚松头道庙岭、柳河长兴堡、辉南、马鞍山、浑江大阳岔等地均获得较多的三叶虫化石，尤其在长兴堡剖面中发现 *Quadraticephalus*，以往认为是凤山阶的带化石，说明崮山组由南而北穿时。

炒米店组　$\in_3\hat{c}$　（05－22－0157）

【创名和原始定义】 Willis 和 Blackwelder（1907）创名炒米店石灰岩（Chaumidien Limestone）或炒米店层（Chaumidien Formation），创名地点在山东省长清县崮山镇炒米店村东山脊上，即范庄东侧高山北坡。原始定义：九龙群的第三个层是炒米店石灰岩，由硬质石灰岩组成，形成炒米店东南和西南的小山。呈蓝色，新鲜面为暗灰色和细晶。崮山页岩和炒米店灰岩间的过渡带为 12 m 的板状灰岩，具砾状特征。之上才是炒米店灰岩的灰色层，单层厚度时常不大于 5 或 6 英尺。其顶界以沉积特征变化为标志，即上覆济南层底部变为浅黄色，已显著白云岩化。

【沿革】 卢衍豪、董南庭（1953）根据生物将炒米店灰岩二分为长山组和凤山组。在吉南地区大体相当于炒米店组的地层称凤山组，由长春地院区测队（1958—1960）命名。以后的研究者大都采用了凤山组一名。在正层型地区，本项目统一对比研究将凤山一名用于年代单位凤山阶，而岩石地层单位考虑地层指南中的优先权法则起用炒米店组一名。

【现在定义】 指晋冀鲁豫地层区以灰色中厚层微晶灰岩、含生物碎屑藻球粒灰岩、鲕粒灰岩、中薄层竹叶状灰岩为主，夹云斑叠层石藻礁灰岩等以灰岩为特征的地层。底以页岩结束划界，与崮山组整合接触；顶以灰岩结束、白云岩(或页岩)出现为界，与三山子组(或冶里组)整合接触。在吉林省指崮山组杂色页岩之上，冶里组底部中厚层灰岩之下，以浅灰色、浅灰绿色薄板状泥晶灰岩、泥晶粒屑灰岩、薄层藻砂屑灰岩、泥晶一亮晶生物屑灰岩夹少量黄绿色凸镜状、薄层状页岩为主的一套地层。在青沟子剖面与崮山组之间有冲刷面，与上覆冶里组底部中厚层灰岩整合过渡。产丰富的三叶虫、牙形刺和疑源类化石。在野外本组以厘米级的薄板状灰岩组合为直观特点，极易辨认。

【层型】 正层型在山东省。省内次层型为浑江市青沟子水库之下防空洞到沟口剖面(126°23′，41°56′)，吉林区测队 1975 年测制。

上覆地层：冶里组　灰白色中厚层灰岩

——————— 整　合 ———————

炒米店组	总厚度 99.79 m
5. 灰色薄层条带状灰岩夹黄绿色页岩，产 *Calvinella walcotti*，*C.* sp.，*Tellerina* sp.，*Haniwa quadrata*，Saukiidae	25.15 m
4. 青灰色薄层状生物屑灰岩夹页岩、串珠状灰岩，产 *Quadraticephalus manchuricus*，*Q.* sp.，*Changia* sp.，*Haniwa quadrata*，*Dictyites dictys*	12.23 m
3. 浅灰色条带状灰岩夹页岩，生物屑灰岩及竹叶状灰岩，产 *Ptychaspis shansiensis*，*P. ceto*，*P.* sp.，*Tsinania* sp.，*T. canens*，*Haniwa quadrata*，*Hamashania* sp.，*Pagodia* sp.，Saukiidae	7.78 m
2. 青灰色条带状灰岩夹黄绿色页岩	47.82 m
1. 青灰色条带状灰岩夹生物碎屑灰岩，其条带为灰岩与灰绿色页岩组成，产：*Ptychaspis subglobosa*，*P.* sp.，*Tsinania canens*，*Prosaukia* cf. *resseri*，*Mansuyia orientalis*，*Dictytes* sp.，*Pseudagnostus* sp.	6.81 m

——————— 整　合 ———————

下伏地层：崮山组　粉砂岩

【地质特征及区域变化】 炒米店组在区域上十分稳定，其特点是灰色、灰白色厘米级薄层灰岩和灰、灰绿色毫米级泥、粉砂屑灰岩组成的基本层序，在 1 m 之内有 40～60 个基本层。灰岩的共生组合特点为亮晶粒屑灰岩、杂基粒屑灰岩、泥亮晶团粒灰岩、泥亮晶生物屑灰岩、泥质条带泥晶灰岩、泥晶灰岩及少量粉屑灰岩等。在剖面上向上灰岩层厚度变大，由厘米级到数厘米，碳酸盐岩颗粒也由泥晶到粉屑级。反映了缓慢进积过程中形成的台地碳酸盐岩建造。炒米店组次层型剖面的厚度为 99.79 m，产大量的三叶虫化石。地质时代为晚寒武世。

该组在吉南地区厚度变化也不大，在浑江、鸭绿江一带一般为 51～120 m；在样子哨一带最厚达 140 m。总的趋势是南薄北厚，“翘翘板”仍然向北倾斜。

冶里组　O_1y　(05-22-0158)

【创名及原始定义】 Grabau 1922 年创名于河北省唐山市开平镇冶里村。原始定义：马家沟北冶里村附近之石灰岩，名为冶里石灰岩(Yehli Limestone)，底部有砾岩，位于寒武纪地层之上。

【沿革】 冶里组一名由长春地院区测队(1958—1960)引入吉南地区。以咋子剖面和大阳岔剖面为代表。在两条剖面上首次发现 *Callograptus* sp.，*Dichograptus* sp.，*Dendrograptus* sp. 等笔石。其岩性，上部深灰色薄层泥质灰岩夹黄灰色板状钙质页岩；中部为深灰色厚层灰岩夹薄层灰岩；下部为浅灰色灰岩与黄绿色页岩互层，总厚度 153 m。与上覆亮甲山组，下伏凤山组呈整合接触，由此明确了冶里组含义。以后的诸多调查者基本沿用了这一概念。其中研究较详者有吉林区测队三分队(1979)，首先报道了 *Adelograptus-Clonograptus* 笔石带的存在。进入 80 年代则由院校和科研部门的国内外专家郭鸿俊、段吉业、安淑兰(1982)、陈均远(1983,1985,1986)、汪啸风、Bernd-D Erdtmann(1986)、周志毅(1984)、赵祥麟(1985)、林尧坤、朱兆玲(1989)、赵祥麟、林尧坤(1988)等在吉南地区掀起生物地层和界线研究的高潮。

【现在定义】 整合于炒米店组与亮甲山组之间的一套灰色厚层、中厚层状灰岩夹少量砾屑灰岩及少量黄绿色页岩的岩石组合。在吉林省吉南地区的冶里组与正层型略有差异，次层型以中层或中薄层灰岩为主夹有数层紫色、黄绿色页岩和竹叶状灰岩。产丰富的三叶虫、笔石、牙形刺等化石。底界以中薄层灰岩与炒米店组灰白色薄板状灰岩分界；顶界以页岩消失与亮甲山组底部厚层含燧石结核灰岩出现为界，均为整合接触。

【层型】 正层型在河北省。省内次层型为浑江市咋子镇西小瓮圈至赵家沟剖面(126°30′，41°59′)，吉林区测队 1975 年测制。

上覆地层：亮甲山组　厚层灰岩

——————— 整　合 ———————

冶里组　总厚度 137.79 m

5. 灰色薄层灰岩夹少量竹叶状灰岩　37.73 m

4. 灰绿色薄层状钙质页岩夹浅灰色薄层灰岩及竹叶状灰岩，产 *Airograptus* sp.，*Callograptus* sp.，*Dictyonema* sp.，*Dendrograptus* sp.　8.99 m

3. 灰黑色薄层泥质灰岩夹中厚层竹叶状灰岩　35.29 m

2. 灰黑色薄层含泥质灰岩，产 *Orthis* sp.　50.90 m

1. 灰色薄层含腕足类碎屑的白云质结晶生物屑灰岩，产 *Eoorthis* sp.，*Sinorthis* sp.，*Orthis* sp.　4.88 m

——————— 整　合 ———————

下伏地层：炒米店组　灰白色薄板状灰岩

【地质特征及区域变化】 从次层型剖面可以看出，冶里组中竹叶状灰岩、颗粒碳酸盐岩仍占很大的比重，不仅层数多，厚度也较大，并且其中常见厘米级递变粒序层理，因此仍属于风暴碳酸盐岩建造。次层型中常见的基本层序为厚层粒屑灰岩—薄层粉屑灰岩—页岩组成的十余个旋回，厚度 143.8～137.8 m。浑江、三通河流域冶里组划分较明确，下部均以中薄层或中厚层灰岩与炒米店组薄板状灰岩分界，顶界以页岩(局部竹叶状灰岩)消失与亮甲山组厚层灰岩分界。中部以中薄层灰岩为主夹数层页岩、竹叶状灰岩为特点。本组由木掀头沟、小瓮圈一带向东北厚度逐渐变大，至大阳岔厚度为 250 m，再向北至抚松县北大姑娘沟(1：20 万，抚松县幅)一带出露厚度与次层型相同。三通河流域梨树沟本组厚度 144 m。梨树沟东北保民堡厚度也是 144 m。上列数据表明，浑江至辉南近 100 km 范围内厚度都在 140 m 左右，唯在大阳岔一带有小的坳陷，是在持续平衡补偿条件下形成的典型台地碳酸盐岩建造。此外，集安县城北郭家岭剖面的岩石组合大体与次层型相同，厚度为 225 m。但是长白县境内中和村剖面和八道沟镇剖面的冶里组岩石组成与次层型差别较大，其岩性均以厚层灰岩为主，包括白云质灰岩、豹皮状灰岩等，没有砂页岩夹层，因此这些剖面不属冶里组，划归亮甲山组更为合适。冶安村—大坎川沟剖面(1∶5万复兴屯幅、集安县幅、榆树林子幅、江口村幅)冶里组岩石组合也有一定差异，其中没有砂页岩夹层，仅有薄层灰岩和竹叶状灰岩，厚度达327 m。从整体而言，吉南地区南部厚，而北部较薄。

冶里组产丰富的笔石、三叶虫、牙形刺、疑源类等化石，还有少量头足类、介形类(详见生物地层)。地质时代为早奥陶世。

亮甲山组　O_1l　(05-22-0159)

【创名及原始定义】　叶良辅、刘季辰于1919年创名于河北抚宁县石门寨亮甲山。原称亮甲山灰岩层。原始定义：系馒头页岩之上，石炭纪含煤层之下，总厚约800公尺之石灰岩。自下而上可分为4层：1. 黑色纯石灰岩；2. 鲕状石灰岩；3. 竹叶石灰岩；4. 黑色纯石灰岩。

【沿革】　长春地院区测队(1958—1960)首次将亮甲山组一名用于吉南地区。以咋子剖面、石人煤矿之西铁路第一隧道剖面和八道江鳅皮沟剖面为代表剖面。前者和后者确属亮甲山组，但是误将岩性组合与亮甲山组截然不同的隧道剖面也指定为亮甲山组，造成亮甲山组含义的混乱。根据岩石组合隧道剖面应属于冶里组。以后的研究者基本上沿袭了这一观点。其中吉林区测三分队(1975—1979)对咋子西小瓮圈剖面、大阳岔小撩荒地剖面、辉南冯大院—梨树沟剖面进行了较详细的研究。其岩性以各种豹皮状灰岩、古杯海绵灰岩、白云质灰岩为特点，并发现大量的头足类、腹足类、三叶虫、牙形刺等。

陈均远等(1976,1985)两次讨论浑江地区的奥陶系，并命名了北庵庄组。北庵庄组是仅靠辉南样子哨剖面采得的头足类 *Kogenoceras*，与山西、河北、辽宁等地的同名地层对比。

【现在定义】　指冶里组之上、马家沟组之下的灰色含燧石结核灰岩、白云岩夹少量砾屑灰岩的岩石组合。底界以含燧石结核灰岩与冶里组分界，二者整合接触；顶界与马家沟组底部薄板状白云岩或砾屑(角砾)白云岩分界，呈平行不整合接触。在吉林省以厚层及中厚层豹皮灰岩、燧石结核白云质灰岩为主，夹少量竹叶状灰岩，底部与冶里组整合接触，顶部与马家沟组角砾状灰岩呈平行不整合接触。

【层型】　正层型在河北省。省内次层型为浑江市咋子镇小瓮圈—赵家沟剖面(126°30′,41°59′)，吉林区测队1976年测制。

上覆地层：**马家沟组**　角砾状灰岩

——————　平行不整合？　——————

亮甲山组　　总厚度 311.15 m

6. 灰色中厚层豹皮状灰岩，含燧石结核的白云质灰岩，产 *Kirkoceras* sp.，*Parapiloceras* sp.，*Manchuroceras* sp.，*Cameroceras* sp.	42.44 m
5. 灰黑色中厚层含少量燧石的豹皮灰岩，产 *Cameroceras* sp.，*Archaeoscyphia* sp.，*Gastropoda*	80.79 m
4. 深灰色中厚层豹皮状灰岩夹数层薄层灰岩及中厚层竹叶状灰岩	122.42 m
3. 深灰色厚层豹皮状灰岩，产 *Manchuroceras* sp.，*Archaeoscyphia* sp.	12.15 m
2. 深灰色中层竹叶状灰岩夹中薄层豹皮状灰岩	26.46 m
1. 浅灰色中厚层豹皮状灰岩，底部夹两层生物碎屑灰岩，含有 *Brachiopoda*	26.89 m

——————　整　合　——————

下伏地层：**冶里组**　灰绿色页岩

【地质特征及区域变化】 次层型的岩石组合可分两部分：下部为风暴成因的细砾屑（或竹叶状）灰岩与生物遗迹发育的泥晶灰岩，即豹皮状灰岩为基本层序，向上泥晶灰岩渐过渡到粉晶或粉屑灰岩，下部大体包括6～8个基本层序；中部为巨厚层含燧石条带泥晶灰岩，具有虫孔和生物搅动构造；上部为准同生白云质灰岩，也有大量生物搅动构造。厚度311 m。岩性组合在全区大体相同，均以豹皮状生物搅动灰岩、厚层状白云质灰岩为主，夹薄层灰岩和竹叶状灰岩。竹叶状灰岩仅在咋子一带下部出露较多，其他地区较少。本组在咋子一带厚300余米，向东逐渐变小，大阳岔255 m，至松树镇、抚松一带为230 m左右，北部样子哨一带厚度最小，冯大院剖面厚度为122 m，南部集安一带厚度一般在158～193 m。

该组中化石门类丰富，有头足类、古杯类、腕足类、腹足类、牙形刺等。从岩性特征和序列观之，海平面上升速度小于碳酸盐岩沉积速率，甚至碳酸盐岩暴露水面，大量生物向沉积层下部钻孔和觅食，形成似风化壳型（豹皮状、云斑状灰岩）碳酸盐岩，属于进积型沉积，形成环境为碳酸盐台地。

亮甲山组与下伏冶里组整合过渡，顶部有角砾状灰岩与马家沟组分开，两者之间可能存在间断。地质时代为早奥陶世。

马家沟组 O_1m （05－22－0160）

【创名及原始定义】 Grabau 1922年创名于河北省唐山市开平镇马家沟村。原始定义：马家沟村附近之石灰岩，名为马家沟石灰岩（Machiakou Limestone），因产 *Actinoceras*（珠角石）甚富，曾名之为珠角石石灰岩。

【沿革】 马家沟组一名是由长春地院区测队1958—1960年首先在吉林省使用，当时称马家沟统。之后部分研究者仅根据样子哨剖面马家沟组中头足类 *Kogenoceras* 的发现，建立北庵庄组，与山东、河北、辽宁的同名地层对比。《吉林省区域地质志》（1988）同样以化石组合将含 *Ordosoceras-Kogenoceras* 组合、*Wutinoceras-Polydesmia* 组合的地层称下马家沟组，将产 *Tofangoceras*，*Lophospira*，*Stereoplasmoceras* 的地层称上马家沟组。现按正层型地区与本区的对比研究，依岩石地层单位命名优先原则仍称马家沟组。

【现在定义】 指亮甲山组或三山子组之上，本溪组之下的灰色厚层—巨厚层灰岩夹白云岩、角砾状灰岩、角砾状白云岩的岩石组合。与上覆及下伏地层均为平行不整合接触。在吉林省岩石组成与层型区相似，然底部与亮甲山组呈平行不整合接触。产大量的头足类、腹足类及少量的三叶虫、腕足类和海百合茎化石。

【层型】 正层型在河北省。省内次层型为浑江市咋子镇小瓮圈—赵家沟剖面（126°30′，41°59′），吉林区测队1975年测制。

上覆地层：**本溪组** 砾岩

——————— 平行不整合 ———————

马家沟组	总厚度531.4 m
18. 黄灰色中厚层白云质灰岩	26.3 m
17. 灰色中薄层质纯灰岩	42.4 m
16. 灰色薄层灰岩与黄灰色中薄层白云质灰岩互层	20.1 m
15. 深灰色厚层状质纯灰岩，产 *Armenoceras robustum*，*A. centrale*，*A.* sp.，*Ormoceras* sp.	35.9 m
14. 浅灰色厚层微晶灰岩，产 *Ormoceras subcentrale*，*O. orientale*，Actinoceroidae	47.3 m

13. 深灰色中层大豹皮灰岩 24.6 m

12. 灰色薄层豹皮灰岩，产 *Lophospira* sp.，*Trocholites* sp. 14.1 m

11. 灰色厚层状豹皮灰岩 23.7 m

10. 灰色中薄层灰岩，产 *Pararmenoceras fuchouense*，*Ormoceras nagaoi*，*Sactoceras* sp.，*Armenoceras* sp. 20.8 m

9. 深灰色中厚层白云质灰岩，具水平微细层理 40.4 m

8. 黄灰色薄层白云质灰岩 32.1 m

7. 黄灰色薄层角砾状白云质灰岩夹少量灰色中层状含燧石结核灰岩 39.0 m

6. 黄灰色中薄层含少量燧石的白云质灰岩 32.1 m

5. 深灰色中厚层质纯灰岩夹少量黄灰色薄层白云质灰岩 15.5 m

4. 灰色中薄层含燧石结核白云质灰岩 19.9 m

3. 深灰色中薄层含燧石结核灰岩，产 *Donaldiella laxa*，*Stereoplasmoceras* sp. 43.2 m

2. 深灰色质纯灰岩，夹中厚层豹皮状白云质灰岩，产 *Donaldiella sakamotoi*，*D*. sp. 24.2 m

1. 黄灰色中厚层角砾状白云质灰岩 29.8 m

——————— 平行不整合 ———————

下伏地层：亮甲山组　厚层白云质灰岩

【地质特征及区域变化】　马家沟组由角砾状灰岩、粉屑灰岩、泥晶灰岩(质纯灰岩)、或白云质灰岩组成的两个大的旋回层组成。岩层底部为厚层状，中部为薄层、中薄层状，向上呈厚层和巨厚层状，直至风化壳层。白云岩有原始沉淀说和准同期交代说，马家沟组中的白云质灰岩和少量白云岩具成层特点，属于S型白云岩。层型的下部和中上部有很厚的由于生物搅动和暴露形成的豹皮状灰岩和顶部风化壳型碳酸盐岩等。马家沟组在吉南地区岩石组成和序列基本与次层型相同。在浑江湾沟一带，底部仍以厚层角砾状灰岩与亮甲山组分界，其上薄层—中厚层灰岩交替出现夹有少量豹斑状灰岩，上部为厚层、巨厚层状生物屑灰岩、花斑状灰岩夹厚层状含燧石结核灰岩和燧石结核白云质灰岩。顶部为风化壳，与本溪组砾岩分开。厚度为354 m。向东在松树镇青沟子剖面，吉林区测队（1971）将薄层白云质灰岩夹厚层灰岩作为马家沟组的底。从区域资料分析本组的下部可能未测全，没见角砾状灰岩。向上为含大量头足类的厚层生物屑灰岩、质纯灰岩、含燧石结核灰岩和白云质灰岩。顶部与本溪组不整合接触。在吉南地区松树镇青沟子一带厚度最大，大于564 m。向北在西南岔和高丽堡子一带，也有零星分布。在辉南样子哨一带由于沉积厚度较小，加上褶皱上隆和风化剥蚀，保留厚度仅65 m。主要岩性为中薄层含藻层纹状灰岩和中厚层豹皮状灰岩，产头足类。在长白一带因构造作用和中、新生代地层掩盖而出露不全。据六道沟乡乱泥塘剖面，出露最大厚度为150 m，顶底分别与钓鱼台组、炒米店组呈断层接触。与次层型比较，中部的头足类灰岩中夹一层薄层钙质页岩。在十三道沟，马家沟组整合上覆在亮甲山组之上，顶部有中生代火山岩不整合上覆。剖面下部为黑色及灰色厚层生物屑灰岩，方解石脉发育，有黄铁矿化；中部为厚层燧石结核灰岩；上部为中厚层白云质灰岩。厚度150 m。吉南地区南部郭家岭、治安村一带本组岩石组成和序列与次层型一致，厚度287～351 m。

如果马家沟组的侵蚀、剥蚀程度相同，则马家沟组的等厚度图(图6-3)反映了该期的沉降幅度。可以看出沉降中心位于浑江流域，呈近东西向椭圆形。浑江和妈妈山一带厚度大于500 m，在其内部大阳岔一带还存在一个小隆起，沉降幅度为354 m，由沉降中心向周围厚度逐渐变小，到北部样子哨、时家店一带为200～100 m，长白一线约150 m，至集安一带为300 m左

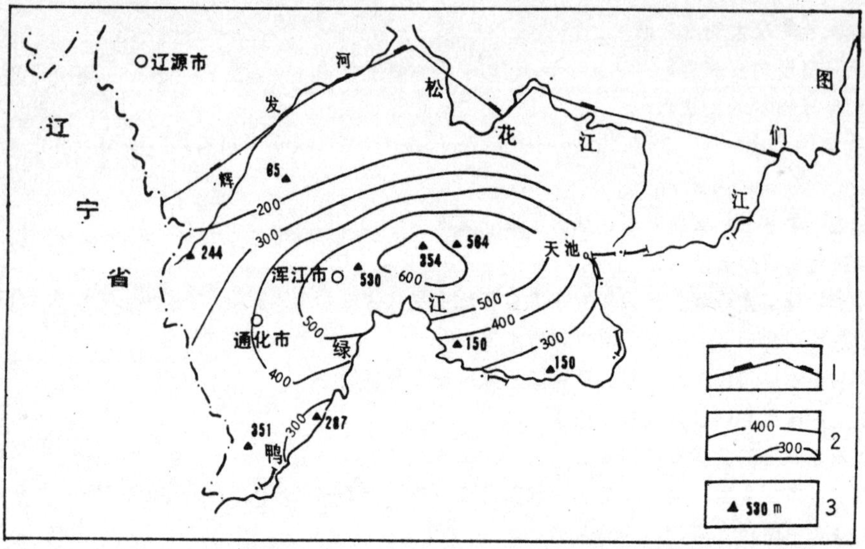

比例尺 1:400万

图 6-3 吉林省南部马家沟组等厚度图

1. 辽东(吉)地层分区北界;2. 等厚线及厚度(单位:m);3. 沉积厚度控制点

右。沉降特点基本上继承了亮甲山期的水盆地特点。

马家沟组生物化石丰富。主要以头足类、腹足类、牙形刺为主,其次有腕足类、三叶虫等。除次层型外生物地层研究较详细的剖面有:湾沟妈妈山剖面、松树镇青沟子剖面、样子哨冯大院、榆林乡治安村剖面等(详见生物地层)。此外在浑江市道清、金坑岭、锹皮沟、长白县马鞍山、集安县郭家岭等地觅得丰富的头足类、腹足类和少量腕足类化石。地质时代为早奥陶世。

头道沟(岩)组 ∈*t*. (05-22-0042)

【创名及原始定义】 由长春地院区测队于1960年① 创名,原称头道沟组,创名地点在永吉县头道沟一带。原义指绿色片岩和斜长角闪岩组成的一套地层,曾归属呼兰群,确定其时代为泥盆纪。

【沿革】 从表6-2中看出,以往调查者大都保留了头道沟组一名,唯独吉林区测队1971

表 6-2 头道沟(岩)组划分沿革表

<table>
<tr><th colspan="3">长春地院区测队
1960</th><th colspan="3">吉林地质大队
头道沟分队
1963</th><th colspan="2">吉林区测队
1971
1:20万吉林市幅</th><th colspan="3">吉林局二所七分
队头道沟
1980</th><th colspan="3">吉林区调所
一分队头道沟
1988</th><th colspan="2">吉林区调所
1988</th><th colspan="2">本 书
头道沟</th></tr>
<tr><td rowspan="3">呼兰群</td><td rowspan="3">头道沟组</td><td rowspan="2">绿色片岩段</td><td rowspan="3">呼兰群</td><td rowspan="3">头道沟组</td><td>板岩段</td><td rowspan="3">P_1</td><td rowspan="2">一拉溪组</td><td rowspan="3">呼兰群</td><td rowspan="3">头道沟组</td><td rowspan="2">砂板岩段</td><td rowspan="3">O—∈</td><td rowspan="3">头道沟组</td><td rowspan="2">变质砂板岩段</td><td rowspan="3">O—∈</td><td rowspan="3">石缝组</td><td rowspan="3">∈</td><td rowspan="3">头道沟(岩)组</td></tr>
<tr><td>斜长角闪岩段</td></tr>
<tr><td>斜长角闪岩段</td><td>粒岩组</td><td>范家屯组</td><td>斜长阳起石岩段</td><td>斜长阳起石岩段</td></tr>
</table>

① 长春地院吉林区测队,1960,吉林市幅、盘石县幅1:20万区域地质调查报告(年终总结报告)。

年将这部分地层分别归属到一拉溪组和范家屯组。在《吉林省区域地质志》(1988)中则与石缝组对比。本次对比研究认为以阳起石岩为主的这套地层十分特殊，因此保留了头道沟组，但改称头道沟(岩)组。

【现在定义】 指下部以斜长阳起石岩为主夹有数层变质火山岩和变质凝灰质砂岩；上部以变质砂岩、斜长阳起石岩为主夹千枚状板岩和大理岩组成的一套地层。其顶底均被花岗岩侵入。

【层型】 正层型为三家子Ⅹ、Ⅺ复合剖面(126°26′,43°30′)，吉林省地质矿产局第二地质矿产调查所(以下简称吉林局二所)1980年重测。

头道沟(岩)组	**总厚度>1 628.1 m**
32. 斜长阳起石岩。(未见顶)	13.0 m
31. 棕色堇青石千枚状板岩	13.6 m
30. 黑色大理岩	11.5 m
29. 灰黑色变质凝灰岩	36.6 m
28. 深灰色透闪石岩	26.1 m
27. 浅灰色、浅黄色变质砂岩	22.7 m
26. 灰白色斜长阳起石岩	11.3 m
25. 黑色变质砂岩	2.6 m
24. 斜长阳起石岩	2.8 m
23. 变质凝灰质砂岩	3.3 m
22. 变质砂岩	<38.0 m
21. 斜长阳起石岩，揉皱发育	<136.4 m
20. 棕色变质流纹质凝灰岩	40.4 m
19. 深灰色斜长阳起石岩	24.4 m
18. 变质凝灰岩	40.0 m
17. 斜长阳起石岩	100.0 m
16. 变质安山质凝灰岩	9.5 m
15. 斜长阳起石岩	203.7 m
下接三家子Ⅺ剖面14层	
14. 灰绿色斜长阳起石岩	198.6 m
13. 深灰色变质凝灰质砂岩	21.5 m
12. 黑色、黑灰色变质凝灰岩	43.6 m
11. 黑灰色变质安山岩	209.0 m
10. 深灰色斜长阳起石岩	48.3 m
9. 灰白色变质砂岩	55.0 m
8. 深灰色斜长阳起石岩	25.2 m
7. 灰白色变质砂岩	8.4 m
6. 深灰色斜长阳起石岩	7.9 m
5. 黑灰色变质安山岩	9.5 m
4. 灰黑色斜长阳起石岩	199.9 m
3. 黑灰色长英质角岩	13.3 m
2. 深灰色黑云母堇青石长英质角岩	43.0 m
1. 灰绿色透辉石长英质角岩	9.0 m

（花岗岩侵入）

【地质特征及区域变化】 头道沟（岩）组分布于永吉县头道沟、姜大背、撮落屯、三家子等地。划分为两个岩性段，即上部变质砂板岩段，以正常沉积碎屑岩为主，夹斜长阳起石岩、大理岩为特征；下段为斜长阳起石岩段，以斜长阳起石岩为主，夹变安山岩、变质砂岩等。总厚度 7 394 m。头道沟（岩）组呈向形褶皱，下段岩石分布于两翼，上段靠内，核部有中生代火山岩覆盖。阳起石岩之原岩为基性和中性火山岩，变质程度相当于绿片岩相。变质矿物主要为斜长石（钠长石）、阳起石、绿帘石、黑云母、绿泥石等，局部有透辉石、堇青石。时代暂置于寒武纪。

下二台（岩）群　OX.　（05－22－0036）

【创名及原始定义】 由辽宁省一区测队于 1971 年命名，创名地点为辽宁省昌图县下二台乡。指一套浅色细粒的片岩、粒岩（变粒岩之误）、大理岩为主的变质岩系，均遭受强烈混合岩化。自下而上划分为盘岭组、黄顶子组、烧锅屯组及王相屯组，总厚度大于 4 020 m。

【沿革】 下二台群自建立之后基本沿用至今。创名时层型区（下二台—三门一带）下二台（岩）群内部划分为四个组，吉林省地层表编写组（1975）根据建组单位含义，将最上部的王相屯组取消，只保留了盘岭组、黄顶子组和烧锅屯组。吉林区调所（1988）编吉林地质志时认为烧锅屯组与盘岭组属同一层位，划归黄莺屯组（表 6－3）。大黑山一带与层型区的对比则争议很大。本次对比研究下二台（岩）群的含义基本保持吉林省地层表编写组（1975）的含义。

表 6－3　下二台（岩）群划分沿革表

<table>
<tr><th colspan="2">辽宁一区测队
1971
下二台</th><th colspan="2">吉林省地层表编写组
1975
下二台</th><th colspan="2">吉林局三所
1983
大黑山</th><th colspan="2">朴春燮
1983
四平</th><th colspan="2">吉林区调所

1988</th><th colspan="2">长春地校
1990
三门</th><th colspan="2">吉林局三所
1991
孟家岭</th><th colspan="2">本书

四平</th></tr>
<tr><td rowspan="6">下二台群</td><td>王相屯组</td><td rowspan="6">下二台群</td><td rowspan="3">烧锅屯组</td><td rowspan="6">石缝组</td><td rowspan="3">上段</td><td rowspan="6">呼兰群</td><td rowspan="2">桃山组</td><td colspan="2" rowspan="4">黄顶子组</td><td rowspan="6">下二台群</td><td rowspan="4">石缝组</td><td colspan="2" rowspan="4">石缝组</td><td rowspan="6">下二台（岩）群</td><td rowspan="2">烧锅屯（岩）组</td></tr>
<tr><td rowspan="2">烧锅屯组</td></tr>
<tr><td rowspan="2">小三个顶组</td><td rowspan="2">黄顶子（岩）组</td></tr>
<tr><td rowspan="2">黄顶子组</td><td rowspan="2">黄顶子组</td><td rowspan="3">下段</td></tr>
<tr><td rowspan="2">黄莺屯组</td><td colspan="2" rowspan="2">黄莺屯组</td><td rowspan="2">盘岭组</td><td colspan="2" rowspan="2">西保安组</td><td rowspan="2">盘岭（岩）组</td></tr>
<tr><td>盘岭组</td><td>盘岭组</td></tr>
</table>

【现在定义】 指下二台—三门一带由角闪片岩、角闪变粒岩、黑云变粒岩、变质流纹岩、含砂屑大理岩、硅质结核大理岩、绢云片岩、变质粉砂岩、千枚岩等组成的变质岩系。顶底不清，按岩石组合特征进一步划分为盘岭（岩）组、黄顶子（岩）组和烧锅屯（岩）组。

盘岭（岩）组　Op.　（05－22－0037）

【创名及原始定义】 由辽宁一区测队（1971）创名，创名地点在吉林省叶赫乡与辽宁省下二台乡交界的盘岭。指灰白色石英片岩、浅粒岩夹黑云变粒岩、黑云斜长角闪变粒岩及大理岩扁豆体组成的变质地层。大理岩中产始海绵化石①。原岩属于砂质、泥质岩石。标志层主要为浅色石英片岩及变粒岩。该组未见底，与上覆黄顶子(岩)组整合接触。厚度大于 927 m。

【沿革】 盘岭(岩)组创名之后基本使用至今(表 6－3)。本次对比研究将原黄顶子组底部的绿泥角闪片岩层划归盘岭(岩)组。

【现在定义】 指黄顶子(岩)组大理岩之下的以角闪变粒岩、黑云角闪变粒岩、黑云斜长变粒岩、变质流纹岩夹黑云变粒岩组成的变质岩石。底部出露不全，顶部与黄顶子(岩)组整合接触。

【层型】 正层型在辽宁省。省内次层型为梨树县叶赫乡杨家屯—小山嘴剖面(124°21′，42°54′)，长春地质学校 1989 年测制。

上覆地层：黄顶子(岩)组 条带状大理岩

——————— 整 合 ———————

盘岭(岩)组	总厚度 793.82 m
28. 暗灰绿色角闪片岩	17.31 m
27. 浅黄色变质粉砂岩	20.17m
26. 浅灰色变流纹质凝灰熔岩	6.00 m
25. 浅灰色变流纹岩	24.55 m
24. 暗灰绿色帘石化角闪变粒岩	69.02 m
23. 灰绿—灰黄色黑云变粒岩	133.95 m
22. 浅黄白色变流纹岩	32.82 m
21. 灰白色黑云角闪变粒岩	52.50 m
20. 暗灰绿色角闪黑云变粒岩	45.45 m
19. 黄绿色含榴黑云角闪变粒岩	18.78 m
18. 暗灰色角闪黑云变粒岩	33.83 m
17. 灰色含榴黑云变粒岩	17.26 m
16. 褐黄色黑云变粒岩	19.03 m
15. 灰白色二云石英片岩	65.55 m
14. 浅灰绿色含榴黑云变粒岩	10.57 m
13. 灰白色二云石英片岩	50.09 m
12. 黄绿色黑云变粒岩	13.30 m
11. 浅黄色黑云石英片岩	23.46 m
10. 灰黑色黑云角闪变粒岩	50.65 m
9. 灰白色变流纹岩	2.86 m
8. 灰绿色黑云角闪变粒岩	4.76 m
7. 灰绿色黑云变粒岩	5.71 m
6. 灰黑色黑云角闪变粒岩	17.13 m
5. 暗绿色角闪变粒岩	5.62 m
4. 灰色黑云变粒岩	11.31 m
3. 灰绿色角闪黑云变粒岩	8.61 m
2. 灰绿色黑云角闪变粒岩	5.59 m

① 始海绵科属种不能定，该化石结晶强烈，结构不清楚（吉林地层表，1983）。

1. 浅灰绿色角闪变粒岩。(未见底)　27.94 m

【地质特征及区域变化】　盘岭(岩)组分布于半拉山门、南新立屯、双庙子、杨家屯、陆风局及盘岭背斜的核部正北沟、盘岭一带，并延入辽宁省境内。

从次层型而言，本组下部以黑云角闪变粒岩、角闪变粒岩为主，夹有黑云变粒岩、片理化流纹岩；上部则以黑云变粒岩和片理化流纹岩为主，夹有黑云角闪变粒岩及变质粉砂岩。厚度大于 845.16 m。盘岭背斜近东西走向，其南翼岩性组合与杨家屯基本相同，下部以角闪质岩石为主，上部则以片理化流纹岩占主导。背斜的南翼施家油房一带则未见下部岩层，主要以片理化流纹岩为主，夹有黑云变粒岩及浅粒岩。

经原岩恢复，属钙碱性火山岩。岩石类型有安山岩、英安岩和流纹岩。经微量元素和稀土分析，该火山岩属于壳幔型岛弧造山带的中酸性火山岩。时代暂置奥陶纪。

黄顶子(岩)组　*Oh*.　(05-22-0038)

【创名及原始定义】　辽宁省一区测队于 1971 年创名，创名地点在辽宁省昌图县下二台乡烧锅屯。原含义是盘岭组之上，底部为浅灰色绿帘石角岩、绿泥石化阳起石片岩、石英片岩夹斜长角闪片麻岩；上部由灰白色含燧石条带大理岩、灰黑色碳质板岩夹变质石英砂岩、石墨片岩、砂质大理岩组成。

【沿革】　详见下二台(岩)群及表 6-3。本次对比研究考虑到原黄顶子组的下部岩层与盘岭组岩性特点更为接近，则将下部层划归盘岭(岩)组，而黄顶子(岩)组只保留以碳酸盐岩为主的地层。

【现在定义】　盘岭(岩)组之上、烧锅屯(岩)组之下以厚层含细粒石英屑大理岩、粉砂质大理岩、条带状含硅质结核大理岩为主，夹数层变质粉砂岩、变石英砂岩、碳质板岩组成的一套地层。与下伏岩层呈整合接触；与上覆烧锅屯(岩)组整合或平行不整合接触。

【层型】　正层型在辽宁省。省内次层型为景家台乡石家岭—陡山头子剖面(125°06′，43°31′)，权东日等 1982 年结合 ZK 2 号钻孔修订。

上覆地层：**烧锅屯(岩)组**　含砾绢云母绿泥片岩

———————　平行不整合　———————

黄顶子(岩)组	总厚度 336.26 m
19. 灰黑色碳质板岩	6.45 m
18. 灰、灰黑色条带状大理岩夹薄层石英砂岩	10.85 m
17. 青灰色、黄白色含方解石绢云母石英砂岩	10.85 m
16. 灰、深灰色燧石条带大理岩	59.14 m
15. 片理化酸性凝灰熔岩夹薄层大理岩	31.14 m
14. 灰、深灰色燧石条带大理岩	58.74 m
13. 片理化流纹岩	8.37 m
12. 青灰色含燧石结核大理岩	15.82 m
11. 乳白色、黄白色厚层大理岩	2.10 m
10. 含燧石结核大理岩	2.00 m
9. 乳白色、黄白色大理岩互层	38.30 m
8. 燧石结核大理岩	3.50 m

7. 粉白色、黄白色厚层大理岩	10.50 m
6. 粉白、黄白色燧石结核大理岩	4.50 m
5. 粉白、黄白色大理岩互层	9.00 m
4. 乳白色大理岩	12.50 m
3. 灰白色条带状大理岩夹碳质大理岩及硬绿泥石千枚岩	25.50 m
2. 粉白、灰白色厚层大理岩夹白色条带状大理岩	15.50 m
1. 灰、灰黑色大理岩。(未见底)	11.50 m

【地质特征及区域变化】 黄顶子(岩)组在层型区分布于盘岭、泉眼沟、老古洞屯、腰岭等地，在花岗岩中均呈孤岛状捕掳体产出。在大黑山一带分布面积稍大，见于石家岭、景家台、马峰岭等地，与上覆烧锅屯组相伴出现。本组以大理岩为主，夹数层变质粉砂岩、石英岩或千枚岩、片岩。其特点是以薄层碎屑岩、厚层灰岩为基本层序的旋回层。黄顶子一带本组中还夹有石墨片岩，厚度大于439 m。叶赫田家油房一带残留厚度较小，以大理岩夹数层薄层粉砂岩组成。山门湾龙屯一带未见碎屑岩夹层，以条带状燧石结核大理岩和含砂大理岩为主。总之，层型区碳酸盐岩中含较多的陆源碎屑。在大黑山一带陆源碎屑较少，灰岩较纯，上部出现1～2层变流纹岩，残留厚度336.4 m。王相屯一带(王相屯组，辽宁区测队，1971)大理岩残留厚度不足100 m。本组与下伏盘岭(岩)组整合接触，其时代暂置奥陶纪。

烧锅屯(岩)组 Oŝ. (05-22-0039)

【创名及原始定义】 由辽宁省一区测队1971年命名，创名地点在辽宁省昌图县下二台乡。原始定义是：由透闪石英片岩、二云片岩、白云片岩及含黑云浅粒岩为主夹角闪变粒岩、斜长角闪岩组成，以含角闪石、透闪石变质矿物为特征的片岩类变质岩系。厚度大于1 437 m。

【沿革】 烧锅屯(岩)组的由来与下二台(岩)群相同，本组创名后使用至今(表6-3)。

【现在定义】 黄顶子(岩)组碳质板岩之上，由黑云变粒岩、角闪变粒岩、石英片岩、二云母石英片岩、云母片岩组成的一套地层。与下伏黄顶子(岩)组平行不整合接触，顶部被花岗岩侵入。

【层型】 通过近年1:5万区调和专题研究，查明正层型大部为花岗岩类，正常沉积地层较少，因此是否保留正层型值得商榷。有人建议以正层型剖面西1 km上皮家屯—唐房沟剖面为新层型，有待进一步研究。省内次层型为梨树县杨家屯—小山嘴剖面(124°21′,42°54′)，长春地质学校1989年测制。

烧锅屯(岩)组	总厚度166.60 m
(花岗岩侵入)	
12. 矽线石石榴石变粒岩	24.51 m
11. 含榴十字石、蓝晶石、黑云石英片岩	29.54 m
10. 黑云石英片岩	23.12 m
9. 含榴蓝晶石黑云石英片岩	4.41 m
8. 石榴石角闪石英片岩	1.47 m
7. 含榴蓝晶石黑云石英片岩	2.20 m
6. 十字石二云石英片岩	3.53 m
5. 浅黄色蓝晶石、十字石二云石英片岩	6.39 m

4. 蓝晶石二云石英片岩	20.55 m
3. 暗灰色含电气石蓝晶石石英片岩	16.99 m
2. 银灰色碳质堇青石二云石英片岩	12.61 m
1. 浅灰色含榴红柱石黑云母石英片岩。(未见底)	21.28 m

【地质特征及区域变化】 本组分布于盘岭背斜两翼胡家屯、孙家屯、正北沟一带，另外零星出露于盘岭至湾龙屯一带及大黑山地区的大黑山、平顺屯、三红顶子等地。该组在层型区主要以各种片岩类为主，其中有二云石英片岩、黑云石英片岩、角闪石英片岩等，伴有蓝晶石、矽线石、十字石、石榴子石等中—低压相系的高角闪岩相到低角闪岩相的变质矿物和电气石、红柱石等热变质矿物。经原岩恢复，大部是含铝的泥砂质岩石。由于岩体侵入而出露不全。其中次层型厚度大于134 m。邻省上皮家屯出露较全，厚811.4 m。地质时代暂置奥陶纪。

放牛沟火山岩 *Of* (05-22-0040)

【创名及原始定义】 系本课题组1992年命名的非正式岩石地层单位，创名地点在伊通县莫里青乡新立—孟家沟一带。以火山岩为主的一套地层。

【沿革】 河田学夫(1932)、李祥贞(1960)将其划入前寒武系结晶片岩；长春地院区测队(1960)又将其归入呼兰群；吉林区调队(1978)及彭玉鲸、李东津等(1985)明确其为桃山组下段。本次对比研究创名为放牛沟火山岩。

【现在定义】 放牛沟火山岩是桃山组之下，以中酸性火山岩为主的一套地层。下部以灰绿色英安质角砾凝灰熔岩、英安质凝灰熔岩为主夹英安质晶屑岩屑凝灰岩和凝灰质砂岩；上部以英安质凝灰岩、凝灰质砂岩为主夹英安质凝灰熔岩，顶部有条带状结晶灰岩夹层。在灰岩中或接触带常见硫铁矿。底部为花岗岩侵入，与上覆桃山组断层接触。

【层型】 正层型为新立屯—孟家沟剖面(125°03′,43°27′)，李东津等1992年实测手稿。

放牛沟火山岩	总厚度＞1 212.9 m
30. 白色片理化酸性凝灰岩。(未见顶)	＞33.5 m
29. 灰绿色片理化凝灰质粉砂岩	3.7 m
28. 白色片理化酸性凝灰岩	3.5 m
27. 灰色片理化含钙凝灰质砂岩	32.6 m
26. 灰白色片理化酸性凝灰岩	8.7 m
25. 灰绿色片理化凝灰质砂岩	49.7 m
24. 灰色薄层条带状结晶灰岩、大理岩夹4 m钙质砂岩	13.8 m
23. 灰色片理化凝灰质砂岩，硫铁矿赋存于与灰岩接触带的砂岩一侧	37.8 m
22. 灰绿色片理化英安质凝灰熔岩	36.8 m
21. 灰绿色片理化英安质晶屑凝灰岩	45.1 m
20. 灰绿色片理化含砾凝灰质砂岩，砾石浑圆、拉长，占30%～40%	5.6 m
19. 灰绿色片理化厚层状凝灰质杂砂岩有183 m第四系掩盖	＞183.0 m
18. 灰绿色片理化晶屑凝灰质熔岩	120.6 m
17. 灰绿色片理化凝灰质砂岩	31.6 m
16. 黄绿色片理化凝灰岩	10.5 m
15. 灰绿色片理化晶屑岩屑凝灰岩，有闪长岩脉侵入	28.3 m

14. 黄绿色片理化凝灰质砂岩，有安山玢岩侵入 44.7 m

13. 灰黄色片理化条痕状中酸性凝灰岩，有细晶闪长岩侵入 96.2 m

12. 灰绿色片理化英安质凝灰熔岩 42.9 m

11. 灰色流纹质凝灰岩，有辉绿岩侵入 >66.3 m

10. 灰白色酸性凝灰熔岩 46.4 m

9. 灰色英安质角砾凝灰熔岩 73.6 m

8. 灰绿色英安质含角砾砂质凝灰熔岩 >78.5 m

7. 灰白色英安质凝灰岩 18.3 m

6. 灰色英安质角砾凝灰岩 12.0 m

5. 灰色英安质凝灰熔岩 21.7 m

4. 灰色英安质熔凝灰岩 31.4 m

3. 灰白色英安质含砾凝灰熔岩 5.7 m

2. 灰色英安质凝灰熔岩 15.6 m

1. 灰白色英安质含角砾凝灰熔岩 14.8 m

（花岗岩侵入）

【地质特征及区域变化】 放牛沟火山岩分布于纸房沟、新立、老虎沟、放牛沟、马家沟一带，呈北西向与桃山组相伴出现。与上覆桃山组为断层接触，但两者变质程度(低绿片岩)、构造线方向基本一致，与相邻的大黑山一带的下二台(岩)群迥然有异。桃山组、放牛沟火山岩为倒转层序是通过新立—桃山剖面中笔石化石带的序列得到证实的。在放牛沟火山岩中已发现放牛沟和新立两处小型硫铁矿床，并在火山岩中常见黄铁矿化。区域变化尚不十分清楚。时代暂置奥陶纪。

呼兰(岩)群 *OSH*. (05-22-0063)

【创名及原始定义】 东北有色局调查队于1951年① 创名，创名地点在磐石县呼兰镇附近。创名时指分布于呼兰镇地区的一套变质岩系，时代置于太古代。

【沿革】 呼兰群创名后郭鸿俊等（1962）进一步划分为黄莺屯组、小三个顶子组和北岔屯组。详见表6-4。本书称呼兰(岩)群。

【现在定义】 指分布于呼兰镇红旗岭一带，由含电气石二云母斜长片麻岩、各类变粒岩、片岩及硅质条带或结核大理岩组成的一套变质岩地层。可划分为下部的黄莺屯(岩)组和上部小三个顶子组。顶、底由于花岗岩侵入出露不全。

黄莺屯(岩)组 *Ohy*. (05-22-0026)

【创名及原始定义】 由郭鸿俊等于1962年创名。创名地点在磐石县红旗乡黄莺屯。创名时划分三个岩性段，即上部片麻岩及大理岩段，厚1 200 m；中部含电气石二云母片岩段，厚834 m；下部斜长角闪片岩段，厚770 m。底部有花岗岩侵入，顶部与小三个顶子组下部的片麻岩段呈整合接触。

【沿革】 黄莺屯（岩）组创名后一直沿用至今(表6-4)。本次对比研究鉴于原小三个顶子组的下片麻岩段和含榴白云母片岩段岩性特征与黄莺屯(岩)组区别不大，两组之间无明显

① 长春地院区测队，1960，吉林市幅、长春市、盘石县幅1：20万区域地质调查报告（年终总结报告）。

的界线标志，因此将原小三个顶子组的下片麻岩段和含榴白云母片麻岩段划归黄莺屯(岩)组，而小三个顶子组只保留碳酸盐岩为主的地层。

表 6-4 呼兰(岩)群划分沿革表

河田学夫	东北有色局调查队	郭鸿俊等	高振西	冶金106队	吉林区测队	吉林省地层表编写组	吉林区调所	吉林局二所	本书
1932	1951	1962	1962	1964	1970	1973	1988	1985	
呼兰	呼兰	呼兰	呼兰	呼兰	呼兰	呼兰	呼兰	呼兰	呼兰
An∈ (Pt) 结晶片岩系	Ar 呼兰群	D 呼兰群：北岔屯组 小三个顶子组 黄莺屯组	D—S 呼兰群 (Ar) An∈ 黑石镇群	D—S 北岔屯灰岩 Pt_1 呼兰群：官马组 红旗岭组	D—S 呼兰群：小三个顶子组 黄莺屯组	D 呼兰群：北岔屯组 小三个顶子组 黄莺屯组	O_3 石缝组 O—∈ 黄莺屯组 西保安组	S 北岔屯组 O—∈ 小三个顶子组 黄莺屯组	S 呼兰(岩)群：小三个顶子组 O 黄莺屯(岩)组

【现在定义】 指呼兰(岩)群下部由含电气石石榴二云斜长片麻岩、黑云斜长变粒岩、角闪斜长变粒岩、蓝晶石片岩等为主夹多层硅质条带大理岩组成的一套变质地层。底部有花岗岩侵入，出露不全；顶部与大理岩或含石墨大理岩的小三个顶子组呈整合接触。

【层型】 正层型为复合层型，由黄瓜营剖面和三合屯剖面组成(126°28′,42°52′)，吉林局二所 1985 年重测。

三合屯剖面

上覆地层：小三个顶子组 大理岩

——————— 整 合 ———————

黄莺屯（岩）组	总厚度 4 251.7 m
37. 透辉、黑云二长变粒岩	52.5 m
36. 灰白色硅质条带大理岩	12.5 m
35. 灰白色石英岩	4.1 m
34. 透辉二长变粒岩	8.9 m
33. 白色钾长浅粒岩	22.4 m
32. 灰绿色角闪斜长变粒岩	27.3 m
31. 二云斜长变粒岩	17.0 m
30. 混合岩化黑云二长变粒岩	343.4 m
29. 灰绿色条带状斜长角闪岩	10.9 m
28. 黑云斜长变粒岩	173.8 m
27. 灰白色硅质条带大理岩。(本层与黄瓜营剖面 27 层相当)	173.8 m

黄瓜营剖面

26. 黑云母斜长变粒岩	81.3 m
25. 灰白色硅质条带大理岩	313.7 m
24. 石榴透辉斜长变粒岩与含十字石、石榴石白云母片岩互层	99.8 m
23. 灰白色硅质条带大理岩	21.7 m
22. 含石墨石榴透闪石斜长变粒岩与黑云斜长变粒岩互层	134.6 m
21. 黑云斜长变粒岩与蓝晶石榴十字石白云母片岩互层	234.7 m
20. 灰白色硅质条带大理岩	1103.1 m
19. 含石墨黑云斜长变粒岩	107.3 m
18. 灰白色黑云透闪斜长变粒岩	52.6 m
17. 灰白色硅质条带大理岩	38.9 m
16. 绿黄色黑云角闪斜长变粒岩	47.7 m
15. 灰绿色硅质条带大理岩	73.1 m
14. 角闪黑云斜长变粒岩夹硅质条带大理岩	64.6 m
13. 灰白色硅质条带大理岩	69.1 m
12. 块状黑云斜长变粒岩	132.0 m
11. 灰白色含透辉石石墨硅质条带大理岩	210.6 m
10. 黑云角闪斜长变粒岩	41.3 m
9. 灰白色含符山石硅质条带大理岩	67.4 m
8. 灰绿色含石榴石墨黑云斜长变粒岩	13.5 m
7. 斜长角闪岩	7.5 m
6. 透闪黑云斜长变粒岩，含石墨矽线石榴斜长变粒岩	18.4 m
5. 灰白色硅质条带大理岩	18.4 m
4. 黑云斜长变粒岩夹透闪斜长变粒岩	17.9 m
3. 灰白色含透辉石硅质条带大理岩	6.6 m
2. 浅黄色钾长变粒岩夹深灰色黑云钾长变粒岩	84.3 m
══════ 断　层 ══════	
1. 含电气石榴石二云斜长片麻岩。(未见底)	＞345.0 m

【地质特征及区域变化】　黄莺屯(岩)组主要分布于黑石镇、呼兰镇、红旗岭、都力河一带，此外在二道甸子、漂河川等地也有分布。在正层型剖面中，上部以变粒岩为主，偶夹硅质条带大理岩；中部以变粒岩、含石墨变粒岩与硅质条带大理岩、含石墨硅质条带大理岩互层；下部有含电气石石榴二云片麻岩。厚度大于 4 371 m。就区域变化而言，下部岩层岩性单一，分布较为稳定，在红旗岭仅见两层硅质条带大理岩，多数为变粒岩和片麻岩。在二道甸子、漂河川一带下部为黑云斜长片麻岩，上部为角闪石英片岩、绢云片岩、绿泥片岩等，厚度大于 1 563 m。剖面中的第 20 层硅质条带大理岩可能属于小三个顶子组。因未能查明其与上、下层之构造关系，故仍暂列于剖面中。

经原岩恢复，中、下部为陆源碎屑和内源碎屑沉积，上部较复杂，除陆源碎屑沉积外还有中基性—中酸性火山岩夹层。变质岩石为斜长角闪岩、黑云斜长变粒岩、角闪斜长变粒岩和浅粒岩等。岩组变质程度由高角闪岩相到低绿片岩相。剖面上自下而上，区域上自东南到西北依次出现如下变质带：*矽线石带*　变质矿物组合为矽线石、铁铝榴石、斜长石、石英、黑云母组合；*蓝晶石带*　为蓝晶石、铁铝石榴石、白云母、黑云母、石英组合；*十字石带*　为十字石、铁铝榴石、白云母、黑云母、石英组合；*铁铝榴石带*　为铁铝榴石、白云母、石英、斜长石组合；绿泥石绢云母带　为绿泥石、绢云母、石英组合。反映变质程度有序递减的规律。时代为奥陶纪。

小三个顶子组　OSx　(05-22-0027)

【创名及原始定义】　郭鸿俊等1962年创名，创名地点是磐石县红旗岭小三个顶子。指北岔屯组与黄莺屯组之间由五个岩性段组成的一套岩层。包括上大理岩段(1 000 m)、上片麻岩及片岩段(600 m)、下大理岩段(250 m)、石榴石白云母片岩段(500 m)和下片麻岩段(800 m)。

【沿革】　小三个顶子组建组的当年高振西曾提出，小三个顶子组的大理岩和北岔屯含床板珊瑚大理岩应属同一层位，吉林区测队在吉林市幅、磐石县幅1∶20万区测报告中也符合了这一观点。详见表6-4。

【现在定义】　指呼兰(岩)群上部的地层。黄莺屯(岩)组之上以含燧石条带(或结核)大理岩、厚层含石墨大理岩、白云质大理岩为主夹少量板岩、变粒岩、石英岩构成的一套巨厚的变质碳酸盐岩组合。偶见保存不佳的床板珊瑚。与下伏黄莺屯(岩)组整合接触，顶部被花岗岩侵入或被中生代地层不整合覆盖。

【层型】　正层型为磐石县红旗岭乡小三个顶子剖面(126°28′,42°56′)，吉林局二所1985年重测。

小三个顶子组	总厚度914.0 m
15. 灰白色硅质结核透辉大理岩。(未见顶)	89.8 m
14. 含石墨条带云母变粒岩	18.3 m
13. 灰白色含石墨硅质条带大理岩	66.2 m
12. 灰白色大理岩	44.2 m
11. 灰白色石墨透辉大理岩	25.4 m
10. 灰色透辉斜长变粒岩	14.7 m
9. 灰色中粗粒大理岩	11.1 m
8. 石墨二云石英片岩	4.7 m
7. 深灰色中粒大理岩	48.7 m
6. 灰色含石墨大理岩	78.8 m
5. 灰色硅质条带大理岩	171.6 m
4. 白色含石墨大理岩	15.7 m
3. 深灰色硅质条带大理岩	101.9 m
2. 白色中粗粒大理岩	173.6 m
1. 灰白色含硅质条带大理岩	49.3 m

———————— 整　合 ————————

下伏地层：**黄莺屯（岩）组**　透辉黑云二长变粒岩

【地质特征及区域变化】　小三个顶子组主要分布在红旗岭镇以北小三个顶子、胜利屯、郭家店、样子沟，另在桦甸县奋进厂等地也有零星出露。主要岩性为硅质条带大理岩、含石墨大理岩、厚层状大理岩，夹薄层变粒岩、石英岩及片岩。在呼兰镇以南由于花岗岩的侵入而呈零星出露，以北则较连续分布。该组横向变化较小，在样子沟以南有石英岩和变粒岩夹层，以北出现薄层板岩，大理岩中石墨含量自南向北逐渐减少，至样子沟以北仅见碳质板岩类。本组最大保留厚度694 m。在桦甸奋进厂一带（奋进厂组）以中厚层条带状灰岩、大理岩为主，厚度大于450 m。本组与下伏黄莺屯（岩）组在小三个顶子、三合屯均呈整合接触。时代为奥陶纪至志留纪。

青龙村(岩)群 *OQ*. (05-22-0022)

【创名及原始定义】 原称青龙组，由王丹群等于1960年① 创名。创名地点在和龙县龙门乡青龙村。其含义指青龙村一带的黑云母片麻岩、角闪斜长片麻岩、黑云角闪斜长片麻岩、混合岩、含墨大理岩、石英片岩等一套变质岩系，其时代置于太古代。

【沿革】 1975年吉林省地层表编写组考虑到“青龙组”与长江中下游地区的“青龙灰岩”重名，故改称青龙村群。前人对该群曾作过较多的工作，其中有金顿镐等(1964)进行的专题研究，权宁吉等(1988)在古洞河幅、卧龙幅进行的1∶5万地质调查等，对青龙村(岩)群的层序、岩石学及岩石化学方面都进行了较深入地探讨。由于这套岩石成层无序，故本书称其为青龙村(岩)群(表6-5)。

【现在定义】 指分布于延边地区长仁、青龙村、伊泉、十里坪等地的黑云斜长片麻岩、角闪斜长片麻岩、含石墨硅质条带大理岩等。该（岩）群内部无序、整体有序，可进一步划分为新东村（岩）组和长仁大理岩。

表6-5 青龙村（岩）群划分沿革表

<table>
<tr><td>木原三状</td><td>王丹群等</td><td colspan="2">延边地质大队</td><td colspan="2">金顿镐等</td><td>金顿镐等</td><td>吉林地层表编写组</td><td>刘兴汉</td><td colspan="2">权宁吉等</td><td>吉林区调所</td><td colspan="2">本书</td></tr>
<tr><td>1933</td><td>1960</td><td colspan="2">1962</td><td colspan="2">1964</td><td>1973</td><td>1975</td><td>1984</td><td colspan="2">1988</td><td>1988</td><td colspan="2"></td></tr>
<tr><td>长仁—青龙村</td><td>青龙村地区</td><td colspan="2">和龙305矿区</td><td colspan="2">天宝山—长仁</td><td>明月镇幅</td><td>长仁地区</td><td>长仁地区</td><td colspan="2">卧龙、古洞河幅</td><td>长仁—青龙村</td><td colspan="2">长仁—青龙村</td></tr>
<tr><td rowspan="2">前震旦系</td><td rowspan="2">太古界青龙组</td><td rowspan="2">太古界鞍山群青龙组</td><td>青龙大理岩段</td><td rowspan="2">上石炭统山秀岭组</td><td>上段</td><td rowspan="2">二叠系庙岭组</td><td rowspan="2">泥盆系青龙村群</td><td rowspan="2">泥盆系青龙村群</td><td rowspan="2">下古生界青龙村群</td><td>中段</td><td rowspan="2">寒武系——奥陶系黄莺屯组</td><td rowspan="2">青龙村(岩)群</td><td>长仁大理岩</td></tr>
<tr><td>獐项黑云斜长片麻岩段</td><td>下段</td><td>下段</td><td>新东村(岩)组</td></tr>
</table>

新东村(岩)组 *Oxd*. (05-22-0023)

【创名及原始定义】 本课题组1993年命名，创名地点在和龙县头道乡长仁村。该（岩）组相当于青龙村（岩）群的下部层位。

【沿革】 从表6-5说明自建群之后，不同研究者将这部分地层基本上置于青龙村(岩)群的下段。吉林区调所(1988)曾以黄莺屯组代替青龙村(岩)群。

【现在定义】 指分布于和龙长仁地区含石墨硅质条带大理岩(长仁大理岩)之下的含石墨黑云角闪斜长片麻岩、混合岩化含石墨黑云斜长片麻岩、黑云斜长片麻岩等一套片麻岩系。底部出露不全，接触关系不明；顶部与长仁大理岩整合接触。

① 王丹群等，1960，安图县幅1∶20万区域地质调查报告（未刊）。

【层型】 正层型位于和龙县头道乡长仁村北西 500 m 处(128°58′,42°49′),寇秀峰等1982 年测制。

上覆地层:**长仁大理岩** (接触带有混染闪长岩侵入)

——————— 整 合 ———————

新东村(岩)组	总厚度>284.97 m
7. 含石墨黑云角闪斜长片麻岩	76.18 m
6. 混合岩化含石墨黑云斜长片麻岩	37.12 m
5. 黑云斜长片麻岩	21.98 m
4. 混合岩化黑云斜长片麻岩	28.31 m
3. 混合岩化黑云角闪斜长片麻岩	11.76 m
2. 混合岩化含石墨黑云斜长片麻岩	72.12 m
1. 黑云斜长片麻岩。(未见底)	37.50 m

【地质特征及区域变化】 新东村(岩)组主要分布于安图县新合、大荒沟与和龙县十里坪、长仁、新东村、青龙村以及龙井勇新等地。岩性特点与正层型大体相同,长仁地区以黑云斜长片麻岩为主;风照一带除片麻岩外尚有石英片岩;在梨树沟剖面岩性变化略大,有黑云角闪变粒岩、黑云角闪长石变粒岩等。厚度大于 285 m。本组与上覆长仁大理岩整合接触。

新东村(岩)组经历了复杂的变质作用,变质程度达高绿片岩相—高角闪岩相。主要岩石类型为黑云角闪斜长片麻岩、黑云斜长片麻岩,经原岩恢复属于钙—碱性系列的火山岩,AFM 图上投影点指示为板块活动边缘造山带的产物。时代为奥陶纪。

长仁大理岩 O$\hat{c}$ (05-22-0024)

【创名及原始定义】 本课题组(1993)创名,创名地点在和龙县头道乡长仁村。大体相当于青龙村(岩)群上部岩性段。

【沿革】 详见表 6-5。

【现在定义】 指和龙长仁地区新东村(岩)组之上的含墨硅质条带大理岩,含燧石结核大理岩、条带状硅质结晶灰岩组成的岩层。其中常见有闪长岩、斜长花岗岩等岩枝侵入。底部与新东村(岩)组整合接触,顶部出露不全。

【层型】 正层型为和龙县头道乡长仁村北西 500 m 处剖面(128°58′,42°49′),吉林省地矿局第六地质矿产调查所(以下简称吉林局六所)1985 年测制。

(花岗岩侵入)

长仁大理岩	总厚度 287.5 m
1. 含石墨硅质条带大理岩,底部有混染闪长岩侵入	287.5 m

——————— 整 合 ———————

下伏地层:**新东村(岩)组** 斜长片麻岩

【地质特征及区域变化】 长仁大理岩主要分布于长仁、青龙村、獐项一线及龙井伊泉等地,与新东村(岩)组相伴出现。该(岩)组在长仁地区变质程度较高,岩石类型为含墨或含硅质条带大理岩,向西北直至青龙村一带,岩性和岩石组合类同,厚度大于 312 m。伊泉地区碳酸盐岩变质程度较低，主要岩性为泥质结晶灰岩、含透闪石结晶灰岩、含墨结晶灰岩等。伊泉附近还有硅灰石矿呈脉状产于大理岩内。这一带的大理岩累积厚度达 980 m。

第二节　生物地层

划属华北地层大区晋冀鲁豫地层区辽东(吉)地层分区的吉林省南部，上述寒武纪—奥陶纪岩石地层中生物化石十分丰富。在吉林区调队(1976,1979)对青沟子、大阳岔、孤山子等剖面研究的基础上，特别是后来不断地开展对浑江大阳岔全球寒武纪—奥陶纪国际候选界线层型的深入研究，极大地丰富了生物地层资料(彭玉鲸、石新增,1984;陈均远等,1985;周志毅,1985;陈均远、林尧坤、钱义元等,1986;段吉业、安淑兰、赵达,1986;汪啸风、Bernd-D Erdtmann,1986;赵祥麟、林尧坤,1988;林尧坤、朱兆玲,1989)，并使某些生物门类的研究为全世界地质学家所公认。与此相反，分属内蒙草原地层区锡林浩特-磐石地层分区的陆缘带上，寒武纪-奥陶纪岩石地层生物化石十分匮乏。现就其主要门类的生物化石及生物地层特征综合论述如下。

1. 小壳类

小壳化石主要见于浑江流域的水洞组含磷岩系中，由吉林局通化队发现，并由吉林地研所磷矿组、吉林局通化队(1977)作了首次报道，计有属种：*Linevites*? *daphnis*，*Yankongotheca disurcata*，*Quadratheca jilinensis*，*Allatheca degeeni*，*Orthotheca koloi*，认为其时代属早寒武世中晚期。嗣后，1983 年彭玉鲸、刘尔义等重新研究水洞剖面时又采到下列小壳化石：*Botsfordis cealata*，*Zhijinites* sp.，? *Aimitus* sp.，*Paragloborilus* sp.，*Turcutheca* sp.，*Linevites* cf. *angaicus*，*Circotheca maxima*，*Hyolithellus* sp.，*Eiffelia* sp. 等，产于水洞组建组剖面由下而上的第 2 磷矿层(即剖面的第 5 层)，并考虑其下所获得的 *Phycodes pedum-Bergaueria* 遗迹化石组合（彭玉鲸、刘尔义等，1983；彭玉鲸，1994)，认为水洞组时代相当梅树村阶。岳昭、高林志等(1990)又公布了采自水洞剖面第 6 层的小壳类化石有软舌螺类：*Holmitheca hunjiangensis*，*Adyshevitheca adyshevi*，*Tcharaotheca amgaica*，*Exilitheca multa*，? *Burithes* sp.，*Torellella* sp.；高肌虫类 *Kunmingella* sp.；开腔骨类 *Chancelloria* sp.，认为水洞组的动物群在时代上应与徐淮地区猴家山组、豫西的辛集组相当，为沧浪铺阶晚期。

上述，关于水洞小壳动物群时代的不同认识有待进一步研究，我们基本赞同岳昭、高林志等意见。不过彭玉鲸、刘尔义等认为梅树村阶的意见也应认真考虑。如果 *Hyolithellus*，*Circotheca* 等梅树村阶的代表性分子确实存在的话，水洞组的时代大体相当于筇竹寺阶晚期到沧浪铺阶早期。

2. 三叶虫

吉林省南部辽东(吉)地层分区寒武纪—奥陶纪岩石地层中，特别是中寒武世—早奥陶世三叶虫化石十分丰富。可在前人建立的生物带基础上，对比青沟子、大阳岔、平顶子、复兴村三道沟等剖面的三叶虫化石的垂向分布，可以初步划出 21 个组合带和 1 个间隔带。

①*Redlichia jianchangensis*-*R. tianshifuensis* 组合带（简称 *RR* 组合带）

该带相当于全国地层委员会 1962 年所建立的 *Palaeolenus* 带。见于集安市复兴村三道沟剖面昌平组的 7—13 层，因其组成 *Redlichia jianchangensis*，*R. tianshifuensis* 均系河北府君山组及辽宁碱厂组 *Palaeolenus* 带(卢衍豪等,1953;王钰等,1954)重要成员；*R. nobilis*，*R. murakamii* 亦是该带的常见分子。但因在其中未能觅见 *Palaeolenus*，*Megapalaeolenus* 或 *R.*

fengyanensis 等标准分子，而又不同于 *R. chinensis* 的组成。故暂以 *R. jianchangensis-R. tianshifuensis* 组合带称之。其地质时代属沧浪铺期似无大谬。

②*Redlichia chinensis* 组合带(?)〔简称 *R* 组合带(?)〕

吉南地区已经确立 *Redlichia chinensis* 带（吉林区测队三分队，1976、1978）仅在集安市汞洞子剖面和高地村剖面馒头组东热段的中下部，属种单一，由 *Redlichia* sp.，*R. chinensis* 组成。时代为早寒武世龙王庙期。但在样子哨、浑江地区东热段中至今未见其存在，原青沟子剖面第 74、75 层，即《吉林省区域地质志》(1988)第 9、10 层划为馒头组，记载了 *Redlichia* sp.，实际上它应属于昌平组。为 *R. chinensis* 的延限带，它在样子哨亦见于昌平组，如在孤山子乡平顶子、时家店乡长兴堡及东安屯等地剖面中，昌平组沥青质灰岩内均发现 *Redlichia chinensis*，*R.* sp.；从另一角度分析，这是否是反映了本区昌平组的穿时特征，仍有待进一步查明。

③*Shantungaspis* 组合带（简称 *S* 组合带）

S 组合带由全国地层委员会 1962 年建立。次层型剖面为青沟子剖面 8—10 层，厚近 19 m，主要岩性为猪肝色含杂基的细碎屑岩夹灰岩。应当说明的是 Endo(1943)在辽东太子河流域建立的代表石桥统化石带的 *Ptychoparia orientalis* 带，后经张文堂(1975)以 Walcott(1905)建立的 *Ptychoparia aclis* 为模式种，建立了 *Shantungaspis* 属，同时将 *Ptychoparia orientalis* 修订为 *Shantungaspis orientalis*，因此青沟子剖面分布的 *Ptychoparia* sp. 应属 *Shantungaspis* 组合带的分子。*S* 组合带的底界和顶界分别以 Probowmaniidae 及 *Shantungaspis* 消失点为界。青沟子剖面的 3—7 层，以 Alokistocaridae 的始现为底界，以 Probowmaniidae 的消失为顶界，可能存在着 *Shantungaspis* 的组合带(?)。相同的情况还见于长白十五道沟及时家店平顶山一带。

④*Hsuchuangia* 组合带（简称 *H* 组合带）

原称 *Kochaspis hsuchuangensis* 带，是卢衍豪、董南庭(1953)在山东建立，作为徐庄组最下部化石带。该三叶虫也是卢衍豪同时建立。1983 年卢衍豪和朱兆玲以该种为模式种建立 *Hsuchuangia* 属，因而本带称 *Hsuchuangia* 组合带。次层型为浑江青沟子剖面 11—12 层，顶界为 *Metagraurος* 始见点。共生分子有：*Kochaspis hsuchuangensis*，*K.* cf. *hsuchuagensis*，*Eosoptychoparia* sp.，*Elrathia* sp.，*Alokistocare* sp. 等。在华北地台 *Kochaspis* 组合带之上划分了 *Sunaspis* 带，但青沟子剖面没见此分子，在 *Kochaspis* 之上就是 *Metagrauros*，而在样子哨一带有 *Sunaspis*（产地不清），但未发现 *Kochaspis*。因此在吉南地区只宜建立 *Hsuchuangia* 组合带，如果 *Sunaspis* 存在的话，也应并入 *Hsuchuangia* 组合带为宜。

⑤*Poriagraulos* 组合带（简称 *P* 组合带）

原为 *Metagraulos abrota* 带，是王钰等 1950 年在太子河流域建立的，作为当石统中部化石带。但是 *M. abrota* 几经修订，最后张文堂(1956)在《中国的三叶虫》之中将本种移入 *Poriagraulos* 属内，这样，*Metagrauros abrota* 带应改为 *Poriagraulos* 组合带。次层型为浑江青沟子剖面 13—15 层，长白镇西部南尖头剖面 13—17 层。其顶界为 *Bailiella* 始见点，也是 *Bailiella* 组合带的底界。共生分子有：*Metagrauros nitida*，*M. abrota*，*Inouyia capax*，*Proasaphiscus* sp.，*P.* aff. *luens*，*Wuania taitzuensis*，*Manchuriella* sp.，*Anomocarella* sp.，*A. chinensis*，*Tonkinella* sp.，*Solenoparia* sp. 等。在大阳岔剖面第 14 层以下，及样子哨剖面第 9 层之下，虽然没有发现 *Metagrauros*，但其中有 *P* 组合带的共生分子 *Manchuriella angustilimbata*，*Inouyia* sp. 等，因此在这些地区也存在 *Poriagraulos* 组合带。

⑥*Bailiella* 组合带（简称 *B* 组合带）

原为 *B. urlichi* 带，是 Endo 和 Resser(1937)在辽东太子河流域创名，作为当石统上部化石带。*B* 组合带的顶界为 *Crepicephalina* 始见点，共生分子有：*Bailiella lantenoisi*，*B.* sp.，*Proasaphiscus* sp.，*Anomocarella* sp.，*Liaoyangaspis* sp.，*L. bassleri*，*L. peiensis*，*Proasaphiscus* aff. *luens*，*P.* cf. *yabei*，*Wuania taitzuensis*，*Inouyella* sp.，*Dorypyge* sp.，*D. richthofeni*，*D. pergranosa*，*Liopeishania* sp.，*L. lubrica*，*Lisania* sp.，*Aojia* sp.，*Poriagraulos* sp.，*Elrathia hoboi* 等。次层型剖面为浑江青沟子剖面 16—19 层、大阳岔剖面 14—17 层、样子哨剖面 9—12 层。*B* 组合带在吉林省分布较广，在长白十四道沟、浑江西川及柳河时家店一带也有此带分布，只是这些地区 *B* 组合带的顶底界线不清。

⑦*Crepicephalina* 组合带(简称 *C* 组合带)

C 组合带原为 Endo(1943)建立，代表辽东太子河流域太子统(张夏组)。次层型为浑江青沟子剖面 20—30 层，其顶界为 *Amphoton* 分子的始见点。*C* 组合带的共生分子有：*Crepicephalina damia*，*C.* cf. *pergranosa*，*C. mukdensis*，*Taitzuia* sp.，*Solenoparia* sp.，*Uncaspis* sp.，*Honania* sp.，*H.* cf. *lata*，*Metanomocarella* sp.，*M. rectangula*，*Menocephalites* sp.，*Me. bigranosa*，*Tetraceroura* sp.，*Peishania convexa*，*P. affinis*，*Lisaniella* sp.，*Levisia adrastia* 等，还有 *Bailiella* 组合带的延续分子：*Lisania* sp.，*L.* cf. *alala*，*Liopeishania* sp.，*Dorypyge* sp.，*D. richthofeni*，*D. pergranosa*，*Proasaphiscus* sp.，*Anomocarella* sp.，*A. temenus* 等。在浑江大阳岔及辉南样子哨一带也有 *C* 组合带，但其顶界不清楚。

⑧*Amphoton* 组合带(简称 *A* 组合带)

原为 *Amphoton typica* 带，是孙云铸(1937)在山东省泰安大汶口建立，作为崮山页岩下部第一个化石带。次层型剖面为青沟子剖面 24，25 层(原剖面 101，101-1，浑江市幅 1：20 万区调报告，1976)，其上界以 *Amphoton* 分子结束或以 *Damesella*，*Blackwelderia* 始见点为界。共生分子有本带新生的：*Amphoton* sp.，*A. paralella*，*Sunia typica*，*Eilura typa*，*Amphotonella* 等，还有 *C* 组合带的延续分子：*Metanomocarella* cf. *tumida*，*Solenoparia* sp. 等。此带还见于抚松温泉六号桥剖面，厚约 50 m。共生的分子还有：*Dorypyge* sp.，*Aojia* sp.，*Poshania* sp.，*Lisania* sp.，*Levisia* sp. 等。*Crepicephalina* 组合带和 *Damesella* 组合带之间的华北地台三叶虫化石带较为复杂多样，孙云铸认为 *Taitzuia* 分布不广，故仅设 *Amphoton* 带；卢衍豪等则在其间划分了 *Amphoton* 带和 *Taitzuia* 带；张文堂则分出了 *Mapania* 带、*Taitzuia-Poshania* 带和 *Peishania* 带；段吉叶则在冀东、辽西建立了 *Poshania-Taitzuia* 带；毕德昌在淮北称为 *Amphoton-Poshania-Taitzuia* 带；吉林区调队三分队(1979)1：20 万靖宇县幅建立 *Amphoton* 带和 *Taitzuia-Poshania* 带。在吉南地区出现的 *Taitzuia*，*Poshania* 等，只能作为 *Amphoton* 组合带或其相邻组合带的共生分子。比如在大阳岔剖面 *Taitzuia* 与 *Crepicephalina* 共生，在温泉六号桥剖面 *Poshania* 基本在 *Amphoton* 组合带之中。

⑨*Damesella-Blackwelderia* 组合带(简称 *DB* 组合带)

DB 组合带是新建的生物地层带，层型剖面是浑江青沟子剖面 26—33 层。上部以 *Drepanura* 始见点为界，共生分子有：*Damesella paronai*，*D. typicalis*，*D.* sp.，*Blackwelderia* sp.，*B.* cf. *sinensis*，*Dorypygella* sp.，*Do. typicalis*，*Cyclolorenzella* sp.，*C. acalle*，*C. kushanensis*，*Damesops* sp.，*Homagnostus* sp.，*Liaoningaspis* sp.，Kaolishaniidae，*Monkaspis* sp.，*Kushanopyge* sp.，及 *A* 组合带的延续分子 *Solenoparia* sp. 等。在大阳岔、样子哨、辉南温泉六号桥、头道庙岭、柳河时家店一带 *DB* 组合带都有分布，但其顶界或底界不清楚。吉林区调队三分队(1976)在青沟子剖面建立了 *Damesella* 带和 *Blackwelderia* 带。根据吉南地区、冀东北、辽

西、辽东等地资料，*Blackwelderia* 往往与 *Damesella* 混生，并不构成两个独立的生物带，因此本书将两者合并称 *Damesella-Blackwelderia* 组合带。

⑩*Drepanura* 组合带（简称 *D* 组合带）

原为 *D. premesnili* 带，是孙云铸（1937）在山东省泰安大汶口创名，为崮山页岩第四个，也是最上部化石带。次层型剖面是浑江青沟子剖面 31 层，厚约 17.7 m。*D* 组合带的顶底界是以 *Drepanura* 分子的始见到消失点。*D* 组合带上覆 *Drepanura/Chungia* 间隔带。本带的共生分子有：*Drepanura premesnili*，*Stephanocare* sp.，*Teinistion* sp.，以及 *DB* 组合带的延续分子 *Homagnostus* sp.，*Cyclolorenzella* sp. 等。本带除次层型外还在大阳岔和柳河长兴堡一带分布，不过其顶界仍不清楚。

⑪*Drepanura/Chuangia* 间隔带

浑江青沟子剖面 32—33 层为生物间隔带。此带不仅没有生物化石，而且间隔带下部诸多生物没有延续到上部带。将此带划分出来目的在于探讨生物演化和地层对比。

⑫*Chuangia* 组合带（简称 *Ch* 组合带）

Chuangia 带为 Aoji（1923）在辽南五湖嘴（现瓦房店市复洲湾镇）建立。次层型为浑江青沟子剖面 34 层，厚约 18.2 m。其范围是自 *Drepanura/Chuangia* 间隔带顶界至 *Changshania* 始见点。共生分子有：*Chuangia frequens*，*C. rorada*，*C. subquadrangulata*，*C.* sp.，*C. kawadai*，*C.* cf. *conica*，*C.* cf. *batia*，*Lioparia uraris* 等，以 *Chuangia* 属种繁多为特征。本带在抚松头道庙岭和样子哨一带也有分布，不过前者底界不清，后者顶界不清。在这一带共生的分子还有：*Pseudagnostus* sp.，*Metochangshania*，*Shirakiella* sp. 等。

⑬*Changshania* 组合带（简称 *Cha* 组合带）

原为 *Changshania conica* 带，是孙云铸（1935）建立，作为中国北方长山统中部化石带。次层型为浑江青沟子剖面 35 层。*Kaolishania* 始见点为本组合带的顶界。共生分子有：*Changshania* sp.，*C. conica*，*Dikelocephalites* sp. 等，属种较少。样子哨剖面的 28—29 层，属种与青沟子剖面完全相同。在长兴堡、秃老婆顶子一带也有本组合带分布。

⑭*Kaolishania* 组合带（简称 *K* 组合带）

原为 *Kaolishania pustulosa* 带，是孙云铸（1924）在山东泰安蒿里山建立。次层型为浑江青沟子剖面 36 层，厚 59.4m。本带的顶界为 *Tsinania* 始见点。共生分子有：*Kaolishania* sp.，*K.* cf. *pustulosa*，*Mansuyia* sp.，*Kaolishanella* sp.，*Haniwa* cf. *quadrata*，*Pseudagnostus* sp.，*Maladioidella splendens* 等。大阳岔剖面 33—36 层，顶界为 *Tsinania* 始见点，共生分子有：*Kokuria* sp.，*Kaolishanella* sp.，*Pseudagnostus* sp.，*Peichiashania* sp.，*Prochuangia* sp.，*Maladioidella splendens*，*Shirakiella elongata*，*Tingocephalus granulosa*，*Taishania taianensis* 等，尽管其中没有 *Kaolishania*，但有不少分子与次层型剖面的共生分子相同，应当属 *Kaolishania* 组合带。

⑮*Tsinania-Ptychaspis* 组合带（简称 *TP* 组合带）

最早由 Aoji（1923）在辽南五湖嘴建立 *Tsinania* 带，由卢衍豪、董南庭（1953）在山东建立 *TP* 带。吉林区调队三分队则肯定了此带在吉林南部的存在。此带的含义如下：以三叶虫 *Tsinania*，*Ptychaspis* 属首次出现，到最后消失的顶底界所包含的地层为 *TP* 组合带，次层型为青沟子剖面 37—39 层和小撩荒地剖面 1—7 层。该组合带上部与 *Quadraticephalus* 组合带相接，下与 *Kaolishania* 组合带相接。本带共生的分子有：*Tsinania* sp.，*T. canens*，*Ptychaspis* sp.，*P. subglobosa*，*P. shansiensis*，*P. ceto*，*Prosaukia resseri*，*Mansuyia orientalis*，*Hamashania* sp.，

Pagodia sp.，还有下部带的上延分子：*Dictyites* sp.，*Haniwa quadrata*，Saukiidae 等。

⑯*Quadraticephalus* 组合带（简称 *Q* 组合带）

Q 带也是卢衍豪、董南庭（1953）创立。吉南地区青沟子剖面也存在 *Q* 组合带。*Q* 组合带的含义是 *TP* 组合带结束到 *Quadraticephalus* 属分布的上限为界。青沟子剖面的第 40 层，小撩荒地剖面的 8、9 层属此带。*Q* 组合带共生的主要分子有：*Quadraticephalus* sp.，*Q. manchuricus*，*Q. walcotti*，*Hamashania pulchera*，*Chuangia* sp.，*Pagodia*，其次有 *Dictyites* sp.，*D. dictys*，*Saukia* sp.，*Mictosaukia orientalis*，*Pseudagnostus* sp. 等。

⑰*Mictosaukia-Calvinella-Tellerina* 组合带（简称 *MCT* 组合带）

MCT 组合带原称 *Calvinella-Tellerina* 组合带，由卢衍豪，董南庭（1953）创立，但是澳大利亚学者 Shergeld（1975）以产于我国辽东的 *Tellerina orientalis* Resser et Endo 为模式种，建立了 *Mictosaukia* 属，同时他（以及后来我国的一些学者）又将一些原先曾分别归入 *Tellerina* 和 *Calvinella* 属的一些种修订为 *Mictosaukia*，因为卢衍豪、朱兆玲等（1982）在河北唐山将 *Mictosaukia orientalis* 带作为风山阶顶部化石带。吉林区调队（1975）证实，青沟子剖面也有分布。*MCT* 组合带的含义是：由 *Calvinella*，*Tellerina* 出现到 *Mictosaukia* 属分布的顶界所包含的地层。即次层型剖面的第 41 层，小撩荒地剖面的第 10 层。此带共生的主要分子有 *Calvinella* sp.，*C. walcotti*，*Tellerina* sp.，*Mictosaukia* sp.，此外还有：*Haniwa quadrata*，Saukiidae，*Dictyites* sp.，*Pseudagnostus* sp.，*Micrognostus* sp. 等。

⑱*Alloleiostegium-Richardsonella*（*R.*）组合带（简称 *AR* 组合带）

AR 组合带大体相当于郭鸿俊、段吉业（1982）建的 *Richardsonella*（*Richardsonella*）-*Troedssonia* 组合带，也大体相当于陈均远、钱义元等（1986）的 *Alloleiostegium latilum-Missisquoia perpetis* 亚组合带和 *Richardsonella-Platypeltoides* 组合带的一部分。这个带的底界以 *MCT* 组合带结束，*Richardsonella*（*Richardsonella*）出现为界，并以该分子的结束所包含的地层为其顶界。该带的主要分子有：*Richardsonella*（*R.*）*lilia*，*R.*（*R.*）*diversa*，*Richardsonaspis jilinensis*，*Tienshifuia constricta*，*Troedssonia hunjiangensis*，*T. sulcatus*，*T. yangshanensis*，*Hoekaspis* sp.，*Leiostegium*（*Alloleiostegium*）*granum*，*Protopliomerops* sp. 等。

上述三叶虫化石带的确定，特别是从 *S* 组合带到 *MCT* 组合带可以青沟子剖面三叶虫化石的垂向分布（图 6－4）获得系统的形象表述。

在 *AR* 组合带上部，郭鸿俊、段吉业（1982）；陈均远、钱义元等（1986）指出还有多个三叶虫组合带或亚组合带的存在（表 6－6）。本书不加讨论，详见原文。

表 6－6　吉林省浑江大阳岔剖面寒武-奥陶纪界线附近三叶虫带划分表

郭鸿俊、段吉业等（1982）	陈均远、钱义元等（1986）
Ⅴ *Koraipsis-Hystricurus* 组合带	Ⅲ *Yosimuraspis* 组合带 D. *Yosimuraspis*（*Matay.*）亚组合带
Ⅳ *Aristokainella-Onychopyge* 组合带	C. *Yosimuraspis*（*Y.*）亚组合带 B. *Yosimuraspis*（*Eoy.*）亚组合带
Ⅲ *Pseudokinella*（*Rarakainella*）组合带	A. *Leiostegium*（*Manitoella*）亚组合带 Ⅱ *Richrdsonella-Platypeltoides* 组合带
Ⅱ *Richardsonella*（*R.*）-*Troedssonia* 组合带	Ⅰ *Mictosaukia-Fatocephalus* 组合带 C. *Alloleiostegium latilum-Missisquoia perpetis* 亚组合带
Ⅰ *Mictosaukia* 组合带	B. *Mictosaukia striata* 亚组合带 A. *Mictosaukia angustilimbata* 亚组合带

3. 笔石

笔石在吉南地区分布局限，仅见于冶里组的中、上部，但内容十分丰富。不同研究者所建立之笔石带虽有所不同(表 6-7)，然均认为它是当前国内、外早奥陶世早期笔石动物化石保存最好、划分最为详细的地区。

表 6-7　吉林省南部早奥陶世笔石带划分一览表

<table>
<tr><th>汪啸风、Bernd-D Erdtmann
1986</th><th colspan="2">林　尧　坤
1986</th><th colspan="2">赵祥麟、林尧坤
1988</th></tr>
<tr><td>Adelograptus-Clonograptus Z</td><td rowspan="5">Dictyonema flabelliforme-Staurograptus dichotomus 带</td><td>Anisograptus richardsoni 亚带</td><td colspan="2">Adelograptus-Clonograptus 带</td></tr>
<tr><td>Callograptus ? taizehoensis Z</td><td>Dictyonema flabelliforme sociale 亚带</td><td>Muenzhig.-Psig. 带</td><td>Psigraptus 亚带
Muenzhig.-Neoclonog. 亚带</td></tr>
<tr><td>Psigraptus Z</td><td>D. flabelliforme parabola 亚带</td><td colspan="2">含 Dendrograptus 层位</td></tr>
<tr><td>Anisograptus Z</td><td>D. praeparabola 亚带</td><td colspan="2">Anisograptus richardsoni 带</td></tr>
<tr><td>Rhabdinopora parabola Z</td><td>D. proparabola 亚带</td><td>Dictyonema flabelliforme-Staurograptus dichotomus 带</td><td>Dictyonema parabola 亚带
Dictyonema proparabola 亚带</td></tr>
</table>

Muenzhig. = *Muenzigraptus*, *Neoclonog.* = *Neoclonograptus*, *Psig.* = *Psigraptus*

现将赵祥麟、林尧坤(1988)建的笔石带简介如下：冶里组含笔石层位于该组上部，厚约 30 m。根据笔石特征分为 4 个笔石带(包括 4 个亚带)及 1 个含笔石层位。

①*Dictyonema flabelliforme-Staurograptus dichotomus* 带

ⓘ*Dictyonema proparabola* 亚带，此亚带系 1985 年新发现的，厚约 6.4 m，顶界为 *D. parabola* 亚带的底界。共生分子有：*D. flabelliforme*，*D.* cf. *eosociale*，*D. proparabola*，*Heterograptus antiquus*，*Staurograptus* cf. *dichotomus*，*S. d. priscus*，是已知奥陶纪最早的笔石带，世界其他地区尚未发现与之相当的笔石带。

ⓘⓘ*Dictyonema parabola* 亚带(相当新厂阶第一化石带下部)

层型剖面为大阳岔剖面，在三道堡子、木掀头沟及青沟子剖面也发育。本带的顶界以正笔石或树形笔石大量出现为顶界。该带笔石十分丰富。以 *Dictyonema flabelliforme*，*D. parabola*，*D. sociale*，*D. belgicum*，*D. ellipticum*，*D. pussilum*，*Radiograptus* sp.，*Staurograptus dichotomus*，*S.* sp.，*Anisograptus minutus*，*A.* sp.，*Heterograptus radiatus* 等网格笔石大量发育为本带的突出特征。其中 *D. sociale*，*D. belgicum* 是欧洲特马道克早期的标志化石，前者也是新厂阶底部的重要分子。

②*Anisograptus richardsoni* 带(相当新厂阶第一化石带上部)

本带以正笔石类大量繁盛为特征，树形笔石类已显著减少，仅有少数代表。所含笔石有：*Anisograptus richardsoni*，*A. orientalis*，*A. minutus*，*A. mirus*，*Staurograptus dichotomus*，*S.* sp.，*Bryograptus patens*，*B. jilinensis*，*Adelograptus clarki*，*Dictyonema flabelliforme*，

D. sp. ,*Callograptus orientalis* 等。在这些笔石中 *Anisograptus* 数量最多,十分特征。

③含 *Dendrograptus* 层位(大致相当新厂阶第二化石带)

本层笔石数量较少,并没有发现正笔石式树形笔石,因此暂称 *Dendrograptus* 层位。在大阳岔剖面本层共生的分子有:*D*. cf. *yangtzensis*,*D*. cf. *viminalis*,*D*. sp. ,*Dictyonema* sp. 等;在木掀头沟剖面有 *Callograptus* cf. *sinicus*,*C*. sp. 等。

④*Muenzhigraptus*-*Psigraptus* 带(相当新厂阶第二化石带之上部,新厂阶第三化石带之下部)

ⓘ *Muenzhigraptus*-*Neoclonograptus* 亚带,本亚带所含的笔石是赵祥麟、张舜新(1985,1986)发现和描述的,且大多为新属。以穆恩之笔石类的大量繁盛为特征,并有少量上斜的 *Clonograptus*(*Neoclonograptus*)及平伸的 *Clonograptus*(*Clonograptus*),该亚带的顶、底界线不清。共生的分子有:*Muenzhigraptus sinicus*,*M*. *rigidus*,*M*. *paucibrachiatus*,*M*. ? *symmetricus*,*Diphygraptus reclinatus*,*Hunjiangograptus typicus*,*Clonograptus*(*Clonograptus*)*elegans*,*C*.(*C*.)*exculptus*,*C*.(*Neoclonograptus*) *magnus*,*C*.(*N*.)*gracilis*,*Dictyonema* sp. 等。

ⓘⓘ*Psigraptus* 亚带,此亚带紧邻(*Muenzhigraptus* - *Neoclonograptus*)亚带,以戟笔石类大量繁盛为特征,共生的笔石有:*Psigraptus arcticus*,*P*. *nanothecatus*,*P*. *magnus*,*Yukonograptus lenzi*, *Y*. *guadribranchiatus*, *Holopsigraptus hunjiangensis*, *H*. *furcatus*, *Muenzhigraptus rigidus*,*M*. *paucibrachiatus*,*Clonograptus*(*Clonograptus*) *excalptus* 等。

⑤*Adelograptus*-*Clonograptus* 带(相当新厂阶第三化石带)

这是新厂阶最高的一个笔石带,位冶里组近顶部,本带的顶、底界线也不清楚,本带以 *Adelograptus* 及 *Clonograptus* 为主,并有少量树形笔石,而(*Muenzhigraptus* - *Psigraptus*)带的上斜生长,胞管孤立的戟笔石类或穆恩之笔石类完全不见为特征。共生的分子有:*Clonograptus*(*Clonograptus*)*tenellus*,*C*.(*C*.)*uniformis*,*C*.(*C*.)*sinensis*,*C*.(*C*.)spp. ,*Adelograptus horizontalis*, *A*. *asiaticus*, *A*. *sinicus*, *A*. *victoriae*, *A*. *papilionaceous*, *Kiaerograptus hengshanensis*,*K*. *minutus*,*K*. sp. ,*Dendrograptus sinensis*,*D*. sp. ,*Airograptus* cf. *furciferus*,等。

赵祥麟、林尧坤(1988)划分的 4 个笔石带(包括 4 个亚带)及 1 个含笔石层位是可信的,主要问题在于没有阐明各笔石带之间的界线定义。因此,如采用此项资料,笔石带的界线可能有多种解释。

4. 头足类

吉林省南部早奥陶世头足类生物较发育,据彭玉鲸(1991)统计,属种达 39 属 71 种(含 29 个未定种)。但由于缺乏对其层型剖面的系统深入研究,前人对头足类化石分带认识分歧较大(表 6 - 8)。我们根据现有资料认为暂可划出以下 4 个头足类生物带:

①*Levisonoceras*-*Laishuiceras* 组合带(简称 *LL* 组合带)

层型剖面为辉南样子哨梨树沟剖面第 1 层(林尧坤、朱兆玲,1989),厚 50 m,距 *Dictyonema flabelliforme* 首现点 48 m。该带顶底界线不清,但从发现的两个未定种的层位观之属于吉南地区最低的头足类层位,仅见于辉南样子哨一带。

②*Parapiloceras* 组合带(简称 *P* 组合带)

层型剖面为大阳岔剖面。与 *LL* 带关系不清,上部以 *Manchuroceras* 始见点为顶界。*P* 带的共生分子有:*Parapiloceras* sp. ,*Kaipingoceras* sp. ,*Proterokaipingoceras* sp. ,*Hemipiloceras actinum*,还有古杯类:*Archaeoscyphia chihliense*,*Jilinocyathus ecinayus* 等。*Parapiloceras* sp.

在小瓮圈剖面见于 *Manchuroceras* 带的顶部，只能说明 *P* 组合带分子的延限时间较长。

表 6-8　吉林省南部早奥陶世头足类化石带划分一览表

吉林区调队三分队 1976	陈均远等 1985	吉林区调所 1988	彭玉鲸 1991
Tofangoceras Z	*Kotoceras typicum-Centroonoceras* Z	*Tofangoceras* Z	*Tofangoceras-Dideroceras* Z
Lophospira Z		*Lophospira* Z	*Stereoplasmoceras-Sactoceras* Z
	Kogenoceras Z	*Stereoplasmoceras* Z	*Ordosoceras-Kogenoceras* Z
Stereoplasmoceras Z			
	Manchuroceras-Eothinoceras Z	*Ordosoceras-Kogenoceras* Z	*Polydesmia-Wutinoceras* Z
			Deformoceras-Kionodeformoceras Z
Parapiloceras-Ophileta Z		*Polydesmia-Wutinoceras* Z	*Cyrtendoceras-Kirkoceras* Z
Piloceras-Archaeoscyphia Z		*Parapiloceras-Manchuroceras* Z	*Kaipingoceras-Manchuroceras* Z
			Coreanoceras-Proterocamenoceras Z
	Levisonoceras Z	*Proterocamenoceras-Coreanoceras* Z	*Levisonoceras-Laishuiceras* Z

③*Manchuroceras* 组合带（简称 *M* 组合带）

层型剖面有大阳岔剖面、小瓮圈剖面和样子哨剖面。*M* 带区域延伸较广，顶底界线基本上以 *Manchuroceras* 的始见点和消失点为界所包含的地层体。*M* 带共生的头足类较多有：*Manchuroceras* sp.，*M. kobayashii*，*M. yenchouchengense*，*Camenoceras* sp.，*Kirhoceras* sp.，*Parapiloceras* sp.，*Kirkoceras huinanense*，*K. intermedianense*，*Kaipingoceras attenuatum*，*Kogenoceras* sp.，*Haramanoceras* sp. 等；古杯类 *Archaeoscyphia* sp.；腹足类 Gastropoda。在大阳岔剖面 *M* 带的上部产大量的古杯类 *Archaeoscyphia*，*Jilinocyathus firmus* 等。在 *M* 带的下部有 *Jilinocyathus ecinayus*，*J. delicatus* 等少量的古杯类。

④*Stereoplasmoceras-Tofangoceras* 组合带（简称 *ST* 组合带）

ST 带在浑江小瓮圈剖面位于 *M* 带的上部。层型剖面为湾沟剖面。该带是以 *Manchuroceras* 消失点为底界，直至 *Tofangoceras* 的顶界所包含的地层。该带的出现意味着珠角石从兴盛到鼎盛时期，除出现 *Stereoplasmoceras*，*Tofangoceras* 外，尚有：*Sactoceras* sp.，*S. nanum*，*Armenoceras manchurense*，*A.* cf. *magnitubulium*，*Selkirkoceras* sp.，Oncoceratidae，*Ormoceras* sp.，*O. subcentrale*，*Jiangshanoceras*? sp. 等。样子哨剖面出现的 *Kogenoceras* 也可能是本带的产物。

5. 其他生物门类

吉林省南部寒武纪—奥陶纪除上述生物门类外，还有腕足类、腹足类、古杯类、海林檎、古介形类等多门类化石。特别是围绕大阳岔全球寒武-奥陶系候选界线层型剖面的研究，还发现了更加丰富的牙形刺及疑源类，本书不予详细论述。

这里需要特别提出的是在锡林浩特-磐石地层分区中，下二台（岩）群黄顶子（岩）组中所产 Eospongiidae? gen. et sp. indet.，*Ectomaria* sp.，*Lophospira* sp.，及呼兰（岩）群小三个顶子组所产 *Thamnopora* sp.，*Cladopora* sp.，*Disphyllum* sp.（后者为吉林局二所在中生代玉兴屯组灰岩砾石中发现，砾石可能来自小三个顶子组）。它们是吉林省该地层分区寒武纪—奥陶纪岩石地层仅有的生物化石资料（吉林区调队，1986，在五间房—782 高地剖面 21 层发现苔藓虫 *Fenestella* sp.，*Polypora* sp. 及双壳类化石，岩性特征与小三个顶子组差异较大，暂将其除外），虽不能建立生物组合，但对确定或讨论所属（岩）群或（岩）组之地质时代有着重要的地质意义。

第三节　年代地层

吉林省南部依据上述寒武系—奥陶系生物地层特征及多门类生物地层单位的建立，以华北地层大区已确定的该断代年代地层单位和界线为标准，采用延伸地层单位的方法，将年代地层单位划分和对比的主要认识讨论如下：

早寒武世梅树村阶和筇竹寺阶由于水洞组小壳化石截止目前的三份鉴定材料各不一致，暂作存疑处理。沧浪铺阶公认存在，虽觅得其化石带之重要成员，但毕竟未找寻到代表性带分子，故暂也可作待建之年代地层单位。

下、中寒武统分界争论的焦点是毛庄阶的时代问题。传统上主要有两种意见：

(1)将毛庄阶归属下寒武统。即中、下寒武统界线置于 *Shantungaspis* 组合带和 *Hsuchuangia* 组合带之间。其理由①认为毛庄期出现许多 Ptychopariidae 科三叶虫，如 *Shantungaspis*，*Probowmania* 等与北美早寒武世上 Olenellus 期中的 Ptychopariidae 科的 *Syspacephalus*，*Antagmus*，*Cnassifimbra* 等属群（卢衍豪，1962，103 页）相近；②近年来在山东张夏、辽宁本溪、大连、江苏徐州等地都发现 *Redlichia* 在毛庄阶的存在。在早寒武世以 *Redlichia* 为代表的东方动物群分布地区，下、中寒武统界线划分公认的准则是以莱德利基虫科消失和褶颊虫科分子大量发育为准则。此种意见主要以卢衍豪为代表(1962)。

(2)将毛庄阶划归中寒武统。其理由是毛庄期褶颊虫科分子大量发育，莱德利基虫科基本消失，即使个别地点发现有 *Redlichia*，亦为孑遗分子，毛庄期三叶虫动物群与徐庄期三叶虫动物关系密切。此种意见以张文堂、项礼文(1981)等为代表，属多数意见。十余年来在该问题上的研究获得很大进展。在本溪、大连、山东、徐州等地均发现 *Redlichia* 向上延伸至原毛庄组下部被称为 *Qiaotouaspis* 带或 *Woijiaspis* 带内，而并不与 *Shantungaspis* 带及其下的 *Yaojiayuella* 带或 *Probowmania* 带共生。卢衍豪、朱兆玲(1988)重新研究山东毛庄组三叶虫及其时代，也认为毛庄阶上部 *Shantungaspis* 组合带应属中寒武世，并把毛庄阶时代置于早、中寒武世的过渡时期。因而将毛庄阶，特别是原毛庄阶上部归入中寒武世乃大势所趋。据此，浑江青沟子剖面中，下寒武统的界线亦应在毛庄阶内部，即 *Probowmania* 组合带(?)的底界，也就是河口段剖面中第 2 层的顶界。其下限表现为 *Probowmania*/*Redlichia* 间隔带的部分，可能和 *Qiaotouaspis* 组合带大致相当，为毛庄阶的第一个组合带，应归入下寒武统龙王庙阶的顶部。如果考虑到统的年代界线应与阶的年代界线一致，则毛庄阶的定义有待统一。建议其内涵修订为以 *Shantungaspis* 组合带之顶和 *Probowmania* 组合带之底分别为顶、底界线，划入中寒武统。其下，属下寒武统龙王庙阶。这既坚持了区域上“以莱德利基虫科消失和褶颊虫科分子大量发育”作为下、中寒武统界线划分的准绳，同时又实现了统与阶年代地层界线划分的统一。

中、上寒武统的界线在层型区置于三叶虫 *Damesella* 和 *Blackwelderia* 组合带之间（同上），但是在青沟子剖面 *Damesella*，*Blakweldia* 从张夏组剖面的 7 层始（为 *Amphoton* 组合带之顶），到崮山组剖面的第 3 层（*Drepanura* 组合带之底），二者均共生一起，具有相同的时间间隔。因此，本书将中、上寒武统的界线暂置于 *Damesella* - *Blackwelderia* 组合带的底界，即青沟子剖面张夏组的 7—8 层（原 25—26 层）之间。这为华北地层大区寒武系中、上统年代地层界线划分及界线附近阶的年代地层研究，提出了新的课题。

综上所述，可将华北地层大区吉林省南部青沟子剖面寒武纪的地层多重划分及对比表述如下（表 6 - 9）。

表 6-9 吉林省南部青沟子剖面寒武纪地层多重划分对比表

岩石地层			生物地层	年代地层		
组	段	层		阶	统	系
崮山组		36*	*Kaolishania* 组合带	长山阶	上统	寒武系
		35	*Changshania* 组合带			
		34	*Chuangia* 组合带			
		33 32	*Drepanula/Chuangia* 间隔带	崮山阶		
		31	*Drepanura* 组合带			
		30 29 28	*Damasella-Blackwelderia* 组合带			
张夏组		27 26				
		25 24	*Amphoton* 组合带	张夏阶	中统	
		23 22 21 20	*Crepicephalina* 组合带			
馒头组	河口段	19 18 17 16	*Bailiella* 组合带	徐庄阶		
		15 14 13	*Poriagraulos* 组合带			
		12 11	*Hsuchuangia* 组合带			
		10 9 8	*Shantungaspis* 组合带	毛庄阶		
		7 6 5 4 3	*Probowmania*(?) 组合带			
		2 1*	*Redlichia*(?)组合带	龙王庙阶	下统	

*1 层＝81 层； 36 层＝112 层； (1：20 万浑江市幅区调报告,1976)。

晚寒武世—早奥陶世早期年代地层单位的进一步划分，首先涉及的就是寒武-奥陶系界线的确定。有关奥陶纪底界的问题，国际上曾出现几种划分方法：一种是划在特马道克阶的底部，一种是划在上特马道克阶的底部，另一种是划在阿伦尼格阶(Arenig)的底部。这些论点大部分是以笔石为准。但是北美和一些地区以介壳相为主，很少出现笔石。按生物地理区划分，我国有四种类型，即华北型、扬子型、江南型、珠江型。华北型的生物相和岩相与北美中部大陆区(Mid-Continent)相似。70 年代华北型的界线工作，有两个地区较为详细，一为河北唐山地区，二为辽宁太子河地区。卢衍豪(1979)曾归纳了上述两个地区的界线资料，但是，当时由于认识上的偏离，界线工作处于一般水平。自 60 年代在欧美牙形刺研究工作异军突起，迅猛发展，从寒武纪—三叠纪建立了 130 个牙形刺带。70 年代后半期我国的牙形刺研究工作也跟上了先进国家的步伐。国际地科联寒武-奥陶系界线工作组经过长期的调查研究，提出寒武-奥陶系界线的理论内涵，即该界线应在特马道克阶下部最低笔石层附近，以牙形刺 *Cordylodus* 属演化序列中某一分子的首次出现为寒武-奥陶系的分界点，并补以笔石、三叶虫等为佐证。自此，许多国家为了争取在本国建立全球寒武-奥陶系界线层型，作了许多工作。1985 年在加拿大召开的国际寒武-奥陶系界线工作会议上通过了加拿大纽芬兰剖面和中国大阳岔剖面为全球寒武-奥陶系界线的候选界线层型。1986年该工作组在吉林省浑江大阳岔召开了现场会议。

大阳岔寒武-奥陶系界线层型根据陈均远等(1986)的研究，其界线在牙形刺 *Cordylodus intermedius* 带的底界。这个界线既不同于以往文献中新厂阶的底界，也有别于凤山阶的顶界。新厂阶的底界划在笔石 *Dictyonema flabelliforme-Staurograptus dichotomus* 组合带的底界。从大阳岔小阳桥剖面看，两者之间还有9 m厚的壳相地层，即钱义元(1986)划分的 *Richardsonella-Platypeltoides* 组合带。*Cordylodus intermedius* 带的底界大体在三叶虫 *Richardsonella - Platypeltoides* 带中部。因此我们建议将新厂阶的底界下延至牙形刺 *Cordylodus intermedius* 带的底界，而凤山阶的顶界也上移至 *Cordylodus intermedius* 带之底，这样凤山阶与新厂阶即可衔接又与高一级年代地层系统相一致(图6-5)。

从岩石地层而言，小阳桥剖面界线上下0～50 m主要岩性以薄层—中厚层生物屑灰岩为主夹有页岩，属冶里组，其下部出现炒米店组，寒武-奥陶系的界线存在于冶里组内部。因此冶里组的下部属寒武系上统凤山阶，而上部属于奥陶系下统新厂阶。在杉松岗剖面，经林尧坤等(1989)研究，其岩性和生物群与浑江小阳桥剖面极为相似，完全可以对比。寒武-奥陶系的界线在冶里组内部，置于含笔石 *Dictyonema proparabola* 层之下。

尹磊明研究的界线上、下疑源类（Acritarchs）的成果。界线上下150 m剖面上划分了5个化石组合，并与牙形刺带进行了对比。其中 *Baltisphaeridium conglutinatum-Vulcanisphaera rigentisa* 组合的底界与牙形刺 *Cordylodus intermedius* 首次出现的界线大体吻合。

在浑江大阳岔剖面 *Cordylodus intermedius* 带的底界界线点之下约9 m处，取样处理后，经Rb-Sr等时年龄测定，其值为500.7±7.4 Ma，寒武-奥陶系的分界大体在500±10 Ma，符合中国及世界上多数学者主张的年龄值。

炒米店组在青沟子剖面、大阳岔剖面和样子哨剖面研究较清楚。前两条剖面都可划分出 *Tsinania-Ptychaspis* 组合带，*Quadraticephalus* 组合带和 *Mictosukia-Calvinella-Tellerina* 组合带。样子哨剖面仅见 *Tsinania-Ptychaspis* 组合带和 *Quadraticephalus* 组合带，没发现 *Mictosukia - Calvinella - Tellerina* 组合带。以上三个生物带属于凤山阶的三个生物带，因此炒米店组属寒武系上统凤山阶。亮甲山组、马家沟组包括头足类的三个组合带：*Parapiloceras* 组合带、*Manchuroceras* 组合带和 *Tofangoceras-Stereoplasmoceras* 组合带，且位于新厂阶的上部，因此其时代属奥陶系下统宁国阶。

锡林浩特-磐石地层分区的寒武系—奥陶系，前述的生物地层资料，目前尚无法进一步划分其年代地层单位，但结合有关的同位素测年数据，仍可获得其地质时代的初步认识。

头道沟(岩)组依据彭玉鲸、苏养正等(1995)提供的最新资料，侵入其中的含铬的镁铁-超镁铁质岩(Ⅰ号岩体)的Sm-Nd等时线年龄值418.4±24.1 Ma (R=0.999143)，而其变形变质作用又与呼兰(岩)群等岩石地层单元不同，故暂置于寒武系。

下二台(岩)群的时代争议也较大，袁家小岭剖面的盘岭(岩)组角闪变粒岩Rb-Sr等时线年龄值为456±36 Ma(王东方，1987)。将其置于奥陶系与该(岩)群所获之生物化石(始海绵、腹足类)，反映其年代地层的属性基本吻合。

放牛沟火山岩其上覆桃山组为下志留统（兰德维里统），而火山岩自身的Rb-Sr等时年龄值455±10 Ma，故其年代地层可划属上奥陶统。

呼兰(岩)群的年代地层曾长期依据小三个顶子组(原北岔屯组)样子沟剖面中所采之两珊瑚属（*Thamnopora* sp.，*Cladopora* sp.），将其划归泥盆系或志留—泥盆系。本书依据侵位于

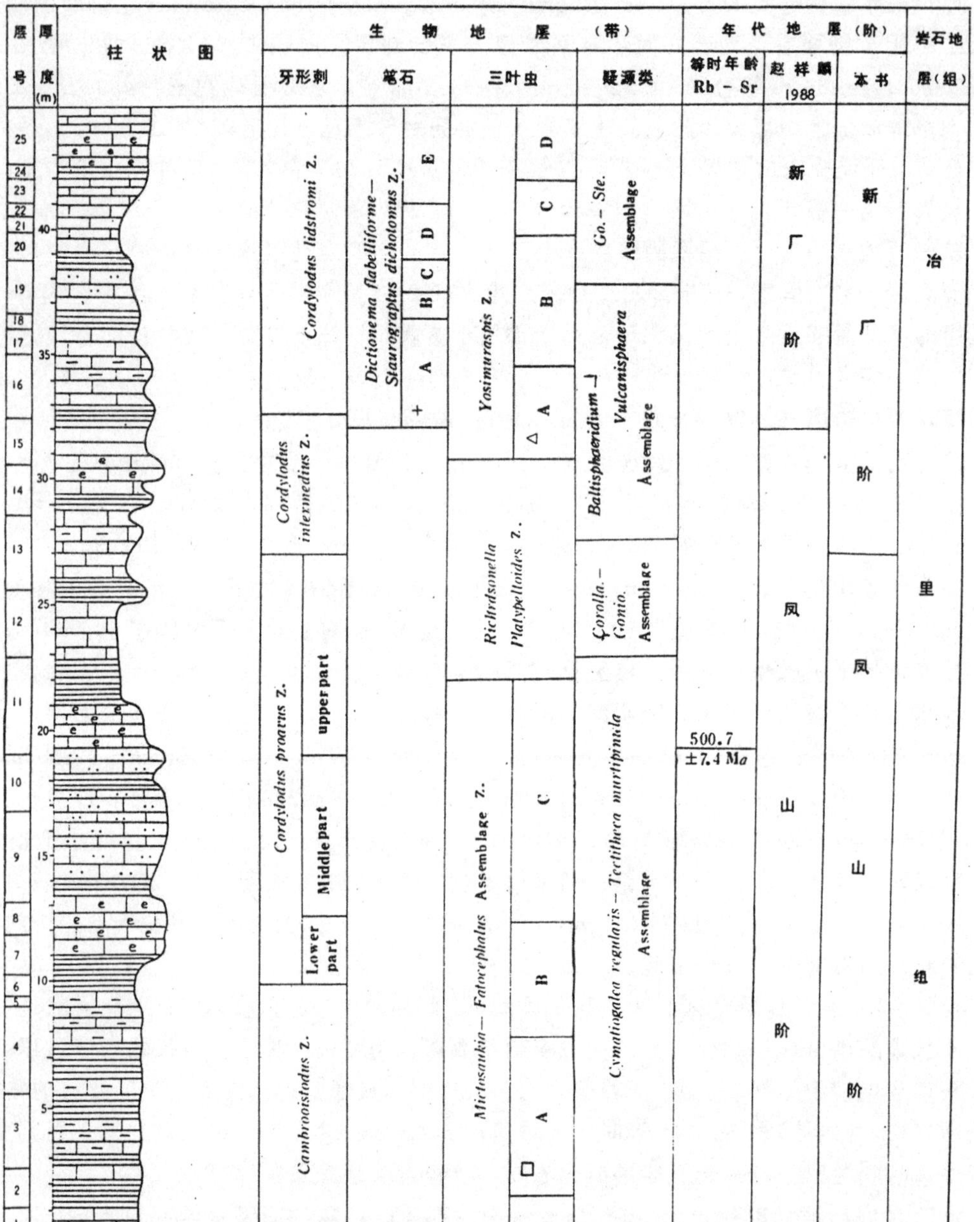

图 6－5　吉林省浑江小阳桥剖面多重地层划分对比图

+ A=*Dictyonema proparabora* 亚带；B=*D. praeparabola* 亚带；C=*D. flabelliforme parabola* 亚带；D=*D. f. sociale* 亚带；E=*Anisograptus richardsoni* 亚带；□A=*Mictosaukia angustilimbata* 亚带；B=*M. staiata* 亚带；C=*Alloleiostegium latilum-Missisquoia perpatis* 亚带；△A=*Leiostegium* 亚带；B=*Yosimuraspis* (*Eoy.*) 亚带；C=*Yosimuraspis* (*Y.*) 亚带；D=*Yosimuraspis* (*Metay*) 亚带

小三个顶子组(包括原北岔屯组)的大玉山花岗岩多次采样所获之同位素年龄值,黑云母 K-Ar 法为 408 Ma、418.9 Ma、426 Ma 及磷灰石之 Pb-Pb 年龄值 400 Ma，将其划入奥陶系，不排除其顶部跨入下志留统。同时考虑黄莺屯(岩)组上段基性火山岩的 Rb-Sr 等时年龄 524±16 Ma(单际采,1983)，故其底界应包括寒武系。

青龙村(岩)群之年代地层，前人多与呼兰(岩)群对比，现已获得的有关新东村(岩)组的同位素年龄值出入较大,片麻岩中 U-Pb 年龄值为 342±86 Ma,全岩 K-Ar 年龄值 669.5 Ma。而侵入其中的基性岩(3、6、11 号岩体)7 个样品之 K-Ar 年龄值为 113.7～1 225.0 Ma;又获得侵入其中的孟山花岗岩的年龄值为 516 Ma(锆石 U-Pb 等时年龄)。孟山花岗岩与片麻岩的年龄较为接近，因此其时代不晚于奥陶纪，其下限包括寒武纪。

第四节 海平面变化及层序地层讨论

综上所述，吉林省南部寒武纪—奥陶纪，从水洞组到马家沟组，由水洞组底部的不整合界面到马家沟组的顶部不整合界面构成一巨型旋回层序，并由馒头组河口段底界的平行不整合界面和炒米店组底部的沉积间断面分割成 3 个 Ⅱ 级旋回层序。从而可进一步讨论其海平面的变化及层序地层，有利于华北板块上该地质时期盆地分析的深入研究。

$Ⅱ_1$ 级旋回层序：指水洞组底部的上超不整合面到馒头组河口段底部的平行不整合面之间的地层体系。此时海平面缓慢上升，但沉积速率时有超过海平面上升，因此形成复杂的地台早期建造阶段形成的含磷单陆屑建造、红色建造、局限海碳酸盐岩建造和 S 型蒸发岩建造。岩石地层包括水洞组、昌平组和馒头组东热段。含磷建造的底部边界就是当时古海平面的滨线位置和大型上超不整合界面。水洞组由两个旋回组成。每一旋回主要由高度分选的砂岩型、砾岩型含海绿石砂岩、含磷砾岩组成，夹有红色薄层灰岩。含磷砾岩具有复合结构，显示出至少经历 3～4 次沉积—胶结—破碎，再沉积和胶结过程。昌平组是次级海侵期形成的局限海碳酸盐岩建造。之后海平面缓慢上升，形成含膏蒸发岩序列，形成了白云岩、滑塌角砾岩、膏溶角砾岩、含石盐假晶的白云岩及蒸发岩-石膏矿床。

$Ⅱ_2$ 级旋回层序：指河口段底部的平行不整合面到炒米店组底部的间断面之间所限定的地层体。华北地台自河口段始海平面上升，形成滩型碳酸盐岩建造和风暴缓坡碳酸盐岩建造。岩石地层包括馒头组上部河口段、张夏组和崮山组。在吉南地区鲕状灰岩建造始于河口段，向上变厚至张夏组达到鼎盛期，至崮山组仍较发育，代表了四个三级海平面变化的鲕状灰岩旋回层序。各级旋回层序都是由泥质石英粉砂岩—泥质岩，较深浅海相含海绿石泥岩组成的海侵层序。在崮山组还叠加风暴-碳酸盐岩建造。

$Ⅱ_3$ 级旋回层序：最大海泛面(炒米店组)到马家沟组顶部的 SB_1 型不整合面之间的地层为高水位体系域。高水位体系域从炒米店组始，形成五个三级层序。炒米店组—冶里组属于早期海泛期，冶里组、马家沟组则属于后海泛期，海平面上升速率低于沉积速率。炒米店组厘米级薄板灰岩，层系比较连续，不同于崮山组的竹叶状灰岩，说明海平面持续上升达到最大海泛期，层序地层认为全球最大海泛面是等时面，因此，我们认为炒米店组是华北地台的等时面。此时形成较深水的台地碳酸盐岩建造，之后海平面缓慢下降，并伴随海平面多次短期的升降，形成与碳酸盐堆积已经达到平衡的一套向上变浅和经常暴露层序的沉积组合。表现在局部白云岩化、古喀斯特风化土壤层、淋滤形成球粒构造、虫孔和大量生物搅动构造及角砾岩等形成风化壳型碳酸盐岩建造。

第七章
志留纪—泥盆纪

吉林省华北地层大区中的志留纪—泥盆纪岩石地层仅见于内蒙古草原地层区锡林浩特-磐石地层分区的吉林地层小区，也是目前我省有可靠的志留纪—泥盆纪岩石地层唯一的地区（除朝深 4 井中含四射海绵骨针的早志留世岩石地层单位外）。已确定有 6 个组级和 2 个段级岩石地层单位。

第一节　岩石地层单位

桃山组　S_1t　（05－22－0041）

【创名及原始定义】　1978 年吉林区调队六分队创名，创名地点在伊通县莫里青乡孟家沟。桃山组由下段变质中-酸性火山岩（见铜矿化多处），上段正常沉积岩（笔石页岩）夹变质酸性火山岩组成。因早志留世笔石页岩相在东北地区属首次发现，故新建桃山组。

【沿革】　创名时误将大黑山—景家台剖面作为建组剖面，而将有化石的新立屯—桃山剖面视为辅助剖面。1982 年刘渭洲等系统研究了孟家沟西山剖面，发现 16 层数量丰富的笔石化石。1982—1986 年陆续总结了桃山早志留世笔石地层，明确了桃山组仅指笔石页岩相地层，没有把火山岩包括其中，并且明确指出孟家沟剖面系倒转层序。吉林区调所（1988）在《吉林省区域地质志》中仍认为桃山组是一套变质火山沉积岩系，厚达 3 219 m。本次对比研究采用刘渭洲等人的划分，而将以火山岩为主的地层从桃山组划分出来，另立放牛沟火山岩。

【现在定义】　放牛沟火山岩之上的一套笔石页岩相地层。上部（见于孟家沟以东）为灰色、灰黄色薄层粉砂岩、深灰色厚层粉砂岩夹灰色条带状泥灰岩；下部由灰色、深灰色含笔石细砂岩、粉砂岩、粉砂质板岩，偶夹含砾细砂岩及泥灰岩凸镜体组成，产多层笔石化石。与下伏放牛沟火山岩断层接触。

【层型】　正层型为孟家沟西山剖面（125°04′，43°29′），刘渭洲等 1979 年测制。

桃山组	总厚度 252.92 m
25. 断层角砾岩及第四系覆盖	9.09 m

24. 灰色粉砂岩，岩石破碎含泥砾 10.68 m

23. 灰黑色粉砂质板岩，风化面为黄褐色，局部层理清楚。产4层笔石 *Monograptus* sp.，*M.* cf. *halli*，*Oktavites* cf. *spiralis*，*O.* sp.，*Retiolites* sp.，*Monoclimacis* sp.，*Streptograptus* sp.，*Climacograptus* sp. 2.34 m

22. 灰色泥质粉砂岩，顶部为灰白色中性脉岩侵人。产笔石 *Retiolites* cf. *geinitzianus* 3.24 m

21. 浅灰色粉砂岩，夹灰黑色粉砂质板岩。产笔石 *Monograptus* sp.，*M.* cf. *halli*，*Orthograptus* sp. 5.54 m

20. 灰黑色粉砂质板岩，局部具有小的韵律，层面多被铁质浸染。产5层笔石 *Monograptus* sp.，*Oktavites* sp.，*Monoclimacis* sp.，*Pristiograptus* sp.，*Retiolites* sp.，*Streptograptus* sp.，*Glyptograptus* sp.，*Demirastrites* sp. 6.16 m

19. 青灰色粉砂质板岩，夹有泥灰岩凸镜体。产笔石 *Monograptus* sp. 28.11 m

18. 青灰色粉砂质板岩与凝灰质粉砂岩互层 6.69 m

17. 青灰色粉砂质板岩夹凝灰质粉砂岩。产笔石 *Retiolites geinitzianus*；*Monograptus* cf. *priodon*，*M. priodon*，*M.* sp.，*Oktavites tortuosus*，*O.* cf. *spiralis*，*O.* sp.，*Monoclimacis* cf. *vomerinus*，*Pristiograptus* sp.，*Streptograptus* sp.，*Demirastrites* sp.。产笔石层位之下夹有宽约0.3 m的灰白色凝灰质粉砂岩：*Retiolites geinitzianus angustidens*，*R. geinitzianus*，*R. minutus*，*R.* sp.，*Stomatograptus grandis*，*S.* sp.，*S. sinensis*，*S.* cf. *sinensis*，*S. asiaticus*，*S.* cf. *asiaticus*，*Pseudoplegmatograptus* sp.，*P. flaccidus*，*P.* cf. *obesus*，*Monograptus* cf. *discus*，*M.* sp.，*Monoclimacis* sp.，*M.* cf. *vomerinus*，*Oktavites spiralis contorus*，*O. tortuosus*，*O.* sp.，*O. minor*，*O.* cf. *spiralis*，*O. circularis*，*Pristiograptus* sp.，*P.* sp.，*Streptograptus* sp.，*Pleurograptoides* sp. nov. 1，*P.* sp. nov. 2，*Demirastrites* sp. 3.72 m

16. 青灰色粉砂质板岩，具不明显的水平层理，其中夹薄层凝灰质细砂岩。产笔石达10层之多：*Monograptus* sp.，*Streptograptus* sp.，*Stomatograptus* cf. *asiaticus*，在上列笔石层之下10 m厚的粉砂质板岩中夹有凝灰质粉砂岩3层，每层厚约0.015 m，并含厚0.05 m的泥灰岩凸镜体，产 *Monoclimacis* cf. *vomerinus*，*Monograptus* cf. *priodon*，*Pristiograptus* sp.，*Demirastrites* sp.，*Climacograptus* sp.。在上列笔石层之下，夹有0.5 m厚的灰白色含砾细砂岩，产 *Monograptus* sp.，*Demirastrites* sp.，*Monoclimacis* sp.，*Oktavites* cf. *spiralis*，*Pristiograptus* sp. 23.40 m

15. 青灰色千枚状板岩。产笔石 *Pleurograptoides erectus*，*P.* sp. nov. 3，*Oktavites circularis* var. *uniformis*，*O.* cf. *spiralis*，*Pristiograptus* sp.，*Monograptus* sp.，*Monoclimacis* sp.，*Demirastrites* sp.，*Pseudoplegmatograptus* cf. *obesus*

14. 青灰色千枚状板岩与泥质粉砂岩互层，局部具水平层理 4.04 m

13. 深灰色千枚状粉砂质板岩，局部有泥质粉砂岩夹层。产11层笔石 *Monoclimacis* cf. *vomerinus*，*M. vomerinus*，*M.* cf. *griestoniensis*，*M.* sp.，*Oktavites circularis* var. *uniformis*，*O.* cf. *spiralis*，*O.* sp.，*O.* cf. *yini*，*Monograptus* sp.，*M.* cf. *acus*，*M. priodon*，*Pristiograptus* sp.，*Retiolites* cf. *geinitzianus*，*R. geinitzianus angustidens*，*R. geinitzianus*，*Streptograptus* sp.，*Demirastrites* cf. *minor*，*D.* sp.

12. 青灰色泥质粉砂岩，风化面为黄褐色，局部夹薄层深灰色粉砂岩。产笔石 *Monograptus* sp.，*Demirastrites* ? sp. 10.50 m

11. 灰黑色泥质粉砂岩。产笔石 *Streptograptus* cf. *nodifer*，*S.* cf. *exiguus*，*S.* sp.，*Monograptus* sp.，*M. marrioerner* 31.26 m

10. 灰黑色粉砂质板岩 2.82 m

9. 青灰色粉砂岩，岩石比较破碎 28.98 m

8. 灰黑色泥质粉砂岩，局部夹有微层理的薄层粉砂岩。产笔石 *Streptograptus becki*, *S. gemmatus*, *S. exiguus*, *S.* cf. *crispus*, *S.* cf. *knockensis*, *S. nodifer*, *S.* cf. *becki*, *S.* sp., *Monograptus acus*, *M. marri*, *M.* cf. *marri*, *Pristiograptus* sp., *Diplograptus* ? sp. 12.04 m

7. 青灰色粉砂岩 4.74 m

6. 灰黑色粉砂质板岩，具铁质斑点。产笔石 *Pristiograptus* cf. *nudus*, *Streptograptus gemmatus*, *Oktavites* sp., *Monograptus* sp., *Demirastrites* sp., *Climacograptus* sp., *Diplograptus* sp. 2.36 m

5. 灰黑色角岩化泥质粉砂岩。产笔石 *Spirograptus turriculatus*, *S. sinicus*, *S. minor*, *Streptograptus gemmatus*, *S. barrandei*, *S.* cf. *becki*, *S.* cf. *gemmatus*, *S. santorius*, *S. becki*, *S. runcinatus*, *S.* sp., *Pristiograptus variabilis*, *P. nudus*, *P.* cf. *variabilis*, *P.* sp., *Monograptus* sp., *Oktavites* cf. *planus*, *O. intermedius*, *O.* sp., *Petalolithus* cf. *tenuis*, *Diplograptus* sp., *Demirastrites* sp., *Glyptograptus tamariscus*, *Climacograptus* sp., *Monoclimacis* sp. 8.68 m

4. 灰黑色泥质粉砂岩，节理发育，岩石较破碎。产笔石 *Spirograptus* cf. *minor*, *Demirastrites* sp. 11.06 m

3. 青灰色粉砂质板岩，局部夹有青灰色泥质粉砂岩。产笔石 *Oktavites urceolus*, *O.* cf. *nobilis*, *Streptograptus runcinatus*, *S. becki*, *S.* cf. *becki*, *S. lobiferus*, *S.* sp., *Monograptus* cf. *halli*, *M. marri*, *M. dextuosus*, *M.* sp., *Pristiograptus* sp., *Climacograptus* sp., *Monoclimacis* sp., *Rastrites* cf. *linnaei*, *R.* sp., *R. cirratus*, *Streptograptus nodifer*, *S.* sp., *Demirastrites supernus*, *D.* sp. 8.06 m

2. 灰色泥质粉砂岩，接近下部钙质成分增多，并夹有 0.8 m 宽的酸性熔岩，产笔石 *Monograptus* sp. 27.60 m

1. 灰黑色粉砂岩夹薄层细砂岩，具烘烤现象，局部夹有桔黄色酸性熔岩，灰绿色闪长岩体侵入。(未见底) 1.81 m

【地质特征及区域变化】 桃山组分布于伊通县桃山一带，东南自施家油房经孟家沟、桃山、达子沟至赵家屯一带，呈北西向分布，长约 8 km 。目前有孟家沟和达子沟两条剖面控制，剖面上顶底不全。本课题组 1992 年实测新立屯—孟家沟剖面时，在莫里青乡至五台子公路以北控制了本组上部层，岩性为深灰色粉砂质板岩、粉砂岩夹一层灰色条带状泥质灰岩，与上覆放牛沟组灰黄色岩屑晶屑凝灰熔岩接触，但关系不清。

本组以深灰色含笔石粉砂岩、粉砂质板岩为主，偶夹含砾砂岩和泥灰岩及少量火山岩。在孟家岭桃山一带除粉砂岩、粉砂质板岩外，还有少量细砂岩，底部夹少量细砂岩和酸性凝灰岩，产大量的笔石。厚度大于 276.7 m。北部达子沟一带火山岩有增加的趋势，下部有 5 层浅色酸性岩。厚度大于 70 m。时代为早志留世。

石缝组 Sŝ (05-22-0028)

【创名及原始定义】 由郭鸿俊等于 1962 年创名，创名地点在东辽县弯月地区。创名时石缝组是由石英岩、大理岩段(厚432m)和大理岩夹结晶灰岩段(厚366m，含腕足类[①] ? *Wellerella* sp., ? *Terebratulaidea* sp., ? *Brachythyrina* sp., 床板珊瑚 *Thamnopora* sp.,

① 当时化石采集者苏养正已提出该门类化石鉴定有误。见彭玉鲸、苏养正等，1965，吉林中部地区地质构造特征。

Thamnopora cf. *yarefae*)及大理岩段(厚约 700 m)组成。

【沿革】 石缝组创名后延用至今，吉林地层表编写组考虑到石缝组、弯月组时代问题争议较大，故未将其编入吉林地层表中。唯吉林地研所(1979)在编制吉林省 1∶50 万地质图时以小三个顶子组代替石缝组(表 7-1)。

表 7-1 石缝组等划分沿革表

<table>
<tr><td colspan="2">郭鸿俊等
1962</td><td colspan="2">吉林区调队
1978</td><td>吉林地研所
1979</td><td>沈阳地研所
1980</td><td>彭玉鲸
李东津
1985</td><td>吉　林
区调所
1988</td><td>郭胜哲等
1992</td><td>本　书</td></tr>
<tr><td colspan="2">弯　月</td><td colspan="2">辽源市幅</td><td>吉林省</td><td>弯　月</td><td>弯　月</td><td>弯　月</td><td>弯　月</td><td>弯　月</td></tr>
<tr><td rowspan="3">呼兰群</td><td>石灰窑组</td><td rowspan="2">桃山组</td><td>上段</td><td>桃山组</td><td rowspan="2">弯月组</td><td rowspan="2">桃山组</td><td rowspan="2">桃山组</td><td>石灰窑组</td><td>椅山组</td></tr>
<tr><td>弯月组</td><td>下段</td><td>北岔屯组</td><td>弯月组</td><td>弯月组</td></tr>
<tr><td>石缝组</td><td colspan="2">石缝组</td><td>小三个顶子组</td><td>石缝组</td><td>石缝组</td><td>石缝组</td><td>石缝组</td><td>石缝组</td></tr>
</table>

【现在定义】 弯月组火山岩之下以变质砂岩、石英砂岩、粉砂岩与结晶灰岩、大理岩互层的一套地层，上部有少量火山岩。结晶灰岩中产床板珊瑚。底部有花岗岩侵入，与上覆弯月组整合接触。

【层型】 正层型为东辽县椅山乡老号洞剖面(125°29′,43°04′)，吉林区调队 1978 年重测。

上覆地层：弯月组　变质流纹岩

——————— 整　合 ———————

石缝组	总厚度 2 102.62 m
46. 灰色绿泥黑云绢云千枚岩	84.79 m
45. 黑色千枚状板岩	133.79 m
44. 灰黑色千枚状板岩，有 5 m 宽酸性脉岩侵入	24.60 m
43. 灰色流纹质角砾熔岩	129.07 m
42. 黑色千枚状板岩，有 5 m 宽煌斑岩脉侵入	98.34 m
41. 灰色变质粉砂岩，有 5 m 宽花岗斑岩脉侵入	9.92 m
40. 黑色千枚状板岩，有 8 m 宽酸性岩脉侵入	35.94 m
39. 灰白色角岩	14.55 m
38. 青灰色千枚状板岩	9.70 m
37. 灰色薄层状粉砂岩夹结晶灰岩凸镜体	11.40 m
36. 灰白色角岩	5.36 m
35. 灰黑色千枚状板岩	10.66 m
34. 灰色薄层状大理岩	5.48 m

33. 灰黑色变质酸性熔岩	12.77 m
32. 灰白色片理化酸性熔岩夹青灰色粉砂岩	7.62 m
31. 青灰色变质粉砂岩，有 50 m 宽石英闪长岩侵入	50.86 m
30. 青灰色变质粉砂岩夹结晶灰岩	419.24 m
29. 灰色角岩	114.80 m
28. 灰白色硅化大理岩，有铜矿化	54.50 m
27. 灰白色角岩	22.00 m
26. 白色糖粒状大理岩	4.40 m
25. 灰色角岩	8.81 m
24. 灰白色条带状石英岩	111.30 m
23. 灰色角岩化斜长角闪变粒岩	8.69 m
22. 灰色石英片岩	19.32 m
21. 灰色薄层状，条带状变质砂岩	50.77 m
20. 浅灰色条带状中粗粒变质石英砂岩	180.04 m
19. 灰黑色碳质板岩	75.85 m
18. 灰色薄层状变质泥灰质粉砂岩	5.74 m
17. 灰白色大理岩，有铅矿化	34.41 m
16. 灰白色大理岩，结晶灰岩，产 *Cladopora* sp.，*Thamnopora* sp.，*Spongophyllum* sp. indet.	19.12 m
15. 灰白色蛇纹石化大理岩	4.19 m
14. 青灰色条带状结晶灰岩	65.61 m
13. 青灰色粉砂岩	24.99 m
12. 灰色条带状结晶灰岩	18.91 m
11. 灰白色含钙质变质粉砂岩	7.96 m
10. 灰黑色—青灰色结晶灰岩	4.57 m
9. 黄绿色变质粉砂岩	9.60 m
8. 灰白色大理岩、灰色结晶灰岩互层	13.41 m
7. 灰绿色变质粉砂岩	19.68 m
6. 黄褐色变质粉砂岩	19.68 m
5. 灰黑—黄褐色变质粉砂岩	34.36 m
4. 灰白色钙质粉砂岩	8.60 m
3. 灰黑色透闪石片岩	30.60 m
2. 灰白色变质长石砂岩	28.97 m
1. 青灰色混合岩化黑云斜长片麻岩	37.65 m

（华力西晚期黑云母花岗岩侵入）

【地质特征及区域变化】 石缝组主要分布于老号洞、石缝、葫芦头沟一带，其次在磐石县草庙子、大安屯一带和辉南县一座营乡一带也有零星出露。在层型区本组下部以变质长石砂岩、粉砂岩夹片岩为特征，在与花岗岩接触带因热变质形成片麻岩；中部以砂岩、粉砂岩与结晶灰岩、大理岩互层为特点；上部以变质砂岩和板岩为主夹数层酸性熔岩，砂岩、板岩中韵律层发育。一座营一带则以变质砂岩为主，夹有大理岩。郭鸿俊等(1962)认为该组可与呼兰地区的北岔屯组相比。我们认为两者岩石总体特征有差异，原北岔屯组(现小三个顶子组)以灰岩为主，夹有少量石英岩和片岩，而石缝组则以碎屑岩为主。吉林区调所(1978，

1988)将大黑山、景家台一带砂板岩和碳酸盐岩与石缝组相比。两者尽管岩性特点有些接近，但岩石组合和基本层序差异较大。在大黑山地区，下部为砂岩、板岩，未发现灰岩夹层；上部为大理岩有少量碎屑岩夹层〔现归属到黄顶子(岩)组和烧锅屯(岩)组〕，因此石缝组主要指东辽县这部分地层。时代为志留纪，其下限可能跨奥陶纪。

弯月组 *Sw* (05-22-0029)

【创名及原始定义】 由郭鸿俊等于1962年创名，创名地点在东辽县弯月地区。原始定义是，由五段岩性组成，自下而上为千枚岩段(厚982 m)；黑云母石英片岩段(厚779 m)；绢云母片岩夹结晶灰岩段(含四射珊瑚，厚612 m)；石英岩、绢云母片岩段(厚474 m)和大理岩夹片岩段(厚984 m)。

【沿革】 创名时误将变质安山岩与变质流纹岩定名为千枚岩、黑云母石英片岩和绢云母片岩(1—3段)。吉林区调队(1978)在1∶20万辽源市幅填图中明确了原弯月组中存在巨厚的火山岩。自此省内的研究者将火山岩视为桃山组下段，上部的碎屑岩连同上覆的石灰窑组一并称桃山组上段(笔石页岩相)。郭胜哲等(1992)坚持郭鸿俊等(1962)的命名方案。本次对比研究将火山岩部分划为独立的岩石地层单位，因此弯月组的含义只限于火山岩。而把火山岩之上的碎屑岩夹灰岩连同石灰窑组另立新名——椅山组(表7-1)。

【现在定义】 椅山组和石缝组之间以片理化流纹岩、片理化流纹凝灰熔岩、片理化中酸性熔岩、片理化中性熔岩为主夹结晶灰岩的一套地层。结晶灰岩中有珊瑚化石。与下伏、上覆地层均呈整合接触。

【层型】 正层型为东辽县椅山乡石缝剖面(125°29′,43°04′)，吉林区测队1978年资料修订。

上覆地层：**椅山组** 结晶灰岩

——————— 整 合 ———————

弯月组	总厚度 1 312.68 m
9. 灰白色片理化流纹岩	173.27 m
8. 灰色中厚层大理岩	8.65 m
7. 灰白色片理化流纹岩	43.25 m
6. 灰色中厚层结晶灰岩及大理岩，产 *Cladopora* sp.，*Thamnopora* sp.，*Syringopora* sp.	84.10 m
5. 灰白色片理化酸性凝灰熔岩	232.11 m
4. 青灰色片理化中性—中酸性凝灰熔岩，常见斜长石残斑	277.77 m
3. 灰白色片理化中酸性熔岩，具铜矿化及绿泥石化	53.43 m
2. 青灰色片理化中酸性熔岩	117.35 m
1. 灰白色片理化流纹岩	322.75 m

——————— 整 合 ———————

下伏地层：**石缝组** 千枚岩

【地质特征及区域变化】 弯月组分布于东柳河子及大兴屯沟里，其次是磐石县大旺乡大旺屯、当石顶子一带。在梨树县孟家岭乡杨家窑一带也有小面积出露。弯月组下部以片理化酸性熔岩为主，中部为片理化中酸性—中性凝灰熔岩和熔岩；上部主要为片理化流纹岩夹两层结晶灰岩。在中性熔岩中常见斜长石残斑及铜矿化。结晶灰岩中偶见床板珊瑚。大旺一带大理岩层变厚,并产珊瑚化石,属于弯月组的上部层位。梨树县孟家岭一带片理化流纹岩夹结晶灰岩,其中也产床板珊瑚。本组在其他地区则因花岗岩侵入均无顶、无底。时代为志留纪。

椅山组 Sy (05-22-0030)

【创名及原始定义】 本课题组于1993年创名，创名地点在东辽县椅山乡。其定义是弯月组火山岩之上以碎屑岩和碳酸盐岩为主的一套地层。下部以中砂岩、钙质砂岩、石英砂岩与结晶灰岩互层；上部以红柱石板岩、千枚状板岩、粉砂质板岩为主夹数层变质砂岩和长石砂岩。底部与弯月组整合接触，顶部被花岗岩侵入。

【沿革】 这套地层最早由郭鸿俊等(1962)分别称弯月组和石灰窑组。1978年吉林区调队将其与桃山组笔石页岩对比。郭胜哲等(1992)仍称为石灰窑组。经本次对比研究拟建的新单位与原石灰窑组有很大的改动，其底界为弯月组火山岩的顶界。同时地形图上又查无“石灰窑”一名，实地的大部分石灰窑都是临时性的，不是专有的驻迹名称，故新建椅山组(表7-1)。

【现在定义】 同原始定义。

【层型】 正层型为东辽县椅山乡石缝—大兴屯剖面(125°28′,43°03′),据吉林区测队1978年资料修订。

(华力西晚期黑云母花岗岩侵入)

椅山组	总厚度 1 926.78 m
31. 灰色变质砂岩、粉砂岩互层	79.26 m
30. 灰色千枚状板岩、变质砂岩互层	89.90 m
29. 灰色片理化石英砂岩，夹变质长石砂岩	112.34 m
28. 灰色薄层状板岩	48.10 m
27. 黑色千枚状板岩、红柱石板岩互层	98.64 m
26. 灰色中厚层变质砂岩	35.33 m
25. 黑色千枚状板岩、红柱石板岩互层	125.13 m
24. 黑色千枚状板岩	56.69 m
23. 灰色—深灰色红柱石板岩	412.90 m
22. 白色厚层状大理岩	3.85 m
21. 灰黑色—深灰色红柱石板岩	100.51 m
20. 深灰色中厚层结晶灰岩	108.82 m
19. 灰色中厚层大理岩	19.20 m
18. 灰色中厚层条带状结晶灰岩	7.17 m
17. 黄绿色薄层状千枚岩	3.58 m
16. 灰色透闪石角岩	5.02 m
15. 灰色薄层状结晶灰岩	55.89 m
14. 灰色细粒石英砂岩	149.72 m
13. 白色厚层大理岩	3.71 m
12. 灰色中薄层变质长石石英砂岩	73.92 m
11. 灰色矽卡岩化钙质砂岩	32.72 m
10. 白色厚层矽卡岩化大理岩，有铜矿化，局部富集成矿	80.64 m

9. 黄绿色红柱石板岩	12.38 m
8. 白色厚层状大理岩，有铜矿化	45.27 m
7. 黄绿色红柱石绢云片岩	14.96 m
6. 深灰色矽卡岩化钙质砂岩	51.96 m
5. 白色大理岩，有花岗斑岩脉侵入，接触带有云英岩化	20.00 m
4. 黄绿色变质细砂岩，有花岗斑岩脉侵入	45.03 m
3. 灰色中厚层结晶灰岩	11.60 m
2. 灰—青灰色条带状变质中粒砂岩	18.78 m
1. 灰色结晶灰岩	3.76 m

——— 整 合 ———

下伏地层：弯月组　灰白色片理化流纹岩

【地质特征及区域变化】　椅山组仅见于大兴屯、牛心屯、石丰一带。该组的下部为砂岩到灰岩的8个旋回层，可划分成2个大的由粗到细，由厚变薄的粒序层。其中结晶灰岩向上厚度渐增，最顶部的结晶灰岩厚达227 m。23层以上属于不含灰岩的碎屑岩类，为砂岩同板岩互层，且板岩多，砂岩少。层型区本组厚1 926.28 m。时代为志留纪。

西别河组　S_3D_1x　(05-22-0043)

【创名及原始定义】　为地质部地质研究所李寿耆、赵泽国等1960年命名(手稿)，内蒙古地质研究所1964年在《呼和浩特幅地质图说明书》中介绍，创名地点在内蒙古乌兰察布盟达尔罕茂明安联合旗嘎少庙之东西别河。命名时将西别河一带的中泥盆统石灰岩及砂岩等称西别河组。厚337 m。

【沿革】　在锡林浩特-磐石地层分区吉林省习用的张家屯组、二道沟组与西别河组具有大体相同的岩石组合和生物属性。根据东北大区地层专题组的建议，将原张家屯组、二道沟组降为段级正式地层单位，统归西别河组。因此在吉林省西别河组包括张家屯段和二道沟段。

【现在定义】　指一套由砂岩、灰岩、板岩、变泥岩及生物礁等构成的岩石组合。富含珊瑚、腕足类、层孔虫等多门类化石。以底砾岩不整合在包尔汉图群或加里东期石英闪长岩之上，上被阿木山组不整合覆盖。在吉林省由张家屯段和二道沟段组成。

张家屯段　S_3x^z　(05-22-0045)

【创名及原始定义】　原称张家屯组，由莽东鸿、裴世强1964年创名，创名地点在永吉县春登乡张家屯。创名时指中晚志留世含三叶虫和腕足类的海相碎屑岩为主的地层。

【沿革】　张家屯组创名至今岩石地层实体无认识分歧。本次对比研究将组降为段，划归西别河组。

【现在定义】　指张家屯、韩广富屯一带以砾岩、含砾砂岩、砂岩和粉砂岩为主夹有灰岩凸镜体的岩石组合，富含珊瑚和腕足类。其底与加里东期碱性花岗闪长岩不整合接触，顶与二道沟段断层接触。

【层型】　正层型为永吉县春登乡张家屯剖面(126°18′，43°41′)，吉林区测队1989年重测。

上覆地层：第四系

张家屯段　　　　厚度380.00 m

6. 紫色含砾凝灰质粉砂岩局部为蛋青色粉砂岩，具波状层理，大部为块状 104.90 m

5. 黑灰色泥质细砂岩，具水平层理 91.20 m

4. 灰绿色含砾粉砂岩，底部夹 1 m 厚灰岩凸镜体，产四射珊瑚 *Schlotheimophyllum* sp.，*Entelophyllum* aff. *vassense* >52.80 m

3. 灰绿、灰黄色泥质粉砂岩夹薄层黄绿色细砂岩，产 4 层化石。腕足类 *Iridiostrophia zangjiatunensis*，*Molongia simplex*，*Coelospira* sp.，*Hedeina* aff. *annanias*，*Striispirifer orientalis*，*Protoreticularia fimbriata*，*Lingula* sp.，*Salopina classiformis*，*Chonetoidea* sp.，*Nikiforovaena* sp.，*Reticulatrypa variabilis*，*Howellella nucula*，*Nucleospira* sp.；珊瑚 *Calceola* sp.，*Heliolites* sp.，*Aulopora* sp.，*Schlotheimophyllum* sp，等 48.89 m

2. 黄、黄褐、灰紫色含砾粗砂岩，碎屑成分复杂，砾径达 5 cm 38.89 m

1. 灰黄、灰紫、灰褐色砾岩，砾石多呈次棱角状，分选性差，主要为花岗岩、流纹质熔结凝灰岩等，少量为花岗闪长岩，砾径 5～10 cm，底部大者达 50 cm 43.32 m

~~~~~~~~~~ 不 整 合 ~~~~~~~~~~

下伏：碱性花岗闪长岩

【地质特征与区域变化】 张家屯段主要分布于永吉县张家屯、向家沟、韩广富屯，另在查家沟、兴隆沟、蒐登站、大绥河一带也有出露。层型剖面下部以砾岩、黄灰紫色含砾粗砂岩、粉砂岩及细砂岩为主，夹灰岩凸镜体。其中韵律层发育。上部为紫色含砾凝灰质粉砂岩夹蛋青色粉砂岩。与西别河组比较，岩石的颜色特点差别较大。张家屯一带厚度大于 751 m。查家沟一带下部为结晶灰岩夹砂岩；中部为灰黑色具韵律层和鲍马层序的砂岩、粉砂岩；上部为紫色、蛋青色含砾凝灰质砂岩，厚度大于 685 m。与层型剖面基本相似。这套地层以往归属到一拉溪组。东查家沟以东“一拉溪组”火山岩夹层中发现大量早侏罗世植物化石，一拉溪组解体后，火山岩相当于南楼山组。东查家沟至大查家沟之间的上列地层归属到张家屯段较为合适。查家沟一带的该段地层处于伊舒地堑的边缘，其内部冲断层、平卧褶皱、倒转背斜等十分复杂。由于南楼山组覆盖，出露零星。大绥河一带出露紫色含砾凝灰质砂岩，在小绥河水库可见到与二道沟段断层接触。时代为晚志留世。

二道沟段 $S_3D_1x^e$ (05-22-0044)

【创名及原始定义】 原名二道沟灰岩，矢部长克于 1943 年创名，创名地点在永吉县大绥河乡二道沟。指二道沟一带的灰岩，其时代为中志留世。

【沿革】 二道沟灰岩自创名后，诸多研究者提出了相似或不同的认识(表 7-2)。就岩石地层而言，自东北地质研究所(1975)划分出下部“砂页岩段”和上部“灰岩段 ”后，这两段的上、下关系即形成两种不同观点，刘发、黄柱熙(1977)将该剖面视为整合单斜构造，主张“灰岩段”在下、“砂页岩段”在上；彭玉鲸、夏志良等(1990)认为该剖面整体为一倒转层序，“砂页岩段”在下，“灰岩段”在上，并主张将后者保留创名人的原意称二道沟组，前者可新建小绥河组；南润善、郭胜哲(1992)亦持大体相同的意见，但不主张彭等的构造解释，提出二道沟组与小绥河组之间为断层接触关系。本次对比研究将广义的二道沟组(Ю. А. 霍达克、孙枢，1963)降为二道沟段，划入西别河组。并暂用雒余飒、黄柱熙等(1990)所提供的剖面层序。
~~~~~~~~~~

表 7-2　吉林省西别河组二道沟段划分沿革表

<table>
<tr><td colspan="2">矢部长克</td><td colspan="2">穆恩之</td><td colspan="2">郭鸿俊</td><td colspan="2">霍达克 孙枢</td><td colspan="2">东北地质研究所</td><td colspan="2">吉林地层表</td><td colspan="2">刘发 黄柱熙</td><td colspan="2">王成源 李东津</td><td colspan="2">廖卫华 郑春子</td><td colspan="2">彭玉鲸 夏志亮</td><td colspan="2">雒余飒</td><td colspan="2">南润善 郭胜哲</td><td colspan="2">本书</td></tr>
<tr><td colspan="2">1943</td><td colspan="2">1962</td><td colspan="2">1962</td><td colspan="2">1963</td><td colspan="2">1975</td><td colspan="2">1975</td><td colspan="2">1977</td><td colspan="2">1986</td><td colspan="2">1986</td><td colspan="2">1990</td><td colspan="2">1990</td><td colspan="2">1992</td><td colspan="2"></td></tr>
<tr><td colspan="2">二道沟</td><td colspan="2">二道沟</td><td colspan="2">二道沟</td><td colspan="2">二道沟</td><td colspan="2">二道沟</td><td colspan="2">二道沟</td><td colspan="2">二道沟</td><td colspan="2">二道沟</td><td colspan="2">二道沟</td><td colspan="2">二道沟</td><td colspan="2">二道沟</td><td colspan="2">二道沟</td><td colspan="2">二道沟</td></tr>
<tr><td rowspan="4">中志留统</td><td rowspan="4">二道沟灰岩</td><td rowspan="4">志留系</td><td rowspan="4">二道沟群</td><td rowspan="2">上志留统</td><td rowspan="4">二道沟群</td><td rowspan="2">泥盆系</td><td rowspan="4">二道沟组</td><td>C_1</td><td>通气沟组</td><td>C_1</td><td>北通气沟组</td><td colspan="2">北通气沟组</td><td colspan="2">北通气沟组</td><td colspan="2"></td><td>C_1</td><td>北通气沟组</td><td colspan="2">北通气沟组</td><td>C_1</td><td>北通气沟组</td><td colspan="2">通气沟组</td></tr>
<tr><td rowspan="3">二道沟组</td><td>灰岩段</td><td rowspan="3">志留系上统</td><td rowspan="3">二道沟组</td><td rowspan="3">二道沟组</td><td>上段砂页岩</td><td rowspan="3">二道沟组</td><td>灰岩段</td><td rowspan="3">下泥盆统</td><td rowspan="3">二道沟组</td><td>D_1</td><td>二道沟组</td><td rowspan="3">上志留统</td><td rowspan="3">二道沟组</td><td>D_1</td><td>二道沟组</td><td rowspan="3">西别河组</td><td rowspan="2">二道沟段</td></tr>
<tr><td rowspan="2">中志留统</td><td rowspan="2">志留系</td><td rowspan="2">砂页岩段</td><td rowspan="2">下段灰岩</td><td rowspan="2">砂页岩段</td><td rowspan="2">S_3</td><td rowspan="2">小绥河组</td><td rowspan="2">S_3</td><td rowspan="2">小绥河组</td></tr>
<tr><td>张家屯段</td></tr>
</table>

【现在定义】　张家屯段紫色凝灰质砂岩之上，下部为深灰色、灰色杂砂岩、砂岩、粉砂岩为主，夹灰岩凸镜体；上部以灰色、灰白色厚层灰岩，生物角砾、生物屑灰岩为主，夹薄层粉砂岩和薄层灰岩，产大量珊瑚、腕足类、三叶虫等多门类化石的一套地层。在小绥河水库剖面与下伏张家屯段断层接触，与上覆通气沟组不整合接触。

【层型】　正层型为永吉县大绥河乡二道沟(126°22′，43°52′)，雒余飒等 1990 年重测。

上覆地层：通气沟组　粉砂岩

~~~~~~~~~~ 不 整 合 ~~~~~~~~~~

二道沟段　　厚度＞555 m

14. 浅灰色厚层灰岩，产珊瑚 *Entelophyllum articulatum*，*E. erdaogouense*，*Carlinastraea sugiyamai*，*Tryplasma* sp.，*Favosites subforbesi*，*F. hisingeri regularis*，*Pachyfavosites gesamiaoensis*，*Striatopora macrosepala*；牙形刺 *Panderodus gracilis*，*P. simplex*，*P. unicostatus*，*Hindeodella priscilla*，*Spathognathodus steinhornensis eosteinhornensis*；介形类 *Acanthoscaphaaris*　19 m
13. 黄绿色粉砂岩、页岩夹细砂岩，产竹节石 *Tentaculites* sp.，*Vjalovites* ? sp.，*Uniconus* sp.，*Gotlandellites* ? sp.，还有一些腕足类和三叶虫等化石　15 m
12. 深灰色薄层灰岩夹灰绿色粉砂岩、钙质页岩产大量化石，珊瑚 *Carlinastraea sugiyamai*，*Zelophyllum subdendroideum*，*Favosites similis*；三叶虫 *Contracheirurus* sp.，*Calymene* cf. *lawsoni*；腕足类 *Leptaena sinica*，*Coelospira cavata*，*Protocortezorthis* sp. *Nucleospira calypta*，还有一些海百合茎，苔藓虫及双壳类等化石　30 m
11. 黄绿色细砂岩、粉砂岩、页岩夹薄层泥灰岩，产大量腕足类 *Atrypa erdaogouensis*，*A.* sp.，*Isorthis clivosa*，*Protocortezorthis elongata*，*Dicoelosia oklahomensis*；三叶虫 *Proetus* sp.，还有少量竹节石及海百合茎等　17 m
10. 灰白色厚层灰岩，产大量化石，珊瑚 *Entelophyllum erdaogouense*，*E. jilinense*，*E. minus*，*Werssermelia* cf. *lindstromi*，*Disphyllum erdaogouense*，*D. jilinense*，*Mucophyllum infundibula*，*Profasciphyllum jilinense*，*Tryplasma dasuiheensis*，*Microplas-*
~~~~~~~~~~

ma dubia, *M. jilinensis*, *Cystiphyllum erdaogouense*, *Rhizophyllum applanatum*, *Favosites subforbesi*, *F. hisingeri*, *Squameofavosites jilinensis*, *Pachyfavosites neimongolensis*, *P. gesamiaoensis*, *Mesofavosites* cf. *regularia*；牙形刺 *Spathogathodus sternhornensis eosteinhornensis*；海参骨片 *Eocaudina septaforaminalis* 36 m

9. 黄绿色粉砂岩，页岩夹薄层泥灰岩，产大量化石。腕足类 *Isorthis clivosa*，*Is.* sp.，*Atrypa erdaogouensis*，*Idioglyptus alatus*，*I. semicircularis*，*Salopina jilinensis*，*Nucleospira* cf. *calypta*，*Skenidioides* sp.，*Lissatrypa minor*，*Leptaena sinica*，*Coolina* sp.，*Delthyris rareplicatum*，*Prochonetes stonehousensis*；三叶虫 *Encrinurus sinicus*，*Otarion* sp.；腹足类 *Enomphalus* sp.；还有苔藓虫、海百合茎等化石 12 m
8. 浅黄绿色粉砂岩，有小岩脉侵入 56 m
7. 黄绿色含凝灰质砂岩、凝灰质粉砂岩、页岩，有小岩脉穿入。产苔藓虫、海百合茎等化石 66 m
6. 灰绿色凝灰质粉砂岩、页岩，有海百合茎等化石碎片 65 m
5. 黄绿色粉砂岩、页岩，产海百合茎、苔藓虫等化石，保存不好 21 m
4. 灰绿色粉砂岩、页岩，有岩脉侵入。见腕足类、海百合茎等化石碎片 38 m
3. 浅黄绿色砂岩、粉砂岩、页岩 117 m
2. 黄绿色粉砂岩、页岩夹灰岩凸镜体 13 m
1. 黄绿色钙质页岩、粉砂岩。(未见底) 50 m

【地质特征及区域变化】 二道沟段分布于吉林市西南大绥河乡小绥河、后土门岭、二道沟一带。下部以碎屑岩为主，包括中粗粒长石砂岩、细砂岩、粉砂岩夹页岩和灰岩凸镜体；上部为1～2层大的灰岩凸镜体夹粉砂岩和钙质粉砂岩。二道沟灰岩包括腰坑、腰北坑、西坑和东坑灰岩，均呈凸镜体。西坑灰岩还有分枝复合现象，因此不能做为标志层。本组在小绥河水库一带呈倒转层序，下部与西别河组断层接触。

二道沟段中主要化石门类有珊瑚、腕足类，其次是三叶虫、牙形刺、竹节石、腹足类、双壳类、苔藓虫、海百合茎等。主要门类的时代为晚志留世到早泥盆世。

王家街组　D_2w　(05-22-0046)

【创名及原始定义】 汪明洲等1973年[①]创名，创名地点在永吉县黄榆乡王家街。创名时指分布于永吉县黄榆乡王家街一带的中泥盆统地层，上段以黑色灰岩为主，下段为黄绿色、紫色、紫灰色泥质粉砂岩、凝灰质砂岩夹少量灰岩，产 *Parathamnopora*，*Placocoenitis*，*Aulopora* 等珊瑚化石。

【沿革】 1966年李东津等发现泥盆纪化石。在吉林小区到目前为止相当王家街组的地层仅见于王家街一地，分布面积不足3 km^2。1985年吉林区调队古生物室编制吉林省古生物图册时在王家街北碱草甸子东山发现了较多的珊瑚，后经郑春子等研究，其中有 *Gracilopora* 等早泥盆世的分子，因此将这一部分地层新建碱草甸子组，置于王家街组之下。1992年郭胜哲、苏养正等总结吉林槽区古生代生物地层时认为碱草甸子组岩性特征，出露范围与王家街组一致，其中所含的化石 *Gracilopora*，*Scoliopora* 的时代无法限定为早泥盆世，因此仍称王家街组（表7-3）。同年吉林局二所七分队又把王家街组上、下段分别建立常家街组和王家街组。经本次对比研究王家街组目前不宜进一步划分。

【现在定义】 下部由灰色、灰紫色粗粒长石砂岩、粉砂岩夹中薄层灰岩、凝灰质砂岩或

① 汪明洲等，1973，关于永吉县黄榆公社王家街地区中泥盆统地层的发现（手稿）。

表 7-3　王家街组划分沿革表

<table>
<tr><td colspan="2">汪明洲等</td><td colspan="2">吉林地层
表编写组</td><td colspan="2">吉林区调队
六分队</td><td colspan="2">郑春子</td><td colspan="2">吉林局
二　所</td><td colspan="2">南润善
郭胜哲</td><td colspan="2">本　书</td></tr>
<tr><td colspan="2">1973</td><td colspan="2">1975</td><td colspan="2">1978</td><td colspan="2">1989</td><td colspan="2">1992</td><td colspan="2">1992</td><td colspan="2"></td></tr>
<tr><td colspan="2">王家街</td><td colspan="2">王家街</td><td colspan="2">1:20万
长春市幅</td><td colspan="2">王家街</td><td colspan="2">王家街</td><td colspan="2">王家街</td><td colspan="2">王家街</td></tr>
<tr><td rowspan="3">中泥盆统</td><td rowspan="3">王家街组</td><td rowspan="3">中泥盆统</td><td rowspan="3">王家街组</td><td rowspan="3">中泥盆统</td><td rowspan="3">王家街组</td><td rowspan="2">D_2</td><td rowspan="2">王家街组</td><td rowspan="2">中统</td><td>常家街组</td><td rowspan="3">中泥盆统</td><td rowspan="3">王家街组</td><td rowspan="3">泥盆系中统</td><td rowspan="3">王家街组</td></tr>
<tr><td>王家街组</td></tr>
<tr><td>D_1</td><td>碱草甸子组</td><td>下统</td><td>碱草甸子组</td></tr>
</table>

生物礁组成；上部为灰色、深灰色薄层、中厚层灰岩，含燧石结核灰岩、生物屑灰岩和由珊瑚、层孔虫为骨架的礁组成。由于王家街组顶、底不全，其全部含义尚不清楚。

【层型】　正层型为黄榆乡王家街—长梁子—大磊子剖面(125°55′,43°32′),汪明洲等 1973 年测制。

上覆地层：**鹿圈屯组**　含砾砂岩

~~~~~~~~~~ 不 整 合? ~~~~~~~~~~

王家街组　　总厚度 876.7 m

18. 黑灰色中厚层隐晶质灰岩，底部有 2 m 生物碎屑灰岩，产四射珊瑚"*Columnaria*" *vesiculosa*, *Dendrostella wangjiajieensis*, *Sociophyllum semiseptatum*, *Atelophyllum* sp.；床板珊瑚 *Pachyfavosites exilis*, *Squameofavosites kulkovi*, *Cladopora* sp., *Gracilopora crassa*, *Alveolitella wangjiajieensis*；层孔虫 *Amphipora angusta*, *A. pinguis*, *A. ramosa*, *Stachyodes* sp., *Actinostroma* sp., *Stromatopora* sp.；腕足类 *Murchisonia* sp.　　>225.0 m
17. 深灰色中层含燧石结核灰岩和黑灰色中层白云质灰岩互层，产床板珊瑚 *Striatopora linneana*, *Syringopora eifeliensis*, *Chia giganta*, *Pachystelliporella wangjiajieensis*　　88.1 m
16. 深灰色中层白云质细晶灰岩　　20.7 m
15. 深灰色、黑灰色中层灰岩，具少量燧石结核，夹薄层泥质灰岩，含层孔虫、珊瑚及腕足类化石碎片　　96.2 m
14. 黑灰色中层含泥质灰岩夹薄层泥灰岩，产床板珊瑚 *Thamnopora* sp.　　43.6 m
13. 灰绿色中层泥灰岩，夹浅灰色中粒长石砂岩　　8.7 m
12. 紫色凝灰岩，夹褐色凝灰质长石砂岩　　18.6 m
11. 灰褐色粗粒长石砂岩及黄褐色粉砂岩　　13.3 m
10. 黄绿色薄层粉砂岩，夹细砂岩及少量泥灰岩凸镜体　　61.5 m
9. 灰黄色薄层钙质粉砂岩，夹灰绿色泥灰岩　　11.7 m
~~~~~~~~~~

8. 黑灰色中厚层灰岩，产床板珊瑚 *Syringopora* sp. 2.0 m

7. 黄绿、紫灰及紫色凝灰岩，下部夹紫灰色火山角砾岩 70.0 m

6. 黄绿、黄褐、暗绿色凝灰质粉砂岩及粉砂质泥岩 28.5 m

5. 黄绿、黄灰色中粗粒长石砂岩，顶部有 2 m 灰岩 3.3 m

4. 灰黑色中厚层灰岩，产床板珊瑚 *Favosites* cf. *goldfussi*，*F.* cf. *shengi*，*Roemerolites jilinensis*，*Parathamnopora* sp.，*Thamnopora yangi*，*Caliapora eiegans*，*Coenites* sp.，*Syringopora schmidti*；四射珊瑚 *Disphyllum* sp.，*Dendrostella* sp.；层孔虫 *Stachyodes verticillata*，*Hammatostroma* sp.，*Paramphipora* sp.；及腕足类 *Athyrisina* sp. 42.0 m

═══════ 断 层 ═══════

3. 黄绿色薄层泥质粉砂岩，粉砂质泥岩、夹灰绿色泥岩凸镜体 102.0 m

2. 黄绿色薄层中细粒杂砂岩及少量泥质粉砂岩 32.5 m

1. 灰绿色薄层泥灰岩 9.0 m

═══════ 断 层 ═══════

下伏地层：**磨盘山组** 灰岩

【地质特征及区域变化】 王家街组是石炭纪地层中的构造残片，出露面积小，掩盖厉害。层型剖面是沿剖面线以间隔 20～50 m 槽探控制的，槽探之间的岩性特征和是否有序并没有查清。王家街组下部地层下段由粗碎屑到粉砂岩、泥晶灰岩的基本层序组成，目前控制了五个旋回。每一旋回厚度在 20～100 m 不等；上段以灰岩为主，夹有两层以珊瑚和层孔虫为骨架的生物礁。王家街西路边大采石场一个大型平卧褶皱的倾没端被揭示出来，距层型剖面起点约 400 m，因此槽探剖面上显示的单斜构造很可能包含着复杂的褶皱构造。出露的岩性为灰色薄层石英砂岩与粉砂岩的韵律层，单层厚厘米级。1992 年吉林局二所七分队在碱草甸子西山又圈出一片以灰岩为主的王家街组，并测了剖面。经我们考察，王家街组仅限於山顶，我们在山南坡灰白色灰岩中发现了石炭系珊瑚 *Diphyphyllum*；在西坡采到䗴 *Ozowainella*。因此，该地王家街组是仰冲到石炭系灰岩之上的构造岩片。如果忽略之间的断层，则两者岩性难以区分。时代为中泥盆世。

由于王家街组出露地区大部为耕地，层型的全部含义至今尚不清楚，采石场发现的复杂褶皱可能也会反映在层型剖面上，但由于露头所限，示为单斜构造，这也有待进一步工作。另外王家街组的生物化石名单先后由沈阳地研所、长春地院、南京地质古生物研究所(以下简称南古所)和吉林区调所鉴定，各家的名单不尽一致，本书只是汇总了文献中的名单，没有进一步核查，是否有同物异名或异物同名，有待研究。

第二节 生物地层及年代地层

吉林省锡林浩特-磐石地层分区志留系—泥盆系生物化石丰富，且有一定的研究深度。包括笔石、珊瑚、三叶虫、腕足类、牙形刺及竹节石、层孔虫、腹足类、苔鲜虫、介形虫等多门类动物群(表 7-4)。

1. 笔石

丰富的笔石动物化石，仅分布于桃山组内，经刘渭洲等(1982)研究，在达子沟剖面和孟家沟西山剖面初步发现 53 个笔石层位，包括 18 属 70 余种，剖面上笔石演化序列清楚，自下而上划分为 7 个笔石带(表 7-4)。按地层指南中生物带的分类，刘渭洲等研究的笔石带符合

表 7-4　吉林省锡林浩特-磐石地层分区志留系—泥盆系生物化石地质分布简表*

岩石地层单位	笔石	珊瑚	三叶虫	腕足类	牙形刺	竹节石	介形类	海参骨片	腹足类	苔藓虫	层孔虫	其它
王家街组		*Sociophyllum* 组合 *Gracilopora ivdelensis* 组合		*Murchosonia*	*Spathognathodus steinhornensis*, *S. eosteinhornensis*, *Panderodus gracilis*	*Tentaculites* sp., *Vjalovites?* sp., *Uniconus* sp., *Gotlandellites?* sp.					*Amphipora angusta*, *Stachyodes* 组合	
西别河组 二道沟段		*Carlinastraea sugiyamai* 组合带 *Mucophylium infundibula* – *Entelophyllum jilinense* 组合带 *Spongophyllum yongjiense* – *Micropiasma xiaosuihensis* 组合带	*Calymene* 组合带 *Encrinurus* 组合带	*Coelospira* – *Nucleospira* 组合带 *Idioglyptus* – *Isorthis* 组合带			*Acanthoscaphuaris*	*Eocaudina septaforaminalis*	*Oriostoma* *Enomphalus*	*Fenestella* *Semicoscinium* – *Phaenopora* 组合		*Foraminiferen*
西别河组 张家屯段		*Entelophyllum* aff. *vassense* – *Schlotheimophyllum* 组合	*Encrinurus* *Cyphoproetus* *Hypaproetus* *Phacops*	*Protoreticularia* *Hedeina* 组合								
桃山组	t_7组合 t_6组合带 t_5组合带 t_4组合带 t_3组合带 t_2组合带 t_1组合带											

* 桃山组、二道沟段生物组合带由李东津编制，其余部分由彭玉鲸按本人手稿(1992)修改。

组合带的要求，但定义中的部分内涵，特别是生物组合带的顶底界阐述不足。现补充说明如下：

Streptograptus runcinatus - *Rastrites* cf. *linnaei*(t_1)组合带

层型剖面为孟家沟桃山组剖面的3—4层，底界为*Streptograptus runcinatus*始见点，顶界*Rastrites* cf. *linnaei*消失点止。t_1带以*Rastrites*集中出现和*Streptograptus*占优势为特点。共生的分子有*Monograptus* sp.，*M. marri*，*M. halli*，*M. dextuosus*，*M.* cf. *halli*，*Demirastrites supernus*，*Oktavites urceolus*，*O. nobilis*，*Streptograptus nodifer*，*S. becki*，*S.* cf. *becki*，*S.* cf. *runcinatus*，*S. lobiferus*，*Monoclimacis* sp.，*Climacograptus* sp.，*Pristiograptus* sp.，*Spirograptus* cf. *minor*，*Rastrites* sp.，*R.* cf. *linnaei*，*R. cirratus*等。

Spirograptus turriculatus(t_2)组合带

孟家沟桃山组剖面第5层为层型剖面。顶、底界以*Spirograptus turriculatus*分子始、末点为界。以*Spirograptus*一属集中出现为显著标志。据128个笔石统计，此属占33%，共生分子除t_1组合带延续分子外，新出现：*Oktavites* sp.，*O.* cf，*planus*，*O. intermedius*，*Glyptograptus tamariscus*，*Streptogratus gemmatus*，*S.* cf. *gemmatus*；*S. barrandei*，*S. antorius*，*Diptograptus* sp.，*Pristiograptus nudus*，*P. variabilis*，*P.* cf. *variabilis*，*Spirograptus becki*，*S. turriculatus*，*S. sinicus*，*S. minor*，*Petalolithus* cf. *tenuis*等。

Streptograptus exiguus - *S.* cf. *crispus*(t_3)组合带

层型剖面为孟家沟桃山剖面6—11层，此带以*Streptograptus* cf. *crispus*始见点和*S. exiguus*消失点为顶底界线。*Streptograputs*与*Monograptus*分别占37个笔石个体的30%，共生分子：*Streptograptus exiguus*，*S.* cf. *crispus*，*S.* cf. *knockensis*，*S.* cf. *nodifer*，*S.* cf. *exiguus*，*S. gemmatus*，*Monograptus marrioerner*，*M.* cf. *marri*，*Monoclimacis* sp.，*Climacograptus* sp.，*Pristiograptus* sp.等。

Monoclimacis cf. *griestoniensis* - *M. vomerinus*(t_4)组合带

以孟家沟桃山剖面12—14层为层型剖面，底界以t_3带结束为标志，顶界以t_5带的标准分子*Oktavites* cf. *spiralis*出现的底界为本带的顶界。以*Monoclimacis*，*Monograptus*占主要地位，据139个笔石个体统计，后者占41%，前者占31%，其次有*Oktavites*等，共生分子有：*Monograptus priodon*，*M.* cf. *vomerinus*，*M.* cf. *acus*，*Monoclimacis* cf. *vomerinus*，*M.* cf. *griestoniensis*，*Oktavites circularis*，*O.* cf. *yini*，*Retiolites* cf. *geinitzianus*，*R. geinitzianus*，*Demirastrites* cf. *minor*等。

Oktavites spiralis(t_5)组合带

孟家沟剖面15—17层为层型剖面。底界以*Oktavites* cf. *spiralis*始见点为界并以*O. minor*，*O. tortuosus*结束为顶界。主要以*Oktavites*，*Monograptus*，*Monoclimacis*占据主要优势。据132个笔石个体统计，*Oktavites*占20%，*Monograptus*占50%，共生分子除t_4带的延续分子之外，尚有：*Oktavites spiralis*，*O.* cf. *spiralis*，*O. circularis*，*O. minor*，*O. tortuosus*，*Monograptus* cf. *priodon*，*M.* cf. *biscus*，*Staurograptus* cf. *asiaticus*，*S.* cf. *sinensis*，*Pseudoplegmatograptus* sp.，*P. flaccidus*，*Pleurograptus* sp.等。

Retiolites geinitzianus - *Stomatograptus* cf. *grandis*(t_6)组合带

层型剖面为孟家沟剖面18层，以*Stomatograptus grandis*始见点和消失点为顶底界线，厚约6.7 m，此带以Retiolitidae最为发育。t_5带的许多分子在此带消失，共生分子大部分是t_5带，甚至是t_1带的延续分子，如*Monograptus* sp.，*M.* cf. *halli*，*Streptograptus* sp.，*Monocli-*

macis sp.，*Climacograptus*，*Pristiograptus* sp. 等。

Indet. (t_7)组合

孟家沟剖面的 19 层以上地层，由于构造影响，笔石保存不好，特征分子与组合不明显。此组合中以 *Monograptus* 和 *Monoclimacis* 出现较多，*Retiolites* 仍继续发育，*Oktavites* 已为数不多，据此单独划分出来暂称 Indet. 组合。

Monograptus-Monoclimacis 延限带，指孟家沟剖面 3—23 层。延限带的主要分子有：*Monograptus*，*Monoclimacis*，*Streptogratus*，*Climacograptus*，*Pristiograptus*，*Oktavites* 等，其次还包括上述 t_1—t_7 组合带的笔石分子。

综上，桃山组孟家沟剖面包括了 1 个延限带，6 个组合带和 1 笔石组合。其中 t_2—t_5 组合带大体可与祁连山北麓肮脏沟组(1)—(3)笔石带，广东连滩组(6)—(8)组合带对比，而其笔石属种和序列都没有孟家沟剖面全。它包括了英国兰德维里世的全部笔石化石序列。因此桃山组的时代属早志留世无疑。

2. 珊瑚

本章所述之岩石地层单位除桃山组和椅山组外，其余各组均有珊瑚化石产出，尤以西别河组二道沟段及王家街组最为丰富。由于多家化石鉴定的属种不一，以及对组合的不同认识，目前尚难取得统一意见。本书按前人的趋同认识，暂在西别河组二道沟段中建立 3 个组合带（表 7-5）。

表 7-5　二道沟段多重划分对比表

<table>
<tr><th colspan="4">岩石地层</th><th colspan="3">生物地层</th><th colspan="2">年代地层</th></tr>
<tr><th>组</th><th>段</th><th>亚段</th><th>层</th><th>珊瑚</th><th>腕足类</th><th>三叶虫</th><th>系</th><th>统</th></tr>
<tr><td rowspan="15">西别河组</td><td rowspan="15">二道沟段</td><td rowspan="5">灰岩亚段</td><td>14</td><td rowspan="3">Carlinastraea sugiyamai 组合带</td><td rowspan="3">Coelospira - Nucleospira 组合带</td><td rowspan="3">Calymene 组合带</td><td rowspan="2">泥盆系</td><td rowspan="2">下统</td></tr>
<tr><td>13</td></tr>
<tr><td>12</td><td rowspan="13">志留系</td><td rowspan="13">上统</td></tr>
<tr><td>11</td><td rowspan="2">Mucophyllum infundibula-
Entelophyllum jilinense 组合带</td><td rowspan="12">Idioglyptus - Isorthis 组合带</td><td rowspan="12">Encrinurus 组合带</td></tr>
<tr><td>10</td></tr>
<tr><td rowspan="10">砂岩亚段</td><td>9</td><td rowspan="9">?</td></tr>
<tr><td>8</td></tr>
<tr><td>7</td></tr>
<tr><td>6</td></tr>
<tr><td>5</td></tr>
<tr><td>4</td></tr>
<tr><td>3</td></tr>
<tr><td>2</td></tr>
<tr><td>1</td></tr>
<tr><td>小绥河西山</td><td>Spongophyllum yongjiense-
Microplasma xiaosuihensis 组合带</td></tr>
</table>

①*Spongophyllum yongjiense* - *Microplasma xiaosuihensis* 组合带（简称 *SM* 组合带）

层型剖面为小绥河东山剖面第 9 层，即二道沟段下部层位。该组合的主要属种有 *Spongo-*

phyllum yongjiense, *Microplasma xiaosuihensis*, *M. erdaogouense*, *M. jilinense*, *Cystiphyllum erdaogouense*, *Rhizophyllum* cf. *applanatum*, *Tryplasma dasuiheensis*, *Pycnactis* sp. , *Entelophyllum erdaogouense*, *Favosites hisingeri regularis*, *Squameostriatopora ferospina*, *Aulopora xiaosuihensis* 等大量地方性属种组成的组合。共生的还有腕足、三叶虫、苔藓虫等，*SM* 组合带中 *Microplasma*，*Pycnactis*，*Cystiphyllum*，*Entelophyllum* 等，属于典型的晚志留世珊瑚组合，时代相当于晚志留世 Ludlovian 期。

②*Mucophyllum infundibula* - *Entelophyllum jilinense* 组合带（简称 *ME* 组合带）

层型剖面为二道沟腰坑剖面 10—11 层。其底界以 *Mucophyllum infundibula* 始见点为界，以 *Carlinastraea sugiyamai* 始见点为本带的顶界。此带以四射珊瑚 *Mucophyllum* 最为繁盛，*Entelophyllum* 次之。共生分子：*Mucophyllum infundibula*，*Entelophyllum jilinense*，*E. erdaogouense*，*E. minus*，*Werssermelia jilinense*，*Disphyllum erdaogouense*，*D. jilinense*，*Profasciphyllum jilinense*，*Tryplasma dasuiheensis*，*Microplasma dubia*，*M. jilinensis*，*Cystiphyllum* sp. ，*Rhizophyllum applanatum*，*Favosites subforbesi*，*F. hisingeri*，*Squameofavosites jilinense*，*Pachyfavosites neimongolensis*，*P. gesamiaoensis*，*Mesofavosites* cf. *jilinensis*，*Heliolites* sp. ，*Pseudoplasmopora* sp. 等，共生的门类还有腕足类、三叶虫、牙形刺、苔藓虫、海百合茎等。

由于 *SM* 组合带与其上 *ME* 组合带之间剖面不连续，只能从两组合带中的组成分子探讨其中的关系。*ME* 组合带与前组合比较，有珊瑚 *Mucophyllum*，*Disphyllum*，*Profasciphyllum*，*Squameofavosites*，*Pachyfavosites*，*Mesofavosites* 等大量新生分子，同时也有 *Tryplasma dasuiheensis*，*Microplasma jilinense*，*Cystiphyllum erdaogouense*，*Favosites hisingeri* 等延续分子，说明两组合之间生物具演替和过渡关系。*ME* 组合中有 *Mucophyllum infundibula*，*Favosites subforbesi* 等 3 属 5 种，产于内蒙古西别河组。其中还有北美上志留统的典型分子 *Rhizophyllum applanatum*，也有前苏联上志留统的 *Favosites subforbesi*，*F. hisingeri* 等，因此属晚志留世珊瑚组合，但同时也出现个别向泥盆纪过渡的分子，说明 *ME* 组合带的时限稍晚于 *SM* 组合带。

③*Carlinastraea sugiyamai* 组合带（简称 *C* 组合带）

层型剖面为二道沟腰坑剖面 12—14 层。底为 *Carlinastraea sugiyamai* 始见点，顶界为通气沟组底部不整合面，实际上顶界尚不清楚。*C* 组合带以发育 *Carlinastraea* 为特征，主要珊瑚属种有：*Carlinastraea sugiyamai*，*Zelophyllum subdendroideum*，*Favosites hisingeri*，*F. similis*，*Striatopora macrosepala* 等，与其共生的还有腕足类、三叶虫、竹节石、牙形刺、双壳类等。本组合带中 *ME* 组合带繁盛的属种已大为衰退，代之以 *Carlinastraea*，*Zelophyllum* 等大量新属种产生。

用 *Carlinastraea* 珊瑚群来代表二道沟组珊瑚组合是廖卫华等（1986）命名的。并指出 *Carlinastraea* 珊瑚群可代表我国泥盆纪最早的一个组合，相当于洛霍考夫阶或惹丁阶。雒余飒、黄柱熙（1990）在二道沟没有发现 *C. halysitoides*，而采自北坑的个别 *C. sugiyamai* 与 *C. halysitoides* 有些相似，但它们与标准的 *C. halysitoides* 提出异议，主张 *C* 组合带的时限仍属于晚志留世。不过也明确了其中有向泥盆纪过渡的分子。

3. 腕足类

腕足类以雒余飒、黄柱熙（1990）的研究成果为基础，亦暂可于二道沟段中划分出 2 个组合带。

①*Idioglyptus*-*Isorthis* 组合带（简称 *II* 组合带）

层型剖面为小绥河东山剖面9层至二道沟腰坑剖面的第9层，是复合层型。顶底界线分别是*Idioglyptus*分布的始、末点代表的地层。此带以大量的*Idioglyptus*，*Isorthis*为特点，主要共生分子有：*Idioglyptus alatus*，*I. semicircularis*，*I. subquadrata*，*Isorthis clivosa*，*Is. slitensis*，*Is. orbicularis*，*Howellella elegans*，*Metaplasia* cf. *reticulateralis*，*Salopina conservatrix*，*Sa. jilinensis*，*Leptostrophia* sp.，*Mucleospira* sp. 等。以上腕足类分子大多是国内外中、晚志留世的产物。

②*Coelospira-Nucleospira*组合带（简称*CN*组合带）

层型剖面是二道沟腰坑剖面11层至14层。底为*II*组合带结束，顶界至通气沟组底部的不整合面。本带以产大量*Atrypa*，*Nucleospira*及*Coelospira*为特征。主要分子有：*Nucleospira calypa*，*Coelospira cavata*，*Dicoelosia oklahomensis*，*Protocortezorthis elongata*，*Lissatrypa minor*，*Isorthis*等。就总体而言仍以晚志留世属种居多，同时出现少量向泥盆纪过渡的分子。

4. 三叶虫

二道沟段的三叶虫生物地层也可以划分为二个组合带：

①*Encrinurus*组合带

层型剖面为小绥河西山剖面9层至二道沟腰坑剖面9层。顶底界线分别为*Encrinurus*出现的始、末点。该组合带以发育*Encrinurus*为特点，共生分子有：*E. sinicus*，*Otarion sphaericum*，*O. diffractum*等。

②*Calymene*组合带

层型剖面为二道沟腰坑剖面的第12层。共生的主要分子有：*Calymene* cf. *lawsoni*，*C.* sp.，*Contracheirurus* sp.，*Otarion* sp.，*Proetus* sp. 等。

有关表7-4中其它门类或其它岩石地层单位中所产的化石及化石组合的特征本书不再予以讨论。需要指出的是它们的存在，是其所属岩石地层单位确定其年代地层的重要依据。

此外，石缝组曾多次采到*Cladopora*，*Thamnopora*，可将其时代暂置志留纪。弯月组中生物化石虽与其相同，但在大旺一带还采到*Streptelasma*，特别是在徐家屯还出现时代略偏新的分子*Squaemeofavosites*，因此弯月组的上限不排除进入早泥盆世的可能。

第八章
石炭纪—二叠纪

吉林省所属华北地层大区的石炭纪—二叠纪岩石地层单位分布较为广泛。在晋冀鲁豫地层区辽东地层分区中，浑江地层小区较为典型，系陆表海滨海—浅海—海陆交互相—陆相稳定型沉积，由含煤岩系和红色岩系组成，划分为5个组级岩石地层单位。属内蒙草原地层区锡林浩特-磐石地层分区的为陆缘活动带次活动型—次稳定型沉积，由火山岩系、碎屑岩系及碳酸盐岩系组成。在吉林地层小区有9个组级岩石地层单位和2个非正式地层单位；在天宝山地层小区中有1个群级和7个组级的岩石地层单位。

第一节　岩石地层单位

本溪组　$C_{1-2}b$　（05－22－0058）

【创名及原始定义】　赵亚曾1926年创名，原称本溪系，创名地点为辽宁省本溪市新洞沟与蚂蚁村沟间牛毛岭。原始定义："本溪系位居奥陶纪石灰岩之上，共厚约九十余公尺，全部均为页岩、砂岩及石灰岩薄层所作成，不含煤层……，兹以 *Spirifer mosquensis* 特别发达于本溪湖之故特名之曰本溪系……。"

【沿革】　野田光雄(1941)引用于吉林省浑江地区，修订了稻井丰(1939)"基底砾岩"和"咋子窑夹炭层"的划分方案，称本溪统，以后出现了"本溪统"、"本溪群"、"本溪组"的多种称谓(表8－1)，并在相当长的一段时间内没有详细的代表性剖面，泛指奥陶系侵蚀面之上夹有海相灰岩层的砂岩、页岩。1968年吉林区测队首次将长白十八道沟剖面列为代表剖面，而后陆续有松树镇奶子山剖面、浑江道清剖面、湾沟妈妈山剖面等。其中道清剖面研究程度较高，自下而上确定了五个界面(下煤系砂岩、上煤系砂岩、下铝土砂岩、上铝土砂岩、打牛沟砂岩)，划分为本溪组、太原组、山西组、下石盒子组、上石盒子组和石千峰组。并且采到较多的生物化石。1990年林学雁系统研究了浑江煤田石炭二叠纪地层及古生物，对道清剖面本溪组划分与吉林区调队(1976)意见基本一致。但对上覆太原组底部砂岩(所谓下煤系砂岩)在区域上的稳定性提出了疑义，并且发现了五层灰岩(原三层灰岩)。1992年武仁在浑江煤田咋子矿区和六道江矿区，深入研究了本溪组的生物化石。八宝水3号孔有7层灰岩层(Z1、Z2……Z7)，而六道江区13－2

号孔则出露8层灰岩(L1、L2……L8)。其中Z4和L6以上所含的䗴类和其他生物属*Fusulina-Fusulinella*带，相当于达拉期，称本溪组。水3号孔3—11层与13-2号孔8—28层含有Z1、Z2灰岩的一段地层和太子河流域小市灰岩以下的一段地层(亦夹两层灰岩)对比，并据那里所产之植物化石*Mesocalamites cistiformis*等(刘发，1987)，认为时代不晚于纳缪尔C期，属晚石炭世早期(石炭系二分)，创名咋子组。其下即六道江区13-2号孔1—7层，咋子水3号孔1—2层，则产*Sphenophyllum jenerrimum*等，国外产于维宪期至纳缪尔A期的分子，因此新创通化组，时代为早石炭世。这样用生物和年代进一步划分了本溪组。本书依1993年山西榆次石炭—二叠纪地层会议厘定的本溪组的定义(见下)修订了本区本溪组顶界。

表8-1 浑江地区石炭—二叠纪地层单位沿革表

稻井丰 1939 浑江	野田光雄 1941 浑江	马子义 1955 松树		长春地院区测队 1960—1965 浑江	煤田105队 1964 大通沟	姜香轩等 1971 松树	王驰等 1973 浑江	吉林区调队 1975 浑江	吉林地层表编写组 1975 浑江	武仁等 1992 浑江	林学雁 1990 浑江	武仁等 1992 浑江	本书 浑江
石人沟红色硅质砂岩层	铁厂统	石盒子系	石千峰系	铁厂群	铁厂群	铁厂群	铁厂群	石千峰组	石千峰组	石千峰组	上石盒子组	?	孙家沟组
								上石盒子组	上石盒子组	上石盒子组			
	大岗统	月门沟系	大岗统	大岗群	大岗统	松树群		下石盒子组	下石盒子组		下石盒子组		石盒子组
						大岗群	山西组	山西组	山西组	下石盒子组			山西组
										山西组	山西组		
咋子窑夹炭层	?						太原组	太原组	太原组	太原组	太原组	太原组	
	本溪统	本溪统		本溪群	本溪组	本溪群	本溪组	本溪组	本溪组	本溪组	本溪组	本溪组	太原组
基底砾岩												咋子组	本溪组
												通化组	

【现在定义】 指平行不整合于奥陶纪马家沟组灰岩之上，整合覆于太原组地层之下的一套碎屑岩层。上部以紫色、黄绿色砂岩、页岩为主夹煤层，称新洞沟段；下部是以紫色为主含铁铝岩系的泥岩、页岩称湖田段。在吉林省指平行不整合于马家沟组侵蚀面之上、整合覆于太原组之下基本不含灰岩层的以砂岩、含砾砂岩、粉砂岩为主，底部常有含赤铁矿紫色页岩、铝土岩或过渡为砾岩、巨砾岩夹砂岩凸镜体的一套地层。

【层型】 正层型在辽宁省。省内次层型为浑江市金坑岭剖面(126°30′，41°56′)，吉林区测队1975年测制。

上覆地层：**太原组** 薄层灰岩

———— 整 合 ————

本溪组　　　　总厚度151.53 m

21. 青灰色粉砂岩夹煤线及灰色粘土　14.36 m

20. 灰黑色碳质页岩与黄绿色粉砂质页岩互层，产 *Neuropteris gigantea*，*N. kaipingiana*，*N.* cf. *gigantea*，*Linopteris brongniartii*　10.0 m

19. 黄绿色含云母片粉砂岩　7.36 m

18. 褐黄色中层状中粒含云母片石英砂岩　9.20 m

17. 灰黄色薄层状中粒石英砂岩　5.36 m

16. 黄绿色薄层状粉砂质页岩　7.24 m

15. 黑色含植物碎屑碳质页岩　5.18 m

14. 灰黄色薄层状含海绿石中粒杂砂岩　4.03 m

13. 黄绿色中层中粒长石石英砂岩　28.53 m

12. 青灰色中粒杂砂岩　23.57 m

11. 暗灰色薄层状粉砂岩　7.29 m

10. 黄灰色粉砂岩　0.86 m

9. 黄灰色砾岩　5.76 m

8. 深灰色粉砂岩　0.18 m

7. 黄灰色含铁质结核粉砂质页岩　0.09 m

6. 青灰色含砾石英砂岩　0.45 m

5. 黄灰色砾岩　5.00 m

4. 灰白色-灰黄色砾岩　11.61 m

3. 灰白色砾岩　4.61 m

2. 黄绿色含铁质结核粉砂岩　0.28 m

1. 黄灰色砾岩　0.57 m

——————— 平行不整合 ———————

下伏地层：**马家沟组**　灰岩

【地质特征及区域变化】 区内的本溪组，咋子剖面以粗砂岩、中砂岩、粉砂岩为基本层序，或以粗砂岩、细砂岩、铝土质页岩或薄煤层为基本层序的九个旋回层。基本层序的特点是，有底冲刷面，粒度向上变细，细层和基本层序的厚度向上变薄，产大量的植物化石。金坑岭剖面层序是底部有巨厚的砾岩。砾石成分主要是石英岩、石英砂岩，其次有少量灰岩和脉石英。砾石磨圆较好，少数具棱角状。砾石大小混杂，大者长轴 30 cm，小者 1 cm。分选差，具有定向性，有叠瓦状排列，个别也有直立者。大部砾石表面具有压坑，即塑性变形形成的坑印，个别砾石表面有刻痕、刻槽。因此有人主张是冰川作用的产物(张成良等，1975)。砾岩底部与奥陶纪侵蚀面之间有含砾粘土岩、铝土质岩、锰质粘土岩。砾岩层之上出现粗粒长石石英砂岩、粉砂岩或中砂岩、粉砂岩、碳质页岩为基本层序的旋回层。在底部砾岩中有砂岩凸镜体。根据我们的观察，砾岩属河床相的产物。上部长石石英砂岩磨圆、分选不佳，填隙物和杂基为铁泥质、细碎屑，并见有黄铁矿结核。具大型板状交错层理。见少量植物碎片，属边滩相沉积。至于上部的薄煤层则属河漫滩沼泽相。

浑江盆地自西而东其变化情况是：鸭园、铁厂一带底部很少砾岩，由砂岩、铝土质粉砂岩、泥岩为副层序的两个旋回层组成，厚度 15～30 m。六道江一带底部开始出现砾岩，包括以石英岩和灰岩砾石为主的砾岩，厚度 4.8～8.5 m，向上变为砂岩、粉砂岩、泥岩或铝土岩为主的副层序，有 5～6 个，厚度为 42 m。道清一带奥陶系不整合面之上有紫色铁质砂岩和页岩及铝土页岩(局部有 2 m 厚的砾岩)，厚度 51.7 m。咋子一带底部砾岩 1～11 m 左右，向上由粗砂岩、中砂岩、粉砂岩、泥岩组成的副层序或以砂岩、粉砂岩组成的副层序，大体有9个。咋子一带的本溪组厚102 m。湾沟一带奥陶系不整合面之上普遍发育近10 m的石英岩砾石组成的砾岩。在湾沟火车站东约600 m铁路南冲沟中，砾岩层厚度大于20 m，之上为砂岩、粉砂岩、泥岩或煤线为副层序的旋回层8～9个。湾沟一带本组厚82 m。松树镇一带砾岩不发育，底部为赤色含砾铁质页岩。向上由砂岩、粉砂岩、页岩组成的副层序，下部有向上变粗的逆粒序层。湾沟一带的本溪组副层序组合之上出现潮坪或三角洲前缘亚相的灰岩层。鸭绿江流域长白县仅在十八道沟保留了本溪组的中上部地层。大体有8个副层序，副层序特点与浑江流域基本相同，只是向上变粗的副层序，不仅在下部出现，而且在上部也有出现。总厚度37 m。

从以上副层序特征及大量的植物化石而言，本溪组主要是在陆相河湖环境下形成的，夹有少量三角洲相的沉积产物。时代为石炭纪。

太原组　C_2t　(05-22-0059)

【创名及原始定义】 原称太原系。翁文灏、Grabau 1922年创名(手稿，论文于1925年发表)，Norin E 1922年介绍。创名地点为太原西山。原始定义："华北晚古生代含煤地层的下部"。翁文灏等把华北晚古生代含煤地层分成两部分。下部称太原系，上部称山西系。在太原西山，太原系是指奥陶系风化面以上的一段海陆交互相含煤地层。

【沿革】 太原组一名是1973年王驰等首先引入吉林省，将原大岗统(群)或月门沟系下部的一段地层称之为太原组。1975年始吉林区调队等普遍使用太原组一名，其原意是指上石炭统煤系地层，由灰色、灰黑色砂岩、页岩、含煤3～4层(可采者2层)组成，产 *Neuropteris ovata*，*Lepidodendron oculusfelis* 等大量的植物化石。本书依据前述榆次会议修订的定义重新划定了区内太原组的顶、底界线，在绝大多数剖面上，它实际上是代表了区内原本溪组上部出现灰岩或灰岩凸镜体的一段地层(表8-1)。

【现在定义】 指华北平行不整合于奥陶系之上的月门沟煤系(群)下部地层。由海陆交互相的页岩夹砂岩、煤、石灰岩构成的旋回层(多个)组成。其底界，一般(本溪组，大多缺失)即划在湖田段铁铝岩底面(也即与下伏的奥陶系灰岩间的平行不整合界面)，其上以最上部一层灰岩的顶面与同属月门沟煤系(群)的山西组为界。在吉林省本溪组之上、山西组之下，由砂岩、页岩、生物屑灰岩、粒屑灰岩为基本层序的旋回层组成。产大量的䗴、腕足类和少量植物、珊瑚、双壳类和牙形刺。底、顶分别以最下部灰岩层和最顶部灰岩层为界，与下伏、上覆地层整合接触。

【层型】 正层型在山西省。省内次层型为浑江道清剖面(126°30′，41°56′)，林学雁1990年测制。

上覆地层：山西组　砂岩

——————— 整　合 ———————

太原组	总厚度112.7 m
17. 深灰色页岩，有黄铁矿结核	18.6 m
16. 深灰色钙质页岩夹灰岩凸镜体，产 *Ozawainella* sp.，*Pseudostaffella* sp.，*P. sphaeroidea*，*P. kremsi*，*Fusulinella* sp.，*Fusiella* sp.	2.5 m
15. 浅灰色石英细砂岩	16.9 m
14. 黄绿色灰岩，含海百合茎	0.7 m
13. 灰黑色页岩，含云母片及植物	5.0 m
12. 灰色中砂岩，分选好，含铁质斑点	1.2 m

11. 浅灰绿色铝土质页岩，具鲕状结构 6.3 m

10. 黄绿色细砂岩，含少量白云母 0.9 m

9. 灰色薄层灰岩，产 *Ozawainella* sp.，*O. pseudoangulata*，*Schubertella* sp.，*Fusulina* sp.，*Pseudostaffella* sp.，*P. spheroidea*

8. 深灰、灰绿色粉砂质页岩，夹细砂岩薄层，水平层理发育 17.7 m

7. 灰色薄层灰岩，产 *Schubertella* sp.，*Pseudostaffella* sp.，*Fusiella* sp.，*Fusulina spatiosa*，*Ozawainella* sp. 0.2 m

6. 黄绿色细砂岩 4.0 m

5. 灰色薄层灰岩，产 *Ozawainella* sp.，*O. pseudoangulata*，*Schubertella* sp.，*Fusulina* sp.，*Pseudostaffella* sp.，*P. spatiosa* 0.7 m

4. 黄绿色页岩 16.4 m

3. 深灰色页岩夹凸镜状薄层煤，产植物化石 *Lepidodendron* cf. *songshuense* 等 2.0 m

2. 灰色粉砂岩，分选好，含植物化石碎片 12.6 m

1. 灰色钙质页岩夹泥灰岩凸镜体 7.0 m

——————— 整 合 ———————

下伏地层：本溪组 砂岩

【地质特征及区域变化】 太原组主要由砂岩、粉砂岩、泥岩、铝土岩、生物屑灰岩、粒屑灰岩组成。太原组的分布范围与本溪组相同，自铁厂至松树镇即由西而东的变化情况是：在铁厂一带，基本由砂岩、页岩、灰岩组成。灰岩有9层，单层最厚可达6 m。中下部有三角洲相的逆粒序层和水道相的砂岩，产腕足类和植物化石，出露厚度104.4 m。六道江剖面则由两种副层序组成，一种为向上粒度变粗的即由泥岩、粉砂岩、细砂岩到粗砂岩过渡的粒序层，另一种为向上变细的粒级，即由砂岩、泥岩或者砂岩、泥岩、灰岩组成。灰岩层在13－2号孔出现8层，最大厚度5.92 m，一般小于1 m；13－3号孔灰岩层数为7层，最厚的一层1.5 m，一般小于1 m；出露厚度61.8～102 m。道清剖面下部为粉砂岩、泥岩夹薄层煤及两层薄层灰岩，灰岩中有碗足类和䗴类，泥岩中有植物根系；上部为砂岩与泥岩夹4层灰岩，间有中砂岩夹层，灰岩中有大量䗴类；道清剖面本组厚100.4 m。咋子、八宝一带的副层序与六道江一带相似，八宝见5层灰岩，咋子镇灰岩层多于4层。灰岩中含有大量的䗴类。八宝出露厚度89.0 m，咋子江边剖面出露厚度大于34 m。再向东湾沟一带副层序与前相似，只是碎屑岩增多，碎屑颗粒增大，出现含砾粗砂岩，灰岩有5层，最厚2.7 m，含有丰富的腕足类。总厚度86 m。到松树镇本组岩性与前者有明显差别，由砂岩、泥岩夹铁质页岩、铝土质页岩和薄煤层组成，仅见1层厚度小于0.5m泥灰岩，向上有2层钙质页岩，产腕足类化石。出露厚度82 m。时代为晚石炭世。

据上述，太原组由铁厂至松树镇的变化规律是：沉积厚度变小，碎屑岩的数量和粒度与厚度呈反比关系，灰岩层数变少，单层厚度减薄。但在东部长白十八道沟灰岩层又达4层之多，厚者2.7 m。故全区的总体变化规律还有待深入研究。

按以上各剖面副层序的类型及岩石、生物等多方面的特征，太原组形成于三角洲相和潮坪相的沉积环境。道清、松树镇局部具有边滩或河口湾相特点。

山西组 $C_2P_1\hat{s}$ (05－22－0072)

【创名及原始定义】 “山西”一名用于地层，始于1907年，Willis 和 Blackwelder 在他们的专著《Research in China》中称：“从 Richthofen 和其他观察者的考察中，可知石炭纪和二叠—

石炭纪陆相沉积在山西省广泛出露。因此，我们提出山西系的名称。在太原府附近向南到汾河向西弯曲处，我们时常发现它们。在太原府和文水县之间露头是几乎连续的。那儿有两套主要地层：(1)杂色软页岩，Richthofen 称为大阳，它包含煤层，并直接覆盖在震旦纪灰岩之上；(2)一大套浅红色砂岩夹少量砂质页岩”。

【沿革】 吉林省山西组原为大岗统上部层。自 1973 年王驰等改称山西组沿用至今。然而有趣的是按野田光雄 1941 年在吉林省通化市铁厂附近的大岗岭创名时之定义，大岗统以灰白色粗砂岩为主夹页岩、煤层和铝土页岩。上部包括后来称石盒子组的紫色砂质页岩与灰白色砂岩互层部分，近顶部夹 1.5～3 m 铝土页岩层。碳质页岩中产：*Annularia orientalis*，*Sphenophyllum oblongifolium*，*S. emargibatum* 等植物化石，厚约 70 m。是浑江地区的主要含煤层。如果将其上部属于石盒子组的那部分划出去，野氏的大岗统则与本书的山西组含义相同。指太原组最顶部灰岩层之上全部煤系地层(表 8－1)。

【现在定义】 指华北平行不整合于奥陶系之上的月门沟群上部地层。由陆相砂岩、页岩、煤构成的旋回层(多个)组成，夹层数不等的含舌形贝及双壳类化石的非正常海相层。其下界为太原组最上一层石灰岩的顶面，其上界为石盒子组最底部灰绿色长石石英砂岩的底面，两者均为整合接触。在吉林省本组是指太原组与石盒子组之间的晚古生代煤系地层。主要由暗色粗砂岩、细砂岩、粉砂岩、页岩、煤为基本层序的多个旋回层。产大量的植物化石。下部薄层灰岩或泥灰岩与太原组分界，呈整合接触；顶部由杂色砂岩、粉砂岩与石盒子组分界，呈整合或平行不整合接触。

【次层型】 正层型在山西省。省内次层型为浑江市道清剖面（126°16′，41°50′），吉林区测队 1976 年测。

上覆地层：**石盒子组** 黄绿色砂岩

——————— 平行不整合 ———————

山西组	总厚度 187.42 m
上含煤段	厚度 59.52 m
12. 黑色细砂岩夹碳质页岩及劣质煤层，产 *Sphenophyllum thonii*，*Lepidodendron tripunctatum*，*Neuropteris ovata*，*Calamites* sp.，*Pecopteris* sp.	14.94 m
11. 灰色含云母片细砂岩	8.76 m
10. 灰白色含砾中粗粒砂岩，砾石多为石英砂岩，磨圆度较好，砾径 2～0.5 cm	32.82 m
下含煤段	厚度 130.90 m
9. 灰白色中细粒砂岩	10.94 m
8. 碳质页岩夹煤层，煤层厚 3～4 m，产 *Neuropteris ovata*，*Annularia* cf. *pseudostellata*，*Lepidodendron oculusfelis*，*L. tripunctatum*，*Sphenophyllum oblongifolium*，*S. verticillatum*，*S.* sp.，*Cordaites* sp.，*Noeggerathiopsis* sp.	13.52 m
7. 灰紫色砂质页岩，夹黑色碳质页岩	11.12 m
6. 碳质页岩夹劣质煤层，产 *Neuropteris ovata*，*Lepidodendron oculusfelis*，*L. tripunctatum*，*Sphenophyllum oblongifolium*，*S. verticillatum*，*S.* sp.，*Cordaites principalis*，*C.* sp.	8.56 m
5. 粉砂(铝土)质页岩，具球状风化特征	17.12 m
4. 黄灰色细砂岩、粉砂岩、泥质页岩互层	16.08 m
3. 黄褐色含铁质结核的粉砂岩、细砂岩含植物化石碎片	10.08 m
2. 黑灰色粉砂质页岩和黄绿色细砂岩互层，产 *Cordaites principalis*	32.24 m

1. 青灰色、灰白色含砾中粗粒砂岩，砾径在0.5～1 cm，成分主要为石英质岩石　11.24 m

——————— 整　合 ———————

下伏地层：**太原组**　**薄层泥质灰岩**

【地质特征及区域变化】 山西组为煤系地层，主要岩性为中—中粗粒砂岩、灰黑色、黑色砂岩、粉砂岩和煤为副层序的旋回层，进一步划分为两个岩性段，下含煤段和上含煤段。分别相当于本区前人所称之"太原组"与"山西组"。

道清剖面下含煤段有3个煤层，其中1层可采，底部有黄色含砾砂岩（吉林区调所称下煤系砂岩，厚度11.24 m），特征明显，但是向东至六道江则变为灰色细砂岩。下段厚53.5 m。上含煤段底部是厚层中粗粒石英砂岩，往上渐变为灰黑色细砂岩、粉砂岩和煤层相间。含煤1～3层，顶部Ⅰ号煤层为主要可采层。底部的灰白色含砾石英砂岩厚度较大（7～32 m），在咋子矿区分布也较稳定，可作为划分段级地层的标志层，常与下含煤段呈冲刷接触。

八宝、苇塘沟一带，八宝深部73－13、72－9钻孔剖面山西组的顶界重新厘定在第39层，该层上下岩性和颜色特征明显有别，上部为灰绿或黄绿色粗砂岩、砂岩，为石盒子组岩性特点，而39层以下为灰、灰黑色砂页岩，夹煤层，属煤系地层。上、下含煤段之间被洪泛期的含砾砂岩（"咋子砂岩"厚17.97 m）所分割，煤层层数达10层之多，煤层总厚度20.58 m，这一特点在其他地区是较少的。在八宝地区，下段厚41.9 m，上段56.39 m。

湾沟一带下含煤段岩石粒度变粗，以长石石英砂岩为主，夹可采煤层和多层粉砂岩薄层。

松树镇一带下含煤段有海相页岩和粉砂岩，产腕足类，但不含主要可采煤层。该段底部为黄色细粒石英砂岩，此砂岩不一定与"下煤系砂岩"同层。因为在道清剖面太原组顶部为灰岩，而在松树镇"下煤系砂岩"下部为钙质页岩。本段厚46.2 m。上段由3个由砂岩、粉砂岩到煤的副层序组成。含丰富的植物化石，厚度27 m。

时代为晚石炭世至早二叠世。

为了解决煤系地层和煤层的划分和对比，前人提出不少标志层，包括近期林学雁（1990）所强调的具典型鲕状结构的八宝铝土岩。松树镇下含煤段的中部6层煤层顶板的深灰色含菱铁矿结核纸片状页岩（并产有 *Neuropteris ovata* 等植物化石）等，均不能用于全区对比的标志。如后者在松树镇、八宝、苇塘沟及六道江一带出现，而在湾沟一带并不明显。因此在浑江盆地对煤层进行统一对比，难度极大，在不同矿区即使是Ⅰ号或Ⅶ号煤层，都是指相对而言，绝不是同一层。

石盒子组　$P_{1-2}\hat{s}h$　(05－22－0073)

【创名及原始定义】 原称石盒子系，1922年Norin创名于山西省太原东山陈家峪石盒子沟。原始定义是指月门沟煤系之上，石千峰系之下的一套黄绿色、紫红色砂页岩系；并分为下石盒子系和上石盒子系。"下石盒子系几乎全由灰、绿、黄等色的泥质沉积物和淡色的砂岩所组成；上石盒子系则以巧克力色的沉积物为主要成分。"石盒子系以骆驼脖子杂砂岩底为下界，以大羽羊齿带为上界。

【沿革】 本组在吉林省的划分沿革从表8－1可知，主要是对其底界的确定认识不一。如以松树镇54－7号孔剖面建立的松树群（姜香轩、刘国良，1971），暂不讨论林学雁（1990）对该群以生物划分岩石地层所持的不同观点。从岩石地层划分角度分析，姜、刘以第1层灰白色含砾中粗粒砂岩作为组级单位的底部岩层在剖面上是可行的，但是这层砂岩同骆驼脖子砂岩一样很不稳定，区域上不能作为标志层。它是由成煤环境的湖滨沼泽相(14—16层)到水面升高变为河口环境向上变粗的粒序层，说明是湖滨形成的三角洲相，以其作底作为分组界线是不妥的。另外更重要是其颜色也不符合石盒子组的定义。若以第3层即紫色铝土质岩之底为界线，从沉积环境分析，是由河流到河漫滩，气候则变为炎热。成分特点是铁、铝质高，均与界线以下的岩石组合不同。第3层铝土页岩在区域展开以后无疑也是凸镜体，但是具有相同气候条件和物源区的较粗碎屑岩，也会有相同的颜色特征。因此本书将该层作为山西组和石盒子组组级地层分界的标志层。

【现在定义】 指由灰绿、灰白色砂岩，黄绿、杏黄、巧克力、灰紫、暗紫红色砂质泥岩、页岩等组成，夹黑色页岩、煤(层)线的近海平原河湖相沉积岩系。下伏月门沟群，以出现绿色砂、页岩为本组底界；上覆石千峰群，以出现鲜红色泥岩划界，均呈整合接触。在吉林省指山西组煤系地层之上，石千峰组巨厚的红色碎屑岩之下的一套陆相杂色岩组成的地层。下部以灰绿色、黄绿色粗砂岩、中砂岩为主，夹有紫色及灰色粉砂岩、页岩、铝土质岩；上部以紫色中砂岩、细砂岩及页岩为主，夹有黄绿色、灰色中砂岩、粉砂岩。产较多的植物化石。底界以黄绿色或紫色砂岩、页岩的底板为界；顶界则以巨厚的紫色砂岩及页岩层之底为界，上、下均为整合接触(次层型区上覆侏罗纪林子头组，两者为不整合接触)。

【层型】 正层型在山西省。省内次层型为浑江市道清剖面(126°16′,41°50′)，吉林区测队1975年测制。

上覆地层：林子头组　火山岩

～～～～～～～ 不 整 合 ～～～～～～～

石盒子组	总厚度 237.19 m
24. 浅黄色长石石英砂岩	13.37 m
23. 灰黑色页岩	8.65 m
22. 黄绿色页岩	9.33 m
21. 紫灰色页岩	3.11 m
20. 黄绿色中粗粒砂岩	18.66 m
19. 紫色页岩及青灰色页岩互层	6.22 m
18. 黄灰色细砂岩夹黑色页岩，含大量的植物化石碎片。林学雁在大体相当于此层中采到 *Lobatannularia* cf. *heianensis*, *L.* spp., *Annularia* sp., *Pecopteris* cf. *arborescens*, *P.* cf. *cyathea*, *P.* (*Asterotheca*) *hemitelioides*, *P.* (*Ptychocarpus*) *arcuata*, *Taeniopteris* sp., *Sphenophyllum* sp., *Sphenopteris* sp., *Gigantopteris* sp. 等	24.86 m
17. 灰绿色中细粒砂岩	10.30 m
16. 灰色中粗粒砂岩夹黑色页岩，产 *Alethopteris* cf. *fukienensis*, *A.* sp., *Lobatannularia ensifolia*, *Pecopteris orientalis*, *Plagiozamites* sp., *Sphenophyllum*, sp., *Neuropteris* sp., ? *Rhabdocarpus* sp., *Noeggerathia* sp.	16.30 m
15. 黑色粉砂质页岩，含植物化石碎片，产 *Sphenophyllum* sp.	5.19 m
14. 灰白色中粗粒砂岩	18.60 m
13. 灰紫色中粗粒砂岩，具交错层理。第四系覆盖	15.50 m
12. 紫灰色粉砂岩，含植物化石碎片	3.36 m
11. 暗紫色细砂岩	5.05 m
10. 紫红色、黄灰色细砂岩	8.40 m
9. 黄绿色粉砂岩、粉砂质页岩互层	3.36 m

8. 黄褐色中细粒砂岩	1.68 m
7. 灰绿色、暗紫色含砾中粗粒砂岩，底部有冲刷面	28.50 m
6. 赤紫、灰白色劣质铝土矿层	4.55 m
5. 灰绿色细砂岩	11.75 m
4. 紫色、黄绿色粉砂岩（花斑状）	5.25 m
3. 灰色铝土质页岩	4.84 m
2. 灰黑色粉砂岩	0.68 m
1. 灰黄色中粗粒石英砂岩	9.68 m

———— 整 合 ————

下伏地层：山西组　灰黑色粉砂岩

【地质特征及区域变化】　石盒子组以杂色层为特点区别于下伏山西组和上覆石千峰组。从主体而言，中部紫色为主，间有黄绿色；下部和上部则以黄绿、灰绿为主，间有紫色，还有少量白色和黑色岩石组成，以粗砂岩、细砂岩为主夹有少量页岩、铝土页岩、铝土岩和碳质页岩。经统计砂、泥之比为4.9，砂岩几乎是泥岩的5倍，其中中粗粒砂岩6层，厚约100 m，占砂岩的45.5%。

道清剖面有7个从粗砂岩到粉砂岩或从中粗粒砂岩到页岩的基本层序。在一个基本层序中，相邻细层的过渡大部呈跳跃式，很少有渐变过渡，是曲流河中水道不断改变形成的不同环境的产物，其中也夹杂着洪积层。大部分旋回是向上变粗的粒序层，少数为正粒序层。植物化石丰富。吉林区测队(1975)将道清剖面的第7层(原34层)灰绿、暗紫色、灰白色含砾中粗粒砂岩(厚度28.50 m)称上铝土砂岩，其底为上石盒子组之底界与其下之下石盒子组呈平行不整合接触。该层砂岩在区内由铁厂、道清、六道江、大通沟、咋子直至湾沟连续分布。林学雁(1992)重测了道清剖面，将27层命名为“道清沟砂岩”，岩性为灰绿色粗砂岩(厚42.6 m)。以该层为上石盒子组底界，同样认为与下伏下石盒子组是平行不整合接触。并指出“道清沟砂岩”是浑江煤田的标志层。从两家所指的砂岩颜色、岩性、厚度及距本溪组顶界的距离看，确实不是同一层，但是经我们实地考察，在道清剖面“上铝土砂岩”之下为赤色、灰白色铝土质页岩，两者界面清楚，铝土岩顶面基本保存良好，局部有重荷膜和压溶现象，也有小型底冲刷现象，不具有长期间断面的性质。因此石盒子组内部的两个平行不整合是不可靠的。道清剖面本组厚度大于237.19 m。

铁厂一带本组岩性特征与道清基本相同，剖面的1、2层为灰白色粗砂岩和铝土质页岩，应划归山西组，本组底界线移至3层之下，所见厚度503 m。大通沟一带本组颗粒变细，中部的紫色碎屑岩和泥岩中灰绿色夹层较多，没发现铝土质岩。总厚度244.49 m。八宝一带深部72-9孔，下部黄绿色为主的岩系与中部紫色为主的岩系界线不清。中、下部为灰绿色粗砂岩、中砂岩与紫色、赤紫色粉砂岩、页岩互层；上部为黄绿色粗砂岩、细砂岩、粉砂岩夹紫色细砂岩。出露厚度为241.9 m。湾沟一带本组控制厚度仅62.2 m，顶部与孙家沟组平行不整合接触。下部有2层铝土质页岩。松树镇一带本组厚度147 m，下部有2层铝土质岩，上部为紫色粗砂岩、砂岩与灰绿色细砂岩、粉砂岩互层。长白县鸭绿江一带缺失石盒子组。

关于铝土岩的划分与对比问题，最早由坂本峻雄(1942)以辽宁、烟台为标准地点，自上而下命名，最顶部铝土岩称A层铝土岩，以下编到G层铝土岩，共七层。吉林区测队(1975)将道清剖面石盒子组2层铝土页岩分别命为A、B层铝土岩，与太子河流域对比。但浑江上游铝土岩的层数、层位、时代均随地而异，与太子河一带的对比，尤为困难。因此，有人指出不能笼统地套用A、B、C……层铝土矿层。林学雁(1990)曾将八宝地区煤系上部的铝土岩(厚3.65 m)命名为八宝铝土岩，作为划分石盒子组的区域标志层。本书根据该铝土岩上、下层位的岩性特点认为与石盒子组有别，置于山西组顶部更为妥切。时代为早二叠世。

孙家沟组　P_2sj　(05-22-0074)

【创名及原始定义】　刘鸿允等1959年创名，创名地点在山西省武宁县孙家沟。为“一套紫红、黄白色粗粒长石石英砂岩与紫红色砂质泥岩及粉砂岩互层。粉砂岩或泥岩中具层状分布的钙质结核及瘤状泥灰岩的凸镜体或条带。它和下伏地层以一层稳定的灰绿色或灰紫色含砾粗粒长石石英砂岩分界”，为石千峰统第一个组。

【沿革】　孙家沟组是石千峰系(诺林，1922)下部地层。石千峰系现厘定为石千峰群，自下而上包括：孙家沟组、刘家沟组、和尚沟组。吉林省境内将与之相当的这套地层最早称石人沟红色硅质砂岩层(稻井丰，1939)。俟后，野田光雄(1941)将包括部分石盒子组称铁厂统。石千峰组一名是吉林区测队(1975)引入浑江地区，将长春地院区测队(1960—1965)所测通化铁厂剖面为代表剖面。武仁、马德源(1979)对含煤岩系以上的地层，根据岩性特点划分了石盒子组和石千峰组。林学雁(1992)依据生物化石认为浑江地区没有石千峰组，因此把铁厂以及整个浑江上游的石千峰组划归上石盒子组。经本次对比研究，浑江地区的石千峰群不具有可分性，即前所指的石千峰组仅相当于孙家沟组(表8-1)。

【现在定义】　石千峰群下部地层，主要由红色、砖红色泥岩、粉砂质泥岩，夹长石砂岩组成。红色泥岩中常含钙质结核，有时夹泥灰岩凸镜体。底界划在首次出现的石盒子组红色泥岩(或其下红色砂岩)的底面，分界线上下常可见黑色、白色燧石层；顶界划在上覆地层刘家沟组砂岩之底面。两者均为整合接触。吉林省的本组是：杂色碎屑岩之上，以紫色、紫红色砂岩、泥岩为主的一套地层。其下限是集中出现巨厚的紫色岩层石盒子组为底界，呈整合接触；上部被中生代地层不整合覆盖，或与较老的地层断层接触。

【层型】　正层型在山西省。省内次层型为通化铁厂洗煤厂剖面(126°12′，41°42′)，吉林区测队1976年测制。

震旦系八道江组　含藻灰岩

═══════ 断　层 ═══════

孙家沟组	总厚度262.11 m
4. 紫红色页岩、粉砂岩夹暗绿色粉砂岩、细砂岩	59.34 m
3. 暗绿色细砂岩及粘土质粉砂岩，产 *Chiropteris* sp.，*Taeniopteris* sp.	11.71 m
2. 紫色页岩及粉砂岩夹铝土质页岩及交错层砂岩	171.75 m
1. 紫红色含砾粗粒长石石英砂岩夹多层层间砾岩	19.31 m

———————— 整　合? ————————

下伏地层：**石盒子组**　黄绿色砂岩

【地质特征及区域变化】　孙家沟组在浑江上游分布较少，仅见于铁厂、道清、六道江、大通沟、湾沟和松树镇一带。

铁厂一带本组中下部以巨厚的紫色、紫红色砂岩、粉砂岩、页岩互层为特点，砂岩中有大型板状交错层理，偶夹铝土质页岩和薄层石膏。底部紫红色粗砂岩和砾岩命名为打牛沟砂砾岩(吉林区测队，1975)或铁厂砂岩(武仁，1979)。出露厚度大于262 m。道清上部为紫红色页岩及泥岩；下部为紫红色中粒砂岩夹细砂岩，其中斜层理发育。厚约150 m。大通沟碎屑颗粒变粗，以赤紫色粗砂岩、中砂岩为主，夹有紫色页岩。砂岩中夹有湖相紫色泥灰岩，出露厚度大于140 m。咋子一带钻孔中下部为紫色中砂岩与紫色页岩互层，局部有铝土质花斑；中部为灰绿、深灰色中砂岩和粉砂岩，紫色粉砂岩、页岩与中砂岩互层，出露厚度大于86.4 m。湾沟下部为紫色厚层状砾岩与紫色粉砂岩互层。砾岩的砾石成分复杂，磨圆程度不等，有浑圆者，也有次棱角状者；上部为紫色、紫红色粉砂岩为主夹湖相的紫色泥灰岩。出露厚度大于62.62 m。松树镇本组出露厚度较大，达162.24 m，以紫色含砾粗砂岩为主，夹有紫色页岩，其基本层序特点为不协调的粗砂岩与页岩组成。上部夹铝土质页岩，可能代表由河床相到河漫滩的过渡。本组底部的含砾砂岩对下伏岩层（石盒子组）有冲刷现象。时代为晚二叠世。

综上本组岩层的四大特点（紫色岩层为主、大型交错层理发育、含钙质结核或团块、含紫色薄层泥灰岩及偶夹石膏层）与华北区孙家沟组层型剖面相同。“打牛沟砂砾岩”先后被易名为“石千峰组底砂岩”、“铁厂砂岩”等。按命名优先原则，称“打牛沟砂砾岩”为妥。

通气沟组　C_1t　（05－22－0048）

【创名及原始定义】 苏养正等1974年创名，创名地点在吉林省永吉县大绥河乡通气沟。指不整合在“二道沟群”灰岩之上的杜内阶黄绿色砂岩、粉砂岩。上覆维宪阶黄绿色粉砂岩。

【沿革】 通气沟一带早石炭世岩石地层是刘发等1963年发现并确定。在1974年苏养正创名为通气沟组后，1975年编制吉林地层表时，陶南生、刘发等将通气沟剖面1—9层命名为北通气沟组。同年在《东北地区区域地层表·吉林省分册》中将第10层归属到鹿圈屯组。《吉林省区域地质志》以年代地层划分的观点，将通气沟剖面划分为北通气沟组和鹿圈屯组。李东津、刘爱等（1988）提出通气沟剖面10—11层所产化石不是鹿圈屯组特有的化石，可自杜内阶上延较长时间，岩性与通气沟组亦没有差别，应全部列入通气沟组。依据实地和地形图上只有通气沟一名，没有北通气沟，故此以通气沟组称之。

【现在定义】 指大绥河乡一带，不整合在二道沟段灰岩之上的一套碎屑岩层。下部以黄绿色中粒砂岩与黄绿色细砂岩为旋回层；上部为黄绿色中粒砂岩与黄绿色粉砂岩互层，向上单层厚度变大。含有腕足类、双壳类及苔藓虫。上被第四系覆盖。

【层型】 正层型为通气沟剖面（126°23′，43°52′），陶南生、刘发等1974年测制。

上覆地层：第四系

气沟组	总厚度 313.2 m
11. 底部为中粒砂岩，产腕足类及苔藓虫化石。上部为灰黑色、黄绿色粉砂岩与细砂岩互层，灰黑色粉砂岩中产植物化石及瓣鳃类化石碎片	66.0 m
10. 黄色粉砂岩夹灰黑色粉砂岩，产腕足类 *Plicatifera plicatilis*，*Dictyoclostus* sp. 及苔藓虫 Fenestellidae	35.0 m
9. 青灰色—灰白色细粒砂岩	9.3 m
8. 黄绿色粉砂岩	58.7 m
7. 灰黑色细粒砂岩及粉砂岩	11.5 m
6. 灰白色—青灰色中细粒凝灰质砂岩（轻微变质）	10.0 m
5. 浅灰色硅质粉砂岩（轻微变质）	40.0 m
4. 灰黄色细粒砂岩	7.1 m
3. 浅灰色、灰绿色硅质粉砂岩	5.3 m

2. 青灰色中细粒石英砂岩（具明显的韵律） 48.5 m

1. 灰色、灰黄色及灰黑色粉砂岩，夹灰黑色页岩，产丰富的腕足类化石，并有苔藓虫及少量瓣鳃类、三叶虫化石 *Fusella biplicatus*，*F. louisianensis*，*F.* cf. *taidonensis*，*Brachythyrina picularis*，*B. chauteauensis*，*Syringothyris halli*，*Tylothyris* cf. *lamunosa*，*Spirifer attenuatus*，*Chonetes glenparkensis*，*Rhipidomella diminutiva*，*Punctospirifer malevkensis*，*Camerotoechia biplex*，*Fenestella* spp.，*Limipecten* sp.，*Phillipsia* sp. 21.8 m

～～～～～～ 不 整 合 ～～～～～～

下伏地层：二道沟段　灰岩

【地质特征及区域变化】 通气沟组仅见于永吉县大绥河乡一带，NE－SW 向延长约 8 km，宽约 1 km。大部被第四纪掩盖，目前仅有一条剖面。岩石组合为黄绿色、灰色厚层块状粗粒砂岩及细砂岩、粉砂岩，偶夹页岩。底部与二道沟段灰岩不整合接触(图 8－1)，在东坑较为明显，但无典型的底砾岩。不整合面之上的岩性为灰、灰黄色粉砂岩，底部含少量的二道沟段灰岩砾石。由于分布局限，区域变化情况不明。时代为早石炭世。

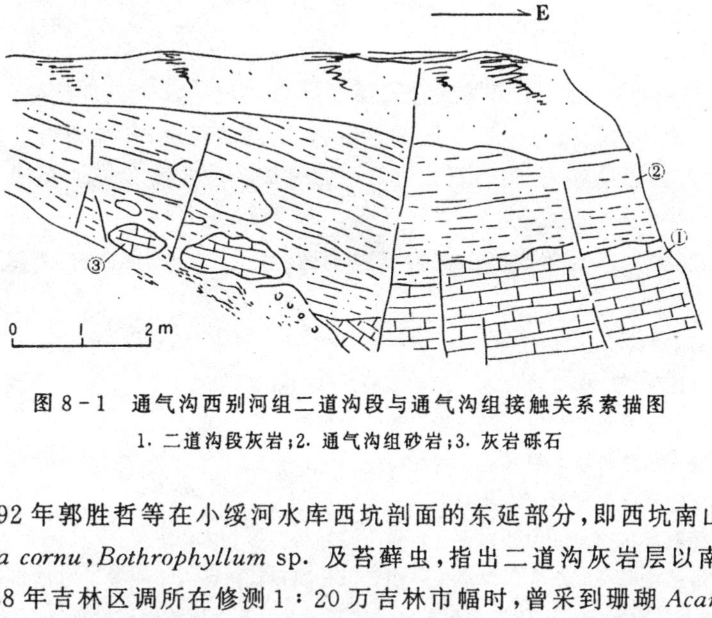

图 8－1　通气沟西别河组二道沟段与通气沟组接触关系素描图

1. 二道沟段灰岩；2. 通气沟组砂岩；3. 灰岩砾石

【其他】 1992 年郭胜哲等在小绥河水库西坑剖面的东延部分，即西坑南山角砾状灰岩中发现 *Cyathaxonia cornu*，*Bothrophyllum* sp. 及苔藓虫，指出二道沟灰岩层以南的砂岩为北通气沟组。但是 1988 年吉林区调所在修测 1：20 万吉林市幅时，曾采到珊瑚 *Acanthophyllum*；腕足类 *Rhytistrophia* sp.，*Costispirifer* sp. 及牙形刺 *Hindeodella priscilla*，*Panderodus* sp. 等，并认为角砾状灰岩与西坑灰岩同属二道沟组，构成二道沟扇形倒转背形构造。黄柱熙(1993)在重新调查二道沟组时，将二道沟灰岩西坑南山的砂岩夹灰岩的地层体划归二道沟组，本书从之。但对郭、苏二人的意见应通过适当的工作予以证实。

余富屯组　C_1y　(05－22－0051)

【创名及原始定义】 1977 年武世忠创名，林英锡、武世忠 1984 年发表，创名地点在磐石县烟筒山镇余富屯。指鹿圈屯组之下，以巨厚的变质火山岩夹大理岩和变质砂岩的一套地层，厚约 300 m，其时代为维宪期。

【沿革】 以往研究史中曾置于一拉溪组(吉林区测队，1970)，但大多数研究者以年代地层的观点将其归入鹿圈屯组下段，与我国南方的旧司组对比。李东津等(1990)①研究吉林省石炭系岩相古地理，首次指出余富屯组与鹿圈屯组系相变关系，并且指出余富屯组是台沟发展时期同构造活动产物。1992年郭胜哲、苏养正等认为一拉溪组和余富屯组相当大河深组，建议废除一拉溪组和余富屯组。经本次对比研究，仍采用李东津等(1990)之划分方案(表8-2)。

表8-2　余富屯组划分沿革表

<table>
<tr><td>长春地院
区测队</td><td>吉　林
区测队</td><td colspan="2">陶南生
刘　爱</td><td>吉林省地层
表编写组</td><td>武世忠</td><td>长春地院
吉林地质局</td><td>林英锡
武世忠</td><td>吉　林
区调所</td><td colspan="2">李东津
刘　爱</td><td>郭胜哲
苏养正</td><td>本　书</td></tr>
<tr><td>1961</td><td>1970</td><td colspan="2">1975</td><td>1975</td><td>1977</td><td>1979</td><td>1984</td><td>1988</td><td colspan="2">1990</td><td>1992</td><td></td></tr>
<tr><td rowspan="2">鹿圈屯组(C_1)</td><td rowspan="2">一拉溪组(P_1)</td><td rowspan="2">旧司组</td><td rowspan="2">鹿圈屯组</td><td rowspan="2">鹿圈屯组(下段)</td><td>鹿圈屯组</td><td rowspan="2">鹿圈屯组</td><td>鹿圈屯组</td><td>鹿圈屯组</td><td rowspan="2">大塘阶</td><td rowspan="2">余富屯组</td><td rowspan="2">大河深组(P_1)</td><td rowspan="2">余富屯组</td></tr>
<tr><td>余富屯组</td><td>余富屯组</td><td>余富屯组</td></tr>
</table>

【现在定义】　指余富屯、头道川一带，磨盘山组碳酸盐岩之下，以变质火山岩为主夹有碎屑岩和大理岩层的一套地层。下部为黄色石英角斑岩、青灰色细碧岩、灰绿色角斑质凝灰岩互层夹凝灰质砂岩；上部为灰白色条纹状石英角斑岩、凝灰岩互层，夹细碧岩及多层大理岩。层间小褶皱发育。岩石普遍具硅化、青盘石化。有少量珊瑚和腕足类化石。顶底出露不全，接触关系不详。

【层型】　正层型为磐石县烟筒山镇余富屯剖面(126°02′,43°19′)，长春地院1979年测。

余富屯组　　总厚度>309.4 m

15. 灰绿色细碧玢岩、熔凝灰岩，片理化、绢云母化明显。(未见顶)　20.0 m
14. 紫灰色、紫灰黑色细碧玢岩凝灰岩，普遍片理化、绢云母化　12.0 m
13. 黄灰、浅灰色角斑质熔凝灰岩，明显硅化、片理化　66.0 m
12. 灰色薄层条带状大理岩化泥质灰岩　7.0 m
11. 黄灰色凝灰质粗砂岩、粉砂岩夹千枚岩　18.0 m
10. 紫色含角砾角斑质凝灰岩，片理化、绢云母化明显，角砾大小一般不超过2 cm　12.0 m
9. 黄褐色凝灰质粉砂岩、粗砂岩及灰黑色千枚岩，夹紫灰色细碧岩、凝灰岩　41.0 m
8. 紫灰色细碧玢岩、凝灰岩，具明显的片理化、绢云母化和硅化　5.0 m
7. 黄绿色中粗粒砂岩，局部含角砾，底部为青灰绿色千枚岩　32.0 m
6. 黄绿色泥质千枚岩，夹深灰色中厚层细晶灰岩凸镜体，灰岩中产单体四射珊瑚，腕足类和苔藓虫等化石，*Arachnolasma sinense* var. *aichiapingense*, *A. sinense* var. *vophophylloidea*, *Lophophyllum* sp., *Striatifera* sp., *Plicatifera* sp., *Linoproductus* cf. *tenuistriatus*, *Marginifera* sp. 及 *Fenestella* sp. 等　16.0 m
5. 黄灰绿色细砂岩，夹紫色细碧玢岩、凝灰岩，片理化及绢云母化极明显　35.4 m
4. 灰绿、黄绿色细碧玢岩，凝灰岩夹层凝灰岩，片理化及绢云母化均较强　5.3 m
3. 黄褐色粗粒砂岩，片理化和硅化较强　10.7 m
2. 紫灰色细碧玢岩、凝灰岩　16.7 m

① 李东津、刘爱等，1990，吉林省石炭系岩相古地理研究报告(未刊)。

1. 紫色细碧玢岩，角砾凝灰岩或凝灰角砾岩，角砾大小不一，大者可达数厘米至数十厘米，呈定向排列，岩石具明显的片理化，并有绿泥石化、硅化、碳酸盐化和孔雀石化。（未见底） >40.0 m

【地质特征及区域变化】 余富屯组分布于吉林中部饮马河以东、双河镇以西。北起头道川一带，南至烟筒山，呈狭长条带状，南北长约 30 km，宽约 15 km。构造位置处于南北向转换盆地与东西向拉张盆地的交汇部，受南北向转换盆地控制。

余富屯组总体特征为绿色岩系。由石英角斑岩、角斑岩、角斑质凝灰岩、细碧岩、细碧玢岩夹大理岩、砂岩组成。在剖面上显示从基性到酸性喷发过渡。厚度变化很大，从火山喷发中心到火山盆地边缘，可从 3 000 m 减少到 300 m 左右。总体上可划分为三个旋回：

第Ⅰ旋回分布于东大苏龙以东民主屯一带，呈近南北向条带状分布，厚度大于 500 m。旋回的底部为灰白色石英角斑岩及石英角斑凝灰岩；中部为灰绿色凝灰质砂岩和凝灰质粉砂岩。砂砾成分有晶屑和岩屑（细碧岩、细碧玢岩、石英角斑岩岩屑），胶结物为硅质、泥质和火山灰，向上粒度变细，韵律明显；上部为间火山期的泥岩夹灰岩沉积。

第Ⅱ旋回是余富屯组的主体，无论是厚度或分布范围均比其他旋回大，见于头道川、三道川、折麻贝、豆荚沟、东大苏龙、葡萄架山一带，厚度近 2 000 m。旋回的下部以中基性火山岩为主，岩性包括灰绿色细碧玢岩、凝灰熔岩和角砾熔岩，其中夹有凝灰岩、角斑质凝灰岩，偶夹碧玉条带。火山角砾仍保留原岩结构，其成分为细碧玢岩和细碧岩，粒径 0.2～5 cm，含量在 30%～50%。旋回的下部层多处发现铜矿化，如豆荚沟北山、东梨河、西大苏龙、宝账沟一带，中部除了中基性火山岩外，尚有少量英安质火山岩，为含角砾或不含角砾的角斑质凝灰岩、凝灰熔岩，上覆细碧玢岩质凝灰岩和熔岩；上部为间火山期的灰岩层，产单体珊瑚和腕足类化石。

第Ⅲ旋回是火山作用的末旋回，除了有上列火山岩外，尚有较多的凝灰质碎屑岩和灰岩，灰岩中产珊瑚化石。

地质时代为早石炭世。

鹿圈屯组 $C_{1-2}l$ （05-22-0050）

【创名及原始定义】 长春地院区测队 1960① 年创名，创名地点在磐石县明城镇东南 2 km 鹿圈子。指磐石、双阳一带产早石炭世珊瑚、腕足类的碎屑岩夹灰岩。下段（未见底）为灰黑色、褐色页岩及变质砂岩互层，夹深灰色灰岩凸镜体；上段为黄褐色粗粒长石砂岩、千枚状页岩、砂岩夹 4 层灰岩凸镜体，厚约 720 m。

【沿革】 鹿圈屯组最初被划入吉林层〔河田学夫（1932）、冈田重光（1940）、斋藤林次（1940）、尾奇博（1941）、凑正雄（1942）、小林贞一、野中淳一（1942）、桐谷文雄（1950）〕。业治铮（1959）首次系统地划分了“吉林层”，提出鹿圈群。长春地院区测队（1960）改成鹿圈屯组。陶南生、刘发等 1975 年在编制吉林地层表时将余富屯一带的火山岩列为鹿圈屯组的下段，把鹿圈屯剖面列为上段。李东津等（1982、1984、1988）在研究官帽屯剖面、鹿圈屯剖面的古植物和牙形刺后，在原鹿圈屯组上部新建了官帽屯组，指出石炭纪内部界线（年代）在鹿圈屯组内部，首次提出鹿圈屯组穿时问题。1984 年林英锡从研究珊瑚入手，将鹿圈屯组进一步划分为七间房亚组和元宝山亚组，后者可能包含部分磨盘山组，用生物划分了岩石地层（表 8-3）。

---

① 长春地质学院吉林区测队，1960，吉林市幅、磐石县幅 1：20 万区域地质调查报告（未刊）。

表 8-3 鹿圈屯组划分沿革表

<table>
<tr><td colspan="2">河田学夫</td><td colspan="2">凑正雄</td><td colspan="2">俞建章</td><td colspan="2">《中国区域地层表》</td><td colspan="2">业治铮</td><td colspan="2">长春地院区测队</td><td>陶南生刘爱</td><td>李东津等</td><td colspan="2">林英锡</td><td>吉林区调所</td><td>李东津刘爱等</td><td>本书</td></tr>
<tr><td colspan="2">1932</td><td colspan="2">1942</td><td colspan="2">1951</td><td colspan="2">1956</td><td colspan="2">1959</td><td colspan="2">1960</td><td>1975</td><td>1982</td><td colspan="2">1984</td><td>1988</td><td>1990</td><td></td></tr>
<tr><td rowspan="3">石炭二叠纪</td><td rowspan="3">吉林层</td><td rowspan="3">丰宁系上部</td><td rowspan="3">吉林层</td><td rowspan="3">石炭纪</td><td rowspan="3">吉林层</td><td rowspan="3">石炭纪</td><td rowspan="3">吉林系</td><td colspan="2">明城群</td><td colspan="2">磨盘山组</td><td>磨盘山组</td><td>磨盘山组</td><td rowspan="3">鹿圈屯组</td><td rowspan="2">元宝山亚组</td><td>磨盘山组</td><td>磨盘山组</td><td>磨盘山组</td></tr>
<tr><td rowspan="2">早石炭世</td><td rowspan="2">鹿圈群</td><td rowspan="2">早石炭世</td><td rowspan="2">鹿圈屯组</td><td rowspan="2">鹿圈屯组</td><td>官帽屯组(C_2)</td><td rowspan="2">鹿圈屯组</td><td rowspan="2">鹿圈屯组</td><td rowspan="2">鹿圈屯组</td></tr>
<tr><td>鹿圈屯组(C_1)</td><td>七间房亚组</td></tr>
</table>

【现在定义】 以灰色碎屑岩为主，夹薄层灰岩或灰岩凸镜体的一套地层。主要岩性组合为灰、褐色中粒砂岩、细砂岩、灰岩或粉砂岩、页岩，灰岩为基本层序的多个旋回层。下部具逆粒序，上部为正粒序。含较丰富的珊瑚、腕足类、苔藓虫、双壳类、有孔虫、牙形刺和植物化石。与下伏通气沟组关系不明，与上覆磨盘山组呈整合接触。

【层型】 正层型为磐石县明城乡下鹿圈子剖面（126°01′，43°10′），长春地院地层科研组1974年重测。

上覆地层：**磨盘山组** 灰色厚层质纯灰岩

——————— 整 合 ———————

鹿圈屯组 总厚度 1 185.8 m

31. 黑灰色、黄灰色薄层状粉砂岩及页岩 12.3 m
30. 深灰色厚层灰岩夹薄层灰岩，均含燧石结核 55.8 m
29. 灰黑色薄层状粉砂岩、黄灰色细砂岩及黄褐色页岩 22.7 m
28. 黑色含燧石结核灰岩，产珊瑚化石 *Arachnolasma sinense* var. *aichiapingense*, *A.* sp. 16.8 m
27. 灰黑色细砂岩及薄层状粉砂岩 6.9 m
26. 黄灰色粗砂岩、含砾粗砂岩 16.8 m
25. 深灰色厚层灰岩，局部含燧石结核，有时结核呈条带状，产大量单体珊瑚，但种属单调，*Arachnolasma sinense*, *A. sinense* var. *aichiapingense*, *A.* sp. 19.7 m
24. 紫灰色、黑灰色薄层状粉砂岩，产植物化石碎片 *Neuropteris* sp. 25.8 m
23. 深灰色灰岩，含燧石条带 27.3 m
22. 紫灰色、黑灰色钙质页岩与薄层灰岩互层，页岩中产腕足类及海百合茎化石，但均很破碎，不能鉴定 6.5 m
21. 灰色质纯灰岩 48.7 m
20. 灰黑色薄层状粉砂岩夹深灰色灰岩凸镜体 20.2 m
19. 灰色厚层灰岩 39.8 m
18. 黄灰色长石石英砂岩、灰黑色薄层状粉砂岩及页岩互层 28.5 m
17. 灰黑色薄层状凝灰质粉砂岩 63.6 m
16. 黄绿色细粒长石石英砂岩 74.6 m
15. 灰绿色中粒—中细粒长石石英砂岩夹深灰色灰岩小凸镜体，产少量腕足类化石，保存不佳，*Punctospirifer* sp.，*Dielasma* sp. 61.4 m

14. 黑灰色薄层状粉砂岩，夹黑色薄层含燧石团块灰岩小凸镜体 33.1 m

13. 黄灰色中粒长石石英砂岩 32.2 m

12. 灰色、紫灰色薄片状凝灰质粉砂岩夹黑色页岩、黑褐色长石石英细砂岩及黑灰色灰岩小凸镜体，产珊瑚、腕足类及少量苔藓虫化石 *Clisaxophyllum* sp.，*Echinoconchus elegans*，*Punctospirifer* sp. 38.9 m

11. 黄灰色中细粒长石石英砂岩 25.8 m

10. 黑灰色粉砂岩夹黑灰色灰岩小凸镜体，其中产珊瑚及腕足类化石 *Aulina senex*，*Gigantoproductus edelburgensis* 109.1 m

9. 灰黄色中粒长石石英砂岩 49.9 m

8. 灰黑色、灰绿色薄层状粉砂岩夹深灰色泥质灰岩小凸镜体，灰岩中产大量礁状群体珊瑚 *Lithostrotion asiatica*，页岩中产植物化石 *Neuropteris* sp. 64.6 m

7. 灰黑色、灰紫色粉砂岩夹泥质灰岩凸镜体，产珊瑚 *Dibunophyllum* cf. *vaughani*，*Caninia* sp.，*Palaeosmilia* sp.；腕足类 *Gigantoproductus* cf. *irregularis*，*G. latissimus*，*Dielassma* cf. *inculpta*，*Martinia* aff. *glabra*，*Composita* sp.，及䗴 *Eostaffella* sp. 25.4 m

6. 黄灰色粗粒长石石英砂岩 51.6 m

5. 黑绿色薄层状粉砂岩 12.5 m

4. 灰黑色厚层状灰岩夹薄层黑色页岩及青灰色细砂岩。灰岩中产大量珊瑚化石 *Clisaxophyllum* sp.，*Carcinophyllum magnum*，*Aulina irregular*，*Gangamophyllum latum*，*G.* (*Chienchangia*) *retiformis*，*Diphyphyllum hochangpingense*，*Yunophyllum* sp.，*Caninia* sp.，及䗴 *Eostaffella* sp. 32.0 m

3. 深灰色含燧石条带厚层状灰岩，产珊瑚化石 *Lonsdaleia manchuriensis*，*L.* cf. *floriformis laticlaria*，*Aulina kirinense* 34.5 m

2. 灰黄色中粒长石石英砂岩 38.8 m

1. 灰黑色薄层状粉砂岩夹少量黑色页岩。(未见底) >90.0 m

【地质特征及区域变化】 鹿圈屯组分布于磐石明城、吉昌至双阳县石溪一带，长约80余公里。全区岩性组合大体相同，均以砂岩、粉砂岩、灰岩或砂岩、粉砂岩、板岩为基本层序的旋回层。姜家沟剖面可以划分出17个基本层序；下鹿圈子剖面包括13个基本层序；官帽屯剖面仅仅保留了4个基本层序。从基本层序考虑，官帽屯剖面、冰窖山剖面、草面山剖面等仅相当于正层型(下鹿圈子剖面)的顶部层位。鹿圈屯组的生物化石在下鹿圈子剖面与官帽屯剖面较多，主要化石门类有珊瑚、腕足类、双壳类、苔藓虫、植物、介形虫和牙形刺。

磐石至烟筒山间岩层走向与相带界线一致，呈南北和北西走向；烟筒山—石溪一带相带界线与岩层走向呈东西向。由此可以说明在鹿圈屯组时期南北向拉张盆地和东西向拉张盆地同时存在。东西向盆地是巨型拉张盆地，是组成华北地台北缘天山—吉林东西向槽的一部分。南北向磐石—烟筒山盆地可能属于转换盆地，在它们相交的烟筒山—头道川一带构造活动十分强烈，形成同构造期的火山活动产物——余富屯组。而相对稳定地区则形成鹿圈屯组。

大部分剖面底部由于岩浆构造作用而缺失，各地残余部分为顶部岩层，其中草面山残留320 m、七间房1 824 m、下鹿圈子1 230 m、冰窖山206 m、官帽屯432 m、姜家沟厚度最大为2 300 m，但顶底仍不全。姜家沟剖面、七间房剖面和下鹿圈子剖面保留较全。陶南生等(1975)将通气沟剖面(10、11层)含有 *Plicatifera plicatilis*，*Dictyoclostus* sp. 的部分划归鹿圈屯组，因此提出鹿圈屯组与通气沟组为整合接触。但是后来又将余富屯组置于鹿圈屯组下段，这样实际上鹿圈组与通气沟组仍无接触关系可言。鹿圈屯组的顶界在大部分剖面中与磨盘山组整合过渡，在元宝山两者之间有过渡的互层带，而在官帽屯、冰窖山一带无互层带，由碎屑岩直接变为灰岩。时代为早石炭世，部分至晚石炭世。

四道砾岩　C_2sd　(05-22-0052)

【创名及原始定义】 原称四道组，由吉林局二所七分队于1989年① 创名，创名地点在桦甸县横道河子一带。指四道及内托村一带的浅海相碎屑岩和碳酸盐岩夹少量火山岩的一套地层。下部以钙质砾岩、钙质砂岩、砂屑灰岩为主；上部由灰岩组成。

【沿革】 吉林区调队(1970)将这套地层归属到一拉溪组，1986年吉林区调队因在灰岩夹层中发现中石炭世的䗴类化石，划归磨盘山组。1989年吉林局二所七分队首次用岩石地层的观点，认为这套地层的岩性和岩石组合与磨盘山组截然有别，因此不能划归磨盘山组，而新建四道组。地质时代确定为晚石炭世。本次对比研究考虑到该套岩层顶、底不清且分布范围小，故将其降为非正式地层单位，称四道砾岩。

【现在定义】 四道砾岩指以各种砾岩为主夹有数层砂岩和灰岩组成的一套地层。灰岩中有䗴及珊瑚类化石。与上覆中生代火山岩不整合接触，区域上与加里东期大玉山花岗岩接触，关系不清。

【层型】 正层型为桦甸县横道河子乡四道至向阳剖面(126°36′，43°13′)，吉林局二所1989年修订。

上覆地层：中生代　流纹岩

～～～～～～ 不 整 合 ～～～～～～

四道砾岩	总厚度 714.1 m
14. 灰色粒屑灰岩	>41.9 m
13. 钙质砾岩	17.0 m
12. 灰色生物灰岩，产 *Triticites variabilis*，*T. schwageriniformis*，*T. simplex*，*T. communis*，*T. irregularis*，*T. parvulus*，*T. rhombiformis*，*Pseudoglandalina* sp.，*Pseudofusulina* sp.，*Quasifusulina cylindrica*，*Janischewskina* sp.	6.7 m
11. 灰色钙质砾岩	89.6 m
10. 黄色流纹质含火山角砾晶屑凝灰岩	18.2 m
9. 灰色钙质砾岩夹灰岩凸镜体，灰岩中产 *Fusulina schellwieni*，*Chaetetes* aff. *raritabularis*，*Lithostrotionella* sp.	106.9 m
8. 中细粒钙质砂岩	12.8 m
7. 灰色钙质砾岩，砾石中产 *Lithostrotion* (*Siphonodendron*) *asiaticum*	183.3 m
6. 含砾砂屑灰岩	11.7 m
5. 紫灰色含泥质、砂质灰岩	10.2 m
4. 黄色砂质砾岩，砾石中产珊瑚化石	18.8 m
3. 灰色含砾、含泥粉砂岩	77.6 m
2. 灰色钙质砾岩，砾石中产珊瑚及䗴化石	37.8 m
1. 灰色含砾泥质粉砂岩。(未见底)	>81.6 m

① 吉林局二所七分队，1989，四合屯、横道河子、榆木桥子幅1:5万区域地质调查报告(未出版)。

【地质特征及区域变化】 四道砾岩仅见于四道和内托村等地。出露面积约 18 km^2。以砾岩和砂岩或砾岩和粒屑灰岩为基本层序的旋回层,砾岩砾石成分中灰岩较多,分选、磨圆差,属于滑塌或重力流的产物。砂岩或灰岩成分成熟度、结构成熟度均很差。该组岩性在纵横方向上变化较大,钙质砾岩沿走向迅变为钙质砂岩,粒屑灰岩变为钙质砂岩。本组顶部被中生代酸性火山岩覆盖,下部被第四系掩盖,顶底出露不全。厚度大于 714 m。时代为晚石炭世。

磨盘山组 $C_{1-2}m$ (05-22-0053)

【创名及原始定义】 长春地院区测队 1960 年① 创名,创名地点在磐石县城郊磨盘山。其定义指磐石、永吉、双阳县一带含有中石炭统化石的,以灰岩、含燧石结核或条带灰岩为主,底部有碎屑岩的一套地层。主要的化石门类为䗴,有 *Fusulina*, *Fusulinella*, *Profusulinella* 等,厚度大于 873 m。

【沿革】 尾奇博(1941)首先报道吉林层中(烟筒山西南 5 km 处)发现含中石炭统䗴类和有孔虫的灰岩转石后,业治铮(1959)在明城东又发现了中石炭世化石,据此建立明城群。包括底部碎屑岩,下部灰白色、粉红色质纯厚层灰岩夹燧石条带,灰岩中产 *Profusulinella*, *Chaetetes*, *Choristites*,厚 500~600 m;上部为黑色角页岩、黑灰色或青灰色页岩、砂岩夹大量灰色厚层石灰岩和燧石灰岩。含珊瑚、腕足类化石,厚 800~900 m。下与"鹿圈群"整合接触。后来长春地院区测队(1960)认为吉林层中中石炭统地层以磨盘山发育最好,故创建磨盘山组。1975 年陶南生、刘发等重新厘定了建组剖面上磨盘山组的含义。只将磨盘山剖面的 1—11 层划归中石炭统磨盘山组,而 12—16 层尽管岩性相同,但因缺少化石而没有厘定其归属。此后工作多沿袭了这一年代地层概念,即凡是含有中石炭统化石的都称磨盘山组。直至应用岩石地层单位进行 1∶5 万填图时,磨盘山组作为岩石地层单位的含义才逐渐明确(见后)。1992 年吉林局二所七分队指出了磨盘山组的穿时特点。

【现在定义】 指石嘴子组与鹿圈屯组碎屑岩之间的巨厚的碳酸盐岩为主的地层体。主要岩性包括厚层、中厚层灰岩、含燧石结核(或条带)灰岩、砂屑灰岩、泥晶、亮晶灰岩互层的一套地层。其中偶夹硅质岩、白云岩及砂岩,富含有孔虫、珊瑚(礁)、腕足类化石。区域上与下伏鹿圈屯组、上覆石嘴子组均呈整合接触。

【层型】 正层型为磐石县城郊磨盘山剖面(126°03′,42°59′),吉林区调所一分队 1986 年重测。

上覆地层:**浅灰色大理岩**(时代不明)

═══════ 断 层 ═══════

磨盘山组	总厚度>350.7 m
13. 浅灰色厚层中粗粒大理岩化灰岩	48.4 m
12. 深灰色厚层大理岩化灰岩	20.3 m
11. 深灰色、灰白色中厚层状大理岩化灰岩	10.1 m
10. 灰黑色厚层轻微大理岩化灰岩	16.5 m
9. 灰色、深灰色厚层含燧石粗粒大理岩化灰岩	30.8 m

═══════ 断 层 ═══════

8. 浅灰色中厚层结晶质灰岩,顶部深灰色	58.7 m

① 文献同鹿圈屯组。

7. 深灰、灰黑色厚层灰岩，下部含生物碎屑 24.4 m

6. 灰色、深灰色及灰黑色结晶质灰岩互层 34.7 m

5. 灰白色中厚层灰岩 33.5 m

4. 深灰、灰黑色厚层含燧石结核灰岩。产化石：*Pseudostaffella umbilicata*，*P.* cf. *gorskyi*，*P.* cf. *khotunensis*，*Schubertella minima*，*Fusulinella* cf. *provecta*，*Fusulina lanceolata*，*F.* cf. *pseudoelegans*，*F.* cf. *bona* 19.5 m

3. 深灰色厚层含条带状燧石结核灰岩 13.3 m

2. 灰白色厚层状结晶灰岩，产䗴化石：*Ozawainella* cf. *turgida*，*Fusulina* sp. 23.0 m

1. 深灰色中层结晶质灰岩，产䗴化石：*Fusulina* cf. *schellwieni*，*Pseudostaffella* cf. *paradoxa*，*Fusulinella* cf. *fluxa*，*F. bocki*，*Fusulina* cf. *subdistenta*，*Fusiella typica* var. *sparsa*，*Dutkevichella* sp.。(未见底) 17.5 m

【地质特征及区域变化】 磨盘山组南起磐石县牛心、磨盘山，中经双阳县羊圈顶、将军岭，北至永吉县黄榆、王家街分布较广。另外在四平孟家岭一带亦有出露。在磐石、永吉一带呈 NNW 或 SE 走向，在烟筒山、双阳、四平一带则呈 EW 走向。

次层型剖面王家街、常家街一带本组出露厚度大于 800～2 379 m。岩石组成与正层型不同点是夹有数层(最多 9 层)灰色、灰黑色硅质岩。硅质岩在中下部较多，最厚可达 22 m，一般为数米。其基本层序：下部为砂屑灰岩(或鲕粒灰岩)、亮晶灰岩、泥晶灰岩、硅质岩，表现为向上变细的粒序；上部则由泥晶灰岩、亮晶灰岩到砂屑灰岩，为向上变粗的粒序。反映退积到进积的沉积过程。底部发现 *Kueichouphyllum* sp.，*Lithostrotion* sp.，*L. asiatica*，*Arachnolasma* 等早石炭世珊瑚；中下部可划出三个䗴带，即：*Fusulina-Fusulinella* 带，*Profusulina* 带，*Pseudostaffella* 带；上部已发现 *Triticites*，*Pseudoshwagerina* 等化石。

羊圈顶子、土顶子一带磨盘山组呈倒转层序。羊圈顶子一带本组厚度大于 1 400 m，光屁股山一带 851 m。主要岩性是厚层含燧石结核（或条带）灰岩与生物屑厚层灰岩互层，亦夹少量硅质岩，向上燧石结核变少。生物带自 *Profusulinella* 带至 *Triticites* 带。在羊圈顶子南马蹄东屯磨盘山组的下部有 *Diphyphyllum breviseptatum*。

磨盘山组正层型剖面顶底出露不全，下部由厚层、中厚层结晶灰岩与深灰色厚层含燧石条带（结核）灰岩互层组成；上部则不含或少含燧石的灰白与深灰色厚层灰岩交替出现，顶部有大量不规则燧石条带。厚度大于 874 m。剖面的下部产 *Fusulina-Fusulinella* 组合带的䗴化石，而上部 660 m 没发现化石，但在粗榆、石嘴子一带与上部灰岩层相当的顶部灰岩中产 *Triticites*，*Pseudoshwagerina*，在牛心一带，磨盘山组整合覆在“兰家网砂岩”之上。

综上所述，磨盘山组主要以灰岩为特征，厚度由北而南渐薄，北部的生物带包括 *Kueichouphyllum-Gangamophyllum* 组合带（简称 *KG* 组合)，共生 *Eostaffella*。而南部磐石、石嘴子一带磨盘山组底部仅相当于 *Fusulina-Fusulinella* 组合带的产物。表明大塘阶晚期北部的王家街一带已处于碳酸盐台地，南部的磐石一带仍处于滨岸碎屑沉积。海水逐渐南侵，到威宁统中期，磐石、石嘴子一带才变为碳酸盐台地环境，故出现磨盘山组的明显的穿时性。

【其他】 业治铮(1959)曾把明城一带的灰岩，包括下部的砂岩称明城群。辽宁区测队(1971)将此名用于四平一带的中石炭统灰岩。明城群虽然命名较早，但既无剖面，含义又不明确，因此 1975 年编制吉林省地层表时未被采纳，本书亦同意废止。

北部黄榆一带，磨盘山组内部存在石炭纪内部界线，这个界线可能是连续沉积序列中的界线，应通过系统的微体古生物学研究予以解决。

石嘴子组　$C_2\hat{s}$　(05-22-0054)

【创名及原始定义】　长春地院区测队于1960年①创名。创名地点在磐石县石嘴镇圈岭。指吉中地区的上石炭统，下部为巨厚的白色大理岩夹条带状结晶灰岩；上部为黄褐色砂岩、浅灰色千枚状页岩、凝灰质砂岩夹数层结晶灰岩及泥质灰岩。产晚石炭世䗴化石，厚度大于1 200 m。上覆二叠系砂板岩。

【沿革】　最早这部分地层也属于"吉林层"。侯德封于1951年在石嘴子铜矿区本坑西北探槽中采到䗴类化石，经盛金章鉴定为*Pseudoschwagerina* cf. *moungthensis*，创"磐石层"一名，其含义既不同于一般的"吉林层"，也不同于小林贞一的"吉林层"，它包括一部分可靠的上石炭统。侯德封等分磐石层为4层，即下层粘板岩层，厚120 m；下层石灰岩厚500 m；上层粘板岩，厚130 m；上层石灰岩，厚50 m。在下层石灰岩中产*Pseudoschwagerina* cf. *moungthensis*。1966年盛金章在《中国地层典·石炭系》中采纳了侯德封(1951)的观点。业治铮(1959)将磐石群分下、中、上三部分。下部为碎屑岩夹灰岩，厚941 m；中部为灰岩，产*Schwagerina*，*Triticites*，厚570 m；上部也是碎屑岩夹灰岩，产*Pseudoschwagerina*，厚497 m。侯、业二人记述的磐石层(群)缺乏剖面，接触关系不详，因此无从进一步研究。1958—1961年长春地院区测队在1∶20万区调中，根据剖面和生物化石资料对吉林层进行了划分，建立了石嘴子组。1975年陶南生、刘发、吴水忠报道石嘴子圈岭剖面为石嘴子组的建组剖面，并提出前面所列的原始定义。吉林区调所(1986)重测圈岭剖面时，有意将原剖面的12层凝灰质砂岩处理为酸性熔岩，并把12层和12层以上的岩石与窝瓜地组对比。吉林区调所(1989)再次实测了圈岭剖面，将灰岩之上的全部碎屑岩夹灰岩部分划归窝瓜地组，只保留灰岩、大理岩为石嘴子组上段，下段则指石嘴镇小新开岭剖面，以碎屑岩为主夹有灰岩。经本次对比研究将原始定义中下部的巨厚的碳酸盐岩层划为磨盘山组，上部的碎屑岩夹碳酸盐岩仍称石嘴子组(表8-4)。

表8-4　圈岭剖面石嘴子组划分沿革表

<table>
<tr><td colspan="2">侯德封</td><td colspan="2">业治铮</td><td colspan="2">长春地院</td><td>吉林区调所</td><td>陶南生刘发等</td><td colspan="2">吉林区调队</td><td>吉林区调所</td><td colspan="2">李东津刘发等</td><td>吉林区调所五分队</td><td>郭胜哲</td><td>本书</td></tr>
<tr><td colspan="2">1951</td><td colspan="2">1959</td><td colspan="2">1960</td><td>1970</td><td>1975</td><td colspan="2">1986</td><td>1988</td><td colspan="2">1990</td><td>1989</td><td>1992</td><td></td></tr>
<tr><td rowspan="2">晚石炭世</td><td rowspan="2">磐石层</td><td rowspan="2">晚石炭世</td><td rowspan="2">磐石群</td><td colspan="2">二叠系</td><td>范家屯组</td><td>寿山沟组</td><td rowspan="2">上石炭统</td><td>窝瓜地组</td><td>寿山沟组</td><td rowspan="2">上石炭统</td><td>石嘴子组</td><td>窝瓜地组</td><td>二叠系</td><td>石嘴子组</td></tr>
<tr><td>晚石炭世</td><td>石嘴子组</td><td>石嘴子组</td><td>石嘴子组</td><td>石嘴子组</td><td>石嘴子组</td><td>磨盘山组</td><td>石嘴子组</td><td>石嘴子组</td><td>磨盘山组</td></tr>
</table>

【现在定义】　指磨盘山组灰岩之上、窝瓜地组火山岩之下，以碎屑岩为主夹有薄层灰岩的一套地层体。基本层序有两类，一是以细砂岩、砂质页岩，二是以砂岩、页岩、灰岩为基本层序的重复层组成。下部与磨盘山组整合接触，石嘴子组顶部不全。

【层型】　正层型为磐石县石嘴镇圈岭剖面(126°08′,43°04′)，根据长春地院1961年的资

① 文献同鹿圈屯组。

料修订。

石嘴子组　总厚度 578.0 m

11. 灰黄色片理化砂质页岩。(上部掩盖)　39.0 m
10. 黄褐色片理化粗砂岩夹灰黄色石英岩　62.0 m
9. 浅褐色、褐灰色板状凝灰质含砂页岩　91.0 m
8. 浅棕黄色片理化凝灰质细砂岩　33.0 m
7. 浅灰、黄色片理化(千枚状)页岩　28.0 m
6. 灰白色块状结晶灰岩，内有大量方解石脉，产 *Pseudoschwagerina* sp.，*Schwagerina* sp.　12.0 m
5. 黄灰—黄褐色片理化页岩　47.0 m
4. 灰白色大理岩化灰岩，夹 1～2 cm 片理化页岩，灰岩中产 *Schwagerina* sp.　21.0 m
3. 灰色薄层状泥质灰岩，微重结晶夹 2 m 深灰色大理岩化灰岩，产海百合茎　42.0 m
2. 浅灰—浅黄灰色千枚状页岩　110.0 m
1. 黄褐色变质细砂岩及黄灰色板状页岩互层　93.0 m

——————— 整　合 ———————

下伏地层：磨盘山组　大理岩化灰岩

【地质特征及区域变化】 石嘴子组自南而北分布于磐石县下屯、石嘴子、新开岭、杨木顶子、烟筒山、双阳县一面山一带。石嘴子正层型的岩石组成可分三部分：下部砂岩和页岩互层，主要岩性有黄褐色变质细砂岩、黄灰色页岩、浅灰色千枚状页岩；中部为灰岩与页岩互层，岩性包括灰色薄层状泥质灰岩、深灰色大理岩化灰岩、片理化页岩、块状含䗴灰岩等；上部是具凝灰质的页岩、砂岩互层，岩性包括褐灰色凝灰质含砂质页岩、片理化凝灰质细砂岩、黄褐色片理化粗砂岩、灰黄色石英砂岩等。剖面的总体结构特征是自下向上变粗的逆粒序。剖面顶部不全，下部与磨盘山组整合接触。出露厚度 578.00 m。下屯一带主要由砂岩、粉砂岩夹有少量页岩、灰岩组成，厚度大于 600 m。新开岭一带出露的岩性为黄绿色细砂岩、黑色粉砂质板岩、含铁质粉砂质板岩，夹白色大理岩和青灰色薄层灰岩。剖面顶底不全，未发现化石，出露厚度大于 669 m。官马镇北河北屯剖面原来全部划归窝瓜地组(吉林区调所五分队，1989)，实际上是 2—4 层为窝瓜地组；1 层为灰黑色角岩化凝灰质粉砂岩夹灰岩凸镜体，应属石嘴子组，与窝瓜地组整合接触，下部被中生代掩盖。可见厚度大于 207 m。杨木顶子一带岩性特征与层型剖面大体相同，只是残余厚度仅 300 余米。烟筒山北山石嘴子组主要岩性为青灰、黄绿色粉砂岩、青灰色粉砂质板岩，夹硅质岩和灰岩凸镜体。可见厚度仅 210 m。

石嘴子组从南到北岩性及其组合特征基本相同，由砂岩、砂质板岩夹薄层灰岩组成。剖面结构表现为向上变粗的逆粒序，属进积型产物，是磨盘山组晚期海退作用的继续。沉积厚度自南向北逐渐变小。因此，石嘴子组在空间上是一个向南变厚的楔状体。该组的时代，自石嘴子到烟筒山所采生物化石基本相同，属 *Triticites*-*Pseudoschwagerina* 组合带所代表的时间，即晚石炭世晚期。

窝瓜地组　C_2w　(05-22-0055)

【创名及原始定义】 为吉林区调所一分队于 1986 年所创，创名地点在磐石县官马乡小窝瓜地。其原始定义指磐石县窝瓜地一带石嘴子组之上的晚石炭世火山岩，下部为片理化流纹质熔岩；中部为碎屑岩；上部为片理化英安质熔岩及凝灰岩。厚度 1 068 m。产晚石炭世䗴类化石。因在窝瓜地发育较好，故称窝瓜地组。

【沿革】 1976 年以前，大部分研究者将这套地层划归石嘴子组。长春地院与吉林地质局合办队（1977）在石嘴子外围 1∶5 万填图时，将石嘴子组进一步细分为杨木顶子亚组、圈岭亚组、老爷岭亚组，并把后来命名为窝瓜地组的一套火山岩归属到老爷岭亚组中。1988 年《吉林省区域地质志》中，虽然在文字部分没有说明其归属，但在地质图上却处理为寿山沟组。1989 年吉林区调所五分队在窝瓜地重新测制了四条剖面，提出了含义大不相同的两种窝瓜地组。一是小窝瓜地剖面的窝瓜地组，它是由下部的板岩、砂质板岩、片理化凝灰质砂岩和上部的片理化凝灰岩组成的"窝瓜地组"。二是石嘴子圈岭剖面的窝瓜地组（详见石嘴子组）。无论何种剖面均与吉林区调所一分队（1986）的窝瓜地组有较大差异，致使窝瓜地组的概念较为混乱。经本次对比研究重新明确了窝瓜地组的含义（见下）。

【现在定义】 指石嘴子组之上、寿山沟组之下的以海相火山岩及其凝灰岩为主的一套地层，下部为灰白色英安岩、英安质火山角砾岩及其凝灰岩夹灰岩凸镜体；上部为黄白色流纹岩及凝灰岩夹薄层灰岩和砂岩。灰岩中有䗴类化石。下与石嘴子组整合接触，上与寿山沟组接触，但关系不清。

【层型】 正层型为磐石县官马乡窝瓜地剖面（126°07′，43°06′），吉林区调所一分队测，1986 年修订。正层型的原来层序，无论何种构造形态都难以得到合理的解释，故参照正层型北 250 m 处所测制的另一条窝瓜地剖面，将层序厘定如下（图 8－2）。

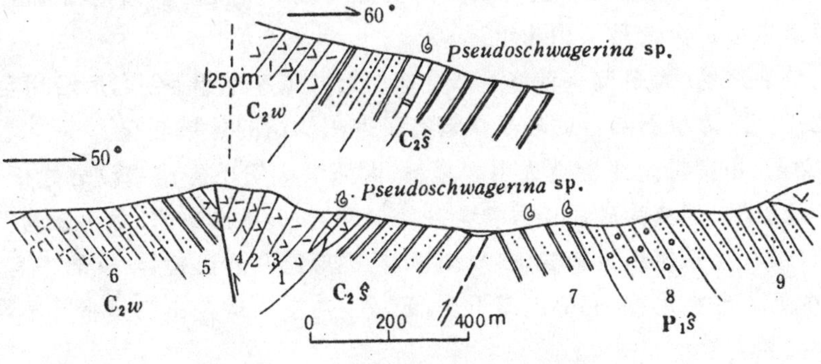

图 8－2 官马乡窝瓜地组剖面

（据吉林区调队，1989 整理）

窝瓜地组	总厚度 700.7 m
6. 白色、灰白色变质流纹岩。（掩盖）	159.9 m
5. 灰黑色千枚状板岩，变质砂岩	127.0 m
4. 浅灰色片理化英安岩与片理化含砾凝灰质砂岩互层	43.1 m
3. 灰、灰绿、灰白色片理化英安岩、英安质凝灰熔岩，夹变质安山岩、灰黑色凝灰质粉砂岩	171.6 m
2. 白色变质英安岩	131.0 m
1. 灰白色片理化英安岩夹灰岩凸镜体，灰岩中含 *Pseudoschwagerina* sp.，*Quasifusulina* sp.	68.1 m

——————— 整 合 ———————

下伏地层：**石嘴子组** 砂岩

【地质特征及区域变化】 窝瓜地组主要呈线状分布，西部见于葫芦头沟、粗榆、窝瓜地、崔家沟、自由屯、东石河子一带；东部出露于桦甸县榆木桥子、清水屯、周家屯、太平屯一带。层型剖面由早期英安质火山岩喷发旋回和晚期的酸性火山喷发旋回及间火山期形成的碳酸盐岩和碎屑岩组成。厚度大于 700 m。次层型所在地葫芦头沟剖面顶底不全，下部有一层火山灰角砾岩，角砾成分以英安岩为主，凝灰质胶结。其上为英安岩和安山岩及凝灰岩，组成由爆发到溢流的火山旋回，然后是间火山期形成的灰岩(已结晶成大理岩)，之上又一轮以酸性熔岩为主的火山旋回，但此时火山活动已趋减弱，只有少量熔岩流和火山喷发。上部间火山期形成的灰岩向南延至粗榆一带。在粗榆正、次层型所出露的岩性均可见到。粗榆以东出露灰、灰黄、灰紫色片理化英安质凝灰熔岩、安山质凝灰熔岩夹粉砂岩和凝灰质粉砂岩。粗榆以西出露浅灰、灰白色变质流纹岩、流纹质凝灰熔岩夹薄层灰岩和灰岩凸镜体，总厚度大于 845 m。东部榆木桥子—太平屯一带出露以变质酸性火山岩为主，其特点与正层型类似，且在层序上位于寿山沟组之下，因此也划归窝瓜地组。

窝瓜地组是石炭纪海退末期在台地边缘发生的事件地层，从线形分布特点说明是在同构造期沿北西向发生的断裂喷溢的海相火山岩建造。根据剖面上灰岩所产化石，其时代大体相当晚石炭世 *Triticites-Pseudoschwagerina* 组合带的时限。

寿山沟组　$P_1\hat{s}$　(05－22－0060)

【创名及原始定义】 由陶南生、刘发、吴水忠于 1975 年创名，创名地点在桦甸县榆木桥乡东约 3 km 寿山沟。创名时主要根据寿山沟两侧石灰岩中发现的栖霞期珊瑚化石和䗴类不同於茅口期的范家屯组。因此称寿山沟组。

【沿革】 创名之前，大多调查者将这部分地层划归范家屯组。创名后沿用至今。吉林区调所(1986)修测 1∶20 万磐石县幅时较系统调查了寿山沟组的区域变化。

【现在定义】 指窝瓜地组酸性火山岩之上、大河深组安山岩或流纹岩之下的一套碎屑岩夹灰岩组成的地层体。下部为砂质板岩及含砾粉砂岩、粉砂质细砂岩，偶夹灰岩凸镜体；上部为灰色千枚状粉砂岩、含石墨绢云板岩、变质细砂岩，夹厚层灰岩凸镜体。灰岩中有珊瑚、䗴、苔藓虫化石，砂岩中见头足类化石。底部出露不全，区域上与下伏磨盘山组呈平行不整合接触；顶与大河深组整合接触。

【层型】 正层型为桦甸县榆木桥乡寿山沟石灰窑剖面(126°36′，43°09′)，长春地院 1975 年测。

上覆地层：**大河深组**　酸性火山岩

——————— 整　合 ———————

寿山沟组	总厚度＞316.38 m
6. 银灰色千枚状粉砂岩	＞130.00 m
5. 浅紫色结晶灰岩，局部含燧石结核	＞47.60 m
4. 浅灰色厚层灰岩，产䗴 *Parafusulina* cf. *splendens*，*P.* sp.，*Chusenella* sp.	67.80 m
3. 灰色厚层结晶质灰岩，产腕足类、䗴 *Schwagerina* sp. 及大量海百合茎化石	61.60 m
2. 灰紫色薄层泥质灰岩，含海百合茎化石	6.70 m
1. 灰色中厚层粗结晶质灰岩、生物屑灰岩，含大量海百合茎化石。(未见底)	2.68 m

═══════ 断　层 ═══════

【地质特征及区域变化】 寿山沟组出露于桦甸县小天平岭、火龙岭、贾家屯一带，呈近南北向弧形分布。在磐石县窝瓜地、柳杨屯、富太河、双阳县光屁股山一带也有分布。并在窝瓜地一带见本组下部地层。主要岩性为灰色、灰黑色板岩、粉砂质板岩、变质细砂岩，夹有生物碎屑灰岩、粒屑灰岩及含砾砂岩。小天平岭剖面出露较全(也缺下部层位)，厚度1 269.4 m。正层型剖面上部为碎屑岩、下部为灰岩，出露不全，厚 316 m。从正层型南、北的参考剖面及区域特点看，寿山沟组以陆源碎屑岩类为主，灰岩呈凸镜体产出，偶夹凝灰岩和英安质熔岩。碎屑岩的颗粒由北而南变粗。寿山沟组中灰岩凸镜体大致有二个层位。下部灰岩凸镜体见于太平屯—李大屯一线；上部灰岩层出露于寿山沟、冰湖沟、吕家屯一带，两层灰岩变化大，其中上部灰岩层厚度较大，并且由南而北变薄。西部石嘴子、窝瓜地一带岩性特征与东部并无明显差异，只是碎屑颗粒更小，岩石中微细层理发育，以泥岩及板岩类为主，夹有砂岩及灰岩凸镜体，规模由几米到几十米不等。该组中主要化石门类有䗴、珊瑚、头足类、腕足类、苔藓虫、牙形刺及大量海百合茎。时代为早二叠世。

关于寿山沟组的顶底界线，在理论上是以出现火山岩为界。在层型剖面上，陶南生、刘发等(1975)认为顶界有酸性脉岩侵入。经核查，实为大河深组的酸性火山岩，两者整合接触。同样的接触界线还见于小天平岭—贵子石剖面。其底界，吉林区调所一分队(1986)认为寿山沟组与窝瓜地组在小窝瓜地整合过渡。实际上，这一界线在碎屑岩内部，不是火山岩与碎屑岩的界线，而是一个不十分清楚的生物界面。因此，寿山沟组与窝瓜地组界线及其性质还有待研究。唯在双阳光屁股山本组与下伏磨盘山组呈平行不整合接触。

大河深组 P_1d (05-22-0061)

【创名及原始定义】 大河深组由吉林局二所七分队 1975 年创名，创名地点在桦甸县常山乡大河深。指桦甸县大河深一带以早二叠世早期巨厚层流纹质凝灰岩类为主，夹有安山质凝灰岩、流纹岩、砂岩、板岩、灰岩的一套地层。产丰富的䗴类、珊瑚、腕足类、苔藓虫和植物。与下伏寿山沟组，上覆范家屯组均呈整合接触。总厚度达 4 000 m。

【沿革】 创名之前，多数研究者将其列为范家屯组的一个岩性段，唯吉林区调队(1971)将大河深剖面归属一拉溪组。大河深组创名后，不同研究者基本上没有改动其名称和含义。1992年郭胜哲、苏养正等认为余富屯组、一拉溪组和大河深组相当。因此建议废弃前二者，使用大河深组代之。致使大河深组的含义无限扩大。经本次对比研究认为大河深组层型剖面其顶界不符合大河深组的含意，原来顶界是大体以栖霞期的生物界面为界，是用生物划分了大河深组和范家屯组。因此，我们重新厘定了正层型。大河深组只应包括烟筒砬子、营林村剖面的 1—24层，即以火山岩结束为本组的顶界，而 25—31 层属正常沉积层，应划归范家屯组。

【现在定义】 位于寿山沟组和范家屯组之间以流纹质凝灰岩为主的一套地层。下部安山质凝灰岩较多，并夹有少量流纹岩、安山岩、凝灰质砂岩、粉砂岩、砾岩和灰岩凸镜体。岩性横向变化大。产䗴、珊瑚、苔藓虫、腕足类、植物等化石。底部出露不全，区域上，下与寿山沟组整合接触；与上覆范家屯组呈整合过渡。

【层型】 正层型为桦甸县常山乡大河深烟筒砬子剖面和营林村西山剖面(126°45′，43°21′)，吉林局二所 1975 年测制，本课题组修订。

上覆地层：**范家屯组** 含砾砂岩

———————— 整 合 ————————

大河深组　　总厚度＞3 486.2 m

24. 浅黄褐色、灰色流纹质含角砾凝灰岩　　33.0 m

23. 浅黄褐色、浅绿色含角砾流纹质玻屑凝灰岩夹凝灰质粉砂岩凸镜体，底部有角砾凝灰岩　　340.0 m

22. 深灰色层凝灰岩　　10.0 m

21. 深灰色、灰黑色凝灰质板岩与灰白色凝灰质砂岩互层，在中部的板岩中产丰富的植物化石 *Angaropteridium* cf. *ligulatum*，*A.* cf. *cardiopteroides*，*Cardioneura* cf. *tebenjkovi*，*C.* sp.，*Paracalamites* cf. *frigidus*　　92.0 m

20. 灰白色凝灰质砂岩底部有少量凝灰质砾岩　　15.0 m

19. 灰黑色凝灰质粉砂岩、板岩，上部为深灰色暗绿色含钙质砂岩、砂质页岩、钙质砂砾岩，产苔藓虫化石 *Stenopora* sp.，*Stenodiscus* sp.，*Coscinotrypa* sp.，*Streblascopora* sp.，*Rhombopora* sp.。据工程揭露，沿走向向西南延伸 20 m，此层相变成灰白色灰岩，有海百合茎及苔藓虫化石，延至 100 m 处在灰岩底部的钙质砂岩、灰岩扁豆体中产大量䗴化石 *Monodiexodina* sp.，*Parafusulina* sp.，*Schwagerina* sp，以及苔藓虫等化石。　　17.2 m

18. 深灰色凝灰质砂岩、砾岩夹凝灰质板岩　　190.0 m

17. 深灰色含砾层凝灰岩　　170.0 m

16. 深灰色凝灰质砾岩　　58.0 m

（此剖面下部接营林村西山XIV号剖面）

15. 灰色玻屑凝灰岩　　＞19.0 m

14. 灰绿色安山质凝灰岩夹安山岩　　174.0 m

13. 灰白色、浅灰色流纹质凝灰岩　　518.0 m

12. 暗灰色流纹质粗晶屑凝灰岩　　260.0 m

11. 浅红色流纹岩及浅黄褐色、灰色流纹质凝灰岩　　142.0 m

10. 深灰—浅灰色安山质岩屑晶屑凝灰岩　　219.0 m

9. 浅灰色流纹质玻屑凝灰岩　　39.0 m

8. 深灰色安山质岩屑凝灰岩　　229.0 m

7. 浅灰—灰白色流纹岩　　28.0 m

6. 灰白、灰—深灰色流纹质含角砾凝灰岩及凝灰角砾岩　　87.0 m

5. 深灰色安山质凝灰岩夹一层流纹质凝灰岩　　144.0 m

4. 深灰色安山质凝灰岩及安山岩　　124.0 m

3. 黄褐色、浅灰色—灰白色流纹质凝灰岩，玻屑凝灰岩及深灰色凝灰岩　　224.0 m

2. 灰—深灰色层凝灰岩　　126.0 m

1. 浅黄褐色—浅灰色流纹质凝灰岩及深灰色凝灰岩　　228.0 m

═══════ 断　层 ═══════

下伏地层：寿山沟组　砂岩

【地质特征及区域变化】　大河深组出露于桦甸县、常山、大河深、大天平岭、吕家屯、徐家屯一带。由正层型向南在北安屯、永安屯一带以酸性熔岩类为主，其次有酸性熔结凝灰岩，正常沉积夹层较少，以灰岩凸镜体为主。再向南至大天平岭，酸性熔岩相对减少，火山碎屑岩增加，正常沉积夹层亦增多，但灰岩少见。反映出由北向南火山物质减少，正常沉积夹层增多，灰岩减少的区域变化特点。主要化石门类有珊瑚、䗴、腕足类、苔藓虫和植物。本组厚度层型剖面大于 3 486 m，贵子石一带厚度为 1 042 m。时代为早二叠世。

大河深组的剖面结构是以水下形成的火山期和间火山期形成的火山-沉积岩系组成。火山期包括熔岩溢流和火山喷发作用形成的火山碎屑岩，间火山期主要是火山物呈重力流和颗粒流再沉积，并时有陆源物和内源碳酸盐岩的沉积。因此在砂岩和砾岩中碎屑成分主要是中酸性火山岩。大河深组的岩性在短距离变化较大，沿走向由火山岩变为火山碎屑岩和含化石的砂岩，甚至相变为粒屑灰岩类。

本组的顶界在大河深水库东山剖面十分清楚，在大河深组顶部浅灰色流纹质含砾玻屑凝灰岩之上有范家屯组底部的粗砂质砾岩，两者呈整合接触(图 8－3)。其顶界还见于朝阳沟等剖面，尽管接触面上、下岩性有差异，但两者均呈整合接触。在正层型剖面，本组底部缺失，但在三道沟南山、铁矿屯剖面及小天平岭一贵子石剖面与下伏寿山沟组呈整合接触。

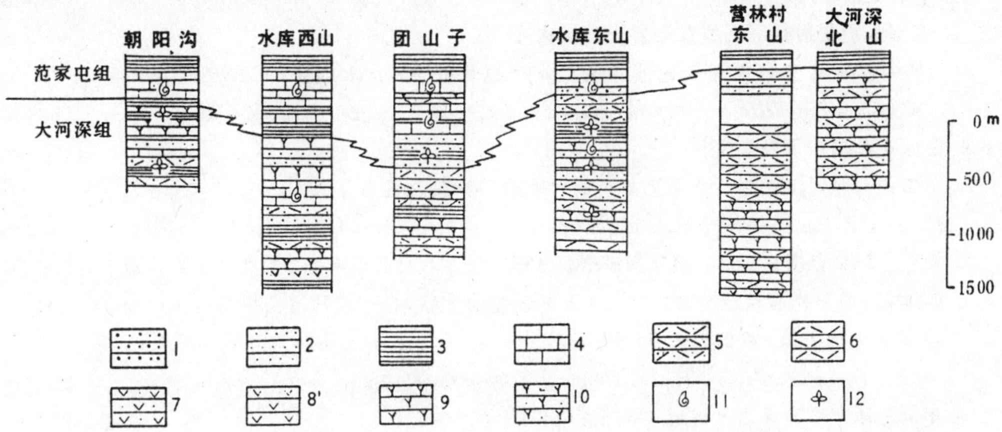

图 8－3　大河深一带范家屯组与大河深组接触关系图

1. 砂砾岩；2. 砂岩；3. 板岩；4. 灰岩；5. 酸性火山碎屑岩；6. 流纹岩；7. 中性火山碎屑岩；8. 安山岩；9. 中酸性火山碎屑岩；10. 层凝灰岩；11. 动物化石；12. 植物化石

范家屯组　P_1f　(05－22－0062)

【创名及原始定义】　长春地院区测队 1960 年① 创名，创名地点在永吉县大绥河乡范家屯石灰矿。创名时指吉林地区的早二叠世沉积。可分四段，即：灰黑色砂岩、薄层角岩互层，夹泥质灰岩 200～600 m；灰一黄绿色页岩、细砂岩夹结晶灰岩含䗴和腕足类；薄板状角岩，夹变质细砂岩和泥质灰岩凸镜体，厚 500～800 m；黑色斑点角岩、变质砂岩、具韵律层的黑色角岩，产腕足类、苔藓虫，厚 1 200～2 000 m。

【沿革】　范家屯组剖面是在创名 15 年以后发表(陶南生、刘发等，1975)。在范家屯组研究史中，俞龙起(1981)在正层型剖面灰岩层之上发现了植物化石：*Pecopteris* aff. *anthriscifoolia* 等。由此将该陆相层与杨家沟组对比，重新厘定吉林地区二叠系层序为(由新到老)：卢家屯组(相当茶家沟剖面一拉溪组上段)、一拉溪组(原一拉溪组下段)、杨家沟组(原范家屯剖面的上部)、范家屯组(海相层)。1988 年吉林区调所又在范家屯剖面上部层中发现淡水叶肢介，从而修订了范家屯组的含义。

【现在定义】　在大河深组火山岩之上、蒋家窑砾岩之下以碎屑岩为主夹灰岩的一套地层。底部为深灰色、黑色砂岩、粉砂岩、板岩；中部为厚层生物屑灰岩凸镜体和凝灰质砂岩；上部为黑色、灰色板岩，夹砂岩。灰岩和砂岩中有腕足类、苔藓虫和䗴类化石。与下伏大河深组整合接

① 文献同鹿圈屯组。

触(区域上);与上覆蒋家窑砾岩平行不整合接触。

【层型】 正层型为永吉县大绥河乡范家屯石灰窑剖面(126°21′,43°47′),长春地院区测队1960年测制,本课题组修订。

上覆地层:蒋家窑砾岩

——————— 平行不整合 ———————

范家屯组	总厚度 862.0 m
14. 深灰色变质粉砂岩,块状、坚硬	5.0 m
13. 黑色变质粉砂岩夹细砂岩	98.0 m
12. 花岗斑岩脉侵入	70.0 m
11. 灰绿色凝灰质砂岩夹凝灰熔岩及含砾砂岩	80.0 m
10. 灰白色厚层灰岩夹深灰色厚层灰岩,产䗴化石 *Neoschwagerina craticulifera*, *N.* sp., *Chusenella conicocylindrica*, *Schwagerina* sp., *Lantschichites* sp.	118.0 m
9. 灰绿色晶屑岩屑凝灰岩	118.0 m
8. 下部灰白色厚层灰岩,上部为灰色厚层灰岩,产䗴化石 *Neoschwagerina simplex*, *N.* sp., *Schwagerina* cf. *stabilis*, *S.* sp.	48.0 m
7. 绿色、绿紫色凝灰砂岩,凝灰细砾岩,含砾砂岩,砾石大小不均,具棱角,含多量碳酸盐,或呈砾石状或呈胶结物与凝灰物质呈镶嵌状,在碳酸盐岩凸镜状砾块中及胶结物中均产䗴、腕足类化石,*Neoschwagerina* sp., *Stenoscisma* sp., *S. purdoni*, *Waagenoconcha* cf. *irginae*, *Martinia* sp., *Spiriferella*? sp.	21.0 m
6. 褐紫色凝灰质砂砾岩及砾岩	18.0 m
5. 黑色变质粉砂岩夹薄层杂色砂岩,黑色粉砂岩中产腕足类化石,保存十分不好的"*Spirifer*" sp. 和长身贝类	104.0 m
2. 黑色板状页岩夹薄层灰绿色细砂岩	57.0 m
1. 黑色细砂岩夹薄层灰绿色砂岩	125.0 m

═══════ 断 层 ═══════

下伏地层:玉兴屯组

【地质特征及区域变化】 范家屯组主要分布在永吉县、桦甸县,其次在磐石、蛟河、双阳县亦有出露。由砂岩、凝灰质砂岩、板岩、粉砂岩组成,还有少量火山岩及火山碎屑岩。中上部常夹巨厚的灰岩凸镜体,灰岩在范家屯石灰矿厚100余米。沿走向仅延伸数百米即尖灭。榆木桥东山的灰岩亦呈丘状。另外,含大量壳相的砂岩、粉砂岩等均反映浅海潮坪的沉积环境。除此于双河镇、贵子石、暖木条子、双胜屯一带,观察到砂岩、板岩组成的基本层序(图8-4)与鲍马序列很相近,下部为粒序层,其底部有冲刷面,厚2 cm,向上为水平层和波状层理、斜层理发育的粉砂岩层,分别厚105 cm和10 cm,最上部是粉砂质板岩,亦具有水平层理,再上为另一基本层序的粒序层,之间有冲刷面,D层,可能还有E层被兼并。

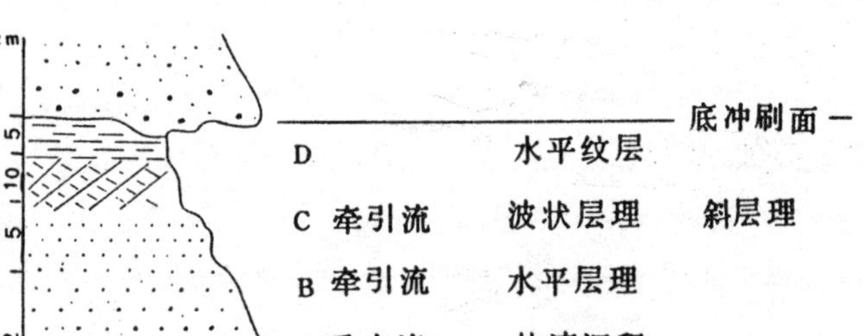

图8-4 双河镇腰岭范家屯组基本层序素描图

从范家屯组不同基本层序的分布特点看磐石、烟筒山、永吉以西和以北潮坪环境为主，以东地区广泛出现浊积岩相，处于缓坡或海水深度较大环境。范家屯组的化石多发现于含䗴灰岩和壳相碎屑岩中，有䗴、珊瑚、腕足类，还有苔藓虫和海百合茎。时代为早二叠世。

在正层型剖面本组与蒋家窑砾岩呈平行不整合接触，其底部复成分砾岩的砾石磨圆度好、分选差，砾径 2～5 cm，大者 10 cm。砾石成分主要以各种火山岩为主，其次有范家屯组的砂岩和板岩，因此两者之间有较长间断。与下伏大河深组（图 8－3）为整合接触。其界线就在主要火山物消失点上。

蒋家窑砾岩　P_2jj　（05－22－0064）

【创名及原始定义】 本课题组 1992 年创名，创名地点在永吉县大绥河乡蒋家窑。是指范家屯组平行不整合面之上，中生代南楼山组底部不整合面之下以砾岩和砂岩互层组成的一套地层。下部为具有正粒序的砾岩、砂岩层；中部为向上变粗、变厚的粉砂岩、砂岩、含砾砂岩的基本层序（有 4 个旋回）；上部为粉砂岩、泥岩和具有二元结构的含砾岩层、砂岩层。产大量植物和叶肢介化石。

【沿革】 蒋家窑砾岩在范家屯剖面原划归范家屯组，俞龙起（1981）及吉林区调所一分队（1988）发现其中有植物化石和淡水叶肢介化石，故将该陆相地层部分定为杨家沟组。蒋家窑砾岩的岩石组成与基本层序与杨家沟组（现改为林西组）差别很大，从岩石地层而言，不宜再叫杨家沟组。因此建立一个非正式地层单位，命名蒋家窑砾岩。

【现在定义】 同原始定义。

【层型】 正层型为范家屯蒋家窑剖面（126°18′，43°49′），吉林区调所一分队 1988 年测制。

上覆地层：**南楼山组**　凝灰角砾岩

～～～～～～～～ 不　整　合 ～～～～～～～～

蒋家窑砾岩	总厚度 651.38 m
20—18. 黄绿色、灰绿色变质粉砂岩、灰绿色含砾砂岩互层	67.97 m
17. 黄灰绿色变质粉砂岩，含叶肢介 *Cyclotuguzites* sp.；植物 *Noeggerathiopsis* sp.	62.08 m
16—3. 黄绿色、灰绿色中细粒砂岩、粉砂岩、夹含砾粗砂岩数层	273.35 m
2. 黄绿、灰绿色中—细粒砂岩	211.30 m
1. 黑灰色变质复成分砾岩，砾石中有下伏岩层的砾石	36.68 m

－－－－－－－ 平行不整合 －－－－－－－

下伏地层：**范家屯组**　凝灰质细砂岩

【地质特征及区域变化】 蒋家窑砾岩在孤家子、蒋家窑、料车沟、大顶子山一带呈带状北西向分布，与范家屯组毗连。在吉林市荒山嘴子、南大岭一带呈面状分布。另外，在丰满东山、西山也有零星出露。本组的岩性特点是：砂岩与砾岩互层，砾岩属复成分砾岩，磨圆好、分选差，属河流相沉积，岩性、岩相及厚度变化大。正层型剖面本组的厚度仅 651 m。在吉林市炼油厂，即荒山嘴子、南大岭一带，本组厚度达 5 134 m。其中砾岩累计厚度 2 164 m，占剖面厚度的 42%，砾岩的层数占总层数的 1/2。无论在范家屯剖面还是吉林市炼油厂剖面，都可以看到大型向上变粗和变厚的水道沉积层序和具有二元结构的阶地堆积，以及具有块状层和局部砾石排列有序的河口扇积砾岩及上叠湖相砂泥岩夹层。在吉林市西娘娘庙岭砂岩中夹有大理岩凸镜体，说明有少量海相层。

蒋家窑砾岩中已发现植物和叶肢介及少量保存不好的双壳类化石。时代为晚二叠世。

蒋家窑砾岩与下伏范家屯组呈平行不整合接触，底部复成分砾岩中有下伏范家屯组砂岩、板岩的砾石，说明两者之间有侵蚀间断。在范家屯剖面蒋家窑砾岩与上覆南楼山组不整合接触。在裴家沟两者亦呈不整合接触(图8－5)。在南楼山组酸性凝灰角砾岩中，不仅有蒋家窑砾岩的破碎角砾，而且后者顶面有剥蚀侵蚀面。

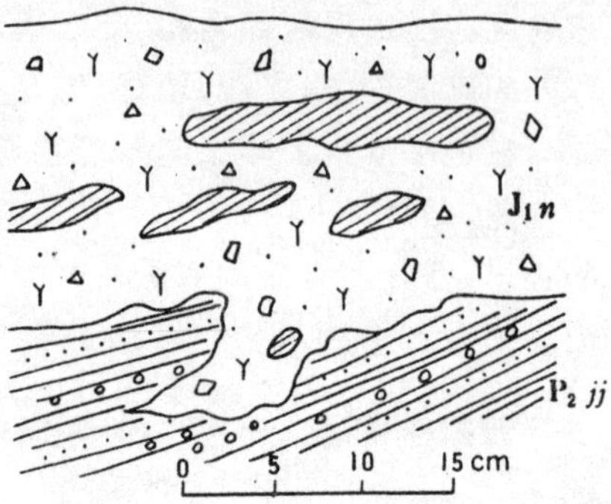

图8－5 裴家沟蒋家窑砾岩与南楼山组接触关系图

(据夏志亮等，1988)

天宝山组 *Ct* (05－22－0056)

【创名及原始定义】 吉林省地层表编写组于1975年创名，原称明月沟群，创名地点在安图县明月沟石灰窑。指延吉天宝山、安图明月镇一带暂置于石炭系的灰岩、碎屑岩夹火山岩的一套地层。上部为灰黑色粉砂岩、板岩、结晶灰岩及燧石结核灰岩；中部以燧石条带灰岩为主，夹厚层灰岩、泥质灰岩及少量粉砂岩、板岩；下部以板岩为主，夹凝灰质砂岩及海百合茎灰岩等。总厚度2 449 m以上，未见顶底。

【沿革】 该套地层长期以来由于未获得时代依据，仅从岩性对比确定时代归属而众说纷纭。吉林区调队1973年将其时代置于晚石炭世，与吉林地区的石嘴子组比较，吉林地层表编写组(1975)最初将明月沟地区的这套地层命名为明月沟群，吉林地层表出版时考虑到天宝山剖面又有少量化石，故改称天宝山群。吉林区调所(1988)编制的《吉林省区域地质志》将天宝山群划归庙岭组，但天宝山剖面和明月沟—新兴屯剖面的岩石组成、剖面结构与庙岭组、山秀岭组都有较大的差异，因此本书保留天宝山组一名，将“群”改为组。

【现在定义】 指花岗岩之中的碎屑岩与灰岩互层的地层体。下部以变质砂岩和结晶灰岩、条带状硅质灰岩为基本层序；中部以黑色板岩和结晶灰岩或燧石条带灰岩、泥质灰岩为基本层序的旋回层；上部又以变质粉砂岩、石英砂岩和结晶灰岩为基本层序的旋回层。顶底出露不全，接触关系不详，厚度巨大。

【层型】 正层型为龙井市天宝山剖面(128°59′，42°56′)，吉林区测队1973年测制。

(花岗岩侵入)

天宝山组	总厚度 1391.0 m
20. 灰白色燧石结核结晶灰岩	50.0 m
19. 角岩化粉砂岩，局部有钠质交代	68.0 m
18. 灰白色质纯结晶灰岩	52.0 m
17. 灰白色长石石英砂岩	20.0 m
16. 黑色板岩	34.0 m
15. 灰白、灰黑色含燧石结核结晶灰岩，夹条带状结晶灰岩	107.0 m
14. 灰黑色钙质板岩与钙质粉砂岩互层	175.0 m
13. 灰白—灰黑色含燧石条带或结核结晶灰岩，夹薄层千枚状板岩，盛产海百合茎	49.0 m
12. 灰黑色板岩夹薄层钙质粉砂岩	57.0 m
11. 灰黑色薄层灰岩夹黑色板岩	15.0 m
10. 灰黑色板岩	45.0 m

9. 灰白、灰色燧石条带结晶灰岩及泥质结晶灰岩，产 *Caninia* sp. 及海百合茎	171.0 m
8. 灰黑色角岩化板岩	11.0 m
7. 变质凝灰熔岩	8.0 m
6. 灰黑色泥质结晶灰岩、灰白色燧石条带结晶灰岩夹薄层板岩	393.0 m
5. 灰黑色薄层板岩	11.0 m
4. 灰白色结晶灰岩、条带状硅质灰岩	30.0 m
3. 黑色角岩化钙质粉砂岩和角页岩，局部变质为角闪变粒岩	40.0 m
2. 灰白色结晶灰岩	28.0 m
1. 黑色、白色结晶灰岩	27.0 m

（花岗闪长岩侵入）

【地质特征及区域变化】 正层型剖面基本层序三分特征比较明显。下部以粉砂岩、灰岩为基本层序，岩性包括角岩化钙质粉砂岩、角岩化页岩、结晶灰岩、燧石条带结晶灰岩，厚度大于 120 m；中部以板岩和灰岩为基本层序，岩性包括黑色板岩、凝灰熔岩(?)、燧石条带结晶灰岩、泥质灰岩、结晶灰岩等，厚度 650 m；上部又以粉砂岩和灰岩为基本层序，岩性包括角岩化粉砂岩、长石石英砂岩、钙质粉砂岩、燧石结核结晶灰岩、条带状灰岩、质纯灰岩等。从粒序结构分析，下部为向上变细的正粒序；上部为向上变粗的逆粒序。该特点反映与石嘴子组相近的粒序特点。厚度大于 1 200 m。

天宝山组还分布于安图明月镇、北塘沟一带。明月镇剖面的岩石组成、基本层序、粒序特点与天宝山剖面十分相似，只是剖面上部 21—24 层变粒岩和混合质岩石与剖面上的轻变质岩石十分不协调，可能为时代较老的岩石之构造岩片。明月镇一带天宝山组的厚度也在 1 400 m 左右。伊泉、清泉一带以燧石大理岩和片麻岩类组成的岩石组合和基本层序不同于天宝山组，其归属应进一步研究解决。

天宝山组化石稀少，仅在天宝山剖面(陈才沟西山)第 9 层发现珊瑚 *Caninia* sp.，海百合茎 *Cyclocyclicus* sp.，*C. circumvalatus*，其时代暂置石炭纪。

山秀岭组 $C_2\hat{s}$ (05-22-0057)

【创名及原始定义】 由吉林区测队二分队 1964 年创名，创名地点是延吉县开山屯镇山秀岭。指延边地区业经化石证实的上石炭统地层。其岩性以生物灰岩为主，夹凝灰质砂岩、火山灰凝灰岩。盛产䗴、腕足类、海百合茎等化石。出露厚度大于 517 m。下伏地层不明。

【沿革】 杨启伦于 1962 年在吉林省地质学会第一届学术年会会刊就已起用了“彩秀岭组”一名。山秀岭组自建组以来其含义和时代未曾变化，一直沿用。

【现在定义】 指大蒜沟组之下，以含䗴灰岩、生物屑灰岩、粒屑灰岩、结晶灰岩为主的一套地层。下部有火山灰凝灰岩，上部也夹有薄层火山碎屑岩。盛产䗴、腕足类及海百合茎。上与大蒜沟组不整合接触，下伏地层不清。

【层型】 正层型为龙井市开山屯镇彩秀洞沟里剖面(129°42′，42°37′)，吉林区测队 1964 年测制。

上覆地层：**大蒜沟组** 砾岩

～～～～～～ 不 整 合 ～～～～～～

山秀岭组 总厚度＞518.0 m

16. 灰色薄层状结晶灰岩 5.0 m

15. 灰白色薄层状结晶灰岩 4.0 m

14. 灰白色薄层状结晶灰岩，产䗴化石 *Quasifusulina* sp.，*Rugosofusulina* sp.，*Triticites* sp.，*Schwagerina* sp.，? *Montiparus* sp. 4.0 m

13. 灰黑色中层状透闪石结晶灰岩 8.0 m

12. 灰色绿泥石化中细粒凝灰质砂岩夹绢云母化晶屑火山灰凝灰岩及灰绿色绿泥石化凝灰质砾岩 4.0 m

11. 灰白色薄层状结晶灰岩，产䗴 *Triticites* sp.，*Schubertella* sp.，*Montiparus* sp. 12.0 m

10. 掩盖 115.0 m

9. 灰白色泥质灰岩，产䗴化石 *Pseudoschwagerina* sp.，*P. leei*，*Pseudofusulina nelsoni* var. *opima*，*P.* sp.，*Quasifusulina* cf. *spatiosa*，*Q.* cf. *cayeuxi*，*Q.* aff. *compacta*，*Q.* sp.，*Triticites ohioensis*，*T.* cf. *axus*，*T. lalaotuensis*，*T.* aff. *postarcticus*，*T. simplex*，*T.* sp.，*Rugosofusulina prisca* var. *irregularis*，*R.* sp.，*Ozawainella* sp.，*Schwagerina* sp.，? *Kansanella plicatulus* 66.0 m

8. 灰白色中层状结晶灰岩，夹约 4 m 厚的凝灰质砂砾岩，产腕足类 *Dictyoclostus* sp.，*Productus* sp.，*Brachythyrina* sp.，*Martinia* sp.，*Punctospirifer* sp.，*Stenoscisma* sp. 及海百合茎 82.0 m

7. 灰黑色结晶灰岩，产䗴化石 *Triticites* sp.，*Quasifusulina* sp.，*Rugosofusulina* sp.，*Ozawainella angulata*，*Schwagerina* sp.，*Pseudofusulina* sp. 39.0 m

6. 灰色碎裂结晶灰岩，含砂质碎屑及燧石团块，产䗴，腕足类及海百合茎化石 34.0 m

5. 深灰色薄层含碎屑中粒鲕状结晶灰岩，夹 3 m 厚的含砾结晶灰岩，产 *Schubertella* sp.，*Schwagerina* sp.，腕足类 *Productus* sp. 及海百合茎 42.0 m

4. 浅灰色中层状硅质条带结晶灰岩 3.0 m

3. 白色角砾状结晶灰岩，层面上有凝灰质充填物 15.0 m

2. 灰白色绿泥石酸性火山凝灰岩 9.0 m

1. 黑色绿泥石化火山凝灰岩 >76.0 m

（闪长岩侵入）

【地质特征及区域变化】 山秀岭组仅残留于开山屯彩秀岭地区。呈 NNE 向带状分布，延伸约 3 km，构成彩秀岭倒转背斜的核部。下伏地层不明，与闪长岩侵入接触。上覆地层为大蒜沟组，前人曾认为两者是平行不整合接触。大蒜沟组底部砾岩中存在大量山秀岭组的灰岩砾石，两者之间存在着很长时间的间断，因此，其接触关系实际上是角度不整合，是极重要的构造事件（图 8-6）。

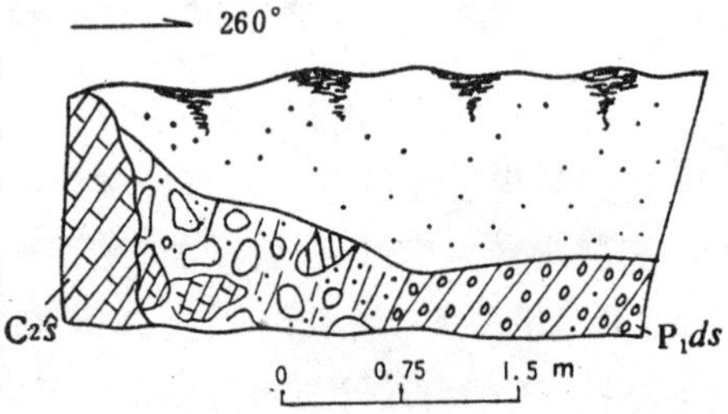

图 8-6 彩秀岭山秀岭组、大蒜沟组接触关系素描图

山秀岭组以灰岩为主，下部有火山灰凝灰岩，出露厚度大于 517 m。向上出现角砾状灰岩、含砂屑鲕状灰岩、亮晶灰岩和泥晶灰岩，在剖面结构上呈向上变细的正粒序。8 层夹有 4 m 厚的凝灰质砂砾岩，可能是与火山活动有关的事件地层。9 层之上出现泥质灰岩、含䗴灰岩、薄层亮晶灰岩。在 12 层出现砂岩和砾岩。剖面的粒序结构不甚清楚，似有向上变粗的迹象。总之，在层型剖面上巨厚灰岩之中夹有两层不协调的砾岩层，代表着与火山活动有关的事件地层。

山秀岭组含有丰富的䗴类和腕足类，䗴类属於 *Triticites-Pseudoschwagerina* 组合带的特征分子，时代属於晚石炭世(详见生物地层)。

大蒜沟组 P_1ds (05-22-0065)

【创名及原始定义】 孙恒元1988年创名，创名地点在延吉县开山屯大蒜沟。指延边地区相当栖霞期沉积，下部为巨厚层砾岩，上部以砂岩、粉砂岩为主，夹灰岩凸镜体，产大量的䗴、腕足类和苔藓虫。与下伏山秀岭组不整合接触，与上覆地层关系不清。

【沿革】 大蒜沟组命名之后被《吉林省区域地质志》(1988)、郭胜哲等(1992)采纳。本次研究发现“大蒜沟组”是由完全不同的两部分岩石组成。上部的砂岩、粉砂岩夹灰岩凸镜体(包括化石层)是潮坪环境下形成的产物，岩石组合和结构特点与庙岭组相近。底部巨厚层砾岩、角砾岩是复杂成因的产物。邵济安、唐克东(1993)认为属混杂体，基质是灰黑色的泥砾岩，砾石是压扁的浑圆状硅质砾石，其中有大小不等的火山岩及基性—超基性岩岩块和灰岩块。因此有必要把它单独划分出来，仍称大蒜沟组。大蒜沟剖面的上部层仍划归庙岭组(详见第一篇第四章庙岭组，本章不再论述)。

【现在定义】 指山秀岭组不整合面之上与庙岭组之间一套巨厚的砂砾岩层。主要岩性包括凝灰质砾岩、角砾岩、含砾凝灰“熔岩”夹凝灰质砂岩。底界以不整合面与山秀岭组生物屑灰岩分界，顶界与庙岭组砂岩接触关系不清。

【层型】 正层型为延吉县开山屯大蒜沟组剖面(129°43′,42°38′)，孙恒元等1988年修订。

上覆地层：**庙岭组** 粉砂岩，产大量的䗴、腕足类、苔藓虫

……………… 关系不清 ………………

大蒜沟组	总厚度 653.57 m
4. 灰色凝灰质砾岩	12.30 m
3. 青灰色含砾凝灰熔岩	14.37 m
2. 灰色凝灰质砂岩	56.10 m
1. 灰色凝灰质砾岩、巨砾岩、角砾岩	570.80 m

~~~~~~~~ 不 整 合 ~~~~~~~~

下伏地层：**山秀岭组** 生物屑灰岩

参考剖面有咸沙洞剖面等。

【地质特征及区域变化】 大蒜沟组仅见于开山屯南彩秀洞源头912高地至咸万洞西山992高地及咸沙洞一带，呈不规则条带状分布。岩石呈灰黑色、微带绿色，砾石磨圆、分选不佳。杂基为泥砾，角砾大小不一。砾石成分有硅质岩和各种火山岩，此外有纯橄榄岩、辉长岩等基性超基性岩岩块。砾岩的成因有种种解说：①认为山秀岭组是外来岩块，推覆到大蒜沟砾岩之上，使上下岩层倒转，不整合面可能是构造面；②大蒜沟砾岩，包括山秀岭组都是古大陆边缘的混杂体(增生楔)。并从砾岩的成分、结构、构造特点加以说明，砾岩的基质是灰黑色的泥砾岩，透入性剪切面理发育，围绕一些压扁的或浑圆状的小硅质砾石密集分布。外来岩块以蛇纹岩的各种组分为主，包括纯橄岩、二辉橄榄岩、辉长岩、玄武岩和硅质岩等，此外还有岛弧组合的苦橄岩和石灰岩岩块(邵济安等，1993)；③可能属于海底峡谷的水道相，块状重力流混杂沉积，即滑塌层，有海底滑动沉积、砂流、砾质泥岩、滑塌角砾岩等。

大蒜沟砾岩的成因尚不能做出结论，有待进一步研究。但是有一点是十分明显的：如果把山秀岭组、大蒜沟组和庙岭组当作有序的地层体，那么夹在中间的大蒜沟砾岩从相序特点看，
~~~~~~~~

则十分不协调。

大蒜沟砾岩中没发现化石，无年龄资料。如果山秀岭组、大蒜沟组和庙岭组是有序的地层体，那么大蒜沟组的年代是不难确定的。不整合面下伏的山秀岭组有 *Triticites* 等，属晚石炭世无疑，因此大蒜沟组底界不早于晚石炭世。上覆层中有 *Parafusulina*，*Monodiexodina* 等栖霞晚期—茅口早期的代表分子，因此大蒜沟砾岩的顶界不晚于栖霞晚期。如果与上覆、下伏地层是不连续地层，则大蒜沟砾岩的时代还有待进一步研究。

柯岛群 P_1K （05－22－0067）

【创名及原始定义】 柯岛群一名来源于吉林区测队（1964）[1] 创名的柯岛组，创名地点在延吉市开山屯柯岛。其含义是开山屯组之下，庙岭组之上，下部以杂色粗碎屑岩为主，上部以杂色细碎屑岩为主组成的一套地层。并进一步划分为下亚组和上亚组。

【沿革】 1975—1988 年柯岛组之涵义屡经变化，1991 年吉林区调所将组升为群。并以大兴沟镇新屯—光明剖面为建群剖面，群之下划分了光明组和新屯组。本次对比研究认为柯岛群的建立是可行的。但由于新屯—光明剖面无论露头连续情况、岩石及其组合的代表性、厚度乃至交通都没有柯岛剖面好，因此应仍将柯岛剖面确定为建群剖面。群之下的组名则选自柯岛剖面附近的山谷旗和滩前，即将原来的下柯岛组和上柯岛组分别命名山谷旗组及滩前组（详见表 8－5）。

表 8－5 延边地区柯岛群沿革表

<table>
<tr><th colspan="2">针尾庆次
1923</th><th colspan="2">刘鸿允
1956</th><th colspan="2">吉林区测队二分队
1960</th><th colspan="2">杨启伦
1962</th><th colspan="2">吉林区测队二分队
1963</th><th>吉林省地层表编写组
1975</th><th>孙恒元
1979—1988</th><th>吉林区调所
1988</th><th colspan="2">吉林区调队一分队（1∶5 万大兴沟幅）
1991</th><th colspan="2">本 书</th></tr>
<tr><td rowspan="6">P—C</td><td rowspan="6">豆满层</td><td rowspan="6">P</td><td rowspan="6">图们系</td><td rowspan="5">P</td><td>开山屯组</td><td>P_2</td><td>开山屯组</td><td colspan="2">开山屯组</td><td>开山屯组</td><td>开山屯组</td><td>开山屯组</td><td colspan="2">?</td><td colspan="2">解放村组／开山屯组</td></tr>
<tr><td rowspan="4">庙岭组</td><td rowspan="4">P_1</td><td>满河组</td><td rowspan="3">柯岛组</td><td>上亚组</td><td>上柯岛组</td><td>寺洞沟组</td><td rowspan="2">柯岛组</td><td rowspan="2">柯岛群</td><td>新屯组</td><td rowspan="2">柯岛群</td><td>滩前组</td></tr>
<tr><td rowspan="2">香仁坪组</td><td rowspan="2">下亚组</td><td rowspan="2">下柯岛组</td><td>庙岭组</td><td>光明组</td><td>山谷旗组</td></tr>
<tr><td>柯岛组</td><td>庙岭组</td><td colspan="2">庙岭组</td><td colspan="2" rowspan="2">庙岭组／大蒜沟组</td></tr>
<tr><td>庙岭组</td><td colspan="2">庙岭组</td><td>庙岭组</td><td>大蒜沟组</td><td>大蒜沟组</td><td colspan="2">?</td></tr>
<tr><td>C_3</td><td>彩秀岭组</td><td>C_3</td><td>彩秀岭组</td><td colspan="2">山秀岭组</td><td>山秀岭组</td><td>山秀岭组</td><td>山秀岭组</td><td colspan="2"></td><td colspan="2">山秀岭组</td></tr>
</table>

【现在定义】 指平行不整合在庙岭组之上、不整合开山屯组之下以杂色碎屑岩为主的一套地层，可进一步划分为山谷旗组和滩前组。

山谷旗组 $P_1\hat{s}g$ （05－22－0069）

【创名及原始定义】 本课题组 1993 年命名，创名地点在延吉县开山屯镇柯岛。相当于吉林省地层表编写组（1975）中的下柯岛组。由於原柯岛组升群，必须另立新名。另外，在地形图

① 吉林区测队，1964，大拉子幅 1∶20 万区域地质调查报告（油印本）。

上查无下柯岛一名，也是原因之一。下柯岛组的原意是：由一套具灰色或暗紫红色的凝灰质砾岩、凝灰质砂岩、黑色粉砂岩和少量凝灰岩及熔岩组成，以此构成若干小的喷发—沉积旋回，具有类复理石沉积建造特征。厚 1 284 m。

【沿革】 作为独立的地层单位是 1963 年吉林区测队二分队确定的，称柯岛组下亚组。1974 年东北三省古生代地层会议认为使用“亚组”一词不当，故修改为上柯岛组和下柯岛组，并指出下柯岛组时代曾经不适当地用后底洞剖面庙岭组下部层所产化石确定，同时对下柯岛组的层位存在与否及时代提出了疑义。孙恒元等(1979)重新调查延边地区二叠系层序，重新划分了柯岛剖面，将原下柯岛组厘定为柯岛组，而将上柯岛组称为庙岭组，与庙岭新采石场—炸药库剖面对比。本次对比研究将柯岛组升群并将下柯岛组修订为山谷旗组(表 8－5)。

【现在定义】 庙岭组之上、滩前组(原上柯岛组)之下的灰色、灰紫色砾岩、含砾砂岩与杂砂岩或长石砂岩互层组成的一套地层，偶夹粒屑灰岩和硅质岩团块。岩性、岩相变化大。下部与庙岭组、上部与滩前组均呈整合接触。

【层型】 正层型为延吉市开山屯镇南东 6 km 处的剖面(129°47′，42°38′)，吉林区调队 1964 年测制。

上覆地层：**滩前组** 片理化凝灰质粉砂岩

——————— 整 合 ———————

山谷旗组 总厚度 1 127.5 m

25. 灰色蚀变凝灰质砾岩，砾石成分有灰色、白色大理岩、火山岩等，一般砾径 3～4 cm，大者达 35 cm，多呈扁圆状，定向排列，胶结物以凝灰质为主，灰岩砾石中含䗴及海百合茎 71.0 m
24. 灰色蚀变凝灰质细砂岩 40.0 m
23. 灰色绿泥石化中粒凝灰质砂岩 11.0 m
22. 灰色蚀变凝灰质砾岩，砾石成分有流纹岩、凝灰岩及大理岩，砾径 2～3 cm，定向排列 7.8 m
21. 灰色厚层绿泥石化凝灰粗砂岩，向上颗粒渐细 22.2 m
20. 紫红色及绿色绿泥石化凝灰质砾岩 7.4 m
19. 灰紫色绢云母化粉砂质板岩 15.7 m
18. 蚀变灰色凝灰质砂岩夹黑色凝灰质粉砂岩，愈上黑色粉砂岩增多 38.0 m
17. 灰色蚀变凝灰质砾岩，被厚 1 m 的辉绿岩穿插，灰岩砾石中含䗴 *Neoschwagerina* sp.，*Schubertella* sp. 及海百合茎等 63.5 m
16. 灰黑色绿泥石化砂质粉砂岩 17.1 m
15. 灰色蚀变凝灰质砾岩，砾石成分以大理岩为主 39.8 m
14. 紫灰色片理化含碳质粉砂岩夹灰岩扁豆体 46.0 m
13. 灰色砾岩，杂基支撑，杂基为泥、砂质 90.7 m
12. 灰紫色片理化含碳质粉砂岩夹灰岩扁豆体 15.0 m
11. 灰色蚀变凝灰质砾岩，杂基支撑 69.8 m
10. 黑色蚀变粉砂岩夹灰岩扁豆体 58.0 m
9. 灰紫色绢云母化凝灰质砾岩夹凝灰质砂岩，砾石成分中灰岩砾石较多，且含海百合茎 119.4 m
8. 灰—灰紫色绢云母化含砾砂岩夹粉砂岩及灰岩扁豆体 13.6 m
7. 灰色绢云母化凝灰质砾岩，被细晶闪长岩贯入，有黄铜矿化，砾石成分以大理岩为主，砾石中含䗴 ?*Neoschwagerina* sp.，? *Verbeekina* sp. 及珊瑚，海百合茎等 72.5 m

6. 灰紫色绢云母化凝灰质粉砂岩夹绿泥石化安山岩，前者偶夹灰岩扁豆体 43.2 m

5. 灰色绢云母化凝灰质砾岩夹蚀变凝灰质粗砂岩，层面不平整，粗级与细级互相过渡，韵律构造明显，砾石滚圆度不佳，以大理岩及凝灰岩为主，砾径 2～5 cm，大理岩砾石含苔藓虫及海百合茎等 69.0 m

4. 灰紫色板状凝灰岩 38.2 m

3. 灰色蚀变凝灰质砾岩与凝灰质粗砂岩交互成层互相过渡，具明显韵律，有粒序层和冲刷面 24.6 m

2. 灰色蚀变含砾凝灰质粗砂岩 49.0 m

1. 灰色蚀变凝灰质砾岩 85.0 m

——————— 整　合 ———————

下伏地层：庙岭组　砂岩

【地质特征及区域变化】　本组主要分布在开山屯一带的柯岛、后底洞、神仙德岭、汪清西大坡，新屯、小荒沟一带。以砾岩、含砾砂岩、砂岩为基本层序的旋回层，偶夹灰岩凸镜体和硅质岩团块为特征。砾岩有两种类型，其一是具有粒序层者，下部为砾岩，向上逐渐变为砂岩，内部不显层理。其二为厚层砾岩，呈块状或楔状体，见于砂岩之中，其中常有滑塌构造。柯岛剖面中本组有 12 个由砾岩到砂岩的旋回层。粒序层底部有冲刷面。在开山屯一带自东而西砾岩层由多变少，砾径由大变小，灰岩夹层由薄变厚。如柯岛剖面砾岩层多达 12 层，砾径多在 3～5 cm，灰岩厚度仅几十厘米，至神仙德岭砾岩层减至 10 层，砾径多在 0.5～1 cm。砾岩的砾石成分因地而异，在柯岛一带以大理岩为主，还有硅质岩和板岩以及玄武岩和安山岩等，砾径 10～20 cm，略有磨圆，无分选，杂基占 20%以上，显然是近陆快速堆积的产物。珲春光明一带本组仍以砾岩为主，夹有砂岩，厚度变小。岩石特点与柯岛一带略有差异，前者普遍磨圆好，分选性也好，于柯岛一带的砾岩，砾石具定向性，成分是以火山岩、变质砂岩为主，含少量灰岩及硅质岩，具有河道相沉积特点。后底洞剖面共 16 层，其中 7 层是砾岩、砂质砾岩，砾岩总厚度 232 m，占总厚度987 m的 33%，尤其是 1～3 层砾岩中含大量的灰岩砾石，其特征与柯岛剖面的砾岩相似，剖面的基本层序也相近，因此我们认为后底洞剖面应归属到山谷旗组。除后底洞剖面外，山谷旗组仅在灰岩砾石中发现䗴及腕足类化石。时代为早二叠世。

滩前组　P_1t　(05-22-0070)

【创名及原始定义】　滩前组是柯岛群的上部地层单位，本课题组 1993 年创名，创名地点在延吉县开山屯。大体相当于原上柯岛组。原意是：分布于延吉开山屯、寺洞沟一带的岩性以紫红色、天蓝色、灰绿色海相片理化酸性火山凝灰岩、火山角砾岩及熔岩为主，夹 2～3 层灰黑色砂岩、板岩等。与下柯岛组整合接触，与上覆开山屯组平行不整合接触。

【沿革】　自《东北地区区域地层表·吉林省分册》问世之后，孙恒元(1979—1988)将本组划归庙岭组。在《吉林省区域地质志》(1988)中仅将下柯岛组称柯岛组，而对原上柯岛组没有做交代，经本课题组再次考察认为柯岛剖面和开山屯—香仁坪剖面的岩石组成，大部是海相碎屑岩沉积，其中含少量凝灰质，都属再沉积产物。前人在剖面描述中的熔岩或火山碎屑岩是有误的。区域上与珲春、汪清、东宁的火山岩对比也是不妥的。岩石组成、沉积构造反映深水环境下沉积的产物，与后来邵济安、唐克东等(1993)命名为深水相泥质岩建造一致。故厘定为滩前组(表8-5)。

【现在定义】 山谷旗组之上、开山屯组或满河火山岩之下的一套由紫红色、天蓝色、灰绿色、灰色、千枚状(片理化)板岩及粉砂质板岩、凝灰质板岩组成的地层，偶夹片理化含砾粉砂岩。与下伏山谷旗组整合接触，与上覆开山屯组呈平行不整合接触。

【层型】 正层型为延吉县开山屯—香仁坪剖面(129°48′,42°41′)，吉林区调队 1992 年重测。

上覆地层：开山屯组 砾岩

——————— 平行不整合 ———————

滩前组	总厚度 1 536.90 m
21. 灰绿色粉砂质泥岩夹紫色粉砂质泥岩	35.50 m
20. 紫色片理化粉砂质泥岩	268.30 m
19. 紫色片理化含钙质粉砂质泥岩	48.40 m
18. 深灰色片理化砂岩、粉砂岩	34.20 m
17. 灰绿色片理化粉砂质泥岩	34.10 m
16. 灰紫色粉砂质泥岩，夹粉砂岩团块	66.70 m
15. 灰绿色片理化钙质粉砂质泥岩夹灰紫色粉砂质泥岩	103.50 m
14. 灰绿色片理化中粗粒火山岩屑砂岩	52.70 m
13. 灰白色块状片理化中粗粒火山岩屑杂砂岩夹深灰色粉砂质泥岩	61.20 m
12. 深灰色含钙质粉砂质泥岩，夹凸镜状细粒杂砂岩	93.60 m
11. 灰色片理化含钙质粉砂岩，具撕裂构造	92.50 m
10. 灰色片理化细砂岩和深灰色含岩屑泥质粉砂岩互层	173.50 m
9. 深灰色粉砂质泥岩和灰色细砂岩互层，细砂岩中具有平行层理和小型斜层理	42.50 m
8. 深灰色岩屑粉砂质泥岩夹不规则细砂岩凸镜体	25.80 m
7. 下部为灰色含钙质粉砂质泥岩，向上变为紫色黄绿色条带状粉砂岩，具冲刷面和韵律层	96.20 m
6. 深灰色粉砂质泥岩和灰色细粒杂砂岩互层，具有平行层理和小型斜层理，偶见大理岩砾石	84.00 m
5. 黑色凝灰质粉砂质泥岩，夹 0.7～0.8 cm 薄层细砂岩	3.20 m
4. 灰色片理化凝灰质砾质砂岩	33.20 m
3. 灰紫色片理化砾质粗粒杂砂岩夹紫色粉砂岩团块	72.00 m
2. 灰绿色砾质火山岩屑砂岩与灰绿色不等粒岩屑长石砂岩互层	60.40 m
1. 黄绿色厚层状片理化凝灰质粉砂岩	55.40 m

——————— 整 合 ———————

下伏地层：山谷旗组 凝灰质砾岩

【地质特征及区域变化】 滩前组分布于延吉县开山屯、香仁坪、寺洞屯、汪清南岗山983.9 高地、磨盘石以及新屯、小北沟等地。岩石组合以紫色、紫红色、天蓝色、灰绿色、灰色等杂色千枚状(片理化)板岩、粉砂质板岩、粉砂岩、凝灰质板岩为主，偶夹含砾千枚状板岩。岩石中块状层理和水平纹层发育。有砂岩夹层的地方粒序层、底冲刷面发育。板岩由绢云母-水云母-伊利石(4%)、石英(32%)和少量长石、海绿石等组成。含钙质瘤和铁锰结核，表明形成于深水环境。滩前组岩性特征明显，在区内分布较稳定。唯珲春一带及凉水以东地区还没有发现确切的滩前组。在大兴沟、新屯一带，本组上覆地层为解放村组黑色砂岩和泥岩，两者呈整合过渡，这一带本组厚度变化大，在短距离内由数百米增至千余米。其原因尚不清楚，解放村组与滩前组是否有相变，有待进一步研究。

本组中目前还没有发现化石，但是滩前组与下伏山谷旗组连续沉积，两者呈渐变过渡；与上覆属晚二叠世的开山屯组平行不整合。这样滩前组的上限不应新于晚二叠世，因此将其列入早二叠世晚期。

开山屯组　P_2k　(05-22-0071)

【创名及原始定义】　开山屯组由吉林区测队二分队 1960 年① 创名，创名地点在延吉县开山屯。开山屯组指开山屯附近的一套扇砾岩，其中夹有黑色板岩和砂岩薄层，厚度 900 m。产大量植物化石，时代为晚二叠世。

【沿革】　今野园藏(1947)将开山屯一带的"豆满层"称扇砾岩(Fanglomerate)。砾石成分有花岗岩、花岗片麻岩等，厚 170 m，发现植物化石 15 属 19 种。今野氏认为，开山屯植物群与彩秀洞一带的海相层属一个层位，并首次指出在北满型地质区发育了南满型植物群的事实。吉林省地层表编写组(1975)将汪清大北沟、桃源、珲春密江和春化等地凡产古生代植物化石的地层均划归开山屯组，使汪清、珲春地区砂板岩为主的地层与砾岩为主的地层同名。本次对比研究仍将开山屯组与今野园藏扇砾岩的含义保持一致，暂不扩大其使用范围。

【现在定义】　滩前组之上，以花岗质砾岩为主，夹有砂岩和碳质粉砂岩的一套陆相地层，产丰富的植物化石。与下伏滩前组平行不整合接触，上与龙井组不整合接触。

【层型】　正层型为延吉县开山屯剖面(129°46′,42°41′)，吉林区调队 1987 年重测。

上覆地层：**龙井组**　砂砾岩

～～～～～～～ 不 整 合 ～～～～～～～

开山屯砾岩　　总厚度 351 m

8. 灰色、灰绿色厚层状凝灰质砾岩夹黑色凝灰质板岩及黄绿色凝灰质粉砂岩，含植物化石碎片　　>16 m
7. 深绿色、灰绿色凝灰质中粒砂岩夹黄绿色凝灰质含砾粗砂岩及灰黑色薄层碳质粉砂岩　　26 m
6. 下部为灰色、灰绿色厚层状凝灰质砾岩，上部为灰色凝灰质细砂岩夹灰色、灰绿色凝灰质粗砂岩及含砾粗砂岩，产植物化石 *Pecopteris* sp.　　22 m
5. 灰色、灰黑色凝灰质粉砂岩与细砂岩互层，夹灰色、灰绿色凝灰质砾岩凸镜体。产植物化石 *Sphenophyllum* cf. *sino-coreanum*, cf. *S. thonii*, *Validopteris robusta*, *V. kaishantunensis*, cf. *Callipteris zeilleri*, *Pecopteris yabei*, *Taeniopteris* sp., *Sphenopteris* sp., *Cordaites* sp.　　67 m
4. 灰色、灰绿色厚层状凝灰质砾岩夹灰黑色凝灰质中粒砂岩及薄层粉砂岩，产植物化石 *Cordaites* sp.　　25 m
3. 灰色、灰黑色薄层状凝灰质砂岩夹肉红色厚层状凝灰质砾岩及含砾粗砂岩　　20 m
2. 灰绿色片理化厚层状安山质凝灰熔岩　　10 m
1. 深灰绿色、浅红色厚层状凝灰质砾岩。砾石多来自上柯岛组及更老地层，具底砾岩特征。砾岩中夹 2～3 层中、粗粒砂岩和一层厚为 5.7 m 的片理化安山岩　　165 m

——————— 平行不整合 ———————

下伏地层：**滩前组**　灰绿色板岩

① 吉林区测队二分队，1960，延吉市幅 1：20 万区域地质调查报告(未刊)。

【地质特征及区域变化】 开山屯组在省内仅见于开山屯一带，主要以砾岩和砂岩为基本层序的旋回层，其中砾岩的砾石成分复杂，分选差，磨圆较好，具底砾岩性质。砾岩成分中以花岗岩、各种火山岩为主，其次有下伏岩层的砂岩、板岩和少量灰岩。剖面自下而上粒级变小，砾岩变薄，砂岩层渐变厚，属于向上变细、变薄的粒序层。具有山前洪积扇的特点。

开山屯组中发现较多的植物化石：*Phyllotheca deliquescens*，*Lobatannularia heianensis*，*Sphenophyllum verticillatum*，*S. thonii*，*Pecopteris* cf. *anderssoni*，*P. unita*，*P.* cf. *yabei*，*P.* sp.，*Odontopteris subintegra*，*Emplectopteris triangularis*，*Callipteridium rarinervium* 等，以上大部分名单见于今野氏(1947)报道中，唯独 *Gigantopteris yabei* 至今没得到证实。上列植物化石多数为我国晚期华夏植物群早期组合，即烟叶大羽羊齿-平安瓣轮叶组合的重要分子或常见分子，同时也有 *Callipteris zeilleri*，*Pecopteris unita* 等安格拉植物群的常见分子，时代厘定为晚二叠世。开山屯植物群的重要性在于：其一，古植物地理分区上，延边地区位于华夏植物区系与安格拉植物区系的过渡地带；其二，在开山屯期，开山屯地区已经发生海退，预示在海退方向必然有低水位体系域的沉积产物。

第二节 生物地层

吉林省华北地层大区中的石炭纪—二叠纪地层，由于不同岩石地层单位形成环境不同，所含的生物门类有很大的差异，但都含有丰富的生物化石。在十多个生物门类中尤以䗴、珊瑚、腕足类、牙形刺、头足类和植物的研究最为详细。计可划分出 8 个䗴组合带，3 个珊瑚组合带，3 个腕足类组合，6 个植物化石组合等。

1. 䗴类

①*Eostaffella* 组合带(简称 *E* 组合带)

E 组合带分布在吉林地层小区层型(王家街)剖面 1—8 层，次层型(常家街)剖面的 1—4 层。浑江地层小区层型(六道江)剖面 13-3 号孔 1—13 层，次层型及参考剖面六道江 13-2 号孔 1—17 层、八宝水 3 号孔 1—11 层、咋子江边剖面 1—7 层等。其底界以 *Eostaffella* 或共生分子出现伊始，顶界于吉林地层小区为 *Profusulina* 分子的始见点；而浑江地层小区则为 *Fusulina* 或 *Fusulinella* 的首次出现。前者属种较为单调，有 *Eostaffella mixta*，*E.* cf. *acuta* 等，此外有腕足类和珊瑚，常家街剖面本带即共生有 *Aracanolasma-Gangamophyllum* 组合的代表分子 *Kueichouphyllum*。后者共生的分子有 *Eostaffella* sp.，*E. quasiampla*，*E. subsolana*，*Ozawainella leei*，*O.* sp.，*Pseudostaffella* sp.，*P. sphaeroidea*，*P. kremsi*，*Millerella* sp.，*Novella mosquensis*，*Staffella* sp. 等(图 8-7)。

②*Profusulinella* 组合带(简称 *P* 组合带)

该带仅见于吉林地层小区层型(王家街)剖面 9—19 层，次层型(常家街)剖面 15—36 层。底界与 *E* 组合带顶界相同，顶界为 *Fusulina*，*Fusulinella* 分子的始见点。此带共生的分子有：*Profusulinella* sp.，*P. rhombiformis* var. *nibilensis*，*P. subquadrata*，*P.* cf. *ovata*，*P. prisca*，*P.* cf. *latispiralis*，*P. brevissima*，*P. pseudolibrovitchi*，*Schubertella lata*，*Pseudostaffella premsi*，*P.* cf. *khotunensis*，*P. subquadrata*，*Eofusulina* sp.，*E. triangulata*，*Ozawainella turgire* 等，此组合带以 *Profusulinella* 极其繁盛为最突出的特点。在浑江地层小区 *Profusulinella* 出现稀少，仅于六道江 13-2 号孔剖面见 *Profusulinella* 从 *Fusulina-Fusulinella* 组合带底部延续到中部，原因不清。

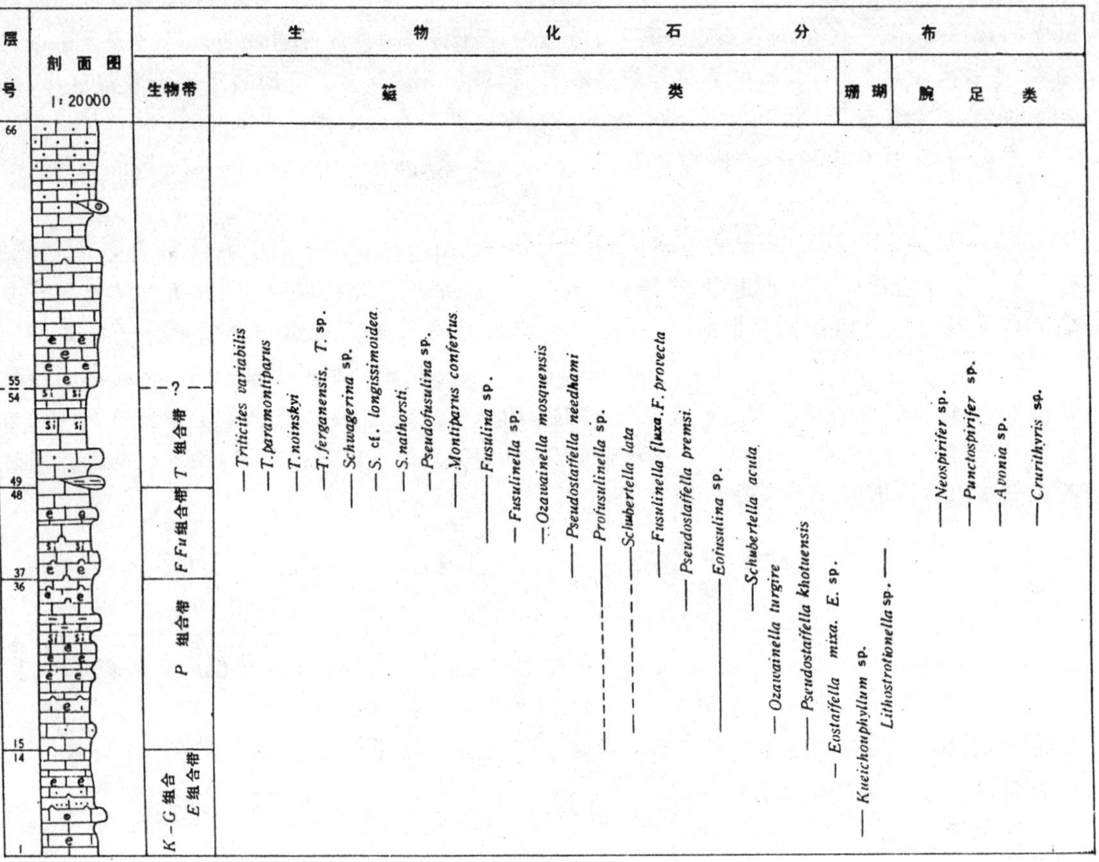

图 8-7　常家街剖面磨盘山组化石分布图

③*Fusulina-Fusulinella* 组合带(简称 *FFu* 组合带)

该带分布在包括吉林地层小区层型(王家街)剖面 20 层以上,顶部出露不全,次层型有常家街剖面 37—48 层及磨盘山剖面的 1—7 层等。底界以 *Fusulina* 或 *Fusulinella* 分子的始见点起,顶界至 *Triticites* 始见点,共生分子有:*Fusulina* sp.,*F. subdistenta*,*F.* cf. *rossoschanica*,*F.* cf. *entecedens*,*F.* cf. *schellwieni*,*Fusulinella* sp.,*F.* cf. *provecta*,*F.* cf. *fluxa*,*F. bocki*,*Pseudostaffella needhami*,*P. paradoxa*,*P. umbilicata*,*P.* cf. *gorskyi*,*P.* cf. *khoduensis*,*Fusiella typica*,*F. typica* var. *sparsa*,*Schubertella* cf. *lata*,*S. minima*,*Ozawainella turgida*,*O. mosquensis*,*O. stellae*,*Profusulinella* sp.,*Montiparus confertus* 等。共生的还有腕足类和珊瑚。浑江地层小区六道江剖面 13-3 号孔 14—35 层,六道江 13-2 号孔 18—24 层、道清剖面 7—14 层、八宝水 3 号孔 12—17 层、咋子江边剖面 8—13 层等。*FFu* 组合带的底界为 *Eostaffella* 组合带的顶界,即 *Fusulina* 或 *Fusulinella* 的始见点。顶界暂确定为 *FFu* 组合带共生的 *Pseudostaffella*,*Ozawainella* 消失的界面。共生分子有:*Fusulina* sp.,*Fusulinella* sp.,*Eostaffella* sp.,*Ozawainella* sp.,*O. leei*,*O. krasnokamski*,*O. vozhgalica*,*O. quizhouensis*,*O. angulata*,*Pseudostaffella* sp.,*P. sphaeroidea*,*P. khotunensis*,*Millerella* sp.,*Subertella* sp. 等,还有腕足类和植物化石。

根据 *E* 组合带至 *FFu* 组合带的共生分子及在地层剖面上的分布,与此同时还可建立一 *Pseudostaffella-Millerella* 的延限带(图 8-8)。

④*Triticites* 组合带(简称 *T* 组合带)

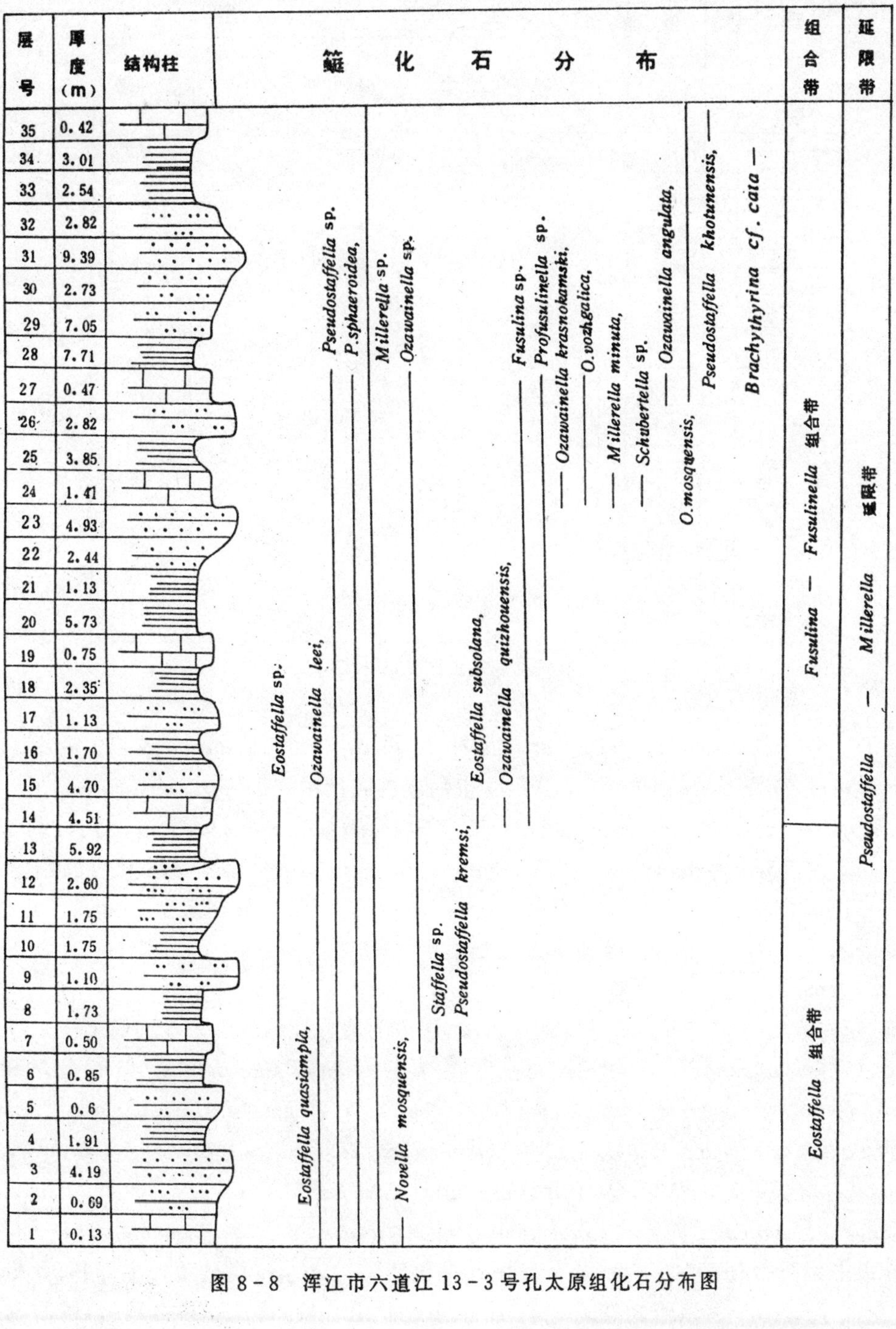

图 8-8　浑江市六道江 13-3 号孔太原组化石分布图

层型为双阳县光屁股山剖面 4—11 层(图 8-9),次层型有开山屯山秀岭剖面 3—9 层和常家街剖面 49—54(?)层。组合带的底界是以 *Triticites* 首次出现的岩层底界,即光屁股山剖面 4 层的底界。其顶界,是以 *Pseudoschwagerina* 始见点为顶界。在光屁股山剖面为 10 层的顶界;山秀岭剖面为第 9 层的顶界。*Triticites* 组合带是䗴类鼎盛时期,主要属种在光屁股山剖面有:*Triticites* sp.,*T. schwageriniformis*,*T. mogutovensis*,*T. laxus*,*Schwagerina* sp.,*S.* cf. *mutabilis*;在常家街剖面有:*Triticites* sp.,*T. variabillis*,*T. paramontiparus*,*T. noinskyi*

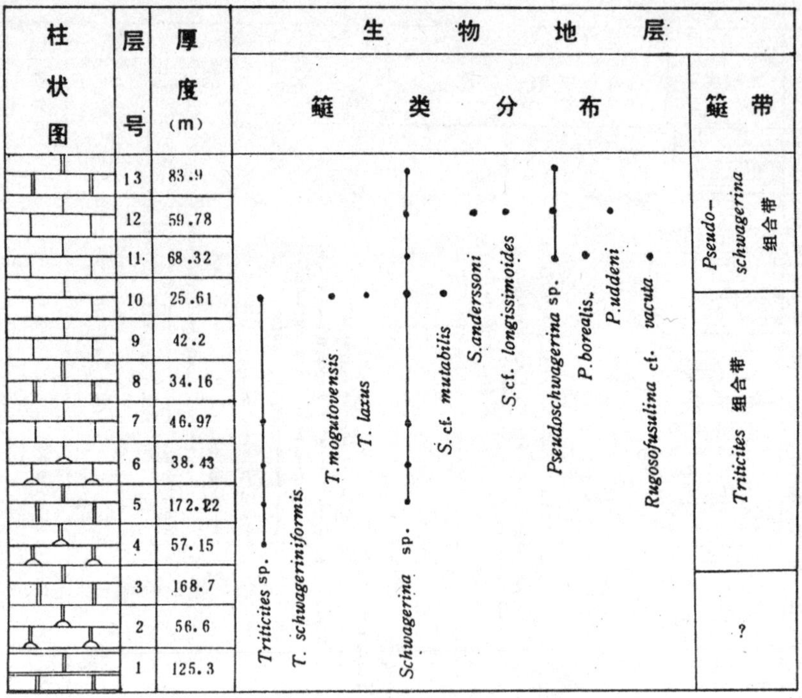

图 8-9 双阳光屁股山剖面䗴化石分布图

plicatua, *T. ferganensis*, *Schwagerina* sp., *S.* cf. *longissimoidea*, *S. nathorsti*, *Pseudofusulina* sp., *Montiparus confertus*, *Fusulina* sp. 等，共生的还有腕足类：*Neospirifer* sp. 等。在山秀岭剖面有：*Triticites* sp., *Pseudoschwagerina* sp., *Ozawainella angulata*, *Rugosofusulina* sp., *Schwagerina* sp., *Schubertella* sp., *Quasifusulina* sp., *Pseudofusulina* sp.，共生的腕足类有 *Dictyoclostus* sp., *Brachythyrina* sp., *Punctospirifer* sp. 等。常家街剖面在 *Triticites* 层之上，还有 660 余米没发现化石应进一步研究其生物地层。

⑤*Pseudoschwagerina* 组合带（简称 *Ps* 组合带）

层型（光屁股山）剖面 11—13 层（图8-9）。次层型剖面有开山屯山秀岭剖面 10—13 层。此带的下部以 *Pseudoschwagerina* 始见点为底界，顶界暂不清。*Pseudoschwagerina* 组合带的共生分子有：*Pseudoschwagerina* sp., *P. borealis*, *P. uddeni*, *Rugosofusulina vacuta*, *R. prisca*, *Schwagerina* sp., *S.* cf. *anderssoni*, *S.* cf. *longissimoides*, *Staffella* sp., *Schubertella* sp., *Montiparus* sp., *Quasifusulina* sp., *Q.* cf. *spatiosa*, *Q.* aff. *compacta*, *Q.* cf. *cayeuxi*, *Triticites* sp., *T. simplex*, *T. lalaotuensis*, *T.* aff. *postarcticus*, *Pseudofusulina* sp., *P. nelsoni* var. *opima*，等。

在开山屯山秀岭剖面中 *Triticites* 的延限几乎包括了 *Triticites* 组合带的上部和 *Ps* 组合带的下部，并且 *Triticites* 的顶峰期在 *Pseudoschwagerina* 组合带，这是不尽合理的，因此也可考虑厘定其为 *Triticites-Pseudoschwagerina* 组合带。

⑥*Pseudofusulina-Parafusulina* 组合带（简称 *PsPa* 组合带）

该组合带仅见于寿山沟组寿山沟石灰窑剖面 3—4 层。主要组成分子有 *Pseudofusulina huananensis*, *Parafusulina* sp., *P. sublineata*, *P.* cf. *splendens*, *P. armsmrongi*, *P. gruperaensis*, *Schwagerina* sp., *S. scuchmani*, *S. linearis*, *Chusenella* sp.，并有丰富的珊瑚、腕足类及牙形刺和苔藓虫共生。陶南生等（1975）又在此剖面西北约 1 km，北安屯西山已废的灰岩采石场采到

䗴 *Pseudofusulina kraffti*, *Parafusulina*? sp., *Schwagerina* cf. *tschernyschewi*,并共生有与石灰窑剖面属种大体相同的珊瑚及腕足类。亦将其列入寿山沟组内。吉林局二所(1990)将北安屯西山全部划入大河深组,并认为在上述北安屯西山同一化石点上仅采到 *Neoschwagerina* sp., *N. simplex* 和少量珊瑚化石。鉴于此因,将寿山沟石灰窑剖面的䗴暂定为 *PsPa* 组合带。

⑦*Monodiexodina* 组合带(简称 *M* 组合带)

该组合带底界以出现 *Monodiexodina linearis*, *Parafusulina gruperaensis* 始见点为界,顶界以该组合的重要分子整体消失点为界。主要成员有:*Monodiexodina* sp., *M. sutschanica*, *M.* cf. *linearis*, *M. rhapidoformis*, *M. ordinata*, *Parafusulina* sp., *P. dahesenica*, *P. gruperaensis*, *P.* cf. *splendens*, *Schwagerina* sp., *S. scushmani*, *Chusenella* sp. 等。并有珊瑚、腕足类、苔藓虫及植物共生。*M* 组合带所包括的地层有寿山沟组、大河深组和大河深剖面的范家屯组下部层(30—31 层)。

⑧*Neoschwagerina* 组合带(简称 *N* 组合带)

该组合带主要分子有:*Neoschwagerina* sp., *N. craticulifera*, *N. simplex*, *N. douvillei*, *N. kwangsiana*, *Chusenella*, sp., *C. conicocylindrica*, *C. sinensis*, *C.* cf. *globularis*, *C. douvillei*, *C. deprati*, *C. tieni*, *C. uralungensis*, *Schwagerina* sp., *S.* cf. *stabilis*, *Verbeekina* sp., *V. ellipsoidalis*, *Ozawainella* sp., *Codonofusiella* sp. 等。顶底界主要以 *Neoschwagerina* 分子的始见点与消失点为界,大体相当于范家屯组的上部。*N* 带与 *M* 带之间无疑是上、下关系,但是由于两带之间有很厚的非含䗴碎屑岩,因此两者之间存在间隔带。本带还共生有珊瑚、腕足类和苔藓虫等。

2. 珊瑚

①*Arachnolasma-Gangamophyllum* 组合(简称 *AG* 组合)

该组合见于下鹿圈子剖面和官帽屯剖面中 *Lonsdaleia*, *Dibunophyllum*, *Gangamophyllum*, *Yuanophyllum*, *Palaeosmilia*, *Lithostrotion* 上部和下部都有分布,两剖面中仅限于下部的分子有:*Aulina*, *Corcinophyllum*, *Dielasma*, *Clisiophyllum*,仅限于上部的分子有:*Arachnolasma*, *Aspidiophyllum*,而 *Kueichouphyllum*, *Dibunophyllum*,分别在黄榆和草明山延续到磨盘山组。因此这一组合在横向上延续到余富屯组,纵向上达到磨盘山组的下部(黄榆一带)。从全区统计该组合的珊瑚极丰富,可达 30 属 50 余个种,它主要由块状及丛状复体、大型单体及少量小型单体珊瑚组成。其世界性的属有:*Lithostrotion*, *Aulina*, *Siphonodendron*, *Diphyphyllum*, *Pseudoaulina*, *Dibunophyllum*, *Palaeosmilia*, *Cyathaxonia*, *Amplexizaphrentis* 等,与其共生的腕足类有:*Gigantoproductus*, *Productus*, *Echnoconchus*, *Spirifer* 等和䗴 *Eostaffella*。在陆相夹层中有植物化石:*Neuropteris*, *Mesocalamites*, *Angaridium* 等。

②*Opiphyllum-Cystolongsdaleia* 组合(简称 *OC* 组合)

该组合由黄柱熙(1988)在磐石县西南 1 km 孤顶子发现块状和丛状群体珊瑚为骨架的点礁所建立。共鉴定珊瑚 10 属 13 种,代表本区晚石炭世早期珊瑚动物群。属种有:*Opiphyllum panshiense*, *Cystolonsdaleia jilinense*, *C. tenui*, *C. panshiense*, *Huananophyllum jizhongense*, *Lithostrotionella gudingziensis*, *Ivanovia manchurica*, *I. elegans*, *Actinocyathus elegantus*, *Caninia dulanensis*, *Siphonodendron kueichowense*, *Carcinophyllum staurum*, *Taizihophyllum* sp. 等。我们认为这一组合仅限于孤顶山的点礁,周围还没有发现,因此不能向外延伸。

③*Szechuanophyllum-Lytvolasma* 组合(简称 *SL* 组合)

这个组合是郭胜哲(1991)建立,指桦甸、磐石等地的寿山沟组和大河深组。共生的分子有

23属35种，主要由冷水型珊瑚 *Lytvolasma*，*Tachylasma*，*Calophyllum*，*Pterophyllum*，*Lophophyllidium*，*Lopocarinophyllum*，*Prosmiria*，*Metriophyllum*，*Cyathocarinia*，*Amplexocarinia*，*Paracaninia*，*Trochophyllum*，*Endamplexus*，*Lophamplexus*，*Pleramplexus*，*Endothecium*，*Pleophyllum*；暖水型群体珊瑚 *Yatsengia*，*Wentzelophyllum*，*Polythecalis*，*Chusenophyllum*，等组成。*SL* 组合顶、底界是以其中的主要分子出现与结束点为界线。因 *SL* 组合的底界可延至寿山沟剖面的第2层，顶界达大河深剖面的32层。所以该组合所包含的地层有寿山沟组大部、大河深组和大河深剖面的范家屯组下部。

3. 腕足类

①*Fusella-Syringothiyris* 组合(简称 *FS* 组合)

该组合由彭玉鲸等(1991)、郭胜哲等(1992)总结通气沟组的生物时提出。通气沟层型剖面化石出现在第1层和第10层，2—9层没有发现化石。因此，构不成一个真正的生物带。由于它在确定岩石地层时代和生物地理区的特殊意义姑且保留之。组合中的代表分子有：*Fusella biplicatus*，*F. louisianensis*，*F.* cf. *taidonensis*，*Brachythyris picularis*，*B. chauteauensis*，*Syringothyris halli*，*Tylothyris* cf. *lamunosa*，*Spirifer attenuatus*，*Chonetes glenparkensis*，*Rhipidomella diminutiva*，*Punctospirifer malevkensis*，*Camarotoechia biplex*，共生有少量的珊瑚、三叶虫、苔藓虫和双壳类。其中 *Eumetria verneuilian*，*Syringothyris halli*，*S. hannibalensis*，*Fusella biplicatus*，*F. louisianensis*，*Brachythyrina chouteauensis* 等大部是北美密西西比系 Kinderhuokian 组的标准分子；而 *Syringothyris hannibalensis*，*Fusella biplicatus*，*Brachythyris chouteauensis*，*B. pecuba·is*，*Camarotoechia biplex* 等也是前苏联库兹纳兹盆地和莫斯科盆地下石炭统杜内阶标准分子。在我国北方它们广泛见于大兴安岭地区安清太河组、莫尔根河组、内蒙古色日巴彦敖包组、甘肃北山的绿条山组及柴达木盆地北缘的城墙沟组，与我国南方相当时期的生物组合有较明显的差异。因此，吉林北部及"天山-兴安造山带"含有 *FS* 组合的生物属北美-西伯利亚生物地理区，而其时代相当于岩关期。

②*Gigantoproductus-Productus* 组合(简称 *GP* 组合)

该组合层型剖面为下鹿圈子剖面，次层型为官帽屯剖面。主要分子有 *Gigantoproductus*，*Echinoconchus*，*Punctospirifer*，*Productus*，*Athyris*，若包括其它各剖面所见计有19属40种之多。常与珊瑚 *AG* 组合共生，其主要地质特征亦大体相同。

③*Rhipidomella-Overtonia* 组合(简称 *RO* 组合)

该组合在浑江地层小区以湾沟剖面(图8-10)和松树镇剖面为代表。主要成员有：*Ambocoelia unioensis*，*Choristites* sp.，*C. loezyi* var. *latus*，*C. yavorski*，*C. jigulensis*，*C. yanghukouensis*，*Dictyoclostus* sp.，*Echinoconchus* sp.，*Martinia* sp.，*Punctospirifer* sp.，*Stenoscisma* sp.，*Rhipidomella* sp.，*Overtonia* sp. 等。其中后二者虽未见于湾沟剖面，但在松树镇剖面中 *Rhipidomella*，*Overtonia* 两属从底部到顶部均有分布，因此本组腕足类暂称 *Rhipidomella-Overtonia* 组合。从该组合中以 *Choristites* 的高丰度与特点观之，恰巧与彭玉鲸等(1991)在磨盘山组所建立的 *Choristites* 组合色彩相同。就该属而言，后者亦有 *C.* cf. *planus*，*C. manchuricus*，*C. jigulensis*，且其地质分布无论是在剖面上还是区域展布上，它们均大体可与蜓类 *FFu* 组合带对比，其底界可能包含 *E* 带的顶部。与前苏联俄罗斯地台石炭系三分方案中的中石炭统 Moscovian 阶大体相当。

4. 牙形刺

①*Gnathodus bilineatus* 组合(简称 *G* 组合)

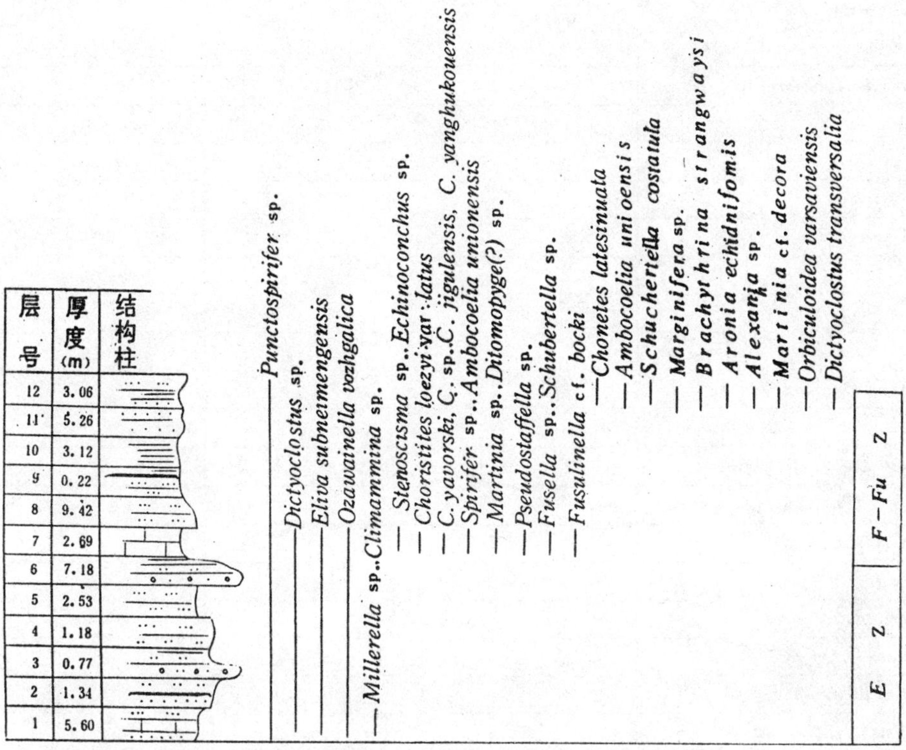

图 8-10　浑江地区湾沟剖面化石分布图

该组合为李东津(1986)在七间房剖面和官帽屯剖面所建立。主要分子有:*Gnathodus bilineatus*, *Adetognathus geminus*, *Paragnathodus commutatus*, *P.* sp., *Pinacognathus* cf. *profundus*, *Hindeodella antecomplex*, *H. subtilis*, *H.* sp. 等。前三者均系维宪期的重要分子。大体可与华南大塘期的 *Gnathodus bilineatus bilineatus* 和 *Gnathodus bollandensis-Adetognathus lautus* 带相比较。

②*Declinognathodus noduliferus* 组合(简称 *D* 组合)

该组合亦为李东津(1986)在与 *G* 组合相同的剖面中所建立。主要属种有:*Diclinognathodus noduliferus*, *D. novasensis*, *Neognathodus kashiriensis*, *N. conjunctus*, *Neostreptognathodus* sp. 等。其中最为有意义的是 *Diclinognathodus noduliferus* 的出现,该属种曾是国际地科联石炭系分会中间界线特别委员会所提出的识别上、下石炭统全球界线的标志化石(详见年代地层一节)。

③*Neognathodus bassleri-Idiognathodus shansiensis* 组合带(简称 *NI* 组合带)

该组合带为丁惠、万世禄等(1991)在菰园剖面所建立。分布 Lb2—Lb4 灰岩层中,主要属种及其与䗴组合带之间的对比关系见表8-6。

④*Streptognathodus cancerosus-S. parvus* 组合带(简称 *SS* 组合带)

该组合带亦为丁惠、万世禄等(1991)在菰园剖面所建立。从表8-6中可清楚地看出该组合带分布于 Lb5—Lb6 灰岩层中,*NI* 组合带中的一些特征性分子 *Neognathodus bassleri* 消失,新生代表性分子 *Streptognathodus parvus*。该剖面中所见之植物化石,在 Lb6 灰岩层之下出现了相当纳缪尔晚期的植物组合。

表 8-6 浑江菝园剖面太原组牙形刺分布及生物带一览表

牙形刺名称 \ 灰岩层号	Lb2[1]	Lb3	Lb4	Lb5	Lb6
Idiognathoides cloviformis			5	2	3
I. delicatus	1	1		5	9
I. humerus			1		
I. hebeiensis			3	4	2
I. magnificus			4		1
I. shansiensis	1	3	13	12	12
I. taiyuanensis			1	2	2
Neognathodus bassleri			3		
Streptognathodus cancerosus					2
S. parvus				3	2
Anchignathodus fenfengensis			1		
A. edentulus (*D. edentulus*)			1		
Ozarkodina delicatula			2		
O. eguilonga			1		
Hindeodella taiyuanensis			5		
H. edlicatula			3		
Ligonodina lesingtongensis		1	1		
Lonchodina singularis			1		
牙形刺组合带	*Neognathodus bassleri-Idiognathodus shansiensis* 组合带			*Streptognathodus cancerosus-S. parvus* 组合带	
䗴组合带	*Eostaffella* 组合带	*Fusulina-Fusulinella* 组合带			

①Lb2——菝园剖面灰岩层号。

另外在桦甸寿山沟，寿山沟组中产 *Neogondolella bisseli*，*Anchignadodus* sp. 等二叠纪早期的牙形刺。

5. 头足类

Agathiceras-Paracelites 组合（简称 *AP* 组合）

该组合目前虽然仅在窝瓜地寿山沟组剖面中第 1 层（原 7 层）采集，因特点显著，又是研究石炭系—二叠系界线的重要线索，故以组合列出。主要属种有：*Agathiceras* sp.，*Artinskia* sp.，*Paracelites* sp.，*Parastacheoceras* sp.，*Bactrites* sp.，*Pararhiphaeoceras tatabense* 等。大体可与黔西之“*Propopanoceras* 带”对比。

6. 植物

①*Mesocalamites cistiformis-Linopteris intricata* 组合（简称 *ML* 组合）

该组合据武仁（1992）的详细研究而建立。其顶界人为地限制在䗴带 *Eostaffella* 带的底界。化石主要采集于八宝 1 号孔 5 层、八宝 2 号孔 2—26 层、八宝 3 号孔 2—19 层、六道江 34-4号孔 5—25 层，松树镇槽探剖面 6—22 层和咋子等地。共出现植物 14 属 27 种（包括未定种），主要分子有：*Archaeocalamites* sp.，*Asterophyllites* sp.，*Calamites cistii*，*Calamites suckowii*，*Caramites* sp.，*Cordiopteridium spetsbergense*，*Cordaites principalis*，*Lepidostrobophyllum* cf. *hostatum*, *Lepidostrobophyllum* sp., *Lepidodendron* sp., *Linopteris* cf. *intricata*, *Linopteris neuropteroides*, *L. brongniartii*, *Linopteris* sp., *Mesocalamites cistiformis*, *M.* sp., *Neuropteris flexuosa*, *N.* cf. *rarinervis*, *N. pseudohaterophylla*, *N.* cf. *gigantea*, *N. gigantea*, *N.* sp. (cf. *N. gigantea*), *Pidostrobophyllum* sp., *Rhodeopteridium* sp., *Stigmaria ficoides*, *Trigonocarpus* sp. 等。上列植物中 *Mesocalamites cistiformis* 在东北南部还是首次发现，常见于甘肃靖远组纳缪尔 A 期和 B 期，还见于北部过渡带的鹿圈屯组。纳缪尔 A 期标准或分子还有：*Archaeocalamites*, *Cordiopteridium spetsbergense*, *Stigmaria ficoides* 等，*Linopteris* cf. *neuropteroides* 虽然在欧洲见于维斯发期，但在甘肃却见于靖远组。*Neuropteris flexuosa*, *N.* cf. *rarinervis* 均是前苏联顿涅茨盆地纳缪尔 B、C 期主要分子，在靖远组也见及。*Neuropteris pseudohaterophylla* 等是卡拉干达组上部的分子，为纳缪尔 A、B 期 。尤其是 *Linopteris* cf. *intricata* 是我国甘肃靖远组下段的分子。因此本溪组底界的时限不晚于纳缪尔 A 期。松树镇一带本溪组植物组合则与上部 *Eostaffella* 带、*Fusulina-Fusulillella* 组合带中所见的植物组合有相似之处，而与 *Mesocalamites cistiformis-Linopteris intricata* 组合属种差别较大。但松树镇本溪组之上有 *Echinoconchus elegans*, *Choristites* sp., *Spirifer* sp. 等，其时代也不晚于晚石炭世早期，因此松树镇一带的本溪组时代大体在晚石炭世早期，或者部分跨早石炭世。

别外，在该植物组合中，八宝 2 号孔 20、23 层见双壳类，但是没有鉴定结果。

②*Lepidodendron ningsiaensis-Neuropteris kaipingiana* 组合（简称 *LN* 组合）

该组合见于新厘定的太原组簸的 *E* 至 *FFu* 组合带内。在五道江、道清、咋子、松树镇等地所产主要属种计有：*Lepidostrobophyllum* sp., *Lepidodendron ningsiaensis*, *L. tripunctatum*, *L. oculusfelis*, *Linopteris* sp., *L. brongniartii*, *Neuropteris* sp., *N. gigantea*, *Sphenophyllum oblongifolium* 等，具有李星学（1963）所划分的欧美式植物群或巨大脉羊齿-布龙尼尔网羊齿系相同的组合特征。地质时限为晚石炭世早中期，上限有可能跨入晚期。

③*Neuropteris ovata-Lepidodendron postumii* 组合（简称 *NL* 组合）

该组合系李星学（1963）所建立的假蛋脉羊齿-薄茨须鳞木系的早期华夏植物群。主要分于广泛分布于铁厂大南岭、六道江（含18－2号钻孔）、湾沟、松树镇等各地，山西组下含煤段，计 16 属 33 种，包括：*Annularia pseudostellata*, *Astrophyllites* cf. *equisetiformis*, *Calamites* sp., *C. cistii*, *Cardiocorpus* sp., *Carpolithus* sp., *Concophyllum* sp., *Cordaianthus* sp., *Cordaites principalis*, *Danaeites* sp., *Mariopteris* cf. *busquetu*, *M.* cf. *buguetii*, *M. hallei*, *Lepidodendron* sp., *L. postumii*, *L.* cf. *postumii*, *L. acutangulum*, *L. oculusfelis*, *L. hunjiangense*, *Lepidostrobophyllum* cf. *acuminatum*, *L.* cf. *hastatum*, *L.* cf. *ovatifolium*, *Neuropteris ovata*, *N. plicata*, *Pecopteris candolleana*, *P. feminaeformis*, *P.* (*Asterotheca*) *hemitelioides*, *P.* cf. *liuiana*, *P. cyathea*, *P. remineaformis*, *P. arborescens*, *Sphenopteris* cf. *nystroemii*, *S. laterale*, *S. kawasakii*, *S. oblongifolium*, *S. verticillatum*, *S.* cf. *emarginatum*, *Sphenopteris firmata*, *S. tenuis*, *Stigmaria ficoides*, *Taeniopteris* sp., *Tingia carbonica*, *T. gererdii*，等。其中重要属种大部分曾分布于甚至繁盛于欧洲维斯发阶之中，这与其海相夹层（六道江黑色页岩中产 *Lingula* sp. 外）在松树镇剖面第 3 层下含煤段中所产腕足类：*Chonetes latesinuata*, *Spirifer mosquensis*, *Stenoscisma* sp., *Echinoconchus elegans*, *Eliva* sp., *Choristites* sp., *Marginifera* sp., *Martinia* sp. 及三叶虫、珊瑚化石，具有石炭纪的色彩相吻合。即新厘定的山西组下含煤段植物组合与维斯发的植物化石具有大体相同的面貌。

④*Taeniopteris multinervis-Emplectopteridium alatum* 组合（简称 *TE* 组合）

从植物群的演化而言，上含煤段是下含煤段植物化石的继续，所以在上含煤段已发现的植物化石 21 属 34 种中，不乏自下含煤段植物群中上延的分子，但是也出现了下含煤段少数的属种消失(如 *Mariopteris*，*Concophyllum* 等)，*Neuropteris*，*Lepidodendron* 两属种明显减少，相反 *Sphenophyllum*，*Pecopteris*，*Cordaites* 属种数量增多，分布范围更广。依据常见的成员：*Annularia stellata*，*Calamites suckowii*，*C. scoti*，*Emplectopteridium alatum*，*Lobatannularia sinensis*，*Lepidodendron* sp.，*Neuropteris ovata*，*Pecopteris* sp.，*Sphenophyllum oblongifolim*，*S. thonii*，*Taeniopteris multinervis* 等。其特征是华夏植物群的属种比下含煤段增加，植物组合的面貌基本显示了中期华夏植物群 A 期的特征，但同时不少属种是欧洲维斯发期—斯蒂芬期的色彩。因此，上含煤段的植物组合时代，主体可能属于早二叠世早期，但其底部可能跨晚石炭世。

⑤*Pecopteris lativenosa-Compsopteris-Rhabdocarpus* 组合(简称 *PCR* 植物组合)

该组合见于浑江道清剖面新厘定的石盒子组下部 1—21 层和松树镇本组的下部，主要属种有：*Alethopteris* sp.，*A.* cf. *fukienensis*，*Chiropteris* sp.，*Lepidodendron* sp.，*Lepidostrobophyllum* cf. *caudatum*，*L. szeianum*，*Lobatannularia ensifolia*，*Neuropteris* sp.，*Pecopteris* sp.，*P.* (*Asterotheca*) *orientalis*，*P. orientalis*，*P. taiyuanensis*，*P. lativenosa*，*Plagiozamites* sp.，*P. oblongifolius*，*Pterophyllum* cf. *eratum*，*Sphenophyllum* sp.，*S. rotundatum*，*Sphenopteris nystroemii*，*S.* cf. *firmata*，*Rhabdocarpus* sp. 等。虽无李星学(1963)所划分的中期华夏植物群 B 期 *Alethopteris norinii-Emplectopteris triangularis-Tingia carbonica-Cathaysiopteris whitei* 群落中的典型分子，但依据 *Sphenophyllum rotundatum*，*Plagiozamites oblongifolius*，*Pecopte-ris taiyanensis* 等重要分子的存在，本组合仍然可与原下石盒子期植物群对比，时代为早二叠世。

⑥*Pecopteris* cf. *arcuata-Neuropteridium coreanicum-Lobatanularia* cf. *heianensis* 组合(简称 *PNL* 组合)

该组合在浑江地层小区见于道清剖面新厘定的石盒子组 22—30 层及铁厂、五道江、咋子、松树镇等地本组的上部；在天宝山地层小区则出现在开山屯组的开山屯剖面之中。前者所见的主要属种有：*Lepidodendron* cf. *polygoniale*，*L. szeianum*，*Pecopteris* (*Ptychocarpus*) *arcuata*，*P.* (*Asterotheca*) *orientalis*，*P. taiyuanensis*，*P. lativenosa*，*P.* cf. *heferopinna*，*P. sahnnii*，*Sphenophyllum* sp.，*Annularia* sp.，*Lobatannularia* sp.，*Stigmaria ficoides*，*Pterophyllum* sp.，*Taeniopteris* cf. *multinervis*，*T.* sp.，*Gigantonoclea* cf. *lagrellii*，*Plagiozamites oblongifolius* 等；后者的植物组成有：*Phyllotheca deliquescens*，*Lobatanularia heianensis*，*Sphenophyllum verticillatum*，*S. thonii*，*Pecopteris* cf. *anderssoni*，*P. unita*，*P.* cf. *yabei*，*P.* sp.，*Odontopteris subintegra*，*Emplectopteris triangularis*，*Callipteridium rarinervium*，*Neuropteridium longifolium*，*Brongniarites imdizumii*，*Taeniopteris* sp.，*Rhipidopsis densinervis*，*R.* cf. *lobata*，等。二者相同之处，即其组合面貌均有李星学(1963)所建立的晚期华夏植物群 *A* 期 *Neuropteridium coreanicum-Lobatanularia ensifolia-Chiropteris rensiformis-Pecopteris cativenesa* 组合的浓厚色彩，其时代大体相当于晚二叠世。二者所不同的是后者混有 *Callipteris zeilleri*，*Pecopteris umita* 等安格拉植物群的常见分子。

此外在寿山沟剖面自下而上陆续出现 *Noeggerathiopsis*，因此可确认该分子的延限带。

第三节　年代地层

石炭系—二叠系年代地层单位的划分国际上尚未取得统一认识，我国的划分，不仅和国际上推广的几种流行的划分方案没有接轨，而且也有多家主张。本书暂按《中国的石炭系》、《中国的二叠系》及国际地层时代对比表(王鸿祯等，1990)所提出的国内划分方案为基础讨论如下。

首先是石炭-二叠系界线，即在马平阶和栖霞阶之间未名阶的内涵是什么？最近吴望始(1991)、王志浩(1991)都提出一优先主张以 *Pseudoschwagerina* 带之底，即相当于牙形刺 *Streptognathodus barskovi* 首次出现作为石炭系—二叠系之分界。这样在我省该界线就应划在石嘴子组和山秀岭组的内部，即在(光屁股山剖面 11 层和山秀岭剖面 10 层)*Pseudoschwagerina* 带的底界。王志浩的另一主张是以牙形刺 *Neogondolella bisselli* 带之底，即大致接近 *Pseudoschwagerina* 带之顶为石炭系—二叠系之界线，也就是相当于前苏联乌拉尔地区的 Sakmarian 阶之底界。在吉林省寿山沟组窝瓜地剖面第 B 层所获得的菊石动物群 *Agathiceras-Paracelites* 组合，既可与我国黔西的“*Propopanoceras* 带”比较，亦可和 Sakmarian 的菊石带作对比。故本书暂将吉林省石炭-二叠系界线采用这一划分方案。

其次，各系的内部界线。石炭系的内部界线，依据 1983 年国际地科联石炭系分会批准了石炭系中间界线特别委员会推荐的中间界线的最终方案，石炭系下统与上统的界线大致相当于菊石 *Eumorphoceras* 带演变到 *Homoceras* 带的转折期。但又考虑到 *Eumorphoceras* 地理分布的局限性，不能列为识别上、下石炭统全球界线的首要标准类群，牙形刺 *Declinognathodus noduliferus*(Ellison et Groves)的地理分布广泛，其首次出现又和 *Homoceras* 的发生大致相当，故被选为石炭系中间界线的标志化石。由此，吉林省石炭系的中间界线从前述牙形刺组合的划分，可大致确定在七间房剖面的第 21、23 层和官帽屯剖面的 17 层，即在上述两剖面的鹿圈屯组内部。从珊瑚组合带观之，国内下石炭统最上部的德坞阶的建立，源出于俞建章所提出之 *Yuanophyllum* 带的 *Aulina carinota* 亚带，其与大塘阶之分界以 *Kueichouphyllum* 的最后灭绝及 *Aulina rotiformis*，*Palaeosmilia regia* 等动物群的出现、富集为界。对照鹿圈屯—元宝山剖面 29—38 层，从岩石特征上是鹿圈屯组与磨盘山组之间的过渡层(碎屑岩与灰岩的互层带)，所产多层珊瑚化石不少是下部上延的分子，但已确实不见 *Kueichouphyllum*，且又出现了 *Aulina*(*Aulina*)*rotiformis* 和 *Palaeosmilia depressa*，如果将此段地层划属德坞阶，该剖面的石炭系上、下统界线大体接近鹿圈屯组的顶界。

有关二叠系的内部界线，国内的划分与国际上的划分对比更加困难，国内由于对茅口阶的顶、底都持有不同的看法(盛金章等，1979)，这无疑涉及到对二叠系上、下统划分的各种认识。本书暂从传统之划分方案，即以茅口阶的 *Yabeina-Neomisellina* 组合带的顶界为二叠系下统与上统的界线。这样，范家屯剖面(及北安屯西山剖面)的范家屯组，山秀岭大梁剖面的庙岭组均未到达二叠系下统之顶界面，仅在北疆-兴安地层大区中庙岭、西大坡等地的庙岭组其顶界接近下二叠统之顶界面。

第三，阶的划分或确定。依据上述的讨论和前述生物组合带及生物组合的空间展布，本地层区划内的石炭系—二叠系，特别是在锡林浩特-磐石地层分区中自石炭系下部的岩关阶直至二叠系的茅口阶均可以确定其存在，对生物组合带研究比较详细的剖面，由于各生物组合带的顶、底界线清楚，因此可在剖面上直接进行阶的时间界面的划分。但因岩石地层单位固有的穿时律的存在，因而同一岩石地层单元在不同地区的岩石地层剖面所含的阶一级的年代地层单位是不相同的。如磨盘山组在北部王家街、常家街一带，从剖面的底部到剖面的上部已确定的生物组合带有：珊瑚 *AG* 组合带、䗴 *E* 组合带、*Pr* 组合带、*FFu* 组合带、*T* 组合带，顶部还有六百余米待确定生物组合带，至少已经表明它可划分出大塘阶(上部)、德坞阶、滑石板阶、达拉阶和马平阶。然而到南部磐石、石嘴子一带，磨盘山组岩石地层剖面从底部到顶部仅包含了䗴的

FFu 组合带和 *T* 组合带，即自达拉阶至马平阶。为了避免文字的重复，有关其它岩石地层单位的穿时及阶的划分和确定不在此一一赘叙，由表8－7、表 8－8予以说明。

表 8－7　吉林省石炭纪地层多重划分对比表

岩石地层	生物地层				年代地层		
	䗴类	珊瑚	腕足类	牙形刺	阶	统	系
窝瓜地组、石嘴子组	*Pseudoschwagerina* 组合带；*Triticites* 组合带				马平阶	上	石
四道砾岩、磨盘山组	*Fusulina－Fusulinella* 组合带	*Opiphyllum－Cystolongsdaleia* 组合	*Choristites*	*S－S* 组合带①	达拉阶		
	Profusulinella 组合带			*Idiognathoides－Neognathodus* 组合带	滑石板阶	统	炭
鹿圈屯组、余富屯组			*Giganthoproductus－Productus* 组合	*Declinognathodus noduliferus* 组合	德坞阶		
	Eostaffella 组合带	*Arachnolasma－Gangamophyllum* 组合		*Gnathodus bilineatus* 组合	大塘阶	下	
通气沟组			*Fusella－Syringothyris* 组合		岩关阶	统	系

①*S－S* 组合带：*Streptognathodus cancerosus－S. parvus* 组合带

表 8－8　吉林中部二叠纪地层多重划分对比表

岩区地层（组）	生物地层				年代地层		
	珊瑚	䗴	苔藓虫	植物	阶	统	系
范家屯组		*Neoschwagerina* 组合带	*Dyscritella-Meekopora* 组合带		茅口阶	下	二
大河深组	*Szechuanophyllum-Lytvolasma* 组合带	*Parafusulina-Monodiexodina* 组合带	*Prismopora-Sulcorete* 组合带	*Noeggerathiopsis* 延限带	栖霞阶		叠
寿山沟组						统	系

第四节　地层横剖面及时空关系讨论

根据实际资料运用侧向加积和穿时原理编制石炭系各岩石地层单位的横剖面图(图8-11),充分反映了各岩石地层单位相互的叠覆关系和横向变化及各区的地质构造演化规律。

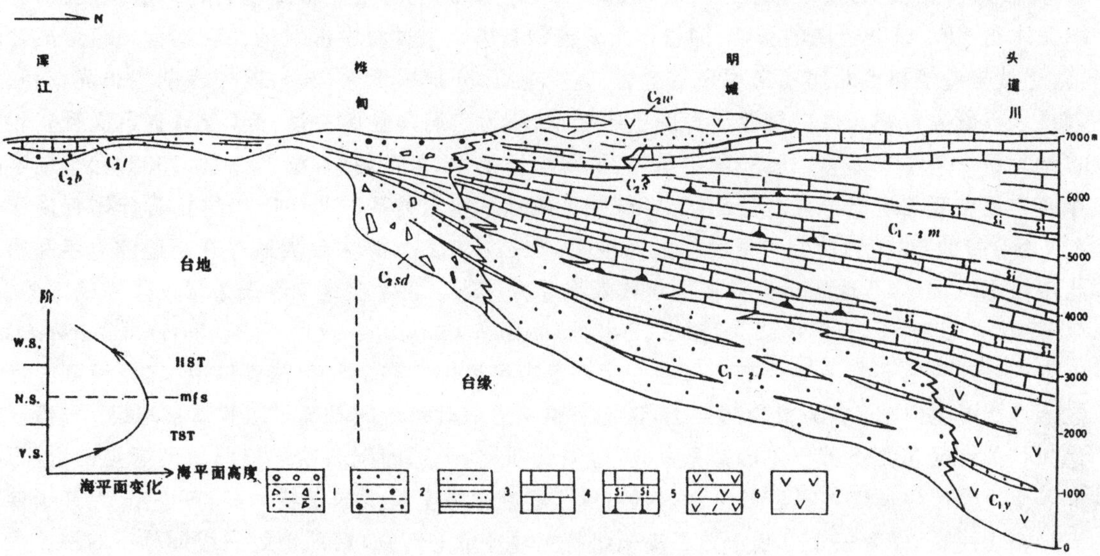

图 8-11　吉林省石炭系区域地层格架

1. 砾岩及角砾岩;2. 粗砂岩、砂岩;3. 粉砂岩、泥岩;4. 灰岩;5. 硅质岩、硅质结核灰岩;6. 英安岩;7. 细碧岩、角斑岩;V. S.—Visean Stage;N. S.—Namurian Stage;W. S.—Westphalian Stage;HST. 高水位体系域;mfs. 最大海泛面;TST. 海侵体系域;C_1y. 余富屯组;$C_{1-2}l$. 鹿圈屯组;$C_{1-2}m$. 磨盘山组;C_2s. 石嘴子组;C_2sd. 四道砾岩;C_2w. 窝瓜地组;C_2b. 本溪组;C_2t. 太原组

陆台内部的石炭系(本溪组、太原组)以砂岩、页岩为主夹有薄层灰岩和煤,是在北部过渡带石炭系最大海泛期(晚石炭世)海水到达这里沉积的,并且基底沉降幅度小、物源有限,因此,仅仅形成厚度不过200余米的海陆交互相沉积。在陆台北部过渡带,即桦甸、榆木桥、四道一带则形成了以砂砾岩为主夹有灰岩的浅水斜坡相沉积,即四道砾岩(图8-12)。厚度大于700 m,时间

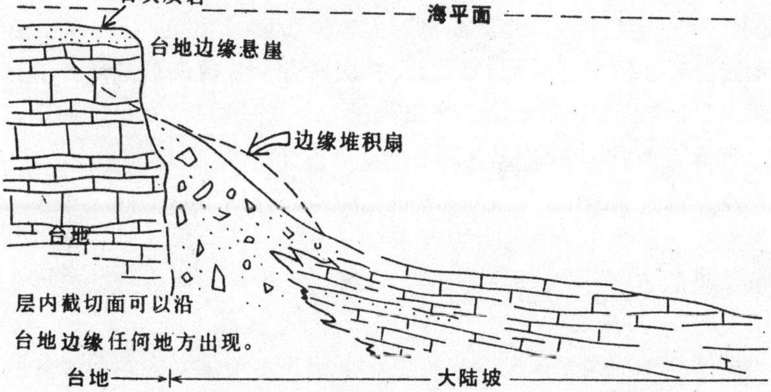

图 8-12　四道砾岩跌积型沉积模式

自 *Profusulinella* 期至 *Triticites* 期，基底为呼兰（岩）群。再向北至盆地的内部，主体沉积层是磨盘山组和鹿圈屯组，磨盘山组在磐石一带厚仅 1 000 余米，时代限制在 *Fusulina-Fusulinella* 组合带期，而到盆地北部王家街、常家街、羊角顶子一带，厚度超过 3 000 m，并且其时代跨越 *Kueichouphyllum-Gangamophyllum* 组合至 *Pseudoschwagerina* 组合带，即早石炭世晚期到晚石炭世末期。也就是说，海侵始于北部，在腕足类 *KG* 组合期已进入碳酸盐台地环境，直至䗴类 *P* 带期结束。相反，石嘴子、磐石一带仅仅在 *FFu* 组合带期，经历了碳酸盐台地环境。最大海泛期大体在 *FFu* 组合带期的初期，磨盘山组是退积与进积全过程中形成的。在磨盘山组形成之前，也就是海侵初由北而南形成余富屯组、鹿圈屯组，分别属于台沟相、潮坪泻湖相和滨岸相。以往多数研究者把余富屯组置于鹿圈屯组之下，认为它们是叠覆关系，经《吉林省石炭系岩相古地理研究》（李东津等，1988）和吉昌幅、烧锅街幅 1∶5 万区调（吉林局二所，1992）完全证实余富屯组和鹿圈屯组都在磨盘山组之下，并且两者呈相变关系。其中所产的化石分子都属于 *KG* 组合带的产物，因此其形成时间大体相同。以往认为石炭系内部界线存在于鹿圈屯组和磨盘山组之间，把岩石地层单位界线同年代界线混为一谈。实际上这个界线是借助生物确定的。常家街一带磨盘山组底部灰岩中产出的 *Kueichouphyllum* 及牙形刺 *Decrinognathodus noduliferus* 说明石炭系的内部界线存在于磨盘山组内部。在七间房及其以南，其界线可能存在于鹿圈屯组内部。在磨盘山组之上，南部沉积了进积时形成的石嘴子组和窝瓜地组。石嘴子组以往的含义包括下部巨厚的碳酸盐岩，经对比研究，下部的碳酸盐岩应归属到磨盘山组，石嘴子组只保留碎屑岩夹灰岩部分。这样石嘴子组在区域上呈大的楔状体，开口向南、北部延伸到烟筒山一带，厚度仅 100 余米。石嘴子组是潮坪环境的产物，窝瓜地组是线形分布的海相火山岩，与盆地发展时期的同生断裂有关。

关于石炭系北部过渡带盆地的性质，曾有"地槽"、"优地槽"、"冒地槽"、"陆表海"等说，其中《吉林省石炭系岩相古地理研究》较详细地研究了石炭系的古地理及各地层单位的沉积环境，但是未能提出陆表海的性质或成因机制。通过本次清理，认为它属于具有转换盆地性质的海盆地。综观天山-兴安造山带，它是东西向的巨型海盆，但是在吉林中部石炭系的相带界线却是北西向或近南北向，到烟筒山才表现为东西与南北并存，并且同构造期形成的喷出岩（余富屯组、窝瓜地组）呈南北向线状分布，显示吉中地区海盆展布方向呈南北向，与大的天山-兴安海槽方向垂直，据此可推定磐石-烟筒山海盆为转换盆地。

吉林省二叠系岩石地层单位的区域性时空有序排列形式是根据二叠系典型地区的岩石地层柱建立的（图8-13）。珲春及其以北地区由庙岭组、满河组、解放村组组成；开山屯一带则由大蒜沟组、柯岛群、开山屯组组成；北部汪清西大坡一带除开山屯组外，其余与开山屯地区相同，安图、敦化地区主要出露五道岭组，红山组，其次尚有少量柯岛群或庙岭组；在桦甸、吉林地区除局部见有蒋家窑砾岩外，岩石地层以寿山沟组、大河深组和范家屯组排序；长春、吉林以北及洮南地区广泛出露哲斯组和林西组。

通过对二叠系不整合面、基本层序、地层格架的研究。取得以下几点认识。

（1）在西部除顶、底不整合面之外，其内部有一个不整合面，即蒋家窑砾岩底部的不整合面。这一现象反映了东宁-汪清地层分区与乌兰浩特-哈尔滨地层分区的构造运动和沉积史的差异。

（2）东部地层序列中的两个不整合面，上、下相序不连续，大蒜沟组为砾岩楔，庙岭组属浅海潮坪相的产物，且局部有生物点礁；不连续面之上山谷旗组为边缘楔，其上有深水泥岩沉积（滩前组）属斜坡和盆地的产物；最上部则为进积型陆相砂砾岩（开山屯组）和盆地的浊

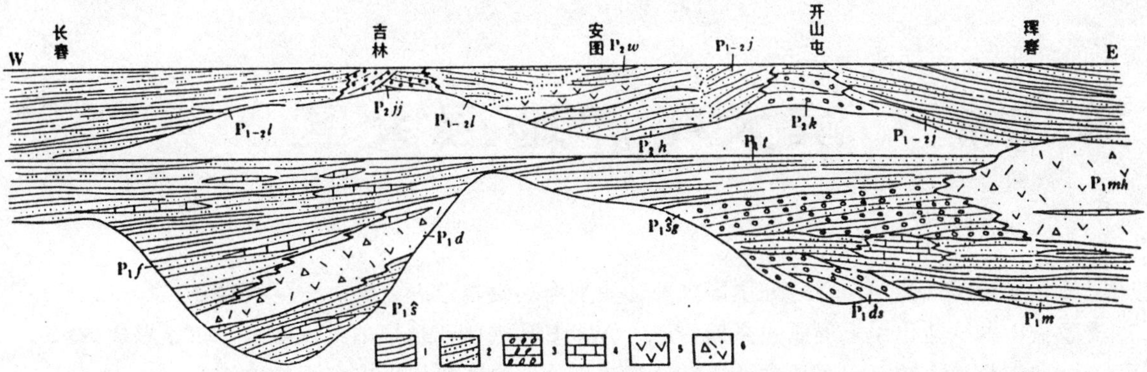

图 8-13　吉林省长春—珲春二叠系地层格架

东部：P_1ds. 大蒜沟组；P_1m. 庙岭组；P_1mh. 满河组；$P_1\hat{s}g$. 山谷旗组；P_1t. 滩前组；P_2k. 开山屯组；$P_{1-2}jf$. 解放村组；P_2h. 红山组；P_2w. 五道岭组；西部：$P_1\hat{s}$. 寿山沟组；P_1d. 大河深组；P_1f. 范家屯组；$P_{1-2}l$. 林西组；P_2jj. 蒋家窑砾岩。　1. 页岩；2. 砂岩；3. 砾岩；4. 灰岩；5. 中性火山岩；6. 英安质火山角砾岩

积相（解放村组）。

(3) 满河组、大河深组分别代表东西两区的火山活动。满河组分布局限，仅见于珲春、汪清满河一带，以中性火山岩和火山碎屑岩为主，可能属于活动陆源的火山-碎屑岩建造。大河深组则以酸性火山岩及其碎屑岩沉积为主，可能属于相对稳定的陆源火山碎屑岩建造。

(4) 林西组、解放村组中下部地层中有发育的鲍马层序，其中有底冲刷面、粒序层理、水平层和搅动层理等。这一现象表明，此时海平面下降，开山屯—吉林一线以南暴露水面，形成开山屯扇砾岩和蒋家窑砂砾岩，而在进积的方向上，于吉林省的北部形成了低水位体系域的产物——解放村组和林西组。在九台县波泥河子马兴屯一带鲍马层序的E、D层中还发现常见于深水相的古网迹和均分潜迹，进一步佐证了在二叠纪晚期海水退出之前，吉林—安图—开山屯一线以北曾处于深水环境。

第三篇　滨太平洋地层大区

吉林省中生代地层序列地处中国东部环太平洋火山岩带内。火山—沉积岩在早印支、晚印支及燕山等构造作用下形成一系列NE、NW、EW向挤压形成的火山盆地，拉张形成的沉积盆地和走滑形成的火山沉积盆地内，经初步划分省内各类型火山沉积盆地达62个以上(见下表)。其地层区划及地层序列见图1-2，表1-2。本断代计有5个群，46个组级岩石地层单位。

吉林省中生代沉积-火山盆地统计表

编号	盆地名称	规模(长×宽)km	编号	盆地名称	规模(长×宽)km	编号	盆地名称	规模(长×宽)km
1	万宝	35×(10～30)	22	梅河口	70×3	43	汪清	27.5×5
2	长久	5×1.5	23	湾沟	17.5×5	44	安图	15×10
3	烟筒山	8.5×5	24	海关	7.5×5	45	延吉	55×50
4	辽源	25×15	25	果松	60×40	46	二青背	15×2
5	四平九台	215×(15～30)	26	麻线沟	7.5×2.5	47	哈达门	10×5
6	伊通舒兰	250×(10～20)	27	漫江	100×0.5	48	地荫沟	50×27.5
7	蛟河	40×15	28	松江河	10×7.5	49	屯田农场	40×20
8	四合屯	35×20	29	石人	30×7.5	50	罗子沟	32.5×20
9	辽河源	12.5×3.5	30	望江楼	10×1.0	51	海龙镇	12.5×4
10	双阳	15×10	31	望天鹅	10×2.5	52	杜荒子	12×5
11	浑江	30×5	32	金银别	35×5	53	天桥岭	35×12.5
12	柳河	100×(8～15)	33	义和	42.5×15	54	老岭	15×12.5
13	南楼山	25×10	34	西土山	25×2.5	55	碱厂沟	12.5×5
14	口前	45×20	35	和龙	30×7.5	56	小四平	10×1.0
15	大泉源	15×6	36	凤凰山	7.5×2.5	57	贩西山	17.5×12.5
16	红石	30×7.5	37	两江	7.5×25	58	瓦房	10×1.5
17	桦甸辉南	140×(5～12.5)	38	诗满村	5×5	59	松辽	250×200
18	三源浦	55×40	39	图门	15×5	60	草帽顶子	5×4
19	双岔	27.5×15	40	福洞	25×5	61	密江	35×10
20	红庙	12.5×5	41	松江	25×25	62	东丰平岗	65×(2.5～15)
21	抚松	55×30	42	百草沟	20×7.5			

第九章
晚三叠世

晚三叠世地层主要分布在张广才岭-南楼山地层分区双阳盆地、南楼山盆地、烟筒山盆地；鸡西-延吉地层分区天桥岭盆地；辽东-吉南地层分区石人盆地和义和盆地。由陆相中酸性火山岩系及河流-湖沼相含煤岩系组成，产丰富的动、植物化石。岩石地层单位有大兴沟群及大酱缸组、四合屯组、小河口组、长白组等1群7个组。

第一节　岩石地层单位

一、张广才岭-南楼山地层分区

大酱缸组　T_3d　（05-22-0085）

【创名及原始定义】　吉林区调队1978年于双阳县烧锅乡大酱缸村创建。其含义是：由一套湖泊、沼泽相沉积的碎屑岩及泥岩组成的含煤地层。岩性在纵横向上变化大，构成两个沉积旋回。含丰富植物化石。与上覆早侏罗世板石顶子组呈角度不整合接触，与下伏古生代地层呈断层或角度不整合接触。时代为晚三叠世。

【沿革】　长春地院区测队(1960)在1∶20万长春市幅曾将大酱缸一带砂板岩夹砾岩层归入早侏罗世二道粱子组，部分归入二叠纪范家屯组。1976—1978年吉林区调队厘定大酱缸一带含煤地层为晚三叠世并创建大酱缸组。

【现在定义】　位于太阳岭组之下的一套含煤地层。主要由砾岩、砂岩、粉砂岩、页岩或板岩组成两个沉积旋回。产丰富的植物化石。底界与鹿圈屯组为断层或不整合接触，顶界被太阳岭组砾岩不整合覆盖。

【层型】　正层型为吉林省双阳县烧锅乡大酱缸村剖面(125°50′，43°23′)，吉林区调队，1978，1∶20万区调报告。

上覆地层：**太阳岭组**　黄绿色砾岩

~~~~~~~~~ 不 整 合 ~~~~~~~~~
~~~~~~~~~

大酱缸组　　　　总厚度 569.6 m

16. 灰黑色粉砂质板岩夹薄层状泥质板岩，产 *Cycadocarpidium*? sp.，*Taeniopteris lanceolatus*，*T.* sp.，*Pityophyllum* sp.　　74.0 m

15. 灰色砾岩夹薄层灰黑色粉砂质板岩，板岩内产 *Glossophyllum*? sp.，*Neocalamites carrerei*，*Carpolithus* sp.，*Todites* sp.，*Cladophlebis haiburnensis*，*C.* cf. *kaoiana*，*C.* sp.，*Phoenicopsis* sp.　　40.0 m

14. 黑色粉砂质板岩　　9.4 m

13. 灰绿色凝灰质砾岩夹薄层粉砂质板岩，产 *Torellia* sp.　　76.0 m

12. 灰绿色粉砂质板岩　　10.5 m

11. 灰色含砾晶屑岩屑凝灰岩，下部近挤压带处受强烈挤压作用形成构造片岩，上部夹3m厚的灰黑色粉砂质板岩　　28.0 m

10. 灰色粉砂质板岩，中、上部见有 10 m 宽挤压带，带内有闪长玢岩侵人　　96.0 m

9. 灰黑色粉砂质板岩，含植物化石碎片　　38.7 m

8. 灰黑色粗砂岩，小褶皱发育，产植物 *Drepanozamites* cf. *nilssoni*　　11.5 m

7. 灰白色细砂岩夹黑色粉砂质板岩，形成明显的韵律层，夹煤线，岩石中小褶皱发育，挤压破碎显著，破碎带内闪长玢岩贯人　　44.0 m

6. 黄灰色砂、砾岩，灰色粉砂质板岩互层，以砾石平面向上，凸面向下等特征判断，此岩层倒转产出　　14.0 m

5. 压碎的灰绿色细砂岩，具有明显的沉积韵律　　29.5 m

4. 灰绿色粉砂质板岩，板理发育，含大量 *Neocalamites carrerei*，*Erethmophyllum* sp.，*Pseudotorellia* sp.，*Podozamites* sp.　　15.0 m

3. 深灰色粉砂岩，黄灰色细砂岩互层夹少量粉砂质板岩。本层西延 100 m 处，当地老乡打井时发现烟煤一层，厚 50～80 cm。由于岩层遭受强烈挤压破碎，未见煤层，产 *Glossophyllum florini*，*Taeniopteris* sp.，*Cladophlebis* sp.，*C.* cf. *asiatica*，*Nilssonia* sp.，*Todites* cf. *goeppertianus*，*Cladophlebis haiburnensis*　　30.0 m

2. 黄灰色细砂岩，底部夹少量黑色粉砂岩，岩石遭受强烈挤压作用，破碎带发育，其间见闪长玢岩脉充填。产 *Neocalamites* sp.，*Cladophlebis* sp.，*Neocalamites carrerei*，*Taeniopteris* cf. *tenuinervis*　　10.0 m

1. 黄灰色砾岩，受强烈挤压作用，砾石定向排列　　43.0 m

═══════ 断　层 ═══════

下伏地层：**鹿圈屯组**　黑色板岩

【地质特征及区域变化】　大酱缸组主要由粗碎屑岩、泥岩组成。在纵向上基本构成两个由砾岩、砂岩、粉砂质板岩夹煤层的旋回层。岩石普遍经受轻微区域变质，局部叠加热动力变质，煤层多变成无烟煤。第一旋回的底砾岩在小石棚一带较发育，厚度达 300 m，不整合在鹿圈屯组之上。第二旋回砾岩在大酱缸一带发育，厚度达 200 m。该砾岩在小石棚一带相变为泥岩、粉砂岩、砂岩。

大酱缸组在烟筒山盆地分布在烟筒山以西杏树腰屯、三个顶子、董家街、仙人洞等地。在前峰站、鸽子山等地也有零星出露。仙人洞一带，下部以细碎屑岩夹石墨层为主，上部以细碎屑岩、火山沉积岩、火山碎屑岩互层出现。石墨层分布较稳定，并产植物化石。上部火山沉积岩、火山碎屑岩相变较大，分布不稳定，往往与正常沉积砂岩、粉砂岩交替出现。如董家街一带的凝灰岩向西延至张家街一带尖灭，被砂岩、粉砂岩代替，至仙人洞北则相变为凝灰质砾岩。沉积厚度从西北向东南逐渐加厚。如董家街厚度 300 m，鸡冠北屯厚度 600 m，而杏树南屯达 1 000 m 以上。在仙人洞一带产植物化石：*Hausmannia* sp.，*Todites whilliamsoni* 等。在鸡冠北屯的粉砂岩中有 *Hausmannia* sp.，*Ctenis* sp.，*Pagiophyllum* sp. 等。在烟筒山东南前峰站一带，该组为一套黑色、灰绿色凝灰质泥岩、粉砂岩夹薄煤层，厚度 677 m。四合屯盆地本组分布于细林河子、平安屯一带，主要为一套灰黑色砂板岩，其底部受花岗岩侵入，普遍具有角岩化，并出现少量凝灰岩。沉积厚度 900 m。其上被四合屯组流纹质含角砾凝灰岩不整合覆盖。时代为晚三叠世。

四合屯组　T_3s　（05－22－0086）

【创名及原始定义】　吉林地矿局二所 1988 年① 于桦甸县八道河乡四合屯创名。四合屯组划分上、下段。下段为安山岩、安山质凝灰岩、英安质熔结凝灰岩、英安质凝灰熔岩、英安-流纹质含角砾凝灰岩等；上段由英安-流纹质含角砾凝灰岩、凝灰质角砾岩、花岗质砾岩、凝灰质砂岩、粉砂质板岩等组成。不整合在石炭纪四道砾岩之上。

【沿革】　长春地院区测队(1960)将这套火山岩及火山沉积岩称为小岭组，时代置于晚侏罗世。吉林局二所(1978)首先将以火山沉积岩为主，夹中酸性火山碎屑岩命名为玉兴屯组，其上的中酸性火山碎屑岩及熔岩为主的地层称南楼山组，时代分别为早、中侏罗世。吉林区调所(1986)根据太平岭一带接触关系，将产植物化石的火山沉积岩归入南楼山组，时代为晚三叠世。吉林区调所(1988)在 1∶5 万烟筒山幅首先提出在玉兴屯组碎屑岩上、下存在着二套火山岩，下火山岩与双阳盆地原小蜂蜜顶子组相当，时代归入晚三叠世；上火山岩整合在玉兴屯组之上，仍称南楼山组。时代为早侏罗世。吉林局二所(1988)根据四合屯剖面将玉兴屯组改称为四合屯组，划分上下两段，时代置早侏罗世。本次划分对比根据火山喷发旋回，将四合屯组下段火山岩称四合屯组，其上段以沉积岩为主的地层仍称玉兴屯组。时代分别为晚三叠世、早侏罗世。

【现在定义】　位于玉兴屯组之下的一套中酸性火山岩。主要岩性为安山岩、英安质或流纹质角砾凝灰岩。底部不整合在四道砾岩之上或整合于大酱缸组之上，其顶部被玉兴屯组凝灰质砾岩不整合覆盖。

【层型】　正层型为桦甸县八道河子乡四合屯剖面(126°20′，43°13′)，吉林局二所，1990，1∶5 万四合屯幅区调报告。

上覆地层：玉兴屯组　花岗质砾岩

～～～～～～ 不　整　合 ～～～～～～

四合屯组	总厚度 688.1 m
6. 灰白色流纹质角砾凝灰岩	174.3 m
5. 灰色英安质含砾晶屑凝灰岩	50.6 m
4. 紫色杏仁状辉石安山岩	200.6 m
3. 灰色安山岩	157.4 m
2. 紫色杏仁状安山岩	81.5 m
1. 灰色安山岩	23.7 m

～～～～～～ 不　整　合 ～～～～～～

下伏地层：四道砾岩　灰色结晶灰岩

① 吉林地矿局二所，1988，四合屯、横道河子、榆木桥子幅 1∶5 万区域地质调查报告(未刊)。

【地质特征及区域变化】 四合屯组分布在四合屯盆地旗杆顶子、西北岔、海浪布山等地。其中四合屯一带主要岩性同正层型。在双丫子东山一带岩性以灰绿、紫灰色安山岩为主，夹安山质熔结凝灰岩。厚度 397.5 m。此处发现完整的古火山口，两侧为安山岩，中心为英安质凝灰熔岩和英安质角砾岩。不整合在大酱缸组之上。

烟筒山盆地果树屯一带以灰紫色、灰色、紫色玄武安山岩、蚀变安山岩为主，厚 640 m。双顶山一带在安山岩下部出现少量凝灰质含砾砂岩、粗砂岩等，沉积厚度达 550 m。蚂蚁屯一带以灰色、杂色安山质火山碎屑岩为主，夹紫色英安岩、安山岩等，沉积厚度达 550 m。老牛槽一带以蚀变安山岩为主，夹少量灰色粉砂岩，其底部出现深灰色凝灰质砾岩及火山角砾岩层，层厚达 700 m 以上，不整合在二叠纪寿山沟组之上。

【其他】 在本书样稿审校时，经有关专家讨论，提出四合屯组在岩石地层序列中的位置实为小蜂蜜顶子组。按“命名优先法则”可考虑起用小蜂蜜顶子组一名。

二、鸡西-延吉地层分区

大兴沟群 T_3D (03-22-0079)

【创名及原始定义】 彭玉鲸等 1982 年创名，创名地点在汪清县大兴沟。其含义指天桥岭盆地由托盘沟组、三仙岭组、马鹿沟组、天桥岭组组成的一套火山岩夹煤系地层，时代晚三叠世。

【沿革】 1963 年吉林局四队在天桥岭东南马鹿沟一带黑色板岩中采到 *Neocalamites*，又在复兴村南部发现 *Todites denticulata*，初步认为属于晚三叠世—早侏罗世。1966 年 1∶20 万大兴沟幅区调报告中将这套火山岩划分两个组，其下称托盘沟组，其上为天桥岭组，时代分别为早侏罗世和中晚侏罗世。1975 年《东北地区区域地层表·吉林省分册》符合了这一划分。吴水波等(1977)将托盘沟组三分，自下而上：“托盘沟组”、“三仙岭组”、马鹿沟组，最上部仍称天桥岭组，时代置于晚三叠世。1982 年彭玉鲸等并组为群称大兴沟群。《吉林省区域地质志》(1988)采用了这一方案。本次对比研究中，考虑托盘沟组和上覆三仙岭组为整合接触，两者构成一个较为完整的火山喷发旋回，即为中性—酸性岩浆演化，故一并称托盘沟组，而将原三仙岭组上部含植物化石的火山沉积岩归入马鹿沟组。

【现在定义】 指延边地区晚三叠世的一套中酸性火山岩夹沉积碎屑含煤地层。自下而上由托盘沟组、马鹿沟组、天桥岭组组成。角度不整合在二叠纪地层之上，其上被和龙群所不整合覆盖。

托盘沟组 T_3t (03-22-0080)

【创名及原始定义】 吉林区调队 1966 年①于汪清县天桥岭乡托盘沟一带创建。分上、下段。下段为中性凝灰熔岩及晶屑凝灰岩，偶夹凝灰质砾岩；上段为凝灰岩、砾岩、砂岩、页岩夹薄煤层，与上覆马鹿沟组整合接触。厚度 667.3 m。时代为晚三叠世。

【沿革】 详见大兴沟群。

【现在定义】 位于马鹿沟组之下，由中酸性火山岩组成的一套地层。岩性分两段：下段以中性火山碎屑岩、熔岩为主，夹少量凝灰质砾岩；上段以酸性火山碎屑岩为主，夹中酸性

---

① 吉林区调队，1966，大兴沟幅 1∶20 万区域地质调查报告(未刊)。

熔岩。其底界以凝灰质砾岩不整合在花岗岩之上，其顶界以流纹岩与马鹿沟组凝灰质砂岩分界，整合接触。

【层型】 正层型为吉林省汪清县天桥岭乡鹿圈子北沟—托盘沟下游剖面 1—25 层(121°37′15″，43°38′30″)，吴水波等，1977，《关于吉林省东部托盘沟地区的上三叠统》。

上覆地层：和龙群(屯田营组灰绿色安山岩)

═══════ 断 层 ═══════

天桥岭组　　总厚度 852.0 m

54. 灰白、浅黄色流纹岩夹片理化酸性熔岩　316.9 m

53. 灰黄、灰白色块状流纹岩　121.7 m

52. 灰紫色偏酸性熔岩　141.3 m

51. 灰黄色流纹岩夹黄色片理化酸性晶屑凝灰岩　96.3 m

50. 灰绿色含角闪石斑晶流纹岩　37.3 m

49. 浅灰色片理化酸性凝灰岩夹浅灰绿色流纹岩　131.7 m

48. 灰黄色含角砾凝灰岩　6.8 m

——————— 整 合 ———————

马鹿沟组　　总厚度 1 096.9 m

47. 灰黑色凝灰质细砂岩夹灰黑色粉砂质板岩　6.8 m

46. 灰黑色凝灰质粗砂岩夹凝灰质砾岩薄层　20.5 m

45. 灰黑色凝灰质砾岩夹凝灰质砂岩及含砾粗砂岩　17.0 m

44. 灰黑色粉砂质板岩，含植物化石碎片　2.7 m

43. 灰黑色凝灰质砾岩夹灰黑色凝灰质含砾粗砂岩　14.3 m

42. 黑色板岩。产植物化石(12 号化石点)*Equisetites praelongus*，*Neocalamites* sp.，*Todites denticulata*，*Dictyophyllum exquisitum*，*Hausmannia* sp.，*Cladophlebis nebbensis*，*C.* spp.，*Nilssonia orientalis*，*N. acuminata*，*Pterophyllum* cf. *exhibens*，*Nilssoniopteris* cf. *jourdyi*，*Ginkgo marginatum*，*Baiera* sp.，*Phoenicopsis angustifolia*，*P.* cf. *speciosa*，*Arctobaiera* sp.，*Sphenobaiera* sp.，*Cycadocarpidium swabii*，*C. giganteum*，*Podozamites lanceolatus*，*P. distans*，*P. angustifolia*，*P.* sp.，*Taeniopteris tenuinervis*，*T.* sp.　1.7 m

41. 灰黑色凝灰质砾岩　5.1 m

40. 板岩。产植物化石 *Equisetum* sp.，*Neocalamites* sp.，*Dictyophyllum exquisitum*，*D.* sp.，*Hausmannia* cf. *eneiensis*，*Cladophlebis* sp.，*Ctenis acinacea*，*C. deformis*，*C.* sp.，*Nilssonia orientalis*，*Ginkgo marginatum*，*G.* cf. *marginatum*，*Phoenicopsis*? sp.，*P.* cf. *speciosa*，*Sphenobaiera* sp.，*Czekanowskia setacea*，*Cycadocarpidium swabii*，*C. erdmanni*，*C.* cf. *parvum C. giganteum*，*C. tricarpum*，*C.* sp.，*Taeniopteris tenuinervis*，*T. rarinervis*，*T.* sp.，*Podozamites* sp.；双壳类 *Ferganoconcha* sp.　3.4 m

39. 灰黑色凝灰质砾岩夹少量灰色凝灰质粗砂岩　25.5 m

38. 灰色粉砂质板岩夹灰黑色凝灰质砾岩及含砾粗砂岩凸镜体，局部见交错层理，岩相纵横向变化都很快。产 *Neocalamites* sp.　173.2 m

37. 灰绿、暗灰色厚层凝灰质砂岩　132.1 m

36. 灰黑色凝灰质砾岩夹黑色凝灰质含砾粗砂岩　244.8 m

35. 暗灰绿色安山质凝灰岩　93.0 m

34. 灰绿色多斑安山岩与灰绿色安山质凝灰岩互层　82.6 m

33. 灰黑色凝灰质砾岩 10.4 m

32. 深灰色凝灰质粉砂岩 42.6 m

31. 灰黑色粉砂质板岩夹薄煤层，底部有一层凝灰质砾岩 44.4 m

30. 灰黑色含凝灰质细砂岩与灰黑色粉砂质板岩互层 18.2 m

29. 黑色碳质板岩，暗灰色凝灰质粉砂岩夹 3～4 层薄煤层，厚约 10～15 cm。产 *Neocalamites* sp.，*Clathropteris elegans*，*Hausmannia ussuriensis*，*Todites denticulata*，*Cladophlebis* sp.，*Podozamites* sp.，*Cycadocarpidium* sp.，*Radicites* sp.，*Stachyotaxus elegans* 等 69.5 m

28. 暗灰色凝灰质砾岩夹凝灰质含砾粗砂岩及灰绿色厚层粗砂岩 69.5 m

27. 灰黑色粉砂质板岩夹黑色碳质板岩。产 *Neocalamites carrerei*，*N.* sp.，*Todites denticulata*，*Cladophlebis* sp.，*Phoenicopsis*? sp.，*Cycadocarpidium swabii*，*Nagatostrobus linearis* 15.7 m

26. 灰黑色凝灰质砾岩夹含砾凝灰岩 3.9 m

———————— 整　合 ————————

托盘沟组　　总厚度 1 569.0 m

25. 暗灰色偏碱性石英安山岩 15.7 m

24. 灰黄色偏碱性流纹岩 15.7 m

23. 灰绿色中性含角砾凝灰熔岩 7.8 m

22. 灰黄色流纹岩 7.8 m

21. 灰色中酸性熔岩 3.9 m

20. 灰黄色流纹岩 34.0 m

19. 灰绿—暗灰色中酸性凝灰熔岩 17.0 m

18. 灰黄色流纹岩 34.3 m

17. 灰黑色层凝灰岩 3.8 m

16. 深灰色安山质凝灰熔岩，顶部含少量角砾 49.5 m

第四纪掩盖

15. 灰黄色流纹岩 82.1 m

14. 灰色中细粒凝灰岩 5.3 m

13. 灰黄色流纹岩 7.9 m

12. 灰绿色含角砾凝灰岩 21.2 m

11. 灰黄色流纹岩 84.7 m

10. 灰色层凝灰岩夹灰绿色片理化凝灰岩 70.4 m

接托盘沟下游剖面下段

9. 暗灰色安山岩 51.2 m

8. 灰黑色安山质含角砾凝灰熔岩 93.9 m

7. 灰黑色安山岩夹暗紫、灰绿色含斑安山岩 239.3 m

6. 灰黑色安山质角砾凝灰熔岩夹少量层凝灰岩 85.7 m

5. 灰色安山质角砾凝灰熔岩夹薄层灰绿色层凝灰岩 346.4 m

4. 灰绿—灰黑色安山岩 257.1 m

3. 灰黑色凝灰质砾岩 17.1 m

2. 灰绿—浅紫色安山质凝灰熔岩 8.6 m

1. 灰黄色及灰黑色砾岩 8.6 m

~~~~~~~~ 不整合 ~~~~~~~~

下伏：花岗岩
~~~~~~~~

【地质特征及区域变化】 本组由爆发相的凝灰岩与溢流相的熔岩构成多个喷发韵律，下部以安山质熔岩、凝灰岩为主，向上则过渡为流纹质熔岩、凝灰岩，顶部出现偏碱性流纹岩、安山岩为其特征。

天桥岭盆地本组分布在托盘沟、庙岭、三仙岭北、鹿圈子沟一带，呈NE向展布，长约40 km，宽10 km。二青背盆地该组分布在朱蛮沟、东北岔一带，长约25 km，宽2.5 km，呈断续北东向展布。主要岩性为深灰色安山岩及灰白色流纹岩，厚度近千米。流纹岩普遍具有片理化现象。西土山盆地托盘沟组分布在冰湖沟一带，主要为一套安山岩夹少量凝灰质砾岩层。马滴达盆地本组分布在二道沟西山、高家炉一带。主要岩性以安山质火山角砾岩为主，厚度600～700 m。贩西山盆地该组分布在汪清六道崴子、迷魂阵一带，长约17.5 km，宽12.5 km，呈北东向展布。主要岩性以中基性安山玄武岩、辉石安山岩为主，厚度500 m以上。吉林区调所(1980)在老黑山幅将相当的火山岩称南村组。本次对比研究认为这套火山岩完全可以和托盘沟组相对比。时代为晚三叠世。

马鹿沟组 T_3m (03-22-0081)

【创名及原始定义】 吴水波等1977年于汪清县天桥岭乡马鹿沟所建。由中性火山岩及沉积碎屑岩夹薄煤层组成，与上覆天桥岭组和下伏三仙岭组呈整合接触，产植物化石，时代晚三叠世。

【沿革】 详见大兴沟群。

【现在定义】 位于托盘沟组之上、天桥岭组之下，由一套火山沉积岩和河流—湖沼相碎屑岩及薄煤层夹少量中酸性火山碎屑岩及熔岩组成。含较为丰富的动、植物化石。其底以凝灰质砂岩与托盘沟组安山岩分界，其顶与天桥岭组流纹岩为界，均呈整合接触。

【层型】 正层型为托盘沟剖面26—47层(详见托盘沟组层型栏)。

【地质特征及区域变化】 本组以火山喷发间歇期沉积的河湖相及含丰富的植物化石为其特征。

天桥岭盆地本组分布在鹿圈子西北部和马鹿沟一带。在横向上由西南向东北沉积物由粗变细。马鹿沟以东，凝灰质砾岩层相对减少，而火山岩及砂页岩相对增多，厚度也增大，达1 050 m。在二青背盆地本组见于朱蛮沟、东北岔一带，其岩性以灰黑、灰色变质凝灰质砂岩、板岩为主，产植物化石：*Neocalamites*，*Sphenobaiera* 等，沉积厚度达千米以上。岩性横向上变化较大，二青背以东，一般以凝灰质砾岩、粗砂岩为主，直接整合在托盘沟组上段流纹岩之上。在贩西山盆地该组分布在汪清县六道崴—迷魂阵一带，主要由一套以酸性层凝灰岩、凝灰质砂岩组成的地层。产植物化石：*Cycadocarpidium*，*Taeniopteris* 及 *Sphenobaiera* 等。在马滴达盆地本组分布在珲春市高家炉一带，主要岩性为砾岩、含砾砂岩、粉砂岩等，含少量植物化石，有 *Neocalamites* sp.，*Pityophyllum* sp.，*Glossophyllum* sp.。沉积厚度约120 m，不整合在二叠纪地层之上。时代为晚三叠世。

天桥岭组 T_3tq (03-22-0082)

【创名及原始定义】 吉林区测队1960年于汪清县天桥岭乡创建。其含义指一套较复杂的变质酸性火山岩，具片理化。其上被年青中性火山岩覆盖，推测与下伏砂、板岩呈不整合接触。时代二叠纪。

【沿革】 1960年吉林区测队将分布在汪清县天桥岭、草皮沟一带变质的酸性火山岩称为上部岩组，又称天桥岭组，时代置二叠纪。1966 年铅印的大兴沟幅区调报告中，天桥岭组是指和龙群之下，不整合在不同时代、不同层位之上的一套酸性熔岩及其凝灰岩，时代中晚侏罗世。1975 年吉林地层表编写组采用了此名，不过时代为晚侏罗世。1977 年吴水波等认为天桥岭组是马鹿沟组之上的一个地层单位。岩性以流纹岩为主，二者呈整合关系，其上被和龙群不整合覆盖，时代晚三叠世。1982 年彭玉鲸等将它归入大兴沟群，本书从之。

【现在定义】 马鹿沟组之上的一套酸性火山岩系。以灰黄色、灰白色流纹岩为主，夹少量酸性凝灰岩。其底以含角砾凝灰岩与马鹿沟组整合接触，其顶与和龙群呈断层接触。

【层型】 正层型为托盘沟组层型剖面 48—54 层(详见托盘沟组层型拦)。

【地质特征及区域变化】 层型区主要为一套酸性火山岩，下部以爆发相的凝灰岩为主，上部以酸性熔岩为主夹凝灰岩。分布在托盘沟河上游及马鹿沟以北一带，呈北东条带状展布。在二青背盆地天桥岭组分布于朱蛮沟一带，岩性以灰色安山岩、酸性凝灰岩、流纹岩为主，夹少量凝灰质砂岩、板岩。沉积厚度达千米。岩石普遍具片理化现象。在蛟河县北西土山、东大坡一带，本组岩性以酸性火山碎屑岩为主，夹少量凝灰质砂岩。产少量植物化石，有 *Neocalamites* sp.，*Taeniopteris* sp.，*Cycadocarpidium*? sp. 等。沉积厚度从西向东逐渐加大。不整合在二叠纪地层之上。时代为晚三叠世。

三、吉南-辽东地层分区

小河口组 T_3xh (05-22-0083)

【创名及原始定义】 吉林区调队 1976 年于浑江市石人镇小河口创建。由下砾岩段和上含煤段组成。下砾岩段由巨砾岩、砾岩组成；上含煤段由砂岩、煤层组成，厚 309 m，属晚三叠世山间盆地含煤建造。顶、底与老地层呈断层接触。

【沿革】 1939 年稻井丰将浑江市石人镇北山一带含煤地层确定为石炭系。1939—1943 年森田义人称为临江层下部含煤段，时代早侏罗世。1956 年徐新斋首先将下部含煤段称北山煤系，下部砾岩称红石砬子砾岩。1960 年长春地院区测队将它归入林子头群的北山组，1965 年又划分为北山含煤段和红石砬子砾岩段，时代中侏罗世。1973 年吉林区调队首次采到 *Neocalamites rugosus*，*Glossophyllum*? sp. 等化石，认为可能属于晚三叠世地层。1974 年西安煤田地质研究所何德昌也采到少量相同的植物化石，提出可能为上三叠统。1975 年长春地院、吉林煤田 102 队、吉林区调队共同在小河口一带进行了较详细的工作，于 1976 年创建小河口组。

【现在定义】 是一套河流—沼泽相含煤地层，由砾岩、砂岩、粉砂岩、页岩及煤层组成。按岩性划分为砾岩段和含煤段。产植物化石。顶、底出露不全，接触关系不清。

【层型】 正层型为浑江市石人镇小河口实测剖面(126°32′，41°56′20″)，吉林省地质局区域地质调查大队，1976，《1：20 万浑江市、集安县幅区域地质调查报告》。

上覆地层：炒米店组 结晶灰岩

═══════ 断 层 ═══════

小河口组 总厚度 280.4 m

含煤段：

19. 下部黄灰色中—薄层状细粒长石砂岩夹黑色碳质页岩及煤线，上部黄灰色薄层粉砂岩、页岩、碳质页岩夹三层薄煤层，其间距分别为 4～5 m，煤层最厚 0.5 m。产

Cladophlebis grabauiana, *C. asiatica*；孢粉 *Duplexisporites* sp.，*Vernucosisporites* sp.，*Distalanulisporites* sp.，*Alisporites* sp.，*Lucckisporites* sp.，*Laabus porites*，*Chordasporites* sp.，*Pinuspollenites* sp.，*Podocarpites* sp.，*Psophosphaera* sp.，*Araucariacites* sp. 8.89 m

18. 黄灰色中—薄层状细砂岩夹灰色粉砂岩及薄煤层 3.00 m
17. 上部青灰色薄层细砂岩和粉砂岩及薄层煤，下部青灰色中厚层中粒长石砂岩夹灰色页岩和煤层，产 *Neocalamites* cf. *carcinoides*，*Ctenozamites stenophylla*，*Equisetum* sp. 17.20 m
16. 上部青灰色中层中细粒砂岩夹深灰色粉砂岩、页岩；下部青灰色薄层中细粒砂岩夹深灰色粉砂岩和薄煤线。产 *Cladophlebis grabauiana*，*C. kaoiana*，*C. gracilis*，*C.* cf. *mesozoica*，*Glossophyllum shensiense*，*G.* sp.，*Thinnfeldia* sp. 80.87 m
15. 青灰色中薄层细粒砂岩夹深灰色页岩，粉砂岩和4～5层薄煤层。产 *Neocalamites rugosus*，*N. carcinoides*，*N.* cf. *hoerensis*，*Swedenborgia* cf. *cryptomerioides*，*Glossophyllum* sp.，*Thinnfeldia* sp.，*Sphenobaiera* sp. 3.78 m
14. 青灰色中粗粒长石砂岩夹砾岩 4.86 m
13. 青灰色中粒长石砂岩夹深灰色粉砂岩和不规则亮煤团块 5.10 m
12. 青灰色细—中粒薄层长石砂岩，向上过渡为深灰色粉砂岩和页岩夹薄煤层，最厚20 cm。产 *Glossophyllum*? sp. 32.46 m
11. 下部青灰色薄层细砂岩，粉砂岩夹页岩；上部青灰色中—细粒长石砂岩夹深灰色粉砂岩和页岩，上、下层均产丰富化石，有 *Glossophyllum shensiense*，*Sphenopteris chowkiawanensis*，*Equisetites* cf. *brevidentatus*，*Cladophlebidium xiaohekouense*，*Cladophlebis asiatica*，*Podozamites lanceolatus*，*Danaeopsis* sp.，*Thinnfeldia* sp.，*T.* cf. *rhomboidalis*，*Nilssonia orientalis*，*N.* sp.，*Swedenborgia* sp.，*Cladophlebis* sp. 19.71 m
10. 青灰色细粒砂岩、粉砂岩，含铁质结核，有时夹有碳质页岩。产 *Cladophlebis* sp. 17.70 m
9. 青灰色中厚层粗粒长石砂岩，上部为黄绿色粉砂岩、碳质页岩。产 *Cladophlebis* sp. 3.15 m
8. 深灰色粉砂岩及页岩 1.00 m
7. 黄绿色中粒长石砂岩，含岩屑较多，产植物化石碎片 3.12 m
6. 青灰色长石砂岩，风化后黄色，砂岩中有时含铁质结核，上部夹不规则的深灰色粘土质团块。产 *Danaeopsis fecunda*，*Glossophyllum shensiense*，*Pterophyllum* sp.，*Danaeopsis* sp.，*Strobilites* sp.，*Neocalamites* sp. 2.00 m
5. 黄色长石砂岩，杂质较多，泥铁质胶结，底部为含砾砂岩，砾径0.5～1.5 cm 14.99 m

砾岩段：

4. 灰色巨砾岩，砾石成分主要为石英砂岩、灰岩，磨圆度较好，具一定分选性，但排列方向性不明显，向上渐变为砾岩 29.83 m
3. 暗紫色砾岩，砾石成分主要为灰岩和石英岩，磨圆度较好，砾径最大为20 cm，一般为8～10 cm，砂质充填，钙质胶结 20.07 m
2. 灰色砾岩，砾石成分为质纯灰岩、石英砂岩，前者磨圆较差，后者较好，泥砂质胶结 6.02 m
1. 黄灰色巨砾岩和小砾岩互层，砾石成分为石英砂岩，少量灰岩，磨圆度较好，分选性差，砾石最大直径40 cm，最小4 cm，钙质胶结 6.65 m

═══════ 断 层 ═══════

下伏地层：马家沟组　灰色灰岩

【地质特征及区域变化】　小河口组属河流-沼泽相含煤建造。见于石人盆地和抚松盆地。

在石人盆地见于苇矿沟、小河口、红石砬子一带。在抚松盆地见于松树镇小营子、大安、万良一带。大安一带以砾岩段为主，主要为杂色砾岩夹粉砂岩，厚度小于200 m。小营子一带的砾岩段以灰、紫色砾岩、砂砾岩为主，厚度24.84 m；含煤段以灰、灰黑色砂岩、粉砂岩、泥岩为主，夹安山岩层和煤线，厚度880.7 m。于泥岩、泥质粉砂岩中产植物化石 *Neocalamites carcinoides*, *Taeniocladopsis rhizomoides*, *Cycadocarpidium erdmanni* 等；双壳类以 *Shaanxiconcha*, *Unio* 等为代表分子。在抚松盆地该组被果松组不整合覆盖，其下不整合在二叠纪孙家沟组之上。另外，在金银别盆地原白水滩组上段地层与小河口组十分相似，其中发现 *Neocalamites* sp., *Cycadocarpidium* sp. 等晚三叠世分子，因此也应划归小河口组。

长白组　$T_3\hat{c}$　(05-22-0084)

【创名及原始定义】　吉林煤田102队于1957年建长白层，地点在长白—临江一带。其原义笼统地代表长白—临江一带中生代中酸性火山岩，时代为白垩纪。

【沿革】　森田义人(1939—1942)将分布在长白—漫江一带的中酸性火山岩统称为安山岩群，时代侏罗纪。吉林煤田102队(1957)将这套火山岩系称为长白层。俟后，煤田105队(1960)又命名四道沟组，时代置早中侏罗世。吉林区调队(1963)开展1∶20万长白—漫江幅区调时，于义和盆地菜园子一带测制了较完整的火山岩剖面，按岩性组合将下部以中性火山岩为主的地层命名长白组，而将上部以酸性火山岩为四道沟组。时代分别为中、晚侏罗世。通化队(1976)于义和盆地1∶5万填图时，将长白组改称为二股砬子组，四道沟组改称闹枝沟组。吉林区调所(1988)在编制吉林省区域地质志时，符合了这一划分，并根据上覆地层义和组的时代，将这套火山岩归入晚三叠世。本次对比研究认为，二股砬子组、闹枝沟组的层型剖面仍然是建立长白组的层型菜园子—二股砬子剖面，故恢复长白组。

【现在定义】　位于义和组之下的一套中酸性火山岩，按岩性组合划分两段，下段称安山岩段，以安山岩、安山质火山碎屑岩组成；上段为流纹岩段，以流纹岩、流纹质火山碎屑岩为主。底部与珍珠门(岩)组大理岩断层接触，顶界区域上与上覆义和组呈不整合接触。

【层型】　正层型为浑江市临江镇闹枝乡二股砬子剖面(127°1′30″, 41°54′20″)，吉林局通化队，1976年，1∶5万桦树幅区域地质调查报告。

长白组	总厚度 2 926.96 m
流纹岩段	厚度 1 061.66 m
43. 肉红色带浅绿色英安质角砾熔岩。(未见顶)	86.50 m
42. 肉红色英安岩	48.30 m
41. 暗灰、浅绿色流纹质角砾熔岩	114.90 m
40. 灰绿、黄褐色流纹质集块岩	47.90 m
39. 黄褐色带白色，风化面紫红色英安质流纹岩	82.00 m
38. 灰白色流纹质集块岩夹流纹质熔角砾岩	155.00 m
37. 灰白色流纹岩	181.56 m
36. 灰绿略带紫色安山质角砾熔岩	115.80 m
35. 灰白、灰黄色流纹质英安质岩屑凝灰岩，底部见流纹角砾岩	98.00 m
34. 灰绿色安山岩	29.20 m
33. 浅灰、灰绿色安山质或英安质角砾熔岩	102.50 m
安山岩段	厚度 1 865.30 m

32. 灰绿带紫色绿帘石化安山岩 165.40 m

31. 下部为流纹岩，上部为安山岩 37.00 m

30. 灰绿、灰黑色安山岩 47.90 m

29. 安山质熔角砾岩 30.00 m

28. 英安质凝灰角砾岩 82.50 m

27. 灰、深灰色安山岩 18.80 m

26. 浅黄褐色英安质角砾熔岩 108.40 m

25. 下部为灰白色、灰褐色流纹质、英安质熔角砾岩；上部为浅绿色流纹质、英安质熔角砾岩；上部为浅绿色英安岩 16.70 m

24. 下部为灰白色、黄褐色及青灰色含角砾英安质凝灰岩，上部为灰白色流纹岩 25.10 m

23. 英安岩 72.90 m

22. 暗灰色英安质凝灰角砾岩 173.20 m

21. 灰黑色安山岩 47.30 m

20. 浅灰、灰绿、杂色安山质角砾岩 35.30 m

19. 暗灰色安山质熔角砾岩 59.40 m

18. 紫灰色安山岩，底部为含角砾安山岩 50.80 m

17. 紫灰、灰绿色含集块英安质凝灰角砾岩 85.20 m

16. 下部为安山质角砾熔岩及英安质角砾熔岩；上部为暗灰带紫色安山岩 20.40 m

15. 下部为黄褐色流纹岩，上部夹黄色英安岩 36.60 m

14. 灰紫、杂色安山质熔角砾岩 14.00 m

13. 紫色安山岩夹青灰色致密块状安山岩 16.70 m

12. 猪干色、暗紫色含集块熔角砾岩 22.50 m

11. 暗灰色、致密块状安山岩，底部见一薄层暗紫色安山质角砾岩 112.30 m

10. 紫灰色安山岩 86.60 m

9. 灰绿色辉石安山岩 15.90 m

8. 紫灰色安山质凝灰角砾岩 27.60 m

7. 下部见角砾块状安山岩；上部为斑状安山岩 33.20 m

6. 灰绿色杏仁状安山岩 71.50 m

5. 下部为安山质凝灰角砾岩；上部为紫灰色斑状安山岩 32.40 m

4. 紫灰色粗斑安山岩 164.90 m

3. 安山质角砾凝灰岩 33.20 m

2. 紫或猪干色粗斑安山岩 50.50 m

1. 褐黑色安山质凝灰角砾岩 71.10 m

══════ 断 层 ══════

下伏地层：珍珠门(岩)组　大理岩

【地质特征及区域变化】　在层型剖面上安山岩段由爆发亚相的安山质角砾岩、集块岩与溢流亚相的安山岩构成，流纹岩段则以流纹质角砾岩、流纹岩组成的韵律层为其特征，反映岩浆活动由中性向酸性的演化趋势。

该组仅分布在义和盆地吊打沟、闹枝沟、四道沟(北大砬子)、新立屯一带。在区域上有如下规律可循：其一，安山岩段岩性组合从西向东由中基性—中性—中酸性岩浆演化；其二，流纹岩段集中分布在盆地中部闹枝沟—北大砬子一带，向两侧逐渐尖灭，岩性由中酸性向酸性演化；其三，安山岩段一般具较高磁性，异常值达 400～800 γ，个别达 1 000 γ。流纹岩段一般无磁性、弱磁性，多在 250～350 γ 之间。时代为晚三叠世。

第二节 生物地层

吉林省晚三叠世地层中盛产植物化石，其次为双壳类，分布于大兴沟、小河口、大酱缸等地，其中大兴沟群中的植物化石研究的较详细。

1. 植物

①*Hausmannia ussuriensis* - *Cycadocarpidium* 组合（简称 *HC* 组合）

该组合系周志炎、李佩绢（1980）命名，列为中国中生代植物序列第三植物群——*Dictyophyllum* - *Clathropteris* 组合中的第三组合。*HC* 组合见于马鹿沟组和大酱缸组，前者分布于汪清县大兴沟一带及蛟河县西土山等地；后者分布于双阳县大酱缸、仙人洞和桦甸县金银别。*HC* 组合化石名单众多，马鹿沟组层型剖面中发现 34 属 83 种，大酱缸组层型区发现 24 属 42 种（详见剖面），以上化石基本属于南方型植物区系的产物。

汪清天桥岭乡托盘沟剖面自下而上还可以进一步划分为以下 3 个植物亚组合。

（i）*Neocalamites* - *Nagatostrobus* 亚组合（简称 *NN* 亚组合）：层型剖面为托盘沟剖面 27 层（原属于三仙岭组顶部），由粉砂质板岩夹碳质板岩组成，厚度约 16 m。与上部生物带之间有 70 m 生物间隔。*NN* 亚组合包括植物化石 7 属 9 种。主要有：*Neocalamites hoerensis*，*N. carrerei*，*Equisetites* sp.，cf. *E. gracilis*，*Equisetostachys* sp.，*Cycadocarpidium elegans*，*C. swabii*，*Nagatostrobus linearis*，*Taeniopteris* sp.，*Ctenis* sp. 等，其中 5 个种为本组合所特有，主要分子有：*Neocalamites hoerensis*，*Nagatosrobus linearis* 等，其余分子上延到相邻生物带。

（ii）*Clathropteris* - *Stachyotaxus* 亚组合（简称 *CS* 亚组合）：层型剖面为托盘沟剖面 29 层，岩性为碳质板岩、凝灰质粉砂岩夹数层薄煤，厚度近 70 m，本带与上部生物带之间也有近 1 600 m生物间隔。*CS* 亚组合含 8 属 9 种植物化石（包括相当层型的化石点），主要有：*Clathropteris elegans*，*Hausmannia* (*Prot.*) *ussuriensis*，*Cladophlebis nebbensis*，*Cycadocarpidium erdmanni*，*Podozamites distans*，*Stachyotaxus elegans* 等。其中 *Clathropteris elegans*，*Stachyotaxus elegans* 为本组合特有，其他分子则属上部带或下部带的延续分子。

（iii）*Dictyophyllum-Cycadocarpidium* 亚组合（简称 *DC* 亚组合）：层型剖面为托盘沟剖面 40—42 层，主要岩性为黑色板岩夹凝灰质砾岩，厚度约 10 m。*DC* 亚组合含植物 30 属 71 种，占整个天桥岭植物群的 85.3%（包括与层型相当的化石点）。其主要特点是：ⓐ大量双扇蕨科、丁菲羊齿、苏铁类的出现，代表天桥岭植物群的基本面貌；ⓑ丰富的银杏类、有节类及真蕨类的出现，属种分异度增加，显示了植物群的繁盛；ⓒ有瓣鳃类动物化石伴生。仅本组合中出现的分子有：*Equisetites praelongus*，*Dictyophyllum exquisitum*，*D. kryshtofovichi*，*Cladophlebis* sp.，cf. *C. pseudoraciborskii*，*C. integra*，*Thinnfeldia incisa*，*T.* ? *magica*，*Pterophyllum ctenoides*，*Nilsonia spinosa*，*N. splendens*，*Ctenis acinacea*，*C. deformis*，*C. japonica*，*C.* cf. *yokoyamai*，*Pseudoctenis gigantea*，*Ginkgoides* sp. cf. *G. acosmia*，*G. robustus*，*Baiera elegans*，*B. muensteriana*，*Sphenobaiera pulchella*，*Czekanowskia setacea*，cf. *Phoenicopsis angustifolia*，*P.* sp. cf. *P. speciosa*，*Cycadocarpidium giganteum*，*C.* sp. cf. *C. parvum*，*C. redivivum*，*C. tricarpum*，*Podozamites giganteus*，*Nagatostrobus* ? *bitchuensis*，cf. *Storgaardia spectabilis*，*Pityophyllum angustifolium*，*Taeniopteris* sp. cf. *T. minensis*，*T. stenophylla*，

T. tianqiaolingensis 等。

天桥岭植物群与国内外已知的 *Dictyophyllum* - *Clathropteris flora* 群为特征的晚三叠世植物群具有确切的可比性。其中最为接近的是日本成羽及山口晚三叠世植物群(表 9-2)以及前苏联南滨海晚三叠世蒙古盖植物群。

表 9-2 吉林天桥岭植物群，日本成羽植物群对比表

对比 \ 植物群	吉林天桥岭植物群	日本成羽植物群
完全相同	1. *Neocalamites carrerei* 2. *N. hoerensis* 3. *Clathropteris elegans* 4. *Hausmannia* (*Prot*?) *ussuriensis* 5. *Spiropteris* sp. 6. *Cladophlebis nebbensis* 7. *C. integra* 8. *Pterophyllum ctenoides* 9. *Ctenis japonica* 10. *Baiera elegans* 11. *B. muensteriana* 12. *Podozamites schenki* 13. *Nagatostrobus*? *bitchuensis* 14. cf. *Storgaardia spectabilis* 15. *Taeniopteris stenophylla*	1. *Neocalamites carrerei* 2. *N. hoerensis* 3. *Clathropteris elegans* 4. *Hausmannis* (*Prot*?) *ussuriensis* 5. *Spiropteris* sp. 6. *Cladophlebis nebbensis* 7. *C. integra* 8. *Pterophyllum ctenoides* 9. *Ctenis japonica* 10. *Baiera elegans* 11. *B. muensteriana* 12. *Podozamites schenki* 13. *Stenovachis bitchuensis* 14. cf. *Storgaardia spectabilis* 15. *Taeniopteris stenophylla*
可对应比较	1. *Cladophlebis* sp. cf. *C. pseudoraciborskii* 2. *Nilssonia splendens* 3. *Ginkgoites robustus* 4. *Baiera* sp. 5. *Czekanowskia setacea* 6. *Phoenicopsis angustifolia* 7. *Podozamites giganteus* 8. *P.* sp. cf. *P. stewartensis* 9. *Stachyotaxus elegans* 10. *Taeniopteris* sp. cf. *T. minensis*	1. *Cladophlebis denticulata* 2. *Nilssonia acuminata* 3. *Ginkgoites sibirica* 4. *Baiera filiformis* 5. *Czekanowskia rigida* 6. *Phoenicopsis* sp. 7. *Podozamites* sp. 8. *P. lanceolatus* 9. *Elatocladus plana*, *E. tenuerima* 10. *Taenioptertis minensis*

②*Glossophyllum* - *Neocalamites* 组合(简称 *GN* 组合)

小河口剖面产植物化石 9 层，计 20 属 38 种。其中 *Glossophyllum*，*Neocalamites* 见于剖面的 6—17 层，不仅数量多，种类也丰富，因此小河口剖面也可称其为 *Glossophyllum* - *Neocalamites* 组合。*GN* 组合共生的分子有木贼类：*Equisetites* sp. (*E.* cf. *brevidentatus*)，*E.* cf. *lateralis*，*Neocalamites rugosus*，*N.* cf. *carcinoites*，*N.* cf. *hoerensis*；蕨类：*Thinnferdia* cf. *rhomboidalis*，*Danaeopsis* cf. *fecunda*，*Todites shansiensis*，*Cladophlebis gracilis*，*C. grabauiana*，*C. kaoiana*，*C. raciborskii*，*C. asiatica*，*C.* cf. *mesozoica*，*C.* cf. *denticulata*，*Sphenopteris chowkiawanensis*；苏铁类：*Pterophyllum* sp. (cf. *P. ctenoides*)，*Nilsonia orientalis*，*Ctenozamites stenophylla*；银杏类：*Ginkgoides magnifolia*，*Baiera quilhaumati*，*Czecanowskia rigida*，*Glossophyl-*

lum ? *shensiense*, *G.* ? sp., *Sphenobaiera* sp.; 松柏类: *Podozamites lanceolatus*, *Swedenborgia* cf. *cryptomerioides*, *S. minor*, *Strobilites* sp., *Carpolitus* sp.。*GN* 组合中真蕨类、木贼类十分繁盛，银杏类占有一定的比例，苏铁及松柏类较少，且其中未发现 *HC* 组合中常见的 *Dictyophyllum*, *Cycadocarpidium*, *Hausmannia* 等，视为北方型植物区系的产物。

2. 双壳类

Unio - *Shanxiconcha* 组合

本组合的组成分子有: *Unio huangbagouensis*, *U. xuefengchuanensis*, *Shanxiconcha elliptica*, *S. subparallela*, *S. triangulata*, *Ferganoconcha* 等5属25种。此组合与陕甘宁区晚三叠世动物组合具有可比性，主要分布于抚松盆地小营子一带小河口组中。另外在汪清县天桥岭一带马鹿沟组中也有 *Ferganoconcha* sp.。

3. 孢粉

Dictyophyllum - *Apiculatisporis* - *Lueckisporites triassicus* 组合(简称 *DAL* 组合)

DAL 组合产于小河口组中，以产大量的 *Dictyophyllum*, *Apiculatisporis*, *Lueckisporites triasicus* 为特征，其时代为晚三叠世。

第三节　年代地层

众所周知，陆相地层由于其沉积，特别是古生物学和同位素年代学方面固有的特点，其年代地层学的研究在现代科学技术发展水平上，尚难进行较精确(阶一级)的年代地层划分。但如能通过陆相—海陆交互相可靠的生物组合对比，和(较)高精度的测年资料及其它方面综合信息(如同一地块或同一构造域的造山作用的演化历史、海进海退规程、岩浆活动规律等)的研究，则可对阶一级年代地层的确定作出探讨。本书将依据这一途径，对吉林省陆相上三叠统(包括后面篇章中的陆相中、新生代地层)尽可能提出对阶的年代地层划分的初步认识。

在生物地层一节中已经指出：大兴沟群所含的丰富的植物化石被称之为 *HC* 组合，在层型剖面上自下而上划分出 *NN*、*CS*、*DC* 3个亚组合，整个植物组合的面貌可与越南的东京植物群、日本成羽及山口植物群、俄罗斯远东滨海区的蒙古盖植物群比较。而在后者，此一植物群产于含海相卡尼—诺利期化石层位之上，瑞替期海相化石之下，表明该组合之岩石地层的时代为诺利期，即其年代地层当属诺利阶(Norian)。从该层地层火山岩的测年资料看，在层型剖面区测得托盘沟组安山岩斜长石的 K - Ar 年龄值为 206 Ma，在松林洞托盘沟组安山岩全岩 Rb - Sr 等时线所获年龄值 211 Ma；和其有相似植物组合、蛟河西土山地区的该套地层，其火山岩全岩 Rb - Sr 等时线年龄值亦为 211 Ma。在与本省毗邻的黑龙江省东宁老黑山地区具有相同植物组合的同一套地层，其火山—侵入深成杂岩，10多个 K - Ar 年龄值及数个 Rb - Sr 等时线年龄值，多集中在 210～220 Ma 区域内，亦都表明其年代地层当归入诺利阶。从彭玉鲸等(1995)新的研究，不整合于该套地层之下的晚华力西期—早印支期花岗岩，最晚一次碱性(A 型)花岗岩侵入活动的结束年龄为 225～230 Ma，并指出这与殷鸿福教授提出的拉丁期大海退十分吻合。再次佐证了该套地层的年代地层为诺利阶。

大酱缸组和四合屯组，前者在层型剖面中所采之丰富植物化石，其总体面貌大体可与大兴沟群的植物组合相比较；后者与层型剖面中虽未觅得化石，但在永吉倒木沟剖面火山岩的碎屑岩夹层中曾采到 *Neocalamites carrerei*, *Cycadocarpidium*? sp. 亦均是大兴沟群和原西土山组及大酱缸组中常见分子。在官马金矿外围取得安山岩、英安岩 Rb - Sr 等时线的同位素年龄值 222 Ma，其年代地层亦暂推定为诺利阶。

长白组火山岩既无生物化石又无可靠的同位素年龄资料，但其不整合于产有 *DC* 植物组合晚期群落的义和组之下，而北侧相邻的抚松盆地火山-碎屑岩沉积地层中不仅具有与陕甘宁区晚三叠世可比的 *Unio* - *Shanxiconcha* 动物组合，且在其层位内见有 *Cycadocarpidium* 数个种产出，故其年代地层亦可暂归属为诺利阶。

小河口组植物组合具有典型的延长植物群的面貌，其与 *DC* 植物组合的关系一直存在着不同的认识。就吉林省情况而言，这一组合中的多数分子虽然均可见于大兴沟群的 *HC* 组合中，但 *Neocalamites rugosus*，*Thinnferdia* cf. *rhomboidalis*，在大兴沟群及其时代相当的地层中，至今未有发现。特别是后者曾出现在格陵兰地区的中三叠世晚期至晚三叠世的早期。而大兴沟群植物组合中特征的分子，如广泛可见的 *Cycadocarpidium* 的多个种，未在小河口组层型剖面中见其踪影。因此，我们暂将小河口组之年代地层定为卡尼阶(Canian)—诺利阶。

此外，在区域构造—岩浆活动演化历史中，出现一期 210 Ma 左右的岩浆侵入活动，反映了晚印支弱造山运动的存在，亦间接地证明上述晚三叠世各组岩石地层、年代地层单位的顶界可能均未进入瑞替阶(Rhaetian)。

第十章
侏罗纪—白垩纪

吉林省侏罗纪—白垩纪地层区划及地层序列见图 1-2、表 1-2，侏罗纪—白垩纪本书记述岩石地层单位有 4 个群、39 个组级单位。

第一节 岩石地层单位

红旗组 J_1h (01-22-0128)

【创名及原始定义】 吉林省煤田 217 队 1960 年① 创名，创名地点在洮南县万宝镇红旗煤矿。原指碎屑岩为主的含煤地层，从上到下划分为含煤段和底砾岩段。上段为粉砂岩、中粗粒砂岩、泥岩、砂岩及可采煤层，含植物化石；下段以砂岩、砾岩为主。不整合在侏罗系下火山岩组之上，其上被白垩系酸性火山碎屑岩不整合覆盖。时代中侏罗世。未指定层型。

【沿革】 1960 年煤田 217 队创建红旗组时其含义包括了跨时的(J_1、J_2)两套煤系地层，其后由于研究程度的提高，根据年代属性将原红旗组下部的煤系地层定义为红旗组(见表 10-1)。本书考虑到与上覆岩层的接触关系，采用了后者含义。

【现在定义】 指万宝组之下的一套含煤岩系。下部以灰白色砾岩夹薄层砂岩为主，上部以砂岩、粉砂岩、泥岩及数层煤层组成。产植物化石。不整合在古生代变质火山岩、砂板岩之上，与上覆万宝组砾岩平行不整合接触。

【层型】 选层型为吉林省洮南县万宝镇红旗煤矿 59-13、59-5 号孔剖面(121°45′30″，45°45′45″)，吉林煤田 217 队，1960，《万宝煤田红旗探区精查地质报告》。

上覆地层：**万宝组** 黄褐色砾岩

——————— 平行不整合 ———————

红旗组 总厚度 538.55 m

11. (55—53) 黑色粉砂岩夹泥岩及煤层 (0.35 m) 17.65 m

① 吉林省煤田 217 队，1960，万宝煤田红旗勘探区精查地质报告（油印本）。

表 10-1　红旗组、万宝组、巨宝组划分沿革表

<table>
<tr><td colspan="3">煤田 102 队</td><td colspan="3">煤田 217 队</td><td colspan="3">长春地院白城地质队</td><td colspan="3">吉林区测队 1∶5 万洮南西部普查</td><td colspan="2">吉林煤田 203 队</td><td colspan="3">吉林煤田公司煤炭资源图册说明书</td><td colspan="2">吉林省地层表编写组</td><td colspan="2">吉林区调队 1∶20 万突泉幅</td><td colspan="2">本　书</td></tr>
<tr><td colspan="3">1959</td><td colspan="3">1960</td><td colspan="3">1961</td><td colspan="3">1963</td><td colspan="2">1968</td><td colspan="3">1975</td><td colspan="2">1975</td><td colspan="2">1977</td><td colspan="2"></td></tr>
<tr><td colspan="3">于真（万宝矿）</td><td colspan="3">红旗矿</td><td colspan="3">洮南西部</td><td colspan="3">洮南西部</td><td colspan="2">团结矿</td><td colspan="3">万红煤田</td><td colspan="2">洮南西部</td><td colspan="2">洮南西部</td><td colspan="2">洮　南</td></tr>
<tr><td rowspan="2"></td><td rowspan="2"></td><td rowspan="2"></td><td colspan="3" rowspan="2"></td><td rowspan="6">J_1</td><td rowspan="2">瓦盆窑群</td><td rowspan="2">丁家店组</td><td rowspan="6">J_1</td><td rowspan="6">万宝群</td><td rowspan="2">丁家店组</td><td rowspan="2">J_3^1</td><td rowspan="2">巨宝组</td><td rowspan="4">J_2</td><td rowspan="4">万宝组</td><td rowspan="2">酸性凝灰岩段</td><td rowspan="2"></td><td>呼日格组</td><td rowspan="4">J_2</td><td rowspan="2">呼日格组</td><td rowspan="4">J_2</td><td rowspan="2">巨宝组</td></tr>
<tr><td>巨宝组</td></tr>
<tr><td rowspan="4">J_2</td><td rowspan="4">二龙索口层</td><td rowspan="2">上部砾岩层</td><td rowspan="4">J_2</td><td rowspan="4">万红群</td><td rowspan="4">红旗组</td><td rowspan="4">万宝群</td><td rowspan="2">碱土组</td><td rowspan="4">煤窑组</td><td rowspan="4">J_2</td><td rowspan="2">万宝组</td><td>含煤段</td><td rowspan="2">J_2</td><td rowspan="2">万宝组</td><td rowspan="2">万宝组</td><td rowspan="2">万宝组</td></tr>
<tr><td>砾岩段</td></tr>
<tr><td>含煤层</td><td>煤窑组</td><td rowspan="2">红旗组</td><td rowspan="2">J_1</td><td rowspan="2">红旗组</td><td>含煤段</td><td rowspan="2">J_1</td><td rowspan="2">红旗组</td><td rowspan="2">J_1</td><td rowspan="2">红旗组</td><td rowspan="2">J_1</td><td rowspan="2">红旗组</td></tr>
<tr><td>底砾岩层</td><td>兴仁组</td><td>砾岩段</td></tr>
</table>

10.（52—51）灰黑色泥岩夹薄层碳质泥岩和细砂岩　23.90 m

9.（50）黑灰色、绿灰色砾岩夹薄层灰黑色泥岩、粉砂岩、粗砂岩　12.80 m

8.（49—42）深灰—灰黑色泥岩、粉砂岩夹粗砂岩、砾岩及煤线　36.60 m

7.（41—32）黑灰色细砂岩、泥岩、粉砂岩互层夹 2 层薄煤，底部有含砾砂岩　51.34 m

6.（31—27）下部灰黑色粉砂岩夹泥岩，上部为泥岩夹粉砂岩　73.60 m

5.（26—24）灰黑色粗砂岩、中砂岩夹细砂岩、粉砂岩及煤线　61.00 m

4.（23—15）暗灰色粉砂岩、细砂岩夹 5 层薄煤层及煤线　137.10 m

═══════ 断　层 ═══════

3.（14—8）下部为灰色粉砂岩夹细砂岩煤层（0.46 m），上部为粉砂岩、碳质泥岩　17.46 m

2.（7—2）灰色、灰黑色粉砂岩、细砂岩互层　37.60 m

1.（1）灰白色砾岩夹薄层灰黑色细砂岩、中砂岩　69.50 m

~~~~~~~ 角度不整合 ~~~~~~~

下伏地层：二叠系　凝灰岩

【地质特征及区域变化】　红旗组主要由河流相、河漫滩及湖相碎屑堆积的含煤岩系组成，产植物化石，分布于万宝盆地红旗矿—碱土一带。其地下岩性组合见层型，地表根据碱土剖面和红旗二井剖面，红旗组岩性为砾岩、砂岩、粉砂岩组成。其上被万宝组砾岩平行不整合覆盖。时代为早侏罗世。

万宝组　J_2w　（01-22-0129）

【创名及原始定义】　原称万宝群，由长春地质学院白城地质队（以下简称长春地院白城地质队）1961 年① 创名于洮南县万宝镇。创名时未指定层型。万宝群指煤系和火山岩，进一

① 长春地质学院白城地质队，1961，白城西部地区地层（手稿）。
~~~~~~~

步划分为兴仁组、煤窑组和碱土组。

【沿革】 1968 年吉林煤田 203 队将万宝群解体为红旗组和万宝组。详见表 10-1。

【现在定义】 位于红旗组之上、巨宝组之下的一套含煤岩系。下部为砾岩夹砂岩；上部由碳质泥岩、粉砂岩、砂岩夹薄煤层和凝灰岩层组成，产植物化石。区域上以厚层砾岩夹凝灰岩为界，与下伏红旗组平行不整合接触；顶与上覆巨宝组为整合接触。

【层型】 选层型为吉林省洮南县万宝镇 6、7 钻孔剖面(121°51′30″,45°46′20″)，吉林煤田 217 队，1960，《1960 年万宝煤田红旗勘探区精查地质报告》。

上覆地层：巨宝组 灰白色凝灰岩

——————— 整 合 ———————

万宝组	总厚度 668.78 m
12. (47—45) 浅灰色凝灰岩、粉砂岩夹粗砂岩	14.90 m
11. (44—41) 灰黑色粉砂岩、泥岩互层夹一层煤	77.40 m
10. (40) 灰黑色角砾岩	4.00 m
9. (39—37) 灰色凝灰质砂岩、细砂岩夹粉砂岩	14.70 m
8. (36) 灰黑色凝灰角砾岩	2.30 m
7. (35—31) 灰、灰黑色细砂岩、粉砂岩、泥岩夹一层煤(0.59 m)	26.69 m
6. (30—27) 灰白、灰黑色角砾岩、砂岩互层	40.80 m
5. (26—24) 灰白色中砂岩夹粗砂岩	17.20 m
4. (23—18) 灰色、灰黑色砂岩、泥岩互层，下部产 *Ginkgoites* sp.	196.79 m
3. (17—13) 灰白、深灰色砂岩、粉砂岩互层	37.20 m
2. (12—8) 灰、灰白色砾岩、砂岩互层	41.50 m
1. (7—1) 灰色、灰绿色砾岩夹凝灰岩。(未见底)	195.30 m

【地质特征及区域变化】 万宝组岩石组合为一套河流-湖沼相碎屑岩沉积，含植物化石。分布在万宝盆地团结、大有屯、杜胜、黑顶山等地。下部砾岩层分布较稳定，但各地沉积厚度不一。万宝镇一带厚度小于 100 m，大有屯一带厚 420 m，黑顶山一带厚 300 m 以上。上部的岩性变化较大，并出现较多的火山碎屑岩夹层。主要煤层 3～5 层。与下伏红旗组呈平行不整合接触。在白城盆地大榆家窝棚、仇家屯、魏家窝棚、后义合昌、西五家户等地，BM7 、BM9、BM14 号等钻孔控制了万宝组。大榆家窝棚一带，下部以灰黑色砾岩为主夹细碎屑岩及煤层；上部以灰白色砾岩为主夹砂岩、凝灰岩。仇家屯一带，上部出现大量黑色泥岩夹煤线或薄煤层，沉积厚度为 326 m。魏家窝棚一带，下部砾岩减少，上部细碎屑岩中产少量植物化石。仇家屯一带，下部砾岩的砾石大多数是来自下伏二叠纪林西组黑色板岩，此外尚有各种变质火山岩，在接触处有一古风化壳，为不整合接触。时代为中侏罗世。

巨宝组 J_2j (01-22-0130)

【创名及原始定义】 吉林煤田 203 队 1967 年①于吉林省洮南县万宝镇巨宝屯一带创名。按其岩性划分为三段。下段硅化凝灰岩及凝灰质岩段；中段凝灰质砂砾岩段；上段中酸性凝灰岩段。与上覆付家洼子组、下伏万宝组均呈整合接触，时代晚侏罗世。

① 吉林煤田 203 队，1967，1967 年万红区找矿地质报告（油印本）（下同）。

【沿革】 长春地院白城地质队(1961)将位于煤系地层(万宝群)之上的中酸性火山岩系统称为“瓦盆窑群”，下分丁家店组和新立屯组，时代归白垩纪。吉林煤田203队(1967)利用铁庄—巨宝屯剖面创建巨宝组(酸性火山碎屑岩为主)，其上部以中性火山碎屑岩为主的地层，则称付家洼子组，时代晚侏罗世。吉林区调队(1973—1974)在1∶20万哈达营子幅曾将万宝组之上的一套酸性火山碎屑岩为主的地层命名为呼日格组，并指出二者为角度不整合接触，时代中侏罗世。吉林地层表编写组(1975)将巨宝组和呼日格组作为上下关系处理。同年吉林省煤田勘探公司在万红盆地综合柱状图上将巨宝组下部凝灰岩归入万宝组的上部，称酸性凝灰岩段，时代中侏罗世。吉林区调队(1977)在1∶20万突泉县幅根据新发屯—德富屯剖面，将这套以酸性火山岩为主的地层与呼日格组相对比。本次对比研究将万宝组之上的一套酸性火山碎屑岩夹凝灰质砂岩层，仍保留吉林煤田203队命名的巨宝组。

【现在定义】 位于万宝组之上、付家洼子组之下的一套酸性火山碎屑岩系，下部和上部以灰白、黄褐色凝灰岩、玻屑晶屑凝灰岩为主，中部为凝灰质砂岩、砾岩组成。底界以厚层状灰白色凝灰岩与万宝组分界，其顶界以付家洼子组杂色凝灰质砾岩出现分界，均呈整合接触。

【层型】 正层型为吉林省洮南县万宝镇西铁庄剖面(121°43′，45°47′45″)，吉林煤田203队，1967，《1967年万红区找矿地质报告》。

上覆地层：**付家洼子组** 杂色凝灰质砾岩

——————— 整 合 ———————

巨宝组	总厚度 314.6 m
12. 灰白色晶屑岩屑凝灰岩	15.0 m
11. 浅紫色凝灰质粗砂岩，中厚层状有韵律构造	4.6 m
10. 灰白色晶屑凝灰岩	7.7 m
9. 灰白色晶屑凝灰岩，具水平层理	23.3 m
8. 灰绿色凝灰质粗砂岩	12.7 m
7. 黄绿色含砾粗砂岩，厚层状	18.5 m
6. 黄绿色含角砾凝灰质粗砂岩	32.2 m
5. 灰白色凝灰质粗砂岩	12.7 m
4. 灰白色晶屑岩屑凝灰岩	36.5 m
3. 灰白色凝灰质粗砂岩	11.7 m
2. 灰白色凝灰质细砂岩	42.0 m
1. 灰白色硅质凝灰岩夹薄层白色凝灰岩。(未见底)	97.7 m

【地质特征及区域变化】 巨宝组由爆发相的空落堆积及间歇期的火山沉积物组成。分布在万宝盆地的铁庄—新发—德富屯一带，团结煤矿一带也有出露。该组岩性变化较大，沉积厚度不一，铁庄厚300 m，德富屯一带1 425 m，铁庄一带底部凝灰岩较厚，而在德富屯一带则相变成凝灰质砂岩夹薄层凝灰岩。多处可见付家洼子组紫色砂、砾岩整合覆于本组之上。时代为中侏罗世。

付家洼子组 $J_{2-3}f$ (01-22-0131)

【创名及原始定义】 吉林煤田203队1967年于吉林省洮南县万宝镇付家洼子一带所创建。指紫色中性火山岩及火山碎屑岩组成的一套地层。下部以凝灰质中细砂岩为主，称凝灰质砂砾岩段;中部为凝灰岩,水平层理发育,称晶屑凝灰岩段;上部为紫、紫灰色安山岩、安山质凝灰岩,称安山岩段。与上覆桂林组呈不整合接触,与下伏巨宝组呈整合接触。时代为晚侏罗世。

【沿革】 长春地院白城地质队(1961)将相当本组和上部地层划归丁家店组。吉林煤田203队(1967)将丁家店组解体,其下部酸性火山碎屑岩称巨宝组,上部紫色中性火山岩称付家洼子组。吉林煤田勘探公司(1973—1974)又改称"兴仁组",时代置于晚侏罗世。吉林省地层表编写组(1975)则称付家洼子组,其含义:上部为灰绿、灰紫色安山岩及其火山碎屑岩,局部发育安山玄武岩;下部以紫色为主夹灰绿色含凝灰质碎屑沉积岩,与下伏呼日格组整合接触。1976年"东北地区地层表审查鉴定会议"的决议中,将付家洼子组又分为两个地层单元,原上部中性火山岩段称兴仁组,时代为晚侏罗世;下部紫红色碎屑岩段叫做付家洼子组,时代中侏罗世,二者为整合接触。吉林区调队(1977)在1:20万突泉县幅又将兴仁组、付家洼子组合并,称付家洼子组,并认为下部紫色火山碎屑沉积岩分布不稳定,与上部紫色安山岩呈相变过渡关系。本次对比研究认为,1967年吉林煤田203队创建的付家洼子组含义符合岩石地层单位划分原则,故从之。

【现在定义】 指巨宝组之上、白音高老组之下的一套火山岩系。下部以紫色凝灰质砂、砾岩为主;上部由中性熔岩和凝灰质砂岩组成。其底界以凝灰质砾岩与巨宝组凝灰岩分界,上部被白音高老组凝灰质砂岩所覆盖,均呈整合接触。

【层型】 正层型为吉林省洮南县万宝镇付家洼子剖面(121°47′30″,45°47′),吉林煤田203队,1967,《1967年万红区找矿地质报告》。

付家洼子组	总厚度 731.5 m
33. 灰色、紫灰色凝灰质细砂岩含少量灰绿色凝灰岩。(未见顶)	13.4 m
32. 紫灰色凝灰质细砂岩夹紫灰色凝灰质中砂岩	56.0 m
31. 表土掩盖,见红色凝灰质砂岩碎块	29.0 m
30. 紫灰色、紫红色安山质凝灰岩,含灰黑色凝灰岩碎屑	46.7 m
29. 灰白色凝灰角砾岩	24.7 m
28. 表土掩盖	40.0 m
27. 青灰色、灰绿色凝灰质砂岩	16.5 m
26. 表土掩盖	25.0 m
25. 浅黄色、青灰色块状安山质凝灰岩	6.1 m
24. 紫灰色厚层状安山质角砾凝灰岩	27.6 m
23. 浅黄绿色凝灰质细砂岩,具水平层理	21.9 m
22. 紫灰色凝灰质细砂岩	14.7 m
21. 紫灰色含砾凝灰质粗砂岩	7.7 m
20. 深灰色略带紫灰色凝灰质细砂岩	20.1 m
19. 表土掩盖	6.0 m
18. 灰绿色晶屑熔凝灰岩	99.3 m
17. 深灰色含砾凝灰质粗砂岩	20.8 m
16. 紫灰色凝灰角砾岩	5.8 m
15. 深灰色、紫灰色凝灰质细砂岩	3.7 m
14. 紫灰色块状凝灰角砾岩	25.2 m
13. 紫灰色凝灰质中砂岩夹紫灰色凝灰质细砂岩	3.7 m
12. 紫色凝灰质砾岩	12.8 m

11.	紫灰色、灰黑色凝灰质细砂岩	65.0 m
10.	表土掩盖	50.0 m
9.	紫灰色凝灰质砾岩	48.6 m
8.	灰紫色致密块状凝灰质细砂岩	3.8 m
7.	黄色凝灰质砂岩	7.8 m
6.	黄灰色岩屑、晶屑凝灰质熔岩，具气孔构造	3.4 m
5.	灰紫色凝灰质细砂岩，局部含砾	6.0 m
4.	紫色砾岩	4.0 m
3.	黄绿色凝灰质中砂岩	3.7 m
2.	紫色含砾粗砂岩	5.5 m
1.	紫色凝灰质细砂岩	7.0 m

——————— 整　合 ———————

下伏地层：巨宝组　灰白色凝灰岩

【地质特征及区域变化】　付家洼子组以其紫色的火山碎屑岩及火山沉积碎屑岩为其特征。主要分布在万宝盆地德富屯、付家洼子和团结煤矿一带。付家洼子一带以火山沉积碎屑岩为主，厚度大。德富屯一带火山沉积碎屑岩主要在下部，沉积厚度 240 m。团结煤矿一带以紫色页岩为主夹少量杂色砾岩，厚度约 60～180 m（徐新斋 1958 年称为大北甸子层）。这套火山岩系向西进入突泉县中性火山碎屑岩相对减少，出现大量熔岩，构成爆发亚相、溢流亚相组成的旋回层，同时出现流纹岩。本组在白城盆地见于平安镇、白城市、新立屯、保安屯、开荒户、西五家户等地，据钻孔资料，出现大量中基性火山熔岩类，并构成两个火山喷发旋回，火山间歇期有凝灰质砾岩，厚度 693 m。

白音高老组　J_3K_1b　（01－22－0133）

【创名及原始定义】　辽宁第二区测队 1974 年创名，创名地点在内蒙古赤峰市巴林左旗哈达英格乡白音高老。其含义指上部为酸性熔岩、凝灰岩、英安质熔结凝灰岩，下部为凝灰质砂、砾岩、细砂岩夹粉砂质页岩及少量酸性凝灰岩、熔岩等。产叶肢介化石及大量植物碎片。整合在玛尼吐组中性火山岩之上。

【沿革】　1961 年长春地院白城地质队，将这套地层命名为“新立屯组”，时代为中晚侏罗世。1963 年吉林区调队于洮南西部开展 1∶5 万区域地质测量时，亦采用“新立屯组”一名，时代置侏罗-白垩纪。1967 年吉林煤田 203 队在团结煤矿一带，以团结—桂林剖面为准创建“桂林组”，时代置晚侏罗世。1973—1974 年吉林煤田勘探公司在《吉林省大兴安岭东部侏罗纪地层》一文中又以任家沟组一名代替桂林组。1975—1977 年吉林区调队在 1∶20 万突泉县幅用宝石剖面建宝石组。1993 年 12 月“全国地层清理东北大区办公室”决定用内蒙古白音高老组代表该小区原宝石组。本书从之。同物异名有桂林组、任家沟组。按命名优先原则，桂林组在先，本应该用桂林组一名，但是考虑到“桂林”一名与南方著名的旅游圣地桂林相同，因此采用白音高老组一名。

【现在定义】　指整合在玛尼吐组之上，被梅勒图组不整合覆盖的杂色酸性火山碎屑岩、酸性熔岩、酸性熔结凝灰岩夹中酸性火山碎屑岩、沉积岩及安山岩。在吉林省指整合于付家洼子组之上的一套酸性熔岩及火山碎屑岩及间火山期的含煤正常沉积岩系。产鱼、昆虫及叶肢介等多门类化石。

【层型】 正层型在内蒙古自治区。省内次层型为吉林省洮南县万宝镇桂林剖面(121°57′，45°52′30″)，吉林煤田 203 队，1967，《1967 年万红区找矿地质报告》。

上覆：松散砂砾层

白音高老组	总厚度 270.0 m
21. 黄绿色厚层状凝灰质砾岩。(未见顶)	1.0 m
20. 灰绿色凝灰质粗砂岩	5.8 m
19. 青灰色岩屑、晶屑凝灰岩，下部夹凝灰砾岩	22.3 m
18. 灰绿色凝灰质粗砂岩	1.5 m
17. 绿黄色厚层状凝灰质砾岩	18.7 m
16. 灰绿色凝灰质砂岩与紫色凝灰质粗砂岩互层	19.3 m
15. 灰绿色凝灰质砾岩	14.9 m
14. 黄色块状凝灰岩，含少量粉红色长石、石英晶屑	26.1 m
13. 灰黄色凝灰质砾岩	7.9 m
12. 土黄色厚层板状凝灰岩	7.2 m
11. 灰褐色—黄褐色硅化凝灰岩	2.4 m
10. 淡绿色、青灰色及少量白色厚板状凝灰岩，含长石晶屑	6.6 m
9. 土黄色凝灰质砂岩	10.0 m
8. 灰褐色晶屑凝灰岩	10.1 m
7. 土黄色凝灰质砂岩	22.3 m
6. 黄色砂岩与硅化凝灰岩互层	16.8 m
5. 表土掩盖	7.5 m
4. 灰黑色硅化凝灰岩与灰黄色凝灰质砂岩互层	12.3 m
3. 黄色凝灰质砂岩	10.1 m
2. 表土掩盖	17.0 m
1. 黄色厚层状凝灰质砂岩	30.2 m

~~~~~~~~~~ 不整合 ~~~~~~~~~~

下伏地层：林西组 砂板岩

剖面附近(相当于中部层位)产叶肢介化石：*Nestoria* cf. *reticulata*，*N.* cf. *krasinetzi*，桂林东北沟采到：*Ephemeropsis trisetalis*，*Nestoria* sp.，*Pseudograpta* sp.，狼洞山发现：*Nestoria pissovi*，*N. asiatica*。

【地质特征及区域变化】 白音高老组由浅色火山碎屑沉积岩和火山碎屑岩互层组成。水平纹层发育，产少量叶肢介、昆虫等化石。沉积厚度 343 m 以上。

该组在万宝盆地分布于新发屯、团结煤矿、桂林一带。从东向西火山岩由多变少，厚度由大变小。本组在白城盆地(据钻孔资料)见于康家窝棚、白塔村、开荒户、王家唐坊等地下深部。康家窝棚—白塔村一带以酸性火山熔岩及火山碎屑岩为主，沉积厚度变化大。开荒户—王家唐坊一带基本以火山碎屑沉积岩为主向正常沉积岩过渡。整个盆地从西向东火山活动从强到弱，并在间火山活动期出现湖沼相含煤地层，以正常沉积岩为主。吉林煤田 203 队(1968)称这套地层为大磨拐图河组砂岩段，控制厚度大于 356 m。并于 BM15 孔 777—801 m 处采到 *Lycoptera* sp.，*Ephemeropsis trisetalis*，*Eosestheria* sp.。在 XM1 孔 350 m 处采到 *Diestheria* sp. 等。吉林地层表编写组(1975)曾利用BM15 孔资料创建高平山组，作为江桥-白城地层小区的晚侏罗世地层单位。
~~~~~~~~~~

松花江群　$K_{1-2}S$　（01-22-0161）

【创名及原始定义】　内野敏夫等1937年创名，地点在吉林省榆树市陶赖昭松花江南岸。其含义指一套杂色泥岩层及黑色泥岩层，称松花江统。

【沿革】　羽田重吉(1927)首先将松辽盆地辽宁省昌图县泉头村一带赤褐色砾岩、凝灰质砂岩、页岩称为“泉头层”，同时将吉林省怀德县二龙山一带灰白色为主的砂岩、砂砾岩及泥岩夹少量紫色砾岩称“二龙山层”，时代分别为白垩纪和第三纪。谭锡畴(1929)将黑龙江省嫩江一带的黑色页岩命名为“嫩江页岩层”，时代为早白垩世。小林贞一(1942)将吉林省农安县伏龙泉一带黑色页岩称“伏龙泉层”，并根据生物化石将泉头层、嫩江层、伏龙泉层合称为“松花江系(统)”，时代属中上白垩纪。地质部137队(1955)在“松花江统”中发现了大批软体动物化石，经顾知微鉴定，认为属于老第三纪，且可能有海相沉积夹层。松辽石油普查大队(1956)做了如下分层：从下到上为早白垩纪“二龙山层”、上白垩纪“泉头统”、老第三纪“松花江统”。俟年又重新厘定的层序：“泉头系”、“松花江系”，时代分别为白垩纪、白垩-第三纪。1958年再次划分为a、b、c、d、e、f六大层，进而给各层以层名(即泉头层、青山口层、姚家层、伏龙泉层、四方台层、北安层)，并增加了克山层、依安层。其中白垩纪由a—e层组成，总称为“松花江系”，而f层以上则为第三系。1959年在吉林省怀德县和前郭旗登楼库两地钻探时，在泉头层之下发现两套地层，总称登楼库层(下部地层称怀德层)。白垩纪松花江系下部为泉头层、青山口层、姚家层、伏龙泉层；上部四方台层。同时废北安层及克山层。松辽石油普查队四队(1959)认为北安层、克山层有可能属于伏龙泉层和四方台层一部分，同时对黑龙江省明水地区一套绿色砂岩与黑色泥岩命名为明水组。全国地层委员会(1962)将松辽石油普查队划分的层均改成组。其层序是：泉头群(登楼库组、纪家岭组、青山口组、姚家组)，时代早白垩世；松花江群(嫩江组或称伏龙泉组、四方台组)时代为晚白垩世。吉林省地层表编写组(1975)将松辽分区划分三个地层小区，利用松辽石油普查大队钻孔资料对以上松花江群、泉头群做系统划分。中国地质科学院(1979)将松辽盆地中生代地层称为松花江群，时代白垩纪。1980年以来吉林省石油部门在盆地内，根据地震地层资料又分别创建了十屋组(1991)、安达组(1988)等。目前在松辽盆地还没有足以改变原划分方案的资料依据，因此，本书仍保留原划分方案，划分七个组级岩石地层单位。

【现在定义】　指松辽盆地整个白垩纪地层，自下而上划分为登楼库组、泉头组、青山口组、姚家组、嫩江组、四方台组、明水组。

【地质特征及区域变化】　松花江群分布于整个松辽盆地。沉积特征以陆相碎屑岩为主，从下到上可划分七个旋回。下部登楼库组为盆地拉张初形成的粗碎屑沉积，起到填平补齐的作用。中部的泉头组、青山口组、姚家组、嫩江组为坳陷发育阶段，属于河流和湖泊相粗—细碎屑及含油气沉积。上部四方台组、明水组为盆地上升阶段，湖盆由东向西迁移过程中形成的河流和湖相沉积。登楼库组、泉头组在吉林省内主要分布在农安、德惠县以东及张广才岭-南楼山地层分区的西部边缘；青山口组、姚家组、嫩江组集中分布在盆地的中部，尤其是长岭、前郭旗一带；四方台组、明水组则分布于白城—洮南以东一带。松花江群下部和上部生物不太发育，中部属于生物大发展时期。详细地质特征及区域变化在各组论述。

登楼库组　K_1d　（01-22-0116）

【创名及原始定义】　松辽石油普查大队1959年① 创名，创名地点在吉林省前郭尔罗斯

① 松辽石油普查大队，1959，松辽石油勘探局1959年地质年报（未刊）。

蒙古族自治县吉拉叶乡登楼库松基二井。其含义为由棕黑色、灰黑色、紫色、青灰色粉砂质泥岩、粉砂岩、细砂岩组成的一套地层，厚度大于 440 m，与上覆泉头组呈连续过渡，时代为晚侏罗世或白垩纪。

【沿革】 1965 年以前的划分沿革前已述及(松花江群)。登楼库组正层型剖面为松基二井。吉林省地层表编写组(1975)因松基二井钻孔编录比较粗糙，改以“扶 101 井”作为该组代表性剖面，并引用了舒兰县溪河乡汪屯地表剖面做辅助剖面。裘松余(1988)对“扶 101 井”作为登楼库组的代表剖面提出了异义，建议利用松基六井原登一、二、三段新建安达组，废登楼库组。1991 年裘利用 SN10 钻孔(公主岭市十屋北偏西约 9 公里处)及地震地层资料又建十屋组(不同于登楼库组)，时代相当于营城组。1994 年 8 月，本书评审意见中提出应采用二龙山组一名。二龙山组虽然创名时间早(1927)，但创名地点不在松辽盆地内，所以本书仍沿用松辽石油普查大队的登楼库组，其他所建组为同物异名，包括叶赫组、放马岭组、英华村组、溪河组、二龙山组等。

【现在定义】 在盆地深部是以灰黑、深灰色夹紫色为主的泥岩、砂岩、砾岩组成的一套地层。盆地东南缘本组相变为河流相粗碎屑岩，以砂岩、含砾砂岩、砾岩为主，夹少量泥岩。产植物化石。不整合在不同时代老地层之上，与上覆泉头组呈整合接触。

【层型】 次层型为吉林省扶余县永平乡扶 101 井钻孔剖面(125°2′20″,45°5′20″)，松辽石油勘探局第四勘探处，1963，《1963 年扶余 1 号构造 101 井报告》。

上覆地层：泉头组 紫色泥岩

——————— 整 合 ———————

登楼库组	总厚度 554.1 m
6. 暗紫、暗紫红及灰黑色泥岩、砂质泥岩与浅灰绿色厚层粉、细砂岩组成相等幅度的旋回层，泥岩中普遍含石膏团块及包体，砂岩中见泥砾和方解石脉	66.0 m
5. 灰紫、红、灰黑色砂质泥岩，泥岩与灰白、浅灰、绿色薄层粉、细砂岩互层，见方解石脉	90.0 m
4. 上部为灰紫色砂质泥岩、泥岩夹浅灰绿色砂岩，中部呈大旋回层，下部为互层，见石膏团块，砂岩中具泥砾，方解石脉	106.0 m
3. 中上部为灰紫色泥岩、砂质泥岩与深灰、灰白、浅绿色粉、细砂岩呈旋回层，下部砂岩夹泥岩，含石膏团块	123.0 m
2. 深灰、灰带紫色粉、细砂岩与黑紫色泥岩、砂质泥岩组成两个反旋回，见方解石脉	75.0 m
1. 灰带紫色砂岩，见紫色泥岩、砂质泥岩呈不等厚互层，含石膏团块。(未见底)	94.1 m

地表剖面(次层型)为吉林省舒兰市溪河乡汪屯剖面(126°36′,44°19′30″)，吉林区调队，1988，《1∶20 万舒兰县幅区调报告》。

【地质特征及区域变化】 登楼库组主要分布于松辽盆地内部，在前郭旗—双坨子一带，据四口钻井资料，本组最小埋藏深度 1 617.5 m，揭露厚度不小于 228～554 m；其次在第二松花江两岸，即九台县舍岭、舒兰—榆树之间的红旗河屯一带呈 NE 向分布，岩性以黄褐色、灰色砂岩、含砾砂岩为主，厚度 1 000～1 500 m，并产少量植物化石(溪河组，吉林煤田勘探公司，1973)；怀德—公主岭一带以绿灰、灰黑色粉砂质泥岩、凝灰质长石砂岩、砾岩为主，夹有灰紫色砂岩和泥岩，产介形虫、叶肢介，厚度大于 300 m(怀德层，地质部石油二普，1959)；另外在松辽盆地的邻区伊舒盆地二龙山、叶赫一带，由灰白色砂岩、砾岩、粉砂岩组成(二龙山层，羽田重吉，1927；叶赫组，辽宁区测队，1971）；在辽源盆地北部长安组之上是一套灰白色砾岩、砂岩组成的地层，产 *Acanthopteris gothani*，*Ginkgo* sp.（太平川组，长春地院区测队，1960；英华村组，吉林区调队，1978）；在双阳盆地金家屯组之上也有以灰白色砂岩、粉砂岩为主夹有砾岩的地层（放马岭组，吉林煤田 112 队，1974）。以上曾命名为不同名称的岩石组成与层位大体相同。下伏地层为晚中生代煤系，相当营城组的火山岩；上覆地层均系泉头组红层，因此统一命名为层型区的单位名称，即登楼库组。

泉头组　K_1qt　（01－22－0117）

【创名及原始定义】　羽田重吉 1927 年创名，原称泉头层，创名地点在辽宁省昌图县泉头村。指泉头村一带由赤褐、紫等色砾岩、凝灰质砂岩、页岩和底砾岩组成。时代为白垩纪。

【沿革】　1941 年森田义人将长春一带这套地层称为“长春赤色层群”，同年坂口重雄改称为泉头统（系）。1958—1959 年松辽石油普查大队将泉头层归入松花江系。1962 年全国地层委员会曾改用纪家岭组，将泉头层升群，时代为早白垩世。1975 年吉林地层表编写组选用“探五井”、松基二井、扶 101 井为复合层型作为泉头组的代表剖面。

【现在定义】　指不整合于阜新组及其他较老地层之上的以紫色页岩、粉砂岩为主，夹紫、黄、灰绿、灰等杂色砂岩、含砾砂岩、砾岩及砂质灰岩等。区内未见上覆地层。在吉林省指登楼库组之上、青山口组之下以杂色泥岩、砂质泥岩、砂岩、砾岩等组成的一套地层。盆地边缘碎屑颗粒变粗，产少量动物化石。不整合在老地层之上，个别地区整合于登楼库组之上，上覆地层为青山口组，两者整合接触。

【层型】　正层型在辽宁省。省内次层型为前郭旗前进乡坨 1 井钻孔剖面（124°16′，44°26′），松辽石油勘探局第四勘探处，1963 年双坨构造钻井资料。

上覆地层：**青山口组**　灰黑色泥岩

——————　整　合　——————

泉头组	总厚度 1 019.5 m
18. 浅灰带绿色细砂岩夹暗棕红色泥岩，顶部为灰绿色砂质页岩，含黄铁矿晶体，具微斜层理	35.0 m
17. 暗棕红色泥岩夹浅灰色细砂岩	28.5 m
16. 浅灰带绿色细砂岩夹暗棕红色泥岩	26.0 m
15. 上部浅灰微带绿色细砂岩、暗棕红色泥岩、紫灰色泥质粉砂岩；下部为暗棕红色泥岩	51.0 m
14. 浅灰色粉、细砂岩夹暗棕红色泥岩、砂质泥岩	76.0 m
13. 暗棕红色泥岩，中部夹薄层粉砂岩、泥质粉砂岩	58.5 m
12. 浅灰色粉、细砂岩夹暗棕红色泥岩	72.5 m
11. 浅灰色粉砂岩及暗棕红色砂质泥岩，组成四个正旋回	113.0 m
10. 紫红色泥岩夹薄层浅灰色粉、细砂岩及暗棕红色泥质粉砂岩	99.5 m
9. 浅灰色细砂岩、粉砂岩夹紫色泥岩	18.0 m
8. 紫红色泥岩夹浅灰色粉、细砂岩	94.0 m
7. 浅灰色粉、细砂岩夹紫红色砂质泥岩	38.5 m
6. 暗棕红色泥岩夹薄层浅灰绿色粉砂岩、紫灰色泥质粉砂岩	71.0 m
5. 灰色粉砂岩及暗棕红色泥岩、泥质粉砂岩互层	72.5 m
4. 暗棕红色砂质泥岩，向下砂质含量减少	38.5 m

3. 暗紫红色泥质粉砂岩与暗棕红色泥质粉砂岩互层，夹灰色粉、细砂岩　43.5 m

2. 暗紫红色砂质泥岩夹棕红色泥质粉砂岩，灰色粉、细砂岩　64.5 m

1. 灰色含砾粉—粗砂岩、暗棕红色砂质泥岩　19.0 m

———————— 整　合 ————————

下伏地层：**登楼库组**　浅灰色砂岩及砾岩

【地质特征及区域变化】　泉头组在松辽盆地分布较广。长岭一带控制厚度较大，坨1井剖面主要岩性为浅灰带绿色细砂岩、暗棕红色泥岩、粉砂质泥岩互层，构成四个旋回层，厚度1 080.5 m，与下伏登楼库组呈整合接触。德惠县大山咀子一带露头剖面由砖红色、紫色、灰紫色砂质砾岩、含砾粗砂岩夹砂岩、粉砂岩等组成。其中有斜层理、底冲刷面和滑塌构造，厚度610 m，不整合在三叠系之上。白城地区镇赉黑鱼泡、套保以东地区泉头组只发育下部层位，岩性为棕红色泥岩、粉砂质泥岩及少量砾岩，在纵向上自下而上由粗变细，横向上由东向西粗碎屑物增多，斜层理、交错层理发育，反映为湖泊相—河流相过渡，沉积厚度一般约60 m，不整合在老地层之上。农安地区泉头组发育，以紫色砂岩、粉砂岩为主，厚度大于2 198.5 m(松基二井)，一般在700～800 m之间。泉头组在青山口、登楼库南、怀德县顾家店、杨大成子一带由棕红、灰绿色泥岩、粉砂质泥岩和灰白、浅灰绿色泥质粉砂岩、粉、细砂岩组成旋回层，每个旋回层上部产少量介形虫和双壳类化石。在扶余县城、前郭旗登楼库、农安县青山口、万金塔一带泉头组底部出现砾岩层，并超覆在不同时代老地层之上。

泉头组在松辽沉降盆地东南缘及邻区九台-吉林小区内也有出露。在九台县西营城、苇子沟一带及怀德县尹家油房、公主岭农场、刘房子一带其主要岩性为一套杂色河流相粗碎屑岩。吉林小区二龙山—叶赫一带及双阳盆地，以一套紫红色、灰白色砂岩、粉砂岩及紫红色泥岩为主，夹含砾砂岩、砾岩。底部具有底砾岩，厚度216～886 m。辽源盆地这套红色层，主要为黄色砂砾岩和紫色砂页岩，厚度大于114 m。长春地院区测队(1960)曾命名为太平川组。平岗盆地这套“红色层”是以紫色粉砂岩、粉砂质泥岩为主，厚度大于920 m，不整合在老地层之上(金山村组，吉林煤田公司，1974)。

综合上述，不论盆地内部还是地表出露的泉头组有如下特征：

①基本以正常沉积粗碎屑岩为主，夹细碎屑岩。②产少量动植物化石。③沉积物以杂色为主，一般称红色层。④地表多处可见与老地层角度不整合接触，盆地内部则与登楼库组呈整合过渡。⑤泉头组可能是在气候炎热干燥、氧化条件下形成的河湖相沉积。

青山口组　K_1q　(01-22-0118)

【创名及原始定义】　原称青山口层，松辽石油普查大队1958年①于农安县青山口创建，1962年全国地层委员会介绍，改称“青山口组”。自上而下为：Cr_1b_2层由灰色、青灰色薄层、块状高岭土质泥岩组成，产介形虫，并夹数层含油层。Cr_1b_1层以黑、灰黑色页岩、泥岩为主，夹灰黑色砂质页岩及油页岩。产介形虫，并构成介形虫泥灰岩，还有叶肢介、鱼等。命名时未指定层型。

【沿革】　1959年松辽石油普查大队曾改称青山口组。1962年全国地层委员会正式称青山口组，并归入泉头群，时代为早白垩世。1975年吉林省地层表编写组分别以北12井、大4

① 松辽石油普查大队，1958，1958年松辽平原石油地质普查报告（第Ⅱ部分）。

井、安3井等钻孔资料确定为农安小区、长岭小区、白城小区青山口组代表性剖面。1962—1979年之间，经郝诒纯(1974)对介形虫的研究，张文堂、陈丕基(1964、1976)对叶肢介的研究，高瑞琪、赵传本等(1975、1978、1979)对轮藻的研究，还划分了生物带，厘定了白垩系内部界线。

【现在定义】 指整合于泉头组之上、姚家组之下的一套地层。由灰、青灰、灰黑、黑色泥岩、页岩、砂质泥岩为主，夹数层油页岩组成。产介形虫、叶肢介、鱼化石等。其上下界线均以紫色泥岩出现或消失分界。

【层型】 选层型为大安县西北小地窝棚大4井钻孔剖面(124°9′,45°35′10″)，松辽石油勘探局第四勘探处，1963年大赉构造大4井钻孔完井综合图。

上覆地层：姚家组　紫色泥岩

——————— 整　合 ———————

青山口组	总厚度 614.0 m
8. 深灰绿、黑灰色、深灰色泥岩夹灰绿、灰色砂质泥岩和灰绿色泥质粉砂岩，产介形虫和鱼化石碎片	119.0 m
7. 灰黑、黑灰色泥岩与浅灰、黑灰色砂质泥岩互层夹薄层灰色钙质粉砂岩，产介形虫、鱼化石碎片	25.5 m
6. 黑灰色泥岩夹黑灰、灰色薄层砂质泥岩，产介形虫	42.5 m
5. 灰黑、黑灰色泥岩，夹灰、深灰、黑灰色砂质泥岩、具钙质粉砂岩条带，产介形虫	20.5 m
4. 深灰、黑色、灰黑色泥岩夹深灰、黑灰色薄层砂质泥岩及介形虫层	117.5 m
3. 黑灰、灰黑色泥岩夹灰色薄层砂质泥岩，含介形虫层	62.0 m
2. 灰黑、黑色泥岩，夹砂质泥岩、泥质粉砂岩，产介形虫	127.0 m
1. 深灰、灰黑色泥岩，夹砂质泥岩、泥质粉砂岩	100.0 m

——————— 整　合 ———————

下覆地层：泉头组　紫色泥岩

【地质特征及区域变化】 青山口组在盆地内部由灰黑、深灰色为主的一套泥岩、泥质粉砂岩、砂质泥岩组成，产较丰富的介形类化石和鱼化石碎片，沉积厚度700 m以上。主要为深水湖泊相细碎屑沉积，整合在泉头组之上。

白城地区青山口组边界在白城—双岗—胜利一线，向西逐渐尖灭。最大厚度为200 m。在白城、八面山、昭北等地超覆在侏罗系和老地层之上。主要岩性为灰、灰绿色粉、细砂岩、含砾砂岩及少量细砾岩和棕红色泥岩，产动物化石，反映近岸浅滩湖泊沉积特征。在白城—安广铁路两侧，有向盆地内部舌状延伸的三角洲相砂体。总的沉积物从西向东粒度变细，并出现大量灰黑色泥岩，斜层理发育。在白35井相当本组层位产介形虫 *Ziziphocypris simakovi*，*Sunliavia tumida*，*Lycopterocypris torsuosus*，*Cypridea* sp. 等。长岭地区在两家车站—黑帝庙—伏龙泉以北地区岩性以黑色泥岩夹泥质粉砂岩为主，产丰富的介形虫、叶肢介、鱼化石碎片和植物炭屑，含黄铁矿及菱铁矿结核。南部出现较多碎屑岩，并在中、上部出现较多棕红、灰绿色泥岩。在相当本组平1井中产介形虫 *Cypridea* aff. *tera*，*Lycopterocypris* sp.，*Ziziphocypris simakovi*。农安地区榆树—长春—公主岭以西岩性以棕红色泥岩为主，夹绿、灰色泥岩、粉砂质泥岩、粉砂岩，下部以黑色泥岩、油页岩为主。在怀德、双城堡一带，岩石粒度变粗，以砂岩、砂质泥岩为主，缺少油页岩层。总的沉积特征是从东向西岩石颜色由棕红变灰黑。在纵向上从上到下也具此特征，反映出从氧化环境到还原环境发展过程。沉积厚度一般在300 m

左右。接近长岭地区厚度在500 m以上。产叶肢介、介形虫和鱼化石碎片，为静水浅湖向深水湖相过渡。青山口组地表露头分布在第二松花江北岸榆树县五棵树、农安县青山口、前郭旗登楼库、九台县二道沟、怀德县山根底等地。吉林区调所(1984)描述了分布在怀德县五台子—卡伦水库及山根底一带青山口组，其岩性组合为黄褐色、灰色含砾砂岩，夹泥岩和少量紫红色泥岩。产介形虫和恐龙化石 *Sauropoda* indet.，*Psittacosaurus* sp.。同时在相当本组吉15井产介形虫 *Cypridea* aff. *tera*，*C. ricina*，*Lycopterocypris* sp.，*L. reniformis*，*Ziziphocypris simakovi* 等。在南60井产双壳类 *Plicatounio latiplicatus*，*Nippononaia jilinensis* 等。

姚家组　K_2y　(01-22-0119)

【创名及原始定义】　松辽石油普查大队1958年① 创名，原称姚家层，全国地层委员会(1962)介绍。地点在德惠县姚家车站松花江桥南端。创名时未指定层型。其含义是：分布于姚家车站和整个盆地内的上部层为棕红、砖红色块状泥岩与灰绿色粉砂质泥岩、粉砂岩互层，产介形虫、双壳类化石；下部层为褐红色与灰绿色块状及厚层状泥岩互层。与青山口层呈渐变过渡关系。

【沿革】　1962年全国地层委员会将姚家层改称为“姚家组”，并归入泉头群。同年唐麟尧曾主张将姚家组改称“松花江组”，并划分三段。1963—1965年松辽石油第二普查队将松辽盆地进行了地层区划，即东部安达—扶余—长岭连线以东地区；中部敖包塔—乾安一带；西部大庆以北地区。1975年吉林省地层表编写组以北12井、大4井、白28井，作为吉林省松辽盆地的农安小区、长岭小区的姚家组代表剖面。1984年吉林区调所在怀德县五台子—卡伦水库测到较完整地表剖面。

【现在定义】　指整合于青山口组之上、嫩江组之下的一套湖相沉积细碎屑岩。主要以棕红、砖红、褐红色泥岩与灰绿色泥岩、粉砂岩互层为特点。产介形虫、双壳类等化石。与下伏青山口组以出现杂色泥岩分界，与上覆嫩江组以杂色泥岩消失为界。

【层型】　选层型为扶余市大三井子乡12井钻孔剖面(125°14′,45°10′20″)，地质部第二普查大队，1964年北口井钻孔剖面图。

上覆地层：嫩江组　黑色泥岩

———— 整　合 ————

姚家组	总厚度 208.0 m
6. 灰白色钙质粉砂岩、粉砂岩与灰绿色、青灰色泥岩互层，含碳质及黄铁矿结核，见揉皱，产介形虫	125.0 m
5. 棕红色粉砂质泥岩，底含多量钙质结核，偶有介形虫	17.8 m
4. 灰绿—灰白色钙质粉砂岩、粉砂岩夹紫色泥岩，产叶肢介化石	5.9 m
3. 棕红色局部为灰绿色泥岩、粉砂质泥岩，夹灰白色钙质粉砂岩，具交错层，产介形虫化石	18.5 m
2. 暗紫、棕红色泥岩，具似角砾状结构，产叶肢介、介形虫	28.9 m
1. 紫色、棕红色泥岩、灰白色钙质粉砂岩、灰色泥岩及泥质粉砂岩互层。含黄铁矿晶体，具交错层	11.9 m

———— 整　合 ————

① 文献同青山口组。

下伏地层：**青山口组** 灰绿色粉砂质泥岩

【地质特征及区域变化】 姚家组由紫红、暗紫、棕红色为主的一套泥岩、砂质泥岩及少量粉砂岩组成。沉积厚度变化较大，具斜层理、交错层理，产少量动物化石。地表由棕黄色砂、砾岩夹紫色泥岩、砂质泥岩组成，厚度在320 m以上。姚家组分布较广，农安一带分布在榆树—小南—长春—公主岭之西，个别地区缺失本组。沉积物以棕红、暗紫红色泥岩、粉砂质泥岩为主要特征。在相当本组吉15井产介形虫 *Cypridea* aff. *tera*，*Ziziphocypris simakovi* 等。怀德县五台子—卡伦一带及德惠县大青咀子乡暖泉子一带出露地表，岩性为棕红色泥岩，夹灰绿色粉砂质泥岩、粉砂岩，出露厚度大于5 m，与下伏青山口组整合接触。内野敏夫(1937)将德惠县姚家车站一套红色泥岩层归入松花江统，唐麟尧(1962)则称其为松花江组。

长岭一带姚家组从南向北沉积厚度有增厚趋势，大4井厚度在201 m（一般为80～120 m)。以灰绿、灰黑色泥岩为主，夹粉砂岩及少量棕红色泥岩。在黑帝庙—双坨子一带为棕红、暗紫和灰绿色泥质岩互层，含黄铁矿。具水平、微波状和交错层理。产介形虫、叶肢介化石，反映浅湖相沉积特征。

白城一带姚家组分布的西界约在镇西—向海一带，沉积厚度西薄东厚。如白28井厚度约36.5 m，以灰绿、棕红色泥岩、泥质粉砂岩、粉、细砂岩组成。可见钙质结核、泥砾、交错层理、干裂等现象。产少量介形虫、叶肢介化石。同时在白城—安广—泰来一线有三角洲相的细砾岩、砂岩舌状体。

嫩江组 K_2n (01-22-0120)

【创名及原始定义】 谭锡畴、王恒升1929年创名，地点在黑龙江省嫩江县城附近称嫩江页岩。出露于嫩江县城至柏根里一带灰色、蓝灰色页岩。产甲壳及植物化石。厚约500 m。时代为早白垩世。

【沿革】 1929—1957年划分沿革详见松花江群。1958—1974年之间石油部门多采用伏龙泉组一名。1974年东北大庆会议后，统一采用嫩江组代替伏龙泉组。吉林省地层表编写组(1975)利用北12井、吉15井、大4井、安1井、白28井等作为松辽盆地不同地层小区嫩江组的代表剖面。

【现在定义】 指松辽盆地，整合于姚家组之上、四方台组之下的细碎屑岩组合。以灰黑色泥岩为主，夹灰白、灰绿色细砂岩、粉砂岩。下部夹油页岩，上部出现红色泥岩。产丰富的介形虫、叶肢介、鱼、双壳类、腹足类及轮藻等化石。在吉林省岩石组合与之相同。

【层型】 正层型在黑龙江省。省内次层型为大安县西北小地窝棚大4井钻孔剖面(124°9′0″，45°35′10″)，松辽石油勘探局第四勘探处，1963年大赉构造大4井钻孔剖面图。

嫩江组 总厚度828.5 m

19. 浅灰、灰绿色泥岩、砂质泥岩、泥质粉砂岩、砂岩。(未见顶)	20.0 m
18. 棕红、浅灰色泥岩夹灰白色粉砂岩、浅灰绿色、灰绿色泥质粉砂岩、砂质泥岩	57.5 m
17 浅灰色泥岩、浅灰绿色砂质泥岩、泥质粉砂岩与灰绿、灰白色粉、细砂岩互层	34.5 m
16. 黑灰色泥岩，夹薄层灰白、浅灰绿色粉砂岩	26.5 m
15. 灰绿色泥岩夹粉砂岩、泥质粉砂岩	13.5 m
14. 灰、浅灰、深灰绿色泥岩、灰绿色砂质泥岩与灰绿色粉、细砂岩互层	56.0 m
13. 灰、浅灰、深灰绿色泥岩、灰绿色砂质泥岩与灰绿色粉、细砂岩互层	56.0 m

12. 黄色块状凝灰岩，含少量粉红色长石、石英晶屑		43.0 m
11. 灰绿色砂质泥岩与深灰绿、灰绿色泥岩互层		30.0 m
10. 浅灰绿色粉、细砂岩、泥质粉砂岩夹泥岩、砂质泥岩		55.0 m
9. 灰、深灰、灰绿色泥岩、砂质泥岩夹浅灰绿色泥质粉砂岩		41.0 m
8. 灰、白色粉细砂岩、灰绿色泥质粉砂岩、灰色泥岩组成返旋回		35.0 m
7. 灰色泥质粉砂岩、灰绿色砂质泥岩、灰黑、灰绿色泥岩组成返旋回		26.0 m
6. 灰白色粉砂岩、灰绿色泥质粉砂岩		42.0 m
5. 深灰、黑灰色泥岩夹少量薄层浅灰色砂质泥岩、泥质粉砂岩，含粉末状黄铁矿，产介形虫		190.0 m
4. 褐黑色油页岩，含较多叶肢介		7.5 m
3. 黑灰、灰黑、深灰色泥岩夹薄层黑微带褐色劣质油页岩、灰色砂质泥岩		50.5 m
2. 深灰、灰黑、灰色泥岩、灰褐色劣质油页岩互层，下部夹泥质粉砂岩		24.5 m
1. 灰绿、灰、深灰色泥岩夹薄层黑灰色砂质泥岩		20.0 m

——————— 整　合 ———————

下伏地层：**姚黑组**　棕红色泥岩

【地质特征及区域变化】　嫩江组在松辽盆地广泛出露，仅个别地区缺失。盆地东部边界大约位于大房身——间堡—黑林东一线。下部以黑色泥页岩为主，夹油页岩；上部为灰黑、灰绿及棕红色泥岩和砂岩互层。盛产介形类、叶肢介等化石。厚度一般在 200～400 m，接近盆地中部，厚度增大(吉 2 井 669 m)。嫩江组的地表露头分布于盆地东缘和沿松花江水系零星出露。德惠县大青咀—三青咀一带以青灰—深灰色粉砂质泥岩、泥岩为主，夹泥质岩及生物碎屑岩。产大量叶肢介 *Dictyestheria* sp. 和介形虫 *Cypridea* sp. 及少量真骨鱼类化石碎片。于农安县城东门外伊通河一带也产大量上述化石。怀德县五台子—卡伦水库一带的嫩江组出现了一些湖盆地浅滩相沉积，有少量虫迹、翼龙、腹足类、植物碎片等。

盆地中部嫩江组沉积特征基本同东部，但是沉积厚度一般在 300～600 m。沉积中心在大安—黑帝庙一带，向两侧厚度逐渐变薄。盆地西部（白城一带）的岩性组合和上述相同，但总的特征是厚度从西向东逐渐加大、而沉积物粒度由粗变细、岩石颜色由灰变灰黑色等特点，为浅滩—浅水湖相沉积环境。

四方台组　K_2s　(01－22－0121)

【创名及原始定义】　源自郝玲琦 (Horincki K) 1937 年创建的四方台层。指出露于黑龙江省绥化市四方台克音河两岸的红色砂岩，时代为白垩纪。

【沿革】　本组创名后，松辽石油普查大队(1958—1959)采纳，并划分三个亚层，时代置白垩纪。1959 年将 1958 年所划分的北安层、克山层分别归入四方台层中部的中上段。全国地层委员会 1962 年改称四方台组，并归于松花江群上部，时代为白垩纪。1975 年吉林省地层表编写组用黑 2 井、安 1 井钻孔资料作为长岭小区、白城小区代表剖面，时代归晚白垩世。

【现在定义】　指松辽盆地，整合于嫩江组之上、明水组之下，以红色调为主的砂泥质岩石组合。主要为褐红—灰绿色泥岩、粉砂岩、砂岩，含钙质结核，产介形虫、叶肢介、腹足类、双壳类化石。在吉林省岩性为灰绿、砖红、灰褐等杂色泥岩、粉砂质泥岩、泥质粉砂岩和粉、细砂岩组成韵律层。产双壳类、腹足类和介形虫化石。

【层型】　正层型在黑龙江省。省内次层型为前郭旗查干花乡黑 2 井钻孔录井(123°52′40″,

44°39′50″)，松辽石油勘探局第四勘探处，黑 2 井钻孔 1963 年编录。

上覆地层：**明水组** 棕红色泥岩

——————— 整　合 ———————

四方台组	总厚度 394.0 m
4. 以灰、深灰色泥岩为主，夹棕红色、灰绿色泥岩、灰色粉细砂岩	112.5 m
3. 灰白、浅灰、灰绿色粉细砂岩夹棕红、灰绿色泥岩、砂质泥岩和浅灰色薄层泥质粉砂岩	117.5 m
2. 灰、深灰、灰绿和棕红色泥岩，夹薄层灰白色粉细砂岩、泥质粉砂岩	53.5 m
1. 浅灰白色细砂岩，夹灰、深灰、棕红和灰绿色泥岩	110.5 m

——————— 整　合 ———————

下伏地层：**嫩江组** 灰色泥岩

【地质特征及区域变化】 四方台组主要分布在盆地中、西部长岭—白城等地，沉积中心在黑帝庙—乾安一带，厚度约 200～400 m，向两侧逐渐变薄。岩性以灰、灰绿、深灰和棕红色泥岩、粉砂质泥岩与灰白、灰绿色粉砂岩、细砂岩组成旋回层。局部地区夹砂、砾岩层，具交错层和斜层理。产介形虫、叶肢介、轮藻等化石。在两家车站—黑帝庙以东，其岩性以砂岩、砾岩为主，其中泥岩多为棕红色，化石少。白城一带一般沉积厚度在 80～150 m。总的变化是西薄东厚。镇南—套保—黑水一线以西地区缺失该组。该线以东以灰绿、灰黑、棕红色泥岩、泥质粉砂岩、粉砂岩组成旋回层，具水平层理、交错层、斜层理，含黄铁矿，产介形虫、叶肢介、轮藻等化石。反映浅水湖相和滨湖相沉积环境。

从四方台组仅分布在盆地中部长岭及西部白城一带，东部农安一带缺失，说明四方台期松辽盆地沉降中心从东向西逐渐迁移，造成湖盆逐渐缩小。所以在个别地区出现与下伏嫩江组平行不整合接触。

明水组　K_2m　(01－22－0122)

【创名及原始定义】 松辽石油普查队四队 1959 年于黑龙江省明水县创名。指整合于四方台组之上的灰绿色砂岩与黑色泥岩组合，时代为晚白垩世。

【沿革】 明水组创名后使用至今。只是其时代有晚白垩世和新生代之争。

【现在定义】 指四方台组之上，下部以灰绿、棕红、灰紫色泥岩、粉砂质泥岩为主；上部由灰棕、灰白、灰黑色泥岩、粉砂质泥岩、粉砂岩组成的一套地层，产介形虫、双壳类化石。与下伏四方台组呈整合接触。在吉林省岩石组合基本相同，只是上部有 1～2 层厚层黑色页岩为区域标志层。产介形虫、腹足类、双壳类、轮藻化石及植物碎片。上覆大安组，平行不整合接触。

【层型】 正层型在黑龙江省。省内次层型为前郭旗查干花乡黑 2 井钻孔剖面(123°52′40″，44°39′50″)，松辽石油勘探局第四勘探处，1963，《黑帝庙构造黑 2 井完井总结报告》。

明水组	总厚度 597.5 m
5. 棕红色泥岩夹砂质泥岩。(未见顶)	94.0 m
4. 浅灰色粉、细砂岩、泥质粉砂岩与灰绿、棕红色泥岩互层	174.0 m
3. 灰、灰绿色泥岩为主，夹浅灰色粉、细砂岩、棕红色泥岩	86.5 m

2. 灰绿、灰、棕红色相间泥岩夹薄层棕红色砂质泥岩、浅灰色粉砂岩、棕红色砂质泥岩、浅灰色粉砂岩、泥质粉砂岩，顶部见一层灰黑色泥岩，为区域标准层　116.0 m

1. 灰、棕红、灰绿色泥岩为主，底部夹灰白色粉细砂岩，顶部见一层深灰色泥岩，为区域标准层　127.0 m

——————— 整　合 ———————

下伏地层：**四方台组**　棕红色泥岩

【地质特征及区域变化】　明水组为浅水—深水湖相的细碎屑岩沉积，产介形虫及双壳类化石。明水组在吉林省内仅分布在盆地中部长岭和西部白城地区，东部农安地区缺失。在长岭地区大安—让字井—长岭以西沉积厚度100～200 m，黑帝庙—长岭地区最厚，可达617 m，向两侧变薄。另外，明水组上部岩性变化大，个别地区缺失。白城地区一般厚100～200 m，总的变化趋势是东厚西薄。镇赉—舍力—太平川以西地区缺失本组地层，以东该组上部为灰绿、棕红色泥岩、泥砾岩、粉砂质泥岩、粉砂岩的韵律层；下部以灰绿、棕红、灰紫色泥岩、粉砂质泥岩为主夹粉砂岩、细砂岩。其中上部黑色泥岩、页岩较稳定，厚度也较大。产介形虫、腹足类、双壳类、轮藻化石及植物碎片。在全区本组与下伏四方台组整合接触；上覆地层则分别与泰康组(开鲁地区)或大安组(白城地区)平行不整合接触。时代为晚白垩世。

火石岭组　J_3h　(01-22-0113)

【创名及原始定义】　吉林煤田地质勘探公司普查大队(1973)①于九台市营城—火石岭一带创建。其含义指下部以火山岩夹沉积岩为主；上部以正常沉积碎屑岩为主含劣质煤的地层。产植物化石，时代为晚侏罗世。

【沿革】　森田义人(1941—1943)将营城子一带火山岩称为营城子火山岩群，时代为晚侏罗世—白垩纪。吉林煤田112队(1959)将火山岩划分4个岩性段，即下部火山岩层、下部含煤层、中部火山岩层、上部含煤层，时代归入晚侏罗世。杨学林(1973)选用煤田1966年施工的226孔、50孔剖面，将下、中部火山岩夹煤的地层合并，创建火石岭组。后被吉林省地层表编写组(1975)采纳，并将定义修改为：上部和下部为陆相碎屑岩夹凝灰岩、煤层，产植物化石；中部和底部为安山岩、安山玄武岩、凝灰角砾岩组成的一套地层。厚255～580 m。与下伏二叠系呈不整合接触。周尚安(1985)将火石岭组与平岗盆地"安民组"相对比，并将原火石岭组的上部含煤沉积岩归入沙河子组。吉林区调所(1988)在《吉林省区域地质志》中，用"安民组"取代了火石岭组。安俊义(1991)又根据1979年金克林对《营城地区地层划分对比》一文中的资料，"认为原火石岭组的226号孔第14、16层安山岩为次火山岩"，故将上、下部合并称上部，底部称下部，又根据孢粉组合特征，将上部与辽宁省辽西地区九佛堂组相对比，下部与省内德仁组相对比。同年裘松余又建议将火石岭组划分为上、下火石岭组，分别与辽西九佛堂组、义县组相对比。本次对比研究采纳周尚安意见，将上部含煤岩系归入沙河子组。

【现在定义】　指整合于沙河子组之下的以中性火山岩为主的一套地层。主要由灰绿色安山岩、凝灰岩、凝灰质砾岩夹少量粉砂岩、砂岩、泥质岩及煤线组成。产植物化石。其底界不整合于古生代地层之上，其顶界以安山岩与沙河子组的凝灰质砂岩分界。

【层型】　正层型为九台市营城煤矿226、50孔剖面(125°54′，44°9′)，吉林煤田普查大队，1966，《1966年四平—其塔木煤田普查地质报告》。

---

① 吉林煤田地质勘探公司普查大队，1973，松辽平原东部晚侏罗世和早白垩世地层划分（内刊）。

上覆地层：**沙河子组**　灰白色凝灰质砂岩

—————— 整　合 ——————

火石岭组　　　　　　　　　　　　　　　　　　　　　　　　总厚度 426.6 m

17. 灰色凝灰岩和凝灰质角砾岩，砾石为安山岩　　10.6 m
16. 灰绿色安山岩，上部具气孔　　57.0 m
15. 灰色、黑褐色凝灰质砂岩、角砾岩，角砾岩中夹 0.2 m 碳质泥岩　　9.9 m
14. 上部为灰绿色、下部为紫色气孔状安山岩　　52.0 m
13. 灰绿色凝灰质砾岩　　24.9 m
12. 灰色粗砂岩　　15.8 m
11. 灰白色、灰黑色砂质泥岩和粉砂岩夹砂岩　　11.5 m
10. 灰黑色凝灰质砂岩　　2.6 m
9. 灰黑色砂岩，上部为薄层粉砂岩　　6.6 m
8. 灰色凝灰质砂岩　　1.8 m
7. 灰白色、灰黑色砂岩和砂质泥岩互层夹两层碳质泥岩。具波状层理，产 *Elatocladus* sp.　　30.4 m
6. 灰色凝灰岩　　7.2 m
5. 灰黑色砂质泥岩、粗砂岩互层夹一层碳质泥岩，砂质泥岩中夹煤线，粗砂岩中局部含砾　　33.5 m
4. 灰绿、棕红色凝灰质角砾岩　　32.1 m
3. 绿色、紫红色安山质集块岩　　30.0 m
2. 灰绿、紫红色玄武岩　　54.8 m
1. 绿、紫红色安山玄武岩　　45.9 m

~~~~~~ 不 整 合 ~~~~~~

下伏地层：**哲斯组**　变质砂岩

【地质特征及区域变化】　火石岭组属于中性火山喷发为主的一套火山岩系，火山间歇期沉积了一些碎屑岩，构成两个火山喷发旋回。本组在九台煤矿区仅见于地下钻孔中，位于主要含煤层沙河子组之下。此外分布在九台、营城、长春石碑岭等地。石碑岭一带主要岩性为巨厚层安山岩，厚度达千米以上。

沙河子组　$J_3\hat{s}$　(01－22－0114)

【创名及原始定义】　沙河子组源于沙河子夹炭层，由坂口重雄(1943)创建，创名地点在辽宁省昌图县沙河子（煤田）一带。原意指沙河子一带的含煤地层。不整合覆盖在基底岩类之上，主要由砾岩、砂岩、页岩及凝灰岩等组成，具有基底砾岩。

【沿革】　森田义人(1941)将长春石碑岭一带的含煤地层称为“宽城层群”。周志炎(1962)首先将“沙河子夹炭层”改称沙河子组。地质部石油二普(1964)在松辽盆地勘探时，采用沙河子组一名。杨学林(1973)调查营城煤矿时将“沙河子组”一名用于省内，代表火石岭组之上的含煤岩系。同年怀德县石油煤炭办公室在刘房子一带找煤时新建刘房子组，代表区内的含煤岩系。吉林省地层表编写组(1975)利用营城 226 号孔作为沙河子组代表剖面，时代归属晚侏罗世。张川波（1991）将长春石碑岭、四平地区刘房子、孟家岭等地的原沙河子组一并划归“大羊草沟组”。本次对比研究将原火石岭组上部的煤系地层厘定为沙河子组。

【现在定义】　指不整合于下二台群变质岩及花岗岩或混合花岗岩之上，由黄褐色、黄灰
~~~~~~

色复成分砾岩、砂砾岩、长石砂岩、粉砂岩、砂质页岩及页岩构成的韵律层组成。局部夹煤层或煤线。含动、植物化石。其上被义县组火山岩整合覆盖。在吉林省指火石岭组之上、营城组之下的一套含煤地层。下部为灰白、灰色砂岩、粉砂岩，夹五个煤层；中部以黑色泥岩夹砂岩为主；上部为灰白、灰黑色砂岩、粉砂岩及薄煤层，产植物化石。底界以砂岩与火石岭组分界，整合接触；其上被营城组安山岩平行不整合覆盖。

【层型】 正层型在辽宁省。省内次层型为九台市营城镇226号孔（125°54′，44°9′），吉林煤田普查大队1966年测制。

上覆地层：**营城组** 灰绿色安山岩

——————— 平行不整合 ———————

沙河子组	总厚度553.4 m
14.（66—64）灰、灰黑色砂岩、细砂岩夹页岩，具正粒序	49.3 m
13.（63—62）灰白、灰黑色泥岩、粉砂岩互层，上部为粗砂岩	65.2 m
12.（61—59）灰白、灰黑色砾岩、粉砂岩、泥岩互层	57.0 m
11.（58—54）灰、黑色泥岩、砂岩、粉砂岩互层夹煤线，泥岩中有：*Lycoptera* sp.，*Ferganoconcha* sp.	117.8 m
10.（53）蓝灰色酸性凝灰岩	2.2 m
9.（52—46）黑色、灰色泥岩、砂岩、煤层组成三个旋回	7.4 m
8.（45）灰白色砾岩	3.9 m
7.（44—39）灰黑色砂岩、泥岩夹5层煤，底部为粗砂岩	32.5 m
6.（38—31）灰白、黑色中粗粒砂岩与煤4层互层	52.5 m
5.（30）黄绿色酸性凝灰岩，含岩屑、玻屑	23.0 m
4.（29—28）灰白、黑色含砾粗砂岩夹泥岩及煤线	18.4 m
3.（27—24）灰色细砂岩夹泥岩及4层煤（0.2～0.15 m），具波状层理，产 *Nilssonia sinensis*，*Pterophyllum* sp.，*Ginkgoites* sp.，*Elatocladus manchurica*	22.5 m
2.（23—20）上部为灰白色含砾粗砂岩，下部为灰色细砂岩凝灰质砂岩	23.0 m
1.（19—18）灰、深灰色砂岩、粉砂岩互层，上部为凝灰质砾岩	78.7 m

———————— 整 合 ————————

下伏地层：**火石岭组** 灰色凝灰岩和凝灰质角砾岩

沙河子组次层型还有吉林省九台市三台乡剖面（地表剖面）（126°22′，44°31′），吉林区调队1978年测制。

【地质特征及区域变化】 沙河子组主要分布于九台市营城、长春石碑岭、怀德县刘房子、孟家岭一带地下，在九台市六台子—三台子一带出露地表。三台子—张家屯一带岩性以黄褐色砾岩、含砾砂岩、粉砂质泥岩为主，含动植物化石，于三台子东北采到植物 *Radicites* sp.，介形虫 *Darwinula* sp.，*Timiriasevia* sp.，双壳类 *Ferganoconcha* sp.，沉积厚度232～462 m。在张家屯一带角度不整合在机房沟(岩)群之上。沉积物自下而上由粗变细，并出现火山沉积碎屑岩。长春石碑岭—陶家屯一带主要为一套河流-沼泽相沉积，下部以粗碎屑岩为主，夹煤线；中部以砂页岩为主夹煤层，分布稳定，可采煤4～5层；上部又以粗碎屑岩为主，夹煤线。产少量植物化石 *Coniopteris* sp.，*Ginkgoites* sp. 等，沉积厚度250 m。怀德县刘房子一带以正常沉积粗碎屑岩为主，夹细碎屑岩、煤、膨润土为其主要特征。沉积厚度612 m。产少量植物化石，有 *Ginkgoites sibiricus*，*Coniopteris burejensis* 等。不整合于花岗岩之上。

综合上述，沙河子组在九台小区内以正常沉积碎屑岩为主夹煤和膨润土，厚度及岩性变化如图 10－1 所示。

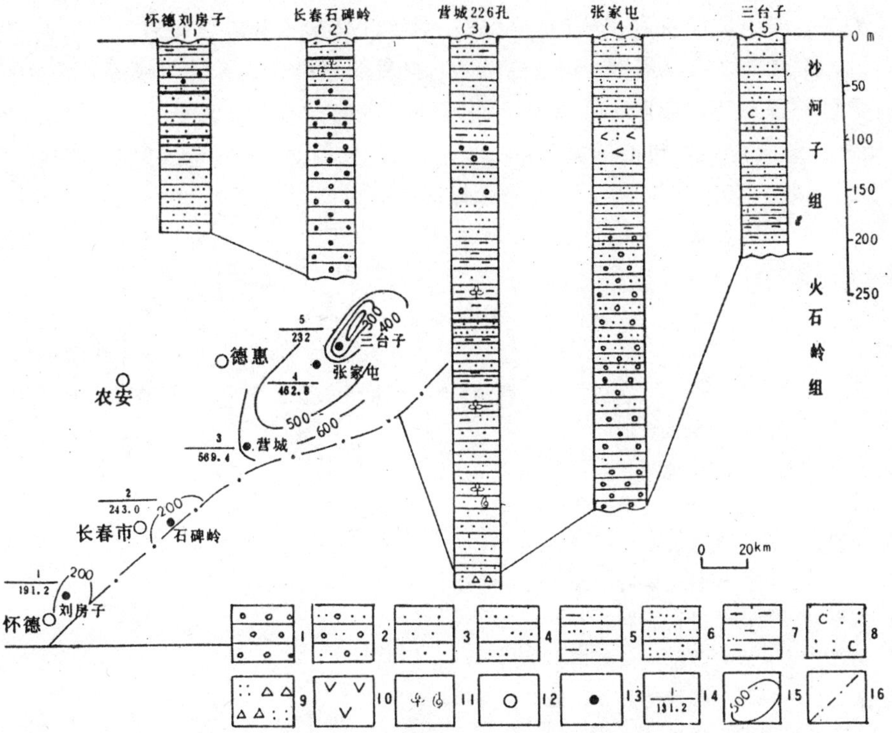

图 10－1　沙河子组柱状对比及沉积等厚线图

1. 砾岩；2. 含砾砂岩；3. 砂岩；4. 粉砂岩；5. 粉砂质泥岩；6. 凝灰质粉砂岩；7. 泥岩；8. 层凝灰岩；9. 凝灰角砾岩；10. 安山岩；11. 化石；12. 市、县；13. 剖面位置；14. 剖面号及厚度；15. 等厚线；16. 沉积盆地边界

【其他】　“辽宁省地层清理办公室”将沙河子组置于义县组之下，也值得研究。目前吉林省九台小区沙河子组与辽宁省大甸子盆地沙河子组的层位对比尚有争议，待以后解决。

营城组　K_1y　(01－22－0115)

【创名及原始定义】　原称营城子火山岩群，为森田义人(1942)于九台市营城一带所创建，未指定层型。其含义指“宽城子层群”之上、“长春赤色层群”之下的一套中酸性火山岩夹煤层的岩石地层单位。时代为晚侏罗世—白垩纪。

【沿革】　吉林煤田普查大队(1964)改称营城子组，时代为晚侏罗世。后因其与中国震旦系上部的营城子组重名，故改称营城组(1966)，其含义是：由中性、酸性火山岩及火山碎屑岩夹碎屑岩和不稳定煤层组成的一套地层，分上、下两个岩性段，厚 733.5 m。该队又于 1973 年将下部以中性火山岩为主夹正常沉积岩及煤层部分新建九台组，时代置于晚侏罗世。吉林省地层表编写组(1975)利用 341、343 钻孔资料，基本保留了营城组的原始定义，并进一步做了说明。同年吉林煤田勘探公司在《吉林省煤炭资源图册说明书》中，仍将营城组“一分为二”，下部称九台组，上部称营城组。安俊义(1991)根据孢粉资料，主张将营城组解体，恢复 1973 年煤田普查大队划分方案。同年张川波根据生物组合，提出将营城组上部的含煤地层单独划分出来，建立大羊草沟组，时代置早白垩世。经本次对比研究，这套火山岩是以中性火山岩喷发开始到酸性火山岩出现，构成一个较大的、且较完整的火山喷发旋回，之间有间火山期形成的含煤碎屑岩沉积为一体的含煤火山沉积岩系，所以保留 1975 年吉林省地层表编写组的意见。

【现在定义】 指沙河子组之上、泉头组之下的一套以中酸性火山岩为主夹煤地层。下部由灰紫、灰绿色安山质凝灰岩、安山岩组成；中部以凝灰质砾岩、砂岩为主，夹安山岩，产植物化石；上部以流纹质凝灰岩、流纹岩为主，夹凝灰质砂岩、砾岩及煤层，产植物化石。与下伏沙河子组平行不整合接触，顶被泉头组不整合覆盖。

【层型】 选层型为九台市营城煤矿 341、343 钻孔剖面（125°54′50″，44°10′0″），吉林煤田普查大队，1966，《1966 年四平—其塔木煤田普查钻孔剖面图》。

上覆地层：泉头组　紫色砂砾岩

～～～～～～ 不 整 合 ～～～～～～

营城组	总厚度 1047.1 m
29. 灰绿色流纹岩，具气孔 1～10 mm，玛瑙充填，夹紫红色薄层流纹岩，底部有 0.46 m 黑耀岩（玻璃质流纹岩）	149.3 m
28. 草绿、紫红色酸性凝灰岩，局部含砾	202.0 m
27. 灰绿色火山角砾岩，上部为角砾凝灰岩，砾石为安山岩和流纹岩	64.7 m
26. 灰绿色、粉紫色流纹质角砾凝灰岩，砾径 0.2～10 cm	17.9 m
25. 灰绿色火山角砾岩，砾石为安山岩，酸性火山岩，砾径 1～10 cm	33.1 m
24. 灰绿色、深褐色流纹质凝灰岩	16.8 m
23. 褐绿色流纹岩，顶部为角砾熔岩	26.3 m
22. 灰白色、褐绿色酸性凝灰岩，局部含角砾和玻屑	52.9 m
21. 灰褐色砂岩和砾岩	10.6 m
20. 深灰色层凝灰岩	5.8 m
19. 深灰色凝灰质砂岩，含砾	4.3 m
18. 上部灰色火山角砾岩，下部凝灰质砾岩	30.1 m
17. 杂色、紫色气孔状安山岩，顶部为薄层凝灰岩	10.0 m
16. 紫色、灰绿色安山质火山角砾岩	6.9 m
15. 灰绿色、紫色安山岩，上部具气孔	27.8 m
14. 灰绿色、紫色安山岩夹薄层凝灰质砂岩及凝灰质角砾岩	73.2 m
13. 灰色、灰绿色凝灰质粉砂岩夹砾岩	7.7 m
12. 灰色砾岩	6.4 m
11. 灰绿色、灰色粉砂质泥岩和凝灰质细砂岩互层	15.8 m
10. 灰色、杂色砾岩，砾石为安山岩和流纹岩	6.4 m
9. 灰绿色细砂岩、泥岩互层。产 *Coniopteris onychioides*, *Cladophlebis* sp., *Elatocladus* sp.	13.7 m
8. 灰绿色砾岩夹黑色粉砂岩	11.7 m
7. 灰黑色细砂岩、粉砂岩互层夹薄层砾岩	46.3 m
6. 灰绿色砾岩与深灰色凝灰质砂岩互层	53.6 m
5. 灰色粉砂岩，产 *Asplenium dicksonianum*	3.2 m
4. 灰色含凝灰质砂岩	5.0 m
3. 灰绿色、杂色砾岩	10.4 m
2. 灰紫色、灰绿色安山质凝灰岩夹薄层安山岩	19.9 m
1. 灰紫色、灰绿色安山玄武岩夹安山质凝灰岩	115.3 m

——————— 平行不整合 ———————

下伏地层：沙河子组　灰绿色粉砂岩

另有次层型为九台市营城镇官马山—回回营地表剖面(126°8′30″,44°23′40″)，吉林区调所，1980，《1：20万舒兰县幅区域地质调查报告》。

【地质特征及区域变化】　从地下、地表二个层型剖面分析，营城组下部为中基性熔岩、安山岩、玄武安山岩夹凝灰质砾岩、凝灰质砂岩，产植物化石；上部以流纹质凝灰岩、凝灰质角砾岩为主，夹凝灰质砂岩。基本上构成一个从中基性—酸性火山喷发旋回。火山间歇期沉积了碎屑岩，局部地区夹煤层。厚度849～860 m，与下伏沙河子组呈平行不整合接触。

营城组主要分布在营城煤矿、石碑岭、刘家油房等地，呈北东向狭长带状断续出露。在营城煤矿其下部以安山岩为主，夹正常沉积岩(九台组)；上部为酸性火山碎屑岩及熔岩，其中沉积夹层厚度、岩性、分布均不稳定。厚度大于1 497 m。平行不整合于沙河子组之上。在回回营—官马山一带缺少下部中基性火山岩，只出现上部的酸性火山岩及火山沉积岩，产较多的植物和昆虫化石。在马鞍山—于家店一带底部出现不稳定的复成分砾岩，沉积厚度1 175 m。亦平行不整合于沙河子组之上。在长春净月—大顶子山一带出露灰白、灰紫色流纹岩，底部出现少量含砾砂岩夹煤线，沉积厚度165 m，不整合覆于花岗岩之上。九台市羊草沟一带下部以辉石安山岩为主；中部为流纹岩；上部为正常沉积碎屑岩夹煤层。沉积厚度在600 m以上。在羊草沟煤矿，煤系夹在流纹岩和玄武岩之间，厚约350 m(图10－2)。煤系顶、底部为砂岩、砾岩，短距离内变化较大，属河流相沉积。煤层顶板为泥岩(标志层)，属于河漫滩沼泽相沉积。煤层由东向西变薄，直至尖灭。

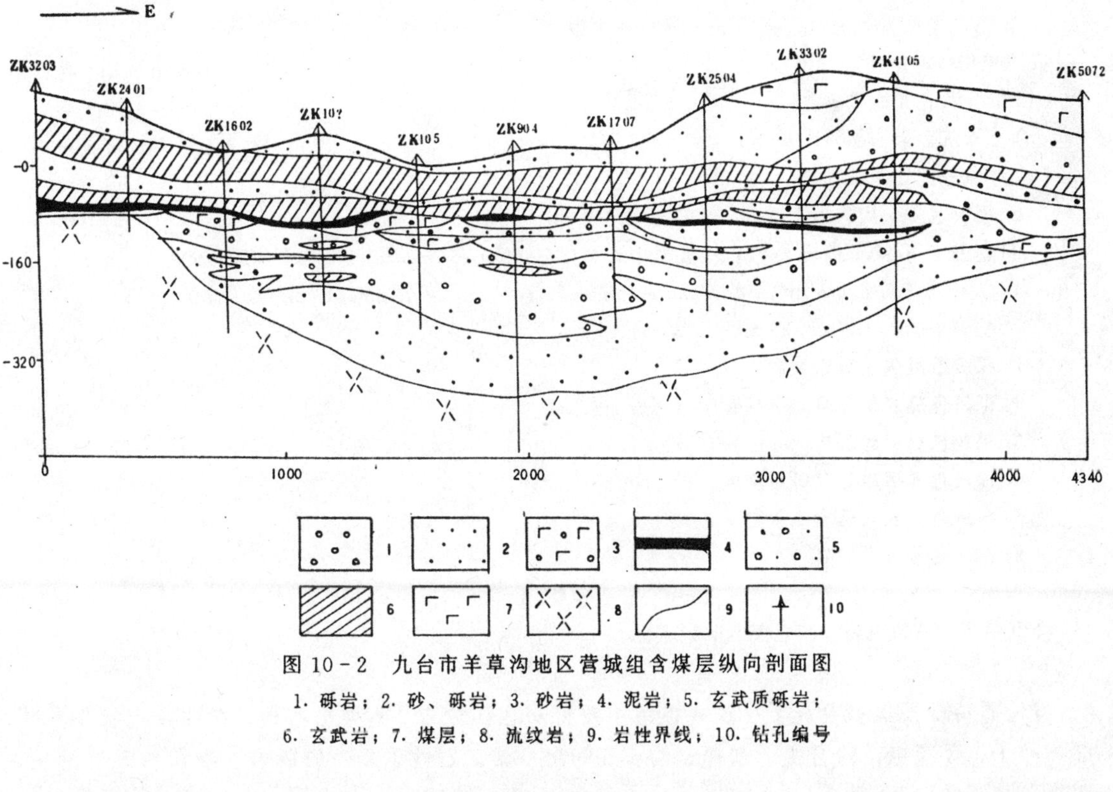

图10－2　九台市羊草沟地区营城组含煤层纵向剖面图

1. 砾岩；2. 砂、砾岩；3. 砂岩；4. 泥岩；5. 玄武质砾岩；
6. 玄武岩；7. 煤层；8. 流纹岩；9. 岩性界线；10. 钻孔编号

营城组是由火山喷发和湖盆陆源堆积两种作用同时形成的火山-沉积建造。在空间上分为三个相带；即近火山口相、介于火山喷发和陆相沉积之间的过渡相、不受火山作用影响的正常沉积的冲积相或湖泊、沼泽相。

玉兴屯组 J_1yx （05-22-0088）

【创名及原始定义】 吉林地矿局二所1978年① 创名，地点在桦甸县常山乡玉兴林场北山。指由砂、砾岩、板岩、凝灰岩组成的一套地层。上段称砂砾岩段，由凝灰质砂岩、砾岩、板岩组成，产植物化石；下段称凝灰岩段，由安山质凝灰岩，流纹质凝灰岩夹凝灰质粉砂岩、砂岩等组成。局部地区上段夹有中酸性凝灰岩、火山角砾岩层。顶底不全，时代为早侏罗世。

【沿革】 长春地院区测队、吉林省有色金属物探队和普查队(1960—1964)将这套地层称为"小岭组"，时代置于晚侏罗世。吉林区调队(1971)将其与双阳盆地的"二道梁子组"对比。1986年至1990年，由于对玉兴屯组及有关火山岩为一套或两套，出现了不同认识，提出了多种划分方案。本次对比研究根据岩性组成及所产植物化石，重新厘定了玉兴屯组。

【现在定义】 指大酱缸组或四合屯组之上、南楼山组之下的一套火山沉积岩夹中酸性火山岩。下部以凝灰质砾岩、砂岩为主；上部为凝灰质砂岩、粉砂岩夹中酸性火山碎屑岩，产植物化石。底界以凝灰质砾岩超覆在大酱缸组或不整合在四合屯组之上，顶部与南楼山组凝灰熔岩、角砾岩呈整合接触。

【层型】 正层型为桦甸县常山乡玉兴林场剖面(126°46′30″,43°26′15″)，吉林局四所1978年测制。

上覆地层：**南楼山组** 深灰色含角砾岩屑凝灰岩

——————— 整 合 ———————

玉兴屯组	总厚度 434.0 m
12. 深灰色花岗质砾岩	40.0 m
11. 深灰色岩屑晶屑凝灰岩	32.0 m
10. 深灰色花岗质砾岩	60.0 m
9. 深灰色安山质火山角砾岩、凝灰岩	40.0 m
8. 深灰色凝灰质板岩夹砂岩，板岩中产 *Cladophlebis* cf. *asiatica*, *C.* cf. *punctata*, *C.* sp., *Equisetum* sp., *Podozamites lanceolatus*, *P.* sp., *Phoenicopsis angustifolia*, *Ginkgoites sibiricus*, *G.* sp., *Nilssonia*? sp.	60.0 m
7. 深灰色凝灰质砾岩夹砂岩	30.0 m
6. 深灰色凝灰质砂岩，下部夹少量砾岩	12.0 m
5. 深灰色火山角砾岩	25.0 m
4. 深灰色安山质含角砾凝灰岩	25.0 m
3. 深灰色凝灰质砾岩夹砂岩	60.0 m
2. 深灰色凝灰质砂岩	50.0 m

~~~~~~~~~ 不 整 合 ~~~~~~~~~

下伏地层：**四合屯组** 灰色安山质凝灰岩

【地质特征及区域变化】 玉兴屯组主要分布在四合屯、南楼山盆地。在四合屯盆地见于细林河子、育新屯、四合屯、东样子沟、五间房一带。岩性以凝灰质砾岩、凝灰质砂岩为主，

① 吉林地矿局二所，1978，1:5万常山屯、贺家屯幅区测报告。
~~~~~~~~~

产植物化石。砾石以花岗岩为主，砾径较大，磨圆较差。沉积厚度从细林河子向四合屯一带逐渐增大(400～1 400 m)，从东样子沟、五间房一带亦如此，并出现大量中酸性火山碎屑岩夹层。在南楼山盆地，玉兴屯组见于黑风顶子、锅盔顶子、玉兴林场、牛槽沟一带。其岩性组合以中酸性火山碎屑岩与火山沉积岩互层为主，厚度从牛槽沟、黑风顶子一带逐渐增大。岩性、岩相变化也较大。

南楼山组　J_1n　(05－22－0089)

【创名及原始定义】　南楼山组为吉林地矿局二所1978年①于桦甸县常山乡南楼山创建。按岩性组合划分成两段：下部角砾凝灰岩段，由中酸性角砾凝灰岩、凝灰岩、安山岩组成；上部流纹岩段，由流纹岩、英安岩和少量酸性凝灰岩组成。与下伏玉兴屯组关系不明。时代置中侏罗世。

【沿革】　长春地院区测队、吉林冶金有色金属勘探公司普查大队(1960—1964)将这套火山岩系称“小岭组”。吉林区调队(1971)划归“苏密沟组”(包括部分原二道梁子组)。吉林地研所(1979)在编制1∶50万吉林省地质图时采用此名，时代为中侏罗世。吉林区调所(1986)根据黑风顶子剖面所产化石及太平岭地区玉兴屯组与南楼山组接触关系将位于玉兴屯组之下的火山岩亦称南楼山组归入晚三叠世。1987年在1∶5万烟筒山、石咀幅区调报告中提出，在吉中地区存在着两套火山岩，其中分布在烟筒山一带的应属小蜂密顶矛组(现为四合屯组)，悬羊砬子、大顶子一带的则是南楼山组。并于细林河子通过槽探工程证实了南楼山组整合于玉兴屯组之上。在《吉林省区域地质志》中又将其与延边小区大兴沟群对比。1989年修测1∶20万吉林市幅时进一步论证了南楼山组在玉兴屯组之上，时代归属中侏罗世。

【现在定义】　指玉兴屯组之上的一套中酸性火山岩。下部以安山岩、英安质凝灰角砾岩为主；上部以中酸性熔岩为主。在区域上其底界以安山质集块岩或火山角砾岩与玉兴屯组砂岩呈整合接触；与上覆德仁组关系不清，被晚侏罗世火山岩覆盖。

【层型】　正层型为桦甸县常山乡南楼山剖面(126°41′15″,43°24′30″)，吉林局四所，1978，《1∶5万常山屯贺家屯幅区域地质调查报告》。

南楼山组	总厚度＞1 876.0 m
16. 深灰、灰色和少量浅灰色英安质角砾岩屑、晶屑凝灰岩。(未见顶)	＞300.0 m
15. 灰黑色安山岩	10.0 m
14. 深灰、灰色角砾岩屑凝灰岩夹灰白色晶屑凝灰岩和火山灰凝灰岩	80.0 m
13. 灰绿色安山岩	10.0 m
12. 深灰、灰色角砾岩屑晶屑凝灰岩，偶夹条纹状凝灰岩	120.0 m
11. 灰黑色安山岩	20.0 m
10. 深灰、灰绿色角砾岩屑晶屑凝灰岩	250.0 m
9. 灰色安山岩	25.0 m
8. 灰绿色晶屑凝灰岩	6.0 m
7. 安山岩	20.0 m
6. 深灰色含角砾晶屑凝灰岩	25.0 m
5. 安山岩	20.0 m

① 文献同玉兴屯组。

4. 灰黑色火山质凝灰岩 110.0 m

3. 灰绿、灰色含角砾岩屑晶屑凝灰岩 100.0 m

2. 灰色晶屑凝灰岩 150.0 m

1. 灰绿色安山质角砾晶屑岩屑凝灰岩。(未见底) ＞630.0 m

【地质特征及区域变化】 南楼山组主要分布在烟筒山、四合屯-南楼山盆地。烟筒山盆地出露在黄河水库以南苕条顶子和以东大荒顶子等地；四合屯-南楼山盆地本组分布于悬羊砬子、一面城、果园水库、新房东山、倒木沟、南楼山等地。该组以中酸性火山角砾岩、安山岩、英安岩及少量流纹岩等组成旋回层。岩性变化较大，个别地区发现火山机构。厚度一般在 1 000 m 左右，最大厚度可达 1 896 m。在吉林小区多组成高大山峰或孤立山头。厚度及区域变化如图 10-3 所示。在常山一带本组与下伏玉兴屯组整合接触，上覆晚侏罗世火山岩。时代为早侏罗世，上限也可能至中侏罗世。

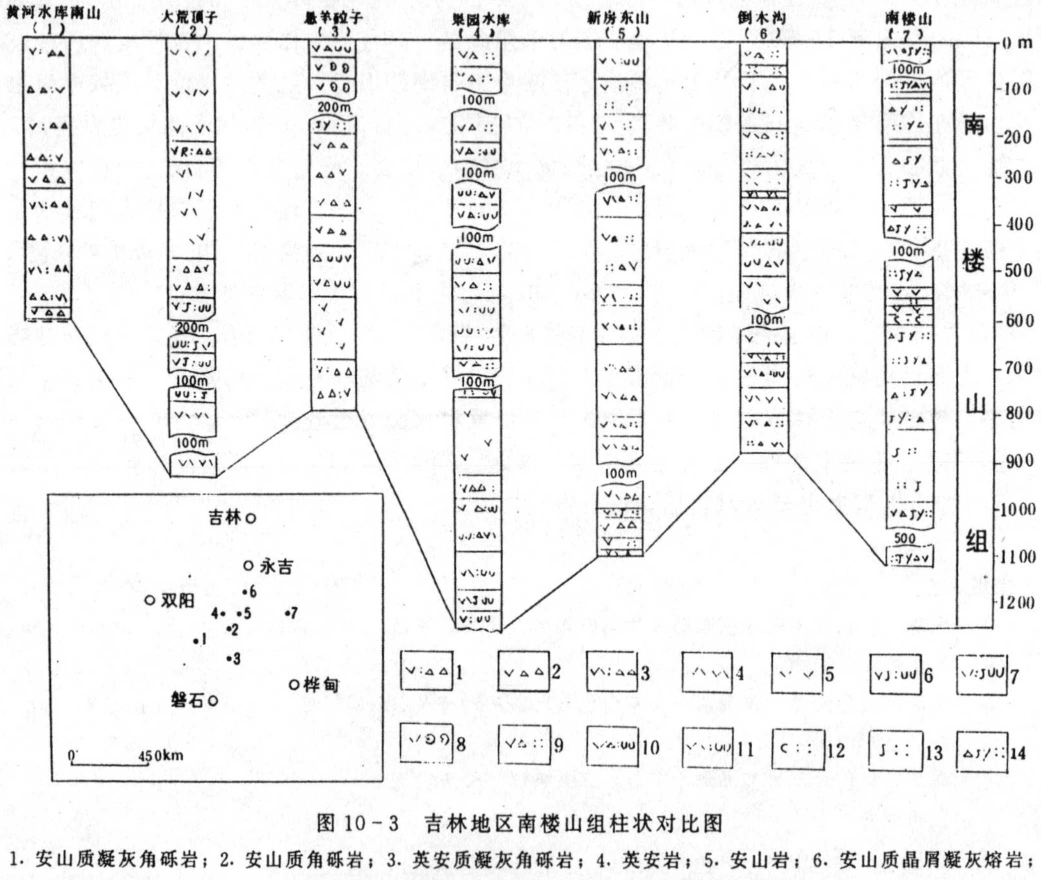

图 10-3 吉林地区南楼山组柱状对比图

1. 安山质凝灰角砾岩；2. 安山质角砾岩；3. 英安质凝灰角砾岩；4. 英安岩；5. 安山岩；6. 安山质晶屑凝灰熔岩；7. 流纹质晶屑凝灰熔岩；8. 安山质集块岩；9. 安山质角砾凝灰岩；10. 流纹质角砾凝灰熔岩；11. 英安质凝灰熔岩；12. 层凝灰岩；13. 晶屑凝灰岩；14. 角砾晶屑岩屑凝灰岩

太阳岭组 $J_{1-2}t$ (05-22-0087)

【创名及原始定义】 吉林省煤田普查大队 1971 年① 于双阳县太平乡太阳岭创名。创名

① 吉林省煤田普查大队，1971，双阳煤田 1∶2.5 万检查性地质测量报告。

时指双阳盆地太阳岭一带煤系地层。下段称砾岩、粉砂岩段；中段称含煤段；上段称砾岩段。其上被二道梁子组覆盖，时代置早侏罗世。

【沿革】 长春地院区测队(1960)将双阳盆地含煤地层称为二道梁子组,时代置早侏罗世。吉林煤田普查大队(1971)将该盆地板石顶子—太阳岭地区的含煤地层创名太阳岭组，二道梁子一带的含煤地层仍保留二道梁子组一名。吉林煤田203队(1974)又将太阳岭组二分：下、中段为板石顶子组；上段仍称太阳岭组。时代为早、中侏罗世。鉴于双阳盆地有两个成煤期，其中太阳岭组为早、中侏罗世成煤期，原二道梁子一带为晚侏罗世成煤期。因此，本次对比研究将太阳岭一带含煤地层归入一个较大沉积旋回，恢复太阳岭组的原意。

【现在定义】 指大酱缸组之上、泉头组之下的一套含煤岩系。主要由砾岩、含砾砂岩、砂岩、粉砂岩及薄煤层组成，产丰富的植物化石。底界不整合在大酱缸组之上；其顶界被泉头组不整合覆盖，局部有德仁组上覆。

【层型】 正层型为双阳县太平乡板石顶子—太阳岭剖面（125°46′40″，43°23′50″），吉林煤田普查大队，1971年测制。

上覆地层：泉头组 紫色砂、砾岩

~~~~~~~~~~ 不整合 ~~~~~~~~~~

太阳岭组	总厚度 1 429.6 m
25. 上部凝灰质粗砂岩、下部薄层砾岩与粉砂岩互层	23.9 m
24. 薄层砂岩与粉砂岩互层，夹薄煤三层，产植物化石	20.3 m
23. 灰色砾岩	6.8 m
22. 褐灰色粉砂岩，夹薄层灰色砾岩、砂岩	29.0 m
21. 灰色砾岩、含砾粗砂岩，夹薄层灰黑色泥岩	6.5 m
20. 灰色、灰白色中粒、细粒砂岩夹粉砂岩	65.5 m
19. 黑灰色泥岩夹薄层细砂岩，产植物化石 *Cladophlebis* sp.	6.5 m
18. 灰色中粗粒砂岩夹薄层粉砂岩、砾岩	22.3 m
17. 灰色细砂岩、中粒砂岩夹深灰色粉砂岩及黑色泥岩	30.9 m
16. 灰色粗砂岩	16.9 m
15. 灰、灰白色中粒砂岩、粗砂岩夹薄层深灰色粉砂岩和黑色泥岩	453.2 m
14. 黄绿色粗砂岩夹粉砂岩、薄煤层24层以上，产植物化石	133.3 m
13. 灰色厚层状粗砂岩、粉砂岩夹薄层含砾砂岩，产 *Equisetum lateralis*, *Cladophlebis* sp.	88.7 m
12. 黄色砾岩	5.0 m
11. 灰绿色凝灰质含砾粗砂岩与含砾细砂岩互层	8.3 m
10. 黄绿色细砂岩，夹绿色粉砂岩	38.0 m
9. 灰、灰黑色粉砂岩、细砂岩，夹灰色粗砂岩	91.8 m
8. 黄绿色中粒砂岩夹粗砂岩	74.5 m
7. 灰绿色细砂岩夹深灰绿色薄板状粉砂岩	50.0 m
6. 下部灰绿色薄板状粉砂岩，上部黄绿色细砂岩，夹薄层板状泥质粉砂岩，产植物化石	40.0 m
5. 灰白色酸性岩屑晶屑凝灰岩	29.3 m
4. 浅灰绿色粉砂岩、细粒、粗粒砂岩，夹黑灰色板状页岩	48.8 m
3. 掩盖	30.0 m
~~~~~~~~~~

2. 灰色中粗粒砂岩、含砾粗砂岩夹绿色薄层粉砂岩、泥岩 21.2 m

1. 深灰色变质砾岩 88.9 m

～～～～～～ 不整合 ～～～～～～

下伏地层：**大酱缸组** 灰黑色板岩

【地质特征及区域变化】 太阳岭组主要由砾岩、粉砂岩、砂岩夹煤层和煤线组成两个旋回层，沉积厚度1 434 m。太阳岭组分布在双阳盆地板石顶子、李家大院、聂家街一带。本组的底部和中部砾岩层分布较稳定，其余细碎屑岩分布不稳定，相变大，产较丰富植物化石。李家大院一带沉积厚度达800 m以上。烟筒山盆地本组见于仙人洞、张家街一带，构成一个向NW倾伏的向斜构造。主要由砾岩、含砾砂岩、砂岩组成。沉积厚度348 m，不整合在大酱缸组之上。砾岩以黄褐色、黄绿色为主，具有山间河流-湖相沉积特色。

德仁组 $J_{2-3}d$ (05-22-0090)

【创名及原始定义】 东北煤田107队1958年① 创名。地点在辽宁省西丰县平岗镇附近，创名时称德仁安山岩段。其含义指底部为黄绿色砾岩、砂岩夹页岩及粉砂岩，顶部为灰紫、灰绿、灰黑色安山岩、安山质集块岩及凝灰岩的岩石组合。不整合在花岗岩之上，与上覆久大夹煤层呈整合接触。厚度919～1 300 m。时代为晚侏罗世。

【沿革】 详见表10-2。吉林区测队(1978)将夏家街剖面1—20层命名为夏家街组，时代置于中侏罗世。本课题组经分析对比认为，夏家街组上部的安山岩与德仁组并无区别，因此一并称德仁组。

【现在定义】 指久大组之下的一套以火山岩为主的地层。下部砂砾岩段，由砾岩、砂岩、页岩夹劣质煤组成，产植物化石；上部安山岩段，以安山岩为主，夹少量凝灰质砂岩。顶界以安山岩结束与久大组分界，呈整合接触，底界不整合在花岗岩之上。

【层型】 正层型在辽宁省。省内次层型为辽源市渭津镇夏家街剖面(125°14′,42°47′40″)，吉林区调队，1978，《1∶20万辽源市幅区调报告》。

上覆：**久大组** 中细粒花岗质砂岩

═════ 断 层 ═════

德仁组 总厚度 796.62 m

安山岩段 厚度 774.17 m

38. 灰黑色安山岩 49.02 m
37. 晶屑岩屑凝灰岩 28.11 m
36. 褐绿色气孔状安山岩 1.81 m
35. 绿黄色层凝灰岩 1.21 m
34. 浅灰绿色杏仁状安山岩 4.43 m
33. 灰绿色多斑安山岩 19.88 m
32. 灰绿色安山质熔角砾岩 9.30 m
31. 灰绿色多斑安山岩 18.60 m
30. 蚀变玄武安山岩夹灰紫色粗砂岩 13.50 m
29. 多斑安山岩 30.44 m

---

① 东北煤田107队，1958，平岗煤田找矿报告（未刊）。

表 10-2 平岗盆地德仁组、久大组、安民组、长安组、金家屯组划分沿革表

<table>
<tr><td colspan="3">东北煤田 104 队</td><td colspan="3">东北煤田 107 队</td><td colspan="2">辽宁区调队</td><td colspan="2">东北大庆会议</td><td colspan="3">吉林煤田资源图册</td><td colspan="2">吉林省地层表编写组</td><td colspan="3">本书</td></tr>
<tr><td colspan="3">1952</td><td colspan="3">1958</td><td colspan="2">1971</td><td colspan="2">1974</td><td colspan="3">1975</td><td colspan="2">1975</td><td colspan="3"></td></tr>
<tr><td colspan="3">平岗</td><td colspan="3">平岗</td><td colspan="2">平岗</td><td colspan="2">平岗</td><td colspan="3">平岗</td><td colspan="2">平岗</td><td colspan="3">平岗</td></tr>
<tr><td rowspan="2">白垩纪</td><td rowspan="2">火山岩</td><td rowspan="2"></td><td rowspan="11">J_3</td><td rowspan="5">长安组</td><td rowspan="2">安山岩段</td><td rowspan="2">K_1</td><td rowspan="2">玉新组</td><td rowspan="11">J_3</td><td rowspan="2"></td><td rowspan="2">K_1</td><td rowspan="2">火石岭组</td><td>安山岩段</td><td rowspan="11">J_3</td><td rowspan="2">金家屯组</td><td rowspan="2">K_1</td><td rowspan="2" colspan="2">金家屯组</td></tr>
<tr><td>流纹岩段</td></tr>
<tr><td rowspan="9">侏罗纪</td><td rowspan="3">上部含煤系</td><td>长安夹煤层</td><td rowspan="3">沉积碎屑岩夹煤层</td><td rowspan="9">J_3</td><td rowspan="3">九佛堂——阜新组</td><td rowspan="3">长安组</td><td rowspan="9">J_3</td><td rowspan="4">长安组</td><td rowspan="3">上含煤段</td><td rowspan="3">长安组</td><td rowspan="3">$J_3—K_1$</td><td rowspan="3" colspan="2">长安组</td></tr>
<tr><td>大营子页岩</td></tr>
<tr><td>麻家沟砾岩</td></tr>
<tr><td rowspan="6">下部含煤系</td><td>上部火山岩</td><td rowspan="2">安民组</td><td rowspan="2">火山岩夹煤层</td><td rowspan="3">吐呼噜组</td><td rowspan="3">安民组</td><td>上安山岩段</td><td rowspan="3">安民组</td><td rowspan="4">J_3</td><td rowspan="3" colspan="2">安民组</td></tr>
<tr><td>安民夹煤层</td><td rowspan="2">安民组</td><td>中部含煤段</td></tr>
<tr><td>中部火山岩</td><td rowspan="4">久大组</td><td>流纹岩段</td><td>中部火山岩段</td></tr>
<tr><td>久大夹煤层</td><td>久大夹煤层</td><td>金刚山组</td><td>久大组</td><td rowspan="3">久大组</td><td>下含煤段</td><td>久大组</td><td colspan="2">久大组</td></tr>
<tr><td rowspan="2">下部火山岩</td><td rowspan="2">德仁安山岩段</td><td rowspan="2">义县组</td><td rowspan="2">义县组</td><td rowspan="2">中酸性火山岩夹泥岩</td><td rowspan="2">德仁组</td><td rowspan="2">J_{2-3}</td><td rowspan="2">德仁组</td><td>上段</td></tr>
<tr><td>下段</td></tr>
</table>

28. 黄绿色细砂岩夹多斑安山岩团块 4.06 m
27. 浅黄褐色凝灰质细砂岩，产 *Equisetum*? sp.，*Pityophyllum* sp.，*Carpolithus*? sp. 18.27 m
26. 浅黄色砂岩 5.29 m
25. 灰绿色气孔状安山岩 2.89 m
24. 灰绿色蚀变安山岩 114.90 m
23. 紫色安山岩 17.30 m
22. 杂色含砾砂岩夹砂岩 46.32 m
21. 灰绿色凝灰质含砾砂岩 45.40 m
20. 灰绿色安山质晶屑岩屑含砾凝灰岩 12.44 m
19. 灰绿色多斑安山岩 7.50 m
18. 安山质晶屑岩屑含砾凝灰岩 5.60 m
17. 深灰色安山岩 80.63 m
16. 灰绿色多斑安山岩 0.72 m
15. 深灰色安山岩 0.48 m
14. 灰绿色多斑安山岩 13.30 m
13. 深灰、褐灰色安山岩 0.88 m
12. 灰绿色多斑安山岩 3.36 m
11. 灰绿色细砂岩，产 *Equisetum* sp.，*Todites* cf. *williamsoni*，*Marattia* sp.，*Coniopteris* sp.，*Sphenopteris* sp.，*Cladophlebis* sp.，*C.* cf. *shansiensis*，*Taeniopteris* sp.，

Pseudotorellia? sp., *Strobilites* sp., ? *Tutuella* cf. *rotunda*, *Ferganoconcha subcentralis*, *F.* sp. 60.30 m

10. 深灰色蚀变安山岩、黄绿色蚀变安山岩互层 40.65 m

9. 灰绿色多斑安山岩 22.03 m

8. 青灰色中酸性晶屑岩屑凝灰岩 3.80 m

7. 灰绿色多斑安山岩 23.21 m

6. 灰、灰紫色酸性熔岩 7.03 m

5. 灰绿色多斑安山岩 61.51 m

砂砾岩段 厚度 22.45 m

4. 黄褐色细砂岩，产 *Pseudocordinia* sp., *Equisetum* sp., *Coniopteris* sp. 5.30 m

3. 黄褐色花岗质粉砂岩 4.90 m

2. 黑灰色泥质粉砂岩 4.08 m

1. 黄褐色花岗质砾岩 8.17 m

~~~~~~~~~~ 不 整 合 ~~~~~~~~~~

下伏：**花岗岩**

【地质特征及区域变化】 德仁组由中性火山喷发为主，与火山间歇期沉积构成的旋回层为其特征。德仁组在平岗盆地分布在新生村—老龙村一带，以安山岩、安山质集块岩、凝灰岩为主，底部有砾岩、含砾砂岩等，厚度 640～980 m。其中的沉积夹层多呈凸镜状和薄层状，沿走向尖灭再现。在辽宁省西丰盆地，本组角度不整合在前震旦系混合岩之上。在东丰-渭津盆地分布在小城子、孙家沟、夏家街一带，下段在孙家沟一带厚度较大，达 280 m 以上，在后凉子一带夹劣质煤，产动植物化石；上段主要由多斑安山岩、安山质熔角砾岩、晶屑岩屑凝灰岩夹少量凝灰质砂岩，产植物化石。厚度一般 150～500 m。沉积岩夹层分布不稳定。该组在孙家沟、夏家街一带不整合在花岗岩之上。时代为中、晚侏罗世。

久大组 J_3j (05-22-0091)

【创名及原始定义】 东北煤田 104 队(1954)① 在东辽县平岗煤矿附近创建久大夹煤层，下部为薄层凝灰质砂、砾岩、黑色页岩层；上部为灰色砂岩、页岩、黄色细砂岩夹煤三层，厚 40 m。岩性变化大，产动植物化石。与下伏火山岩和上覆火山岩呈整合接触。时代为侏罗纪。

【沿革】 1958 年吉林煤田 107 队改称为久大组。详见表 10-2。

【现在定义】 指德仁组之上、安民组之下的一套含煤地层。主要由砂岩、页岩、粉砂岩及煤层组成，夹少量中性火山碎屑岩及熔岩层，产动植物化石。其底、顶均以安山岩出现与德仁组、安民组分界，并与两者呈整合接触。

【层型】 创名时没有指定正层型，选层型为辽源市渭津镇夏家街剖面(125°14′, 42°47′40″)，吉林区调队，1978，《1∶20 万辽源市幅区域地质调查报告》。

上覆地层：**安民组** 褐色安山岩

———————— 整 合 ————————

久大组 总厚度 81.94 m

51. 黄绿色泥质粉砂岩 7.89 m

① 东北煤田 104 队，1954，平岗煤田地质普查报告（未刊）。
~~~~~~~~~~

50. 褐色蚀变安山岩	1.50 m
49. 黄色中细粒花岗质砂岩夹黑色页岩	4.50 m
48. 灰、黑色蚀变安山岩	6.70 m
47. 黄褐色花岗质细砂岩，产 *Ephemeropsis trisetalis*	1.50 m
46. 黄绿色泥岩	17.11 m
45. 黄色花岗质含砾粗砂岩	4.26 m
44. 黑灰色蚀变玄武安山岩	4.26 m
43. 黄绿色、粉砂岩与中粗粒砂岩互层	5.37 m
42. 灰色纸片状页岩，产 *Ephemeropsis trisetalis*, *Ferganoconcha* sp., *F. minor*, *F. subcentralis*, *F. elongata*, *Eosestheria* sp., *Sinocercopsis lioyuanensis*, *Sinostaphylius xiajiajiensis*, *Equisetum* sp., *Coniopteris* sp., *Cladophlebis* sp., *Ginkgo* cf. *pusilla*, *Dissurus liouyuanensis*	5.37 m
41. 青灰色薄层粉砂岩	3.78 m
40. 黄褐色粗粒花岗质砂岩	13.15 m
39. 黄绿色中粗粒与中细粒、细粒花岗质砂岩互层	6.55 m

═══════ 断　层 ═══════

下伏：**德仁组**　安山岩

【地质特征及区域变化】　久大组以湖沼相细碎屑岩沉积为主，夹含煤层，产植物、动物（双壳类、叶肢介、昆虫）化石，属于火山活动间歇期湖沼相沉积产物。久大组在平岗盆地分布在平岗煤矿以东赵家街、久大一带，呈环状分布，厚度200～300 m。与下伏德仁组呈整合关系。在东丰-渭津盆地见于小城子、夏家街一带，由于后期断裂错动而截为五段。夏家街一带久大组为花岗质砂岩、粉砂岩、页岩、泥质粉砂岩夹薄层状玄武安山岩、安山岩，产动植物化石。灵镇以西—小城子一带火山活动相对加强，出现大量岩屑凝灰岩及安山岩。在辽河源盆地分布在辽河源—峰岗村一带，以砂岩、粉砂岩为主，夹煤层，厚度50～150 m。煤层在盆地中心较厚，向边缘变薄或尖灭。在桦甸—辉南盆地主要分布在龙王庙、解放屯、苏密沟一带。由含砾砂岩、粉砂岩、泥岩、页岩及薄煤层组成。厚度变化较大，一般在350～500 m，解放屯一带厚约50 m，产动植物化石。

安民组　J_3a　(05-22-0092)

【创名及原始定义】　最初称安民夹煤层，由东北煤田104队（1954）① 于平岗煤矿安民沟建立。未测剖面。原指下部由黑色页岩，上部为砂质页岩夹煤层组成，厚30 m。煤层分布不稳定。与上、下火山岩呈整合关系。时代侏罗纪。

【沿革】　1958年东北煤田107队改称组。详见表10-2。

【现在定义】　指久大组之上、长安组之下的一套中酸性火山岩的夹含煤地层。下部以中性火山岩为主，个别地区出现酸性火山岩；中部为凝灰质砂岩夹薄煤层；上部以中性火山岩为主。底界以安山岩或流纹质凝灰岩与久大组砂岩分界，其顶界以安山岩与长安组砾岩分界，两者均呈整合接触。

【层型】　选层型为东辽县大营村剖面(125°55′,42°53′40″)，辽宁区调队1971年测制。

① 文献同久大组（下同）。

上覆地层：长安组　黄褐色砾岩

——————— 整　合 ———————

安民组	总厚度 1 202.51 m
19. 灰色安山岩	48.50 m
18. 浅灰色杏仁状安山岩	18.40 m
17. 灰绿色橄榄辉石安山岩	68.20 m
16. 灰、灰紫色气孔状安山岩	9.41 m
15. 灰绿色安山岩夹安山质凝灰岩	59.90 m
14. 灰绿色安山质凝灰岩夹黄色细砂岩及含砾粗砂岩	12.20 m
13. 紫色安山质熔岩角砾岩	8.40 m
12. 灰绿色安山岩	5.10 m
11. 灰色安山岩	52.40 m
10. 黄绿色砂岩夹黑色页岩及煤层，含植物化石 *Ginkgo digitata*，*Ginkgoites* cf. *sibirica*，*Czekanowskia rigida*，*Podozamites lanceolatus*，*Phoenicopsis* sp.，*Sphenobaiera* sp.，*Czekanowskia* sp.，*Elatocladus dongneica*	74.60 m
9. 浅灰色中厚层中粒含砾凝灰质砂岩	10.20 m
8. 浅黄灰色安山质凝灰熔岩夹安山岩	86.20 m
7. 浅灰绿色安山岩夹熔岩集块岩和熔凝灰岩	196.90 m
6. 浅绿色安山岩	18.90 m
5. 灰绿色薄层安山质凝灰岩夹安山岩	112.20 m
4. 白色流纹岩	181.90 m
3. 灰白色流纹质熔角砾岩夹流纹质集块岩	73.50 m
2. 灰白色流纹质凝灰岩	112.90 m
1. 灰白色流纹质凝灰岩夹凝灰角砾岩	52.70 m

——————— 整　合 ———————

下伏地层：久大组　灰色粉砂岩

【地质特征及区域变化】　安民组见于平岗盆地、辽源盆地、东丰-渭津、桦甸-辉南和双阳盆地。本组在平岗盆地见于平岗煤矿四周，主要岩性为一套中酸性火山岩夹煤层。下部以酸性火山岩、中上部以中性火山岩为主，火山间歇期沉积一些砂岩及煤层，厚度达千米以上（原吐呼噜组，辽宁区调队，1971）。在辽源盆地分布在盆地边缘，主要岩性为灰、紫色安山岩夹凝灰质砂岩薄层，厚度 500 m 以上，不整合在花岗岩之上；部分调查者将它与平岗盆地的德仁组相对比；吉林区调队（1978）根据化石及上覆煤系厘定其为安民组。在东丰-渭津盆地分布在灵镇、杜家街、郭家街、小城子一带，以安山岩、玄武安山岩为主，厚度 900 m 以上，与下伏久大组呈整合接触。在桦甸-辉南盆地见于苏密沟一带，岩性以安山岩为主，厚度近千米；吉林区调队（1971）曾将其归入苏密沟组上部上安山岩段。本组在双阳盆地出露于小蜂蜜顶子、聂家街、炮顶子、二道梁子煤矿一带，岩性为一套中酸性火山碎屑岩及熔岩夹少量凝灰质含砾砂岩，厚度 350～1 200 m。

长安组　$J_3K_1\hat{c}a$　（05-22-0093）

【创名及原始定义】　1954 年东北煤田 104 队创名，最初称长安夹煤层，地点在吉林省东辽县平岗煤矿长安。长安夹煤层指大营村页岩之上碎屑岩夹煤层的一套含煤岩系。产植物化石，时代为侏罗纪。

【沿革】 东北煤田104队(1954)最早称为侏罗纪上部含煤系，从下到上划分为麻家沟砾岩、大营村页岩、长安夹煤层。东北煤田107队(1958)又将上部含煤系和上覆白垩纪火山岩统称为长安组，并从下到上划分为沉积碎屑岩夹煤层及安山岩段。辽宁区调队(1971)将平岗盆地的相当煤系地层与辽西九佛堂组、阜新组对比。东北大庆中生代会议(1974)将九佛堂组改称长安组。吉林省地层表编写组(1975)将其含义进一步完善，即长安组指由砂岩、粉砂岩、泥岩夹可采煤层组成的煤系地层，底部多为砾岩、含砾砂岩。厚200～900 m。时代为晚侏罗世，本书从之。

【现在定义】 指安民组之上、金家屯组之下的一套碎屑岩夹煤地层。下部为砾岩、砂岩；中部页岩夹砂岩；上部由砂岩、页岩夹煤层组成。产动植物化石。其底界以砾岩层与安民组整合接触，其顶界被金家屯组安山岩或流纹质角砾岩平行不整合覆盖。

【层型】 正层型为东辽县平岗煤矿第九勘探线剖面（124°54′30″，42°53′30″），吉林省煤炭工业管理局，1963，《1963年平岗煤矿地质及其技术结论报告》。

上覆地层：**金家屯组** 灰色安山岩

——————— 平行不整合 ———————

长安组	总厚度765.91 m
11. 灰色厚层状粉砂岩、灰白色砂岩	7.11 m
10. 褐灰色泥岩	112.5 m
9. 灰色粉砂岩与灰白色砂岩互层，上部夹灰黑色厚层状泥岩	204.5 m
8. 灰色厚层状粉砂岩夹灰白色砂岩、灰黑色泥岩，下部夹可采煤层两层	81.4 m
7. 灰色粉砂岩夹灰白色砂岩	64.9 m
6. 灰色凝灰质砾岩	7.3 m
5. 灰白色细、粉砂岩夹黑色泥岩，下部见一层碳质泥岩	95.2 m
4. 黑灰色厚层状泥岩夹灰色细砂岩	36.7 m
3. 灰色细砂岩、粉砂岩互层	135.1 m
2. 黑色泥岩	14.5 m
1. 深灰色凝灰质含砾砂岩	6.7 m

———————— 整　合 ————————

下伏地层：**安民组** 灰绿色安山岩

【地质特征及区域变化】 在平岗盆地分布较广，为一套碎屑岩含煤地层，产植物化石，煤层在区内稳定。在辽源盆地，主要分布在金洲岗、白泉、太平沟、辽源煤矿一带。岩性以砂质页岩、页岩、煤层为主，局部地区夹少量砾岩及凝灰质砂岩。可划分为上、下两个含煤层（金洲岗含煤系和辽源含煤系)，沉积厚度大于1 000 m，与下伏安民组呈整合接触，其上被登楼库组所覆盖。该盆地大致以一座英山、横虎山为界，东西沉积稍有差别，东部沉积物较细，以页岩、砂质页岩为主，厚度350～760 m。其中第一含煤层发育，最厚可达33 m，煤层多呈复煤层，一般由1～6个分煤层组成，产植物化石；西部沉积物较粗，以粗砂岩、细砂岩、粉砂岩、泥岩互层夹含砾砂岩，厚度大于1 000 m。上部含煤层多呈线状或扁豆状，局部可采；下部煤层多为复煤层，煤层最厚达6 m。

双阳盆地本组分布在二道梁子煤矿、田家街、刘家街一带。岩性以含砾砂岩、长石砂岩、泥质粉砂岩为主，夹薄煤层及少量凝灰岩层(原二道梁子组，长春地院区测队，1960；久大组，吉林区调队，1978)，厚度 60～200 m，产植物化石。

金家屯组　K_1j　(05-22-0094)

【创名及原始定义】　吉林煤田 203 队 1974 年[①] 创名，创名地点在双阳县石溪河乡金家屯。原意是指由复杂火山岩组成的一套地层。下部安山岩段由紫灰色安山岩、安山集块岩、安山质角砾岩组成；上部凝灰岩段由灰白、灰绿色酸性凝灰岩夹煤组成。下伏二道梁子组，上覆泉头组，均为不整合接触。

【沿革】　长春地院区测队(1960)于双阳盆地称小岭组，并从下到上划分为安山岩段、凝灰碎屑岩段、流纹岩段，时代置晚侏罗世。吉林煤田 203 队(1974)命名金家屯组，之后，被吉林省地层表编写组(1975)采纳，时代置晚侏罗世。平岗盆地相当金家屯组的火山岩，曾被东北煤田 107 队(1958)归入长安组上部，称安山岩段。辽宁区测队(1971)命名为玉新组，时代为早白垩世；煤田 102 队(1974)归属到火石岭组，并认为可以和双阳盆地的金家屯组对比。

【现在定义】　指长安组之上、泉头组之下的一套中酸性火山岩。下部为安山岩、安山质集块岩、安山玄武岩；上部由酸性凝灰岩、流纹岩、凝灰质砂岩夹煤层组成。与下伏长安组平行不整合接触，上与泉头组不整合接触。

【层型】　正层型为双阳县石溪河子乡双阳西部普查找矿Ⅶ剖面(125°37′，43°27′10″)，吉林煤田 203 队，1974，《1974 年双阳煤田西部区普查找矿报告》。

上覆地层：**泉头组**　紫色砂砾岩

～～～～～～～～ 不 整 合 ～～～～～～～～

金家屯组	总厚度 248.9 m
8. 浅灰色、灰白色酸性细粒火山角砾岩夹薄层凝灰岩，有炭屑	12.4 m
7. 上部暗灰色细砂岩、中砂岩，下部粉砂岩夹薄煤层	2.4 m
6. 灰白色、深灰绿色酸性细粒火山角砾岩	61.3 m
5. 灰色、灰绿色粉砂岩与灰黑色粉砂岩，前者夹薄层凝灰岩	7.8 m
4. 灰白色、浅灰绿色酸性凝灰岩夹酸性细粒火山角砾岩及薄层灰黑色粉砂岩	36.6 m
3. 褐灰色粉砂岩与黑灰色泥岩夹薄煤层，有植物化石碎屑	6.7 m
2. 灰绿色酸性凝灰岩夹细粒酸性火山角砾岩和灰黑色薄层粉砂岩	23.9 m
1. 灰绿色、灰褐色安山岩、安山质火山角砾岩	97.8 m

——————— 平行不整合 ———————

下伏地层：**长安组**　黄褐色粉砂岩

【地质特征及区域变化】　金家屯组为火山岩夹薄煤为特征。在双阳盆地本组分布在金家屯、拉腰子、长岭子、田家街、磐石县小梨树河乡刘家街、鸡冠山、双龙泉等地。在平岗盆地本组分布于房身屯、汪泉屯、永安屯一带，呈条状及半环状分布。由于受后期断层切割，呈断块出露。主要岩性为一套中酸性火山岩夹火山碎屑岩，底部普遍有一层厚约 30 m 流纹质凝灰岩。厚度 273 m。平行不整合在长安组之上，其上被泉头组不整合覆盖。时代为早白垩世。

① 吉林煤田 203 队，1974，双阳煤田西部区普查找矿报告。

和龙群 J_3K_1H （05-22-0111）

【创名及原始定义】 西田彰一 1940 年建立和龙夹炭层，地点在延边自治州和龙县。含义指火山碎屑岩层之上的含煤岩系。厚 550 m，时代为侏罗纪。

【沿革】 见表 10-3。

【现在定义】 主要指延边小区延吉群之下的一套火山岩夹含煤地层。自下而上划分为屯田营组、长财组、泉水村组。顶界被大拉子组砾岩所覆盖，底界不整合在花岗岩之上。

表 10-3 和龙群、延吉群划分沿革表

上床国夫	西田彰一			森田义人			吉林省煤田地质队			杨学林			全国地层委员会		李文敏		吉林区调队		本书		
1933	1940—1941			1943			1958—1959			1959			1962		1972		1971—1973				
大拉子	和龙			和龙			和龙			延边			延边		福洞		和龙		延边		
大拉子统	K_1	大拉子统		K	和龙火山碎屑岩群	桦山统	K	龙井统	含化石砂页岩层	K	延吉统	大拉子组	延吉群	大拉子组	K_1	龙井组	K_1	龙井组	K_1	延吉群	龙井组
									含化石页岩层												
		龙井统							杂色岩层			龙井组		龙井组		大拉子组		大拉子组			大拉子组
									火山岩碎屑岩												
									巨砾岩层												
基底岩石	J	和龙夹炭层	穆棱统	J_3	和龙层群	密山统	J	穆棱统	上含煤层	J	和龙统	长财组	和龙群	长财组	J_3	福洞组	J_3	泉水村组	J_3-K_1	和龙群	泉水村组
									下含煤层							长财组		长财组			长财组
									角砾岩层			西山坪组		西山坪组							
		火成碎屑岩层			火山岩群				安山质碎屑岩层			屯田营火山岩组		屯田营组		屯田营组		屯田营组	J_3		屯田营组

屯田营组 J_3t （03-22-0106）

【创名及原始定义】 杨学林 1959 年于延吉县三道乡屯田营一带创名。含义指一套中性火山岩，由安山岩、角闪石安山岩、辉石安山岩、粗面安山岩、凝灰角砾岩及凝灰质砾岩组成。与上覆西山坪组整合接触，时代为晚侏罗世。

【沿革】 1933—1978 年以前沿革见和龙群。吉林地研所(1979)编制吉林省 1∶50 万地质图时，根据张川波在老头沟地区原屯田营组上部安山岩夹砂岩层中采到的晚侏罗世植物化石将屯田营组二分：下部保留屯田营组，时代为中侏罗世；上部含植物化石的火山碎屑岩和火山熔岩，命名为老头沟组，时代置晚侏罗世。吉林区调所(1980)根据在地荫沟盆地城墙砬子一带，原屯田营组中部凝灰质砂岩中采到晚侏罗世植物化石，并结合接触关系，又建立了金沟岭组，代表原屯田营组的上部岩石地层单位。吉林省地质矿产局第六地质矿产调查所(以下称吉林局六所)(1990)又将刺猬沟地区原屯田营组下部火山岩改称为刺猬沟组。在造山带，尤其是火山岩的划分十分复杂，本着宜粗不宜细的原则，本书仍恢复屯田营组的原意。

【现在定义】 指长财组之下，由数个大型火山喷发旋回组成的中性火山岩系。主要岩石类型有：安山岩、集块岩、安山质凝灰岩，夹凝灰质砂岩。砂岩中产少量植物化石。区域上底界与解放村组及华力西期花岗岩不整合接触，顶界以安山岩与长财组整合接触。

【层型】 正层型为延吉市三道乡屯田营南屯剖面(129°14′30″,43°18′20″)，吉林区调队，1967,《1：20万延吉市幅区域地质调查报告》。

屯田营组	总厚度 1 585.3 m
15. 灰绿色安山岩。(未见顶)	17.1 m
14. 安山质角砾岩	7.3 m
13. 安山质集块岩	12.2 m
12. 灰紫色安山岩	4.8 m
11. 含集块安山质凝灰岩	24.2 m
10. 紫色安山质集块岩	24.2 m
9. 灰绿色角闪安山岩	19.4 m
8. 灰紫色气孔状安山岩	12.8 m
7. 灰紫色安山质角砾岩夹安山岩	75.4 m
6. 灰紫色安山岩夹气孔状安山岩	299.2 m
5. 安山质角砾岩	178.2 m
4. 紫色角闪安山岩	187.6 m
3. 紫褐色安山集块岩	504.6 m
2. 褐色安山质含砾凝灰质砂岩夹安山熔岩	115.0 m
1. 灰褐色安山集块岩。(未见底)	103.3 m

断 层

【地质特征及区域变化】 屯田营组的岩性组合以中性火山岩及相应火山碎屑岩为主，夹少量凝灰质砂岩，厚度 1 515 m。在地荫沟盆地本组分布在城墙砬子、亲和屯、沙金沟、刺猬沟一带，岩性变化较大。城墙砬子、亲和屯一带以中酸性火山碎屑岩为主，夹少量中性熔岩，厚度 320～520 m，以爆发亚相为主要特征。沙金沟一带则以中性熔岩、中性火山碎屑岩构成四个喷发韵律，厚度大于 800 m。刺猬沟一带本组由两个大的中性火山喷发旋回(刺猬沟组，吉林局六所，1991)组成，厚度大于 1 578 m。延吉盆地本组分布在老头沟一带，下部为安山质凝灰角砾岩、凝灰岩、安山岩；上部为安山质岩屑凝灰岩、安山岩，夹凝灰质砂岩(老头沟组，张川波等，1977)，特点与层型区相似。在老头沟与上覆长财组整合接触。安图盆地屯田营组见于明月沟、五峰一带，岩性以安山质角砾岩、安山岩为主，厚度近千米。

长财组 $J_3K_1\hat{c}$ (05-22-0107)

【创名及原始定义】 杨学林 1959 年于和龙县福洞镇长财村所创建。指长财村剖面 1—3 层，下部为灰色砂岩、薄层凝灰质砂岩和灰黑色页岩，夹含砾砂岩及六层煤；中部为安山岩；上部为灰白色砂岩、页岩、凝灰岩夹八层薄煤层。与下伏西山坪组整合或平行不整合接触，时代置晚侏罗世。

【沿革】 杨学林(1959)创名之后，又将土山子一带的煤系分别称为西山坪组、长财组。吉林区调队(1967)将上下煤系合称长财组。经本次对比研究西山坪组和长财组两套煤系岩石组成基本相同，因此将两煤系合并，统称长财组。

重新划分的地层区划，蛟河盆地与延吉盆地同处于鸡西-延吉地层分区。因此两盆地的岩石地层名称应取得一致。按命名优先原则，蛟河盆地的地层名称纳入延吉盆地地层名称系列。

南京地质古生物研究所(简称南古所)东北中生代地层研究队(1963)将蛟河盆地含煤岩系从下到上划分为奶子山组、乌林组，时代置晚侏罗世。吉林煤田张友均、韩青林等(1964—1971)因乌林组在乌林地区煤层不发育，而在中岗地区发育，故改称中岗组，而乌林组则留给底部火山岩。吉林省地层表编写组(1975)采用了1963年划分方案。经本次对比研究认为，蛟河盆地含煤特征可以和和龙松下坪、土山子、延吉等盆地煤系地层相比，故将乌林组、奶子山组一并称长财组。时代为晚侏罗世—早白垩世。另外，对个别盆地长财组的处理意见是：将安图盆地原明月沟组上部砂页岩、地荫沟盆地原金沟岭组的下部火山沉积岩、杜荒子盆地原泉水村组下部含植物化石火山沉积岩、敦化一面山一带原帽儿山组、五峰一带原帽儿山组下段等划归长财组。

【现在定义】 位于泉水村组之下，屯田营组之上的一套含煤地层。下部为砾岩或凝灰质砾岩、砂岩互层夹数层煤；上部由砾岩、砂岩、粉砂岩组成，夹少量火山碎屑岩、熔岩及煤层，产植物化石。底界与屯田营组或太古宙片麻岩呈整合或不整合接触；顶部与泉水村组火山岩整合接触，或与龙井组平行不整合接触。

【层型】 正层型为和龙县福洞镇长财剖面(129°7′,42°33′)，杨学林1959年测制。

上覆地层：**龙井组** 紫色泥岩

——————— 平行不整合 ———————

长财组　　　　总厚度 440.0 m

3. 灰、灰白色砂岩夹薄层灰黑色页岩、砂质页岩和薄层灰白色凝灰岩，其中夹8层薄煤和碳质页岩　　100.0 m

2. 灰色安山岩，南部较厚，沿走向往北逐渐尖灭。在安山岩上部有一层厚1.9 m灰白色凝灰岩与煤系接触　　230.0 m

1. 灰白色、灰色砂岩、薄层凝灰质砂岩和灰黑色页岩夹含砾砂岩和煤6层，煤层厚度多在1 m左右。下部为灰绿色角砾岩，产 *Equisetum* sp.，*Podozamites lanceolatus*，*Sphenopteris* sp.，*Ginkgoites* sp.，据杨学林面告还有 *Coniopteris* cf. *burejensis*，*Ginkgo* cf. *hutton*，*Nilssonia sinensis*，*Sphenobaiera* cf. *longifolia*，*Brachyphyllum* sp.，*Cladophlebis* sp.，*Elatocladus* sp.　　110.0 m

~~~~~~~~~ 不 整 合 ~~~~~~~~~

下伏地层：片麻岩

【地质特征及区域变化】 长财组由砾岩、砂岩、页岩、泥岩、煤层等组成的含煤岩系。形成两个比较完整的沉积旋回，即砾岩—砂岩—页岩—煤层。个别盆地夹安山岩。产植物化石。厚度400～1 000 m。与下伏屯田营组或老地层整合或不整合接触。

本组在松江盆地见于四岔子煤矿、朝阳屯、杨木条子、东南岔等地，由砾岩、砂岩、薄层粉砂岩、粉砂质页岩组成，厚度136.6 m，产植物化石。底部砾岩层主要分布在盆地边缘，各地厚薄不一，小沙河一带厚150 m，向两侧变薄，在沙河屯一带只见2 m左右。其上，含
~~~~~~~~~

煤层位变化也较大，小沙河南河边可见厚度2 m，杨木条子一带呈薄煤层，一般在10～50 cm。

和龙盆地本组分布在西部边缘金厂沟一带，由砾岩、含砾砂岩、粉砂岩、碳质页岩、煤层组成。下部砾岩层厚度达205.7 m；上部由细碎屑岩及煤层组成，可采煤层达十余层，厚度103.8 m，产植物化石。

福洞盆地该组分布在长财、土山子、西山坪、五明一带。西山坪、五明煤矿本组以砾岩、砂岩、页岩、煤层组成两个沉积旋回，产植物化石。其中煤层主要赋存在上旋回中，下旋回中的煤层变化大，分布不稳定。杨学林(1959)曾将下旋回的煤层命名为西山坪组。长财一带以细碎屑岩为主，并出现安山岩夹层，厚度380 m，可能缺少下部旋回层。

安图盆地本组分布于明月沟、五峰一带。明月沟一带由凝灰质含砾砂岩、凝灰质砾岩夹粉砂岩组成。产植物化石。厚度280 m。五峰一带以细碎屑岩为主，夹薄煤层。厚度120 m。

长财组于延吉盆地见于老头沟一带，以含砾砂岩、砂岩、粉砂岩、碳质页岩为主，夹煤层(5～7层)，产植物化石。厚度大于100 m。平行不整合在屯田营组之上，其上被延吉群大拉子组底砾岩平行不整合覆盖。

在屯田营盆地本组分布在屯田营一带，以细碎屑岩为主，夹煤层，产植物化石(大荒地煤系和煤窑沟煤系，吉林煤田102队，1954)，厚度350 m。百草沟一带，底部为厚层状凝灰质砾岩；中部为细砂岩、页岩夹煤层；上部砂岩、页岩。沉积厚度200 m。

长财组于地荫沟盆地见于城墙砬子、沙金沟、八号拐子沟等地，以凝灰质砂岩、凝灰质砾岩为主夹少量中性火山碎屑岩，沉积厚度80～150 m。

蛟河盆地本组分布在盆地东缘，分上、下两个旋回层。下旋回层的下部砾岩不太发育，厚度27 m。上部煤层多为复合煤层，可达8层，一般厚1 m。上旋回层下部砾岩和含砾粗砂岩达70 m厚。上部煤层一般较薄或呈煤线出现。在大关门砬子一带，上下两个旋回层多以粗碎屑岩为主，夹少量煤线，产动植物化石。沉积厚度1 743 m。整个蛟河盆地长财组的煤层集中于乌林一带，其余地区煤层多为薄煤层。从沉积物分布规律看，从西南向东北，由河流相向滩前—沼泽相过渡，所以煤层多集中于乌林一带。

泉水村组 $K_1q\hat{s}$ (05-22-0108)

【创名及原始定义】 吉林区调队1976年创名，地点在和龙县城南泉水村一带。指分布于和龙盆地南部及诗满村盆地四周的，底部有少量砾岩、砂岩，主要由中性火山碎屑岩组成的一套地层，最大厚度322.3 m。该组与下伏长财组平行不整合接触，与上覆大拉子组角度不整合接触，时代为晚侏罗世。

【沿革】 西田彰一(1940)将这套地层称为龙井统的上部火成岩层，时代置白垩纪。森田义人(1943)又称为桦山统，并划分为基底砾岩层和火山岩层。李文敏(1972)首先将覆于长财组之上的中酸性火山岩层命名为福洞组。李德发(1984)又将泉水村组的含义扩大，包括大拉子组的下段砾岩一并称为泉水村含煤组。福洞组虽然创名早于泉水村组，但无实际资料。泉水村组已被广为利用，因此保留泉水村组。

【现在定义】 位于长财组之上、大拉子组之下的一套火山岩系，由安山岩、安山质集块岩、安山质角砾凝灰熔岩、少量英安质凝灰熔岩组成。底界以砾岩与长财组凝灰质砂岩呈整合（或区域上不整合）接触；顶界被大拉子组底部砾岩覆盖，为平行不整合接触。

【层型】 正层型为和龙县城南泉水村剖面(128°59′30″,42°29′40″)，吉林区调队，1973，《1∶20万和龙县幅区域地质调查报告》。

上覆地层：**大拉子组** 黄褐色砾岩

———————— 平行不整合 ————————

泉水村组 总厚度 252.3 m

8. 紫、灰紫、灰绿色安山岩 8.6 m
7. 紫色安山质集块岩 16.6 m
6. 紫色安山岩与紫色安山质角砾熔岩，轻微青盘岩化 0.8 m
5. 灰紫色安山质集块岩 57.7 m
4. 灰紫色安山岩 23.7 m
3. 浅紫色安山质凝灰岩与安山岩 22.9 m
2. 灰绿、灰黑色安山岩 94.7 m
1. 黄褐色砾岩夹灰黄色砂岩 27.3 m

———————— 整 合 ————————

下伏地层：**长财组** 灰褐色凝灰质砂岩、页岩

【地质特征及区域变化】 泉水村组为陆相中性火山岩。从下到上由安山质集块岩或安山质角砾岩-安山岩组成三个火山喷发旋回，厚度 295 m。

和龙盆地泉水村组分布在盆地西部、南部。岩性见层型。该组岩性、岩相变化较大，泉水村一带厚度 295m，向北金厂沟一带厚度仅 33m。泉水村一带以火山熔岩为主，向北、向南火山碎屑岩增多，熔岩相对减少。福兴屯一带见到底部安山质角砾岩平行不整合在长财组之上。

杜荒子盆地该组主要岩性为灰绿、灰紫色安山质凝灰熔岩及安山质角砾凝灰熔岩，厚度 357 m，整合在长财组之上。

一面山盆地本组主要岩性为中酸性凝灰岩及安山岩，厚度 707.5 m，整合在长财组之上。

罗子沟盆地本组分布在冰窑沟、烟筒砬子、板房沟等地。下部为中基性橄榄玄武岩、辉石安山岩；上部由酸性熔岩及火山碎屑岩组成。岩性在纵、横向上变化较大。厚度 300～600 m，不整合在老地层之上。吉林区调所(1980)将它与东山组相对比。本次对比研究将其归入泉水村组。

地荫沟盆地泉水村组分布在城墙砬子、苍林、金仓北荒岭、地荫沟林场等地。由玄武安山岩、安山岩、辉石安山岩组成，厚度大于 800 m，整合在长财组之上。

延吉群 $K_{1-2}Y$ (05-22-0112)

【创名及原始定义】 杨学林(1959)于延吉市一带将大拉子组、龙井组合称为延吉统。其含义指延吉、和龙、汪清盆地煤系之上的河、湖相碎屑沉积岩系。

【沿革】 刘鸿允(1956)将龙井统、大拉子统分别改称为龙井组、大拉子组。杨学林(1959)首先将龙井组、大拉子组合并称延吉统。全国地层委员会(1962)改称为延吉群(表 10-3)。南古所(1980)将延吉群含义扩大，将福洞组、铜佛寺组、龙井组、大拉子组一并称延吉群。

【现在定义】 和龙群之上以碎屑岩为主的含油页岩和杂色岩层的一套地层。进一步划分为大拉子组和龙井组。产著名的大拉子生物群。

大拉子组 K_1dl (05-22-0109)

【创名及原始定义】 原称大拉子系，由上床国夫（1933）创名，地点在延吉县智新乡大拉子。创名时指不整合在基底岩石之上到第四纪地层限定的，在半淡半咸水环境下形成的碎

屑岩组合。自下而上划分为砾岩层、下部页岩层、砂岩层和上部页岩层。在上、下页岩层中有油页岩、石膏、泥灰岩凸镜体。产鱼类及双壳类。时代为侏罗纪—早白垩世。

【沿革】 西田彰一(1940)进一步从下到上划分为龙井统、大拉子统和五大层。刘鸿允(1956)将二个统厘定为二个组，时代为早白垩世。杨学林(1959)等主张延吉盆地的层序为龙井组在下、大拉子组在上。吉林区调队(1964)首次提出龙井组在上、大拉子组在下的全新观点，并通过现场会议(1974.8)得到与会多数专家的赞同和采纳。南古所(1962)根据生物化石和沉积相特征，将大拉子组二分，下部称铜佛寺组，上部仍称大拉子组。刘桂年(1991)根据沉积物颜色，将大拉子组下部紫色砂砾岩命名为头道组，之上的灰色、黑色碎屑岩仍称大拉子组。延吉盆地的层序本书采纳吉林区调队(1964)的意见，而蛟河盆地的大拉子组是指该盆地的磨石砬子组和保家屯组，前者相当于大拉子组的砾岩段，后者相当油页岩段。

【现在定义】 指泉水村组之上、龙井组之下的一套含油页岩陆相碎屑沉积岩系。下部以砾岩、砂岩为主；上部由砂岩、粉砂岩、泥岩、页岩、油页岩组成。产动植物化石。其底界以砾岩与泉水村组分界，其顶界以紫色砾岩或砂岩与龙井组分界，均呈平行不整合接触。

【层型】 正层型为延吉县智新乡大龙屯—金古村剖面(129°36′40″,42°39′)，吉林区调队1964年重测。

上覆地层：龙井组 紫色砂砾岩

——————— 平行不整合 ———————

大拉子组 总厚度 1 884.0 m

24. 灰色叶片状页岩，偶夹粉砂质页岩及 0.5 m 厚油页岩，产介形虫 *Cypridea (Pseudocypridea) magna*, *C. (P.)* aff. *globra*, *C.* sp.；腹足类 *Tulotomoides talatzensis*；双壳类 *Sphaerium chientaoense*，叶肢介、植物等	363.1 m
23. 黄色长石砂岩，上部掩盖，可见一些砂粒、粘土、页岩碎片	199.6 m
22. 掩盖	176.5 m
21. 灰色纸片状页岩夹少量黄色细砂岩及灰黑色油页岩，产鱼 *Manchurichthys* sp.；植物 *Pagiophyllum* sp., *Elatocladus* sp. 及昆虫、叶肢介、介形虫等	89.4 m
20. 灰色薄层状泥质粉砂岩夹少量黄色细砂岩和 110 cm 厚纸片状黑色油页岩	19.9 m
19. 断层并为冲积层掩盖	160.0 m
18. 黄色含云母片中粒长石石英砂岩	10.5 m
17. 掩盖	77.5 m
16. 灰色粘土岩，偶夹黄色长石石英砂岩	23.3 m
15. 黄色含云母长石石英砂岩与灰—灰黑色层状粘土岩互层	35.0 m
14. 掩盖	96.8 m
13. 黑色粘土（粘土岩风化产物）	131.0 m
12. 黄色中厚层含云母长石石英细砂岩	30.0 m
11. 灰—灰黑色厚层粘土岩夹黄色含云母长石石英细砂岩，产 *Bairdestheria* cf. *posidonomyoides*, *Estherites mitsuishii*, *Cyclograpta* sp., *Trigonioides kodairai*, *Bithynia* cf. *cholnokgi*, *Gyraulus* sp.	38.0 m
10. 黄灰色页岩夹黄色粉砂岩，含紫色泥质团块，产 *Cypridea magna*, *C.* aff. *globra*, *C.* sp., *Tulotomoides talatzensis* 及鱼、植物等	38.0 m
9. 掩盖	69.0 m
8. 黄色薄层中细粒长石石英砂岩为主夹灰色页岩	47.0 m

7. 黑色薄层页岩残积 56.0 m
6. 掩盖 148.0 m
5. 黄褐色砾岩 38.2 m
4. 黄褐色薄层状中粒砂岩夹砂质页岩 7.4 m
3. 黄色砾岩夹砾岩扁豆层 21.5 m
2. 褐黄色含砾长石石英砂岩夹砂质砾岩 2.3 m
1. 砾岩 6.0 m

——————— 平行不整合 ———————

下伏：花岗岩

次层型为蛟河县拉法乡保家屯剖面(127°16′,43°47′15″)，由高殿生等(1980)实测。

【地质特征及区域变化】 大拉子组属河流—湖泊相含油页岩沉积，产著名的大拉子生物群（叶肢介、昆虫、鱼、介形虫、双壳类、植物等）。松江盆地本组分布在东南岔、错草沟、羊草沟一带。下部砾岩层以黄褐色、灰绿色砾岩为主，夹砂岩、粉砂岩薄层，分布较稳定；上部为油页岩、黑色页岩及砂岩，夹紫色岩层，总厚度达 2 849.5 m，产动、植物化石。与正层型区别在于中上部的紫色层比较厚，可达百米。本组不整合在长财组之上。在和龙盆地大拉子组分布在青头村一带。下部以黄褐色砾岩、砂岩、紫色粉砂岩为主，夹黑色页岩；上部为砂岩、粉砂岩、页岩互层。厚度 177 m。产动、植物化石。不整合在老地层或泉水村组之上。福洞盆地本组见于南阳、长财一带。下部为砾岩层，缺少上部层。厚度 470 m。与下伏泉水村组平行不整合接触。五明煤矿一带大拉子组的砾岩层中含薄煤层或煤线。延吉盆地本组见于老头沟、太兴村、勇新、智新一带。下部砾岩层在盆地边缘出露，厚度 122～364 m。不整合在长财组或花岗岩之上。上部层出露较广，以长石砂岩、页岩、油页岩为主，产动、植物化石。厚度达 1 874 m。罗子沟盆地该组分布在杉松背沟、宾胜沟、四道河子、西河屯、石头河一带。下部由砾岩、砂砾岩、砂岩、粉砂岩及少量页岩组成。厚度 808.7 m。盆地北部以粗碎屑沉积为主，具山间盆地早期山麓相堆积特点。南部以河流相沉积为主，反映粗、细相间的二元结构，并出现一些钙质粉砂岩、泥质粉砂岩，含较多动、植物化石。上部层位分布在西碱、三道河子、偏道岭、高丽沟一带。主要岩性为粉砂岩、油页岩、砂岩，其次出现砖红色粉砂岩、泥灰岩。厚度大于 578.8 m。产较多动、植物化石。大拉子组在蛟河盆地分布在金星屯、保安屯、新农一带。下部以砾岩、细砾岩夹粉砂岩为主，厚度 517 m；上部由砂岩、页岩、油页岩组成。产丰富的动、植物化石。厚度大于 420 m。在福兴屯本组与下伏泉水村组平行不整合接触。时代为早白垩世。

龙井组　K_2l　(05-22-0110)

【创名及原始定义】 西田彰一(1940)于吉林省龙井市一带建立龙井统。其含义指龙井地区的一套巨砾岩层，上部火山碎屑岩层、赤褐色砂质页岩层，统称龙井统。与下伏穆棱统呈不整合，与上覆大拉子统呈局部不整合接触。当时未测剖面。

【沿革】 刘鸿允(1956)改称为龙井组。详见延吉群及大拉子组(表 10-3)。

【现在定义】 指大拉子组之上的一套以杂色为主的河湖相沉积岩系。主要由紫红色砾岩、砂岩夹粉砂岩、泥灰岩等组成，产少量动物化石。底界以厚层砾岩与大拉子组平行不整合接触，其顶界不清。

【层型】 选层型为延吉市太阳乡太兴村剖面（129°19′，42°55′30″），吉林区调队，1975，

《延吉盆地早白垩世地层层序问题》。

龙井组	总厚度 381.4 m
8. 杂色粉砂岩。(未见顶)	29.2 m
7. 黄色中粒砂岩及含砾粗砂岩	33.6 m
6. 紫褐色砂质页岩夹泥灰岩团块	18.9 m
5. 下部为紫红色细砂岩与中细粒砂岩互层;上部以紫褐色为主,其次为黄色含砾粗砂岩和中细粒砂岩	149.6 m
4. 黄色厚层含砾粗砂岩	38.3 m
3. 底部灰紫、灰绿色细、粉砂岩与紫褐色粉砂岩互层,灰黄色细砂岩及厚层粗砂岩;中部为紫红色粉砂岩夹灰白色中粗粒砂岩;上部猪肝色、暗紫色砂质页岩夹蛋青色页岩、泥灰岩团块及粗砂岩	52.5 m
2. 灰绿色、灰紫色粉砂岩夹灰白色细砂岩及粗砂岩,上部为黄色含砾粗砂岩	32.3 m
1. 下部为黄色厚层状含砾粗砂岩,上部为灰色中粒砂岩	27.0 m

——————— 平行不整合 ———————

下伏地层:大拉子组 灰绿色中粒砂岩

【地质特征及区域变化】 龙井组为一套河流-河漫滩和湖相的“红色层”沉积岩系。延吉盆地本组分布在朝阳川、延吉市、头道、龙井等地。下部为紫色砾岩、含砾砂岩;上部以砂岩、粉砂岩互层出现,产少量植、动物化石。厚度 190～420 m。于太兴村一带与大拉子组呈平行不整合接触。其顶界于清茶馆一带被珲春组所不整合覆盖。福洞盆地本组分布在长财、南阳、土山子等地。由紫红色砾岩、砂岩、粉砂岩组成。厚度 127 m。在百草沟盆地紫色粉砂岩中夹有石膏凸镜体。龙井组在大甸子盆地见于大甸子一带。由紫色砾岩、粉砂岩组成。厚度 200 m。

义和组 J_1yh (05-22-0095)

【创名及原始定义】 吉林地矿局通化大队(1976)① 创名,地点在浑江市(现白山市,下同)闹枝乡义和一带。指义和一带含煤地层。由砾岩、砂岩、页岩、凝灰岩,夹不稳定的煤层或煤线组成。进一步划分四个岩性段。与下伏二股砬子组或闹枝沟组呈不整合接触。时代早侏罗世。

【沿革】 义和组早在 1942 年森田义人划分为上、下含煤层。吉林煤田 102 队 (1957) 将上部含煤层命名为烟筒沟层。吉林煤田 105 队(1960)将烟筒沟层的含义扩大,称烟筒沟组,把义和盆地的煤系地层也划归烟筒沟组。时代置于晚侏罗世。吉林省地层表编写组(1975)则把义和煤系划归石人组。吉林局通化队(1976)在义和地区 1:5 万填图时发现早侏罗世化石和其与下伏火山岩之间的接触关系,因此新建义和组,区别于晚侏罗世的含煤地层。本书从之。

【现在定义】 指长白组之上的一套含煤岩系。主要由凝灰质砾岩、砂岩、粉砂岩、页岩夹煤层或煤线,局部地区夹少量凝灰岩层组成。产植物化石。其底界以凝灰质砾岩不整合在长白组之上,其顶界不清。

【层型】 正层型为浑江市闹枝乡义和南北山剖面(127°3′30″,41°56′40″),吉林局通化队,

① 吉林地矿局通化大队,1976,1:5 万桦树幅区域地质调查报告。

1976，《1∶5万桦树幅区域地质调查报告》。

义和组	总厚度>468.2 m
11. 黄褐色砾岩夹长石石英砂岩。(未见顶)	>15.9 m
10. 中粗粒杂砂岩	2.4 m
9. 灰白色流纹岩	12.6 m
8. 上部细砂岩，中下部中粗粒砂岩	10.2 m
7. 上部中细粒杂砂岩夹三层煤线，下部中粗粒杂砂岩	22.7 m
6. 上部细粒杂砂岩，局部碳质页岩夹三条煤线，下部中细粒砂岩夹一条煤线	23.7 m
5. 细粒杂砂岩夹有断续煤线	3.7 m
4. 黄褐色砾岩夹粗砂岩凸镜体	48.5 m
3. 上部细砂岩，局部为黄绿、灰紫色粉砂质页岩，下部粗砂岩	27.4 m
2. 砾岩	292.9 m
1. 上部灰褐色凝灰质粉砂岩、泥岩及页岩夹碳质页岩及三层厚约10厘米煤线，下部灰黄、灰紫色凝灰岩、凝灰质页(泥)岩夹凝灰质熔岩及含砾凝灰质粉砂岩	8.2 m

~~~~~~~~ 不 整 合 ~~~~~~~~

下伏地层：长白组　灰白色流纹岩

【地质特征及区域变化】　义和组分布于义和盆地、抚松盆地、杉松岗盆地、仙人洞等地。在义和盆地本组分布于义和、沙金、天桥一带，呈东西向展布。由砾岩、砂岩、页岩、凝灰岩、凝灰熔岩，夹不稳定的煤层及煤线组成。厚度大于700 m。底部火山碎屑岩及熔岩分布不稳定。局部砾岩层厚度达200 m以上。抚松盆地义和组分布于万良、陈家趟子一带。主要以砂岩、粉砂岩为主夹安山岩，厚度22.3 m。不整合在小河口组之上，其上被果松组平行不整合覆盖。杉松岗盆地本组为主要含煤岩系。下部为砾岩、中粗粒砂岩、粉砂岩夹煤层；上部由含砾粗砂岩、粉砂岩、碳质页岩及数层煤组成。不整合在马家沟组之上（杉松岗组，吉林煤田勘探公司，1975；小营子组，吉林地层表编写组，1975）。与杉松岗盆地相同的含煤岩系还出露于柳河县仙人洞。

小东沟组　J_2x　(05-22-0097)

【创名及原始定义】　王钰1954年于辽宁省本溪市小东沟一带建立小东沟层。其含义指一套以紫色砾岩和黄绿色页岩为主，偶夹泥灰岩凸镜体，底部常有石灰岩质砾岩。在太子河南岸，下部有黑色斑状安山岩一层及少许玄武岩和火山砾岩。该层以角度不整合覆盖于二叠系彩家统之上，又被小岭火山岩层所覆。时代置早白垩世。

【沿革】　“小东沟层”原属于大明山统下部的一套紫红色砂岩及紫色、黄色页岩层。斯行健等(1962)将小东沟层改为小东沟组。时代置中侏罗世。长春地院区测队(1960)首先在柳河盆地将底部的杂色层比作小东沟组。同年煤田105队将这套地层另名为侯家屯红色粉砂岩，时代置早侏罗世。吉林区调队(1975)将侯家屯红色粉砂岩修订为侯家屯组，时代厘定为中侏罗世。本书根据辽东(吉南)分区统一命名的要求，按命名优先原则，将这套杂色层称小东沟组。

【现在定义】　指整合于三个岭组之上，或不整合于其他较老地层之上，平行不整合或不整合于小岭组之下的一套地层，以紫灰色为主色调，由砾岩、砂岩、粉砂岩或页岩等组成，局部夹泥灰岩凸镜体。产动、植物化石。在吉林省本组下部夹有薄煤层，下伏地层为太古宙片
~~~~~~~~

麻岩或南芬组，两者呈不整合接触；上覆大沙滩组为平行不整合接触，区域上与果松组平行不整合接触。

【层型】 正层型在辽宁省。省内次层型为柳河县安口镇大沙滩剖面(125°32′,42°9′50″)，吉林区调队，1975，《1∶20万海龙县幅区域地质调查报告》。

上覆地层：**大沙滩组** 灰白色中粗粒砂岩

——————— 平行不整合 ———————

小东沟组 总厚度 209.66 m

3. 紫色薄层粉砂岩 10.29 m

2. 黄绿色薄层泥质粉砂岩、灰黑色泥岩夹碳质页岩及劣质煤。产 *Pityophllum longifolium*, *Anomozamites* cf. *minor*, *Cladophlebis* cf. *punctata*, *Podozamites* sp., *Pterophyllum* sp., *Nilssonia* sp., *Cladophlebis* cf. *argutula*, *Cl.* sp., *Coniopteris tatungensis*, *Podozamites lanceolatus*, *Ginkgoites* sp., *Cten* cf. *chinensis* 157.37 m

1. 紫红色薄层泥质粉砂岩，底部为含砾砂岩 42.0 m

~~~~~~~~ 不 整 合 ~~~~~~~~

下伏地层：**鞍山群** 片麻岩

【地质特征及区域变化】 小东沟组以杂色为主要特征的一套河流-沼泽相碎屑沉积。主要岩性有含砾砂岩、泥质粉砂岩夹碳质页岩及劣质煤。产较为丰富的植物化石。

本组在柳河盆地主要分布在当石河、侯家屯、复兴堡、谢家屯一带，呈北东向条带状分布，岩性特点如次层型。在三源浦盆地本组出露于盆地边缘通化市、辽宁省东昌台一带以紫红色和青灰色泥质粉砂岩为主。通化市一带该组底部为杂色砾岩与粉砂岩互层，厚度 188 m 以上。在辽宁省东昌台一带产较为丰富的鱼类、叶肢介、双壳类、昆虫、植物等化石。小东沟组在抚松盆地主要分布于湾沟镇、二道花园一带。湾沟一带主要岩性为暗紫色粉砂岩、钙质粉砂岩夹鸡窝状薄煤层和泥灰岩凸镜体。二道花园一带主要岩性为灰紫色凝灰质砂岩、紫色粉砂岩及少量砾岩，并出现少量安山岩薄层，不整合在南芬组之上。这套红色层也应属于小东沟组。

综合上述，小东沟组在通化、柳河小区内多分布在各盆地边缘，岩性以杂色为主的湖沼相含煤建造为特征。产较为丰富的动、植物化石。沉积厚度在 200～800 m。属于干旱条件下的沉积产物。

果松组 $J_{2-3}g$ (05-22-0098)

【创名及原始定义】 长春地院区测队(1959)[1]于浑江市六道沟果松一带创名。含义为一套巨厚的火山岩系。下部为灰黑色安山玄武岩，底部有凝灰质砾岩；中上部以安山岩为主，夹凝灰质砾岩。时代早白垩世。

【沿革】 吉林煤田部门(1959)称为林子头凝灰岩或林子头火山岩，时代置晚侏罗世—早白垩世。长春地院区测队(1959)利用果松剖面，建果松组，1965 年又改称小岭组。吉林区调队(1976)在 1∶20 万浑江市、集安县幅恢复果松组一名。吉林区调所(1988)因在果松剖面凝灰质砾岩夹层中发现 *Neocalamites* sp.，认为不能代表晚侏罗世火山活动，所以又与吉林小区原夏

① 长春地院区测队，1959，临江县幅 1∶20 万区域地质调查报告(手稿)。
~~~~~~~~

家街组相对比。时代归入中侏罗世。经本次对比研究在鸭绿江盆地命名的望江楼组(时代为中侏罗统)考虑该组岩性组合与果松组基本一致，因此划归果松组。在辉南—桦甸盆地，吉林区调所(1979)划分的长流村组、果松组，也一并划归果松组。代表中晚侏罗世的火山活动产物。

【现在定义】 指小东沟组之上、鹰嘴砬子组之下的一套中性火山岩系。下部以砾岩、砂岩为主，产少量植物化石；上部为中性熔岩、安山岩、安山质凝灰熔岩，局部地区出现少量流纹岩、流纹质凝灰岩。底界不整合在老地层或小东沟组之上，顶界以火山岩结束与鹰嘴砬子组分界，两者为整合接触。

【层型】 正层型为浑江市六道沟果松剖面(126°15′,41°36′50″)，长春地院区测队，1959，《1：20万浑江市幅区域地质调查报告》(油印本)。

上覆地层：鹰嘴砬子组　黄色凝灰质砾岩

——————— 整　合 ———————

果松组	总厚度 1 610.0 m
14. 灰绿色致密块状安山岩	110.0 m
13. 浅灰黑色薄层状安山岩	150.0 m
12. 灰绿色巨厚层安山岩	160.0 m
11. 黑色玄武安山岩	90.0 m
10. 黑色致密玄武安山岩	73.0 m
9. 灰黑色巨厚层安山岩	230.0 m
8. 灰黑色含砾凝灰岩	130.0 m
7. 灰黑色安山岩	72.0 m
6. 灰紫色安山岩	180.0 m
5. 杂色厚层状砾岩	120.0 m
4. 灰紫色巨厚层安山岩	80.0 m
3. 暗绿色含砾安山质凝灰岩	115.0 m
2. 灰色安山岩	80.0 m
1. 紫色砾岩	20.0 m

~~~~~~~~~~ 角度不整合 ~~~~~~~~~~

下伏地层：寒武纪　灰岩

【地质特征及区域变化】 果松组主要由安山岩组成，夹少量凝灰质砾岩。在三源浦-通化盆地，本组分布于盆地北部的三源浦、三棚甸子一带和南部三棵榆树、长流村一带。主要岩性为中酸性火山岩及火山碎屑岩夹少量凝灰质砾岩、砂岩等。长流村一带底部为黄褐色砾岩、薄层粉砂岩、碳质粉砂岩，产双壳类、叶肢介、腹足类、植物等化石(原长流村组，吉林区调队，1977)；上部为中性火山岩及火山碎屑岩，厚度 2 575 m。不整合在小东沟组之上。

果松盆地本组分布在红土崖、六道沟、关门砬子一带，主要岩性为安山岩、玄武安山岩，夹砾岩及含砾凝灰岩，沉积厚度 1 600 m 以上。果松剖面具有 3 个由火山碎屑岩-熔岩组成的旋回层，火山物质从中性—中基性—中性演化。与下伏寒武系不整合接触。

老岭盆地本组见于集安小板岔一带，以安山岩和安山质角砾岩为主，夹少量凝灰质粉砂岩，厚度 1 015 m。

果松组在凉水盆地见于凉水、海关一带，以安山岩、流纹岩及相应火山碎屑岩组成，产少量植物、双壳类等化石。沉积厚度 2 207 m。
~~~~~~~~~~

鸭绿江盆地本组分布在苇沙河、望江楼、当石沟一带，下部以河流-沼泽相含煤岩系为主；上部由安山岩组成。在下部产植物化石 *Neocalamites* sp.，*Equistites* sp.，*Coniopteris hymenopylloides* 等，厚度 820 m。不整合在老地层之上(原望江楼组，吉林区调队，1976)。

果松组在辉南-桦甸盆地以南分布于刘火炉、郭船口一带。下部以正常沉积砾岩、砂岩、粉砂岩为主，产 *Asioestheria*? sp.，*Mongolianella* sp. 等；上部为安山岩。沉积厚度大于 900 m。

在抚松盆地该组分布在湾沟镇、陈家趟子、大营等地，由安山岩、辉石安山岩、安山质角砾岩及集块岩夹少量砾岩、粉砂岩薄层组成。岩性变化大，腰节一带底部出现凝灰质砾岩、砂岩和流纹岩夹层。厚度 1 537～2 000 m。不整合在小东沟组之上。时代为中、晚侏罗世。

鹰嘴砬子组　J_3y　(05-22-0099)

【创名及原始定义】　吉林区调队(1976)于浑江市郊鹰嘴砬子创名。指一套水平微层理发育的粉砂岩、页岩及泥灰岩夹煤的湖相沉积，产动物化石。其下为果松组中性火山岩，其上为林子头组酸性火山岩，均呈整合接触，时代为晚侏罗世。

【沿革】　创名之后，吉林地研所(1979)曾划归大沙滩组。

【现在定义】　指八道江组之上、林子头组之下的一套含煤碎屑岩系。由砾岩、砂岩、粉砂岩、页岩及煤线组成。产动植物化石。其底界以砾岩与八道江组藻灰岩不整合接触，区域上则与下伏果松组整合接触;其顶界以砂岩与林子头组凝灰质砾岩或流纹质火山碎屑岩分界，之间为整合接触。

【层型】　正层型为浑江市鹰嘴砬子剖面(126°25′40″,41°58′20″)，吉林区调队 1976 年测。

上覆地层：林子头组　黄褐色凝灰质砾岩

——————— 整　合 ———————

鹰嘴砬子组	总厚度 413.05 m
17. 黄绿色中厚层细粒长石砂岩	11.93 m
16. 钙质砂岩	1.70 m
15. 浅绿色中厚层中粒长石砂岩夹含砾中粗粒长石砂岩	37.49 m
14. 黄绿色页岩夹泥灰岩凸镜体，产 *Ferganoconcha* sp. 及植物碎片	2.26 m
13. 浅黄绿色厚层砂岩	2.26 m
12. 浅褐色中粗粒长石砂岩夹浅黄色钙质粘土岩和浅灰色泥灰岩凸镜体	37.14 m
11. 浅褐色中粒长石砂岩、浅黄色含砾中粗粒长石砂岩	24.76 m
10. 深灰色含生物碎屑泥灰岩，产 *Ferganconcha* sp.，*Sphaerium* sp.	26.10 m
9. 深灰色及黄色页岩互层，夹灰绿色泥灰岩凸镜体	26.78 m
8. 浅灰色纸片状页岩，夹一层灰绿色中厚层泥质灰岩	14.76 m
7. 灰绿色凸镜状泥质灰岩	14.12 m
6. 灰色中厚层含生物碎屑泥灰岩，顶部为 1 m 厚碳质页岩，产 *Ferganoconcha subcentralis*，*F. sibirica* 及球蚬化石碎片	19.26 m
5. 灰色薄层凸镜状泥质灰岩	12.06 m
4. 黄绿色页岩夹 2～3 cm 煤线	143.28 m
3. 暗紫色粉砂质页岩	18.25 m
2. 黄绿色薄层粉砂质页岩，下部含植物化石碎片，底部为铁质胶结砾岩	20.90 m

～～～～～～～ 不 整 合 ～～～～～～～

下伏地层：八道江组　灰白色藻灰岩

【地质特征及区域变化】 鹰嘴砬子组以黑色有机岩和碎屑沉积岩为特征，产双壳类化石。沉积厚度437 m。属于湖相碎屑含煤建造，与下伏八道江组不整合接触。本组在浑江盆地分布在上甸地、道清一带，其岩性从下到上由砾岩、砂岩、粉砂岩、页岩组成，构成三个沉积旋回层，局部地段含劣质油页岩层。产丰富的双壳类化石。石人盆地本组分布于三岔子一带，由粉砂岩、含砾砂岩、砾岩组成。产双壳类、叶肢介、昆虫等化石，厚度496 m，整合在果松组之上，其上被林子头组整合覆盖。抚松盆地本组分布于湾沟镇一带，由凝灰质砂岩、砂岩、粉砂岩组成。产双壳类、腹足类、植物等化石，厚度400 m，整合在果松组之上。三源浦盆地该组分布在三源浦、兰山、三棵榆树以北一带。以钙质粉砂岩、凝灰质粉砂岩为主，厚度100 m以上，整合在果松组之上。

通化小区鹰嘴砬子组是代表火山喷发间歇期湖沼相沉积产物，在不同盆地内，沉积厚度不一致，但均产较为丰富的动、植物化石，和下伏、上覆火山岩呈整合接触。

林子头组 J_3l （05－22－0100）

【创名及原始定义】 原称林子头凝灰岩，东北地院(1954)① 在浑江市林子头创名。其含义指浑江石人盆地八宝煤系之下的一套火山碎屑岩系，时代为早侏罗世。未测剖面。

【沿革】 吉林区调队(1976)改称为林子头组。其研究史如表10－4，其中吉林地研所(1979)在吉林省1∶50万地质图中用包大桥组概括了通化地区相当林子头组的岩石组合。

表10－4 林子头组、石人组、小南沟组划分沿革表

<table>
<tr><td colspan="2">森田义人</td><td colspan="2">东北地院</td><td colspan="2">徐新斋</td><td colspan="2">刘桓富</td><td colspan="2">长春地院区测队
1∶20万临江县幅</td><td colspan="3">吉林区调队
1∶20万浑江市幅</td><td colspan="2">吉林地研所</td><td colspan="2">本 书</td></tr>
<tr><td colspan="2">1943</td><td colspan="2">1954</td><td colspan="2">1956</td><td colspan="2">1960</td><td colspan="2">1960</td><td colspan="3">1976</td><td colspan="2">1979</td><td colspan="2"></td></tr>
<tr><td colspan="2">浑江</td><td colspan="2">浑江</td><td colspan="2">浑江</td><td colspan="2">浑江</td><td colspan="2">浑江</td><td colspan="3">浑江</td><td colspan="2">通化</td><td colspan="2">通化</td></tr>
<tr><td colspan="2"></td><td>K</td><td>砾岩夹紫色砂岩</td><td>K₂</td><td>砾岩夹紫色砂岩</td><td>K</td><td>紫色砾岩层</td><td>K</td><td>八宝沟组</td><td>K_1</td><td colspan="2">榆木桥子组</td><td rowspan="3">K_1</td><td>小南沟组</td><td>K_1</td><td>小南沟组</td></tr>
<tr><td rowspan="3">K</td><td rowspan="3">临江层群上部含煤系</td><td rowspan="2">J_3</td><td rowspan="2">八宝煤系</td><td rowspan="3">K_1</td><td rowspan="2">石人煤系</td><td rowspan="3">J_3</td><td rowspan="2">石人含煤组</td><td rowspan="3">J_1</td><td rowspan="3">石人组</td><td rowspan="3">J_3</td><td rowspan="2">石人组</td><td>含煤段</td><td rowspan="2">石人组</td><td rowspan="3">J_3</td><td rowspan="2">石人组</td></tr>
<tr><td>砾岩段</td></tr>
<tr><td>J_1</td><td>林子头凝灰岩</td><td>凝灰岩</td><td>林子头凝灰岩</td><td colspan="2">林子头组</td><td>J_3</td><td>包大桥组</td><td>林子头组</td></tr>
</table>

【现在定义】 指鹰嘴砬子组之上、石人组之下的一套酸性火山岩系。下部为凝灰质砂岩、砾岩；中部为草绿色凝灰质页岩及凝灰岩（局部地区以流纹岩为主）；上部由凝灰质砂岩、凝灰岩互层组成，产动植物化石。底界以凝灰质砾岩与鹰嘴砬子组整合接触，顶界被石人组底

① 转引自吉林区调队，1976，1∶20万浑江市幅、集安县幅区域地质调查报告。

砾岩整合覆盖。

【层型】 选层型为浑江市鹰嘴砬子剖面(126°25′40″,41°58′20″),吉林区调队,1976,1∶20万浑江市、集安县幅区调报告。

上覆地层:石人组 黄褐色砾岩

——————整 合——————

林子头组	总厚度 213.68 m
14. 褐黄色页岩,产 *Sphaerium* sp., *Baicalia* sp., *Coniopteris* sp.	27.16 m
13. 草绿色中厚层晶屑岩屑凝灰质粗砂岩,顶部薄层含晶屑凝灰质砂岩	23.89 m
12. 暗紫色粉砂质页岩,顶部厚约 30 cm 深灰色硅化泥质岩,见植物碎片	9.05 m
11. 草绿色晶屑、岩屑凝灰质粗砂岩	4.18 m
10. 紫色粉砂质页岩	6.89 m
9. 草绿色晶屑、岩屑凝灰质粗砂岩	10.41 m
8. 褐绿色薄层含晶屑、玻屑凝灰质粗砂岩,夹薄层灰紫色含砾晶屑玻屑凝灰岩	12.70 m
7. 草绿色厚层状安山质含砾玻屑、晶屑凝灰岩	21.78 m
6. 暗紫色中厚层含砾晶屑、玻屑凝灰岩,底部深绿色含晶屑、玻屑凝灰岩	30.96 m
5. 褐绿色安山质岩屑、晶屑中粒凝灰岩	19.05 m
4. 浅绿、黄色中厚层含晶屑凝灰质中粒长石砂岩夹薄层黄绿色凝灰质页岩和浅黄色含砾凝灰质细砂岩,产 *Neomiodon* sp., *Sphaerium* sp., *Coniopteris* sp., *Podozamites lanceolatus*	28.05 m
3. 灰绿色泥质粉砂岩,底部夹 30 cm 厚深灰色含生物碎屑砂质页岩,产 *Sphaerium* cf. *selenginense*, S. cf. *isaidae*, *Neomiodon* cf. *fasciatus*, *Podozamites lanceolatus*, *P.* sp.	2.29 m
2. 黄绿色厚层状凝灰质砾岩	2.87 m
1. 暗绿色碳酸盐化中厚层含砾凝灰质砂岩	14.40 m

——————整 合——————

下伏地层:鹰嘴砬子组 黄绿色长石砂岩

【地质特征及区域变化】 林子头组以凝灰质砾岩、砂岩、粉砂岩及中酸性晶屑、岩屑凝灰岩互层组成,厚度 214 m。产动植物化石。与下伏鹰嘴砬子组、上覆石人组整合接触。林子头组分布较广,在石人盆地分布在石人、六道沟一带,其岩性:下部为绿色酸性岩屑、晶屑凝灰岩,夹凝灰质砂岩;上部凝灰岩与粉砂岩互层;顶部为流纹岩,底部见凝灰质砾岩层。厚 500 m 以上。产叶肢介、植物化石。石人镇一带由于受断层影响,下部层位出露不全,上部层位火山物质相对减少。产叶肢介、昆虫等化石。鸭绿江盆地本组见于大荒沟向斜的东南翼大砬子沟一带,以酸性火山碎屑岩为主,沉积厚度 1 721 m。可划分三个火山喷发旋回。在抚松盆地分布于湾沟、抚松、三道花园一带。湾沟地区以青灰、灰绿色辉石安山岩为主,上部出现火山沉积岩。产双壳类、叶肢介、昆虫、植物等化石。三道花园地区由灰绿、灰黄色凝灰岩、凝灰角砾岩及凝灰质砂岩组成(原四道沟组、榆树川组,吉林区调队,1971)。通化盆地本组分布在三源浦、三棵榆树一带,下部以安山岩、安山质集块岩为主;上部为酸性火山碎屑岩夹少量凝灰质砂岩。厚度 393 m。

综合上述,通化小区各盆地林子头组岩性变化较大,基本划分两种沉积类型:一种以酸性火山岩为主的火山喷发类型;另一种以酸性火山岩与火山沉积岩相伴。两种类型在沉积夹层中均产较为丰富的双壳类、叶肢介、昆虫、植物等化石。

石人组　$J_3K_1\hat{s}$　(05-22-0101)

【创名及原始定义】　原称石人煤系，徐新斋(1956)① 命名，创名地点在浑江市石人镇。未指定层型。其含义指石人盆地紫色层之下，凝灰岩层之上的一套含煤岩系。时代为白垩纪。

【沿革】　长春地院区测队(1960)改称为石人组，见表10-4。

【现在定义】　指小南沟组之下，林子头组之上的一套含煤岩系。下部由砾岩、砂岩，上部由凝灰质砂岩、碳质页岩、煤层组成。局部夹少量凝灰岩层。产植物化石。底界以砾岩与林子头组整合接触，顶界为小南沟组紫色砂砾岩平行不整合覆盖。

【层型】　选层型为浑江市石人镇血泪山—五坑剖面(126°34′25″,41°56′20″)，吉林区调队，1976，《1：20万浑江市、集安县幅区域地质调查报告》。

上覆地层：**小南沟组**　紫色砂砾岩

——————— 平行不整合 ———————

石人组	总厚度 101.25 m
4. 灰白色凝灰质砂岩夹灰紫色凝灰质细砂岩，顶部为一层浅色火山渣晶屑岩屑玻屑凝灰岩	17.85 m
3. 黑色碳质页岩夹可采煤层（见10 cm厚长石砂岩)，煤系为上下两个复煤层，碳质页岩中见植物碎片	45.9 m
2. 黄绿色粉砂岩与凝灰质砂岩互层，夹酸性晶屑岩屑凝灰岩	5.4 m
1. 黄褐色厚层砾岩，夹粗砂岩，产 *Coniopteris* sp.，*Podozamites* sp.	32.1 m

———— 整　合 ————

下伏地层：**林子头组**　灰白色流纹质岩屑晶屑凝灰岩

【地质特征及区域变化】　在石人盆地本组分布于石人镇、八宝、三岔子等地。石人镇一带地表露头不佳，主要岩性见选层型。八宝一带出露较好，由砾岩、含砾砂岩、碳质页岩夹煤层组成。产植物化石。厚度300 m以上。据钻孔资料，石人镇一带火山物质较多，煤层多为单一厚煤层；八宝一带以正常沉积碎屑岩夹煤层为主，煤层多为复合煤层，厚度较小。浑江盆地石人组分布在板石沟口、大通沟、碱厂沟、吉星沟等地。板石沟口一带以砾岩、粉砂质页岩、泥灰岩等组成两个旋回层，产少量叶肢介化石。碱厂沟一带主要由粉砂岩、页岩及煤层组成，产双壳类、介形虫化石。在大通沟一带煤系中付家漠(1956)采到 *Lycoptera* sp.。吉星沟一带由紫色粉砂岩、页岩、砾岩及不稳定的煤层组成，厚度375 m(原吉星沟组，吉林煤田勘探公司，1975)。老岭山脉主脊东南端八宝沟一带亦有石人组分布，由长石砂岩、粉砂岩、碳质页岩及煤线组成，产植物、双壳类、叶肢介等化石，厚度65 m。抚松盆地本组分布在湾沟镇、三道花园、腰节等地。湾沟镇一带由含砾砂岩、粉砂岩、页岩组成，产叶肢介、昆虫、双壳类等化石。厚度86 m。整合在林子头组之上。三道花园、腰节一带由凝灰质砾岩、凝灰质砂岩、粉砂岩、泥岩组成，产植物、腹足类、双壳类等化石。厚度1 067 m。从盆地沉积物分析，由西南向东北，由湖沼相向河流相演替，火山物质由少到多。烟筒沟盆地石人组分布于小湖、黑松沟、烟筒沟一带，以砾岩、页岩、砂岩夹煤层组成。厚度120～200 m，不整合在

① 徐新斋，1956，浑江煤田石人区地质报告。

老地层或整合上覆在林子头组之上(原黑松沟组、烟筒沟组,吉林煤田219队、105队,1960)。三源浦盆地本组出露于三棵榆树、三源浦一带,由含砾粗砂岩、细砾岩、砂岩、粉砂岩、粉砂质页岩等组成,构成二个沉积旋回。产较多的叶肢介、腹足类、昆虫、鱼类、植物等化石。厚度717 m。整合在林子头组之上,其上被小南沟组不整合覆盖。

综上,石人组是通化小区一个重要成煤期,由于盆地规模不同、物源区和沉积作用不同,所以不同盆地的煤系厚度、岩石组成有一定差异:①各盆地下部砾岩层普遍存在,分布较稳定,上部含煤细碎屑岩分布不稳定,煤层变化大,个别盆地缺失;②火山物质含量从西南向东北递增;③各盆地均产较为丰富的热河生物群化石。

那尔轰火山岩 K_1n (05-22-0096)

【创名及原始定义】 吉林煤田勘探公司(1975)①于桦甸县那尔轰创名。下段为凝灰岩段,由灰白、浅灰绿色凝灰质砂砾岩夹凝灰岩组成,厚120 m;上段由流纹岩组成,厚160 m。不整合在石人组之上,其上被玄武岩覆盖。时代为早白垩世。

【沿革】 吉林煤田102队(1968)于那尔轰盆地进行煤矿勘探时,将该盆地的地层自下而上划分五段,即下含煤段、层间凝灰岩段、上含煤段、上凝灰岩段、流纹岩段。1975年全省煤炭资源图册说明书中,将原1—3段归入石人组、4—5段称那尔轰组,时代置早白垩世。吉林区调所(1986)在修测1∶20万磐石县幅时,根据岩石组合及含矿性与九台地层小区营城组相对比,称营城组。经本次对比研究认为:在通化地层小区各别盆地石人组之上确实存在着一次以酸性火山喷发活动为主形成的火山岩系,由于出露局限,暂用那尔轰火山岩代表该期火山活动产物。

【现在定义】 指石人组之上的一套酸性火山岩系。由灰白、浅紫色流纹岩夹少量英安-流纹质熔凝灰角砾岩组成。底界不整合在石人组之上(区域上),顶界出露不全。

【层型】 正层型为桦甸县那尔轰镇剖面(127°59′,42°2′),吉林区调所1985年重测。

那尔轰火山岩	总厚度1 357.79 m
9. 灰白色流纹岩。(未见顶)	50.00 m
8. 紫色流纹岩	342.30 m
7. 浅灰色流纹岩	219.40 m
6. 紫色流纹岩	187.62 m
5. 浅灰色流纹岩	225.40 m
4. 浅灰白色流纹岩	19.73 m
3. 灰白色流纹岩、白色英安-流纹质凝灰角砾岩	9.63 m
2. 浅紫灰色流纹岩	125.36 m
1. 浅紫色流纹岩。(未见底)	178.35 m

【地质特征及区域变化】 那尔轰火山岩主要分布在那尔轰盆地、桦甸县木其河大小青沟一带。那尔轰火山岩的底界据吉林煤田102队钻孔资料,不整合在石人组砾岩段之上。桦甸县大小青沟一带由一套中酸性火山岩组成。下部以安山岩、安山质凝灰角砾岩为主,夹少量凝灰质砂岩层;上部以流纹岩、流纹质凝灰岩为主。顶、底出露不全。厚度大于356 m(原帽

① 吉林煤田勘探公司,1975,吉林省煤田资源图册。

儿山组、泉水村组，吉林区调队，1972、1983)。

小南沟组 K_1x (05-22-0102)

【创名及原始定义】 由吉林煤田105队(1960)① 于浑江市蚂蚁河乡小南沟一带创建。未测剖面。其含义为一套由厚层紫色砂岩、粉砂岩、砾岩等组成的紫色层，与下伏烟筒沟含煤组呈渐变关系，时代为侏罗—白垩纪。

【沿革】 长春地院区测队(1960)在柳河盆地将这套红色层命名为狼洞组。吉林区调队(1975)在1:20万海龙县幅区调报告中将这套红色层命名为黑崴子组。俟年，在1:20万浑江市幅利用榆木桥子剖面，再创榆木桥子组。本次对比研究按命名优先原则，采用小南沟组一名。小南沟组的同物异名有：克林赤紫色砂岩、八宝组、榆木桥子组、黑崴子组、狼洞组、小孤山组、四道沟砂砾岩、郝家堡组等。

【现在定义】 指石人组或亨通山组之上、三棵榆树组之下的一套红层。下部以砾岩为主；上部为砂岩、粉砂岩夹砾岩。产少量动物化石。底界以砾岩或含砾砂岩平行不整合在石人组或亨通山组之上，顶界区域上被三棵榆树组辉石安山岩所覆盖，两者为整合接触。

【层型】 选层型为柳河县亨通山乡黑崴子剖面(125°53′10″,42°22′20″)，吉林区调队，1975，《1:20万海龙县幅区域地质调查报告》。

上覆：**混合花岗岩**

断　层

小南沟组	总厚度 941.16 m
9. 紫色厚层砾岩	42.00 m
8. 杂色粉砂岩和砾岩互层	422.90 m
7. 紫色中薄层中粗粒砂岩	63.90 m
6. 紫色粉砂岩夹杂色粉砂岩	96.47 m
5. 紫色中薄层砾岩夹杂色粉砂岩	30.88 m
4. 紫色泥质粉砂岩	50.90 m
3. 紫色中薄层砾岩	14.69 m
2. 赤紫色薄层粉砂岩夹砂岩	71.39 m
1. 灰黄色中薄层中粒砂岩、含泥岩碎屑和少量安山岩砾石	148.03 m

——————— 平行不整合 ———————

下伏地层：**亨通山组**　灰黑色粉砂岩

【地质特征及区域变化】 小南沟组由紫色砾岩、砂岩、粉砂岩组成。选层型剖面有四个以上砾岩—砂岩—粉砂岩为基本层序的旋回层，厚度941m。平行不整合在亨通山组之上。

在石人盆地，小南沟组分布在榆木桥子、大镜沟乡及八宝一带。岩性以紫色、灰紫色砾岩、粉砂岩、粘土岩为主，厚度大于900 m。不整合在石人组之上。稻井丰(1939)称这套红色层为克林赤紫色砂岩、砾岩。长春地院区调队(1965)命名为八宝组。

在通化盆地分布于三源浦、三棵榆树、英额布北、通化市北等地。岩性以紫色砾岩、砂岩、粉砂岩为主，厚度上百米。不整合在石人组之上。

---

① 吉林煤田105队，1960，柳河煤田安口镇勘探区普查找矿报告书。

柳河盆地本组分布较广，见于亨通山、黑崴子、后仙人沟、大庙、安口镇等地。其岩性组合见选层型。

辉南-桦甸盆地本组分布于庆阳堡、中央堡、横范屯、解放屯、保安屯一带。庆阳堡地区由杂色砾岩、砂岩、粉砂岩构成两个沉积旋回，产少量动物化石，厚度上千米。中央堡、保安屯地区，岩性基本和庆阳堡一带相同，厚度 800～1 100 m。整个沉积盆地沉积物粒度由西向东变细，厚度变薄(原郝家堡组、东甸子组，吉林区测队，1971)。本组不整合在石人组或长安组之上，其上被桦甸组不整合覆盖。

另外，在集安县麻线沟盆地有一套由红层夹中性安山岩类组成的地层，这套地层岩性组合与小南沟组有差异，所以吉林区调队（1976）命名为麻线沟组，时代置早白垩世。1988 年又将它归入黑崴子组。我们考虑它分布局限，暂可以归入小南沟组。

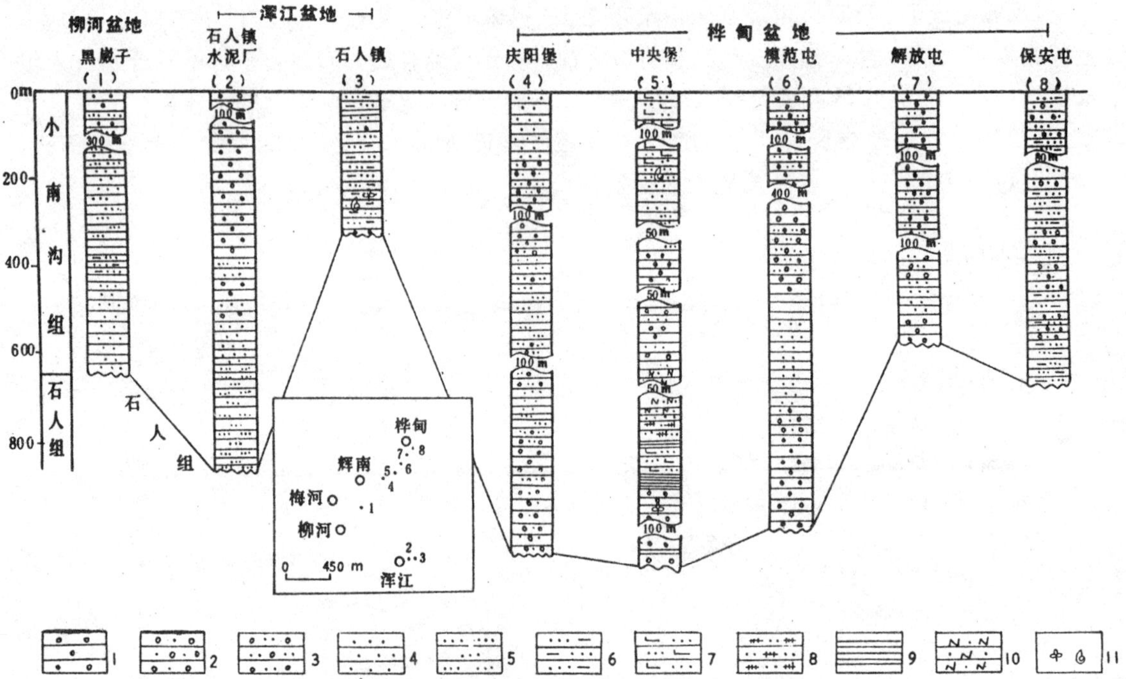

图 10－4　吉南地区小南沟组柱状对比图

1. 砾岩；2. 砂砾岩；3. 含砾砂岩；4. 砂岩；5. 粉砂岩；6. 泥质粉砂岩；7. 钙质粉砂岩；8. 杂砂岩；9. 页岩；10. 长石砂岩；11. 植物、动物化石

三棵榆树组　K_2sk　(05－22－0123)

【创名及原始定义】　由吉林区调队(1977)在通化县三棵榆树一带创建。其含义指一套中基性、中性、中性偏碱性火山岩系。由辉石安山岩、角闪安山岩、粗面岩、安山质角砾岩及少量流纹岩组成。厚度 3 924 m。平行不整合在亨通山组之上，时代为早白垩世。

【沿革】　长春地院吉南区测队(1960)将这套地层称为通化群大连川组，时代置早白垩世。吉林区调队(1977)根据长流村剖面，认为大连川一带火山岩实为果松组，而三棵榆树一带的火山岩为另一套火山岩系，并根据三棵榆树剖面，创建三棵榆树组。刘尔义等(1982)则认为大连川一带火山岩和三棵榆树一带火山岩应属于同一层位，所以将通化盆地南部火山岩统归入三棵榆树组，时代置于晚白垩世。根据近年的1∶5万区调成果，认为大连川一带火山岩应是果松组。经本次对比研究，认为三棵榆树剖面底部杂色层应是小南沟组产物，不应是三棵榆树组的底砾岩。所以三棵榆树组应是一套以中基性—中性火山喷发为主的火山岩系。

【现在定义】 指小南沟组之上的一套中基性火山岩。岩石类型包括辉石安山岩、角闪安山岩、粗面安山岩等。底界以辉石安山岩与小南沟组砂砾岩分界，整合接触，顶界不清。

【层型】 正层型为通化县三棵榆树剖面(125°23′0″,40°46′30″)，吉林区调队，1977，《1∶20万通化市幅区域地质调查报告》。

三棵榆树组	总厚度 3 899.05 m
19. 紫红色粗面安山岩。(未见顶)	842.52 m
18. 绿灰色石英粗面安山岩	174.20 m
17. 黄绿色角闪粗面安山岩	148.45 m
16. 深灰色角闪安山岩，底部具一层安山质凝灰角砾岩	568.60 m
15. 灰紫色流纹岩	46.83 m
14. 灰白色粗面安山岩	106.38 m
13. 灰紫色流纹质熔角砾岩	87.92 m
12. 紫灰色流纹岩	85.54 m
11. 深灰色角闪粗面安山岩	131.93 m
10. 灰绿色硅酸盐化中酸性凝灰熔岩	132.70 m
9. 深灰色隐晶质安山岩	227.53 m
8. 灰绿色粗面安山质含岩屑凝灰熔岩	33.39 m
7. 深灰色隐晶质安山岩	79.05 m
6. 灰绿色中酸性火山质凝灰岩，底部为安山岩	9.58 m
5. 灰色气孔状、杏仁状安山岩，顶部为流纹质熔集块角砾岩	196.00 m
4. 深灰色角闪石安山岩	214.95 m
3. 灰色气孔状安山岩	179.97 m
2. 灰色角闪石粗面安山岩	333.51 m
1. 紫灰色辉石安山岩，向上为杏仁状安山岩	<300.00 m

———— 整　合 ————

下伏地层：小南沟组　紫色砂砾岩

【地质特征及区域变化】 三棵榆树组仅在通化盆地三棵榆树一带出露。主要岩性见层型。从剖面上可以看出，从下到上由六个安山岩到粗面安山岩组成旋回层，厚度3 900 m，上覆在小南沟组之上。值得提出的是：吉林区调所(1988)编写《吉林省区域地质志》时，曾将辽源市北建安附近出露的一套砖红色玄武岩归入三棵榆树组，这套地层在1∶20万辽源市幅区调报告手稿中曾命名为鹞头山组，并被吉林地研所(1979)所采纳。经本次对比研究，这套地层应属于富峰山组。

柳河群　J_3K_1L　(05-22-0103)

【创名及原始定义】 长春地院区测队(1960)①于柳河盆地建立。其含义指柳河盆地的大沙滩组、亨通山组组成的一套含煤地层，时代置晚侏罗世。

① 长春地院区测队，1960，1∶20万海龙县幅区域地质调查报告(未刊)。

【沿革】 煤田部门和吉林区调队在柳河盆地进行了复杂的划分(表 10－5)，但是有不少地层单位在区域上不具有可追索性和可填图性。因此，本次对比研究仍保留长春地院(1960)的划分方案。即上、下红层之间的地层称柳河群，群下划分大沙滩组和亨通山组。

表 10－5 柳河群划分沿革表

<table>
<tr><td colspan="2">吉林煤田
102 队</td><td colspan="2">吉林煤田
105 队</td><td colspan="3">长春地院区测队
1：20 万海龙县幅</td><td colspan="2">吉林煤田
218 队</td><td colspan="2">吉林煤田
203 队</td><td colspan="2">吉林区调队
1：20 万海龙县幅</td><td colspan="2">吉林区调所</td><td colspan="2">本　书</td></tr>
<tr><td colspan="2">1957</td><td colspan="2">1960</td><td colspan="3">1960</td><td colspan="2">1961</td><td colspan="2">1965</td><td colspan="2">1975</td><td colspan="2">1988</td><td colspan="2"></td></tr>
<tr><td colspan="2">柳河</td><td colspan="2">柳河</td><td colspan="3">柳河</td><td colspan="2">柳河</td><td colspan="2">柳河</td><td colspan="2">柳河</td><td colspan="2">柳河</td><td colspan="2">柳河</td></tr>
<tr><td rowspan="8">J_3</td><td>红层</td><td rowspan="8">J_2</td><td></td><td>J_3</td><td colspan="2">狼洞组</td><td rowspan="5">K—J_3</td><td>上部紫色岩组</td><td>K</td><td>四道沟紫色层</td><td rowspan="8">K_1
J_3</td><td>黑崴子组</td><td rowspan="8">K_1</td><td>黑崴子组</td><td>K_1</td><td>小南沟组</td></tr>
<tr><td rowspan="4">砂岩层</td><td rowspan="4">亨通山组</td><td rowspan="7">柳河群
J_3</td><td colspan="2" rowspan="4">亨通山组</td><td rowspan="4">包大桥组</td><td rowspan="3">J_3</td><td rowspan="4">大沙滩中部砾岩</td><td>亨通山组</td><td>亨通山组</td><td rowspan="7">柳河群
K_1—J_3</td><td rowspan="3">亨通山组</td></tr>
<tr><td>下桦皮甸子组</td><td>下桦皮甸子组</td></tr>
<tr><td rowspan="2">包大桥组</td><td rowspan="2">包大桥组</td></tr>
<tr><td rowspan="4">J_2</td><td rowspan="4">大沙滩组</td></tr>
<tr><td>页岩层</td><td rowspan="2">联合屯粉砂岩</td><td rowspan="3">大沙滩组</td><td>粉砂岩段</td><td rowspan="3">J_2</td><td>宋家油坊组</td><td rowspan="3">大沙滩下部砾岩</td><td>大沙滩组</td><td>大沙滩组</td></tr>
<tr><td>砂岩层</td><td>砂岩段</td><td rowspan="2">侯家屯砾岩组</td><td rowspan="2">砬门子组</td><td rowspan="2">砬门子组</td></tr>
<tr><td>砾岩层</td><td>大沙滩下部砾岩</td><td>砾岩段</td></tr>
<tr><td>C—P</td><td>红层</td><td>J_1</td><td>侯家屯粉砂岩</td><td>J_2</td><td colspan="2">小东沟组</td><td>J_1</td><td>陈家屯粉砂岩</td><td>J_1</td><td>侯家屯粉砂岩</td><td>J_2</td><td>侯家屯组</td><td>J_2</td><td>侯家屯组</td><td>J_2</td><td>小东沟组</td></tr>
</table>

【现在定义】 指柳河盆地小南沟组之下，小东沟组之上的一套河流-湖沼相含煤地层。自下而上由大沙滩组、亨通山组组成。时代为晚侏罗世—早白垩世。

大沙滩组　J_3d　(05－22－0104)

【创名及原始定义】 长春地院区测队(1960)① 于柳河县安口镇大沙滩一带创名。其含义指河-湖相碎屑岩沉积，可划分为砾岩段、砂岩段、粉砂岩段，含动物化石。与上覆亨通山组呈整合接触，与下伏小东沟组呈角度不整合接触，时代为晚侏罗世。

【沿革】 这套地层的同物异名有宋家油坊组、联合屯粉砂岩、侯家屯砾岩组、狭义大沙滩组、砬门子组。见表 10－5。

【现在定义】 指小东沟组之上、亨通山组之下的一套河湖相碎屑沉积。由砾岩、含砾砂岩、砂岩、粉砂岩、页岩组成。产动、植物化石。底界以灰白色含砾砂岩与小东沟组紫色粉砂岩分界，平行不整合接触；顶界与亨通山组底部砾岩分界，整合接触。

① 长春地质学院区测队，1960，1：20 万海龙县幅区域地质调查报告（未刊）。

【层型】 正层型为柳河县安口镇大沙滩剖面（125°32′，42°3′50″），吉林区调队，1975，《1∶20万海龙县幅区域地质调查报告》修订。

上覆地层：亨通山组 灰白色凝灰质砾岩

——————— 整 合 ———————

大沙滩组 总厚度 1 968.67 m

25. 覆盖（路线为砂岩、粉砂岩） 80.00 m

24. 黄绿色薄层含凝灰质粉砂岩，产 *Coniopteris burejensis*，*Elatocladus manchurica*，*Solenites* sp. 23.50 m

23. 灰黑色纸片状页岩，产 *Lycoptera* sp. 7.85 m

22. 黄绿色薄层状钙质粉砂岩夹砂岩，产 *Coniopteris burejensis* 45.29 m

21. 黄绿色含砾砂岩 248.70 m

20. 覆盖（路线为砂岩、粉砂岩） 337.00 m

19. 黄绿色薄层泥质粉砂岩，产 *Sphaerium anderssoni*，*Sibireconcha*? sp.，*Galba* sp.，*Probaicalia* cf. *rammelmeyeri* 126.50 m

18. 青灰色薄层泥质粉砂岩夹砂岩，产 *Tutuella* sp.，*Sphaerium* sp.，*S.* cf. *jeholense*，*S. anderssoni*，*S.* cf. *selenginense*，*Ferganoconcha quadrata*，*F. sibirica*，*Probaicalia* sp.，*Viviparus* sp.，*Orassiminea* sp.，*Galba* sp.，*Amplovalvata* sp. 121.59 m

17. 杂色中粗粒砂岩 21.28 m

16. 青灰色薄层凝灰质泥质粉砂岩 111.34 m

15. 灰白色厚层砾岩夹青灰色粉砂岩 15.58 m

14. 青灰色薄层凝灰质泥质粉砂岩 63.48 m

13. 灰白色巨厚层砾岩夹紫色泥质粉砂岩 3.29 m

12. 青灰色薄层粉砂质泥灰岩 13.28 m

11. 紫色厚层砾岩与中薄层钙质粉砂岩互层 43.16 m

10. 灰色厚层钙质含砾粗砂岩，灰色石英长石细砂岩夹凝灰岩 108.63 m

9. 紫灰色凝灰岩、凝灰质砂岩夹灰色砂、砾岩 106.58 m

8. 紫色厚层状砂、砾岩、含砾砂岩 12.58 m

7. 灰色薄层状晶屑凝灰岩、凝灰质砂岩夹砂、砾岩 28.03 m

6. 灰白色砾岩与含砾粗砂岩互层 96.49 m

5. 紫色厚层状砾岩、砂、砾岩互层 98.31 m

4. 紫色中厚层砾岩夹紫色含砾砂岩 177.06 m

3. 浅黄色薄层石英长石砂岩 15.22 m

2. 紫色粉砂岩夹含砾砂岩 13.98 m

1. 灰白色中厚层含砾粗砂岩 49.95 m

－－－－－－－ 平行不整合 －－－－－－－

下伏地层：小东沟组 紫色砂岩

【地质特征及区域变化】 大沙滩组下部以河流相粗碎屑岩为主，由砾岩、含砾砂岩夹粉砂岩组成；中部为湖相含砾砂岩夹粉砂岩组成韵律层，并出现少量凝灰质砂岩和凝灰岩薄层；上部以湖相细碎屑岩为主，为泥质粉砂岩、页岩夹少量砂岩。产丰富的动、植物化石。厚度大于 1 940 m。与下伏小东沟组平行不整合接触。

大沙滩组分布在柳河盆地谢家、碰门子、大沙滩、上联合屯一带，呈北东向展布。底部砾岩在大沙滩一带以紫色和灰色为主，厚度大于350 m。向东北复兴堡一带，以灰白、灰色为主，厚度近千米。中上部岩性在大沙滩一带以砂岩、粉砂岩为主，产丰富的动、植物化石。在复兴堡一带渐变为砂质砾岩、砂岩、粉砂岩互层，未见化石。

亨通山组　J_3K_1h　(05-22-0105)

【创名及原始定义】　由吉林煤田105队(1960)①于柳河县亨通山一带创建。其含义指下部为含砾砂岩、砂岩、粉砂岩，上部以粉砂岩为主，夹薄煤层组成的一套地层。时代为中晚侏罗世。

【沿革】　详见表10-5。

【现在定义】　指大沙滩组之上、小南沟组之下的一套含煤地层。下部以凝灰质砾岩、含砾砂岩、砂岩为主，夹少量凝灰岩；上部以砂岩、粉砂岩为主，夹薄煤层。产动、植物化石。底界区域上以凝灰质砾岩与大沙滩组整合接触，顶界被小南沟组平行不整合覆盖。

【层型】　正层型为柳河县亨通山乡张家街-黑崴子剖面（125°53′10″，42°22′20″），吉林区测队，1975，《1：20万海龙县幅区域地质调查报告》。

上覆地层：小南沟组　紫色砾岩

——————　平行不整合　——————

亨通山组	总厚度 923.15 m
37. 灰白色中薄层灯砂质泥岩	4.48 m
36. 灰白色中薄层中粗粒砂岩	14.08 m
35. 灰白、灰黄色厚层砾岩	1.92 m
34. 灰黑色煤及碳质页岩	0.64 m
33. 灰白色薄层中粗粒砂岩及黑色碳质页岩及煤线	3.82 m
32—31. 灰绿色砂岩及粉砂岩	131.79 m
30. 黄绿色粉砂岩夹砂岩、页岩	57.33 m
29. 灰褐色中薄层砂岩夹薄层粉砂岩	26.62 m
28. 黄绿色泥质粉砂岩，产 *Coniopteris* cf. *onychioides*, *Taeniopteris* sp.	56.18 m
27. 黄色中薄层含砾砂岩，含泥岩团块	3.21 m
26. 黄绿色中薄层泥质粉砂岩	23.75 m
25. 黄绿色中薄层中粒砂岩	3.21 m
24. 黄绿色薄层泥质粉砂岩	47.14 m
23. 黄色中薄层中粒砂岩，含少量安山岩、泥质岩碎屑	4.90 m
22. 黄绿色薄层泥质粉砂岩	6.89 m
21. 黄绿色中厚层含凝灰质砂岩	25.62 m
20. 黄色中厚层含砾砂岩	107.66 m
19. 黄绿色中薄层细砂岩夹中粒砂岩，产 *Nakamuranaia* sp.	34.67 m
18. 黑色薄层状纸片页岩，产 *Lycoptera davidi*	12.96 m
17. 黄绿色薄层状泥质粉砂岩，夹黑色页岩，产鱼、腹足类化石碎片	34.32 m
16. 黄色中薄层含砾砂岩	8.90 m
15. 黄绿色薄层泥质粉砂岩，产 *Galba* sp.，*Podozamites* sp.	18.18 m

① 吉林煤田105队，1960，柳河普查报告。

14.	灰白色中厚层砾岩	3.72 m
13.	黄色中粒砂岩和黄绿色泥质粉砂岩互层	26.07 m
12.	黄绿色薄层粉砂岩，产化石碎片	27.83 m
11.	灰白色中薄层含砾砂岩夹粉砂岩	31.41 m
10.	黄绿色薄层泥质粉砂岩	59.69 m
9.	黄色含砾粗砂岩，夹黄绿色粉砂岩	19.36 m
8.	灰黄色中薄层砂岩	2.71 m
7.	灰黄色厚层含砾粗砂岩	19.36 m
6.	黄色中厚层中粒砂岩	25.88 m
5.	黄色薄层粉砂岩，夹细砂岩	7.19 m
4.	黄色厚层粗砂岩	8.63 m
3.	黄色中薄层细砂岩	12.94 m
2.	黄绿色中薄层细砂岩	8.79 m
1.	黄绿色中薄层细砂岩，产 *Coniopteris* cf. *onychioides*。（未见底）	41.30 m

【地质特征及区域变化】 亨通山组为一套含煤地层，产动、植物化石。亨通山组在整个柳河盆地分布较广，岩性组合变化大。大沙滩一带底部出现一些凝灰质砾岩夹少量凝灰岩薄层，厚度达 500 m 以上。上部以砂岩为主，夹薄层粉砂岩。产双壳类、昆虫、鱼、植物、介形虫等化石。基本反映一个河流-湖相沉积特征。复兴堡、包大桥一带底部出现少量凝灰岩，上部以凝灰质粉砂岩为主。产丰富双壳类化石。厚度 1 144 m。马家街一带以细砂岩、粉砂岩为主。产双壳类、腹足类、鱼等化石。厚度 943 m。后仙人沟口一带由砂岩、含砾砂岩的韵律层组成，含少量腹足类、双壳类化石，厚度 426 m。亨通山一带，本组上部有薄煤层。在大沙滩、复兴堡一带亨通山组底部有火山碎屑岩和熔岩，分布不稳定。

第二节　生物地层

吉林省侏罗纪—白垩纪沉积基本属于陆相有机岩建造和火山岩建造。除松辽盆地、延吉盆地、柳河盆地之外均属分散的小盆地。在滨太平洋构造运动的影响下，各盆地无论形成机制、沉积物和生物群面貌都具一定的共性，同时由于地理位置的不同各盆地的生物群亦具有一定的差异。侏罗纪—白垩纪沉积物中生物化石异常丰富，主要化石门类有植物、叶肢介、双壳类、腹足类、鱼类、介形虫、爬行类、昆虫、孢粉、轮藻等。但是由于研究程度所限大部分门类还不能建立正式的生物地层单位——生物带。本书采用生物组合的方法讨论如下。

1. 植物

斯行健、周志炎（1962）对中国的侏罗纪—白垩纪植物组合提出如下序列：晚三叠世（晚期）—早侏罗世：*Dictyophyllum* - *Clathropteris* 植物群；早侏罗世—中侏罗世：*Coniopteris* - *Phoenicopsis* 植物群；晚侏罗世—早白垩世：*Ruffordia* - *Onychiopsis* 植物群；早白垩世晚期—晚白垩世被子植物群。这一划分基本符合吉林省侏罗纪—白垩纪地层中的植物群序列。

①*Dictyophyllum* - *Clathropteris* 植物群晚期组合（简称 *DC* 植物群晚期组合）

本组合分布于吉林省西部万宝镇附近的红旗组；东南部浑江市义和盆地、辉南杉松岗、柳河仙人洞等地的义和组中。以往研究中，将其归属到 *Coniopteris* - *Phoenicopsis* 植物群，时代厘定为早侏罗世。经本次研究，无论红旗组或义和组中均没有 *Coniopteris* - *Phoenicopsis* 植物

群的代表属型 *Coniopteris*，相反其中有 *Clathropteris*，*Cycadocarpidium*，*Cladophlebis scariosa* 等少量大兴沟植物群的代表属种，因此本书重新厘定在义和组和红旗组中的植物为 *Dictyophyllum* - *Clathropteris* 植物群晚期组合，其时代理应属于晚三叠世晚期到早侏罗世早期。

DC 植物群晚期组合的代表分子有 *Clathropteris* sp.，*C. obovata*，*C. meniscioides*，*Cycadocarpidium pusillum*，*Phoenicopsis angustifolia*，*Neocalamites raciborskii*，*N. carrerei*，*N. hoerensis*，*Equisetum laterale*，*Cladophlebis denticulata*，*C.* cf. *scaricta* 等。该植物群以真蕨类最为丰富，尤以枝脉蕨最多，银杏类次之，节蕨类、松柏类属种较单调，并出现一定数量的 *Cycadocarpidium*。红旗组化石名单列表 10-6，从植物组合整体而言，可归纳以下特点：

ⓘ 节蕨类以 *Neocalamites*，*Equisetum* 二属为主。

ⓘⓘ 真蕨类出现双扇蕨科的 *Clathropteris obovata*，*Thaumatopteris schenki* 以及马通科的 *Phlebopteris* cf. *brauni*，枝脉蕨最丰富。

ⓘⓘⓘ 银杏类仅次于真蕨类，以 *Ginkgoites*，*Baiera* 二属为主。

ⓘⓥ 松柏类属种单调，以 *Pityophyllum*，*Podozamites* 为主，并出现小型的 *Cycadocarpidium* 一属。

②*Coniopteris* - *Phoenicopsis* 植物群（简称 *CP* 植物群）

CP 植物群分布较广，见于白城西部万宝组；吉林中部太阳岭组和德仁组下部（原夏家街组）；吉林南部小东沟组和浑江市六道江一带的果松组下部地层。本组合的特点也是以真蕨类、银杏类为主，其次是松柏类、节蕨类。其特点是：

ⓘ 节蕨类以 *Neocalamites* 一属为主，但不发育；*Equisetum* 一属又以 *E. laterale* 较为丰富，并有 *E. ferganense*，*E.* cf. *sarrani*，它们多是早、中侏罗世化石；

ⓘⓘ 真蕨类最为丰富，以 *Cladophlebis* 为主，是侏罗纪常见分子，其中 *Cl. punctata*，*Cl. asiatica*，*Cl. magnifica*，*Cl. argutula*，*Cl. gigantea* 等，是俄罗斯中亚，我国华北早、中侏罗世常见分子。*Coniopteris* 亦较丰富，其中 *Co. hymenophylloides*，*Co. tatungensis*，*Co.* cf. *spectabilis* 等也广泛分布于上述地区早、中侏罗世，特别是中侏罗世地层中；

ⓘⓘⓘ 银杏类数量较多，尤其具线型裂片的 *Czekanowskia rigida*，*Phoenicopsis angustifolia*，*Ph. speciosa*，*Solenites* cf. *murrayana* 等分布普遍，是银杏类发展阶段的一个高峰期。

综上述，上列岩石地层单位中所具有的植物组合具有典型的 *Coniopteris* - *Phoenicopsis* 植物群的特征。据岩石地层单位中的化石（表 10-6）结合层序学将万宝组置于中侏罗世（其下限也可能到早侏罗世晚期），玉兴屯组置于早侏罗世，太阳岭组为早—中侏罗世、德仁组的下部属中侏罗世，果松组的下部及小东沟组属中侏罗世。

③*Ruffordia* - *Onychiopsis* 植物群（简称 *RO* 植物群）

RO 植物群可进一步划分为早期 *Nilssonia* - *Acanthopteris* 组合和晚期 *Ruffordia* - *Onychiopsis* 组合。

(i) *Nilssonia* - *Acanthopteris* 组合（简称 *NA* 组合）

NA 组合以火石岭组所产的植物化石为代表，有真蕨类：*Coniopteris burejensis*，*C. heeriana*，*C. onychioides*，*C. spectabilis*，*C.* sp.，*Ruffordia goepperti*，*Gleichenites* sp.，*Cladophlebis argutula*，*Cl.* sp.；苏铁类：*Nilssonia sinensis*，*N. pterophylloides*，*N. schaumburgensis*，*Pterophyllum propinquum*；银杏类：*Ginkgo digitata*，*G.* cf. *huttoni*，*Ginkgoites orientalis*，*G. sibiricus*，*Ginkgoites chilinensis*，*G. flabellata*，*G.* cf. *taeniatus*，*G.* cf. *lepidus*，*G.* ? *crassinervis*，*Baiera manchurica*，*B. concinna*，*B. minima*，*B.* cf. *kidoi*，*B. gracilis*，*Sphenobaiera longifolia*，

表 10-6 红旗组、万宝组化石对比表

种类 \ 化石 \ 组	红旗组	万宝组
节蕨类	*Equisetum* cf. *ferganense* *E. laterale* *E.* cf. *sarrani* *Neocalamites carrerei-N. hoerensis* *N.* sp. *Equisetostachys*? sp. *Taeniocladopsis* sp.	*Phyllotheca* sp.
真蕨类	*Phlebopteris* cf. *brauni* *Thaumatopteris schenki* *Clathropteris obovata* *C. menisciodes* *Todites* cf. *williamsoni* *T. denticulata* *Cladophlabis ingens* *Cl.* cf. *scaricta* *Cl. stricta* *Cl. tsaidamensis* *Cl. argutula* *Cl.* sp. 1 *Cl.* sp. 2 *Cl.* sp. 3	*Coniopteris hymenophylloides* *C. tatungensis* *C. szeiana* *C.* cf. *zidanensis* *C. minturensis* *C.* cf. *spectabilis* *C. depensis* *C.* sp. *Eboracia lobifolia* *Cladophlebis hsiehiana* *Cl. asiatica* *Cl. magnifica* *Cl. heitingshanensis* *Raphaelia diamensis* *R. striata*
苏铁类	*Anomozamites* sp.	
银杏类	*Ginkgoites sibiricus* *G. ferganensis* *G. marginatus* *G.* cf. *taeniatus* *G.* sp. *Baiera* cf. *gracilis* *B.* sp. *Phoenicopsis angustifolia* *Czekanowskia rigida* *C. setacea* *Solenites* cf. *marragyana* *Ixostrobus heeri*	*Baiera furcata* *Sphenobaiera* cf. *longifolia* *S. pecten* *S.* sp.
松柏类	*Pityophyllum longifolium* *P. staratschini* *Podozamites lanceolatus* *P. lanceolatus* *P. schenki* *P. angustifolia* *P.* sp. *Cycadocarpidium pusillum* *Strobilites* sp.	*Pityophyllum lidstroemi* *Schizolepis moelleri* *Sch. gigantea* *Sch.* sp. *Elatides*? sp. cf. "*Podocarpidites*" *mentoukouensis* *Strobilites* sp.

Czekanowskia setacea，*Stenorachis* sp.；松柏类：*Podozamites lanceolatus*，*Elatocladus manchurica*，*E. submanchurica*，*Sphenolepis kurriana*，? *Parataxodium* sp.，? *Pityolepis* sp.，*Pityophyllum staratschini*，*P. lindstroemi*，*Pityocladus* cf. *longifolius* 等。真蕨类中 *Coniopteris burejensis*，*C. onychioides* 发育，偶见 *Ruffordia*，未见 *Onychiopsis*，苏铁类中 *Nilssonia* 最为繁盛，松柏类中也以 *Elatocladus manchurica* 较多。相当周志炎划分的茹伏德蕨-拟金粉蕨植物群中的早期组合（刺蕨-中国蕉羽叶组合）。本组合分布于延吉地区的金沟岭、老头沟一带的屯田营组。在该地产植物化石：*Otozamites* sp.，*Ginkgoites* sp.，*Ctenis* sp.，*C. uwatokoi*，*Coniopteris* sp.，*C.* cf. *burejensis*，*Taeniopteris* sp.，*Nilssonia magnifelia*，*N. pacten*，*Anomozamites* sp.，*Otozamites* sp.，*Neozamites* sp.，*Cladophlebis* cf. *denticulata*，*Cl. argutula*，*Acanthopteris gothani*，*Raphaelia* 等与早期组合相同。吉中地区见于德仁组上部及安民组，通化地

区分布于鹰嘴砬子组、林子头组。

(ii) *Ruffordia - Onychiopsis* 组合(简称 *RO* 晚期组合)

以石人组、长财组所产的植物组合为代表，该组合的特点仍以真蕨类中银杏类占主导地位，其次有松柏类、苏铁类。真蕨类中 *Ruffordia*，*Onychiopsis*，*Coniopteris* 数量居多，其次有 *Cladophlebis*，*Raphaelia* 等，苏铁类中少见 *Nilssonia*。主要分子有 *Ruffordia* sp.，*R. goepperti*，*Onychiopsis elongata*，*Coniopteris* sp.，*C. onychioides*，*C. burejensis*，*Cladophlebis* cf. *denticulata*，*Raphaelia* sp.，*Acrostichopteris* sp.，*Ginkgoides* cf. *sibirica*，*Ginkgo digitata*，*Baiera* sp.，*Sphenobaira* cf. *longifolia*，*Elatocladus manchurica*，*Pityophyllum lindstrosmi*，*Nilssonia* cf. *orientalis* 等。本组合分布于延边地区长财、老头沟、朝阳屯等地的长财组上部及大拉子组，吉中地区的双阳盆地、辽源盆地的长安组及登楼库组，通化地区石人组及柳河盆地的亨通山组。

2. 叶肢介

叶肢介生物地层除松辽盆地和通化三棵榆树剖面进行了较多工作外，其他研究程度均较差，根据目前资料吉林省叶肢介可划分为 3 个组合、1 个延限带、13 个生物带(其中 10 个在松辽盆地)。

①*Euestheria* 组合

本组合仅在吉林省与辽宁省交界的东昌台附近的小东沟组中发现，属种单调，目前仅发现 *Euestheria* sp.，*E.* aff. *haifangouensis*，*E.* aff. *ziliujingensis*，以上种属是四川及黑龙江省中侏罗世的代表分子或常见分子，结合共生的植物化石及鱼类，该地的小东沟组应属中侏罗世。

②*Eosestheria* 延限带

Eosestheria 在横向上分布极广，吉林省大部分晚中生代沉积盆地都有记载。纵向上则有所差异。通化地区自果松组出现至石人组上部消失其厚度达 2 300 余米；柳河盆地自大沙滩组至亨通山组；辽源-渭津盆地 *Eosestheria* 出现于久大组至长安组仍有记录。在松辽盆地西缘，BM15 孔、孔深 777—801 m，相当于白音高老组的粉砂岩中也采到 *Eosestheria*。唯延边地区还没有发现 *Eosestheria*。

Eosestheria 延限带的上部在三棵榆树剖面经董洁等(1988)研究划分了 3 个叶肢介生物带(图 10 - 5)。

ⓘ *Eosestheria - Diestheria* 组合带(简称 *ED* 组合带)：层型为三棵榆树剖面1—8层，底界为 *Eosestheria* 始见点，顶界为 *E.* (*Allestheria*)始见点。该组合带以 *Eosestheria* 属种丰度高为主要特点，有：*E. elongata*，*E. elliptica*，*E. middendorfii*，*E. perscarpta*，*E.* aff. *chii*，*E.* cf. *elongata*，*E. jinggangshanensis*，*E.* cf. *linjiangensis* 等，其次有 *Diestheria* sp.，*D. gigantea*。

ⓘⓘ *Allestheria - Diestheria* 组合带(简称 *AD* 组合带)：层型剖面为该剖面9—18层，由砂岩、页岩互层夹凝灰角砾岩组成，厚度390 m。底界为 *ED* 带的顶界，顶界不十分清楚，暂以 *Yanjiestheria*，*Orthestheria* 出现的下部层为顶界。该组合带以 *Allestheria* 和 *Diestheria* 二属种为主，并有 *ED* 组合带的上延分子 *Eosestheria*。*Allestheria* 是 *Eosestheria* 的一个亚属，生长带上布满横向拉长的大网装饰为特色。*AD* 组合带共生的分子有：*Eosestheria* (*Allestheria*) *ovata*，*E.* (*All.*) *tonghuaensis*，*E. yingingensis*，*E. subrotunda*，*Diestheria* aff. *longinqua*，*D.* cf. *jeholensis*，*D.* (?) *linensis* 等。

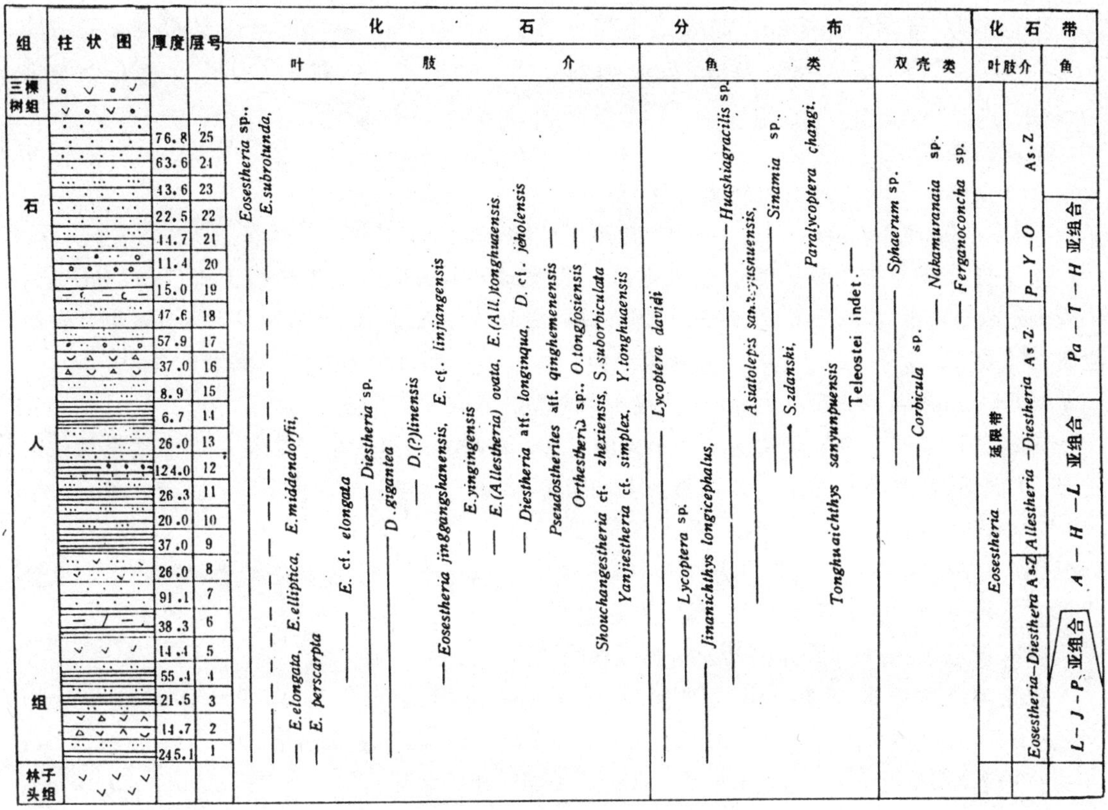

图10-5 通化三棵榆树剖面化石分布图

L-J-P 亚组合=*Lycoptela ycoptela*-*Jinanicthys*-*Peipaosteus* 亚组合；*A-H-L* 亚组合=*Huashia*-*Asiatolepis*-*Lycoptera* 亚组合；*P-T-H* 亚组合=*Paralycoptera*-*Tonghuaichthys*-*Huashia* 亚组合；*P-Y-O* 组合带=*Pseudostherites*-*Yanjiestheria*-*Orthestheria* 组合带

ⅲ *Pseudostherites*-*Yanjiestheria*-*Orthestheria* 组合带(简称 *PYO* 组合带)：层型剖面为三棵榆树剖面的19—22层，由90 m 厚的砂岩夹页岩组成，底界相当 *AD* 组合带的顶界。本组合带相当于陈丕基(1988)*PYDE* 组合，是混生叶肢介动物群。主要属种有：*Yanjiestheria* cf. *simplex*，*Y. tonghuaensis*，*Shouchangestheria* cf. *zhexiensis*，*S. suborbiculata*，*Orthestheria* sp.，*O. tongfosiensis*，*Pseudosterites* aff. *qinghemenensis*，还有下部带的上延分子 *Eosestheria* sp.，*E. subrotunda* 等。

③*Yanjiestheria*-*Orthestheria* 组合

该组合分布于延边地区、通化地区和松辽盆地。延边地区 *Yanjiestheria* 分布于大拉子组，是组成大拉子动物群的重要成员之一。主要分子有：*Yanjiestheria ballula*，*Y. yanjiensis*，*Y. simplex*，*Y. longiformis*，*Y. xinkaicunensis*，*Y. gigantea*，*Y. dalajiensis*，*Y. changdonensis*，*Y. media*，*Y. cassis*，*Y. cycloformis*，*Liograpta intermedia*，*L. reniformis*，*L. tongfosiensis*，*Turfanograpta dichoformis*，*T. filiformis*，*Bairdestheria* cf. *posidonomyoides*，*Estherites mitsishii*，*E. endoi* 等。通化三棵榆树剖面叶肢介顶部 *PYO* 组合带实际上也属于 *Yanjiestheria*-*Orthesteria* 组合(其特征在前面已述及)。裘松余等(1991)在公主岭市十屋北施钻时在登楼库

组觅得 *Orthestheria* 数种，因此松辽盆地的登楼库组可能相当于 *Yanjiestheria - Orthestheria* 组合。

Yanjiestheria - Orthesthria 组合之上据陈乃贤（1976）研究松辽盆地有 *Cratostracus - Nemestheria* 群和 *Estherites - Palaeolimnadiopsis* 群。两群进一步划分了10个叶肢介生物带（表10-7）。

3. 双壳类

吉林省侏罗纪—白垩纪双壳类可划为5个组合。

①*Tutuella - Ferganocancha* 组合（简称 *TF* 组合）

本组合分布于吉中地区德仁组的下部，通化地区小东沟组及果松组下部。组成分子有：*Ferganoconcha* sp.，*F.* aff. *sibirica*，*F. subcentralis*，*Tutuella* sp.，*T. rotunda* 等，本组合常与植物 *Coniopteris - Phoenicopsis* 晚期植物群共生，其时代为中晚侏罗世。

②*Ferganoconcha - Sibireconcha* 组合（简称 *FS* 组合）

本组合分布较广，见于通化地区果松组上部、鹰嘴砬子组、林子头组；吉中地区德仁组上部、久大组、沙河子组及上河湾一带的营城组等。本组合主要以 *Ferganoconcha* sp.，*F. sibirica*，*F. subcentralis*，*F. liaosiensis*，*F. minor*，*F. selenginensis*，*Sibireconcha goloue*，*Sphaerium* sp.，*S. selenginense*，*S.* cf. *jeholense*，*S.* cf. *isaidae*，此外还有少量 *Tutuella* sp.。本组合大体相当顾知微划分的陵远费尔干蚌-热河球蚬组合。

③*Nakamuranaia - Sphaerium* 组合（简称 *NS* 组合）

双壳类 *NS* 组合繁盛于早白垩世。主要产地有通化地区石人组，产：*Nakamuranaia chingsanensis*，*Sphaerium* sp.，*S.* cf. *selenginense*，*S. pujiangense*，*S.* cf. *shouchangense*，其次有少量的 *Ferganoconcha* sp.，*F. curta*；平岗、辽源盆地长安组产 *Sphaerium liaosiense*，*S. yanjiense*，*Lanceolaria* sp.，*Unio* sp.，*Shandongonia chingshanensis* 等；柳河亨通山组中、上部产 *Nakamuranaia* sp.，*Sphaerium* sp.，*S. jeholense*，*S.* cf. *jeholense*，*S.* cf. *selenginense*，*S. quadratum*，*S. votundum*，*S. pujiangensis*，*Ferganoconcha* cf. *sibirica* 等。

④*Trigonioides - Plicatounio - Nippononaia* 动物群（简称 *TPN* 动物群）

TPN 动物群是大拉子动物群的主要组成部分，其产地和层位有：延吉盆地大拉子组，产 *Nippononaia jilinensis*，*N. yanjiensis*，*Trigonioides*（*T.*）*kodairai*，*Sphaerium yanbianensis*，*S.* aff. *wiljuicum*，*Unio yanbianensis*，*Pseudohyria ardiiformis* 等；松辽盆地泉头组、青山口组和姚家组产双壳类 *Plicatounio* cf. *multiplicatus*，*P. equiplicatus*，*P. latiplicatus*，*Nippononaia? jilinensis*，*Sphaerium* cf. *amgense*，*S.* cf. *shantungense*，*S.* cf. *yanbianense*，*Martinsonera paucisulcata* 等与大拉子组所产的双壳类十分相近，可谓典型的 *TPN* 动物群。

⑤*Pseudohyria - Sphaerium* 组合（简称 *PS* 组合）

本组合的典型组成见于松辽盆地的四方台组和明水组。产双壳类 *Pseudohyria songhuaensis*，*P. aralica*，*P.* aff. *gobiensis*，*Sphaerium shantungense*，*Protelliptio songhuaensis*，*Cuneopsis sakaii* 等。嫩江组所产的双壳类兼有 *TPN* 动物群与本组合过渡性质，产双壳类 *Pseudohyria* aff. *gobiensis*，*Protelliptio*（*Plesielliptio*）*songhuaensis*，*Musculus manchuricus*，*Fulpioides orientalis*，*Brachidontes sinensis*，*Sphaerium fulungchuanense*，*Plicatounio* cf. *latiplicatus*，因此嫩江组也可称为 *Plicatounio - Pseudohyria* 组合。*PS* 组合还见于延边地区龙井组，产 *Pseudohyria* sp.，*Plicatounio equiplicatus*，*P. luodongensis*，*Physa* sp.，*Planorbides* sp. 等，其组成与嫩江组接近。

表 10-7 松辽盆地各门类化石带与地层关系表

组	段	介形类（叶德泉，1990）		叶肢介（陈乃贤，1976）		轮藻（王振、赵传本、卢辉南，1978）		孢粉（高瑞祺，1978）	
明水组	二	*Cristocypridea* 带	*Cypridea myriotuberculata* 组合带	*Estherites-Palaeolimnadiopsis* 带		戈壁拉氏轮藻—伸长新轮藻组合(带)	*Croftiella norma* 亚组合(带)	被子植物花粉发育组合带	*Ulmoideipites* 亚组合带
	一				*Daxingestheria distincta* 带		*Latochara curtula-L. dongbeiensis* 亚组合(带)		*Aquilapollenites* 亚组合带
四方台组			*Cristocypridea amoena* 组合带				*Latochara yuananensis* 亚组合(带)		*Rotundtricolporate* 亚组合带
嫩江组	五	*Cypridea* 带	*Harbina hapla* 组合带		*Plaeolimnadiopsis anguangensis* et *P. altilis* 带	农安梅球轮藻—肇源钝头轮藻组合(带)	*Maedlerisphaera heilongjiangensis* 亚组合(带)		*Loranthacites* 亚组合带
	四								
	三		*Ilyocyprimorpha inandita* 组合带						
	二		*I. netchaevae-I. magrifica* 组合带		*Calestherites hormos* 带 *Estherites mitsuishii* 带 *Halysestheria deflecta* 带 *Sphaerograpta* aff. *yui* 带 *Dictyestheria* aff. *ovata* 带 *Leptolimnadia hongangziensis* 带				
	一		*Cypridea gunsulinensis-C. ardua* 组合带 *C. squalida-C. anonyma* 组合带					桫椤孢高含量组合带	*Proteacidites* 亚组合带
姚家组	三		*C. dorsoangula-C. exornata* 组合带				*M. minuscula* 亚组合(带)		*Monocolpate-Taurocusporites* 亚组合带
	二								
	一								*Cyathidites* 亚组合带
青山口组	三		*Triangulicypris symmetrica-Cypridea panda* 组合带	*Cratostracus-Nemestheria* 带	*Bairdestheria shanchahenensis* 带 *Nemestheria qingshankouensis* et *Liograpta yingtaiensis* 带		*Aclistochara songliaoensis* 亚组合(带)		*Nevesisporites-Balmeisporites* 亚组合带
	二		*Limnocypridea inflata-Sunliavia tumida* 组合带			三褶缚紧奇异轮藻东北迟钝轮藻组合(带)			
			C. dekhoinensis-C. adumbrata 组合带						
	一		*Triangulicypris torsuo sus* 组合带				*M. raricostata* 亚组合(带)	松粉无口器粉高含量组合带	*Pinuspollenites* 亚组合带
泉头组	四		*C. subtuberculisperga* 组合带				*Euaclistochara mundula* 亚组合(带)		
	三		*C. elliptica* 组合带						*P.-Classopollis* 亚组合带
	二								
	一							黑光面三缝孢里白孢高含量组合带	*Inaperturopollenites-Foveotriletes* 亚组合带
登楼库组	四				*Orthestheria-Yanjiestheria* 组合				
	三								
	二								
	一								

据高瑞祺、程学儒，1979，修定。

据李佩贤等(1966)指出中国的白垩纪双壳类动物群，早期以较原始的类三角蚌类的崛起和兴盛为特征，重要代表有 *Koreania*，*Nakamuranaia*，*Nippononaia*，*Tetoria* 及 *Sphaerium* 等；中期为典型的 *Trigonioides* - *Nakamuranaia* - *Nippononaia* 动物群；晚期以类三角蚌的 *Pseudohyria* 为主，中期少见的 *Sphaerium* 再度繁盛。据白垩纪两分方案早—中期属早白垩世，晚期为晚白垩世。吉林省的双壳类第3、4组合属于早中期，时代为早白垩世；第5组合为晚期组合，时代为晚白垩世。

4. 鱼类

吉林省鱼类化石亦较丰富，自下而上可划分为褶鳞鱼组合、狼鳍鱼组合、满洲鱼组合和松花鱼组合。

①*Ptycholepidae* - *Palaeoniscoidei* 组合(简称 *PPa* 组合)

本组合仅见于通化地区小东沟组，产鱼类 *Ptycholepidae*，*Palaeoniscoidei*，从共生的植物 *Coniopteris* - *Phoenicopsis* 晚期组合及叶肢介 *Euestheria* 组合，说明 *PPa* 组合的时代为中侏罗世。

②*Lycoptera* 组合(简称 *L* 组合)

该组合在吉林省分布较广，见于松辽盆地以东晚中生代沉积盆地，产出的层位也较多，通化地区自鹰咀砬子组到石人组；柳河盆地自大沙滩组到亨通山组；吉中地区自久大组到长安组；九台地区的沙河子组等都有 *Lycoptera* 记载。共生的鱼类除 *Lycoptera* 不同种外，还有 *Jinanichthys*，*Peipiaosteus*，*Huashia*，*Asiatolepis*，*Paralycoptera*，*Tonghuaichthys* 等。

通化三棵榆树剖面的鱼类生物地层经马凤珍、孙嘉儒(1988)研究，*Lycoptera* 组合可进一步划分为3个亚组合(图10-5)。

(i) *Lycoptera* - *Jinanichthys* - *Peipiaosteus* 亚组合：层型剖面为该剖面的1—3层，还见于红庙子剖面，主要由砂岩、页岩组成。顶界为 *Huashia* 鱼类的始见点，共生分子有：*Lycoptera* sp.，*L. davidi*，*Jinanichthys longicephalus*，在红庙子剖面还有 *Peipiaosteus*，本亚组合以未见 *Huashia* 鱼类为主要特征。

(ii) *Asiatolepis* - *Huashia* - *Lycoptera* 亚组合：三棵榆树剖面4—14层为层型剖面。*AHL* 鱼群为过渡类型鱼群，即出现 *Lycoptera*，也出现常见于上部层位的 *Sinamia* 分子。共生的分子有：*Lycoptera davidi*，*Huashia gracilis*，*Asiatolepis sankeyushuensis*，*Sinamia zdanski* 等。

(iii) *Paralycoptera* - *Tonghuichthys* - *Huashia* 亚组合：此带以三棵榆树剖面15—22层为层型剖面。本带除了下部带的延伸分子 *Sinamia* sp.，*Huashia gracilis* 之外出现了 *Paralycoptera changi* 及地方性分子 *Tonghuaichthys sanyunpuensis* 及 Teleostei indet. 等。

③*Manchurichthys* 组合(简称 *M* 组合)

本组合主要分布于吉林省东部延吉盆地、蛟河盆地、罗子沟盆地的大拉子组，其次松辽盆地青山口组也有 *Manchurichthys*。*M* 组合通过近年的研究有了较大的进展。蛟河盆地大拉子组(原磨石砬子组＋保家屯组)产 *Manchurichthys uwatokoi*，*Jiaohichthys pulchellus*，*Pulingia baujiatunensis*，*Acipenserformis*；罗子沟盆地与 *Manchurichthys* 共生的还有 *Sinamia luozgouensis* 等；松辽盆地青山口组中仅有 *Manchurichthys* sp.。

在延吉盆地 *Manchurichthys* 及 *TPN* 动物群共同组成大拉子动物群，时代为早白垩世。

④*Sungarichthys* 组合(简称 *S* 组合)

本组合仅见于松辽盆地姚家组和嫩江组，共生的鱼化石有：*Sungarichthys longicephalus*，*Jilingichthys rapax*，*Hama macrostoma*，*Paraligator sungaricus*，Selachii indet.，*Plesioly-*

coptera daqingensis 等。*Sungarichthys* 组合与双壳类 *Pseudohyria* - *Sphaerium* 组合共生，其时代为晚白垩世。

5. 昆虫

吉林省侏罗纪—白垩系昆虫类化石产地和数量亦较多，初步可划分为3个组合。

①*Xinbinia* - *Samaroblatula* 组合（简称 *XS* 组合）

本组合仅见于通化地区的小东沟组，其属种有：*Xinbinia actinodes*，*Samaroblatula xinbinensis*。该组合与植物 *Coniopteris* - *Phoenicopsis* 晚期组合，叶肢介 *Euestheria* 组合及鱼类 *Ptycholepidae* - *Palaeoniscoidei* 组合相伴出现，因此其时代为中侏罗世。

②*Ephemeropsis* 组合（简称 *E* 组合）

Ephemeropsis 是热河生物群首要分子。*E* 组合在吉林省的产地和层位较多。通化地区产于鹰咀砬子组、林子头组和石人组；柳河盆地产于亨通山组；吉林地区产于久大组，营城组也有可疑的?*Ephemeropsis*；西部地区白音高老组等。*E* 组合以渭津一带久大组所产的昆虫类为代表，属种有：*Ephemeropsis trisetalis*，*Sinocercopis liauyuanensis*，*Sinostaphylius xiajiajieensis*，*Dissurus liauyuanensis* 等；鹰咀砬子组产 *Ephemeropsis trisetalis*，*Karataviella* sp.，*Mesolygaeus* 等；林子头组、石人组、亨通山组及白音高老组只有 *Ephemeropsis trisetalis* 一种。

③*Clypostemma* 组合（曲家屯昆虫群）

曲家屯昆虫群产于九台一带营城组。属种有：*Archeogomphus* sp.，*Clypostemma* sp.，*C. xyphilia*，?*Isopera* sp.，*Tetraphalerus* sp.，*Mesoblattina* sp.，*Karatoma* sp.，*Rhipidoblattina* sp.，*Karatavocaris* sp.，*Coleoptera* sp.，?*Ephemeropsis trisetalis*，*Coptoclava* sp.，*Homoptera* sp.，*H. anterior*，*Archaeohagla* sp.，*Liadytes* sp. 等6目9属17种。其中?*Ephemeropsis* 等4属见于热河生物群，4属见于莱阳昆虫群，其他属种也是白垩纪常见分子。另外延边地区大拉子组中有：*Coptoclava longipoda*，*Hymenoptera*，*Coleoptera* 等，属于曲家屯昆虫群的所有种。松辽盆地的白垩纪地层尚无昆虫资料。

6. 孢粉

吉林省侏罗纪—白垩纪孢粉化石生物地层包括松辽盆地共划分了8个组合（带），其中松辽盆地有4个组合带。

①*Classopollis* 高含量组合

本组合见于柳河盆地、通化盆地的小东沟组。孢粉组合特点是贫乏而单调，以 *Classopollis* 高含量为基本特征，其含量高达77.8%，以 *C. annulates*，*C. parvus* 和 *C. clasosides* 为主。*Pinuspollenites* sp. 占11.1%，*Piceaepollenites*，*Psophosphaera* sp.，*Protopinus* sp.，*Piceites* sp.，*Quadraeculina* sp. 等经常见到。蕨类孢子很少见及，仅见几粒 *Deltoidospora* sp.，*Cyclogranis porites* 等。本组合与中侏罗世植物 *CP* 组合、叶肢介 *Euestheria* 组合、双壳类 *TF* 组合、鱼类 *PPa* 组合、昆虫 *XS* 组合共生，其时代为中侏罗世。

②*Aequitriadites* - *Cicatricosisporites* - *Protoconiferus* 组合（简称 *ACP* 组合）

该组合产于火石岭组及其相当层位。其特点是孢粉化石数量丰富，且以双囊粉和海金沙科为主的孢粉组合特征。*Cicatricosisporites australiensis*，*C. minutaestriatus*，*C. ludbrooki* 具一定含量（平均占5.6%）。*Aequitriradites verrucosus*，*Couperisporites* sp.，*Impardecispora* sp.，*Pilosisporites* sp.，*Fixisporites tortus*，*Heliosporites kemensis*，*Hsuisporites rugatus* 等分子开始出现，*Classopollis* 含量减少，但仍占有一定地位。原始松柏粉含量较高。而海金沙科出现频率较高，其种属自下而上逐渐丰富，*Aequitriradites*，*Gleicheniidites* 均有出现；裸子植物花粉

以气囊与本体分化较完善的新型双囊粉为主，但原始型双囊粉仍有较高含量，*Classopollis* 仍占有一定地位，但与上一组合相比，已大大减少。可见，本组合与上一组合的孢粉组合特征有明显的差别。

③*Appendicisporites - Pilosisporites - Piceaepollenites* 组合（简称 *APP* 组合）

本组合以通化地区三棵榆树剖面(李东津等,1988)①(1—15层)石人组下部为代表。

计有55属76种。主要属种有：*Cicatricosisporites* sp.，*C. australiensis*，*C. ludbrooki*，*C. exilioides*，*C. pseudotripartitus*，*C. minor*，*Appendicisporites* sp.，*Pilosisporites* sp.，*Klukisporites pseudoreticulatus*，*Schizaeoisporites laevigataeformis*，*Aequitriradites* sp.，*Polycingulatisporites* sp.，*Triporoletes* sp.，*Hsuisporites rugatus*，*Gleicheniidites* sp.，*Jiaohpollis flexuosus*，*J. verus*，*Pinuspollenites* spp.，*Abiespollenites* sp.，*Abietineaepollenites* spp.，*Piceaepollenites* spp.，*Podocarpidites* spp.，*Araucariacites* sp.，*Protopinus subluteus* 等。本组合以裸子植物花粉为主，占孢粉总数的68.6%～93.2%；蕨类孢子较少，占孢粉总数的6.9%～31.4%。蕨类孢子以海金沙科为主（1.4%～9.6%），其中以无突肋纹孢为主（7%～5.1%）。裸子植物花粉中以松柏类双囊粉占绝对优势，其中 *Pinuspollenites* 占孢粉总数的1.9%～28.5%，*Piceaepollenites* 占9.5%～25.1%，古老松柏粉亦具有一定含量。类似的孢粉组合还见于松辽盆地东缘沙河子组，蛟河盆地、延吉盆地长财组下部。

④*Appendicisporites - Pinaceaepollenites - Clavatipollenites* 组合（简称 *APC* 组合）

本组合以松辽盆地东缘的营城组、通化地区石人组上部(原亨通山组)的孢粉组合为代表。松辽盆地东缘羊草沟、石碑岭、刘房子煤矿的营城组中有丰富的孢子花粉。特点是以裸子花粉为主，蕨类孢子次之，裸子花粉中以 *Piceaepollenites* spp.，*Pinuspollenites* spp. 等为主；*Inaperturopollenites* sp.，*Classopollis* sp.，*Cycadopites* 高含量；蕨类孢子中出现了 *Cicatricosisporites minor*，*C. annulatus*，*C. ludbrooki*，*C. exilioides*，*C. brevilaesuratus*，*Pilosisporites trichosapilosus*，*P. verus*，*P. parvus*，*Appendicisporites tricornitatus*，*A. cristatus*，*A. trauritus*，*A. isignis*，*A. bifricatus*，*Klukisporites pseudoreticulatus*，*Contignisporites cooksonii*，*Impardecispora apiverrucata*，*Schizaeoisporites* sp.，*Aequitriradites pinulosus*，*A. verrucosus*，*Triporoletes reticulatus*，*T. involucratus*，*T. laevigatus*，*Levisporites wulinensis*，*L. triangularis*，*Hsuisporites rugatus*，*H. multiradiatus*，*Interulobites* sp. 等。类似的孢粉组合尚见于蛟河盆地、延吉盆地长财组上部及吉中地区长安组中。

APC 组合之上的孢粉组合存在于松辽盆地。松辽盆地的孢粉组合据高瑞祺(1978)研究，划分了4个组合带11个亚组合带，详见表10-7。

王淑英(1987)根据一些孢粉学者视 *Cicatricosisporites* 为白垩纪的标志分子，因此将侏罗、白垩纪的界线置于1、2组合之间，但是在英国和西欧一些地区该分子出现于晚侏罗世提塘期(Tithonian)，贝利阿斯—凡兰吟期达到高峰。在吉林省 *Cicatricosisporites* 出现于孢粉组合2，即火石岭组，在营城组达到高峰，不仅数量多，种类也多。因此依英国的模式将侏罗、白垩纪界线置于3、4组合之间，或者4组合内部也是可行的。

7. 腹足类

吉林省侏罗纪、白垩纪腹足类动物群大致可分为三个组合。其中1组合的时代为晚侏罗世—早白垩世；2、3组合显示早白垩世到晚白垩世。

---

① 李东津、陈丕基、马凤珍等，1988，古生物学报，27卷686页。

①*Probaicalia - Amplovarvata* 组合（简称 *PA* 组合）

PA 组合以柳河群为代表，柳河县安口镇大沙滩组产 *Amplovarvata* sp.，*Probaicalia* cf. *rammelmeyeri*，*Ovassiminea* sp.，*Radik*? sp.，*Galba* sp.，*Viviparus* sp.，*Lioplacodes* sp.，*Valvata* sp.，*Amnicola* sp. 等；柳河北亨通山组产 *Probaicalia* sp.，*Viviparus* sp.，*Bellamya* sp.，*Valvata* sp. 等；通化果松组有 *Probaicalia* sp.，*P. vitimensis*，*P. rammelmeyeri*，*Planorbidae* 等，另外石人组产 *Lioplacodes* cf. *cholnokyi*，*Galba* sp.，*Hyrobia* sp.，*Viviparus* sp.，*Bithynia* sp. 等。*PA* 组合以 *Probaicalia* 大量繁盛为特点，其他大部属延续时间较长，但 *Amplovarvata* 常见于晚侏罗世，因此本组合时限以晚侏罗世—早白垩世为宜。

②*Tulotomoides - Physa* 组合（简称 *TP* 组合）

TP 组合以延吉市延吉群所产的腹足类为代表，通化小南沟组、叶赫一带的登楼库组也有类似的组合。延吉群产 *Tulotomoides talatzensis*，*T.* cf. *talatzensis*，*Vivipharus* sp.，*Physa nishidai*，*Bithynia* sp.，*Gynaulus* sp.，*Probaicalia* cf. *gerassimovi*，*Lioplacodes* sp.，*Galba* sp.，*Planorbidae*，*Radix* sp. 等，其中 *Tulotomoides* 在大拉子剖面和老头沟—铜佛寺剖面大拉子组中产出层位较多。另外 *PA* 组合中尚未出现的 *Physa*，在本组合中数量较多。通化小南沟组产 *Physa* cf. *nisidai*，*Sphaerium* sp.，*Bthynia cholnokyi*，*Lioplacodes* sp.，*Manica* sp.，*Viviparus* cf. *onogoensis*；登楼库组有 *Physa* sp.，*Gyraulus* sp.，*Zaptychius* sp.，*Robicia* sp.，*Hippeutis* sp.，*Planorbidae* sp. 等。本组合与双壳类 *TPN* 动物群共生，时代为早白垩世。

③*Mesolanistes* 组合（简称 *M* 组合）

本组合只出现于松辽盆地嫩江组、明水组和四方台组。嫩江组产 *Mesolanistes globiformis*，*M. bsevispiratus*，*Viviparus* cf. *grangeri*，?*Lymnaea shihwaensis*，*Reesidella cathaica*，*Gyraulus jilinensis*，*Lioplacodes sungariana* 等；四方台组产 *Mesolanistes planorbiformis*，*Truncatella maxima* 等，此组合与双壳类 *Pseudohyria - Sphaerium* 组合共生，时代为晚白垩世。

8. 介形虫

吉林省东部山区的介形类初步划分为2个组合；松辽盆地白垩纪介形类由叶德泉（1979）划分了2群13个组合带（详见表10-7）。本书仅对吉林省东部山区两个介形类组合简述如下。

①*Darwinula - Lycopterocypris* 组合（简称 *DL* 组合）

DL 组合以沙河子组、营城组为代表，主要有：*Darwinula* sp.，*D.* cf. *contracta*，*Timiriasevia* sp.，*Lycopterocypris* sp.，*L. torsuosus*，*Cypridea* sp. 等。通化地区果松组产 *Cypridea* sp.，*Darwinula* sp.，另外石人组及柳河盆地的亨通山组有 *Cypridea* sp.，可能属于本组合。*DL* 组合与双壳类 *Ferganoconcha - Sibireconcha* 组合共生，其下限与植物 *Coniopteris - Phoenicopsis* 晚期组合一致，因此 *DL* 组合的时代相当于晚侏罗世—早白垩世。

②*Mongolianella - Ziziphocypris* 组合（简称 *MZ* 组合）

MZ 组合以延吉盆地的大拉子组所产的介形虫为代表，在大拉子剖面及铜佛寺剖面产 *Mongolianella* sp.，*Cypridea* (*Pseudocypridina*) *magma*，*C.* (*P.*) aff. *globra*，*Cypridea* sp.，*C. tera*，*C.* cf. *rostrata*，*Ziziphocypris costata*，*Lycopterocypris* sp.，*Darwinula* sp.，*Ilyocyprimorpha* sp.，*I. netchaevae* 等；在蛟河盆地大拉子组（原保家屯组）中产 *Mongolianella* cf. *scolioformis*，*Cypridea* sp.，?*Lycopterocypris* sp. 等；另外通化地区小南沟组中有 *Cypridea* cf. *cxtumda*，*Lycopterocypris* sp.，可能属于本组合。*MZ* 组合与双壳类 *TPN* 动物群共生，其主体时代为早白垩世。

9. 轮藻、爬行类及其他

吉林省侏罗纪、白垩纪轮藻化石在松辽盆地由王振、赵传本等(1978)进行了较深入的研究，划分了3个组合带，8个亚组合带(表10-7)。东部山区仅在双阳盆地东部记载 *Atopochara trivolvis*，产自登楼库组；延吉县明新村产 *Atopochara trivolvis*，*Stellatochara?mundula*，产出层位是龙井组。两组所产的轮藻属种较为相似，可否组成 *Atopochara trivolvis* 组合有待进一步研究。

吉林省侏罗纪、白垩纪爬行类化石仅在松辽盆地和盆地东缘有所发现。怀德县山根底、刘房子煤矿产 *Psittacosaurus* sp.，*Pinosaur*，*Ornitopoda* 等，产出层位是青山口组。根据共生的双壳类 *TPN* 动物群及早白垩世常见的鹦鹉咀龙的出现，青山口组的时代以早白垩世为宜。李春田等(1983)在长春市南郊发现4枚 *Paraspheooithus jilinensis*(吉林圆形蛋)，*Theropoda*，产出层位是泉头组三段砖红色含砾粗砂岩。赵资奎(1984)认为圆形蛋是晚白垩世特有，但是从共生的介形类、孢粉(*Inaperturopollenites* - *Foveotriletes* 亚组合)及双壳类(*TPN* 动物群)的时限观之，*Paraspheooithus jilinensis* 的时代应是早白垩世。另外松辽盆地还发现 *Ornithopoda*，*Chelonia* 等。

第三节　年代地层

依据第九章第三节探讨陆相年代地层的思路，结合吉林省侏罗纪—白垩纪盆地发育的自然地质历史间隔，大体可分成三部分，讨论如下。

一、下侏罗统

红旗组、义和组及玉兴屯组、太阳岭组，从生物地层观之，特别是前二者具有典型的 *DC* 植物组合晚期群落的特征，不同程度地混有极少量—少量的 *CP* 植物组合中的先躯分子。后二者未见 *DC* 植物组合中的代表性分子 *Dictyophyllum*，*Clathropteris* 及 *Cycadocarpidium* 的出现，且相对义和组及红旗组有 *CP* 植物组合早期群落中较多的分子。在剖面层序中，它们均不整合于诺利阶或晚印支期花岗岩之上，而在分布的空间上，又常为185～195 Ma 左右的花岗岩侵入。据此，可将红旗组和义和组的年代地层确定为上三叠统瑞替阶(Rhaetian)—下侏罗统赫塘阶(Hettangian)和辛涅缪尔阶(Sinemurian)，玉兴屯组则暂定为下侏罗统赫塘阶—辛涅缪尔阶。普林斯巴期(Pliensbachian)和土阿辛期(Toarcian)早期，正是早燕山期造山运动发生引起岩浆侵入活动的形成，造成陆相沉积缺失的时期。

二、中侏罗统—下白垩统

万宝组和小东沟组均表现为中侏罗世至早白垩世发展起来的陆相火山—沉积盆地，最底部的含化石的一套碎屑沉积岩系，无论其植物组合，抑或动物组合(包括双壳类、鱼类、昆虫)均有别于不整合其下的早侏罗世地层及整合于其上的晚侏罗世地层(详见生物地层一节)。从不整合于其下的早燕山期花岗岩同位素年龄180～195 Ma，及上覆火山岩(如屯田营组)的同位素年龄多小于176 Ma，从这一事实来看，可确定其年代地层基本上应划属阿林阶(Aalenian)。

从果松组—鹰嘴砬子组—林子头组—石人组—那尔轰火山岩及其相当层序的岩石地层(如和龙群、柳河群等，详见表1-2)，其生物面貌均与著名的"热河生物群"，有着相同或相似特征分子。它们的年代地层因涉及侏罗系-白垩系界线的划分，成为我国地学界、特别是不同门类古生物研究者们旷日持久争论而未统一的地层学问题。因此，本书暂不从"热河生物群"入手，讨论陆相侏罗系-白垩系界线的划分及其界线附近岩石地层组的年代地层。而依据国际地科联推荐的全球地层表(IUGS by J W Cowie and M G Bassett,1989)所给定的年代地层时限，结合吉林省该套地层中火山岩所获得的同位素年龄，提出年代地层划分及依据。果松组及其相当层位的火山岩，在屯田营组获全岩 $Ar^{39}-Ar^{40}$年龄值为176 Ma，全岩 K－Ar 年龄值为175 Ma，刺猬沟金矿Ⅰ号矿脉测得的 Ar^{39}/Ar^{40}年龄值为170 Ma，德仁组安山岩全岩的 K－Ar 年龄值亦在160～170 Ma；林子头组及其相当层位的火山岩其同位素年龄则多集中在140～150 Ma，在刺猬沟和五风获得原金沟岭组全岩 Rb－Sr 等时线年龄值分别为144±7 Ma 及149±5 Ma；那尔轰火山岩及其相当层位的火山岩同位素年龄，峰值区为115～125 Ma，如藏尧龄等(1993)报导了与金家屯组及营城组相当的火山岩全岩 Rb－Sr 等时线年龄值分别为130±2 Ma 及125±3 Ma；因此，果松组及可资对比的火山岩其年代地层大体可划入巴柔阶(Bajocian)—巴通阶(Bathonian)。林子头组及相同层位火山岩的年代地层，可能包括了牛津阶(Oxfordian)—基末里阶(Kimmeridgian)。在该二火山喷发间歇期所形成的沉积岩地层，即鹰嘴砬子组和与其相当层位的地层可归入卡洛阶(Callovian)。那尔轰火山岩及相同层位的火山岩(如营城组、泉水村组等)之年代地层为欧特里夫阶(Hauterivian)，可能还包括了凡兰吟阶(Valanginian)的上部层。其下火山间歇期所形成的沉积地层，即石人组和与之层位相当的地层，它是广泛见于我国北方的重要的含煤岩系，其年代地层为提塘阶(Tithonian)—贝利阿斯阶(Berriasian)—凡兰吟阶(或它的下部层)。如是，则吉林省陆相侏罗-白垩系的界线应从石人组和同一层位的含煤地层的内部通过。即应划在"热河生物群"的内部。如按照哈兰德等(W B Haland 等,1989)提出的地质时代表，侏罗系-白垩系的界线年龄为145.6 Ma，也仅仅将此年代地层界线下移到林子头组及同期喷出的火山岩层位，绝不会将"热河生物群"整体归属到尼欧克姆统(Neocomian Series)。

100～115 Ma 期间，吉林省地区为燕山造山运动发展的主幕，不仅有强烈的岩浆侵入活动，而且普遍形成了登楼库组及大体相同层位地层之下的区域性角度不整合。造成了巴雷姆阶(Barremian)—阿普特阶(Aptian 或它的下部)的缺失。

三、下白垩统—上白垩统

从早白垩世晚期至晚白垩世在吉林省形成了以松辽盆地、延吉盆地、通化盆地为代表的大、中、小型新生的陆相沉积盆地。登楼库组、大拉子组、小南沟组作为其底部岩层，生物面貌与不整合其下的中侏罗统—下白垩统的顶部岩石地层(如营城组、泉水村组、亨通山组等)显示出清晰的生物间断。表现在植物上，被子植物的"骤然出现"；动物上，如双壳类 *TPN* 组合的悄然兴起，鱼类 *Lycoptera* 鱼群倾刻为 *Manchurichthys* 鱼群取而代之……等等。亦表明二者之间的沉积缺失，因此，根据上述花岗岩的活动年龄，这些岩组的年代地层应起于阿尔布阶(Albian)，最底层位也许包括阿普特阶的上部。在松辽盆地类似"大拉子生物群"的上述的特征性生物组合，一直出现至青山口组，故而亦应将泉头组、青山口组之年代地层划属阿尔布阶。这虽然与青山口组所产之微咸水—半咸水型沟鞭藻(*Kiokansium*－*Dinogymniopsis*)组合所指示的年代地层赛诺曼阶(Cenomanian)层位为低，但它确与 *Manchurichthys* 鱼群和 *Sungarichthys* 鱼群，*TPN* 组合与 *PS* 组合，*Cypridea* 群与 *Candona* 群等的生物界线相吻合。而在青山口组中所产之爬行类亦为早白垩世常见的鹦鹉嘴龙。事实只有到了姚家组各门类生物才具典型的晚白垩世色彩，似为赛诺阶，即姚家组的底界为上、下白垩统的界面，这与张川波(1986)通过详细生物分析对延吉盆地大拉子组年代地层的确定，刘招君等(1991)对松辽盆地白垩系年代地层的划分观点基本一致或相接近。这亦与嫩江组所产之丰富化石综合确定的年代地层相吻合，即嫩江组若从微咸水—半咸水型沟鞭藻 *Cleistosphaeridium - Dinogymniopsis* 组合观之，年代地层应为坎潘阶(Campanian)，而依据吉林贪食鱼、巨口哈螟鱼等属，均为英国东南部、黎巴嫩等赛诺曼阶至土仑阶(Turonian)的重要化石分子，综合考虑嫩江组的年代地层似应包括土仑阶、康尼亚克阶(Coniacian)和三冬阶(Satonian)。这样，亦与四方台组、明水组依据介形虫、腹足类、双壳类、轮藻、孢粉等多门类化石的综合意见，年代地层定为三冬阶至马斯特里赫特阶(Maastrichtian)相一致。

龙井组依据其生物组合及沉积物所反映的古气候环境，均可与姚家组比较，年代地层亦应确定为上白垩统赛诺阶。

三棵榆树为一套偏碱性的火山岩系，虽无生物地层资料，但从近十个全岩 K - Ar 年龄数据分布的范围集中在70～80 Ma 看，年代地层无疑应置于上白垩统。

第四节　区域地层格架及形成环境

晚中生代义和组或红旗组底部不整合面到泉水村组或营城组顶部不整合面所限定的地层体，在吉林省分布很广。由于受滨太平洋构造带的影响，形成 NE 向大兴安岭火山岩带、松辽盆地沉降带和张广才岭火山岩带。每个带又可进一步划分为挤压型火山构造盆地、拉张型沉积盆地和走滑型火山-沉积盆地。同时由于应力场的改变和叠加使盆地的性质和建造更加复杂化。现以平岗-渭津盆地、柳河盆地、果松盆地横剖面(图10-6)为例，探讨地层格架和不同性质盆地的建造特点。果松盆地位于鸭绿江断裂边缘，受此断裂控制，走向延伸100 km；柳河盆地受新滨-柳河-辉南拉张性断裂控制，NE 向延长约100 km 以上；平岗-渭津盆地受辽源-东风走滑型断裂控制，NW 向断续延伸90 km(图10-7)。三个盆地于中侏罗世晚期(德仁组、果松组)开始形成，在泉头组形成期末结束。三个盆地是在同一应力场作用下形成的，即滨太平洋 NW-SE 压应力场作用下形成了果松挤压型火山盆地、柳河拉张型沉积盆地和平岗-渭津走滑型火山-沉积盆地。

1. 挤压型火山盆地建造

挤压型火山盆地往往受较大深断裂所控制，一般呈狭长条带状断续延伸。盆地以裂隙式、中心式火山喷发活动为主，形成巨厚火山岩系，一般以厚层状中酸性熔岩为主，组成多韵律、多旋回的规模不同的各类火山岩序列。果松盆地就是此类型典型盆地之一。该盆地以中酸性火山岩建造为主，其下由中性火山喷发形成果松组；其上以酸性火山喷发形成林子头组。二者基本以爆发亚相-溢流亚相组成的岩石类型，还有间火山期形成的河流相粗碎屑岩或砾岩叠加在熔岩中呈较薄的舌状体。在火山喷发中心又往往形成环状或半环状古火山口，一般近火山口亚相由集块岩、角砾岩组成角砾岩带，外带多为由熔岩组成内倾或外倾层状结构层，并发育着后期次火山岩。

2. 拉张型沉积盆地建造

拉张型沉积盆地往往和挤压型火山盆地平行相伴出现，一般也以狭长条带状延伸，并有一定延展性。这类盆地一般以升降运动为主，接受盆地边缘古基底风化碎屑堆积或山间河流—湖沼相沉积的复陆屑沉积。沉积物以长石-石英-岩屑系列的碎屑物为主，火山物质成分较少。柳河盆地就是此类型沉积盆地。盆地底部小东沟组和上部小南沟组由于受到干旱气候条件影

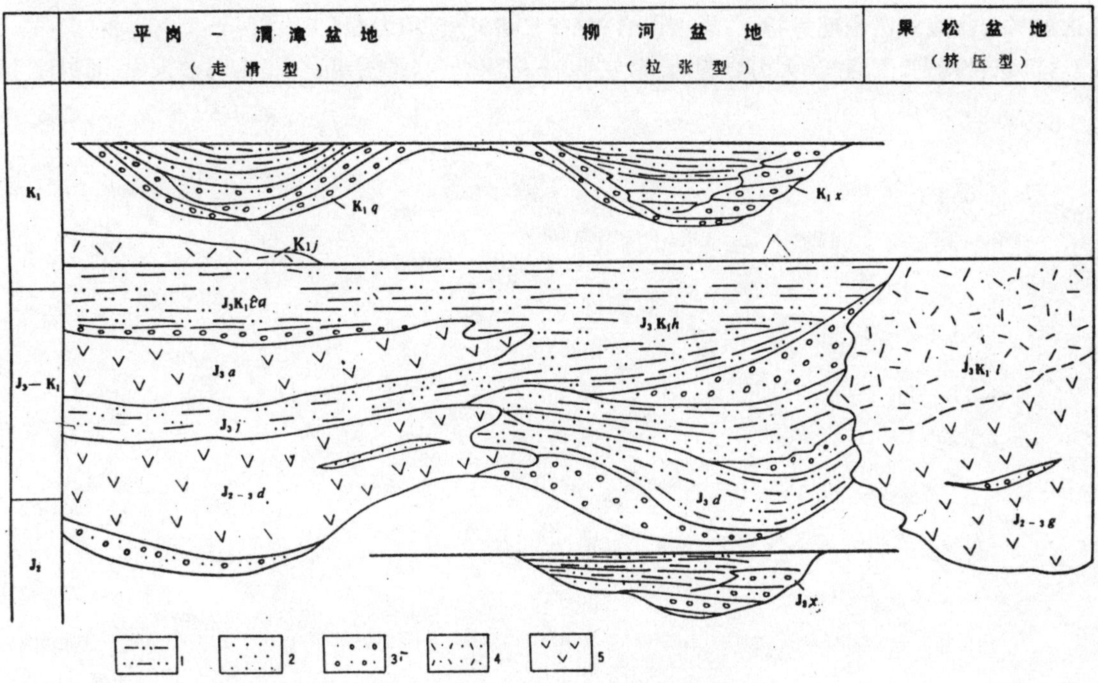

图10-6　侏罗纪—白垩纪地层横剖面图

1. 砂页岩含煤；2. 砂岩；3. 砂砾岩；4. 酸性火山岩；5. 中性火山岩；K_1q. 泉头组；K_1j. 金家屯组；J_3K_1ca. 长安组；J_3a. 安民组；J_3j. 久大组；$J_{2-3}d$. 德仁组；K_1x. 小南沟组；J_3K_1h. 亨通山组；J_3d. 大沙滩组；J_3x. 小东沟组；J_3K_1l. 林子头组；$J_{2-3}g$. 果松组

响形成“红色层”，中部大沙滩组、亨通山组为潮湿气候条件形成“灰色层”。仅在大沙滩组底部有少量次火山岩及凝灰岩。可见拉张型盆地以少火山岩为主要特征。

3. 走滑型火山-沉积盆地建造

走滑型火山-沉积盆地主要为走向滑移—拉分所形成的断陷盆地，一般与挤压、拉张型构造盆地呈斜交，其形态以狭长条带状或椭圆状为主。这种盆地多数为中小类型构造盆地，并以平行或斜列式出现。盆地以陆相火山喷发和陆相复陆屑建造交替出现，形成较为复杂火山-沉积岩系。这种盆地的火山、沉积岩系在纵、横向上均变化较大，但是火山岩系在纵向

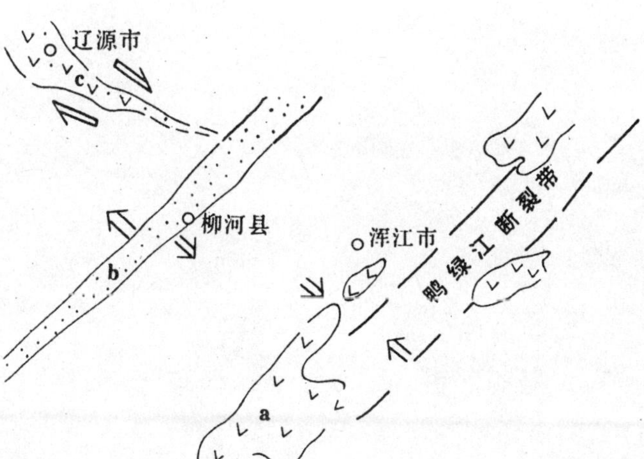

图10-7　盆地构造位置示意图

a. 火山岩；b. 碎屑岩；c. 火山岩夹碎屑岩

上基本反映从中性向酸性岩浆演化。沉积岩(包括火山沉积岩)基本反映从河流—沼泽—湖泊相演化,同时二者在时间上均有一定间隔,所以在火山活动间歇期形成复陆屑建造,即长石-石英碎屑岩,并含有大量动植物生存遗迹和形成有工业价值的有机岩建造。平岗-渭津盆地就具有这种构造盆地的沉积建造特征,即火山岩相(德仁组)—沉积岩相(久大组)—火山岩相(安民组)—沉积岩相(长安组)—火山岩相(金家屯组)—沉积岩相(泉头组)交替出现的火山-沉积建造。

第十一章
第三纪

吉林省第三纪地层比较发育，主要分布在松辽盆地和东部山区的依兰-伊通地堑、密山-抚顺地堑和珲春-长白断陷盆地内，呈 NE-SW 向展布，受构造控制明显。出露不佳，多被第四系掩盖，仅晚第三纪玄武岩大面积出露。

第三系为大陆裂谷型碎屑岩沉积。下第三系为含煤、油页岩的碎屑岩；上第三系为含硅藻土的碎屑岩及厚层玄武岩。最大厚度大于 5 000 m。

第一节　岩石地层单位

富峰山组　*Ef*　(05-22-0134)

【创名及原始定义】 吉林区调队(1978)创名，层型在长春市南郊大屯富峰山。指紫红色气孔状橄榄玄武岩和灰黑色致密块状橄榄玄武岩组成的火山锥，切穿下白垩统，并覆于其上，时代置于古新世。

【沿革】 富峰山组前人称为富峰山玄武岩或大屯组，未有详细描述。吉林区调队(1978)正式命名，以后在文献上广为引用。80 年代后，王雨灼、孙建中、刘嘉麒等人再次做了火山岩年代研究，时代属白垩纪末期至古新世。

【现在定义】 指长春市郊富峰山一带紫色、灰绿色橄榄玄武岩类，下限侵入松花江群，上被第四系覆盖。

【层型】 正层型为长春市郊富峰山剖面(125°08′,43°46′)，吉林区调队，1978,《1∶20 万长春市幅区域地质调查报告》。

上覆地层：第四系　老黄土

富峰山组　　总厚度＞21 m

6. 橄榄玄武岩，中下部为灰绿色致密块状玄武岩，中上部为紫色气孔状玄武岩。该层顶底部均有气孔状构造，底部气孔大，呈管状或呈流动状态之云朵状，厚 0.3 m。顶部气孔小而圆且多，厚约 0.5～0.8 m　　1～2 m

5. 橄榄玄武岩，特点同上 1～2 m

4. 橄榄玄武岩，特点同上 1.5～2 m

3. 橄榄玄武岩，顶部气孔构造带厚1～2 m，底部筒状气孔带厚0.3 m，气孔产状310° ∠20° 1.5～4 m

2. 橄榄玄武岩，下部灰绿色致密块状，具有甚发育的杏仁体，内充钙质物，厚6 m，上部渐变为紫色气孔状，具炉渣状构造，大孔洞内充填硅质，形成硬玉团块 9 m

1. 紫红色玄武集块岩，90%以上为玄武岩大角砾，砾径一般20～50 cm，大者达2 m，由气孔状、炉渣状玄武岩胶结，为火山通道所在地。(未见底) >2 m

【地质特征及区域变化】 富峰山玄武岩至少有五次喷发。熔岩多为拉斑玄武岩，不含超镁铁质岩包体，厚约100 m。该组主要分布于大屯、范家屯、双辽、双山等地，属于松辽平原内部及其边缘火山活动产物，规模小，多呈岩席或孤山产出，以长春大屯富峰山火山为代表。

大安组 N*d* (01－22－0147)

【创名及原始定义】 松辽石油勘探局(1960)创名，创名地点在白城地区大安。系代表松辽盆地第三系中部的一组沉积物，岩性顶部为灰白色、灰绿色、黄灰色泥岩、泥质粉砂岩。上、中部为黑色、深灰色泥质页岩；下部为砂岩、砾岩。与下伏白垩系为不整合接触。未指定层型。

【沿革】 地质部第二普查勘探大队(1965)在《松辽盆地石油地质》一文中对大安组、泰康组作了总结，基本肯定了本区第三系地层层序。吉林省地层表编写组(1975)将大安组置于中新统；泰康组置于上新统，并列次层型。

【现在定义】 指晚白垩世明水组之上，泰康组之下的砂岩、泥岩层。由砾岩、含砾砂岩、砂岩、泥岩组成的岩石序列，下粗上细，韵律明显。与下伏地层呈平行不整合接触，与上覆地层呈平行(或角度)不整合接触。

【层型】 选层型为吉林省大安县来福屯ZK103孔剖面(123°0′，45°34′)，吉林地矿局，1988，《吉林省区域地质志》。

上覆地层：泰康组 含砾粗砂岩

——————— 平行不整合 ———————

大安组 总厚度81.7 m

7. 灰白色粉砂岩 1.1 m

6. 黄绿色细砂岩 10.4 m

5. 黄绿色粉砂岩 3.0 m

4. 灰、灰绿色泥岩 42.2 m

3. 灰黄绿色泥质细砂岩 10.0 m

2. 灰绿色泥岩 4.1 m

1. 灰白色高岭土质砂岩、含砾砂岩及砾岩 10.9 m

——————— 平行不整合 ———————

下伏地层：明水组 灰黑色泥岩

【地质特征及区域变化】 根据大量钻井资料的研究，其下部为灰白色疏松砂岩及砾岩，有时夹灰绿色砂质泥岩或细砂岩，岩性变化较大，向边缘常相变为含砾泥质砂岩或泥岩，厚度约40～50 m；上部为灰色、暗灰色、灰绿色泥岩；顶部夹粉砂质泥岩或泥质粉砂岩，含炭屑，顶部的夹层常向边部尖灭，厚度约 60～70 m。与下伏地层为平行不整合接触。

从分布特征及沉积物变化情况看，大安组属河流相沉积。下部的砂岩、砾岩为河床相沉积物；上部的暗色泥岩可能是河漫滩沉积。

大安组呈条带状分布于嫩江和洮儿河两岸，以嫩江、松花江和洮儿河合流处大安县附近厚度最大，可达 120 余米，一般不超过 100 m。

泰康组 N*t* (01-22-0148)

【创名及原始定义】 松辽石油勘探局(1960)创名，创名地在黑龙江省泰康。代表松辽盆地上第三系沉积层。可分为上、下两部分：下部为白色疏松砂、砾岩夹泥岩凸镜体，一般厚 60～80 m；上部为灰黄色粉砂质泥岩夹灰白色泥质粉砂岩，一般厚 10～30 m。与下伏大安组和上覆第四系均呈平行不整合接触。

【沿革】 见大安组的沿革。

【现在定义】 指大安组与第四系白土山组之间的碎屑岩层。由黄绿、灰绿色砾岩、砂岩、砂质泥岩、泥岩组成的岩石序列。上下界均为平行不整合。在吉林省岩石组合与正层型基本相同。

【层型】 正层型在黑龙江省。省内次层型为大安县来福屯 ZK103 孔(123°33′,45°34′)，据吉林地矿局，1988，《吉林省区域地质志》。

上覆地层：**白土山组** 砾岩

——————— 平行不整合 ———————

泰康组	总厚度 79.9 m
9. 灰、灰绿、灰白色中细粒砂岩，顶部夹一层褐煤（厚 0.3 m）	3.8 m
8. 灰绿色泥岩	17.2 m
7. 灰绿色粉砂质泥岩	4.4 m
6. 灰绿色泥质粉砂岩	2.5 m
5. 灰绿色泥岩	12.6 m
4. 灰绿色泥质粉砂岩	5.4 m
3. 灰绿色含砾粗砂岩	2.3 m
2. 黄绿色泥岩	5.0 m
1. 含砾粗砂岩	26.7 m

——————— 平行不整合 ———————

下伏地层：**大安组** 粉砂岩

【地质特征及区域变化】 主要分布于长春岭—尔娄—双山以西，长岭、大安、白城一带。岩性为灰绿、黄绿色泥岩、砂质泥岩、砂岩、含砾粗砂岩。下粗、上细，成岩性差。局部地区夹硅藻土层。见少量介形虫、植物化石。与下伏大安组和上覆第四系均呈平行不整合接触。泰康组下部为河流冲积相，上部为湖泊相。该组分布较大安组为广，在盆地边部均超覆大安组。一般厚度 50～80 m，总的变化趋势是东部厚(上百米)西部薄，厚度变化较大。

舒兰群 E$\hat{S}$ (01-22-0142)

【创名及原始定义】 李永孝 1962 年创名，称舒兰组。创名地点在吉林省舒兰、缸窑一带，创名时指伊-舒盆地的含煤碎屑岩组合。自下而上划分为：下部灰绿色含煤粘土岩段；中部主要含煤段；上部褐色页岩段。与上覆水曲柳组、下伏老地层均呈不整合接触。时代置始新世。

【沿革】 舒兰组创名后，吉林煤田112队(1981)将舒兰组解体，将上部及中部岩段称之为舒兰组，下部岩段新建为新安村组，并将后者置上古新统。同年，范梦书提出同一划分方案，但认为新安村组之时代为古新世，舒兰组为始新世。在该区大体同期开展区调工作的吉林区调队(1980—1983)按含煤性等特点亦将原舒兰组褐色泥岩段和主含煤段合称舒兰组，其下以含工业粘土矿为特征的岩段新建棒棰沟组(大体与上述新安村组相当)，又将棒棰沟组之下，前人认为属白垩纪的泉头组，改划入第三纪古新统缸窑组。《吉林省区域地质志》沿用吉林区调队所划的层序，划为古新统缸窑组，始新统棒棰沟组和舒兰组。本课题组认为舒兰组二分以后，舒兰一名不宜再留给二分以后的组级单位。因此主张将原舒兰组升群，后来谓之的舒兰组易名为吉舒组。同时亦将缸窑组纳入舒兰群的底部。新厘定的舒兰群自下而上包括缸窑组、棒棰沟组和吉舒组(表11-1)。

表11-1 舒兰群划分沿革表

远藤试道	东北煤田第二勘察局	东北煤田第二勘察局	李永孝等	吉林省地层表编写组	吉林区调所	范梦书	吉林区调队	安俊义	吉林区调所	本书
1940	1956	1958	1962	1975	1980	1981	1983	1986	1988	
舒兰	舒兰	舒兰	舒兰	吉林小区	舒兰县幅	伊通—舒兰	向阳山幅	伊舒地堑	吉林小区	伊通—舒兰
E 古第三系	N_2 上部绿色岩系	N_2 绿色岩层	N_1 水曲柳组	N_{1-2} 水曲柳组	N 水曲柳组	E_{2-3} 水曲柳组、上部绿色岩段	N_{1-2} 水曲柳组	E_3 水曲柳组	E_3 水曲柳组	N—E_3 水曲柳组
	N_1 含煤岩系	N_1 上部褐色岩层	E_1 舒兰组：上部褐色页岩段	E_{1-2} 舒兰组	E_2 舒兰组	E_2 舒兰组、含煤段	E_2 舒兰组	E_2 舒兰组	E_2 舒兰组	E_{1-2} 舒兰群：吉舒组
		中部含煤层	中部主要含煤段							
	下部绿色岩系	下部绿色层及含煤层	下部灰绿色含煤粘土岩		棒棰沟组	E_1 新安村组、下绿色岩段	E_2 棒棰沟组	E_1 新安村组	棒棰沟组	棒棰沟组
					E_1 缸窑组				E_1 缸窑组	缸窑组

【现在定义】 舒兰群是由砂岩、砾岩、粉砂岩、泥岩、粘土岩及含煤层构成的岩石序列。与上覆水曲柳组及下伏地层呈不整合接触。该群由下而上包括缸窑组、棒棰沟组、吉舒组。

缸窑组 Eg (01-22-0135)

【创名及原始定义】 吉林区调队(1980)创名，创名地在舒兰县缸窑镇。它由成分复杂、分选较差的碎屑岩夹泥岩组成，个别地区夹碳质岩或煤层，为棒槌沟组之下，第三纪初期形成的湖滨三角洲—湖滨相沉积。其中含有丰富的古新世孢粉化石。

【沿革】 该地层前人曾划为白垩系，与泉头组对比。1980 年吉林区调队（1：20 万舒兰县幅）对其构造、古地理、相序及孢粉组合作了研究后，将其划为古新统，并命名为缸窑组。此后，在《吉林省区域地质志》等文献中引用。

【现在定义】 指基底岩系不整合面之上、棒槌沟组砂泥岩之下，由复成分砾岩、杂砂岩夹泥岩组成粗碎屑岩岩石序列。其下与林西组不整合接触，上以粉砂质泥岩出现与棒槌沟组整合过渡。

【层型】 正层型为吉林省永吉县缸窑镇剖面（126°40′，44°11′），吉林区调队，1980，舒兰县幅区域地质调查报告。

上覆地层：**棒槌沟组** 灰褐色砂质泥岩与紫色泥岩互层夹碳质泥岩

——————— 整 合 ———————

缸窑组	总厚度 242.4 m
6. 含砾粗砂岩	64.7 m
5. 含砾粗砂岩夹紫红色泥岩	117.6 m
4. 砾岩	4.8 m
3. 含砾粗砂岩夹紫色泥岩	11.6 m
2. 砾岩	4.4 m
1. 砾岩	39.3 m

~~~~~~~~~~ 角度不整合 ~~~~~~~~~~

下伏地层：**林西组** 黑色变质砂岩

【地质特征及区域变化】 该组为粗碎屑堆积，主要由复成分砾岩、杂砂岩夹泥岩组成，与下伏林西组、华力西晚期花岗岩呈角度不整合接触。与上覆棒槌沟组为整合接触或超覆关系。缸窑组是在地堑早期和主要沉陷期，由于地堑基底快速下沉，两侧山地急剧抬升，在边界断裂内侧形成山麓扇，在湖泊两侧形成扇—三角洲的沉积。因此，可称为谷地边缘型沉积。

在缸窑一带厚 242.4 m，上述岩性出露于舒兰盆地南段东侧缸窑—大口钦和西侧河湾子一带。

【其他】 缸窑组在正层型处未见生物化石，古新世的生物依据来源于四间房一带的钻孔，岩性为砂岩夹泥岩和薄煤层，认为它与缸窑地区的缸窑组为同时异相沉积，并作为缸窑组的副层型。实际上四间房钻孔（78－9）剖面应归并到棒槌沟组。缸窑组是以成堑早期洪、冲积物粗碎屑沉积为主，在低洼处形成沉积型粘土矿床。孢粉分析成果，不能作为缸窑组生物地层的依据，其时代需进一步研究。

棒槌沟组 E*b* （01－22－0136）

【创名及原始定义】 吉林区调队（1980）创名，创名地在舒兰县东富棒槌沟。指舒兰组主含煤段之下，以含工业粘土矿体的灰色、灰绿色砂岩、粉砂岩夹薄煤层为其特征。其下与缸窑组整合或超覆关系，沿走向不整合于华力西晚期花岗岩之上。

【沿革】 见舒兰群的沿革。

【现在定义】 指整合于吉舒组主含煤段之下的由灰色、灰绿色砂岩、粉砂岩、粉砂质泥岩、
~~~~~~~~~~

泥岩、煤层组成的岩石序列。下与缸窑组砂岩、含砾粗砂岩砾岩呈整合或超覆关系。

【层型】 正层型为舒兰县东富棒棰沟剖面(126°56′,42°22′),吉林区调队,1980,《1∶20万舒兰县幅区域地质调查报告》。

上覆地层:**第四系** 冲积层

棒棰沟组 总厚度 297.0 m

7. 浅黄褐色含砾砂岩,夹灰白色砂岩,粉砂质粘土岩、粘土岩,层理发育,分选较好	117.0 m
6. 黄褐色、灰白色砂岩	19.1 m
5. 黄褐色—灰白色细砂岩,夹粘土岩	19.5 m
4. 灰白色粘土岩与紫、浅紫色粉砂岩互层	24.1 m
3. 粘土岩、夹粉砂岩	23.5 m
2. 褐色、黄褐色砂岩、夹粘土岩	91.9 m
1. 灰白色含砾粗砂岩	1.9 m

~~~~~~ 不 整 合 ~~~~~~

下伏:华力西晚期花岗岩

【地质特征及区域变化】 棒棰沟组是以砂岩、粉砂岩、粘土岩为基本层序的韵律层,以含工业粘土矿为其特征,在岩层序列上表现了粘土矿多层性,沿走向又具有较稳定的层位。与下伏缸窑组呈整合接触。

主要分布在舒兰县平安、水曲柳、朝阳、伊通县大孤山、小孤山等地,呈 NE-SW 向展布。岩性变化较稳定,厚度变化大,在舒兰朝阳地区为砂岩、泥岩层,此层岩性一般由较粗砂岩组成,局部地段则变成泥岩层或铝土岩层,厚度由几十米到百余米。水曲柳六道河子附近粘土层最为发育,含灰绿色杂色粘土层五层,是我省著名粘土矿之一,厚约 650 m。

从上所述岩石组合,棒棰沟组是静水湖泊环境下沉积产物,孢粉分析成果说明粘土矿形成于古新世末—始新世初。

吉舒组 E_2j (01-22-0137)

【创名及原始定义】 原称舒兰组,本课题组(1993)将舒兰组升群,而启用新名吉舒组。吉林区调队(1980)厘定的舒兰组为 1975 年《东北地区区域地层表·吉林省分册》中舒兰组的中、上部岩层。并列舒兰街区 130 号钻孔为代表剖面。主要岩性为灰白或灰绿色砂岩、粉砂岩、褐色砂质泥岩、粉砂岩、泥岩,在下部夹多层工业煤层,在上、下部岩层之间夹有不稳定的玄武质凝灰质砾岩层。

【沿革】 见舒兰群的沿革。

【现在定义】 指水曲柳组和棒棰沟组之间的一套夹工业煤层的灰白或灰绿色砂岩、粉砂岩、砂质泥岩、泥岩组成的岩石序列。下以砂岩、粘土岩消失,煤层出现与棒棰沟组分界;上以褐色泥岩消失面为顶界与水曲柳组分界,上、下均呈整合接触。

【层型】 正层型为吉林省舒兰县舒兰街 130 号钻孔(126°56′,44°25′),吉林区调队,1980,《1∶20 万舒兰县幅区域地质调查报告》。

上覆地层:**水曲柳组** 灰色砂页岩

——— 整 合 ———
~~~~~~

吉舒组 总厚度 620.4 m

褐色砂页岩段 厚度 342.3 m

22. 灰褐色泥岩 275.3 m
21. 黑褐色粉砂岩，有植物碎片，下部过渡为灰白色细砂岩 13.1 m
20. 黑褐色砂质泥岩。含 50%的粉砂，最下部含粗砂 10%，成分以石英为主，含少量炭屑 48.6 m
19. 灰色细砂岩，成分以石英为主，砂质胶结、松散 5.3 m

主要含煤段 厚度 278.1 m

18. 煤层（1 号煤层）和泥岩。上为灰黑色泥岩，下为碳质页岩，中间夹厚 1.75 m 的可采煤层 3.2 m
17. 黑褐色泥岩，有碳化植物碎屑，含极少量的砂粒。底部有一层 0.9 m 厚的煤层 6.9 m
16. 灰白色细砂岩，具斜层理、松散，底部有厚 0.8 m 的煤层，煤中含琥珀和石英粒 11.8 m
15. 灰白色砂岩，以粗砂岩为主，松散，向下过渡为细砂岩、粉砂岩 20.9 m
14. 黑褐色泥岩，间夹不等厚的细砂岩、粉砂岩 40.5 m
13. 黑灰色、灰色泥岩、细砂岩互层，夹有薄层劣质煤 15.6 m
12. 绿灰色细砂岩，泥质胶结，局部夹煤的条带，具斜层理和小波状层理，向下过渡为中粒砂岩和细粒砂岩互层 25.8 m
11. 黑褐色、褐灰色泥岩、粉砂岩、细砂岩互层，夹有薄层碳质页岩 25.4 m
10. 煤层（13 号煤层）性脆，块状，包括厚 2.4 m 和 1.1 m 的煤两层，间夹碳质页岩及薄层泥岩 7.4 m
9. 灰绿色砂岩，粒细而均，以细砂岩为主，夹有厚薄不等的褐色泥岩 36.8 m
8. 煤层（15 号煤层）性脆，块状，含琥珀。主要由紧靠着的厚 0.87 m 和 0.71 m 的两层煤组成，间夹泥岩，底部为碳质页岩 6.7 m
7. 泥岩、粉砂岩互层夹煤层（19 号煤层和 20 号煤层），泥岩暗褐色，块状，粉砂岩灰绿色，煤层厚 1.9 m，中间夹薄层泥岩 11.1 m
6. 泥岩夹煤层（23 号煤层），以灰褐色泥岩为主，夹碳质页岩、粉砂岩、细砂岩，底部为厚 1.8 m 的黑色可采煤 7.3 m
5. 褐色粉砂岩，上部较粗 5.5 m
4. 褐煤和碳质页岩（26 号煤层）夹泥岩。劣质煤、黑色块状，厚 2 m，碳质页岩黑褐色，块状，厚 1.95 m 6.3 m
3. 灰白色粗砂岩，上部有细砂岩夹层 5.3 m
2. 灰褐色泥岩，致密、较硬，底部含 1.5 m 厚的黑色劣质煤 8.5 m
1. 细砂岩、泥岩互层，中间夹有薄层粉砂岩、碳质页岩及劣质煤 33.1 m

———— 整 合 ————

下伏地层：棒棰沟组 灰色砂岩

【地质特征及区域变化】 下部的主要含煤段(1—18 层)由细砂岩、粉砂岩、泥岩(页岩)、煤层组成的旋回层。形成重要的含煤层;上部褐色砂页岩段由无层理褐色泥岩、粉砂质泥岩组成。它位于主含煤层之上,分布广,暗色泥岩在地堑内可作标志层。

吉舒组属沼泽与河流、湖泊交替环境形成,沼泽发育时间长,展布范围广,形成重要煤层。晚期进入湖泊发育阶段,形成暗色泥岩。

吉舒组主要分布在舒兰县的平安、水曲柳、舒兰、东富、吉舒以及永吉县缸窑镇一带。主要含煤段厚度 30～700 m,平均厚度 210 m 左右。本段是伊舒地堑内第三纪主要含煤层位。由灰色、灰绿色粉砂岩、灰白色砂岩夹部分灰绿色薄层砂质泥岩、煤层及碳质泥岩组成。粉砂岩及砂质泥岩中含有大量的碳化植物化石(栗树、榆树、朴树、紫荆、赤杨、樟树、红杉、水松等)及琥珀。本段含煤约40余层,可采或局部可采10余层。沿走向及倾向煤层厚度、结构均有较大变化。煤层多成群出现,并且多出现在沉积韵律较粗的一段岩性之中。上部泥岩段厚度30~480 m,平均145 m左右。主要由无层理的褐色、灰褐色粉砂质泥岩、泥岩组成,个别地段泥岩中夹薄层含砾砂岩,并含有动物化石 *Asoininea* sp.,*Peanoruis* sp.。

水曲柳组 N$\hat{s}$ (01-22-0138)

【创名及原始定义】 李永孝(1962)创名。以水曲柳、孤店子等区发育较好,未指定层型。指以一套深绿色、绿色碎屑岩、泥质岩组成,偶夹不可采薄煤层。本组以平行不整合覆于舒兰组之上,其上限与第四纪接触。上部主要为粗粒砂岩组成;中部为砂岩、页岩;下部为粗粒砂岩组成。厚度变化最大,170~1 300 m。时代属中新世。

【沿革】 50年代煤田部门把水曲柳组称为上部绿色岩系,置于上新统。1975年吉林省地层表编写组沿用,将其置于中新世—上新世。1980年吉林区调队(1∶20万舒兰县幅)将该组与抚顺西露天组层位相比,时代属始新世。1981年范梦书根据接触关系将上部砂砾岩划出,称之为上第三系粉砂岩、砂岩、砂砾岩段。并根据孢粉组合认为时代为中新世早期。1992年刘殿军、魏得恩等将砂砾岩段称岔路河组。本组含丰富的孢粉化石,以两气囊松科和草木花粉含量高为特征,时代为中新世晚期(表11-2)。

表11-2 水曲柳组划分沿革表

<table>
<tr><td colspan="2">东北煤田第二勘探局</td><td colspan="2">李永孝</td><td colspan="2">吉林省地层表编写组</td><td colspan="2">吉林区调队</td><td colspan="2">范梦书</td><td colspan="2">东煤公司112队</td><td colspan="3">安俊义</td><td colspan="2">刘殿军 魏得恩等</td><td colspan="3">本书</td></tr>
<tr><td colspan="2">1956</td><td colspan="2">1962</td><td colspan="2">1975</td><td colspan="2">1980</td><td colspan="2">1981</td><td colspan="2">1984</td><td colspan="3">1986</td><td colspan="2">1992</td><td colspan="3"></td></tr>
<tr><td colspan="2">舒兰</td><td colspan="2">舒兰</td><td colspan="2">舒兰</td><td colspan="2">舒兰</td><td colspan="2">伊通—舒兰</td><td colspan="2">舒兰</td><td colspan="3">一拉溪</td><td colspan="2">舒兰—伊通</td><td colspan="3">伊通—舒兰</td></tr>
<tr><td rowspan="3">N_2</td><td rowspan="3">上部绿色岩系</td><td rowspan="3">N_1</td><td rowspan="3">水曲柳组</td><td rowspan="3">N_{1-2}</td><td rowspan="3">水曲柳组</td><td rowspan="3">N</td><td rowspan="3">水曲柳组</td><td colspan="2">N_1</td><td rowspan="3">N_1</td><td rowspan="3">水曲柳组</td><td>N_1</td><td>万昌组</td><td>杂色砂泥岩段</td><td>N_1</td><td>岔路河组</td><td rowspan="3">N_2—E_3</td><td rowspan="3">水曲柳组</td><td>砂砾岩段</td></tr>
<tr><td rowspan="2">E_{2-3}</td><td rowspan="2">水曲柳组</td><td rowspan="2">E_3</td><td rowspan="2">水曲柳组</td><td>杂色泥岩段</td><td rowspan="3">E_1</td><td rowspan="3">万昌组</td><td>杂色泥岩段</td></tr>
<tr><td>灰绿色砂泥岩段</td><td>砂泥岩段</td></tr>
<tr><td>N_1</td><td>含煤岩系</td><td>E_1</td><td>舒兰组</td><td>E_{1-2}</td><td>舒兰组</td><td>E_2</td><td>舒兰组</td><td>E_2</td><td>舒兰组</td><td>E_{1-2}</td><td>舒兰组</td><td>E_2</td><td>舒兰组</td><td>褐色泥岩段</td><td>E_2</td><td>吉舒组</td><td>褐色泥岩段</td></tr>
</table>

【现在定义】 第四系与吉舒组之间的一套灰绿色砂砾岩、粉砂岩、泥岩偶夹不可采薄煤层及硅藻土组成的岩石序列。下以灰绿色砂岩出现为底与吉舒组整合接触,上以松散沉积出现为顶与第四系为界。

【层型】 选层型为吉林省舒兰县水曲柳乡张家油房 771610 号钻孔(127°06′,44°31′),吉林煤田 112 队,1984 年测制。

上覆地层：**第四系**	
水曲柳组	**总厚度** 772.50 m
砂砾岩段	**厚度** 238.77 m
25. 杂色砾岩	46.94 m
24. 灰绿色含砾中粗粒砂岩	24.12 m
23. 灰绿色含砾粉砂岩与灰绿色粉砂岩互层	157.49 m
22. 杂色砾岩夹灰绿色含砾粉砂岩	10.22 m
泥岩段	**厚度** 269.93 m
21. 灰绿色粉砂岩与含砾粉砂岩互层	62.18 m
20. 灰绿色泥质粉砂岩与粉砂岩互层	8.23 m
19. 灰绿色粉砂岩夹砂质泥岩，泥岩薄层	61.72 m
18. 灰绿色粉砂岩夹泥质粉砂岩薄层	43.60 m
17. 灰绿色泥质粉砂岩夹灰绿色粉砂岩	60.88 m
16. 灰绿色粉砂岩夹灰绿色泥质粉砂岩	33.32 m
砂泥岩段	**厚度** 263.80 m
15. 灰绿色含砾粗砂岩与灰绿色泥质粉砂岩互层	6.44 m
14. 灰绿色粉砂岩	7.43 m
13. 灰绿色含砾粗砂岩	1.88 m
12. 灰绿色泥质粉砂岩	6.01 m
11. 浅灰色粉砂岩	11.28 m
10. 灰绿色粉砂岩、泥质粉砂岩、泥岩互层	70.89 m
9. 灰绿色粉砂岩夹砾岩	18.11 m
8. 灰绿色泥质粉砂岩夹灰绿色泥岩	9.95 m
7. 灰白色含砾岩	7.99 m
6. 灰色泥质粉砂岩与灰色粉砂质泥岩互层	32.64 m
5. 灰白色中粒砂岩与灰白色粉砂岩互层	7.99 m
4. 灰白色粉砂岩与钙质粗砂岩	36.20 m
3. 灰白色粗砂岩夹黄绿色泥岩薄层	32.17 m
2. 深灰色泥质粉砂岩夹粉砂质泥岩	12.10 m
1. 灰白色含砾粗砂岩	2.72 m

——————— **整　合** ———————

下伏地层：**吉舒组**　粉砂质泥岩

【地质特征及区域变化】 水曲柳组是以砾岩、砂岩、粉砂岩、泥质粉砂岩夹泥岩为基本层序的旋回层,局部夹有 1～2 层劣质煤或煤线。颜色呈灰绿色、灰白色。

主要分布在舒兰县平安、水曲柳、吉舒、乌拉街一带和永吉县的孤店子、河湾子、太平、岔路河、万昌一带,呈北东向条带状延伸。在舒兰县岩性主要为灰绿色砂岩、页岩和砂质页岩互层。在永吉县主要岩性由砂岩、粘土岩夹硅藻土及砾岩组成。厚度变化大,一般厚度仅几十米、百余米,最厚可达千米。主体时代为晚第三纪,下限可能延至渐新世。

梅河组 E*m* （05－22－0139）

【创名及原始定义】 原名梅河群，吉林省煤田地质勘探公司102队(1965)① 创名，创名地点在梅河盆地。未指定层型。指梅河盆地第三系含煤地层，自下而上划分出五个岩性段：底部岩段、下含煤段、泥岩段、上含煤段和绿色岩段。总厚约516～1 106 m。地表无露头，地质古生物资料来自钻孔。

【沿革】 1974年东北三省中新生代地层会议修订为梅河组。沿用至今。

【现在定义】 指梅河盆地第三系含煤碎屑岩沉积。由砾岩、砂岩、粉砂岩、泥岩夹煤层组成的岩石序列。底界为不整合面与下伏白垩系接触，顶界为第四系覆盖。

【层型】 选层型为吉林省梅河市白家堡矿区长胜勘探区321号钻孔(126°36′，42°25′)，吉林煤田102队，1966年所测剖面简化。

上覆地层：第四系

梅河组　总厚度 693.56 m

绿色岩段　厚度 139.92 m

50—46. 灰绿、黄绿色细砂岩、粗砂岩、粉砂岩互层，有植物碎片　16.88 m

45—41. 灰绿色粉砂岩、泥岩夹粗砂岩，具斜层理及水平层理　>37.23 m

40. 浅灰色粗砂岩，以石英、长石为主，泥质胶结，分选不好，半棱角状，含砾　21.69 m

39—35. 灰绿色中粗粒砂岩、粉砂岩互层夹泥岩　64.12 m

上含煤段　厚度 258.24 m

34—23. 煤、粗砂岩、砂岩、泥岩互层　66.07 m

22. 黑灰色—深灰色泥岩及粗—细砂岩　37.09 m

21—19. 煤、劣质煤夹泥岩、粗砂岩　10.04 m

18. 黑色—灰色泥岩及灰色细—粗砂岩　80.98 m

17—15. 黑色泥岩、细砂岩夹粗砂岩及薄煤　18.36 m

14. 灰—灰白色粉砂岩、粗砂岩夹泥岩　45.70 m

泥岩段　厚度 52.06 m

13. 褐色泥岩，致密块状，具平坦断口，局部水平层理发育，产 *Metasequoia disticha*, *M.* sp., *Sequoia chinensis*, *Ginkgo adiantoides*, *Cercidiphyllum arcticum*, cf. *C. arcticum*, *Taxodium* cf. *dubium*, Coniperae, *Quercus* sp., *Populus* sp.　52.06 m

下含煤段　厚度 64.14 m

12—9. 煤、黑色泥岩层　24.37 m

8—7. 灰白色粗砂岩夹粉砂岩及泥岩　29.72 m

6. 灰—浅灰色泥岩夹煤，煤为暗煤，夹亮煤，含琥珀，本段产 *Metasequoia disticha*, *Sequoia chinensis*, *Taxodium* cf. *dubium*（接308号钻孔底部岩段）　10.05 m

底部岩段　厚度 179.20 m

5. 黑褐色、灰绿色泥岩夹砂岩、砾岩　49.30 m

4. 灰白、灰绿色粗砂岩，夹厚度不均的粉砂岩、细砂岩、泥岩　121.70 m

3—1. 灰绿色砾岩，底部有紫色粉砂岩　8.20 m

～～～～～～ 角度不整合 ～～～～～～

下伏地层：下白垩统

① 吉林省煤田地质勘探公司102队，1965，梅河煤田白家堡矿区长胜区最终报告。

【地质特征及区域变化】 梅河组分布于敦化-梅河断裂带南端梅河盆地的长胜、中腰堡、东夏和大湾等地，为含煤碎屑沉积。本组自下而上分为五段：底部岩段：为灰绿色含铝土质泥岩、杂色泥岩夹灰白色砂岩，底部往往有 20 m 厚赤色砾岩，有的砾岩层达 70 m 厚，本段厚 65～160 m，与下伏地层不整合接触；下含煤段：由泥岩夹细砂岩、砾岩组成，含煤 5 层（可采 3 层），厚约 90～230 m；泥岩段：为致密块状褐色泥岩，最厚达 190 m；上含煤段：为砂岩、泥岩和砾岩，含煤 9 层（局部可采 5 层），厚 140～258 m；绿色岩段：为灰绿色粉砂岩、细砂岩、中砂岩和泥岩，厚 163～268 m。

上述岩性组合、沉积序列反映梅河组属泛滥平原型沉积环境。沉积区和蚀源区高差小，并有一定距离，盆地通常平行河道的长形低洼区。河流相不甚发育，仅在含煤地层的底和顶部出现，沉积物厚度不大，主要为砾岩、含砾砂岩、砂岩。中部常为沼泽、泥炭沼泽和湖泊相沉积，一般为粉砂岩、泥岩、煤层和油页岩。湖泊相发育，泥质岩厚度大。

桦甸组 E_2hd （05－22－0140）

【创名及原始定义】 东北煤田第二地质勘探局 112 队（1957）① 创名称桦甸统，创名地点在桦甸县。指桦甸盆由砂岩、页岩、砂页岩等组成的含油页岩地层。未指定层型。

【沿革】 桦甸盆地研究历史较早（表 11－3）。40 年代西田彰一、皆川信弥等做过生物地层

表 11－3 桦甸组划分沿革表

西田彰一		铃木好一		东北煤田 112 队		东北煤田 112 队		李永孝		吉林煤田 102 队		吉林区调所		本书		
1940		1946		1956		1957		1962		1972		1986				
桦甸		桦甸		桦甸		桦甸		桦甸		桦甸		桦甸		桦甸		
?	?	?	?	N		N			?	第四系		N		N	土门子组	
J—K	油页岩层	E_2	油页岩层	油页岩系	上部含碳质页岩层	E	桦甸统	E_3	桦甸组	桦甸组	上部含煤段	E_2	含煤段	E_2	桦甸组	上部含煤段
					中部含油页岩层						中部含页岩段		含油页岩段			中部含油页岩段
					下部含碳质页岩层						下部含黄铁矿段		砂岩段			下部含硫铁矿段
				K	砂砾岩	K				范家屯组		K		K	白垩系	范家屯组

① 东北煤田第二地质勘探局 112 队，1957，苏密沟勘查报告书。

工作，认为产油页岩地层属老第三纪。1962年李永孝在对比第三纪地层时改称为桦甸组，时代为渐新世。1972年吉林煤田102队将桦甸组划分三段：下部含黄铁矿段、中部含油页岩段、上部含煤段。1986年吉林区调所在桦甸盆地发现动物化石，建立了桦甸动物群。

【现在定义】 指桦甸盆地含油页岩及褐煤的地层。它由灰白色、灰色、灰绿色含砾粗砂岩、中细砂岩、粉砂岩、粉砂质泥岩夹油页岩及褐煤组成的岩石序列。下以砂砾岩出现与下伏老地层呈不整合接触，上被土门子组不整合覆盖。

【层型】 选层型为桦甸县中心街联合村剖面（126°51′，43°01′），张普林、吕宝臣等1986年测定。

上覆地层：土门子组　砾岩

～～～～～～ 不 整 合 ～～～～～～

桦甸组 总厚度>534.74 m

21. 灰白色中粗粒砂岩夹泥质粉砂岩 3.50 m

20. 灰白色含砾粗砂岩 9.60 m

19. 灰白色含砾砂岩夹细砂岩 16.80 m

18. 灰白色泥质粉砂岩夹细砂岩 5.50 m

17. 灰白色、灰黑色粉砂质泥岩 15.79 m

16. 灰绿—灰白色泥质粉砂岩 40.90 m

15. 灰白色含砾粗砂岩 20.50 m

14. 黄绿色、灰白色粉砂岩、粗砂岩夹红褐色泥岩及油页岩，油页岩厚1.7 m，产下列动物化石：鱼类 *Clupeiformes*，Amiidae；鸟类 Corvidae，*Passerifomes*；哺乳类 *Eochenus sinensis*，Rodentia indet.，*Inseltivora* (*Erinaceidde*)，*Echinosoricinal*；腹足类 *Spiralinc* sp.，*Hippeutis* sp.，*Gyraulus* sp.，*Ycrtiqo* sp.，*Sinoplanorbis* sp.，*Sinostenothyra* sp.，*Parasoiria* sp.，*Radix* sp.，*Stenosthyra* sp. 123.90 m

13. 紫色薄层状页岩 20.00 m

12. 灰色、灰绿色厚层状泥岩及泥质粉砂岩 15.00 m

11. 灰黑色油页岩夹黄绿色泥岩及泥质砂岩，层面具薄膜状黄铁矿，产下列脊椎动物化石：哺乳类 *Eochenus sinensis*，*Tupaiodon huadianensis*，*Ernosorex jilinensis*，*Zelonys orientalis*，*Z. gracilis*，*Asiomomys changbaicus*，*Mammalia* 等；爬行类 *Lacerncilia agamidae*，*Huadiansaurus sujiatunensis*，*Cyptodira* sp.；鸟类 Threskiornithidae，Anatidae；鱼类 *Perciformes*，Amiidae，Catostomidae，*Clupeiformes* 以及大量孢粉化石 70.00 m

10. 黄绿色粉砂质泥岩 5.04 m

9. 灰白色、灰褐色含砾砂岩及中粒砂岩 30.14 m

8. 黄褐色泥质粉砂岩、黄绿色、紫红色粉砂岩及粉砂质泥岩夹油页岩，可见油页岩厚度1 m，呈纸片状，产鱼化石及腹足类化石碎片 18.36 m

7. 黄绿色含砾砂岩及中细粒砂岩，含黄铁矿，风化后呈褐色 35.96 m

6. 黄褐色泥质粉砂岩 41.70 m

5. 黄褐色含砾细砂岩 6.08 m

4. 黄褐色薄层状泥质粉砂岩 10.13 m

3. 黄绿色、灰绿色粉砂质泥岩夹紫色泥岩及油页岩 33.60 m

2. 灰黄色泥质粉砂岩及灰绿色粉砂质泥岩夹油页岩 2.24 m

1. 黄褐色砂砾岩，砾石成分较复杂，区域上有较大断层切割该段地层，砾石被切碎，

破裂面平直而光滑 >10.00 m

════════ 断　层 ════════

下伏地层：**范家屯组**　片理化变质砂岩

【地质特征及区域变化】　桦甸组由灰白色、灰色、灰绿色含砾粗砂岩、中细粒砂岩、细砂岩、粉砂岩、粉砂质泥岩夹油页岩及褐煤组成。最大厚度 1 935 m。含有工业价值的煤和油页岩矿。

主要分布在桦甸县的公郎头、庙岭、北台子、桦甸镇一带。岩性可分为三段：上部含煤段为砂岩、页岩互层夹煤层；中部油页岩段为页岩、砂岩互层，夹 8 层以上可采油页岩层；下部含硫化铁矿段为砂岩、页岩和碳质页岩互层，夹薄层石膏和硫铁矿，与下伏范家屯组呈不整合接触，产哺乳类、鸟类、爬行类、鱼类等动物化石，以及软体动物及孢粉化石。桦甸组时代属始新世。

从上所述，下段的岩性组合反映为河流-湖泊相沉积，时尔出现沼泽相；中段为湖泊相沉积，持续时间长；上段以沼泽相沉积为主，尔后发育成河流相。桦甸组属沼泽湖泊型沉积环境。

船底山组　Nĉ　(05－22－0145)

【创名及原始定义】　刘毓初等(1953)[①] 创名，创名地在桦甸县，1975 年吉林省区域地层表编写组介绍。指桦甸县青杨木沟附近产于高山地区玄武岩，称之船底山玄武岩，划属第三纪(?)。玄武岩以含橄榄石微粒为其特征，呈致密状，含少量气泡，岩质坚实处构成猪背式山地。

【沿革】　在区域地质调查和地质科研工作中，各研究者对省内可对比的玄武岩曾使用不同地方名称，如张广才岭玄武岩、下玄武岩、老爷岭玄武岩、平顶村玄武岩、四方顶子玄武岩、西大坡玄武岩等。各家仅根据岩性特征、地貌位置、产出状况，将其层位粗略定为上新统。1975 年吉林省地层表编写组统一采用“船底山玄武岩”一名，时代为上新统。1988 年《吉林省区域地质志》根据其出露部位高，呈玄武岩台地或桌状山等特点，将它们统称为“船底山组”，时代为上新世。同年，刘嘉麒将张广才岭玄武岩、船底山玄武岩划为老爷岭幕(11～7 Ma)，为中新世晚期(表 11－4)。张广才岭玄武岩、老爷岭玄武岩、下玄武岩、四方顶子玄武岩、西大坡玄武岩等，上述地方性名称应不再使用。

【现在定义】　指土门子组之上以玄武岩为主的岩层，由橄榄玄武岩、玄武岩、安山玄武岩、凝灰质砂岩组成的旋回层。底界与土门子组为不整合接触，顶界被第四系覆盖。

【层型】　正层型为桦甸县西北船底山剖面(126°59′，43°02′)，吉林区调所，1986，《1∶20万磐石县幅区域地质调查报告》。

上覆地层：**第四系**　腐植土

船底山组	总厚度 87.5 m
4. 玄武质凝灰熔岩	10.0 m
3. 黑色致密状橄榄玄武岩，顶部见有杏仁构造	12.5 m
2. 黑色致密状橄榄玄武岩，上部见气孔状构造，并见有被硅质充填成杏仁	17.5 m
1. 黑色橄榄玄武岩，偶见小气孔	47.5 m

－－－－－－ 平行不整合 －－－－－－

下伏地层：**土门子组**　砂岩

① 刘毓初等，1953，桦甸县矽藻土锑矿及其他(未刊)。

表 11-4 船底山组划分沿革表

刘毓初等		吉林省区调队		吉林省地层表编写组		王雨灼 孙建中		吉林省区调所		吉林省区调所		刘嘉麒		本书	
1953		1972		1975		1980		1986		1988		1988		1993	
桦甸		桦甸		吉林小区		松花江流域		桦甸		吉林小区		抚顺-密山		长白山区	
	松花江沉积	Q_2^1	青杨木沟组	Q_2^1	青杨木沟组	Q_1	青杨木沟组	Q_1		Q_1	军舰山组	Q_1	松花江玄武岩	Q_1	军舰山组
R_2	船底山玄武岩	N_2	张广才岭玄武岩	N_2	船底山玄武岩	N_2	船底山玄武岩	N_2	船底山组	N_2	船底山组	N_1^3	老爷岭玄武岩	N	船底山组
								N_1	土门子组	N_1	土门子组			N_1	土门子组

【地质特征及区域变化】 从剖面可以看出，本期基性火山岩是由多次喷发作用形成的橄榄玄武岩、气孔状玄武岩组成，厚度 87.5 m。每次喷发作用的喷吐量不等，但每次喷发的岩流其顶部往往形成小气孔状构造，反映了陆上火山喷发作用特点。

船底山组是新生代以来规模巨大的一期基性喷出岩，广泛分布于省内东部长白山区，尤以张广才岭、老爷岭、哈尔巴岭、珲春河上游、甑峰山、长红岭等地区最为发育，覆盖于不同时代地质体之上，多为不整合或平行不整合接触。已知最大厚度达 495 m。

珲春组 E*h* (03-22-0143)

【创名及原始定义】 原称珲春煤系，由吉林煤田地质勘探局 203 队(1959)① 创名，以珲春盆地发育最好，未指定层型。指珲春盆地新生代第三纪煤系，直接沉积在古生代和中生代地层剥蚀面上，呈显著的不整合接触。含煤系划分为三部：即下部煤组、上部含煤组和顶部砾岩层。

【沿革】 珲春组研究历史较早，远滕诚道(1938)曾研究珲春盆地植物化石，认为时代属老第三纪。张士才等人(1962)在论文中改称珲春组。吉林省地层表编写组(1975)将珲春组划分为上含煤段、下含煤段，时代为古新—渐新世。吉林煤田 112 队根据 1、2 号标志层将煤系划分上、中、下三个含煤段。

【现在定义】 指基底岩层不整合面之上、船底山组之下的含煤岩系。主要由砾岩、砂岩、粉砂岩、泥岩、凝灰质砂岩及煤层组成的岩石序列。岩性横向变化大。与下伏中生代火山岩及古生代地层呈不整合接触，其上与土门子组为平行不整合接触或被第四系砂砾石层覆盖。

【层型】 选层型为吉林省珲春煤田河北矿区 411.404 钻孔(130°20′,42°54′)，吉林省煤田地质勘探局 203 队，1964，珲春煤田河北矿区详查勘探总结。

上覆地层：第四纪 砂、砾石层

珲春组 总厚度＞958.0 m

---

① 吉林煤田地质勘探局 203 队，1959，珲春煤田珲春河南部区普查地质报告书(未刊)。

上含煤段　厚度 880.0 m

46. 灰色粉砂岩与灰白色中粒砂岩互层，含薄煤 5 层　54.0 m
45. 浅灰色、灰色细砂岩与粉砂岩互层，夹 3 层灰色厚层砂岩及 7 层薄煤层　107.8 m
44. 灰黑色致密块状泥岩，夹 0.2 m 泥质页岩　6.3 m
43. 上部为灰白色、深灰色中粒砂岩、含砾粗砂岩；下部为灰白色、深灰色中粒砂岩与细砂岩互层　39.4 m
42. 灰色、深灰色粉砂岩，上部与泥岩，下部与中粒砂岩互层，下部夹 3 层泥岩及一层煤　66.9 m
41. 灰白色—深灰色粉砂岩、泥岩与细粒砂岩互层，靠下部夹 2～3 层深灰色含砾粗砂岩，夹 7 层薄煤，产植物化石　111.4 m
40. 41 号煤层
39. 灰白色、灰黑色细粒砂岩与粉砂岩互层夹 8 层薄煤，粉砂岩中有植物化石碎片　103.0 m
38. 灰白色、灰黑色粉砂岩、泥岩与细粒砂岩互层，靠下部夹一层灰白色厚层状砾岩，顶部为 32 号煤层　45.3 m
37. 上部为灰白色—灰色细粒砂岩及粗粒砂岩，夹一层灰白色粗砂岩；下部深灰色细砂岩与粉砂岩互层；底部为灰白色含砾粗砂岩；顶部为 28 号煤层，中部夹 25 号煤层　31.6 m
36. 灰白色砂岩、砾岩，顶部为灰色、灰黑色粉砂岩，上部夹 23 号煤层　9.5 m
35. 灰色、灰黑色薄层泥岩与细砂岩互层，靠下部夹有灰色砾岩　11.5 m
34. 22 号煤层
33. 灰色、黑色泥岩及粉砂岩，含 2 层煤　8.4 m
32. 灰白色厚层状含砾粗砂岩，顶部为中粒砂岩　17.4 m
31. 灰白色、灰色粉砂岩及细砂岩　11.9 m
30. 19 号煤层
29. 灰白色、灰色中粒砂岩及细粒砂岩，含一薄煤层　4.6 m
28. 18 号煤层
27. 灰白色粗砂岩夹一层煤及黑色泥岩，上部为灰白色、灰黑色粉砂岩，含炭化树干，中部夹一层煤　18.8 m
26. 17 号上煤层
25. 灰色致密厚层状细砂岩　8.2 m
24. 17 号煤层
23. 上部为灰白色粗砂岩；下部为灰色厚层状细砂岩及泥岩，夹一煤层　6.2 m
22. 16 号煤层
21. 上部为灰白色、灰色粉砂岩及细砂岩；中—下部为灰白色厚层状砾岩夹薄层粉砂岩、细砂岩；底部为灰色粗砂岩夹黑色粉砂岩，有植物化石碎片　36.6 m
20. 14 号煤层
19. 灰白色粗粒砂岩，夹 2 层灰色泥岩　29.0 m
18. 13 号煤层
17. 灰白色—灰黑色砂岩及泥岩，含煤　3.5 m
16. 灰白色厚层状含砾粗砂岩、粗粒砂岩，中部夹灰白色—灰色细砂岩、泥岩及 4 层煤（最下一层为 10 号煤层）　63.5 m
15. 9 号煤层
14. 灰白色、灰色粉砂岩及中粒砂岩，夹 2 层碳质泥岩及 1 层煤　24.6 m
13. 7 号煤层

12. 灰白色粗粒砂岩、厚层状含砾粗砂岩，夹3层灰黑色泥岩，下部夹一薄层碳质泥岩 40.6 m

11. 浅灰色—灰黑色粉砂岩，夹1层煤及3层含碳质泥岩 20.0 m

下含煤段 厚度 78.0 m

10. 灰白色粗砂岩、砾岩，顶部为5号煤层 24.3 m

9.4号煤层

8. 灰色泥岩，含2层薄煤 4.7 m

7.3号煤层

6. 灰白色厚层状含砾粗粒砂岩及灰白色、灰色粗粒砂岩、细砂岩 15.8 m

5. 灰—灰黑色粉砂岩与中粒砂岩互层，产植物化石，下部夹浅灰色角砾岩，底部粉砂岩中夹一层煤 18.6 m

4.2号煤层

3. 灰黑色厚层状泥岩、粉砂岩及细粒砂岩 11.6 m

2.1号煤层

1. 黑色砾岩，底部火山岩碎屑较多，上部产植物化石 3.0 m

~~~~~~~~~~ 不 整 合 ~~~~~~~~~~

下伏地层：**屯田营组** 火山岩

【地质特征及区域变化】 珲春组主要岩性为砾岩、砂岩、页岩、凝灰质砂页岩夹煤层，分上、下两个含煤段。不整合于白垩系龙井组、侏罗系屯田营组、二叠系柯岛群及华力西晚期花岗岩之上。最大厚度近1 000 m。下段为河流冲积相、成煤沼泽相及湖滨相沉积，韵律结构及相的更替明显；上段为主要含煤层，以细碎屑岩为主，主要是成煤沼泽相和湖泊相沉积，局部为冲积相，岩性较稳定，煤层较多较厚，为重要的可采煤层。分布于珲春凉水、春化、金塘村、延吉开山屯、三合、清茶馆、白龙洞等地。岩性横向变化大。在珲春庙岭一带上含煤段以砂岩、砾岩为主；凉水一带则以较厚的页岩、粉砂岩、砂岩为主，在土门子区，出现凝灰质页岩及凝灰质砂岩薄层。下含煤段在骆驼河子区以含砾砂岩、砾岩为主，其它地区不发育或缺失。

土门子组 N_1t (03-22-0144)

【创名及原始定义】 原称土门子统，冈田重光、西田彰一(1940)创名，创名地点在珲春县春化乡土门子。指珲春土门子附近上部层(土门子统)，层序为：①基底砾岩层；②砾质砂岩层；③白色凝灰岩层(硅藻土)；④粗粒砂岩、砂质页岩层；⑤灰白色凝灰岩层。下伏渐新世含炭层(会宁统)，上覆第四纪堆积，均为不整合接触，全层厚150 m。时代为上新世。

【沿革】 1959年吉林煤田地质勘探局203队将土门子统划分为小东沟组、下草帽顶子组，时代属新第三纪。下草帽顶子组分三层：上部凝灰岩夹硅藻土层；中部含砾砂岩层；下部砾岩层。下伏老第三系砂页岩含煤层，呈不整合接触。小东沟组划分为二层：砂岩、粉砂岩、粘土层；含煤层，其上被玄武岩覆盖。1965年吉林地质局第二地质队将土门子统改称中土门子组，煤层及硅藻土层划为上段，将出露于草帽顶子的含煤岩系划为草帽顶子组，置于中土门子组之上。同年，吉林区调队(1：20万珲春、春化幅)按照地层命名优先原则，采用土门子组一名，时代为中新世。1975年吉林省地层表编写组采用土门子组，时代为中—上新世(表11-5)。草帽顶子组为吉林省地质局第二队(1965)创名。它是由砾岩、砂岩、泥岩及煤层构成，仅分布在珲春县春化草帽顶子一带。吉林区调队(1961—1965)曾划归土门子组。吉林煤田203队(1959)则称小东沟组。1983年吉林区调所(1：20万珲春县幅)认为：草帽顶子组岩性、沉积建造及含矿
~~~~~~~~~~

表 11-5 土门子组划分沿革表

冈田重光 西田彰一	吉林省煤田第 203 队	吉林省区调队	吉林省区调队	吉林省地质局二所	吉林省地层表编写组	吉林省区调队	吉林省区调队	本书
1940	1959	1963	1965	1965	1975	1983	1988	
珲春	珲春	长白马鞍山	珲春	珲春	延边通化	珲春	延边浑江	延边通化
第四纪	玄武岩	玄武岩	N_2—Q 玄武岩	N_1^2 四方顶子组	N_2 船底山玄武岩	N_2 船底山玄武岩	N_2 船底山组	N 船底山组
土门子统 N_{1-2} 上部层	土门子统 小东沟组	N 马鞍山组	N_1 土门子组	N_1^1 草帽顶子组	N_{1-2} 土门子组	N_1 草帽顶子组	N_1 土门子组(马鞍山村组)	N_1 土门子组
	下草帽顶子组			中土门子组		N_1 土门子组		
会宁统 E_1 下部层			E_{1-3} 珲春组	E_{1-3} 珲春组	E_{1-3} 珲春组	E_{1-3} 珲春组	E 珲春组	E 珲春组

性与土门子组不一致,应单独建组。本书认为草帽顶子组分布局限,并与土门子组无直接接触关系。因此,暂将其置于土门子组之中。

吉林南部浑江小区土门子组曾称马鞍山组,是吉林区调队(1962)创名。层型在长白县八道沟马鞍山。按地层命名优先原则,采用土门子组为宜。上述的草帽顶子组、小东沟组,下草帽顶子组及中土门子组应停用。

【现在定义】 指珲春组与船底山组之间的碎屑岩夹硅藻土及玄武岩,由砾岩、砂岩、粘土岩、硅藻土为基本层组成的岩石序列。下以砂砾岩底面为界与珲春组平行不整合接触,上以玄武岩出现为界与上覆船底山组不整合接触。

【层型】 正层型为珲春县春化乡北土门子剖面(131°04′,43°10′),吉林区调队,1983,《1∶20万珲春县幅、春化公社幅、敬信公社幅区域地质调查报告》。

上覆地层:船底山组 玄武岩

~~~~~~~~~~ 不 整 合 ~~~~~~~~~~

土门子组	总厚度 419.56 m
20. 灰黄色砂岩	40.20 m
19. 紫灰色拉斑玄武岩	14.74 m
18. 深灰色气孔状玄武岩	5.48 m
17. 灰紫色气孔状玄武岩	4.11 m
~~~~~~~~~~

16. 灰黑色玄武岩	46.02 m
15. 黄色含砾粗砂岩	34.82 m
14. 黑色玄武岩	6.14 m
13. 灰黄色中粗粒砂岩	113.20 m
12. 灰白色含砾粗砂岩	8.17 m
11. 黄绿色粉砂质粘土岩	1.70 m
10. 灰黄色含砾粗砂岩	52.75 m
9. 浅灰绿色粘土岩夹硅藻土	21.20 m
8. 灰绿色长石石英细砂岩	14.37 m
7. 灰黄色含砾粗砂岩	2.64 m
6. 灰黄色粘土质粉砂岩	1.32 m
5. 灰黄色粗砂岩	5.33 m
4. 灰绿色粘土质粉砂岩	3.81 m
3. 灰色粗砂岩与灰黄色中砂岩互层	9.91 m
2. 灰白色砾岩与含砾粗砂岩互层	29.41 m
1. 灰黄色含砾粗砂岩	4.24 m

——————— 平行不整合 ———————

下伏地层：珲春组　砂岩、泥岩

【地质特征及区域变化】 土门子组岩性可分为上、下两段：下段为砂岩、粉砂岩、粘土岩夹硅藻粘土和硅藻土；上段由砂岩、粉砂岩、粘土岩互层及玄武岩组成，夹硅藻粘土，底部为砾石层。与下伏地层呈不整合接触，上面被船底山组不整合覆盖。厚 142～420 m。

土门子组下部砂砾岩斜层理发育，粒度、组分复杂，反映山区河流相沉积特点；上部为湖相沉积，形成硅藻土，晚期有玄武岩喷发。硅藻土粒度成分主要决定于藻类种属大小形状，如丝瓜形、圆棒形、圆盘形、圆筒形等。直径一般在 0.015～0.030 mm，大者可达 0.1～2 mm。其中多属直链藻属(*Melosira*)和小环藻属(*Cyelotella*)。大部分硅藻均系淡水种属，应为淡水湖泊沉积。硅藻土矿物成分主要是硅藻蛋白石，硅藻土层中含有蓝铁矿和黄铁矿，说明硅藻土沉积应该是在还原介质中。另外，硅藻土普遍具有发育完好的细纹水平层理，这说明硅藻土的形成是在静水深湖盆地中。

该组分布于珲春的土门子、汪清县罗子沟、敦化县秋梨沟、蛟河县杨家店、桦甸县联合村以及长白县马鞍山、西大坡等地。在横向上变化较大，从通化至吉中地区分三个亚带，各亚带发育过程极不相同，变化较大：通化(东部)地区(A 亚带)发育时间最早，也最长，厚度最大；吉中亚带(B 带)发育时间较迟，最后，本组沉积又转向通化西部地区(C 亚带)，厚度最薄。

第二节　生物组合特征

吉林省第三纪主要化石有植物和孢粉，其次有少量硅藻、脊椎动物、介形虫和腹足类。

1. 植物

珲春、清茶馆、杨家沟、舒兰、梅河、马鞍山等第三纪盆地的沉积层中发现植物化石 70 余属 110 余种(表 11-6)。其中主要是被子植物，其次为裸子植物、蕨类和少量银杏、苏铁类。

①*Sequoia chinensis-Glyptostrobus europaeus* 组合(简称 *SG* 组合)

本组合主要分布于珲春盆地、清茶馆盆地的珲春组；舒兰盆地的舒兰组；梅河-桦甸盆地的桦甸组和梅河组。舒兰组有植物化石 32 属 34 种；梅河组有 9 属 11 种；珲春组达 37 属 51 种（表 11－6），其中以被子植物为主，次之为蕨类、裸子植物。本组合中 20 余属见于抚顺植物群，其中较重要的分子有：*Acer arcticum*，*Gryptostrobus europaeus*，*Sequoia chinensis*，*Cercidiphyllum arcticum* 等，其时代为古新一始新世。郭双兴（1979）报道珲春盆地珲春组下段产：

表 11－6　吉林省第三纪植物化石分布表

化石名称 ＼ 组名/地点	珲春组		梅河组	桦甸组	舒兰组	土门子组		
	H	Q				H	M	Y
Populus sp.	+	++	+		+		+	
P. litigiosus	+							
P. areticum	+							
Juglandites poliophyllus	+							
Engelhardtia koreanica	+							
Betula sp.	+	+					+	
B. mioluminifera	+				+			
Fagus sp.				+				
F. feroniae	+							
F. stuxbergi						+		
Cercidiphyllum crenatum	+							
C. arcticum			+					
Albizzia sp.	+							
Fraxinus honshuensis	+							
Protophyllum sp.	+				+			
P. multinerve，*P. haidenii*	+							
P. cordifolium	+							
P. microphyllum，*P. ovatifolium*	+							
P. renifolium，*P. ltinerus*	+							
P. rotundum	+							
Koelreuteria rhombifolia	+							
Zizipus orbitifolia	+							
Z. aff. *tiliaefolius*		+						
Alangium basiobliquum	+							
Graminophyllum sp.	+							
Trochodendroides vassilenkoi	+							
T. smilacifolia	+							
T. sp.				+				
Carpinus sp.	+	+				+	+	
C. miofangiana					+		+	
C. shimizui						+		
C. cf. *megabracteata*						+		+
Castanea ungeri							+	
C. miomollissima					+			+
Quercus sp.	+		+	+	+		+	+
Q. miocrispula						+		
Q. miovariabilis						+		
Q. cf. *furuhjelmi*							+	
Q. cf. *grandidentata*							+	
Acer subpictum							+	
A. miofranchetii						+		
A. arcticum	+				+			

续表 11-6

化石名称 \ 组名 / 地点	珲春组 H	珲春组 Q	梅河组	桦甸组	舒兰组	土门子组 H	土门子组 M	土门子组 Y
A. sp.					+			+
Phyllites sp.	+	+			+	+		+
Carpites sp.								
Fagaceae					+			+
Nelumbo nipponica					+			
Cylancarya sp.					+			
Berchemia sp.					+			
Pinus sp.	+							+
Lrgodlium kaulfusii	+							
Dryophyllum sp.					+			
Magnolia miocenica	+							
Cyperites sp.					+			
Platanaceae sp.					+			
Taxodium tinajoram	+							
T. sp.					+			
Banksia sp.					+			
Zelkova sp.								+
Z. ungeri	+	+			+		+	
Z. lingeri					+			
Z. cf. *tiliaefplius*	+							
Ailanthus sp.								+
Tilia sp.								+
T. miohenryana					+		+	
Taxodium cf. *dubium*			+					
Vitis sp.	+	+					+	
Viburnum sp.	+	+						
Celtis asiatica	+	+						
C. sp.					+			
Ulmus sp.	+	+					+	
U. paralaciniata					+			
Hovenia sp.							+	
Trapa sp.							+	
Metasequoia sp.			+		+			+
M. cuneata	+							
M. disticha	+	+	+					+
Sequoia sp.		+	++					+
S. langsdorfii	+							
S. chinensis	+		++		+			
Glyptostrobus europaeus	+	+		+				+sp.
Taxodium dubium			++					
Coniferae sp.			+					+
Rosa sp.				+				
Juglans cf. *miocathayensis*							+	
Salix sp.							+	
Ginkgo adiantoides			+					
Alnus kefersteinii	+			+				
A. cf. *schmalhausenii*	+							
cf. *Salix* sp.	+							

续表 11-6

化石名称 \ 组名 / 地点	珲春组 H	珲春组 Q	梅河组	桦甸组	舒兰组	土门子组 H	土门子组 M	土门子组 Y
cf. *Cornus* sp.	+							
Osmunda sp.	+							
Cladophlebis cf. *frigida*	+							
Ctalpa szei					+			
Cercis miochinensis					+			
Tilia miohenryana					+			
Magnolia miocenica					+			
Cinnamomum scgeuchzeri					+			
Taxodiaceae sp.					+			
Rhamnus sp.	+							
Woodwaraia sp.								+
Pseudolarix sp.								+
Cinamomum lanceolatum	+							
Pterocarya costaneifolia	+							
Corylus sp.	+							
Leguminosites sp.	+							
Fraxinus honshuensis	+							

H. 珲春盆地；Q. 清茶馆盆地；M. 马鞍山盆地；Y. 杨家沟盆地

Protophyllum litinerus，*P. haydeni* 等圆叶属 8 种，认为 *Protophyllum* 为代表的植物群时代应属晚白垩世。舒兰组也有 *Proptophyllum*，如果这一植物群确属晚白垩世，则珲春组、舒兰组的下限可能是晚白垩世晚期。

②*Carpinus* cf. *megabracteata*-*Fagus stuxbergi* 组合（简称 CF 组合）

本组合以珲春盆地的土门子组为代表共有 6 属 9 种（表 11-6）。其中大部为中新统、上新统常见分子，也有少量偏老分子，因此其时代为中新—上新世。*CF* 组合还见于延吉市清茶馆、浑江市马鞍山、蛟河县杨家店等地的土门子组中。

2. 孢粉

伊舒盆地划分的第三纪孢粉组合（范梦书，1981）在吉林省具有代表意义，自下而上简述如下。

①*Sphagnumsporites*，*Abietineaepollenites*-*Deltoidospora*-*Juglauspollenites*，*Ulmipollenites*-*Gothanipollis* 组合

本组合产于棒棰沟组下部绿色岩段含粘土层位中，样品取自伊通地区 119、120 号孔。其特点是蕨类孢子占 11.76%～33.57%，主要由石松孢、水龙骨单缝孢、无突肋纹孢、三角孢 *Indeterininablespore* 组成；裸子植物花粉占 40.09%～46.83%，主要由双束松粉多种，松科花粉、单束松粉、罗汉松粉多种，雪松粉、苏铁、银杏粉，*Araucaricites psophesphaera*，克拉梭粉组成；被子植物花粉占 19.58%～48.14%，主要由克氏脊榆粉、榆粉、胡桃粉、山核桃粉、三孔粉、栎粉及含量不到百分之一的 *Gothanipollis*，*Plaicapollis*，*Aquilapollenites*，*Rhoipites* 等组成。认为本组合面貌有白垩纪的色彩，如晚白垩世的鹰粉在组合中还有个别出现。松科花粉较老型也普遍存在，时代为古新世。

②*Polyipodiaceaesporites*-*Classopollis*，*Abietineaepollenites*-*Alnipollenites*，*Proteacidites* 组合

本组合赋存于棒棰沟组下部绿色岩段含煤层中。样品取自四间房78-9号孔。以被子植物花粉含量丰富，可达94%，占首位；裸子植物花粉仅有4%～23%；蕨类孢粉很少，1%～9%。在被子植物花粉中，以桦科、山毛榉科、杨梅科、胡桃科的花粉为主，其中常见的 *Alnipollenites*，*Quercoidites*，次为 *Cupuliferoipollenites*，*Balixipollenites*，*Myricipites*，*Betulaceoipollenites*，*Juglanspollenites*，另外还有 *Umipollenites minor*。本组合是一个特殊组合，但又与北太平洋沿岸地区同时期的孢粉组合相似，具有较古老的色彩，认为归古新世为宜。

③*Osmundacidites*，*Schizaeoisporites-Ephedripites*，*Triporopollenites*，*Betulaceoipollenites*，*Pistillipollenites* 组合

赋存于吉舒组泥岩层和主要含煤层中。蕨类孢子少于1%～11%，主要由多种三角孢、希指蕨孢、紫萁孢、水龙骨单缝孢、水藓孢及较老分子组成；裸子植物花粉占11%～58%，主要由杉粉、无口器粉、大拟落叶松粉、单、双束松粉、克拉梭粉、麻黄粉、红杉粉及多褶皱体双囊粉等组成；被子植物花粉占40%～89%，主要由栎粉、栗粉、胡桃粉、山核桃粉、黄杞粉、桦粉、拟桦粉、桤木粉、拟榛粉、枫香粉、椴粉、柳粉、高腾粉、木兰粉、三孔沟粉、三孔粉、冬青粉和无患子粉组成。组合特征是以被子植物花粉占优势，栎粉高含量，裸子植物以单、双束松粉和杉粉为主，伴有一定量热带分子，具有特征分子麦氏杵纹粉和高腾粉，与抚顺煤田古城子组可比或近似，时代为始新世。这与大化石确定的时代是一致的。

④ *Schizaeoisporites-Taxodiaceaepollenites*，*Podocarpidites-Quercoidites*，*Chenopodipollis* 组合

赋存于水曲柳组上部绿色岩段泥质砂砾岩层中。蕨类孢子占3%～20%，主要由水藓孢、水龙骨单缝孢、希指蕨孢、三角孢、具唇孢、无突肋纹孢 *Indeterminablespore* 及含量不到百分之一的较老分子桫罗孢属、莓瘤孢等组成；裸子植物占20%～43%，主要由杉科、柏科、无口器粉、单双束松粉、松科花粉、罗汉松粉、克拉梭粉组成；被子植物花粉占26%～47%，主要由山毛榉科的栎粉、栗粉、榆科的榆粉、胡桃科的山核桃粉、胡桃粉、桦科的桦粉、桤木粉、枫杨粉、*Retiricolpites* 及一些草本植物花粉：*Chenopodipollis* sp.，*Graminidites* sp.，*Sporotarpoites* sp.，*Compositoipollenites* sp.，*Lemna* 等组成。这一组合明显特征为三角孢及多种希指蕨孢为主，而希指蕨孢高达10%，克拉梭粉、杉科、罗汉松粉含量相对也较高。被子植物花粉中栎粉竟高达35.3%。草本植物中 *Graminidites* 和 *Chenopodipollis* 高达9.8%及11.2%。本组合既有始新世中晚期大量相同孢粉分子，又出现稍多草本植物花粉，同时又见有较新分子，认为该组合的时代置始新世—渐新世为宜。

⑤*Polypodiaceaesporites-Pinuspollenites-Ulmipollenites*，*Pterocarapollenites stellatus* 组合

本组合产于水曲柳组砂砾岩层中。样品采自平安区775-5，7716-10号孔。蕨类孢子占8%～14%，以水龙骨单缝孢、水藓孢为主，及一些含量不到百分之一的较老分子（如石松孢、拟桫罗孢等）组成；裸子植物花粉含量18%～25%，主要由杉粉属、松粉属及无口器粉属和含量在百分之一左右的其它带囊松粉；被子植物花粉为66%～67%，主要由栎粉属、栗粉属、山核桃粉属、星型枫杨粉属、榆粉属和含量1%～2%的热带分子漆树粉、冬青粉和枫香粉以及草本植物花粉、菊粉属及三角柳叶菜孢组成。这一组合特征是蕨类的水龙骨单缝孢种类多，含量高，裸子植物花粉杉科明显减少；被子植物花粉又多出现枫杨粉、榆粉较集中。认为时代为中新世早期。

另外，梅河盆地、珲春盆地、敦化盆地第三纪地层中也有大量的孢粉资料，但是没有详细划分，在此不加赘述。

3. 硅藻

吉林省新生代硅藻研究较为详细，在长白县马鞍山村、永吉县三官地、蛟河县南岗均发现硅藻植物群。

①*Melosira granulata-M. granulata* f. *curvata* 组合

山东山旺硅藻土层中的硅藻植物群即为此组合代表。吉林省永吉县三官地中新世硅藻植物群与山东山旺硅藻土层中的硅藻植物群基本相同，两者都是以直链藻属的 *Melosira granulata* 和 *M. granulata* f. *curvata* 为优势种，不同之处是山东山旺硅藻土层各层间的硅藻种类变化较大，而三官地硅藻土层各层间的硅藻各类则基本相同，组成种类也较单纯。在三官地硅藻植物群中见到一些种类，如 *Coscinodiscus grobunouii* var. *ethmodiscus*，*Stephanodiscus astrae* 在山东山旺硅藻土层就未见到，反之，在山东山旺硅藻土层中见到较多的 *Melosira undulatat* 和 *M. undulata* var. *normanii* 在吉林三官地硅藻植物群中也很少见到或从未见到。

从组成这一硅藻植物群的大多数种类的生态特性看，它们都是一些现在还生存的淡水种，其中有些种类是如今一些河流和湖泊中的主要种类。由此可以推论硅藻土层形成时期的水体是一个淡水性湖泊。

②*Cyclotella transsilvanica-Melosira granulata-M. granulata* f. *curvata* 组合

吉林省长白县土门子组中新世硅藻植物群为这一类型代表，它的优势种是 *Cyclotella transsilvanica*，常见种是 *Melosira granulata*，*M. granulata* f. *curvata*。在硅藻土层中除个别样品中出现很多种类外，极大多数样品中所发现的硅藻种类则较少。这个组合中的 *Cyclotella transsilvanica*，系产于匈牙利中新统的一个淡水化石硅藻。*Cyclotella transsilvanica*，*Melosira granulata* 和 *M. granulata* f. *curvata* 虽然经常同时出现在一个硅藻植物群中，但它们之间在个体含量的比率上则往往显示一种互相消长的关系。这种关系与岩性的变异有着一定的联系，即其产出层位中泥砂杂质较多时，*Melosira granulata* 和 *M. granula* f. *curvata* 的个体数就增加，反之，*Cyclotella transsilvanica* 的个体含量就增加，而 *Melosira granulata* 和 *M. granulata* f. *curvata* 的个体数就相对减少。

在长白县马鞍山的土门子组硅藻土层下部的一个层位中出现了一个以 *Melosira canalifera* var. *anastomosans* 为优势种，*Cyclotella transsilvanica*，*Melosira granulata* 和 *M. granulata* f. *curvata* 为常见种的一个硅藻植物群。这里需提出的是组成这个硅藻植物群的优势种原为法国福富乌克斯(Faufouilphoyx)中新世地层中的一个化石硅藻，但在我国其他中新世硅藻植物群从未发现此种，即是在长白县马鞍山硅藻土层中它的垂向分布范围也是相当狭窄。

4. 脊椎动物组合——桦甸动物群

1964 年吉林省地质局区域地质调查所在桦甸县桦甸组油页岩中发现哺乳动物、爬行类、鸟类及鱼类，称谓桦甸动物群。桦甸动物群包括啮齿目(Rodentia)、先松鼠科(Sciuravidae)、食虫目(Insectivora)、猬科(Erinaceidae)、毛猬亚科(Echinosoricinae)、灵长目(Primates)、眼镜猴次目(Tarsiiformes)、鱼鳖目(Chelonia)、弓鳍鱼科(Amiidae)、胭脂鱼科(Catosyomidae)、鲱形目(Clupeiformes)、孙家屯桦甸蜥(*Huadiansaurus sunjiatunensis*)、鸦科(Corvidae)、鹮科(Threskiornithidae)、似天鹅(*Cygnus* cf.)等大量脊椎动物化石，其时代为始新世。

5. 其他动物化石

在松辽盆地西部北 1 号井，泰康组有介形虫：*Candoniella* aff. *suzini*，*Eucypris* aff. *privis*，*E.* cf. *stagnalis*，*Ilyocypris* aff. *venustus*；自 72 井报道 *Cypridea liaukhenensis*，其时代大致相当上新世。

在桦甸煤田的桦甸组中产腹足类 *Psilunio* sp. 等 10 属(详见剖面)与新疆第三纪地层中所产的同类分子相当。另外在舒兰组、水曲柳组中有 20 cm 厚的大部由螺类化石组成的壳相地层。

第三节 年代地层

吉林省第三纪地层,由于生物地层研究程度较低(详见生物地层一节),对年代地层精确的划分(阶)带来一定困难。但由于前人,特别是本课题组对第三纪玄武岩获得了部分同位素年龄数据,因而通过层序、生物、年龄相互之间的关系可为其年代地层的划分,提出初步的认识。

表 11-7 富峰山组玄武岩 K-Ar 年龄值统计表

地区	产地	同位素年龄值(Ma)	时代
长春	大屯富峰山	78.5,73.5,80.5,77.0	K_2
双辽	大哈拉巴山	57.6,39.9	E_{1-2}
双辽	小哈拉巴山	61.0	E_1
通辽	大吐尔其山	86.2	K_2
双辽	孛孛图山	49.1	E_2
双辽	玻璃山	48.4,47.4	E_2

本书在遵照前人研究的基础上,将第三纪玄武岩划分为两个组——即富峰山组玄武岩与船底山组玄武岩,并认为其年代地层分别为古新世和上新世。但从表 11-7、表 11-8 所统计的测年资料分析,无论是富峰山期、还是船底山期,其玄武岩浆的喷发活动均是多幕的。在其喷发强烈期,火山作用往往反映到沉积盆地内,致使沉积层中出现玄武岩或玄武质火山碎屑岩(如吉舒组、土门子组),在弱喷发期或喷发间歇期,沉积盆地的沉积作用往往不受此影响,形成正常沉积。当然,还应考虑火山岩与正常沉积盆地空间分布等许多复杂因素,但从一般意义上确定上述的关联,这对陆相第三纪年代地层划分亦可算是特定环境中的重要依据之一,再结合生物地层资料,就形成了年代地层划分的统一基础。

表 11-8 船底山组 K-Ar 年龄值统计表

地区	产地	年龄及标准偏差(Ma)	时代	备注
敦化	新开岭山顶	23.6±0.5	N_1	
	新开岭山坡	35.9±0.96	E_3	
	新开岭山坡	37.0±1.1	E_3	
	新开岭山坡	35.6±1.1	E_3	
	新开岭山坡	57.6±1.5	E_1	
桦甸	张家街	18.2	N_1	
龙岗	辉南永安四方顶子	27.3±1.03	E_3	
长白山	和龙县甑峰山山顶	19.8±1.89	N_1	等时年龄 19.19±0.20 Ma
	和龙县甑峰山山坡	20.4±0.36	N_1	
	和龙县甑峰山山坡	20.19±0.38	N_1	
	和龙县甑峰山山坡	20.6±1.23	N_1	
	延吉县白金平顶村	2.97±0.65	N_2	
	安图二道白河奶头山	15.07±0.18	N_1	
	安图二道白河和平营子	16.7±0.58	N_1	
	西大坡玄武岩	4.43	N_2	
	岗头村玄武岩	11.3	N_1	
	长白山玄武岩	16.40±1.4	N_1	

富峰山组玄武岩依据其同位素年龄可大致划分为 5 幕,第一幕以富峰山、大吐尔其山玄

武岩为代表，5 个同位素年龄变化在 73.5～86.2 Ma 范围内，均大于白垩系与第三系的年代地层界线，从其它地质依据上亦无确定其为下第三系之可靠证据，故其年代地层有可能归属上白垩统。第二幕以大哈拉巴山、小哈拉巴山玄武岩为代表，2 个年龄值为 57.6 Ma 和 61.0 Ma，在吉林东部山区目前仅在新开岭最低层位的玄武岩（原划为船底山组）获一 57.6±1.5 Ma 的数据，反映其存在，年代地层为古新统丹尼阶（Danian）和坦尼特阶（Thanetian）的下部。第三幕仅出现于双辽的孛孛图山和玻璃山，玄武岩的 3 个年龄数据非常集中，为 49.1、48.4 和 47.4 Ma，位于始新统伊普里斯阶（Ypresian）的年代界限内。第四幕在松辽盆地南缘于大哈拉巴山虽然只有一个数据为 39.9 Ma，但在吉林省东部新开岭，分布于山坡带的玄武岩，3 个年龄样与之非常接近，分别为 37.0±1.1、35.6±1.1、35.9±0.96 Ma，同为普利亚本阶（Priabonian），前者稍稍跨入巴尔通阶（Bartonian）。第五幕目前主要发现于吉林东部山区，包括永安四方顶子玄武岩，年龄 27.3 Ma，新开岭岭顶玄武岩，年龄为 23.6 Ma，表明年代地层为夏特阶（Chattonian）。即其顶界恰巧和国际地科联（IUGS J W Cowie and M C Bassett，1989）所推荐的全球地层表，给定的上、下第三系年代地层界线的年龄 23（23.7）Ma 非常接近。在富峰山喷发旋回内所形成的沉积岩组，舒兰群中的缸窑组，棒棰沟组及大体相同层位的地层，很少有火山岩夹层及火山碎屑物的出现，很可能分别归属到坦尼特阶及鲁帝特阶（Lutetian）—巴尔通阶。与它们的生物组合特征所反映之年代地层亦大体吻合。与舒兰群吉舒组及相同层位的地层，往往出现玄武岩或玄武质火山碎屑岩的夹层，这不仅说明该时已进入富峰山期火山活动的高潮，同时亦表明该组与富峰山期火山活动第四、五幕玄武岩为同期异相之沉积，即吉舒组的年代地层，包括了普利亚本阶、鲁培尔阶（Rupelian）、夏特阶；与其大化石及孢粉所反映之年代地层为始新统或始新统—渐新统相吻合。水曲柳组下部从其无火山物质及孢粉组合可能与吉舒组为不同的相序，与吉舒组上部年代地层一致，为始新—渐新统。水曲柳组上部砂砾岩段与其下泥岩段可能存在着未查明的不整合接触关系，应划入土门子组下部，年代地层按孢粉组合亦为中新世早期。

船底山组玄武岩按同位素年龄的分布，在上第三系阿启坦阶（Aquitanian）出现甑峰山玄武岩的喷发活动，年龄 20.6±1.3、20.4±0.36、20.19±0.38、19.8±1.89 Ma。向上布尔迪加尔（Burdigalian）阶有桦甸张家街喷发期，玄武岩年龄 18.2 Ma。再向上兰哥阶（Langhian）形成了二道白河奶头山及和平营子等处的玄武岩，已有的 3 个年龄值为 16.7±0.58、16.40±1.4、15.07±0.18 Ma。其上火山活动虽然减弱，但在塞拉瓦尔阶（Serravallian）还未断迹，依然出现了岗头村玄武岩的喷发活动，年龄为 11.3 Ma。仅到了托尔通阶（Tortonian）、梅辛阶（Messinian）有可能出现一个时间相对较长的喷发间歇。发展至上新世火山活动又开始强烈地爆发作用。赞克尔阶（Zanclian）有西大坡期的玄武岩喷出，年龄为 4.43 Ma。皮亚森兹阶（Piacenzian）有平顶村期的玄武岩形成，年龄 2.97 Ma。上述情况表明晚第三纪有多次火山活动，中新世见有 4 幕，上新世为 2 幕。因此，形成了土门子组在全省各地区的岩石地层剖面中见有多层玄武岩的夹层，而土门子组中的植物化石及其硅藻化石均反映出其年代地层为中新世。土门子组中硅藻土矿的主要形成时期，很可能即为托尔通期至梅辛期。而位于硅藻土之上的玄武岩确属上新世玄武岩浆喷发的产物。

依据上述年代地层的划分，从另一个角度出发，应对富峰山组和船底山组进行重新认识，即其在地层序列表中的位置，前者表示覆于明水组之上（时代为古新世），后者表示覆于土门子组之上（时代主要为上新世），这仅仅反映其火山活动过程中某一幕堆积物的层序位置，而不是它们的全貌。实际上富峰山组玄武岩包括了晚白垩世—早第三纪的 5 次喷发活动。船底山组玄武岩，如果将属于早第三纪活动的产物剔除划入富峰山组（如新开岭玄武岩等），它还包括了晚第三纪中新世—上新世的6次活动。因此，本书在序列表中虽暂从前人的习惯表示方法，但在文中必须指出：富峰山组和船底山组有待重新明确其涵义和分布范围、区域延伸及变化，从而对现存的富峰山组和船底山组作出新的划分。

第四节　岩石地层单位时空位置及构造沉积环境

自中生代末期以来，由于太平洋板块继续向西俯冲，吉林省境内形成了伊通-舒兰、敦化-梅河地堑及珲春、长白等盆地，构成NE向大陆裂谷系。在其狭长的地堑内堆积了厚度在4 km以上陆相沉积物。裂谷普遍经历了早中期河湖体系沉积和晚期火山喷发堆积。本节仅以前者的时空位置及构造沉积环境作些探讨。

（一）陆相含煤（油页岩）沉积特征

吉林省第三纪含煤（油页岩）地层主要分布于舒兰-伊通、敦化-梅河地堑以及珲春、开山屯、三合等断陷内，有舒兰群、梅河组、桦甸组、珲春组。其中的舒兰群最发育；梅河组层序完整。它们的基底是白垩系棕红色层、灰绿色砂、砾岩层及侏罗系，两者为不整合接触。煤系地层下部，一般为厚度不等的砂、砾岩层或层凝灰岩，往上过渡为主含煤段，以含厚煤层为其特征，其上为油页岩、厚层泥岩。煤层或油页岩层常出现在由砾岩—砂岩—页岩形成的旋回结构的顶部。其上部一般被新地层不整合覆盖，仅在梅河盆地出现厚层泥岩向上逐渐过渡为粉砂岩、细砂岩夹薄煤层，稳定性较差。顶部为灰绿色砂岩、砾岩层，有时含薄煤层，其上被新地层不整合覆盖（表11-9）。

表11-9　地堑型盆地沉积特征表

<table>
<tr><td colspan="2" rowspan="2">发育期</td><td colspan="2">舒　兰</td><td colspan="3">梅　河</td><td colspan="3">桦　甸</td></tr>
<tr><td>组</td><td>沉积特征</td><td colspan="2">组、段</td><td>沉积特征</td><td colspan="2">组、段</td><td>沉积特征</td></tr>
<tr><td rowspan="6">成堑期</td><td>后期</td><td>N_1</td><td>砂砾岩</td><td colspan="3">缺　失</td><td colspan="2">土门子组</td><td>河流相砂泥岩</td></tr>
<tr><td rowspan="3">主要沉陷期</td><td>水曲柳组 E_3</td><td>河流泛滥平原相砂泥岩</td><td rowspan="5">梅河组</td><td>上部砂砾岩段</td><td>河流相砂泥岩</td><td rowspan="5">桦甸组</td><td>上部含煤段</td><td>河流相砂泥岩</td></tr>
<tr><td>吉舒组 E_2</td><td>湖相泥岩沼泽相煤层</td><td>上含煤段</td><td>湖沼相煤层</td><td rowspan="3">中部油页岩段</td><td rowspan="3">湖相泥岩、油页岩</td></tr>
<tr><td rowspan="2">棒棰沟组 E_2</td><td rowspan="2">河流相砂岩</td><td>中部泥岩段</td><td>湖相泥岩</td></tr>
<tr><td rowspan="2">前期</td><td>下含煤段</td><td>沼泽相煤层夹砂岩</td></tr>
<tr><td>缸窑组 E_1</td><td>洪积、冲积砂砾岩</td><td>下部砂砾岩段</td><td>河流相砂岩</td><td>下部砂砾岩段</td><td>河流砂砾岩</td></tr>
</table>

上述岩层主要由双组分碎屑（长石及石英为主）构成。由砾岩、砂岩、粉砂岩及泥质页岩和煤层等陆源沉积与大陆喷发的凝灰岩、玄武岩组成的共生组合。纵向序列上具有如下变化特点：岩性的结构由粗碎屑岩→中粗碎屑岩夹煤→细碎屑岩→中碎屑岩夹煤→中粗碎屑岩，其相应原生色浅→深→浅。沉积相序为山麓-冲积扇相→沼泽→湖泊相→沼泽相→河流相演化过程。层序格架、沉积相和沉积体系叠加关系都明显具有多层次双层结构，代表裂谷-断陷充填历史。

在地堑发育过程中，地堑基底下降的速度和幅度控制了环境演变系列。沼泽湖泊型是相对缓慢沉积条件下产物，山麓-冲积扇发育型形成于断陷盆地快速沉降的地区；沼泽发育型介于二者之间。因此，由于沉积沉降补偿关系及气候条件的变化，沉积作用在空间上发生进积和退积，在纵向上就造成了上述诸相交替的复杂的韵律组合。

（二）构造沉积环境模型

根据地堑发育特征，可将地堑发育分为成堑早期、主要沉陷期和成堑晚期（图 11-1）。

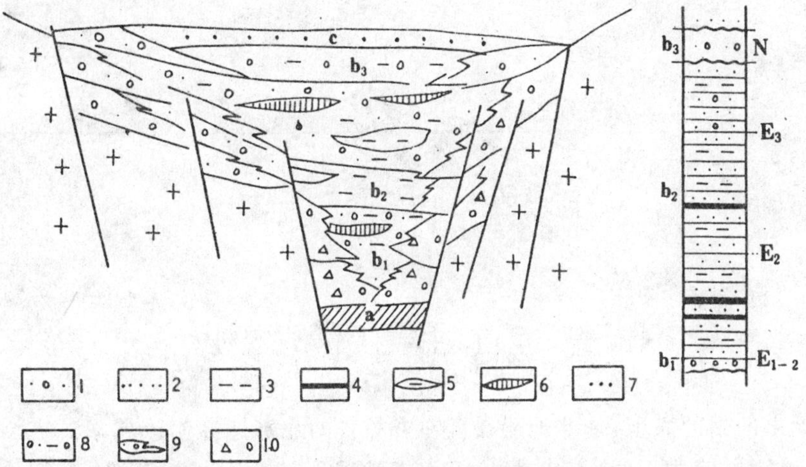

图 11-1　舒兰盆地第三纪地层模型及典型柱状图

1. 砂、砾岩；2. 砂岩；3. 泥质岩；4. 煤层；5. 湖泊沉积；6. 沼泽沉积；7. 河流沉积；8. 河流及泛滥平原沉积；9. 洪积扇及三角洲沉积；10. 山麓沉积；a. 成堑期前地层；b_1. 成堑早期沉积；b_2. 主要沉陷期沉积；b_3. 成堑晚期沉积；c. 成堑期后沉积

成堑早期层序：以杂色山麓粗粒碎屑沉积和间歇性火山喷发为特征，因盆地内地势高差明显，并以冲积扇、扇三角洲和滨浅湖等沉积物充填为特征。在山麓一带形成扇形堆积，靠山口的顶端多为分选磨圆差的砾、砂砾堆积，向扇的两侧前缘变细，向上亦变细。在舒兰群缸窑组、梅河组、桦甸组等地层下部常见厚度不等砂、砾岩段。

主要沉陷期层序：盆地拉张加剧，盆地以持续下沉为主，形成了河流相（主要是辫状河流相)、沼泽相、湖泊相（静水深湖相）的相组合。地堑内主要地层和沉积矿产在此期形成。

第一阶段早期凸凹不平的盆地被填平，积水洼地潜水面上升，盆地转变为沼泽-湖泊环境，在温热潮湿气候下，适于植被生长。这种适于煤层聚积的古地理与构造条件，聚积了砂岩、粉砂岩与煤层，煤层厚度取决于聚煤速度与盆地沉降速度是否相适应。

第二阶段断裂拉张进一步加强，盆地下降速度大于堆积速度，水域扩大达最大范围，水体进一步加深，成为深水湖相，形成巨厚湖泊相泥岩沉积序列。由于湖盆深大，水体分层明显，常常在湖底造成滞流环境，有利于有机质的富集。因此，裂谷盆地是生储油盆 。中部的厚层泥岩也是寻找新含煤层位和地层划分与对比重要标志。

第三阶段拉张活动减弱，盆地开始缓慢回升。湖盆被泥砂充填变浅，水域逐渐收缩，复出现湖泊-沼泽环境，且有植被生长繁殖的温湿的气候条件，形成湖泊-沼泽相砂岩、粉砂岩夹煤层沉积序列。如梅河组上含煤段、桦甸组上含煤段就是其产物。

成堑期后层序是地堑基底沉降速度变慢，由下降逐渐变为上升的发育过程，形成河流相砂、砾岩沉积序列。上部的砂、砾岩段有时夹薄煤层。水曲柳组上部砂、砾岩及土门子组为本期产物。

第十二章
结　论

第一节　主要工作成果

1. 按照地层区划的原则，华北地层大区在吉林省的北部边界修改原来的古洞河、富尔河断裂为长春—吉林—延吉一线；将锡林浩特-磐石地层分区确认为华北陆台的陆缘带，结束了华北陆台在吉林省无陆缘带的模糊认识，使吉林省地质构造解释更加合理，并且与邻省的东西构造带得以合理衔接。

2. 在全面搜集吉林省地层资料的基础上，整理出580条早元古代—第三纪的岩石地层名称。以现代地层学理论为指导，经分析对比研究并遵照命名优先原则保留155个岩石地层名称，其中有群级单位18个，组级单位119个，段级单位4个，新建组级单位11个，非正式地层单位3个，建议在省内不再使用的地层名称421条。

3. 按现代地层学理论建立了吉林省地层序列，明确了各岩石地层单位的名称出处、原始定义、划分沿革、划分标准、单位定义、区域分布和单位之间的相互关系。

4. 重新厘定了各岩石地层单位的顶底界限，特别是张夏组、石嘴子组、大河深组、范家屯组、庙岭组、长白组等一大批岩石地层的重新厘定，使各岩石地层单位的内涵更加明确，为避免地层重复划分打下良好基础。

5. 首次系统地总结了吉林省各断代的生物地层，北部区（北疆-兴安地层大区、张广才岭-完达山地层大区、兴凯地层大区）前中生代尽管生物化石较为丰富，但是由于剖面连续性差，又缺乏深入的系统研究，仅提出䗴、珊瑚、腕足类、头足类、双壳类、植物各1个组合带或组合；南部区（辽东地层分区、锡林浩特-磐石地层分区）不仅生物化石丰富，剖面连续，且有一定的研究深度。元古宙总结出4组微古组合；早古生代有三叶虫23个组合带、1间隔带，笔石12个组合带，头足类4个组合带，珊瑚6个组合和组合带，腕足类9个组合带；晚古生代有䗴类7个组合带，古植物6个组合（群），珊瑚3个组合，腕足类3个组合，牙形刺4个组合和组合带，头足类1个组合带或组合。中、新生代由于研究程度所限（除松辽盆地外），对各种化石门类划分了组合或群，包括古植物、叶肢介、双壳类、腹足类、鱼类、介形虫、孢粉等计78个组合、亚组合或群。

6. 通过生物地层和年代地层的深入研究，不仅查明了诸如鹿圈屯组、磨盘山组等诸多岩石地层单位的穿时特征，而且通过双壳类、腹足类、鱼类、叶肢介等多门类分析对比看出大拉子动物群与松辽盆地相同门类之间的联系与演化，为地层时代对比提供了可靠的依据。同时对红旗组和义和组的下限由早侏罗世改为晚三叠世晚期到早侏罗世早期。

7. 在系统总结省内的同位素年龄数据的基础上，对于那些生物化石匮乏的岩石地层单位，借助大量的同位素年龄资料和生物组合确定了地质时代；辽东地层分区的吉林省部分，寒武纪—二叠纪年代地层，借助三叶虫、笔石、䗴等多门类生物带的划分基本上划分到阶一级单位；同时对中、新生代地层通过生物化石和同位素年龄探讨了阶一级年代地层。

8. 建立了元古宙、石炭纪、二叠纪区域地层格架，并对其时空关系进行了讨论；晚中生代、新生代沉积构造环境、建造序列的研究，具有十分重要的意义。

晚元古代地层格架，特别是从其中陆架边缘扇（白房子组）和陆上深切河谷形成的砾岩楔（马达岭组）的时空分布看，青白口纪初的进积作用是由北而南发生的。

石炭纪地层格架及时空关系的建立，合理地阐明了华北地台由台地到陆缘（锡林浩特-磐石分区）不同构造环境发展历程、沉积层及其有序排列和各岩石地层单位之间的时空变化。充分体现了现代沉积学、现代地层学理论的科学性。

9. 建立了吉林省地层数据库，数据库中将全省 155 个采用的岩石地层单位、421 条不采用的单位及 585 条各类层型剖面和参考剖面全部录入，为区域地质调查和基础地质研究以及为我省的地层研究和管理走向科学化、信息化打下良好的基础。

第二节 遗留的问题和建议

1. 吉林省缺少 1 600～820 Ma 之间的相应地层。为此，1986 年唐守贤、宁振海建立了色洛河群以弥补这一段时间间隔。建群时色洛河群指吉林省地台区北缘的一套中基性-中性-酸性火山岩系，分布于槽台边界的台区一侧，西从草市至山城镇，经桦甸县色洛河、安图县海沟、四岔子，再经木兰屯、卧龙、福洞直到白金一带。色洛河群虽然创名不久，但是已有复杂的沿革（表 12－1），色洛河群创名时建群剖面指定为层序不清的色洛河—大拉子剖面和四岔子剖面，创名

表 12－1 色洛河群划分沿革表

<table>
<tr><th>吉林地研所
1979</th><th>唐守贤
1986</th><th colspan="2">吉林地研所
1987</th><th colspan="2">唐守贤等
1989</th><th colspan="2">吉林区调所二分队
1987—1989</th></tr>
<tr><td rowspan="3">呼兰群（青龙村群）
(Pt₂)</td><td rowspan="3">色洛河群
(Pt₂)</td><td rowspan="3">色洛河群
(Pt₂)</td><td rowspan="2">宏光屯组
945 Ma
805 Ma
974 Ma</td><td rowspan="3">色洛河群
(Pt₂)</td><td rowspan="2">宏光屯组</td><td rowspan="3">吊水壶群
(∈₁)</td><td>五间房组</td></tr>
<tr><td>宏光屯组</td></tr>
<tr><td>红旗沟组
1 371.7 Ma</td><td>金银别组*</td><td>金银别组</td></tr>
</table>

* 金银别组由唐守贤与吉林区调二分队共创，剖面由二分队测制。

人后来又修改为红光屯剖面（唐守贤等，1989）。不同地点的色洛河群却有不同的岩石组合。吉林区调所二分队（1987—1989）再次研究了金银别—宏光屯剖面，在高银度等（1987）工作基础上新建金银别组和五间房组，加上宏光屯组，被解释为三为一体的蛇绿岩套，进而将色洛河群改名为吊水壶群。时代置于早寒武世。以往文献中色洛河群的一些基本数据十分矛盾，比如唐守贤和吉林区调所二分队分别在宏光屯剖面 6 层、7 层取了微古样品，前者经尹磊明鉴定属于

青白口系到辽南系的微古组合;后者经刘效良鉴定属於早寒武世清河镇小壳类动物群。高银度等(1987)测定金银别组 Rb-Sr 等时年龄为 1 371.1 Ma，宏光屯组 U-Pb 法年龄为 805～974 Ma，相差 400 Ma,时代相当中元古代,在连续剖面上相临组之间竟有 400 Ma 间隔,不能不提出疑义。近年通过 1：5 万区调证实,原定色洛河群的地质体许多都是花岗岩的韧性剪切带或构造岩。因此色洛河群或吊水壶群的岩石地层有待进一步研究。

2. 华北地台北缘过渡带晚元古代—早古生代地层,包括塔东(岩)群、五道沟群、青龙村(岩)群、呼兰(岩)群、下二台(岩)群的岩石地层已基本清理,但是这些(岩)群由于变质变形和岩浆侵入,多数岩石地层单位为成层无序或局部无序整体有序的地层体,还由于缺少化石和可靠的年龄资料,它们的区域对比及形成环境解释众说不一。在本次清理过程中曾向省内外五位专家① 咨询了这一问题,亦未取得一致。本书中的对比表是考虑了专家的意见确定的,仍属于解释性的对比表,有待进一步研究确定。

3. 由于时间和资金限制,有部分正层型剖面是 60 年代的资料。特别是对碳酸盐岩类的定名仍属成分分类,有待采用结构成分分类进行重新命名。

4. 集安(岩)群、老岭(岩)群的划分、对比(包括与辽宁省对比)及层序,目前还有较大的分歧。

5. 永吉县常家街石炭系剖面在 *Triticites* 层之上还有 660 余米灰岩还没有发现化石,应进一步研究其生物地层，特别是微体生物，包括䗴类和牙形刺。如果其中没有构造重复，则很可能是良好的石炭纪与二叠纪界线层型所在。

6. 关于热河生物群的时代是十分复杂的问题。近年一些学者主张把热河生物群的时代归属到白垩纪，那么吉林省原来划归晚侏罗世的地层，包括果松组上部及大沙滩组及其之上的地层，即吉林地区德仁组上部及火石岭组之上全部划归白垩纪。这样处理的结果，白垩系内容过多，包括松花江群在内沉积厚度达 10 000 m。另外大沙滩组下伏层、德仁组下部及果松组下部产 *Coniopteris-Phoenicopsis* 植物群的晚期组合,时代为中侏罗世,如果这一植物群的时代无误，则吉林省几乎没有晚侏罗世的沉积层。然而省内诸多剖面上，在果松组内部、德仁组内部以及大沙滩组与小东沟组之间是连续沉积的，没有大的间断。因此我们主张侏罗-白垩系的界线应当划在热河生物群内部。

人类对自然界的认识是无止境的，本书仅仅是现阶段对吉林省地层工作的总结，随着理论和实践的深化，会有新的突破，随着新资料的不断积累必然会有新的吉林省地层专著。好在我们建立了吉林省地层数据库，可以不断补充和修改基本数据，以适应不断发展的地层工作，使我省的地层研究工作跨入先进行列。

本书是 40 年来我省地层工作的总结，但是限于本书的主编及编著者的水平，总结不全和谬误之处在所难免，敬请读者批评指正。

---

① 吴水波、刘长安、徐公愉、彭玉鲸、苏养正。

参 考 文 献

安俊义，1991，东北及内蒙古东部下白垩统划分与对比。东北煤炭技术，(2)。

安俊义、刘桂年，1991，延吉盆地白垩系层序及几个地层问题的探讨。东北煤炭技术，(5)。

安淑兰，1965，通化地区寒武纪地层及三叶虫化石的研究（摘要）。长春地质学院论文集，4集。

毕振刚、马文跃，1974，对集安群的几点认识。东北地质科技情报，(3)。

常树功，1988，双阳煤田新煤系——长岭组。东北煤炭技术，(6)。

长春地质学院地勘系科研组，1975，吉中地区石炭二迭纪地层。长春地质学院学报，(1)，31—61。

长春地质学院、吉林区调队、煤田102队，1977，吉林省浑江地区晚三叠世地层及植物化石。长春地质学院院报，(3)：56。

沈阳地质矿产研究所，1980，东北地区古生物图册（一）、(二)。北京：地质出版社。

陈秉麟，1992，依一伊断裂带成堑阶段的沉积环境变化和生物演化。岩相古地理，32 (3)：220。

陈均远，1976，中国北方奥陶纪地层及头足类化石的进展。古生物学报，15 (1)。

陈均远、周志毅、林尧坤等，1985，吉林南部地区奥陶纪概貌。地层学杂志，9 (1)。

陈瑞君，1988，吉林大阳岔地区小阳桥寒武—奥陶系剖面中海绿石矿物研究，地质科学，(1)。

陈丕基，1982，中国侏罗白垩纪化石群序列。中国科学，B辑 (1)。

陈丕基，1988，热河动物群分布与迁移——兼论中国陆相侏罗-白垩系界线划分。古生物学报，27 (6)：659—683。

陈丕基、董洁，1981，吉林早三叠世叶肢介的发现及其意义。科学通报，26 (18)。

仇洪安等，1983，三叶虫部分，见：华东地区古生物图册。北京：地质出版社。

全国地层委员会，1964，全国地层会议学术报告汇编。北京：科学出版社。

地质部地质辞典办公室，1979，地质词典（三）古生物地史分册。北京：地质出版社。

丁惠、万世禄，1991，辽东—吉南地区晚石炭世牙形石生物地层。山西矿业学院学报，9 (2)。

东北地质科学研究所，1975，吉林"二道沟群"的划分及其时代的讨论。东北地质科技情报，(4)。

董洁，1988，吉林通化三棵榆树剖面叶肢介化石初步研究。古生物学报，27 (6)：722—728。

段吉业、安淑兰，1983，中国华北地台区寒武系与奥陶系的分界并简述有关三叶虫。长春地质学院院报，(1)。

范梦书，1981，吉林省舒兰—伊通第三纪地层及孢粉组合。吉林煤田地质，(8)。

封文友，1986，吉林省磐石地区中石炭统白云岩矿的发现及其意义。吉林地质科技情报，(1)。

高林志、乔秀夫，1992，浑江末前寒武纪丝状藻类及其环境意义。地质论评，38 (2)：40。

高瑞琪，1980，松辽盆地白垩纪陆相沉积特征。地质学报，(1)：9。

高瑞琪，1982，松辽盆地白垩纪被子植物花粉的演化。古生物学报，21 (1)：217。

高云岗，1985，大黑山砾岩及其地质意义。吉林地质，(2)：53。

高振西、熊永告、高平，1934，中国北部震旦纪地层。中国地质学会志，13卷。

葛利普（A W Grabau)，1922，中国北部奥陶纪动物化石。古生物志乙种第一号第一册。

勾韵娴，1983，吉林省延边地区白垩纪介形类。古生物学报，22 (1)。

关士聪，1988，吉林磐石石嘴子铜矿地质特征（摘要)。见：关士聪地质文选。北京：地质出版社。

郭鸿俊，1962，吉林二道沟群的志留纪三叶虫。古生物学报，10 (3)。

郭鸿俊等，1962，吉林呼兰群时代的确定及其意义。长春地质学院科学论文集，1集：49—52。

郭胜哲、苏养正、黄本宏，1990，吉林中部二叠系新认识。沈阳地质研究所所刊，(22)：83。

郭胜哲、苏养正、池永一、黄本宏，1992，吉林黑龙江东部地槽区古生代生物地层及岩相古地理。见：南润善、郭胜哲等著，内蒙古—东北地槽区古生代生物地层及古地理。北京：地质出版社。

郭双兴、李浩敏，1979，吉林珲春晚白垩世植物群。古生物学报，18 (6)：547。

韩广斟、赵洪涛，1988，松辽盆地中央拗陷带青山口组玄武岩与油气分布的关系。石油实验地质，10 (3)：248。

韩季亭、王恩德，1989，吉中地区北安屯西山地层层位及时代归属。吉林地质，(2)。

韩建修，1981，东北的北部早二叠世䗴类分带。地质论评，27 (6)：539—542。

韩建修，1982，吉林磐石早石炭世有孔虫化石。沈阳地质研究所所刊，第4号：93—98。

郝诒纯、苏德英，1972，松辽平原白垩—第三纪介形虫化石。北京：地质出版社。

郝诒纯、苏德英，1982，论中国北部海相白垩系的划分及侏罗白垩系分界。地质学报，(1)。

何田学夫，1932，1：40万吉林图幅地质图说明书。伪满地质调查所。
洪友崇，1983，北方中侏罗世昆虫化石。北京：地质出版社。
侯德封，1951，辽东省清源金铜矿地质矿床报告书。地质部资料。
胡兆询、郑春子，1984，吉林桦甸早二叠世寿山沟组的苔藓虫。微体古生物学报，1（1）。
黄本宏，1982，东北的北部石炭—二叠纪陆相地层及古地理概况。地质论评，28（5）：395。
黄琳，1987，贵州罗甸一带石炭系中间界线附近的䗴类。古生物学报，26（4）：367。
黄柱熙，1988，吉林中部晚石炭世早期珊瑚及其意义。地层古生物论文集，20辑。
黄柱熙、要黄锡，1989，吉林中部早二叠世皱纹珊瑚一新属 。长春地质学院学报，19卷。
吉林区调队，1964，延吉盆地早白垩世地层层序。吉林地质，1975（1）。
吉林区调队，1973，中华人民共和国地质图集（吉林省）（1：300万）。北京：地质出版社。
吉林区调所，1988，吉林省区域地质志。北京：地质出版社。
吉林区调所，1991，吉林延边地区屯田营组时代商榷 。吉林地质，（4）。
吉林省地质矿产局，1992，吉林省古生物图册。吉林科学技术出版社。
吉林省地层表编写组，1975，东北地区区域地层表·吉林省分册。北京：地质出版社。
姜春潮，1957，东北南部震旦纪地层。地质学报，37（1）。
姜香轩、刘国良，1971，对松树镇石炭—二叠系划分意见。吉林地质，（4）。
金克林，1979，营城地区地层划分对比。吉林煤田地质，（1）。
靳继承，1979，吉林通化地区石膏矿床成矿特征。吉林地质，（4）。
黎文本，1984，吉林蛟河早白垩世孢粉组合。中国科学院南京地质古生物研究所集刊，19号。
李德发，1984，延边地区下白垩统泉水村组的新认识。吉林地质，（2）。
李东津，1979，辽源一带中侏罗纪夏家街组的建立。吉林区域地质，（2）。
李东津，1982a，吉林省中部纳缪尔阶及中、下石炭统的分界。吉林地质，（2）。
李东津，1982b，密山-抚顺大陆裂谷的新生代沉积建造及火山岩特征。吉林地质，（3）。
李东津，1986a，吉中地区牙形刺的发现及其地层意义。吉林地质，（1）期。
李东津，1986b，试论松辽盆地白垩系上下统的分界。吉林地质，（3）。
李东津、董杰，1986，吉林省陆相侏罗—白垩纪界线研究。地层学杂志，10（1）。
李东津、赵衍华等，1985，吉林省双阳八面石晚三叠世植物组合的发现及其找矿意义。吉林地质，（2）。
李东津、张普林、朱乃文、李春田、陈丕基、马凤珍等，1988，吉林通化三棵榆树侏罗—白垩系界线上下化石群的演化。古生物学报，27（6）。
李国清，1984，中华弓鳍鱼在吉林东部的发现。古脊椎动物与古人类学报，23（2）。
李莉、谷峰，1980，吉林省延边地区晚石炭世腕足动物。古生物学报，19（6）：483。
李莉、谷峰，1982，吉林延边地区柯岛组之我见。地质论评，28（2）：164—165。
李永孝，1962，上松花江流域第三纪地层划分与对比。见：吉林省暨长春市地质学会第一届学术年会会刊。
梁中发，1981，吉林浑江地区及内蒙古北部奥陶纪的一些头足类。古生物学报，20（5）。
梁中发，1982，东北南部早、中寒武世的几个单板类。沈阳地质矿产研究所所刊，1号。
梁希洛，1982，吉林及内蒙古一些早二叠世菊石。古生物学报，21（6）。
“辽宁地层典”编写组，1985，辽宁地层典。辽宁地质学报，特刊1号。
辽宁省地矿局，1989，辽宁省区域地质志。北京：地质出版社。
廖卫华、郑春子，1986，吉林早泥盆世二道沟组的 *Carlinastraea* 珊瑚群。古生物学报，25（6）。
林宝玉，1979，中国的志留纪。地质学报，53（3）。
林学雁，1990，吉林浑江煤田石炭二叠系及其古生物特征。沈阳地质矿产研究所所刊，20号。
林尧坤、朱兆玲，1989，吉林辉南杉松岗—样子哨地区寒武-奥陶系界线的新观察。地层学杂志，13（2）。
林英锡、武世忠，1984，吉中地区早石炭世大塘期珊瑚。长春地质学院学报，（2）。
刘大瞻、刘跃文，1992，华北板块北缘东段上三叠统的若干特征。吉林地质，（4）。
刘尔义等，1982，吉林省三源浦盆地长流村组时代探讨，兼论白垩系层序。吉林地质，（1）。
刘尔义、李云，1982，细河群、浑江群在青白口系震旦系中的位置。吉林地质，（4）。
刘尔义、徐公榆、李云，1984，吉林省南部晚元古代地层。中国区域地质，8辑。

刘发，1988，吉林省中部早石炭世杜内期的腕足动物化石。长春地质学院学报，(4)：361—368。
刘发、黄柱熙，1977，吉林省中部的志留纪地层及动物群。长春地质学院学报，(1)：52。
刘桂年、安俊义，1991，延吉盆地白垩系层序及其几个地层问题的探讨。东北煤炭技术，(10)。
刘国良、王光奇，1985，吉林省吉黑地槽区早三叠世地层的发现。吉林地质，(1)：78—83。
刘鸿允，1956，中国东北部地层的发育。中国科学院地质研究所地质丛刊，1号。
刘嘉麒，1988，中国东北地区新生代火山幕。岩石学报，(1)。
刘茂强、米家榕，1981，吉林临江附近早侏罗世植物群及下伏火山岩地质时代讨论。长春地质学院学报，(3)：18。
刘渭洲，1981，吉中晚古生代地层中的锥石动物。地质论评，27 (5)：477—482。
刘渭洲，1983，拟助笔石 (*Pleuragraptoides*) 在我国的发现。古生物学报，20 (3)：255—259。
刘渭洲，1985，吉林桃山早志留世的细纲笔石。古生物学报，24 (1)。
刘渭洲，1986，吉林伊通桃山早志留世奥氏笔石和螺旋笔石。古生物学报，25 (2)。
刘渭洲等，1982，吉林伊通桃山早志留世笔石地层。地层学杂志，6 (3)。
刘祥、张普林，1980，吉南辽东一带几个盆地侏罗纪地层划分。吉林地质，(2)。
刘效良，1962，吉林汪清县庙岭发现䗴科化石喇叭䗴 (*Cadonofusiella*) 简报。见：吉林省暨长春市地质学会第一届学术年会会刊，22—23。
刘效良，1981，东北古生代苔藓虫的地层分布与组合序列。中国古生物学会第十二届学术年会论文。北京：科学出版社，32—38。
刘效良，1982，我国东北部二叠纪苔藓虫及生物地理区问题。地质论评，28 (3)。
卢衍豪，1957，中国标准化石手册，无脊椎动物 (3) 三叶虫。北京：地质出版社。
卢衍豪，1979，中国寒武纪沉积矿产与生物环境控制论。北京：地质出版社。
卢衍豪、朱兆玲、张进林、齐纪杭，1982，河北唐山晚寒武世地层的再研究。地层学杂志，6 (2)。
卢衍豪等，1988，论毛庄组的时代及其三叶虫。中国科学院南京地质古生物研究所集刊，24号。
陆宗斌、梁玉左、刘长安，刑裕盛，1973，中国北方震旦系。地质科技，(1)。
马风珍，1983，吉林蛟河盆地早白垩世原始真骨鱼化石及其在地层上的意义。古脊椎动物与古人类学报，21 (1)：17—31。
马风珍、孙加儒，1988a，吉林通化三棵榆树剖面侏罗—白垩系鱼群。古生物学报，27 (6)。
马风珍、孙加儒，1988b，狼鳍鱼群时代的探讨。吉林地质，(3)。
莽东鸿，1980，吉林桦甸县早二叠世大河深组的岩石及生物群特征。地质论评，26 (2)。
莽东鸿、裴世强，1964，吉林张家屯志留系的发现。地质论评，(6)。
莽东鸿、王振中、王德荣，1984，吉林南部石炭系金坑岭砾岩冰碛成因的商榷。地质学报，58 (1)。
米家榕，1985，吉林双阳—磐石一带晚三叠世植物化石。长春地质学院学报，(3)。
米家榕、张川波、孙春林，1986，中国北方晚三叠世植物地理区划问题。长春地质学院学报，(4)。
穆恩之等，1964，全国地层会议学术报告汇编，中国的志留系。北京：科学出版社。
欧祥喜，1987，蛟河盆地河西砾岩时代的讨论。吉林地质，(1)。
彭玉鲸，1983，吉林省下寒武统底部带壳及遗迹化石的新发现。中国地质，(1)。
彭玉鲸，1991，吉林南部奥陶纪头足类生物地层——兼论有关地体的漂移。吉林地质，(2)。
彭玉鲸、李东津，1985，吉林省伊通县桃山早志留世笔石页岩相地层的发现及其地质意义。科技成果摘要汇编。
彭玉鲸、石新增，1976，吉林南部晚古生代地层的商榷。地质科技，(1)。
彭玉鲸、石新增，1984，吉林省南部寒武奥陶系界线剖面的初步观察兼论冶里组的化石序列。地层学杂志，9 (1)。
彭玉鲸、夏志亮，1990，一个可供选择的界线层型剖面——吉林二道群新认识。吉林地质，(1)。
彭玉鲸、张川波，1982，地质新知。吉林地质，(5)。
彭玉鲸、郑春子，1991，吉林石炭纪的生物群特征。地层学杂志，5 (4)。
彭玉鲸、王友勤等，1982，吉林省及东北部邻区的三叠系。吉林地质，(3)。
彭玉鲸、张文海等，1987，吉林省珲春县二叠系浊积岩的初步研究。吉林地质，(4)。
乔秀夫，1986，华北地台一个值得注意的含盐层位。中国地质科学院地质研究所所刊第15号：66。
裘松余，1987，东北地区早白垩世沉积类型，兼论侏罗白垩系界线。吉林地质，(3)。
裘松余，1988，论松辽盆地下白垩统登楼库组。吉林石油地质科技情报，(2)（总第11期）。
裘松余，1991，松辽盆地南部十屋断陷十屋组孢粉特征及其地层意义。吉林石油地质科技情报，(1)（总第15期）。

裘松余，1992，松辽盆地北部安达组及其孢粉组合特征。地层学杂志，16（1）：60—63。
曲永贵，1986，吉林省西部野马地区二叠系的新认识。吉林地质，（1）。
全国地层委员会，1962，中国侏罗—白垩系。北京：科学出版社。
桑志华、德日进，1930，吉林黑龙江地质观察。中国地质学会志，9卷。
石新增，1986，吉林省南部下寒武统的划分及其底界。中国区域地质，（3）。
石新增、孙灵云，1983，吉林省南部寒武纪地层划分与对比。吉林地质，（1）：60—68。
孙宝善，1988，通化浑江地区构造演化特征与古生代煤田分布。吉林地质，（4）。
孙宝善，1989，长白向斜晚古生代含煤环境分析。吉林地质，（3）。
孙革，1979，准苏铁果（*Cycadocarpidium*）在吉林汪清县晚三叠世地层的发现。古生物学报，18（3）。
孙革，1981，双扇蕨科植物化石在吉林东部上三叠统的发现。古生物学报，20（5）。
孙革，1987，论中国晚三叠世植物地理分区及古植物分区原则。地质学报，61（1）。
孙革，1990，中国吉林天桥岭晚三叠世植物群。长春：吉林科学技术出版社。
孙革、彭玉鲸等，1979，吉林省三叠系的初步讨论。吉林省地矿局科技成果论文集。
孙革、赵衍华等，1983，吉林双阳晚三叠世植物群。古生物学报，22（4）：447—459。
孙恒元，1984，吉林省延边地区晚石炭世的䗴类化石带。吉林地质，（3），38—44。
孙恒元，1988，吉林延边地区二叠系研究的进展。地层学杂志，（3）。
孙恒元，1990，吉林延边地区二叠系大蒜沟组䗴化石。微体古生物学报，7（3）。
孙建忠、王雨灼，1984，吉林省新生代火山岩的同位素编年。地层学杂志，8（1）。
孙云铸，1924，中国北部寒武纪动物化石。中国古生物志，乙种1号4册。
孙云铸，1935，中国北部上寒武纪之化石。中国古生物志，乙种7号1册。
孙云铸，1937，崮山统的时代问题。地质论评，2（1）。
谭锡畴、王恒升，1929，黑龙江省嫩江两岸之地质，地质汇报，第13卷。
唐祥华，1958，松辽盆地白垩纪近海陆相沉积特征的探讨。地层学杂志，8（1）。
陶君容、张川波，1990，吉林省延吉盆地早白垩世被子植物化石。植物学报，32（3）：220。
陶南生，1962，永吉、磐石、双阳及桦甸一带石炭—二叠纪地层简述。长春地质学院院庆十周年科学论文集，1集。
陶南生、刘发、武世忠等，1975，吉中地区石炭二叠纪地层。长春地质学院学报，（1）。
吉林局通化队二分队，1978，对通化地区寒武系下统划分的初步意见。吉林地质，（1）。
汪啸风、Bernd-D Erdtmann，1986，中国吉林浑江最早奥陶纪的笔石序列。地质学报，（3）：226—235。
王成源、李东津，1986，吉林省中部二道沟组的牙形刺。微体古生物学报，3（4）。
王东方，1987，关于辽北地区辽河群、下二台群的地层和构造问题。辽宁地质，（2）。
王福润、王显武，1988，吉林省通化南部新农村一带集安群、老岭群划分及其对比。吉林地质科技情报，（3）。
王福润、张廷秀、韩雪、王显武，1988，吉南地区集安群与老岭群接触关系的确定。吉林地质，（3）。
王恒升，1929，吉林省穆木—密山县地质矿产纪要。前地质调查所，13号。
王鸿祯、李光岑，1990，国际地层时代对比表。北京：地质出版社。
王口、陆宗斌、邢裕盛等，1980，中国上前寒武系的划分和对比，见：中国震旦亚界。天津：天津科技出版社。
王力、刁乃昌，1987，吉林省九台地区三叠系底界年龄的确定。吉林地质，（3）。
王尚启，1982，松辽盆地白垩系的划分、侏罗白垩系的分界。地质学报，56（3）。
王淑英，1987，中国东北地区陆相侏罗、白垩系界线。吉林地质，（4）。
王淑英，1988a，吉林省九台县羊草沟煤矿孢粉组合及时代。中国区域地质，（2）。
王淑英，1988b，吉林通化侏罗、白垩世孢粉组合。古生物学报，27（6）：729—736。
王淑英，1989，吉林营城组孢粉组合。地层学杂志13（1）。
王义文，1982，辽吉地区前寒武纪层控矿床硫、铅同位素特征及矿床成因。吉林地质，（2）。
王雨灼、孙建中，1980，吉林省新生代火山活动期次的初步划分。吉林地质，（3）。
王钰，1954，辽东太子河流域地层（I）。地质学报，34（1）。
王钰、卢衍豪、杨敬之、穆恩之，1954，辽东太子河流域地层（I）。地质学报，34（1）。
王振中，1979，吉林双阳地区三叠系上统大酱缸组的发现及其地质意义。吉林地质，（3）。
王竹泉，1929，辽宁省本溪县田师付沟煤田及吉林额穆县蛟河煤田地质，前地质调查所汇报，13号。

吴水波，1986，关于下元古界集安群层序的讨论。吉林地质，(4)。
吴水波、孙革等，1977，吉林省东部托盘沟地区的上三叠统。地层学杂志，4 (3)。
吴水忠，1980，吉中一拉溪组时代的探讨。长春地质学院第五届学术报告会论文摘要。
武仁，1992，浑江上游的纳缪尔期沉积。地层学杂志，16 (1)。
武仁、马德源，1979，浑江上游晚古生代地层的划分与对比。吉林煤田地质，(2)。
徐公愉等，1979，吉林省西部地区中生代地层的初步划分。吉林区域地质，(2)。
杨春志，1987，吉林省松辽盆地东北聚煤盆地的地质构造特征及聚煤规律研究。吉林地质，(1)。
杨敬芝、盛金章等，1962，全国地层会议学术报告汇编，中国的石炭系。北京：科学出版社。
杨启伦，1962，关于延边地区几个地质问题。吉林省地质学会第一届学术年会会刊。
杨树源、王光奇等，1986，松辽盆地中部东北早白垩世研究新进展。吉林地质，(2)。
杨学林，1959，吉林东部中生代地层划分和对比，并论密山统。地质论评，19 (10)：459—464。
杨学林，1982，大兴安岭东南部早中侏罗世含煤地层及植物群。吉林煤田地质，(1)。
杨学林、孙礼文，1981，松辽盆地东部的营城组。地层学杂志，5 (4)。
杨学林、孙礼文，1982，松辽盆地东南部沙河子组和营城组的植物化石。古生物学报，21 (5)。
杨学林、孙礼文，1985，大兴安岭南部早、中侏罗世地层。地层学杂志，9 (1)。
尹赞勋、陈锦石、张守信等，1966，中国地层典（七）石炭系。北京：科学出版社。
俞建章、张文堂，1951，北满海相地层。科学通报，2 (6)：625—629。
俞建章、林英铴、黄柱熙，1981，吉林中部早二叠世珊瑚。古生物学报，20 (4)：19。
俞建章、何信录、崔盛芹、仇甘霜，1964，再论辽东地区震旦纪地层及其与燕山地区对比。地质学报，44 (1)：1—12。
俞龙起，1981，关于一拉溪组层位及若干有关问题。吉林地质，(1)。
苑清杨，1979，吉林省永吉磐石一带下石炭统鹿圈屯组细碧角斑岩建造地质特征及含金铜性。吉林地质，(3)。
苑清杨、武世忠、范春光，1985，吉中地区中侏罗世火山岩地层的定量划分。吉林地质，(2)。
岳昭、高林志等，1990，吉林通化地区寒武纪底界时代及下寒武统沉积环境探讨。地质论评，36 (3)。
刘鸿允，1956，中国东北部地层的发育。地质丛刊，1 号。
张川波，1980，延吉盆地晚中生代地层的划分和时代问题的商榷。长春地质学院学报，(1)。
张川波，1986，吉林省延吉盆地早白垩世中晚期地层。长春地质学院学报，(2)。
张川波，1991，松辽盆地东缘晚期中生代一个新的重要含煤层位。长春地质学院院学报，(3)：241—248。
张德英、高殿生，1988，吉林省中部上三叠统南楼山组火山岩初议。吉林地质，(1)。
张丽旭，1941，索伦层中的新化石产地。日本地质学杂志，48 卷。
张弥曼、周家健，1977，东北白垩纪含鱼化石层的时代和沉积环境。古脊椎动物与古人类，15 (3)。
张普林，1980，吉林南部辽宁东部中生代鱼群及其地层意义。长春地质学院学报，(2)：55。
张普林、吕宝臣，1986，早第三纪桦甸动物群的发现及其地质意义。吉林地质，(4)。
张普林、李春田等，1988，吉林省晚侏罗世早期长流村组的建立及其意义。中国区域地质，总 26。
张普林、李东津，1982，满洲鱼群组合特征及其地层意义的初步探讨。吉林地质，(2)。
张善桢、孙革、赵衍华，1987，吉林磐石吉昌地区早石炭世植物研究初报。古生物学报，26 (4)。
张士才、黄龙珠等，1962，孤店子地区基准剖面白垩纪及第三纪沉积初步研究。吉林省地质学会第一届学术年会会刊。
张文堂，1957，山东博山下、中寒武纪地层的初步研究。古生物学报，5 (1)。
张文堂等，1980，山西中条山寒武纪地层及三叶虫动物群。中国科学院南京地质古生物研究所集刊，16 号。
张丕孚，1973，吉林南部前寒武纪地层层序及其时代隶属。东北科技情报，(3)。
赵祥麟、林尧坤，1988，吉林浑江地区奥陶纪新厂阶笔石序列，兼论寒武—奥陶系界线。古生物学报，27 (2)：188—204。
赵亚曾，1926，南满石炭纪地层之研究。前地质调查所学报，8 号。
郑传久、张文驹等，1973，吉林省南部地区“集安群”变质岩系的初步研究。吉林地质，(4)。
郑春子，1989，吉林省泥盆系层序的新划分。地层学杂志，13 (1)。
周尚安、马文奇，1985，羊草沟煤盆地含煤地层及赋煤特征。吉林地质，(2)：1—11。
周锡胜，1986，吉林省东部山区中生代地层分布、岩相、富煤规律的研究。吉林地质科技情报，(2)
周志炎，1980，吉林东部延边地区晚中生代陆相地层。南京地质古生物研究所丛刊，1 号。
朱国信，1991，吉林省抚松小营子组晚三叠世淡水双壳类化石组合的发现。吉林地质，10 (1)：14—16。

朱国信、周玉章，1988，吉林东南部侏罗—白垩系界线上、下软体动物化石群。古生物学报，27（6）。
浅野五郎，1936，开山屯附近铬铁矿及其他二、三矿床调查报告。伪满地质调查所。
小林贞一，1942，满蒙层群に就いて。日本地质学杂志，54 卷 653 号。
小林贞一、铃木好一，1941，中国东北东南部大拉子产 *Trigonioides*に就いて。伪满地质调查所学报，第 101 号。
今野园藏，1947，满洲本溪湖炭田及间岛开山屯附近の二叠系の层序学的并に古植物学的研究。日本地质学杂志，53 卷。
羽田重吉，1927，1：40 万公主岭图幅地质说明书。伪满地质调查所。
稻井丰，1941，南满通化省临江县八道江炭田の地质。日本地质学杂志，48 卷。
河田学夫，1932，吉林图幅地质说明书。伪满地质调查所。
森田义人，1933，辽东省临江炭田调查报告书。伪满炭铁资料。
森田义人，1939，东北满を主とせるツユラ纪夹炭层层序や就いて。地质学杂志，48 卷 570 号。
森田义人，1942，新京附近に于ける地质的诸问题。伪满地质学会志，第 3 号。
森田义人，1943，四平省平岗炭田の层序とんの特异性に就いて。满铁地质调查所。
凑正雄，1942，豆满层の地质时代に就いて。伪满地质调查所学报，106 号。
皆川信弥，1943，吉林省桦甸附近に发达する，含油页岩层の时代に就いて。伪满地质学会志，4—5 号。
西田彰一，1940a，龙井图幅地质说明书。伪满地质调查所。
西田彰一，1940b，间岛省地方に发达する中生层の层序，特に含炭、含油页岩层の层准。满洲地质学会志，第 1 号。
西田彰一，1940c，满洲国间岛地方に发达する侏罗—白垩系の层序（豫报）。地质学杂志，40 卷 549 号。
野田光雄，1935，满洲の石炭及び二叠系。满铁教育研究所研究要报，第 6 辑。
野田光雄，1941，浑江流域诸炭田の地质に就いて。满洲地质学会志，2 号：1—6。
大石三郎、森田义人，1942，满洲国中生界划分の概要。日本地质学杂志，50 卷。
冈田重光，1940，奉吉线明城附近吉林层石灰岩调查报告。伪满地质调查所要报，第 15 号：1—27。
冈田重光、西田彰一，1940，间岛省土门子附近に分布する含金第三纪层に就いて。伪满地质调查所报告。
尾崎博，1941，吉林层の有孔虫化石。日本地质学杂志，48 卷 568 号：51—52。
斋藤村次，1933，大粟子铁山探矿报告。伪满地质调查所。
斋藤村次，1937，临江大粟子沟铁山邻接地区的应用地质。伪满地质调查所。
斋藤林次，1938，泉头层に关する一私见。伪满大陆科学院汇报，2 号：1—6。
斋藤林次，1940，明城附近の吉林层化石に就いて。伪满洲帝国地质调查要报，15 号：65—66。
斋藤林次，1943，南满及び北支に于ける先寒武利亚界の层序。伪满地质调查所要报，18 号。
斋藤林次，1944，南满洲の先寒武利亚界二オケ儿层序ト花岗岩、侵入期二关スル研究。地质学杂志，51 卷 650 号。
斋藤林次，1946，通化地质图幅说明书（1：50 万）。伪满地质调查所。
坂口重雄，1943，满洲国四平省南部奉天省北部の中生层に就いて。伪满地质学志，第 50 卷。
樱片清次，1939，东边道地区老岭及八道江铁矿调查报告。伪满地质调查所。
玲木好一，1941，中国东北南部大拉子统产淡水贝化石，伪满地质调查所汇报，101 号。
上床国夫，1933，吉林省间岛和龙县大拉子附近油页岩矿床地质调查报告。伪满地质调查所。
牛凡周太郎，1932，豆满江图幅地质说明书。伪满铁地质调查所。
牛凡周太郎，1936，会宁间岛炭田调查报告。伪满地质调查报告。87 号。
赫德伯格，H D，1976，国际地层指南，张守信译，1979。北京：科学出版社。
AOji, O. 1928. Contribution to the Precambrian Stratigraphy of South Manchuria, The Proceecling of the Imperial Academy. IV, No. 10.
Asano G. 1939. Report on the chromite and oter deposits near Kaishantun. Geol. Inst. Manchokuo, Bull. V. 97.
Bailey Willis and Eliot Blackwelder. 1907. Research in China, Vol. 1, Partl, Charpt 2.
Chang W T & Jell P A. 1987. Cambrian trilobites of nofth China—Chinese Cambrian trilobites housed in the smithsonian Institution. Sciense Press, Beijing.
Endo R & Resser C E. 1937. The Sinian and cambrian formations and fossils of southern Manchukuo. Manch. sci. Mus. Bull. l.
Endo R. 1944. Restudies on the Cambrian formation and fossilis in southern Manchokuo Cent. Mus. Manchoukuo Ball. 7.
Ferdinand Von Richthofen. 1882. China, Vol. 2, Berlin.

Imaizumi R. 1946. Plant-bed with the Cathaysian Flora of Kaizantung, Kanto-sho, Manchuria and relation to the marine Permian deposits. PT. 1, (in Yabe and Imaizumi, 1946). Proc. Imp. Acad., V. 22, no. 6, P404—224.

Ki Hong Chang. 1973. Toward An International Guid to stratigraphic Classification, Terminology, and Usage, The Journal of Geological Society of Korea Vol. 9, No. 2.

Minato M. 1942. On the geological age of the Toman Formation. Geol. Inst. Manchoukuo, Bull. no. 106: 42—52.

Minato M. 1943. Notes on some Permian Fossils the Toman Formation in southeasten Manchuria, Jour. Fac. sct Hokkaido Imp. uni., Vol、7, No. 1.

Noda M. 1956. Stratigraphical and Palaeontological Studies of the Toman Formation in the Kaishantun and Kami sanbo districts. Kyushu Univ, Dep. Gener. Educ., Rep. Earth Sei. z, P. 1—22.

Yabe H & Eguchi M. 1944. On a Limestone with Favosites from Erh - Taokou West of Kirin, Manchuria (Preliminary Report). Proc. Imp. Acad. Tokyo, Vol. XIX.

Yabi H & Eguchi M. 1944. Discovery of Pseudomphyma in the Limestone of Erh - tao - Kou near Kirin, Manchuria. Proc. Imp. Acad. Tokyo, Vol. 20.

地质图说明书及区测（调）报告

吉林区调所一分队，1986，1:20万磐石县幅（K-52-VII）区域地质调查报告。

吉林区调所，1988，1:20万吉林市幅（K-52-1）区域地质调查报告。

吉林区调大队二分队，1967，1:20万延吉市幅（K-52-X）区域地质调查报告。

吉林区调队，1968，1:20万漫江镇幅（K-52-XX）、长白县幅（K-52-XXI）区域地质调查报告。

吉林区调队，1970，1:20万吉林市幅（K-52-I）、磐石县幅（K-52-VII）区域地质调查报告。

吉林区调队，1971，1:20万抚松县幅（K-52-XIV）区域地质调查报告。

吉林区测队三分队，1965，1:20万珲春县幅（K-52-XI）、春化幅（K-52-XII）区域地质调查报告。

吉林区调队，1977，1:20突泉县幅（L-51-XX）区域地质调查报告。

吉林区调队，1979，1:20万洮南县幅（L-51-XXI）区域地质调查报告。

吉林区调队，1973，1:20万明月镇幅（K-52-IX）区域地质调查报告。

吉林区调队，1964，1:20万大拉子幅（K-52-XIII）区域地质调查报告。

吉林区调队，1976，1:20万哈达营子幅（L-51-XXV）区域地质调查报告。

吉林区调队，1980，1:20万舒兰县幅（C-52-XXXI）区域地质调查报告。

吉林区调队，1980，1:20万老黑山幅（K-52-V）、伏罗希洛夫幅（K-52-VI），区域地质调查报告。

吉林区调队，1976，1:20万和龙县幅（K-52-XV）区域地质调查报告。

吉林区调队六分队，1978，1:20万长春市幅（K-51-VI），区域地质调查报告。

吉林区调队三分队，1976，1:20万浑江市幅（K-52-XIX）、集安县幅（K-52-XXV）区域地质调查报告。

吉林区调队三分队，1979，1:20万靖宇县幅（K-52-XIII）区域地质调查报告。

吉林区调队，1975，1:20万海龙县幅（K-51-XIII）区域地质调查报告。

吉林区调队，1978，1:20万敦化县幅（K-52-III）区域地质调查报告。

吉林区调队，1977，1:20万通化市幅（K-51-XXIV）区域地质调查报告。

吉林区调队，1983，1:20万珲春县幅（K-52-XI）、春化公社幅（K-52-XII）区域地质调查报告。

吉林区调队，1978，1:20万辽源市幅（K-51-XII）区域地质调查报告。

吉林区调队，1983，1:20万向阳山公社幅（L-52-XXXII）区域地质调查报告。

吉林区调队，1966，1:20万大兴沟镇幅（K-52-IV）区域地质调查报告。

吉林区调队，1984，1:20万农安县幅（L-51-XXXVI）、怀德县幅（K-51-V）区域地质调查报告。

吉林区调队，1980，1:20万蛟河县幅（K-52-II）区域地质调查报告。

吉林省地质局直属专业综合大队，1972，1:20万桦树林子幅（K-52-VIII）区域地质调查报告。

辽宁区测队，1975，1:20万桓仁县幅（K-51-XXX）区域地质调查报告。

辽宁区测队，1971，1:20万四平市幅（L-51-XI）、康平幅（L-51-X）区域地质调查报告。

内蒙古自治区第二区测队，1965，1:20万索伦镇幅区域地质调查报告。

附录1　吉林省地层数据库的建库情况及功能介绍

一、前言

地层数据库的研制和建库工作是随地矿部“八五”期间设立《全国地层多重划分对比研究》项目同时开展的，其指导思想和研究内容与全国地层清理工作的有关文件要求基本一致，建立地层数据库的目的就是要为全国区域地质调查和基础地质研究工作服务，巩固地层清理的成果，避免今后使用地层单位的混乱现象。使我国地层研究和管理走向科学化、信息化，并与国际地层学研究工作接轨。

省级地层数据库是地矿部专项地勘科技项目（编号：DZ1992-01）《全国地层数据库》的一个重要组成部分，它既是全国地层数据库的一个基本子库，同时又是一个独立、完整的省级地层数据库。

省级数据库按照全国地层数据库的统一要求，以岩石地层单位为基本单元建库的，以全国地层清理项目办统一制定的五张地层剖面数据卡片为数据采集源。其数据采集、数据库信息管理、检索及查询软件是以《全国地层数据库》项目组提供的软件和标准进行的。有关全国地层数据库的概况，请参见《全国地层数据库》专题报告。

二、地层数据库的建库情况

1. 组织管理

负责建立本省地层数据库的单位是：吉林省地质矿产局区域地质矿产调查所

使用的机型：AST　SVGA4/33　主机：Star　CR-3240打印机

本省地层数据库建库人员名单：车仁顺、蔡玉祥

本省地层数据库数据卡片审核校对人员名单：李东津、万清友、许良久

2. 工作过程

卡片录入工作始于1994年1月，吉林省地层数据库成员较好地掌握了软件的使用方法和技巧，在七个月的时间里，将全省155个采用的岩石地层单位，421个不采用的单位及585条各类层型剖面和参考剖面全部录入到数据库中。首次建立了吉林省基础地层数据库，并为全国地层数据库奠定了基础。

3. 完成录入工作量：

155个建议使用的岩石地层单位

其中：群级18个（新建2个），组级119个（新建11个），段级4个（新建2个），非正式地层单位3个（新建3个）

其中各断代（纪）地层单位数：早元古代有2岩群，8岩组；青白口纪和震旦纪，吉林南部有2群8组；吉林北部2岩群，3岩组；寒武-奥陶纪，吉林南部有9组，2段，吉林北部3岩群，10岩组；志留纪不包括跨纪的西别河组1群6组；泥盆纪有2组、2段；石炭纪有11个组（1非正式地层单位）；二叠纪有1群16组；三叠纪有1群8组；侏罗纪—白垩纪有4群39组；第三纪有1群11组。

585条剖面，其中：75条正层型；21条副层型

37条选层型；1条新层型

451条参考剖面；

2条剖面以长剖面形式录入

407个建议废弃的岩石地层单位

累计打印输出：558张封面

558张卡片Ⅰ

151张卡片Ⅱ

134张卡片Ⅲ（柱状对比图）

134张卡片Ⅲ（剖面分布图）

585张卡片Ⅳ（文字描述表格）

585张卡片Ⅳ（柱状图）

151张卡片Ⅴ

4. 提交数据磁盘清单

占用外存空间约12兆，分放10张1.2M软盘（5.25inch）

数据软盘清单：

盘号　地层单位起止编号

1	22001—220019	6	22—100—22—119
2	22020—22039	7	22—120—22—139
3	22040—22059	8	22—140—22—159
4	22060—22079	9	22—160—22—622
5	22080—22099	10	

三、地层数据库功能介绍

地层数据库主要由三部分组成。(1) 数据采集系统包括对原始数据的录入、编辑、查错及地层信息检索、数据库字典查询、文献检索、地层单位数据文件管理等功能；(2) 数据处理系统包括地层卡片的输出、地层数据库各类信息的查询检索及汇总制表、岩石地层单位的监控等功能；(3) 扩充部分接口，为地层数据库以后的进一步开发留有接口。

1. 系统运行环境

(1) DOS 版本

软件支撑环境：DOS 3.30以上　　Microsoft C 6.0

　　　　　　　PTDOS 2.0　　FoxPro 2.0

硬件运行环境：286以上主机　　VGA 显示器

　　　　　　　LQ-1600K 或其它24针打印机

(2) Windows 版本

软件支撑环境：Windows 3.1　　Borland C++ 3.1

　　　　　　　中文之星 1.2　　FoxPro for Windows 2.5

硬件运行环境：386、486主机（内存≥4M，硬盘≥100M）　VGA 显示器

　　　　　　　LQ-1600K 或其它24针打印机

2. 数据采集模块功能

(1) 选择“省份”、“地层单位”

(2) 地层单位数据录入情况查询

(3) 卡片Ⅰ数据录入与修改（可选择按编号、创名时间、汉语拼音等顺序）

(4) 卡片Ⅱ数据录入与修改

(5) 卡片Ⅲ数据录入与修改

(6) 卡片Ⅳ剖面信息数据录入与修改

(7) 卡片Ⅳ剖面文字描述数据录入与修改

(8) 卡片Ⅳ柱状图数据录入与修改

(9) 卡片Ⅳ化石数据录入与修改

(10) 卡片Ⅳ分布特征数据录入与修改

(11) 卡片Ⅳ数据检查整理

(12) 卡片Ⅴ数据录入与修改

(13) 地层单位数据文件备份

(14) 地层单位数据文件入库

(15) 地层单位数据文件转换

(16) 省级库数据检索

(17) 数据库字典查询

(18) 省级文献库查询与修改

3. 卡片输出模块功能

(1) 选择省份

(2) 选择输出的地层单位

(3) 卡片封面输出

(4) 卡片Ⅰ输出：屏幕或打印机输出卡片Ⅰ

(5) 卡片Ⅱ输出（图形）

(6) 卡片Ⅲ柱状对比图输出（图形）

(7) 卡片Ⅲ岩石地层单位分布图输出

可选择绘制地名级别：(在地理底图上将标出地名)

1-省会　2-地市以上　3-县级以上

可选择绘制图框类型：

1-经纬框（地理底图上加画经纬框）

2-方框（地理底图上只画图框）

3-不加框（地理底图上不画图框）

图中各剖面的分布位置和不同的符号表示其层型：

△：参考剖面；□：新层型剖面；田："＋"代表正层型；日：代表副层型；"×"代表选层型。

(8) 卡片Ⅳ剖面文字描述表格输出

(9) 卡片Ⅳ剖面图输出（图形）

(10) 卡片Ⅴ输出

4.地层信息检索模块功能

4.1　检索条件（一级）

(1) 选择省份-选择检索的区域范围

(2) 选择大区-选择检索的区域范围

(3) 选择经纬度-选择检索的区域范围

(4) 选择断代［纪］-选择检索的时间范围

(5) 地质年代数码转换-地质年代数据进行数码转换，是进行时间范围检索的必要条件

(6) 输出方式选择

1-显示方式：将检索结果显示在屏幕上

2-打印方式：将检索结果在打印机上输出

3-文件方式：将检索结果表格文件以用户给定的文件名记盘

(7) 输出栏目选择

1-地层单位表格

2-地层剖面表格

3-文献表格

选择以上表格的输出栏目，依使用者的要求挑选所需的制表栏目序号，及表格每页的行数。

4.2　地层单位信息检索（二级检索条件）

(1) 所有地层单位：检索出满足选定时间和区域条件的地层单位

(2) 正式地层单位：检索出满足选定时间和区域条件的正式地层单位

(3) 废弃地层单位：检索出满足选定时间和区域条件的废弃地层单位

(4) 地层单位名称：检索出与指定地层单位名称相同的地层单位

(5) 地层单位名称（拼音）：检索出与指定拼音相同的地层单位

(6) 地层单位编号：检索出与指定地层单位编号相同的地层单位

(7) 地层单位代号：检索出与指定地层单位代号相同的地层单位

(8) 同物异名：检索出与指定名称相同的同物异名地层单位

(9) 同名异物：检索出与指定名称相同的同名异物地层单位

(10) 同物异名/同名异物：检索出有同物异名或同名异物的地层单位

(11) 输出剖面分布图：输出当前检索内容的地层单位的剖面分布图

4.3　剖面信息检索（二级检索条件）

(1) 所有剖面：检索出满足选定时间和区域条件的地层剖面

(2) 所有正层型：检查出满足选定时间和区域条件的正层型

(3) 所有副层型：检查出满足选定时间和区域条件的副层型

(4) 所有选层型：检查出满足选定时间和区域条件的选层型

(5) 所有新层型：检查出满足选定时间和区域条件的新层型
(6) 所有次层型：检查出满足选定时间和区域条件的次层型
(7) 剖面名称：检索出与指定剖面名称相同的地层剖面
(8) 剖面编号：检索出与指定剖面编号相同的地层剖面
(9) 剖面化石名称（中文）：检索剖面上化石分类的中文名称
(10) 剖面其它信息：检索剖面图上已录入的下列信息：
化石（拉丁文）：检查指定化石名称所在的剖面
生物地层带：检索指定生物地层带所在的剖面
颜色：检索含有指定颜色的剖面
磁极性：检索含有磁极性内容的所有剖面
化学特征：检索含有化学特征内容的所有剖面
矿物：检索含有矿物内容的所有剖面
矿产：检索含有矿产内容的所有剖面
变质相：检索含有变质相内容的所有剖面
（注意：不对文字描述的内容进行检索）
(11) 某地层单位正层型：检查出指定地层单位的正层型
(12) 输出剖面分布图：输出当前检索内容的剖面分布图
4.4 参考文献目录检索（二级检索条件）
(1) 作者：按指定作者检索文献目录
(2) 时间：按指定发表时间检索文献目录
(3) 书名（论文题目）：按指定书名检索文献目录
(4) 作者+时间：按指定作者及发表时间检索文献目录
(5) 断代 [纪]：按选定的地质年代范围，检索有关地层单位所涉及的文献目录
(6) 某地层单位文献：按地层单位检索文献目录
(7) 文献引用情况：指定某一文献所在的省码及文献库的记录号，检索该文献在本省的引用情况（创名或引用）。
5.地层单位监控模块功能
对新建地层单位进行命名监控
(1) 同名的监控：检索出与指定地层单位名称相同的地层单位
(2) 同音的监控：检索出与指定地层单位名称（拼音）相同的地层单位
(3) 同编号的监控：检索出与指定地层单位名称相同的地层单位
(4) 同代号的监控：检索出与指定地层单位名称相同的地层单位
(5) 有效性的监控：检索出与新建地层单位的经纬度邻近的剖面，供科研人员进行对比研究。

四、地层数据库的维护与功能扩充

1.数据库的维护
省级数据库是全国地层数据库的基础，随着地质工作的深入，必须对地层数据库进行扩充与维护，并及时与全国库进行信息交流，以保证省库与全国库的数据一致性。
今后负责管理维护地层数据库的单位：吉林省地质矿产局区域地质矿产调查所。
2.功能扩充
地层数据库的建立，是逐步实现地层学研究和地层单位划分的建立、命名、定义、修订及废弃等管理的规范化、现代化。有待开发的功能：

附录Ⅱ 吉林省采用的岩石地层单位

附录Ⅱ-1

序号	岩石地层单位名称		编号	代号	地质时代	创名人	创建时间	所在省	在本书页数
	英文	汉文							
1	Anmin Fm	*安民组	22-0092	J_3a	J_3	东北煤田104队	1954	吉林	223
2	Badaojiang Fm	*八道江组	22-0016	Z_2b	Z_2	长春地院区测队	1960	吉林	55
3	Baifangzi Fm	*白房子组	22-0011	Qnb	Qn	吉地局通化队	1962	吉林	44
4	Baiyingaolao Fm	白音高老组	22-0133	J_3K_1b	$J_3—K_1$	辽宁区测二队	1974	内蒙古	199
5	Banfanggou Fm.	*板房沟(岩)组	22-0008	$Pt_1b.$	Pt_1	吉林局四调队	1988	吉林	41
6	Bangchuigou Fm	*棒棰沟组	22-0136	Eb	E	吉林区调队	1980	吉林	269
7	Benxi Fm	本溪组	22-0058	$C_{1-2}b$	C_{1-2}	赵亚曾	1926	辽宁	126
8	Chang'an Fm	*长安组	22-0093	$J_3K_1\dot{c}a$	$J_3—K_1$	东北煤田104队	1954	吉林	224
9	Changbai Fm	*长白组	22-0084	$T_3\dot{c}$	T_3	吉林煤田102队	1957	吉林	188
10	Changcai Fm	*长财组	22-0107	$J_3K_1\dot{c}$	$J_3—K_1$	杨学林	1959	吉林	228
11	Changping Fm	昌平组	22-0150	$\in_1\dot{c}$	$\in_1$	张文佑	1935	北京	67
12	Changren Mar.	*长仁大理岩	22-0024	$O\dot{c}$	O	本课题组	1993	吉林	94
13	Chaomidian Fm	炒米店组	22-0157	$\in_3\dot{c}$	$\in_3$	Willis	1907	山东	76
14	Chuandishan Fm	*船底山组	22-0145	$N\dot{c}$	N	刘毓初等	1953	吉林	277
15	Da'an Fm	大安组	22-0147	Nd	N	松辽石油勘探局	1960	吉林	266
16	Daheshen Fm	*大河深组	22-0061	P_1d	P_1	吉地局二所七分队	1975	吉林	149
17	Dajianggang Fm	*大酱缸组	22-0085	T_3d	T_3	吉林区调队	1978	吉林	179
18	Dalazi Fm	*大拉子组	22-0109	K_1dl	K_1	上床国夫	1933	吉林	231
19	Dalizi Fm.	*大栗子(岩)组	22-0005	$Pt_1dl.$	Pt_1	斋滕林次	1944	吉林	38
20	Dashatan Fm	*大沙滩组	22-0104	J_3d	J_3	长春地院区测队	1960	吉林	246
21	Dasuangou Fm	*大蒜沟组	22-0065	P_1ds	P_1	孙恒元	1988	吉林	157
22	Daxinggou Gr	*大兴沟群	22-0079	T_3D	T_3	彭玉鲸等	1982	吉林	182
23	Denglouku Fm	*登楼库组	22-0116	K_1d	K_1	松辽石油普查大队	1959	吉林	201
24	Deren Fm	*德仁组	22-0090	$J_{2-3}d$	J_{2-3}	东北煤田107队	1958	吉林	220
25	Diaoyutai Fm	钓鱼台组	22-0012	Qn_2d	Qn_2	青地乙治	1928	辽宁	48
26	Dongre Mem	*东热段	22-0152	$\in_1m^d$	$\in_1$	本课题组	1994	吉林	69
27	Erdaugou Mem	*二道沟段	22-0044	$S_3D_1x^e$	$S_3—D_1$	矢部长克	1943	吉林	116
28	Fangniugou Vol.	*放牛沟火山岩	22-0040	Of	O	本课题组	1992	吉林	88
29	Fanjiatun Fm	*范家屯组	22-0062	P_1f	P_1	长春地院区测队	1960	吉林	151
30	Fufengshan Fm	*富峰山组	22-0134	Ef	E	吉林区调队	1978	吉林	265
31	Fujiawazi Fm	*付家洼子组	22-0131	$J_{2-3}f$	J_{2-3}	吉林煤田203队	1967	吉林	197
32	Gangyao Fm	*缸窑组	22-0135	Eg	E	吉林区调队	1980	吉林	268
33	Guosong Fm	*果松组	22-0098	$J_{2-3}g$	J_{2-3}	长春地院区测队	1959	吉林	236
34	Gushan Fm	崮山组	22-0156	$\in_3g$	$\in_3$	Willis	1907	山东	74

注：①创名人栏(　)内为介绍人；创建时间栏(　)内为介绍时间。②*表示已查阅原著原始定义的岩石地层单位。

序号	岩石地层单位名称		编号	代号	地质时代	创名人	创建时间	所在省	在本书页数
	英文	汉文							
35	Hangou Car. Sla	·旱沟碳质板岩	22-0009	Pt_1h	Pt_1	本课题组	1993	吉林	42
36	Hekou Mem	·河口段	22-0153	$\in_1m^h$	$\in_1$	本课题组	1994	吉林	70
37	Helong Gr	·和龙群	22-0111	J_3K_1H	J_3—K_1	西田彰一	1940	吉林	227
38	Hengtongshan Fm	·亨通山组	22-0105	J_3K_1h	J_3—K_1	吉林煤田105队	1960	吉林	248
39	Hongqi Fm	·红旗组	22-0128	J_1h	J_1	吉林煤田217队	1960	吉林	194
40	Hongshan Fm	红山组	22-0126	P_2h	P_2	张海驲	1971	黑龙江	24
41	Huadian Fm	·桦甸组	22-0140	E_2hd	E_2	东北煤田112队	1957	吉林	275
42	Huangchagou Fm.	·荒岔沟(岩)组	22-0003	$Pt_1h.$	Pt_1	吉地局6101地质队	1963	吉林	35
43	Huangdingzi Fm.	·黄顶子(岩)组	22-0038	$Oh.$	O	辽宁区测一队	1971	辽宁	86
44	Huangyingtun Fm.	·黄莺屯(岩)组	22-0026	$Ohy.$	O	郭鸿俊等	1962	吉林	89
45	Hulan Gr.	·呼兰(岩)群	22-0063	$OSH.$	O—S	东北有色局调查队	1951	吉林	89
46	Hunchun Fm	·珲春组	22-0143	Eh	E	吉林煤田203队	1959	吉林	278
47	Hunjiang Gr	·浑江群	22-0031	ZH	Z	长春地院区测队	1960	吉林	53
48	Huoshiling Fm	·火石岭组	22-0113	J_3h	J_3	吉林煤勘公司普查大队	1973	吉林	210
49	Ji'an Gr.	·集安(岩)群	22-0001	$Pt_1J.$	Pt_1	吉地局通化队辑安地质队	1961	吉林	32
50	Jiangjiayau Con.	·蒋家窑砾岩	22-0064	P_2jj	P_2	本课题组	1992	吉林	153
51	Jiefangcun Fm	·解放村组	22-0075	$P_{1-2}jf$	P_{1-2}	吉林区测队三分队	1965	吉林	27
52	Jifanggou Gr.	·机房沟(岩)群	22-0124	$PtJ.$	Pt	九台县工业局九台地质队	1959	吉林	9
53	Jinjiatun Fm	·金家屯组	22-0094	K_1j	K_1	吉林煤田203队	1974	吉林	226
54	Jishu Fm	·吉舒组	22-0137	E_2j	E_2	本课题组	1993	吉林	270
55	Jiuda Fm	·久大组	22-0091	J_3j	J_3	东北煤田104队	1954	吉林	222
56	Jubao Fm	·巨宝组	22-0130	J_2j	J_2	吉林煤田203队	1967	吉林	196
57	Kaishantun Fm	·开山屯组	22-0071	P_2k	P_2	吉林区测队二分队	1960	吉林	162
58	Kedao Gr	·柯岛群	22-0067	P_1K	P_1	吉林区测队	1964	吉林	158
59	Lalagou Fm.	·拉拉沟(岩)组	22-0019	$Ptl.$	Pt_3	本课题组	1992	吉林	11
60	Laoling Gr.	·老岭(岩)群	22-0006	$Pt_1L.$	Pt_1	吉林区调队	1973	吉林	40
61	Liangjiashan Fm	亮甲山组	22-0159	O_1l	O_1	叶良辅、刘季辰	1919	河北省	79
62	Linjiang Fm.	·临江(岩)组	22-0004	$Pt_1l.$	Pt_1	斋藤林次	1944	吉林	37
63	Linxi Fm	林西组	22-0077	P_2l	P_2	德日进	1924	内蒙古	20
64	Linzitou Fm	·林子头组	22-0100	J_3l	J_3	东北地院	1954	吉林	239
65	Liuhe Gr	·柳河群	22-0103	J_3K_1L	J_3—K_1	长春地院区测队	1960	吉林	245
66	Longjing Fm	·龙井组	22-0110	K_2l	K_2	西田彰一	1940	吉林	233
67	Lujiatun Fm	·卢家屯组	22-0078	T_1l	T_1	吉林区调队	1980	吉林	21
68	Luquantun Fm	·鹿圈屯组	22-0050	$C_{1-2}l$	C_{1-2}	长春地院区测队	1960	吉林	139
69	Madaling Fm	·马达岭组	22-0049	Qnm	Qn	长春地院区调队	1965	吉林	46
70	Madida Fm	·马滴达组	22-0033	Sm	S	本课题组	1993	吉林	15

序号	岩石地层单位名称		编号	代号	地质时代	创名人	创建时间	所在省	在本书页数
	英文	汉文							
71	Majiagou Fm	马家沟组	22-0160	O_1m	O_1	Grabau	1922	河北	80
72	Malugou Fm	·马鹿沟组	22-0081	T_3m	T_3	吴水波等	1977	吉林	185
73	Manhe Fm	满河组	22-0068	P_1mh	P_1	杨启伦	1962	吉林	26
74	Mantou Fm	馒头组	22-0151	$\in_1m$	$\in_1$	Willis 等	1907	山东	68
75	Mayihe Fm.	·蚂蚁河(岩)组	22-0002	$Pt_1m.$	Pt_1	吉地局通化队辑安地质队	1961	吉林	33
76	Meihe Fm	·梅河组	22-0139	Em	E	吉林煤田102队	1965	吉林	274
77	Miaoling Fm	·庙岭组	22-0066	P_1m	P_1	克里沃鲁茨基	1958	吉林	24
78	Mingshui Fm	明水组	22-0122	K_2m	K_2	松辽石油普查队四队	1959	黑龙江	209
79	Mopanshan Fm	·磨盘山组	22-0053	$C_{1-2}m$	C_{1-2}	长春地院区测队	1960	吉林	143
80	Naerhong Vol.	·那尔轰火山岩	22-0096	K_1n	K_1	吉林煤田勘探公司	1975	吉林	242
81	Nanfen Fm	南芬组	22-0013	Qn_2n	Qn_2	青地乙治	1928	辽宁	50
82	Nanloushan Fm	·南楼山组	22-0089	J_1n	J_1	吉林地矿局二所	1978	吉林	217
83	Nenjiang Fm	嫩江组	22-0120	K_2n	K_2	谭锡畴、王恒升	1929	黑龙江	207
84	Panling Fm.	盘岭(岩)组	22-0037	$Op.$	O	辽宁一区测队	1971	辽宁	84
85	Qiaotou Fm	桥头组	22-0014	Z_1q	Z_1	青地乙治	1928	辽宁	52
86	Qinggouzi Fm	·青沟子组	22-0017	Z_2qg	Z_2	长春地院区调队	1965	吉林	56
87	Qinglongcun Gr.	·青龙村(岩)群	22-0022	$OQ.$	O	王丹群等	1960	吉林	93
88	Qingshankou Fm	·青山口组	22-0118	K_1q	K_1	松辽石油普查大队	1958	吉林	204
89	Quanshuicun Fm	·泉水村组	22-0108	$K_1q\dot{s}$	K_1	吉林区调队	1976	吉林	230
90	Quantou Fm	泉头组	22-0117	K_1qt	K_1	羽田重吉	1927	辽宁	203
91	Sankeyushu Fm	·三棵榆树组	22-0123	K_2sk	K_2	吉林区调队	1977	吉林	244
92	Shahezi Fm	沙河子组	22-0114	$J_3\dot{s}h$	J_3	坂口重雄	1943	辽宁	211
93	Shanguqi Fm	·山谷旗组	22-0069	$P_1\dot{s}g$	P_1	本课题组	1993	吉林	158
94	Shanxi Fm	山西组	22-0072	$C_2P_1\dot{s}$	$C_2—P_1$	Willis, Blackwelder	1907	山西	130
95	Shanxiuling Fm	·山秀岭组	22-0057	$C_2\dot{s}$	C_2	吉林区测队二分队	1964	吉林	155
96	Shaoguotun Fm.	烧锅屯(岩)组	22-0039	$O\dot{s}.$	O	辽宁区测一队	1971	辽宁	87
97	Shifeng Fm	·石缝组	22-0028	$S\dot{s}$	S	郭鸿俊等	1962	吉林	110
98	Shihezi Fm	石盒子组	22-0073	$P_{1-2}\dot{s}h$	P_{1-2}	Norin	1922	山西	132
99	Shizuizi Fm	·石嘴子组	22-0054	$C_2\dot{s}$	C_2	长春地院区测队	1960	吉林	145
100	Shiren Fm	·石人组	22-0101	$J_3K_1\dot{s}$	$J_3—K_1$	徐新斋	1956	吉林	241
101	Shoushangou Fm	·寿山沟组	22-0060	$P_1\dot{s}$	P_1	陶南生等	1975	吉林	148
102	Shuidong Fm	·水洞组	22-0149	$\in_1\dot{s}$	$\in_1$	彭玉鲸等	1983	吉林	65
103	Shuiquliu Fm	·水曲柳组	22-0138	$N\dot{s}$	N	李永孝	1962	吉林	272
104	Shulan Gr	·舒兰群	22-0142	$E\dot{S}$	E	李永孝	1962	吉林	267
105	Sidao Con.	·四道砾岩	22-0052	C_2sd	C_2	吉林局二所七分队	1989	吉林	142
106	Sifangtai Fm	四方台组	22-0121	K_2s	K_2	郝玲琦	1937	黑龙江	208

序号	岩石地层单位名称 英文	岩石地层单位名称 汉文	编号	代号	地质时代	创名人	创建时间	所在省	在本书页数
107	Sihetun Fm	·四合屯组	22-0086	T_3s	T_3	吉林局二所	1988	吉林	181
108	Songhuajiang Gr	·松花江群	22-0161	$K_{1-2}S$	K_{1-2}	内野敏夫等	1937	吉林	201
109	Sunjiagou Fm	孙家沟组	22-0074	P_2sj	P_2	刘鸿允等	1959	山西	135
110	Tadong Gr.	·塔东(岩)群	22-0018	$PtT.$	Pt_3	本课题组	1992	吉林	10
111	Taikang Fm	泰康组	22-0148	Nt	N	松辽石油勘探局	1960	黑龙江	267
112	Taiyangling Fm	·太阳岭组	22-0087	$J_{1-2}t$	J_{1-2}	吉林煤田普查大队	1971	吉林	218
113	Taiyuan Fm	太原组	22-0059	C_2t	C_2	翁文灏、Grabau	1922	山西	129
114	Tanqian Fm	·滩前组	22-0070	P_1t	P_1	本课题组	1993	吉林	160
115	Taoshan Fm	·桃山组	22-0041	S_1t	S_1	吉林区调队六分队	1978	吉林	108
116	Tianbaoshan Fm	·天宝山组	22-0056	Ct	C	吉林地层表编写组	1975	吉林	154
117	Tianqiaoling Fm	·天桥岭组	22-0082	T_3tq	T_3	吉林区测队	1960	吉林	185
118	Tongqigou Fm	·通气沟组	22-0048	C_1t	C_1	苏养正等	1974	吉林	136
119	Toudaogou Fm.	·头道沟(岩)组	22-0042	$\in t.$	$\in$	长春地院区测队	1960	吉林	82
120	Tumenzi Fm	·土门子组	22-0144	N_1t	N_1	冈田重光等	1940	吉林	280
121	Tuntianying Fm	·屯田营组	22-0106	J_3t	J_3	杨学林	1959	吉林	227
122	Tuopangou Fm	·托盘沟组	22-0080	T_3t	T_3	吉林区调队	1966	吉林	182
123	Wanbao Fm	·万宝组	22-0129	J_2w	J_2	长春地院白城地质队	1961	吉林	195
124	Wangjiajie Fm	·王家街组	22-0046	D_2w	D_2	汪明洲等	1973	吉林	118
125	Wanlong Fm	·万隆组	22-0015	Z_1w	Z_1	长春地院区测队	1960	吉林	54
126	Wanyue Fm	·弯月组	22-0029	Sw	S	郭鸿俊等	1962	吉林	113
127	Woguadi Fm	·窝瓜地组	22-0055	C_2w	C_2	吉林区调所一分队	1986	吉林	146
128	Wudaogou Gr	·五道沟群	22-0034	SW	S	毕振刚、李必奇	1965	吉林	14
129	Wudaoling Fm	五道岭组	22-0125	P_2w	P_2	郑广渊	1963	黑龙江	22
130	Xiaertai Gr.	·下二台(岩)群	22-0036	$OX.$	O	辽宁区测一队	1971	辽宁	84
131	Xiangfangzi Fm	·香房子组	22-0035	Sx	S	本课题组	1993	吉林	16
132	Xiaodonggou Fm	小东沟组	22-0097	J_2x	J_2	王钰	1954	辽宁	235
133	Xiaohekou Fm	·小河口组	22-0083	T_3xh	T_3	吉林区调队	1976	吉林	186
134	Xiaonangou Fm	·小南沟组	22-0102	K_1x	K_1	吉林煤田105队	1960	吉林	243
135	Xiaosangedingzi Fm	·小三个顶子组	22-0027	OSx	O—S	郭鸿俊等	1962	吉林	92
136	Xibao'an Fm.	西保安(岩)组	22-0021	$Ptxb.$	Pt	吉林局通化队	1958	吉林	58
137	Xibiehe Fm	西别河组	22-0043	S_3D_1x	S_3—D_1	李寿耆等	1960	内蒙古	115
138	Xihe Gr	细河群	22-0025	Qn_2Z_1X	Qn_2—Z_1	青地乙治	1928	辽宁	47
139	Xindongcun Fm.	·新东村(岩)组	22-0023	$Oxd.$	O	本课题组	1993	吉林	93
140	Xinnongcun Fm.	·新农村(岩)组	22-0007	$Pt_1x.$	Pt_1	吉林局四调队	1988	吉林	40
141	Yangjingou Fm	·杨金沟组	22-0032	Sy	S	本课题组	1993	吉林	15
142	Yanji Gr	·延吉群	22-0112	$K_{1-2}Y$	K_{1-2}	杨学林	1959	吉林	231

序号	岩石地层单位名称		编号	代号	地质时代	创名人	创建时间	所在省	在本书页数
	英文	汉文							
143	Yaojia Fm	姚家组	22-0119	K_2y	K_2	松辽石油普查大队	1958	吉林	206
144	Yeli Fm	冶里组	22-0158	O_1y	O_1	A W Grabau	1922	河北	77
145	Yihe Fm	·义和组	22-0095	J_1yh	J_1	吉林地矿局通化大队	1976	吉林	234
146	Yingcheng Fm	·营城组	22-0115	K_1y	K_1	森田义人	1942	吉林	213
147	Yingzuilazi Fm	·鹰嘴砬子组	22-0099	J_3y	J_3	吉林区调队	1976	吉林	238
148	Yishan Fm	·椅山组	22-0030	Sy	S	本课题组	1993	吉林	114
149	Yufutun Fm	·余富屯组	22-0051	C_1y	C_1	武世忠 (林英锡、武世忠)	1977 (1984)	吉林	137
150	Yuxingtun Fm	·玉兴屯组	22-0088	J_1yx	J_1	吉林地矿局二所	1978	吉林	216
151	Zhangjiatun Mem	·张家屯段	22-0045	S_3xz	S_3	莽东鸿、裴世强	1964	吉林	115
152	Zhangxia Fm	张夏组	22-0155	$\in_2z$	$\in_2$	Willis	1907	山东	72
153	Zhenzhumen Fm	·珍珠门(岩)组	22-0010	$Pt_1\dot{z}$.	Pt_1	长春地院区测队	1960	吉林	43
154	Zhesi Fm	哲斯组	22-0076	$P_1\dot{z}s$	P_1	(美)Berkey,Morris	1927	内蒙古	18
155	Zhudundian Fm.	·朱敦店(岩)组	22-0020	$Pt\dot{z}d$.	Pt_3	本课题组	1992	吉林	12

附录Ⅲ 吉林省不采用的地层名称

附录Ⅲ-1

序号	岩石地层单位名称 英文	汉文	编号	地质时代	创名人	创建时间	所在省	不采用的理由
1	Anda Fm	安达组	22-0298	K_1	裘松余	1988	黑龙江	归登楼库组
2	Anmin Sandwiched Coal Bed	安民夹煤层	22-0238	J_3	煤田104队	1954	辽宁	归安民组
3	Babao Coal Series	八宝煤系	22-0292	J_3	东北地院	1954	吉林	现为石人组
4	Babao Conglomerate	八宝砾岩	22-0382	J_3	煤田105队	1964	吉林	属石人组
5	Babaogou Fm	八宝沟组	22-0443	Pt—Ar	长春地院	1960	吉林	属石人组
6	Babaogou Mem	八宝沟段	22-0461	Pt	辑安地质队	1961	吉林	属石人组
7	Baicheng Gr	白城群	22-0178	J	煤田102队	1968	吉林	现为红旗组、万宝组等
8	Baicheng Fm	白城组	22-0401	J_2	吉林地层表	1975	吉林	归万宝组
9	Baishuitan Fm	白水滩组	22-0270	J_1	吉林区调队	1972	吉林	大部归小河口组
10	Banshidingzi Fm	板石顶子组	22-0224	J_1	煤田203队	1974	吉林	归太阳岭组
11	Baodaqiao Fm	包大桥组	22-0330	J_2	煤田218队	1961	吉林	属亨通山组
12	Baojiatun Fossil-bearing Shale	保家屯含化石页岩	22-0348	K	煤田112队	1956	吉林	归大拉子组
13	Baojiatun Fm	保家屯组	22-0384	K	南古所	1963	吉林	归大拉子组
14	Baoshi Fm	宝石组	22-0404	J_3	吉林区调队	1974	内蒙古	现为白音高老组
15	Beichatun Fm	北岔屯组	22-0533	D	郭鸿俊	1962	吉林	归小三个顶子组
16	Beidalou Fm	北大楼组	22-0468	Pt	姜春潮	1979	吉林	属大栗子(岩)组
17	Beidiaohuangzi Fm	北吊幌子组	22-0452	Ar	长春地院	1960	辽宁	省内不用
18	Beishan Coal-bearing Mem	北山含煤段	22-0264	J_2	东北煤田	1959	吉林	归小河口组
19	Beishan Coal-bearing Gr	北山含煤群	22-0381	J_1	煤田105队	1964	吉林	归小河口组
20	Beishan Coal-bearing Fm	北山含煤组	22-0262	J_1	刘桓富	1960	吉林	归小河口组
21	Beishan Coal Series	北山煤系	22-0266	J_1	徐新斋	1956	吉林	归小河口组
22	Beishan Fm	北山组	22-0263	J_1	长春地院	1960	吉林	归小河口组
23	Beitongqigou Fm	北通气沟组	22-0592	C_1	长春地院	1975	吉林	改称通气沟组
24	Beitungou Gr	北屯沟群	22-0572	D—P	吉林区调队	1960	吉林	归五道沟群
25	Caixiudong Fm	彩秀洞组	22-0547	C	孙枢	1963	吉林	改称山秀岭组
26	Caixiuling Fm	彩秀岭组	22-0530	C	吉林区调队	1960	吉林	改称山秀岭组
27	Caomaodingzi Fm	草帽顶子组	22-0624	N_1	吉林区调队	1965	吉林	归土门子组
28	Chaluhe Fm	岔路河组	22-0625	N_1	刘殿军	1992	吉林	归水曲柳组
29	Chang'an Sandwiched Coal Bed	长安夹煤层	22-0241	J_3	煤田104队	1954	辽宁	归长安组
30	Changbai Bed	长白层	22-0272	K	煤田102队	1957	吉林	改称长白组
31	Changchun Red Bed Gr	长春赤色层群	22-0201	K	森田义人	1941	吉林	归泉头组
32	Changjiajie Fm	常家街组	22-0272	D_2	吉林局二所	1991	吉林	归王家街组
33	Changling Fm	长岭组	22-0402	K_1	常树勋	1988	吉林	归金家屯组

序号	岩石地层单位名称		编号	地质时代	创名人	创建时间	所在省	不采用的理由
	英文	汉文						
34	Changliucun Fm	长流村组	22-0282	J_3	吉林区调队	1977	吉林	为果松组下部层
35	Chencaigou Fm	陈财沟组	22-0567	C	韦俊铭	1963	吉林	归天宝山组
36	Chengjiatun Fm	程家屯组	22-0565	P	吉林局三所	1992	吉林	归哲斯组
37	Chenjiatun Siltite	陈家屯粉砂岩	22-0294	J_1	煤田218队	1961	吉林	归小东沟组
38	Ciweigou Fm	刺猬沟组	22-0323	J	吉地局六所	1991	吉林	归屯田营组
39	Dabeidianzi Bed	大北甸子层	22-0167	J	煤田102队	1958	吉林	为付家洼子组下部层
40	Dadianzi Fm	大甸子组	22-0369	K	斯行建	1962	辽宁	省内归营城组
41	Dadingzi Se	大顶子统	22-0582	P_2	吉林冶金局	1958	吉林	归磨盘山组
42	Dadongcha Fm	大东岔组	22-0439	Pt	辑安地质队	1961	吉林	现为集安(岩)群
43	Dagang Gr	大岗群	22-0503	P	吉林区调队	1971	吉林	现为山西组
44	Dagang Se	大岗统	22-0575	P	野田光雄	1941	吉林	现为山西组
45	Dahuangdi Coal Series	大荒地煤系	22-0362	J	煤田102队	1954	吉林	归长财组
46	Dalazi Se	大拉子统	22-0357	K	西田彰一	1940	吉林	改成大拉子组
47	Dalazi Sy	大拉子系	22-0331	K	上床国夫	1933	吉林	改成大拉子组
48	Dalianchuan Fm	大连川组	22-0313	K	长春地院	1960	吉林	归三棵榆树组
49	Dalishugou Fm	大梨树沟组	22-0553	C—P	刘新三	1963	吉林	归五道沟群
50	Daluojuanhe Fm	大罗圈河组	22-0623	Z	长春地院	1960	吉林	归白房子组
51	Damoguaituhe Coal Series	大磨拐图河煤系	22-0180	J	刘国昌	1951	内蒙古	归大磨拐河组，省内不用
52	Damoguaituhe Fm	大磨拐图河组	22-0182	J	松辽石油普查队	1959	内蒙古	归大磨拐河组，省内不用
53	Damoguaituhe Coal-bearing Fm	大模拐图河含煤组	22-0181	J	宁奇生	1959	内蒙古	归大磨拐河组，省内不用
54	Dangshigou Fm	当石沟组	22-0467	Pt	唐守贤	1990	吉林	归老岭(岩)群
55	Lower Dashatan Con.	大沙滩下部砾岩	22-0374	J_2	煤田105队	1960	吉林	归大沙滩组
56	Central Dashatan Con.	大沙滩中部砾岩	22-0375	J_3	煤田105队	1960	吉林	归大沙滩组
57	Dataishan Gr	达台山群	22-0435	Pt	唐守贤	1990	吉林	现为老岭(岩)群
58	Dataishan Fm	达台山组	22-0603	Pt	长春地院	1960	吉林	现为老岭(岩)群
59	Datun Fm	大屯组	22-0419	Q	长春地院	1960	吉林	归富峰山组
60	Daxing'anling Gr	大兴安岭群	22-0179	J_2	宁奇生	1959	内蒙古	解体为白音高老组等
61	Dayangcaogou Fm	大羊草沟组	22-0220	K_1	张川波	1991	吉林	归营城组
62	Dayingcun Shale	大营村页岩	22-0243	J_3	煤田104队	1954	辽宁	省内归长安组
63	Denglouku Bed	登楼库层	22-0189	K_1	松辽石油队	1959	吉林	改称登楼库组
64	Deren Andesite Mem	德仁安山岩段	22-0227	J_3	煤田107队	1958	辽宁	改成德仁组
65	Dingjiadian Fm	丁家店组	22-0173	J	长春地院白城队	1961	吉林	归付家洼子组

序号	岩石地层单位名称		编号	地质时代	创名人	创建时间	所在省	不采用的理由
	英文	汉文						
66	Dongcha Mem	东岔段	22-0607	Pt	辑安地质队	1962	吉林	现归集安(岩)群
67	Dongdahuang Fm	东大荒组	22-0420	R	王世称	1961	吉林	归珲春组
68	Dongdianzi Fm	东甸子组	22-0305	K	吉林区调队	1970	吉林	归小南沟组
69	Donggangzi Little Stone Fm	东岗子小石子组	22-0304	J_3	煤田105队	1960	吉林	归亨通山组
70	Donglin Fm	东林组	22-0528	C_1	吉林区调队	1960	吉林	归滩前组
71	Dongnancha Fm	东南岔组	22-0574	P	吉林区调队	1983	吉林	归五道沟群
72	Dongshan Fm	东山组	22-0328	J_3	谭锡畴	1924	黑龙江	地层体在黑龙江省
73	Dongsheng Gr	东升群	22-0510	C—P	长春地院白城队	1961	吉林	解体为哲斯组、林西组
74	Dohgsheng Fm	东升组	22-0184	J	白城地质队	1962	吉林	归付家洼子组
75	Douman Bed	豆满层	22-0571	C—P	针尾庆次	1923	吉林	解体为柯岛群、开山屯组等
76	Doushantou Fm	陡山头组	22-0539	O	长春地院	1962	吉林	归下二台(岩)群
77	Erdaogou Limestone	二道沟灰岩	22-0540	S	矢部长克	1944	吉林	归二道沟段
78	Erdaogou Gr	二道沟群	22-0506	S—D	穆恩之	1964	吉林	归二道沟段
79	Erdaogou Series	二道沟统	22-0507	S	刘鸿允	1956	吉林	归二道沟段
80	Erdaogou Fm	二道沟组	22-0641	S	长春地院	1962	吉林	归二道沟段
81	Erdaoliangzi Fm	二道梁子组	22-0223	J_3	长春地院	1960	吉林	归长安组
82	Erdaoyangcha Mem	二道阳岔段	22-0459	Ar	辑安地质队	1961	吉林	归集安(岩)群
83	Erdaoyangcha Fm	二道阳岔组	22-0476	Pt	唐守贤	1990	吉林	归集安(岩)群
84	Erdaoyangcha Fm	二道阳岔组	22-0449	Ar	辑安地质队	1960	吉林	归集安(岩)群
85	Ergulazi Fm	二股砬子组	22-0274	J_1	汤石林	1976	吉林	归长白组
86	Erlongshan Fm	二龙山组	22-0191	K_1	周振南	1979	吉林	归登楼库组
87	Erlongshan Bed	二龙山层	22-0190	E	羽田重吉	1927	吉林	归登楼库组
88	Erlongsuokou Fm	二龙索口组	22-0166	J	煤田102队	1958	吉林	归红旗组
89	Erluzi Fm	二驴子组	22-0460	Ar	辑安地质队	1961	吉林	归集安(岩)群
90	Erluzigou Fm	二驴子沟组	22-0448	Ar	辑安地质队	1960	吉林	归集安(岩)群
91	Etoushan Fm	鹅头山组	22-0315	K	吉林区调队	1976	吉林	归富峰山组
92	Fangmaling Fm	放马岭组	22-0255	K_1	煤田203队	1976	吉林	同物异名,归登楼库组
93	Fangniugou Fm	放牛沟组	22-0351	K	蛟河煤矿	1971	吉林	归长财组
94	Fenjinchang Fm	奋进厂组	22-0578	P	吉林区调所	1983	吉林	归小三个顶子组
95	Fudong Fm	福洞组	22-0326	J_3	李文敏	1972	吉林	归泉水村组
96	Fulongquan Bed	伏龙泉层	22-0211	K	小林贞一	1942	吉林	归嫩江组
97	Fulongquan Fm	伏龙泉组	22-0212	K	松辽石油勘探局	1957	吉林	归嫩江组
98	Fusong Fm	抚松组	22-0280	J_2	煤田102队	1974	吉林	现为林子头组、石人组等
99	Gangou Fm	干沟组	22-0469	Pt	姜春潮	1979	吉林	归大栗子(岩)组

序号	岩石地层单位名称		编号	地质时代	创名人	创建时间	所在省	不采用的理由
	英文	汉文						
100	Gangou Fm	干沟组	22-0287	K_1	长春地院	1960	吉林	归小南沟组
101	Gaopingshan Fm	高平山组	22-0399	J_3	吉林地层表	1975	吉林	仅分布于内蒙古
102	Gaotaigou Fm	高台沟组	22-0482	Ar	张延秀	1989	吉林	归集安(岩)群
103	Guangming Fm	光明屯组	22-0626	P_1	吉林区调队	1991	吉林	归山谷旗组
104	Guanmenzuizi Fm	关门咀子组	22-0454	P_2	胡永元	1965	吉林	归满河组
105	Guanma Fm	官马组	22-0591	C	孙均	1960	吉林	归黄莺屯(岩)组
106	Guanma Series	官马统	22-0581	P_2	吉林冶金局	1958	吉林	归小三个顶子组
107	Guanmutun Fm	官帽屯组	22-0627	C_2	李东津	1982	吉林	归鹿圈屯组
108	Gudianzi Fm	孤店子组	22-0206	K_1	张士才	1962	吉林	归泉头组
109	Guilin Fm	桂林组	22-0177	J	煤田203队	1967	吉林	现为白音高老组
110	Haiguan Fm	海关组	22-0284	J	吉林区调所	1986	吉林	归果松组
111	Halandaling Fm	哈兰大岭组	22-0520	P	长春地院	1960	吉林	归盘岭(岩)组
112	Hanxinggou Fm	寒兴沟组	22-0589	C—P	冶金603队	1973	吉林	归黄莺屯(岩)组
113	Hancongou Fm	旱葱沟组	22-0483	Pt	张丕浮	1974	吉林	归集安(岩)群
114	Haojiapuzi Fm	郝家堡子组	22-0316	K_1	吉林区调队	1970	吉林	归小南沟组
115	Haotian Gr	好田群	22-0514	C	长春地院	1961	吉林	解体为哲斯组、林西组
116	Hatanggou Men	哈唐沟段	22-0608	Pt	吉地局6101队	1963	吉林	现为集安(岩)群
117	Heigouling Fm	黑沟岭组	22-0479	Pt	吉林地研所	1991	吉林	现为集安(岩)群
118	Heigouzi Fm	黑沟子组	22-0546	∈	吉林局通化队	1977	吉林	归昌平组
119	Heishizhen Gr	黑石镇群	22-0501	∈	吉地冶金局	1962	吉林	归呼兰(岩)群
120	Heisonggou Fm	黑松沟组	22-0293	J_3	煤田219队	1960	吉林	现为石人组
121	Heiwaizi Fm	黑崴子组	22-0312	K_1	吉林区调队	1975	吉林	归小南沟组
122	Helong Bed Gr	和龙层群	22-0360	J_3	森田义人	1943	吉林	归和龙群
123	Helong Vol. Cla.	和龙火山碎屑岩	22-0359	K	森田义人	1943	吉林	归和龙群
124	Heping Fm	和平组	22-0513	C_3	长春地院	1961	吉林	归哲斯组
125	Hexi Con.	河西砾岩	22-0350	J	王竹泉	1929	吉林	归大拉子组
126	Hongqiling Fm	红旗岭组	22-0587	Ar	孙均	1960	吉林	归黄莺屯(岩)组
127	Hongshilazi Con.	红石砬子砾岩	22-0265	J_1	徐新斋	1956	吉林	归小河口组
128	Hongshilazi Con. Mem	红石砬子砾岩段	22-0261	J_1	煤田105队	1964	吉林	归小河口组
129	Hongshilazi Fm	红石砬子组	22-0458	Ar	吉林局通化队	1963	吉林	归小河口组
130	Hongxitang Fm	洪禧堂组	22-0519	P_2	长春地院	1960	吉林	归烧锅屯(岩)组
131	Houjiatun Red Siltite	侯家屯红色粉砂岩	22-0376	J_1	煤田105队	1960	吉林	归小东沟组
132	Houjiatun Fm	侯家屯组	22-0398	J_3	吉林区调队	1975	吉林	归小东沟组

序号	岩石地层单位名称 英文	岩石地层单位名称 汉文	编号	地质时代	创名人	创建时间	所在省	不采用的理由
133	Houshenjia Fm	后沈家组	22-0302	J_3	煤田218队	1961	吉林	归亨通山组
134	Huaide Bed	怀德层	22-0193	K	松辽石油勘探局	1959	吉林	相当登楼库组
135	Huaide Fm	怀德组	22-0194	K	全国地层委员会	1962	吉林	相当登楼库组
136	Huapichang Fm	桦皮厂组	22-0421	R	张士才	1962	吉林	改为水曲柳组
137	Huashan Fm	花山组	22-0440	Pt	长春地院	1960	吉林	改为临江组
138	Huashan Bed	花山层	22-0602	Pt	斋藤林次	1944	吉林	改为临江组
139	Huashan Gr	花山群	22-0601	Pt	唐守贤	1990	吉林	改为临江组
140	Huashan Series	桦山统	22-0391	K	森田义仁	1941	黑龙江	省内归入延吉群
141	Hudi Fm	户地组	22-0515	C_1	长春地院	1961	吉林	归林西组
142	Huichang Fm	灰厂组	22-0524	P	长春地院	1961	吉林	相当哲斯组
143	Hulutougou Fm	胡芦头沟组	22-0472	Pt	唐守贤	1982	吉林	归太古宙表壳岩集安(岩)群
144	Huoshizui Fm	火石咀组	22-0252	K_1	煤田102队	1974	辽宁	省内改为金家屯组
145	Hurige Fm	呼日格组	22-0171	J_3	吉林区调队	1974	内蒙	相当巨宝组
146	Jiapigou Fm	夹皮沟组	22-0450	Pt	辑安地质队	1960	吉林	归太与宙表壳岩
147	Jiancaodianzi Fm	碱草甸子组	22-0550	D_1	郑春子	1989	吉林	改为王家街组
148	Jiantu Fm	碱土组	22-0164	J_1	长春地院	1961	吉林	属万宝组
149	Jiaohe Gr	蛟河群	22-0340	J	南古所	1963	吉林	归长财组
150	Jiaohe Coal Series	蛟河煤系	22-0338	K	王达等	1955	吉林	归长财组
151	Jiaohe Bed Gr	蛟河层群	22-0354	J	森田义仁	1943	吉林	归和龙群
152	Jijialing Fm	纪家岭组	22-0203	K	斯行建	1962	吉林	相当泉头组
153	Jilin Bed	吉林层	22-0534	C—P	河田学夫	1932	吉林	解体为鹿圈屯组、磨盘山组等
154	Jilin System	吉林系	22-0584	C	刘鸿允	1956	吉林	解体为鹿圈屯组、磨盘山组等
155	Jingang Fm	金岗组	22-0254	J_3	煤田107队	1953	吉林	归长安组
156	Jingangshan Fm	金刚山组	22-0394	J_3	顾知微	1962	辽宁	归义县组
157	Jingouling Fm	金沟岭组	22-0329	J_3	吉林区调所	1980	吉林	归屯田营组
158	Jinjiacun Fm	金家村组	22-0471	Pt	唐守贤	1982	吉林	归集安(岩)群
159	Jinshan Purplish Red Con.	金山赤紫色砾岩	22-0202	K	吉林煤田104队	1954	吉林	改为泉头组
160	Jinshancun Fm	金山村组	22-0204	K_1	吉林煤田公司	1975	吉林	归泉头组
161	Jinzhougang Coal Series	金洲岗含煤系	22-0246	J_3	煤田102队	1960	吉林	归长安组
162	Jixi Coal-bearing Fm	鸡西含煤组	22-0387	J_3	石铁民	1959	黑龙江	相当土城子组

序号	岩石地层单位名称 英文	岩石地层单位名称 汉文	编号	地质时代	创名人	创建时间	所在省	不采用的理由
163	Jixi Series	鸡西统	22-0388	J_3	任绩	1950	黑龙江	归鸡西群，省内不用
164	Jixinggou Coal-bearing Mem	吉星沟含煤段	22-0285	J_3	煤田105队	1964	吉林	归石人组
165	Jixinggou Fm	吉星沟组	22-0384	J_3	煤田105队	1964	吉林	归石人组
166	Jiucaiyuan Mem	久财源段	22-0607	Pt	6101队	1963	吉林	归集安(岩)群
167	Jiuda Sandwiched Coal Bed	久大夹煤层	22-0235	J_3	煤田104队	1954	辽宁	归久大组
168	Jiuda Liparite Mem	久大流纹岩段	22-0236	J_3	煤田102队	1963	辽宁	归久大组
169	Jiufotang Fm	九佛堂组	22-0392	J_3	北京地院	1960	辽宁	吉林不用
170	Jiutai Fm	九台组	22-0219	J_3	吉林煤田	1973	吉林	归营城组
171	Kaoshan Clay Mem	靠山泥岩段	22-0250	J_3	煤田112队	1971	吉林	归长安组
172	Kedao U. Subfm	柯岛上亚组	22-0558	P	吉林区调队	1964	吉林	归滩前组
173	Kedao L. Subfm	柯岛下亚组	22-0557	P	吉林区调队	1964	吉林	归山谷旗组
174	Kuancheng Bed Gr	宽城层群	22-0218	J	森田义人	1941	吉林	归营城组
175	Kuanchengzi Fm	宽城子组	22-0395	J_3	斯行健	1962	吉林	归营城组
176	Kuangshancun Fm	矿山村组	22-0481	Ar	张延秀	1989	吉林	归集安(岩)群
177	Lafa Bed Gr	拉法层群	22-0355	J	森田义人	1943	吉林	归延吉群
178	Lafahe Gr	拉法河群	22-0344	K	南古所	1963	吉林	归延吉群
179	Lamenzi Fm	拉门子组	22-0296	J_3	吉林区调队	1975	吉林	归大沙滩组
180	Langdong Fm	狼洞组	22-0308	K_1	长春地院	1960	吉林	归小南沟组
181	Lanjiawang Sandstone	兰家网砂岩	22-0630	C_2	李东津	1988	吉林	归鹿圈屯组
182	Laoheishan Gr	老黑山群	22-0332	T_3	彭玉鲸	1982	黑龙江	归大兴沟群
183	Laotougou Sandwiched Coal Bed	老头沟夹炭层	22-0364	J	西田彰一	1940	吉林	归长财组
184	Laoyeling Bas.	老爷岭玄武岩	22-0631	N_1	刘嘉麒	1988	吉林	归船底山组
185	Laotougou Fm	老头沟组	22-0322	J_3	吉林地研所	1979	吉林	改为屯田营组
186	Lengjiagou Coal Series	冷家沟煤系	22-0268	J	徐新斋	1956	吉林	归小河口组
187	Lengjiagou Con.	冷家沟砾岩	22-0268	J	徐新斋	1956	吉林	异物同名，归小河口组
188	Liangzichuan Fm	亮子川组	22-0561	P_2	王友勤	1980	黑龙江	地层体在黑龙江省
189	Lianhetun Siltite	联合屯粉砂岩	22-0374	J_2	煤田105队	1960	吉林	归大沙滩组
190	Liaoyang Gr	辽阳群	22-0621	Pt	姜春潮	1973	辽宁	为老岭(岩)群一部分
191	Liaoyuan Coal Series	辽源含煤系	22-0245	J_3	煤田102队	1960	吉林	归长安组
192	Liaoyuan Coal-bearing Fm	辽源含煤组	22-0247	J_3	煤田203队	1980	吉林	归长安组
193	Liaoyuan Fm	辽源组	22-0244	J_3	长春地院	1960	吉林	归长安组
194	Linjiagou Fm	林家沟组	22-0477	Pt	唐守贤	1990	吉林	现为板房沟碳质板岩
195	Linjiang Bed	临江层	22-0438	Pt	斋藤林次	1944	吉林	现为临江(岩)组

序号	岩石地层单位名称		编号	地质时代	创名人	创建时间	所在省	不采用的理由
	英文	汉文						
196	Linjiangceng Bed Gr	临江层群	22-0276	J	森田义人	1942	吉林	归石人组
197	Linjiang Gr	临江群	22-0437	Pt	唐守贤	1990	吉林	现为集安(岩)群
198	Linjian Series	临江系	22-0431	Pt	罗跃兴	1956	吉林	现为集安(岩)群
199	Linzitou Vol.	林子头火山岩	22-0383	J_3	煤田105队	1964	吉林	归林子头组
200	Linzitou Gr	林子头群	22-0286	J_1	长春地院	1960	吉林	归林子头组
201	Liufangzi Fm	刘房子组	22-0216	J_3	怀德县地质队	1973	吉林	现为沙河子组
202	Longjing Series	龙井统	22-0357	K	西田彰一	1940	吉林	归龙井组
203	Longquansi Fm	龙泉寺组	22-0462	Pt	姜春潮	1984	辽宁	归老岭(岩)群
204	Loudoushan Di. Mem	漏斗山杂色岩段	22-0368	T_1	吉林区调所	1980	吉林	归卢家屯组
205	Lujiatun Black Rock Mem	卢家屯黑色岩段	22-0366	T_1	吉林区调所	1980	吉林	归卢家屯组
206	Lujuan Gr	鹿圈群	22-0583	C	业治铮	1958	吉林	归鹿圈屯组
207	Lujuan Fm	鹿圈组	22-0586	C	杨敬文	1962	吉林	归鹿圈屯组
208	Luojuangou Fm	罗圈沟组	22-0352	K_1	蛟河煤田地质队	1971	吉林	归白房子组
209	Luojuanzhan Fm	罗圈站组	22-0320	T_3	吉林区调所	1980	黑龙江	归大兴沟群
210	Luozigou Fm	罗子沟组	22-0385	J	上床国夫	1933	吉林	归大拉子组
211	Luozigou Oilshale Bed	罗子沟油页岩层	22-0361	K	上床岩井	1941	吉林	归大拉子组
212	Maanshan Fm	马鞍山组	22-0551	P_1	长春地院	1961	吉林	归林西组
213	Ma'anshan Fm	马鞍山组	22-0632	N_1	吉林区调队	1963	吉林	归土门子组
214	Maanshancun Fm	马鞍山村组	22-0481	N	吉林区调队	1963	吉林	归土门子组
215	Madatun Fm	马达屯组	22-0562	P_2	吉林区调队	1978	吉林	归南楼山组
216	Majiagou Con.	麻家沟砾岩	22-0242	J_3	煤田104队	1954	吉林	归长安组
217	Manjiang Bed	漫江层	22-0272	K	煤田102队	1957	吉林	归义和组
218	Maoershan Fm	帽儿山组	22-0327	J_2	吉林区调队	1972	吉林	归大拉子组
219	Maxiangou Fm	麻线沟组	22-0397	K_1	吉林区调队	1976	吉林	归小南沟组
220	Meiyao Fm	煤窑组	22-0163	J_1	长春地院白城队	1961	吉林	现为万宝组
221	Meiyaogou Coal Series	煤窑沟煤系	22-0363	J	煤田102队	1954	吉林	现为万宝组
222	Mengjiagou Fm	梦家沟组	22-0633	P—C	吉林区调队	1964	吉林	归哲斯组
223	Mijiazi Fm	米架子组	22-0457	Ar	吉林局通化队	1963	吉林	归集安(岩)群
224	Mishan Series	密山统	22-0390	J_3	大石、森田	1943	黑龙江	归人城子河组
225	Mingcheng Gr	明城群	22-0569	C	业治铮	1959	吉林	改为磨盘山组
226	Mingcheng Fm	明城组	22-0529	C_2	辽宁一区测队	1971	辽宁	归磨盘山组
227	Mingshengshan Bed	明生山层	22-0568	C—P	徐新斋	1958	吉林	现为柯岛群

序号	岩石地层单位名称		编号	地质时代	创名人	创建时间	所在省	不采用的理由
	英文	汉文						
228	Mingyuegou Gr	明月沟群	22-0508	C	吉林区调队	1975	吉林	现为天宝山组
229	Mingyuegou Fm	明月沟组	22-0324	J_1	吉林区调队	1973	吉林	分别归入屯田营组和长财组
230	Moshilazi Black Shale Bed	磨石砬子黑色页岩层	22-0346	K	煤田112队	1956	吉林	归大拉子组
231	Moshilazi Sandstone	磨石砬子砂岩	22-0345	K	煤田112队	1956	吉林	相当大拉子组
232	Moshilazi Fm	磨石砬子组	22-0343	K	南古所	1963	吉林	大拉子组下部
233	Muling Coal-bearing Fm	穆棱含煤组	22-0386	J_3	石铁民	1959	黑龙江	已改称穆棱组，省内为和龙群
234	Muling Series	穆棱统	22-0389	J_2	竹山、浅野	1937	黑龙江	已改称穆棱组，省内为和龙群
235	Naerhong Fm	那尔轰组	22-0222	K	煤田公司	1975	吉林	改为那尔轰火山岩
236	Naitoushan Bas.	奶头山玄武岩	22-0409	N	王雨灼	1980	吉林省	相当船底山组
237	Naizishan Coal-bearing Gr	奶子山煤层群	22-0336	J	水村、今井	1936	吉林	归入长财组
238	Naizishan Fm	奶子山组	22-0335	J	南古所	1963	吉林	归入长财组
239	Nancun Fm	南村组	22-0318	T_3	吉林区调所	1980	黑龙江	与托盘沟组同物异名
240	Nanyangdong Fm	南阳洞组	22-0566	C_3	韦俊铭	1963	吉林	现为天宝山组
241	Naolancheng Fm	闹连城组	22-0511	C_1	长春地院白城队	1961	吉林	归林西组
242	Naoniushan Gr	闹牛山群	22-0505	C—P	煤田203队	1966	吉林	归红旗组
243	Naoniushan Bed	闹牛山层	22-0568	C—P	煤田102队	1958	吉林	现为哲斯组
244	Naozhigou Fm	闹枝沟组	22-0271	J_1	吉林局通化队	1976	吉林	属长白组上段
245	Nenjian Sha. Bed	嫩江页岩层	22-0210	K_1	谭锡畴	1929	黑龙江	改称嫩江组
246	Nuanmutiaozi Fm	暖木条子组	22-0522	P_2	吴水波	1972	吉林	归范家屯组
247	Panjiatun Fm	潘家屯组	22-0225	J_2	王林祥	1979	吉林	属南楼山组
248	Panjialu Fm	判甲炉组	22-0463	Pt_2	罗跃兴	1956	辽宁	归老岭(岩)群
249	Panshi Fm	磐石组	22-0531	C_3	辽宁一区测队	1971	吉林	现为磨盘山组
250	Panshi Bed	磐石层	22-0585	C_3—P_1	侯德封	1950	吉林	分别为磨盘山组和石嘴子组
251	Piaohechuan Fm	漂河川组	22-0579	Pz_1	吉林区调所	1983	吉林	归黄莺屯(岩)组
252	Pinggang Sandwiched Coal Bed	平岗夹煤层	22-0260		煤炭工业部	1956	吉林	解体为安民组、长安组
253	Pinggang Fm	平岗组	22-0229	J_3	东北地科所	1974	吉林	与德仁组同物异名
254	Pingtu Bed	坪土层	22-0185	J_1	煤田102队	1959	吉林	划归巨宝组
255	Qijianfang Subfm	七间房亚组	22-0556	C	武世忠	1984	吉林	实为鹿圈屯组
256	Qinghe Gr	清河群	22-0480	Pt_1	唐守贤	1982	吉林	并人荒岔沟(岩)组和大东岔(岩)组
257	Qinghe Fm	清河组	22-0433	Ar	通化大队	1961	吉林	归集安(岩)群

序号	岩石地层单位名称		编号	地质时代	创名人	创建时间	所在省	不采用的理由
	英文	汉文						
258	Qinggouzi Fm	清沟子组	22-0526	P_1	徐永文	1978	吉林	现为红山组、五道岭组
259	Qinggou Fm	清沟组	22-0447	Ar	通化大队	1960	吉林	蚂蚁河(岩)组重复划分
260	Qinglong Gr	清龙群	22-0559	C—P	李西昆	1964	吉林	改称青龙村(岩)群
261	Qinglong Fm	青龙组	22-0560	C—P	金顿镐	1963	吉林	改称青龙村(岩)群
262	Qingshankou Bed	青山口层	22-208	K	石油普查大队	1958	吉林	改称青山口组
263	Quantou Bed	泉头层	22-0200	K	羽田重吉	1972	辽宁	改称泉头组
264	Quantou Gr	泉头群	22-0198	K_1	斯行建、顾知微	1962	辽宁	恢复泉头组
265	Quantou Series	泉头统	22-0199	K	坂口重雄	1943	辽宁	改称泉头组
266	Quanyungou Fm	泉眼沟组	22-0470	Pt_1	唐守贤	1982	吉林	归集安(岩)群
267	Renhedong Fm	仁和洞组	22-0535	C	王俊宪	1960	吉林	与滩前组相当
268	Renjiagou Fm	任家沟组	22-0176	J	煤田勘探公司	1974	吉林	归白音高老组
269	Sandaogou Mem	三道沟含煤段	22-0378	J_3	煤田102队	1974	吉林	归石人组
270	Sandaowaizi Fm	三道崴子组	22-0446	Ar	吉林局通化队	1960	吉林	为大东岔(岩)组重复划分
271	Sandaoyangcha Mem	三道阳岔段	22-0606		吉林局通化队	1961	吉林	现为集安(岩)群
272	Sanhetang Fm	三合堂组	22-0183	J	白城地质队	1962	吉林	归入白音高老组
273	Sanxianling Fm	三仙岭组	22-0317	J_3	吴水波	1977	吉林	归入托盘沟组
274	Sanyuanpu Coal-bearing Bed	三源浦含煤层	22-0301	K_1	长春地院	1958	吉林	相当石人组
275	Shahezi Gr	沙河子群	22-0396	J	坂口重雄	1943	辽宁	分解为沙河子组和营城组
276	Shahezi Sandwiched Coal Bed	沙河子夹煤层	22-0214	J_3	坂口重雄	1943	辽宁	改为沙河子组
277	Shahezi Series	沙河子统	22-0215	J_3	坂口重雄	1943	辽宁	归沙河子组
278	Shansonggang Coal-bearing Bed	杉松岗煤系层	22-0380	J_1—J_2	煤田102队	1963	吉林	归义和组
279	Shansonggang Series	杉松岗统	22-0278	J_1—J_2	煤田133队	1956	吉林	归义和组
280	Shansonggang Fm	杉松岗组	22-0277	J_1—J_2	煤田勘探公司	1975	吉林	属义和组
281	ShansongLafa Coal-bearing Gr	杉松拉法煤层群	22-0337	J	水村、今井	1936	吉林	归入长财组
282	Shansong Fm	杉松组	22-0353	K	校河煤矿	1971	吉林	相当于长财组
283	Shanghewan Fm	上河湾组	22-0221	K_1	煤田勘探公司	1964	吉林	归入营城组
284	Shangjia Vol.	上家火山岩	22-0371	K_1	营城煤矿	1979	吉林	相当于营城组
285	Shaojiawaizi Fm	邵家崴子组	22-0226	J_2	王林祥	1979	吉林	归南楼山组
286	Shelinggou Fm	蛇岭沟组	22-0590	P	冶金603队	1973	吉林	归入黄莺屯(岩)组
287	Shenxiandeling Fm	神仙德岭组	22-0576	P_1	胡永元	1960	吉林	归入开山屯组
288	Shengguantai Sandwiched Coal Siltite	圣关台夹煤粉砂岩	22-0303	J_3	煤田105队	1960	吉林	相当于亨通山组

序号	岩石地层单位名称		编号	地质时代	创名人	创建时间	所在省	不采用的理由
	英文	汉文						
289	Shihuichang Fm	石灰厂组	22-0548	P	刘新三	1963	吉林	属庙岭组
290	Shihuiyao Fm	石灰窑组	22-0544	O	郭鸿俊	1962	吉林	归椅山组
291	Shijiagou Fm	石家沟组	22-0466	Pt_1	姜春潮、刘光启	1987	辽宁	归老岭(岩)群
292	Shiqinggou Fm	石青沟组	22-0478	Pt	吉林局四所	1991	吉林	相当板房沟组
293	Shiren Coal-bearing Mem	石人含煤段	22-0288	J_3	煤田105队	1964	吉林	改称石人组
294	Shiren Coal-bearing Fm	石人含煤组	22-0290	J_3	刘恒富	1960	吉林	改称石人组
295	Shiren Coal Series	石人煤系	22-0289	K	徐新斋	1956	吉林	改称石人组
296	Shiren Gr	石人群	22-0377	J_3	煤田105队	1964	吉林	归入林子头组、石人组
297	Shirengou Red Siliceous Sandstone	石人沟红色硅质砂岩	22-0536	C—P	稻井丰	1936	吉林	归小南沟组
298	Shiwu Fm	十屋组	22-0197	K	裘松余	1991	吉林	归入登楼库组
299	Sichazi Coal Series	四岔子含煤系	22-0358	J	延边工业处	1962	吉林	相当于长财组
300	Sidaogou Red Sandstone-con.	四道沟红色砂岩砾岩	22-0307	K_1	煤田105队	1960	吉林	相当于小南沟组
301	Sidaogou Vol. Fm	四道沟火山岩组	22-0306	J_2	煤田219队	1960	吉林	相当于林子头组
302	Sidaogou Fm	四道沟组	22-0273	J_2	煤田105队	1955	吉林	归人石人组
303	Sidaoyangcha Fm	四道阳岔组	22-0473	Pt_1	唐守贤	1990	吉林	实为大栗子(岩)组
304	Sidonggou Fm	寺洞沟组	22-0555	P	孙恒元	1978	吉林	划归满河组
305	Sifangtai Bed	四方台层	22-0213	K	郝铃琦	1937	吉林	已改称四方台组
306	Sifangtai Bas.	四方台玄武岩	22-0411	N	刘尔义	1967	吉林	改为船底山组
307	Shuanghezhen Fm	双河镇组	22-0518	P	长春地院	1960	吉林	归余富屯组
308	Shuangyang Fm	双阳组	22-0207	K_1	煤田203队	1974	吉林	归人泉头组
309	Shuiquan Fm	水泉组	22-0517	C_1	米稼榕	1961	吉林	现为哲斯组
310	Songhuajiang Se	松花江系	22-0188	K	内野敏夫	1937	吉林	改称松花江群
311	Songjiayoufang Fm	宋家油房组	22-0297	J	煤田218队	1961	吉林	相当大沙滩组
312	Songshu Gr	松树群	22-0504	P_1	吉林区调所	1971	吉林	与石盒子组相当
313	Songshushan Fm	松树山组	22-0321	T_3	吉林区调所	1980	黑龙江	归人天桥岭组
314	Sumigou Mem	苏密沟段	22-0233	J_3	煤田112队	1957	吉林	主要归长安组
315	Sumigou Coal Series	苏密沟含煤系	22-0234	J	煤田112队	1957	吉林	主要归长安组
316	Sumigou Fm	苏密沟组	22-0232	J_3	煤田102队	1958	吉林	分归德仁组、久大组
317	Suolun Fm	索伦组	22-0542	P_2	内蒙古区调队	1965	内蒙古	归人林西组
318	Talakennandianzi Bed	塔拉垦南甸子层	22-0168	J_{2-3}	煤田102队	1958	吉林	相当于万宝组
319	Taipingchuan Fm	太平川组	22-0622	Pt_2	长春地院	1960	吉林	分归登楼库组、泉头组

序号	岩石地层单位名称		编号	地质时代	创名人	创建时间	所在省	不采用的理由
	英文	汉文						
320	Taipinggou Fm	太平沟组	22-0623	Pt_2	王集元、吴家弘	1984	吉林	现为集安(岩)群
321	Taonan Fm	洮南组	22-0400	J	吉林地层表编写组	1975	吉林	归付家洼子组
322	Tianbao Fm	天宝组	22-0541	C_2	吉林区调队	1964	吉林	改为天宝山组
323	Tianhexing Coal Series	天合兴含煤层	22-0248	J	煤田112队	1957	吉林	归石人组
324	Tianhexing Fm	天合兴组	22-0249	J_{2-2}	煤田112队	1958	吉林	归石人组
325	Tiechang Gr	铁厂群	22-0502	P_2	东北局104队	1954	吉林	归孙家沟组
326	Tiechang Se	铁厂统	22-0573	P_2	宇野学士	1941	吉林	归人石盒子组
327	Tongfosi Fm	铜佛寺组	22-0333	K	周志炎	1962	吉林	归大拉子组
328	Tonghua Gr	通化群	22-0434	Pt_1	吉林地研所	1991	吉林	改为老岭(岩)群
329	Tonghua Gr	通化群	22-0314	K_1	长春地院	1960	吉林	已解体为三棵榆树组等
330	Tonghua Fm	通化组	22-0554	C	武仁	1992	吉林	现为本溪组
331	Tongtiangou Fm	通天沟组	22-0284	J_3	吉林区调所	1986	吉林	相当于果松组
332	Toudao Fm	头道组	22-0444	Pt	吉林局通化队	1961	吉林	分属大东岔组、蚂蚁河组
333	Toudaogou Fm	头道沟组	22-0334	K_1	刘桂年	1991	吉林	归大拉子组
334	Tuhulu Fm	吐呼鲁组	22-0393	J_3	松辽石油普查队	1959	辽宁	归人义县组，吉林不用
335	Tumen Gr	图们群	22-0570	C—P	盛金章	1959	吉林	解体为柯岛群等
336	Tuanjie Fm	团结组	22-0456	Ar	吉林局通化队	1963	吉林	现为荒岔沟(岩)组
337	Wanbao Gr	万宝群	22-0162	J_1	长春地院白城队	1961	吉林	分归红旗组和万宝组
338	Wanchang Fm	万昌组	22-0639	N_1	安俊义	1986	吉林	部分归水曲柳组
339	Wangdeshan Fm	王德山组	22-0475	J	唐守贤	1990	吉林	归老岭(岩)群
340	Wangjianglou Fm	望江楼组	22-0279	J_2	吉林区调队	1976	吉林	划归果松组
341	Wangxiangtun Fm	王相屯组	22-0532	O—S	辽宁一区测队	1971	吉林	分归黄顶子(岩)组和烧锅屯(岩)组
342	Wapenyao Gr	瓦盆窑群	22-0172	J_{2-3}	长春地院白城队	1961	吉林	分归付家洼子组和白音高老组
343	Weishahe Fm	苇沙河组	22-0451	Pt_1	吉林局通化队	1960	吉林	归白房子组
344	Wudaogou Coal-bearing Mem	五道沟含煤段	22-0237	J_3	吉林区调所	1970	吉林	解体后归入久大组
345	Wudaogou Fm	五道沟组	22-0549	C	胡永元	1960	吉林	现为五道沟群
346	Wujiatun Fm	吴家屯组	22-0543	P_1	内蒙古区测队	1965	内蒙古	划归哲斯组
347	Wujianfang Fm	五间房组	22-0516	C_1	长春地院	1961	吉林	现为哲斯组
348	Wulin Fm	乌林组	22-0341	J	南古所	1963	吉林	归长财组
349	Wurenba Fm	五人把组	22-0474	Pt_1	唐守贤	1990	吉林	归大栗子(岩)组

序号	岩石地层单位名称		编号	地质时代	创名人	创建时间	所在省	不采用的理由
	英文	汉文						
350	Xiacaomaodingzi Fm	下草帽顶子组	22-0634	N_1	煤田203队	1959	吉林	归土门子组
351	Xiajiajie Fm	夏家街组	22-0230	J_2	吉林区调所	1978	吉林	现为德仁组下部
352	Xi'an Red Bed Gr	西安赤色层群	22-0259	K	森田义人	1943	吉林	归长安组、泉头组
353	Xi'an Bed Gr	西安层群	22-0258	J	森田义人	1943	吉林	归人长安组
354	Xiangrenping Fm	香仁坪组	22-0635	P_1	杨启伦	1962	吉林	归滩前组
355	Xiahuapidianzi Siltite	下桦皮甸子粉砂岩	22-0372	J_3	煤田105队	1960	吉林	相当于亨通山组
356	Xiahuapidianzi Fm	下桦皮甸子组	22-0299	J_3	煤田105队	1960	吉林	相当于亨通山组
357	Xianrengou Coal-bearing Fm	仙人沟含煤组	22-0239	J_{2-3}	煤田102队	1960	吉林	分归安民组、长安组
358	Xianrengou Fm	仙人沟组	22-0240	J_3	煤田203队	1980	吉林	与安民组属同物异名
359	Xiaodonggou Bed	小东沟层	22-0295	K_1	王钰	1954	辽宁	归小东沟组
360	Xiaofengmidingzi Fm	小蜂蜜顶子组	22-0086'	T_3	吉林区调队	1978	吉林	现为四合屯组
361	Xiaogushan Col.	小孤山砾岩	22-0309	K	煤田218队	1961	吉林	归小南沟组
362	Xiaogushan Fm	小孤山组	22-0310	K	煤田公司	1975	吉林	归小南沟组
363	Xiaohuanggou Fm	小荒沟组	22-0604	Pt	吉林局通化队	1960	吉林	现为集安(岩)群
364	Xiaohuauggou Fm	小黄沟组	22-0442	Ar	长春地院	1960	吉林	现为集安(岩)群
365	Xiaoling Fm	小岭组	22-0281	K	王钰	1954	吉林	划归德仁组或果松组
366	Xiaosuihe Fm	小绥河组	22-0563	S	东北地研所	1970	吉林	划归二道沟段
367	Xiaoyingzi Coal-bearing Bed	小营子含煤层	22-0269	J_1	煤田109队	1961	吉林	归人小河口组
368	Xiaoyingzi Fm	小营子组	22-0268	J_1	吉林省区调队	1971	吉林	归人小河口组
369	Xiaxinganling Fm	下兴安岭组	22-0175	J	内蒙古区测队	1962	内蒙古	归人付家洼子组
370	Xibeicha Fm	西北岔组	22-0527	S	长春地院	1961	吉林	归小三个顶子组
371	Xidapo Bas.	西大坡玄武岩	22-0417	N	吉林区调队	1976	吉林	现为船底山组
372	Xidapo Fm	西大坡组	22-0410	N	王雨灼、孙建中	1975	吉林	与船底山组相当
373	Xitushan Fm	西土山组	22-0319	T_3	吉林区调所	1983	吉林	归天桥岭组
374	Xifeng Red Bed	西丰赤色层	22-0256	K	森田义人	1943	辽宁	归泉头组和金家屯组
375	Xifeng Sandwiched Coal Bed	西丰夹炭层	22-0257	K	森田义人	1943	辽宁	归长安组、安民组、久大组
376	Xihe Fm	溪河组	22-0195	K_1	煤田勘探公司	1965	吉林	相当于登楼库组
377	Xin'ancun Fm	新安村组	22-0637	E_1	范梦书	1981	吉林	相当于捧棰沟组
378	Xishanping Fm	西山坪组	22-0325	J_3	杨学林	1959	吉林	归人长财组
379	Xitaiping Fm	西太平组	22-0187	J_1	煤田勘探公司	1975	吉林	归人红旗组
380	Xitumenzi Fm	西土门子组	22-0427	K	王世昌	1960	吉林	与土门子组相当
381	Xinkaihe Fm	新开河组	22-0455	Pt	6101队	1963	吉林	归集安(岩)群

序号	岩石地层单位名称		编号	地质时代	创名人	创建时间	所在省	不采用的理由
	英文	汉文						
382	Xinlitun Fm	新立屯组	22-0174	J_{2-3}	长春地院白城队	1961	吉林	归入白音高老组
383	Xingquan Fm	兴泉组	22-0512	C_2	长春地院白成队	1961	吉林	归入林西组
384	Xingren Fm	兴仁组	22-0165	J_2	长春地院白城队	1961	吉林	相当于红旗组
385	Xintun Fm	新屯组	22-0638	P_1	吉林区调所	1991	吉林	归滩前组
386	Xujiatun Fm	徐家屯组	22-0564	D_1	寇小威	1992	吉林	归入弯月组
387	Xuetiandi Fm	学田地组	22-0349	K	张有均	1964	吉林	归大拉子组
388	Yalujiang Gr	鸭绿江群	22-0436	Pt_1	吉林地研所	1991	吉林	实属集安(岩)群
389	Yanji Se	延吉统	22-0330	K_1	杨学林	1959	吉林	改称延吉群
390	Yanji Fm	延吉组	22-0422	R	李永孝 林福智	1962	吉林	实属珲春组
391	Yantonggou Coal-bearing Fm	烟筒沟含煤组	22-0379	J_2	煤田219队	1960	吉林	与石人组同物异名
392	Yantonggou Fm	烟筒沟组	22-0275	J_{1-2}	煤田105队	1960	吉林	归入石人组
393	Yangjiagou Fm	杨家沟组	22-0640	P_2	长春地院	1975	吉林	归林西组
394	Yangshuhezi Black Sha.	杨树河子黑色页岩	22-0365	T_1	彭玉鲸	1982	吉林	划归卢家屯组
395	Yaojia Bed	姚家层	22-0209	K	松辽石油普查大队	1958	吉林	改称姚家组
396	Yaotuan Bas.	腰团玄武岩	22-0413	N	金顿镐	1973	吉林	归船底山组
397	Yehe Fm	叶赫组	22-0192	K	辽宁区测队	1971	吉林	划归登楼库组
398	Yilaxi Fm	一拉溪组	22-0521	P_1	长春地院	1960	吉林	解体为西别河组、南楼山组
399	Yimushuhe Fm	依木树河组	22-0253	K	煤田公司	1975	吉林	改称那尔轰火山岩
400	Yixian Fm	义县组	22-0231	J_{2-3}	顾知微、斯行建	1962	辽宁	吉林省改称德仁组
401	Yingbeishan Con. Mem	影背山砾岩段	22-0367	T_1	刘国良	1980	吉林	归卢家屯组下部砾岩
402	Yingcheng Vol. Se	营城火山岩系	22-0370	K	煤田112队	1956	吉林	改称营城组
403	Yingchengzi Vol. Gr	营城子火山岩群	22-0217	J—K	森田义人	1941	吉林	已解体为营城组等
404	Yinghuacun Fm	英华村组	22-0196	K_1	吉林区调队	1978	吉林	归入登楼库组
405	Yingzuilazi Fm	鹰咀砬子组	22-0454	Ar	长春地院	1960	辽宁	归老岭(岩)群
406	Yujiawazi Gr	于家洼子群	22-0523	P	长春地院白城队	1961	吉林	现为哲斯组、林西组
407	Yumuqiaozi Fm	榆木桥子组	22-0311	K_1	吉林区调队	1976	吉林	与小南沟组同物异名
408	Yushuchuan Fm	榆树川组	22-0292	J_3	吉林区调队	1970	吉林	归林子头组、石人组
409	Yuxin Fm	玉新组	22-0251	K_3	辽宁区测队	1970	辽宁	改称金家屯组
410	Yuzhen Coal-bearing Fm	于真含煤组	22-0169	J_{2-3}	内蒙古区测队	1961	吉林	归万宝组

序号	岩石地层单位名称		编号	地质时代	创名人	创建时间	所在省	不采用的理由
	英文	汉文						
411	Yuanbaoshan Subfm	元宝山亚组	22-0552	C	武世忠	1984	吉林	归磨盘山组
412	Zhazi Fm	咋子组	22-0577	C_1	武仁	1992	吉林	归本溪组
413	Zaziyao Sandwiched Coal Bed	咋子窑夹炭层	22-0537	C—P	稻井丰	1939	吉林	现为山西组
414	Zhangguangcailing Bas.	张广才岭玄武岩	22-0416	N	吴水波	1972	吉林	归船底山组
415	Zhangjiatun Fm	张家屯组	22-0538	S_3^1	吉中队	1963	吉林	归张家屯段
416	Zhengdeshan Fm	正德山组	22-0475	Pt_1	唐守贤	1990	吉林	属珍珠门(岩)组
417	Zhonganshan Gr	中鞍山群	22-0432	Ar	长春地院	1960	吉林	现为鞍山群
418	Zhonggang Fm	中岗组	22-0342	J_3	煤田112队	1964	吉林	相当于长财组
419	Zhongjiacun Mem	钟家村段	22-0618	Ar	吉林局通化队	1961	吉林	归集安(岩)群
420	Zhongjiacun Fm	钟家村组	22-0445	Ar	吉林局通化队	1960	吉林	归荒岔沟(岩)组
421	Zhongtumenzi Fm	中土门子组	22-0429	N	吉林第二地质队	1965	吉林	归土门子组